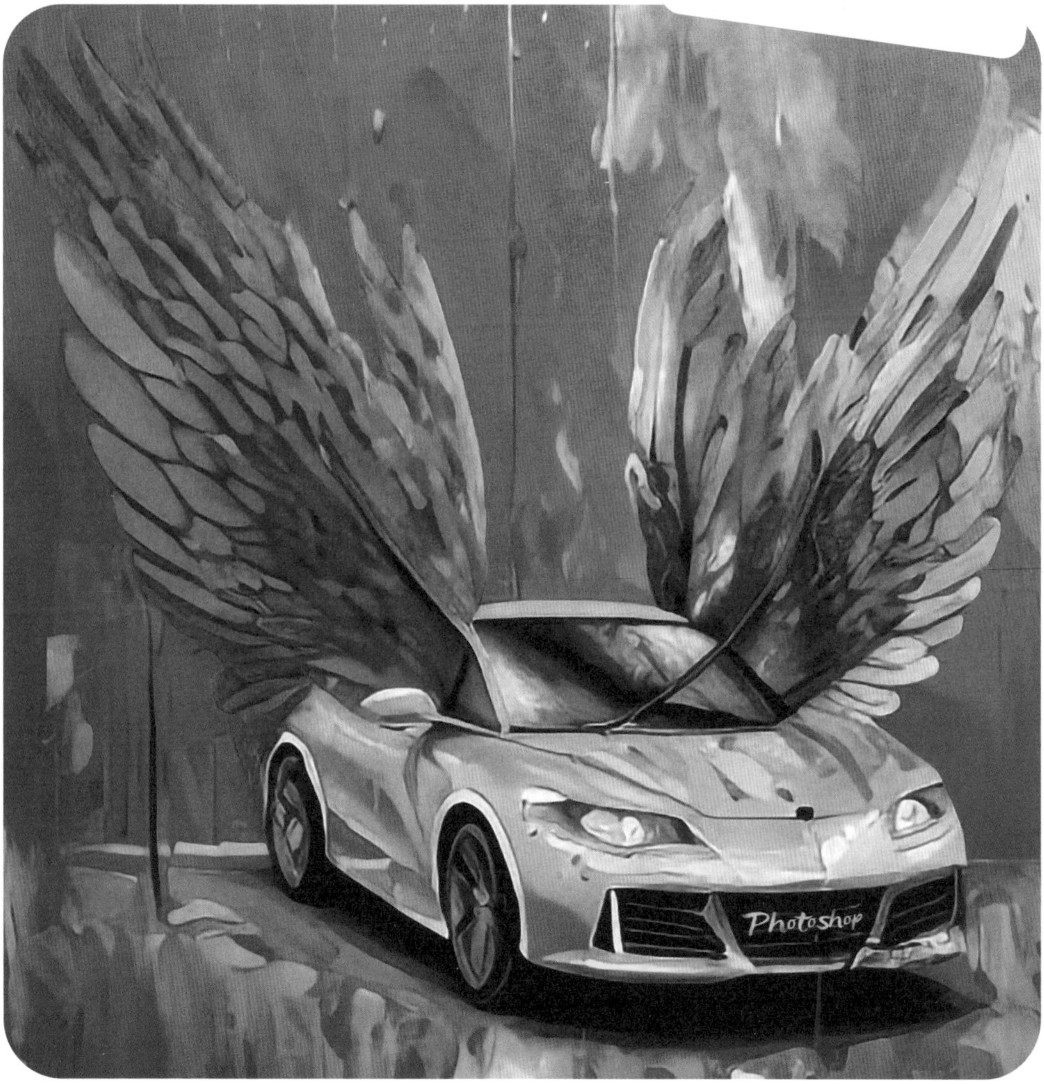

神奇的Photoshop脚本自动化与插件开发（彩色版）

李发展　编著

内 容 简 介

本书由具有近 20 年 Photoshop 工作经验的资深业者精心编撰，通篇采用情景对话的形式，生动形象地引出相应的知识点，全面介绍了 Photoshop 脚本的各项关键技术。目前讲解 Photoshop 脚本的书籍国内鲜有！

本书共分 12 章，第 1～10 章主要讲解 Photoshop 脚本的重要功能，包括 Photoshop 脚本基本语法、如何快速上手 Photoshop 脚本、如何使用 Photoshop 脚本操作文档、图像、画布、图层、选区、通道、滤镜等。第11 章讲解 Common Extensibility Platform 通用扩展平台技术，描述如何使用 CEP 技术创建 Photoshop 插件，从而给 Photoshop 添加各种各样实用的扩展功能。第 12 章讲解 Adobe 最新的插件开发技术 Unified Extensibility Platform 统一扩展平台，描述如何使用 UXP 技术创建 Photoshop 插件、如何打包插件、如何将开发的插件发布到 Adobe 插件市场。

本书采用趣味十足的对话来引导课程内容的走向，并通过丰富的实例、大量的配图、思维导图、直观的代码，向读者形象地讲解如何使用 Photoshop 脚本自动化设计任务，以大幅提高工作效率。

本书适合 Photoshop 工作者、Photoshop 爱好者，以及想要从事设计和创意工作的人员使用，还可以作为相关培训机构和大专院校相关专业的教学用书。

图书在版编目(CIP)数据

神奇的 Photoshop 脚本自动化与插件开发 / 李发展编著. -- 北京 ：北京航空航天大学出版社，2023.5

ISBN 978-7-5124-4096-8

Ⅰ. ①神… Ⅱ. ①李… Ⅲ. ①图像处理软件 Ⅳ. ①TP391.413

中国国家版本馆 CIP 数据核字(2023)第 083416 号

神奇的 Photoshop 脚本自动化与插件开发

李发展 编著

策划编辑 杨晓方 责任编辑 杨 昕

*

北京航空航天大学出版社出版发行

北京市海淀区学院路 37 号(邮编 100191) http://www.buaapress.com.cn

发行部电话：(010)82317024 传真：(010)82328026

读者信箱：copyrights@buaacm.com.cn 邮购电话：(010)82316936

艺堂印刷（天津）有限公司印装 各地书店经销

*

开本：787×1 092 1/16 印张：33 字数：845 千字

2023 年 5 月第 1 版 2023 年 5 月第 1 次印刷

ISBN 978-7-5124-4096-8 定价：128.00 元

序　言

本书编写目的

2002 年 7 月，我第一次接触 Photoshop 软件，还记得那是 Photoshop 5.0 版本，这个版本的 Photoshop 引入了 History(历史)的概念，用户可以多次后退，取消自己的操作。那时有关 Photoshop 的学习资料非常少，Photoshop 的功能是我通过不断的体验和摸索学到的。

现在的读者要幸运得多，几乎有数十种热门的 Photoshop 书籍可供选择。不过令人感到困惑的是，目前我还没有看到这样一本能够向读者系统讲解 Photoshop 脚本（Photoshop Scripting）——这项被誉为 Photoshop 黑魔法功能的书籍。

Photoshop 脚本用于以脚本（简短代码）的方式操作 Photoshop 软件，从而实现图像处理、设计任务的自动化，可快速完成大量重复性的任务或者实现复杂的特殊效果，从而节省大量时间，早完工，不加班！

本书从 Photoshop 脚本的基本语法开始，系统讲解了如何使用 Photoshop 脚本操作文档、图层、选项、通道、滤镜等，并结合大量的实际案例，帮助读者成为在 Photoshop 设计自动化领域中自由驰骋的高手。

Photoshop 2021 之后的版本新增了增效工具菜单，在该菜单下可以显示 Photoshop 所有的插件，由此可见 Adobe 对 Photoshop 插件开发的重视。因此本书详细讲解了 Common Extensibility Platform 通用扩展平台和 Unified Extensibility Platform 统一扩展平台，使读者可以通过这两种平台开发 Photoshop 插件，从而自由扩展 Photoshop 的功能！

本书主要内容

本书共分 12 章，第 1～10 章主要讲解 Photoshop 脚本的重要功能，包括 Photoshop 脚本基本语法，如何快速上手 Photoshop 脚本，如何使用 Photoshop 脚本操作文档、图像、画布、图层、选区、通道、滤镜等。同时，还加入大量的实用 Photoshop 脚本案例：为图片批量添加水印、批量生成图片缩略图、批量合并众多小图为一张大图并生成小图在大图中的范围信息；为百万影片批量生成九宫格预览图；为大量视频自动添加内容不同的片头；照相馆辅助打印脚本；使用 ScritpUI 创建 Photoshop 功能面板；快速生成无限不重复的漂亮卡通头像等。

第 11 章讲解 Common Extensibility Platform（CEP）通用扩展平台技术，描述如何使用 CEP 技术创建 Photoshop 插件，从而给 Photoshop 添加以下功能：to－do 设计任务管理、图层文字加拼音、图层文字中英互译、每日一句英语、OCR 智能识图、智能获取图片的主题颜色、利用人工智能技术识别图片中指定颜色的物体、进行面部识别、给 Photoshop 添加贪吃蛇游戏等。

第 12 章讲解 Adobe 最新的插件开发技术 Unified Extensibility Platform(UXP)统一扩展平台，描述如何使用 UXP 技术创建 Photoshop 插件、如何打包 Photoshop 插件、如何将开发的 Photoshop 插件发布到 Adobe 插件市场。

本书特点

内容全面：包含 Photoshop 脚本、脚本监听器、AppleScript、ScriptUI、Action Manager、CEP 插件开发技术、UXP 插件开发技术、batchPlay 等内容，同时还包含大量的实际案例，系统讲解了 Photoshop 脚本自动化技术的方方面面。

情景对话：通过老师和小美的趣味对话，把相应的知识点融入情景对话中，降低 Photoshop 脚本的学习难度，让初学者更易理解和应用 Photoshop 脚本。

由浅入深：内容按照 Photoshop 脚本语法讲解、实现过程、脚本解析的编排顺序讲解，使读者朋友更容易掌握知识点，同时对重点脚本做了大量的注释和讲解，以便读者更加轻松地学习。

原理图解：为复杂的原理讲解配有生动、形象的思维导图，以帮助读者轻松理解相关的概念。

全面兼容：书中的 Photoshop 脚本既兼容 Windows 平台上的 Photoshop 软件，也兼容 macOS 平台上的 Photoshop 软件。

本书人物

小美：原名金小美，北京某 4A 广告公司平面设计师，每天淹没在大量的设计任务之中无法自拔，急于寻找解脱之道。

老师：原名李晓婷，互动教程网的 Photoshop 脚本相关课程的资深教师，拥有多年的 Photoshop 脚本教学经验，并在 Adobe 插件市场发布了多款备受全球 Photoshop 爱好者欢迎的插件。

读者对象

通过对本书的学习，读者可以对 Photoshop 设计自动化技术和 Photoshop 插件的开发有全面和深入的了解。因此本书既适合 Photoshop 工作者、Photoshop 爱好者，以及想要从事设计和创意工作的人员使用，也可以作为相关培训机构和大专院校相关专业的教学用书。

练习素材

书中实例和 Photoshop 脚本可以在此下载：http://hdjc8.com/download.html。

勘误和支持

书中所有章节的内容和脚本，除了 AppleScript 之外，都同时兼容 Windows 平台上的 Photoshop 和 macOS 平台上的 Photoshop。如果遇到有关兼容性的问题请联系我们，我们会发布更新并进行修改。

如果您对本书的内容有任何建议，或者发现了本书的一些错误，希望您尽快联系我们，这将对本书的后续版本有很大的帮助。我们非常愿意听取任何能使本书变得更加完善的建议，并会不断致力于让本书趋于完美。

如果您有关于本书的任何评论或者疑问，请访问微信公众号 coolketang 联系我。

致　谢

首先衷心感谢北京航空航天大学出版社的各位编辑对本书的编写给予的帮助和关注，以及为推动本书出版付出的心血。

感谢互动教程网的小伙伴、广大读者朋友们及时提出的各种反馈建议。

感谢冉玉玲、李爱民、谢美仙、李晓飞、朱娟、李红梅、翟海岗、金善众、蔡银珠、金依灵、郑大翰、戴永威等人在本书的写作过程中所给予的支持和鼓励！感谢我的爱人金兵兵女士耐心的帮助和对书稿的认真校对以及提出的改进意见！感谢大儿子李金诚、小女儿李开颜带给我的新见解和创意，愿你们健康快乐成长，用自己的努力，去实现人生的一个个梦想！

最后，感谢这个时代，给予每位有理想的人实现人生价值的机会！

编　者

2023 年 5 月 1 日

目　录

第 1 章　Photoshop 脚本入门　/1

第2章 使用 Photoshop 脚本操作文档及输出文档 /39

第3章 使用 Photoshop 脚本操作图像与画布 /59

第 1 章 Photoshop 脚本入门

从本章将收获以下知识：

❶ 什么是 Photoshop 脚本

❷ 为什么使用 Photoshop 脚本

❸ 编写 Photoshop 脚本的语言和工具

❹ Photoshop 脚本编写范例

❺ Photoshop 脚本的基本语法

1.1 初识 Photoshop 脚本

毫无疑问，Adobe Photoshop 是强大、灵活的图像处理软件，它最大的优势之一就是可以自动化重复过程。

而 Photoshop 脚本是 Photoshop 软件所支持的批处理程序，也是告诉 Photoshop 执行各种操作的一系列命令，它是 Photoshop 最神秘、最强大的功能！

1.1.1 什么是 Photoshop 脚本

Photoshop 脚本(Photoshop Scripting)用于以脚本(简短代码)的方式访问和操作 Photoshop 软件，从而实现设计任务的批处理，快速完成大量重复性的设计任务或实现复杂的特殊效果。

老师好，Photoshop 脚本、ExtendScript 和 JavaScript 这三者经常在一起出现，它们到底是什么关系啊？

小美，问得好！Photoshop 脚本是用来操作 Photoshop 的代码的集合。而 Photoshop 脚本中的代码是由 ExtendScript 语言编写的，ExtendScript 则是 Adobe 对最流行、最容易学习的 JavaScript 语言的扩展。

读者甚至可以使用 Photoshop 脚本创建与 Photoshop 面板类似的功能面板，从而实现更多、更丰富的功能，如图 1-1-1 所示的 BrushBox 面板。

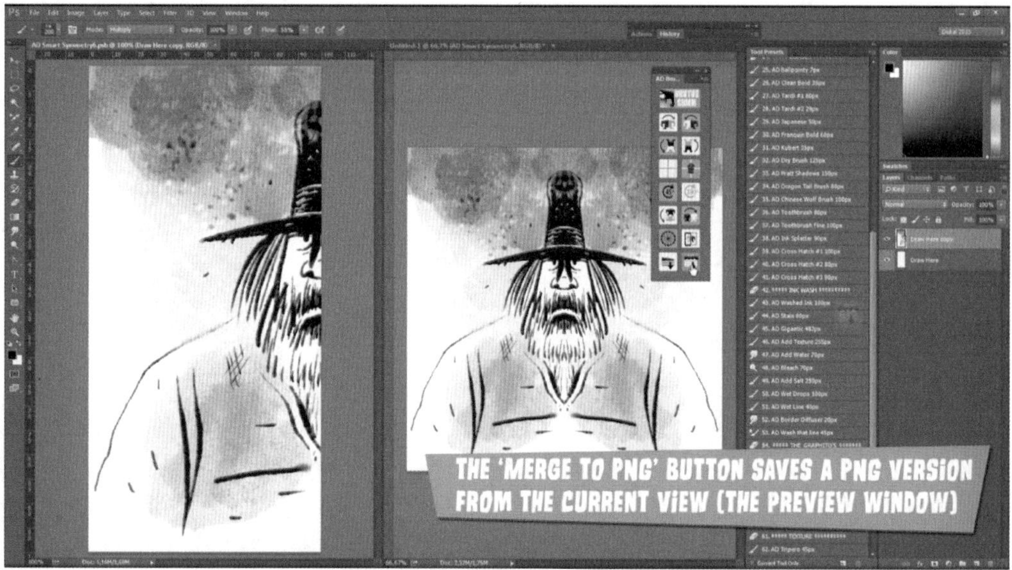

图 1-1-1　BrushBox——强大和专业的画笔管理插件

BrushBox 被很多国外设计师推崇为最好的 Photoshop 画笔管理插件。它可以通过画笔分组、颜色编码、标记最喜爱的画笔等诸多功能，更加有效地组织和管理画笔。

1.1.2 为什么使用 Photoshop 脚本

平面设计是一个以创造力为特征的领域，但插图和图像处理的实际工作并不具有创造性。Photoshop 脚本提供了一种工具来帮助节省重复任务所花费的时间，例如调整文档大小或重新格式化文档。

任何重复性的任务都应该考虑使用 Photoshop 脚本。一旦可以确定执行任务所涉及的步骤和条件，就可以编写脚本来处理它了。

具体来说，使用 Photoshop 脚本可以帮助人们：

- **大幅提高工作效率**：摆脱大量重复设计任务的束缚；
- **自由扩展 Photoshop 功能**：给 Photoshop 增加 to - do 设计任务管理、图层文字加拼音、图层文字中英互译、每日一句英语、OCR 智能识图、为百万影片批量生成 gif 动画/九宫格预览图、为数百视频添加标题不同的片头、智能获取图片主题颜色、快速生成无限不重复的漂亮卡通头像、给 Photoshop 添加贪吃蛇游戏等；
- **利用人工智能技术**：在 Photoshop 中识别图片中指定颜色的物体，或者对图片中的人物进行面部识别；
- **开发 Photoshop 插件**：自己使用或在 Adobe Exchange 上发布和销售；
- **掌握 99%的设计师都不会的强大又实用的技能**：拉大和其他 Photoshop 设计者的差距，拓展自身职场的护城河。

读者可在本书中学习到以上这些技术！

1.1.3 Photoshop 动作与 Photoshop 脚本的对比

动作是指在单个文件或一批文件上执行的一系列任务，如菜单命令、面板选项、工具动作等。例如，可以创建这样一个动作，首先更改图像大小，对图像应用效果，然后按照所需格式存储文件。

然而 Photoshop 动作不同于 Photoshop 脚本，动作和脚本虽然都是自动执行重复任务的方式，但它们的工作方式大不相同。

- 不能将条件逻辑添加到动作上。与脚本不同，动作不能根据不同的情况做出相应的操作。
- 一个脚本可以针对多个程序，而动作则不能。例如，可以在同一脚本中同时访问和操作 Photoshop 和 Illustrator 等多个程序。

老师，可以通过一个示例讲解一下 Photoshop 动作和 Photoshop 脚本在操作上的区别吗？

好的，小美。现在有一项任务，需要给 10 000 张图片生成宽度为 100 像素的缩略图，下面来比较一下使用动作和脚本是如何完成这项任务的。

1. 使用 Photoshop 动作的步骤

❶ 打开任意一张图片。

❷ 在打开的动作面板中，单击“创建新动作”图标 ，新建一个动作。

❸ 依次单击“图像”→“图像大小”命令，打开图像大小设置窗口，并在设置窗口中将图像的宽度修改为 100 像素。

❹ 依次单击“文件”→“存储”命令，保存对图像的修改。

❺ 在打开的动作面板中，单击“停止播放/记录”图标，完成动作的录制。

❻ 依次单击“文件”→“批处理”命令，选择刚刚录制的动作，选择 10 000 张图片的文件夹，使用动作为文件夹中的所有图片生成缩略图。

2. 使用 Photoshop 脚本的步骤

❶ 新建一份文本文档，并在文档中输入以下脚本：

```
var folder = Folder.selectDialog( "请选择图片所在的文件夹");
varfiles = folder.getFiles(" *.png");
for( var j = 0; j < files.length; j ++ )
{
    app.open( files[j] );
    app.activeDocument.resizeImage(100);
    app.activeDocument.save( );
    app.activeDocument.close( );
}
```

❷ 将文本文档存储为以.jsx 为扩展名的文档，如 ResizeImage.jsx。

❸ 依次执行 Photoshop 的“文件”→“脚本”→“浏览”菜单命令，找到并打开 ResizeImage.jsx，使用脚本为文件夹中的所有图片生成缩略图。

通过对比我们可以发现完成同样的任务，使用 Photoshop 脚本的步骤会更简洁一些，而且当任务的内容需要调整时，只需要简单修改脚本中的代码即可。例如，当需要将图片的宽度修改为 150 像素时，只需要将“app.activeDocument.resizeImage(100);”中的 100 修改为 150 即可。

另外，Photoshop 脚本在分享方面也更加方便，只需要将 ResizeImage.jsx 文件发送给伙伴，即可在任意 Windows 和 macOS 电脑上的 Photoshop 使用 ResizeImage.jsx。

Photoshop 动作和 Photoshop 脚本的区别如表 1-1-1 所列。

表 1-1-1 Photoshop 动作和 Photoshop 脚本的综合比较

项　目	Photoshop 动作	Photoshop 脚本
效率性	强大	强大
功能性	一般	强大
交互性	一般	强大
灵活性	一般	强大
便于传播和分享	一般	容易
便于扩展和维护	一般	容易
基于用户界面	是	否
开发用户界面	不可	可以
开发强大的 Photoshop 插件	不可	可以
在 Photoshop 嵌入网页开发技术	不可	可以
学习资料	较多	稀少
学习难度	一般	上手容易，深入较难

1.1.4 选择编写 Photoshop 脚本的语言和工具

老师，看了 Photoshop 脚本和动作的对比，真想马上编写 Photoshop 脚本来操作 Photoshop 软件，可是我该怎样编写 Photoshop 脚本呢？

小美，需要从两个方面着手，首先选择编写 Photoshop 脚本的语言，然后选择一款代码编辑器。花开两朵，各表一支，先说说语言的选择。

1. Photoshop 脚本语言的选择

在 Windows 中，可以使用支持 COM（Component Object Model，组件对象模型）的脚本语言，例如，用 VBScript 来编写 Photoshop 脚本。

在 macOS 中，可以使用 AppleScript（又名苹果脚本）来控制多个应用程序，例如，Adobe Photoshop、Adobe Illustrator 和 Microsoft Office。

但是绝大部分的 Photoshop 脚本都是采用 JavaScript 语言编写的。这是因为使用 JavaScript 编写的脚本，可以同时支持 Windows 和 macOS 上的 Photoshop 软件。

因此我们选择使用最广泛的 JavaScript 跨平台语言来编写 Photoshop 脚本。

Photoshop 脚本语言的比较和选择如图 1-1-2 所示。

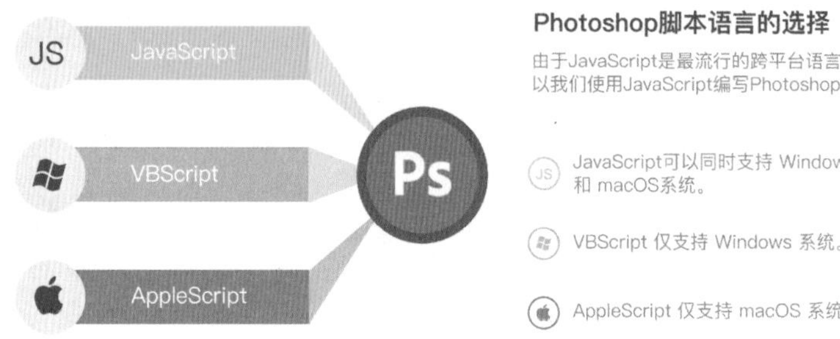

VBScript 仅支持 Windows 系统。

图 1-1-2 Photoshop 脚本语言的比较和选择

2. 选择编写 Photoshop 脚本的工具

可以使用多种文本工具来编写 Photoshop 脚本，如图 1-1-3 所示。在此我们选择最流行的代码编辑器 Visual Studio Code 来编写脚本。

1
2
3
4
Visual Studio Code
Visual Studio Code 是一款非常流行的代码编辑器，它免费、开源、跨平台、功能强大。
Sublime Text
Sublime Text 是一款跨平台的、流行的、轻量级的代码编辑器。
记事本
记事本是Windows中的一款轻便、简单的文本编辑器。
文本编辑
文本编辑是macOS自带的一款轻便、简单的文本编辑器。

图 1-1-3 常用代码编辑器的比较

Visual Studio Code 是微软主推的代码编辑器，由于 Visual Studio Code 具有免费、开源、跨平台和功能强大的特点，因此深受各行各业开发者的喜爱。

1.1.5 Photoshop 脚本的基本语法

老师，我对 Photoshop 的使用已经非常熟练了，但是从没有接触过代码的编写，请问我可以学好 Photoshop 脚本吗？

小美，Photoshop 脚本是非常容易编写的，它的语法非常简单，类似于英语的语法。Photoshop 脚本主要由 3 个元素组成，分别是对象、属性和方法。你只要掌握这 3 个元素，就可以自由编写 Photoshop 脚本了。

Photoshop 脚本主要由 3 个元素组成，分别是对象、属性和方法。如图 1-1-4 所示，一个对象往往包含多个属性和方法。

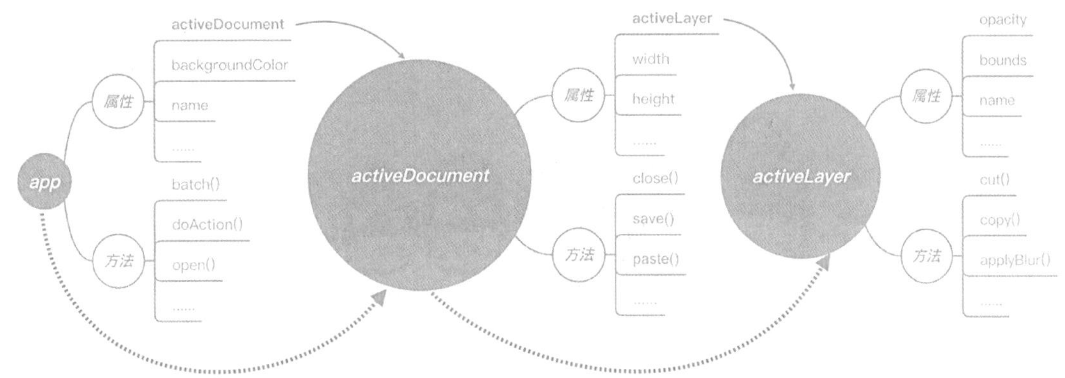

图 1-1-4　Photoshop 脚本主要由 3 个元素组成：对象、属性和方法

例如 app 对象，它包含 activeDocument、backgroundColor、name 等多个属性，分别表示当前活动文档、工具箱底部的背景色、程序名称。此外，还包含 batch()、doAction()、open()等方法，分别用来执行批处理、执行动作、打开文件等命令。

而一个对象的属性，还可以拥有相应的属性和方法，例如，activeDocument 虽然是 app 的属性，但是 activeDocument 仍然拥有 width、height、artLayers 等属性，分别表示活动文档的宽度、高度、图层列表。

下面请看 4 个常用示例，它们可帮助读者快速理解 Photoshop 脚本的语法。

Photoshop 脚本范例一：

第一个范例的功能是播放一条短暂的提示声音，如图 1-1-5 所示。

图 1-1-5　让 Photoshop 播放一条短暂的提示声音

app 是 application 的缩写，可以把它当作 Photoshop 软件。beep()表示 app 这个对象的方法，它可以让 Photoshop 播放一条短暂的提示声音。

Photoshop 脚本范例二：

第二个范例用于关闭应用程序的活动文档，如图 1-1-6 所示。

图 1-1-6　关闭 Photoshop 的活动文档

读者可以把脚本中的小圆点分隔符理解成“的”或“执行”。小圆点用于表示从属关系，或执行某条命令。

Photoshop 脚本是很容易学习的，只要记住它像俄罗斯套娃那样的特征即可！

俄罗斯套娃的特点是：大娃套小娃，小娃里面还有更小的娃。一般是三层，也有五层的，如图 1-1-7 所示。

图 1-1-7　Photoshop 脚本语法类似于俄罗斯套娃

而 Photoshop 脚本的代码也有类似的特点，小圆点左侧的是大娃，通过小圆点打破左侧的大娃，从而获得小圆点右侧的小娃，周而复始，即可创建类似于俄罗斯套娃那样的脚本代码。

Photoshop 脚本范例三：

第三个范例的右侧包含一个等号“＝”，等号是赋值的意思，通常用来修改对象的某个属性。该脚本是将活动文档的活动图层的透明度的值设置为 50，如图 1-1-8 所示。

图 1-1-8　将活动文档的活动图层的透明度的值设置为 50

Photoshop 脚本范例四：

最后一个范例脚本的右侧有一对小括号，小括号里面的内容表示参数的值，如图 1-1-9 所示。该脚本是对活动文档的选区执行羽化操作，并设置羽化值的大小为 10 像素。

app.activeDocument.selection.feather(10)

Photoshop　的　活动文档　的　选区　执行　羽化命令　羽化值为10

图 1-1-9　将活动文档的选区羽化大小为 10 像素

通过以上 4 个简单的范例，相信读者对 Photoshop 脚本有了大致的了解，同时也明白编写 Photoshop 脚本并不是一件困难的事！

1.1.6　使用记事本编写 Photoshop 脚本

老师，我已经安装好了代码编辑器 Visual Studio Code，也已经了解了 Photoshop 脚本的语法，是不是可以编写一些简单的脚本了？

是的，现在我们就来编写第一个 Photoshop 脚本。不过第一个脚本示例将使用 Windows 中最常见的记事本软件来编写，这样还没有安装 Visual Studio Code 的同学也可以立即上手。

本小节演示如何使用记事本软件编写一个简单的 Photoshop 脚本。

❶ **新建文本文件**：在 Windows 的桌面空白位置右击，在弹出的菜单中，依次选择“新建”→“文本文档”命令，如图 1-1-10 所示。

图 1-1-10　依次选择“新建”→“文本文档”命令，创建一份空白的文本文件

❷ **输入脚本**：此时在桌面上新增了一个名为“新建文本文档”的文件，双击打开该文件，然后输入以下脚本：

```
alert( "Hello Photoshop" );
```

输入完毕之后的记事本界面如图 1-1-11 所示。

图 1-1-11　输入脚本后的文本文件

❸ **保存脚本**：这样第一个脚本已经编写完成，这个脚本非常简单，用于在 Photoshop 中弹出一个包含指定信息的提示框。

依次单击“文件”→“保存”命令，保持该文件。

选择文件的保存位置，然后在文件名文本框中输入 FirstBlood.jsx，作为文件的名称，如图 1-1-12 所示。

注意文件名称的扩展名为.jsx，表示当前文件是一份 Photoshop 脚本。

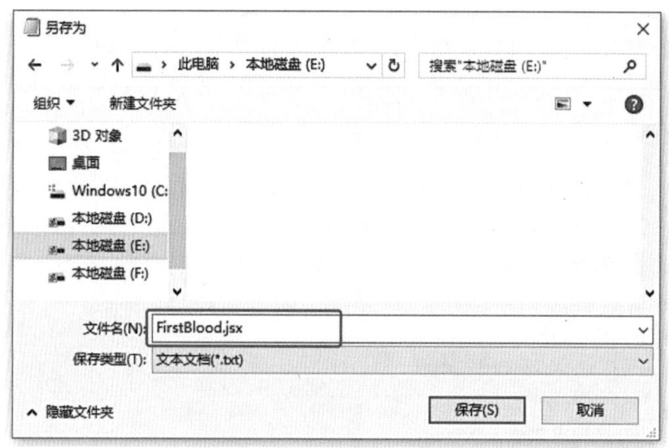

图 1-1-12　保存脚本，注意文件的扩展名为.jsx

❹ **打开 Photoshop**：关闭记事本软件，并切换到 Photoshop 界面，使用 Photoshop 软件，调用编写好的脚本。

❺ **运行脚本**：依次单击"文件"→"脚本"→"浏览"命令，如图 1-1-13 所示，该命令可以打开脚本载入窗口。在弹出的载入面板中，找到并打开刚刚保存的脚本文件。

此时脚本文件已经被正确加载和执行，根据脚本中的命令，在界面中弹出了指定内容的信息提示窗口，如图 1-1-14 所示。

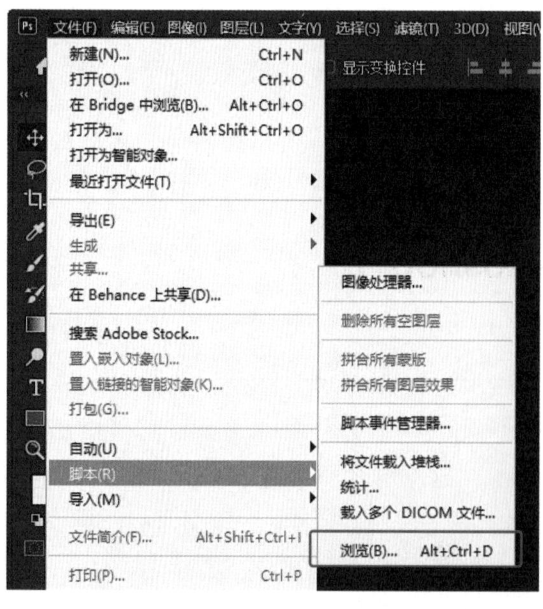

图 1-1-13　依次单击"文件"→"脚本"→"浏览"命令

图 1-1-14　根据脚本中的命令弹出信息提示窗口

1.1.7 使用 Visual Studio Code 编写 Photoshop 脚本

本小节演示如何使用目前最流行的代码编辑 Visual Studio Code，进行 Photoshop 脚本的编写。它是微软公司开发的一款代码编辑器，后面的内容都将使用这款软件编写脚本。

❶ **下载 Visual Studio Code**：打开浏览器，并在地址栏输入 Visual Studio Code 代码编辑器的官方下载地址：https://visualstudio.microsoft.com/zh-hans/downloads/。

进入该页面之后，单击右侧的垂直滚动条，找到代码编辑器的下载链接，接着单击“免费下载”的下三角按钮，显示下载选项列表，如图 1-1-15 所示。

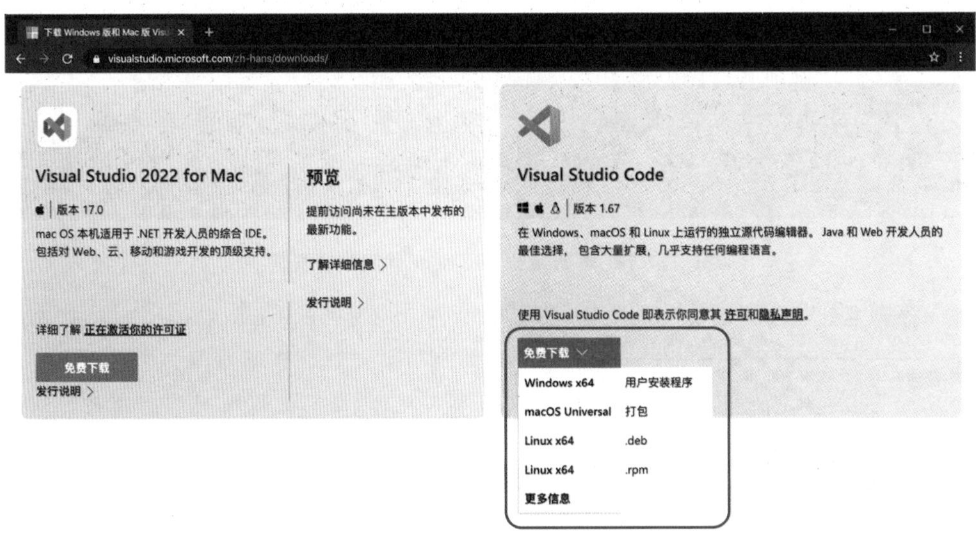

图 1-1-15 根据操作系统的型号下载相应的安装包

代码编辑器支持 Windows、macOS、Linux 等操作系统，用户根据操作系统的类型，选择下载不同的安装包。

❷ **安装 Visual Studio Code**：打开下载好的安装包，然后一直单击“下一步”按钮，即可完成代码编辑器的安装，在此不再赘述。

❸ **新建脚本**：打开安装好的代码编辑器，依次单击 File→New Text File 命令，创建一个新的文件。再依次单击 File→Save 命令，保存新建的文件。自行选择文件存储的位置，然后在文件名文本框中输入文件的名称 HelloPhotoshopScript.jsx。

❹ **输入脚本代码**：在文件中输入以下代码：

```
1. var message = "Welcome to" + app.name + "\r\n" + app.version;
```

var 表示定义一个名为 message 的变量，用来存储一个字符串，内容是欢迎进入当前程序的名称，然后通过\r\n 符号进行换行，最后显示程序的版本号。

```
2. alert(message);
```

alert 是一个函数，它可以弹出一个信息提示窗口，显示 alert 后面小括号内的 message 变量中存储的内容。

每行代码的左侧都会有行号，代码下方的灰色文字是作者对代码的注解，在编写代码时，不需要输入这些灰色文字。

输入代码后的 Visual Studio Code 界面如图 1-1-16 所示。

```
var message = "Welcome to " + app.name +"\r\n" + app.version;
alert(message);
```

图 1-1-16　Visual Studio Code 代码编辑界面

❺ **保存脚本**：完成脚本代码的编写之后，依次单击 Visual Studio Code 软件的“文件”→“存储”命令，保存所在的修改。

❻ **运行脚本**：返回到 Photoshop 界面，以执行新的 Photoshop 脚本。依次单击“文件”→“脚本”→“浏览”命令，如图 1-1-13 所示，该命令可以打开脚本载入窗口。

在弹出的载入面板中，找到并打开刚刚保存的脚本文件。此时脚本文件已经被正确加载和执行，根据脚本中的命令，弹出了一个信息提示窗口，显示了当前 Photoshop 的版本号，如图 1-1-17 所示。

图 1-1-17　脚本运行后显示当前 Photoshop 的版本

1.1.8　设置运行 Photoshop 脚本的快捷键

老师，我发现每次运行脚本，都要依次单击“文件”→“脚本”→“浏览”这三个菜单命令，有些烦琐，有什么便捷的运行脚本的方式吗？

小美，有啊！Photoshop 提供了一个快捷键设置窗口，你可以给经常使用的命令设置一组快捷键。

每次调用脚本都需要执行"文件"→"脚本"→"浏览"命令，这样就有些烦琐了！本小节演示如何设置一个快捷键来快速调用浏览命令。

❶ **打开快捷键设置窗口：** 依次单击"编辑"→"键盘快捷键"命令，打开快捷键设置窗口。在应用程序菜单命令列表中，找到"脚本"→"浏览"命令。

❷ **设置快捷键：** 在右侧的快捷键一栏，按下键盘上的一组按键，作为浏览命令的快捷键，如图 1-1-18 所示。

图 1-1-18　设置浏览命令的快捷键

读者可以根据个人的爱好，设定其他的按键作为该命令的快捷键。完成快捷键的输入之后，单击右侧的"接受"按钮就可完成浏览命令的快捷键设置。

❸ **使用快捷键：** 现在我们再来执行上一小节制作的脚本文件。这次采用快捷键的方式浏览并执行脚本。在键盘上按下刚刚设置的快捷键。脚本载入窗口再次出现在我们面前，这样就比使用菜单命令执行脚本方便多了！在载入窗口中，双击需要执行的脚本文件。我们看到脚本再次被正确执行了，如图 1-1-17 所示。

1.1.9　使用 Photoshop 脚本遍历最近打开的文档

老师，我想从 Photoshop 打开过的文档中找到一份文档，请问该如何操作呢？

小美，app 对象有一个名为 recentFiles 的属性，它包含了 Photoshop 的所有历史文档，你可以从中获取到所需的文档。

本小节演示如何显示最近打开的历史文档。现在开始编写脚本，实现这项功能。

❶ **创建脚本**：打开 Visual Studio Code 代码编辑器，依次单击 File→New Text File 命令，创建一个名为 1-1-5.jsx 的脚本文件，并输入以下代码：

```
1. var recentFiles = app.recentFiles;
```

使用 var 语句定义一个变量 recentFiles，表示应用程序最近打开的文件 recentFiles。

```
2. var message = "";
```

定义一个变量 message，用来在之后的代码中存储所有曾经打开的文件的名称。它的默认值为""，表示空的字符串。

```
3. for(var i = 0; i < recentFiles.length; i++)
4. {
```

添加一个 for 循环语句遍历文件列表。循环语句的执行次数与历史文档的数目 recentFiles 数组的 length 长度相同。

```
5. message += (i+1) + ":" + recentFiles[i].name + "\r\n";
```

在循环语句中，把所有历史文档的 name 名称，依次存储到指定的变量 message 中。+= 符号：表示将右侧的内容存储在左侧的变量中；\r\n：表示换行符。

```
6. }
7. alert(message);
```

调用 alert 警告窗口命令，将 message 变量存储的信息显示出来。

❷ **切换到 Photoshop**：保存完成的脚本文件，然后切换到 Photoshop 界面。

❸ **运行脚本**：依次执行"文件"→"脚本"→"浏览"命令，或者使用上一小节设置的快捷键，打开脚本载入窗口。在弹出的"载入"窗口中，双击脚本名称执行该脚本文件。

脚本执行后，弹出一个信息提示窗口，显示了所有最近打开过的文档的名称信息，如图 1-1-19 所示。

图 1-1-19　所有最近打开过的文档

1.1.10 使用 Photoshop 脚本输出文档的属性信息

老师，最近有一项面向网页端的设计任务，需要将网页上的很多小图拼合成一张大图，这就需要知道每张小图的尺寸，我该如何获取图片的尺寸呢？

小美，这个很简单，每个 document 对象都有一个 width 属性和一个 height 属性，可以分别获取文档（图片）的宽度和高度的数值。

本小节演示如何使用 Photoshop 脚本查看已打开的所有文档的尺寸信息。

❶ **创建脚本**：打开 Visual Studio Code 代码编辑器，依次单击 File→New Text File 命令，创建一个名为 1-1-6.jsx 的脚本文件，并输入以下代码：

```
var docs = app.documents;
```

使用 var 语句定义一个变量 docs，这个变量是一个数组变量，用来存储应用程序已经打开的所有文档 documents。

```
var message = "";
```

继续定义一个变量 message，它的默认值为空。这个变量将在后面的代码中用于存储所有文档的尺寸信息。

```
for(var i = 0; i < docs.length; i++)
{
```

接着添加一个 for 循环语句，用来遍历 docs 数组变量中存储的内容，也就是应用程序当前已打开的所有文档。

```
    message += docs[i].name + ":" + docs[i].width + "*" + docs[i].height + "\r\n";
```

这条语句的作用是将文档的 name 名称、width 宽度、height 高度等信息，使用“+”号，连接成一个字符串，并以“+=”累加的方式，存入到变量 message 中。

```
}
alert(message);
```

调用 alert 警告窗口命令，打开警告窗口，显示 message 变量的最终结果。

❷ **切换到 Photoshop**：保存完成的脚本文件，然后切换到 Photoshop 界面。当前 Photoshop 已经打开了 5 份示例文档，如图 1-1-20 所示，现在使用 Photoshop 脚本查看这 5 份文档的尺寸信息。

❸ **运行脚本**：依次执行“文件”→“脚本”→“浏览”命令，或者使用之前设置的快捷键，打开脚本载入窗口。

在弹出的“载入”窗口中，找到并双击脚本名称，加载并执行该 Photoshop 脚本文件。

Photoshop 脚本执行后，弹出一个信息提示窗口，显示了所有已经打开的文档的尺寸信息，如图 1-1-21 所示。

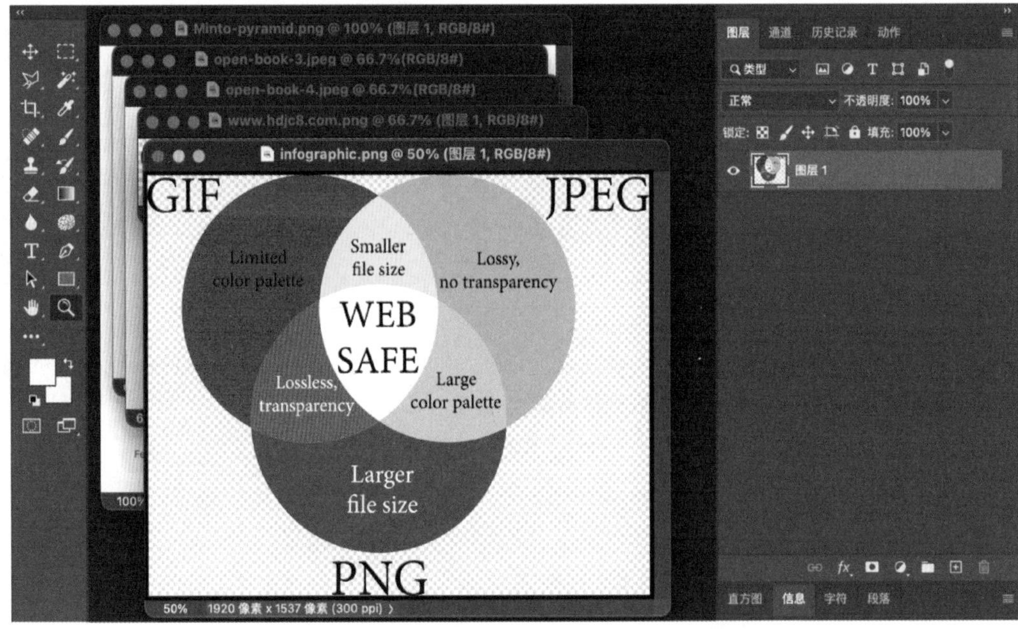

图 1-1-20　Photoshop 已经打开 5 份示例文档

图 1-1-21　Photoshop 已经打开文档的尺寸信息

1.1.11　使用 Photoshop 脚本遍历 Photoshop 的所有字体

老师，我使用脚本创建了文字图层，想给文字设置中文字体，可是我将字体名称设置为 Photoshop 字体列表中的名称时，为什么不起作用呢？

小美，字体列表中的中文字体名称是经过翻译的，与 Photoshop 脚本中能够使用的字体名称不同，你可以通过 app 对象的 fonts 属性获得可以使用的所有字体，然后找出所要使用的中文字体对应的名称。

本小节演示如何使用 Photoshop 脚本查看系统中的所有可用字体。

❶ **创建脚本**：打开 Visual Studio Code 代码编辑器，依次单击 File→New Text File 命令，创建一个名为 1－1－7.jsx 的脚本文件，并输入以下代码：

```
var fonts = app.fonts;
```

首先新建一个变量 fonts，该变量是一个数组变量，用来存储系统中的所有字体。

```
var message = "";
```

继续新建一个变量 message，它的默认值为空。这个变量将在后面的代码中起到保存字体信息的作用。

```
for(var i = 0; i < fonts.length; i++)
{
```

添加一个 for 循环语句，用来遍历 fonts 数组变量中存储的内容，也就是系统字体信息。

```
    message += (i+1) + " - " + fonts[i].name + "\r\n";
```

这条语句的作用，是将序号(i+1)和字体的名称 name，使用"+"号连接成一个字符串，并以累加的方式，存入到变量 message 中。

```
}
alert(message);
```

使用 alert 警告窗口命令，打开信息提示窗口，显示变量的最终结果。

❷ **切换到 Photoshop**：保存完成的脚本文件，然后切换到 Photoshop 界面。

❸ **运行脚本**：依次执行"文件"→"脚本"→"浏览"命令，或者使用之前设置的快捷键，打开脚本载入窗口。在弹出的"载入"窗口中，找到并双击脚本名称，加载并执行该脚本文件。脚本执行后，弹出一个信息提示窗口，显示了 Photoshop 支持的所有字体信息，如图 1－1－22 所示。

图 1－1－22　Photoshop 可以使用的所有字体

1.1.12 使用 Photoshop 脚本设置前景色和背景色

老师，我需要使用脚本绘制分形数学中的几何图形，在绘制图形时需要先设置 Photoshop 的前景色，请问使用脚本可以设置前景色吗？

小美，当然可以啦，只要修改 app 对象的 foregroundColor 属性，即可修改 Photoshop 的前景色。分形数学中的图形颜色往往非常绚丽，所以你可以使用 Math.random( )来生成随机的前景色。

本小节演示如何使用 Photoshop 脚本设置随机的前景色和背景色。

❶ **创建脚本：**打开 Visual Studio Code 代码编辑器，依次单击 File→New Text File 命令，创建一个名为 1-1-8.jsx 的脚本文件，并输入以下代码：

```
var answer = confirm("您需要随机设置前景色和背景色吗?");
```

使用 confirm 确认窗口命令，弹出一个包含"是/否"的请求确认窗口，由用户决定是否执行某个操作，并将用户选择的结果，存储到变量 answer 中。

```
if(answer)
{
```

判断用户的选择，如果用户选择"是"，则执行下面的动作。

```
    app.foregroundColor.rgb.red = Math.random( ) * 255;
```

这里使用数学函数中的随机值命令 Math.random( )，生成一个 0～1 之间的随机值。再使用随机值乘以 255，从而生成一个介于 0～255 之间的整数。

```
    app.foregroundColor.rgb.green = Math.random( ) * 255;
```

设置前景色绿色通道的值，绿色通道的值也是一个 0～255 之间的随机整数。

```
    app.foregroundColor.rgb.blue = Math.random( ) * 255;
```

使用同样的方式，设置前景色蓝色通道的值。

```
    app.backgroundColor.rgb.red = Math.random( ) * 255;
    app.backgroundColor.rgb.green = Math.random( ) * 255;
    app.backgroundColor.rgb.blue = Math.random( ) * 255;
```

接着使用同样的方式，继续设置背景色。

```
}
```

❷ **切换到 Photoshop：**保存完成的脚本文件，然后切换到 Photoshop 界面。

❸ **运行脚本：**依次执行"文件"→"脚本"→"浏览"命令，或者使用之前设置的快捷键，打开脚本载入窗口。在弹出的"载入"窗口中，找到并双击脚本名称，加载并执行该脚本文件。

脚本执行后，弹出一个确认窗口，询问是否给 Photoshop 的前景色和背景色设置随机颜色，如图 1-1-23 所示。

单击"是"按钮，给 Photoshop 设置随机的前景色和背景色，效果如图 1-1-24 所示。

图 1-1-23 询问是否设置随机颜色

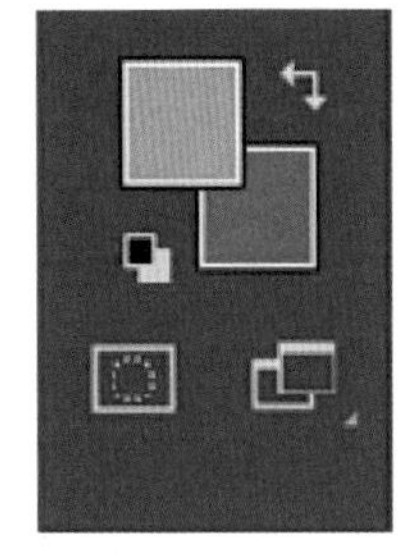

图 1-1-24 随机前景色和背景色

1.1.13 使用 Photoshop 脚本显示 Photoshop 软件的系统信息

老师,我有个脚本可以创建文档和文字,为什么在其他伙伴电脑上创建的文档和文字,它们的尺寸和在我电脑上创建的不同呢?

小美,这是由于两台电脑上 Photoshop 的标尺单位不同造成的,你可以通过 app. preferences. rulerUnits 查询和设置标尺的单位,以避免脚本在不同的环境产生不同的结果。

本小节演示如何通过脚本查看 Photoshop 软件的版本号、是否支持编辑视频,以及操作系统的内存、标尺单位等信息。通过这些信息可以了解 Photoshop 软件的运行状态。

❶ **创建脚本**:创建一个名为 1-1-9.jsx 的脚本文件,并输入以下代码:

```
1. var message = "Welcome to " + app.name;
```
定义变量 message 存储需要显示的信息,首先获得 Photoshop 软件的名称 app.name。

```
2. message += " version " + app.version + "\r\r";
```
使用"+="符号,将 Photoshop 软件的版本号 version,也存储在这个变量中。

```
3. var memorySize = parseInt(app.freeMemory/(1024 * 1024)) + " MB\r\r";
```
获得电脑的可用内存的容量,默认单位为字节,这里通过除以两个 1 024 的乘积,将结果的单位转换为兆字节。parseInt 函数用来将数值转换为整数类型。

```
4. message += "You have this much memory available for Photoshop: " + memorySize;
```
将可用内存容量信息 memorySize,也存储到 message 变量中。

```
5. var documentsOpen = app.documents.length;
6. message += "You currently have " + documentsOpen + " document(s) open.\r\r";
```
获得 Photoshop 软件当前打开的文档的数量,并将这些数量信息存储到 message 变量中。

```
7. message += "The path of Photoshop is: " + app.path + "\r\r";
```
获取 Photoshop 软件的安装 path 路径。

```
8. message += "The locale language of Photoshop is: " + app.locale + "\r\r";
```
获取 Photoshop 软件的 locale 本地语言，如中文、英语等。

```
9. message += "The ruler units of Photoshop is: " + app.preferences.rulerUnits + "\r\r";
```
获取 Photoshop 软件的 rulerUnits 标尺单位，如厘米、英寸、像素等。

```
10. message += "Is quicktime available: " + app.isQuicktimeAvailable( ) + "\r\r";
```
查询 Photoshop 软件是否支持影片编辑 isQuicktimeAvailable，如果不支持，则无法使用 Photoshop 打开和编辑视频文件。此时您需要重新安装 Quick time 软件。

```
11. message += "The current tool of Photoshop is: " + app.currentTool + "\r\r";
```
获取在左侧的工具箱中，处于活动状态工具 currentTool 的名称。

```
12. alert(message);
13. alert(app.systemInformation);
```
使用 alert 显示刚刚获取的信息，同时显示 Photoshop 软件的系统信息。

❷ **切换到** Photoshop：保存完成的脚本，并切换到 Photoshop 界面。

❸ **运行脚本**：依次执行“文件”→“脚本”→“浏览”命令，或者使用之前设置的快捷键，打开脚本载入窗口。在弹出的“载入”窗口中，加载并执行该脚本文件。

脚本文件执行后，依次弹出两个信息提示窗口，第一个窗口显示了 Photoshop 的版本号、可用内存、安装路径等信息，如图 1-1-25 所示；第二个窗口显示了 Photoshop 的所有系统信息，如启动次数、操作系统型号、系统结构、内存容量等信息，如图 1-1-26 所示。

图 1-1-25　显示指定的 Photoshop 信息

图 1-1-26　Photoshop 系统信息

1.1.14 通过 SolidColor 创建 RGB、CMYK、Lab、HSB 颜色

老师，我需要给选区填充颜色，请问如何使用 Photoshop 脚本调制不同的颜色？

小美，使用 Photoshop 脚本创建颜色是非常简单的，你可以通过 SolidColor 对象的 hsb、rgb、cmyk、lab 等属性，创建不同色彩模式下的颜色。

设计师少不了和颜色打交道，本小节演示如何使用 Photoshop 脚本创建基于不同色彩模式的颜色。

❶ **创建脚本：** 创建一个名为 1-1-10.jsx 的脚本文件，并输入以下代码：

```
var hsbColor = new SolidColor( );
```

首先创建一个基于色相、饱和度、亮度色彩模式的颜色 hsbColor。

```
hsbColor.hsb.brightness = 100;
hsbColor.hsb.hue = 240;
hsbColor.hsb.saturation = 40;
```

依次设置颜色的 brightness 亮度、hue 色彩和 saturation 饱和度的数值。

```
app.foregroundColor = hsbColor;
```

然后将这个颜色 hsbColor，设置为工具箱中的 foregroundColor 前景色。

❷ **切换到 Photoshop：** 保存完成的脚本，并切换到 Photoshop 界面。

❸ **运行脚本：** 依次执行"文件"→"脚本"→"浏览"命令，或者使用之前设置的快捷键，打开脚本载入窗口。在弹出的"载入"窗口中，找到并双击脚本名称，加载并执行该脚本文件。

脚本执行后，Photoshop 工具箱底部的前景色变成了浅紫色，如图 1-1-27 所示。

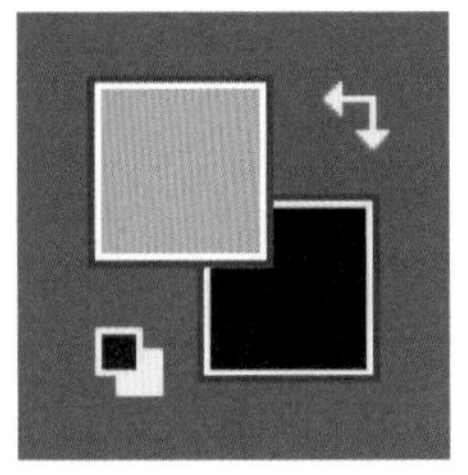

图 1-1-27　前景色变成了浅紫色

❹ **创建其他格式的颜色：** 继续编写脚本，创建另一种颜色。

```
var rgbColor = new SolidColor( );
```

创建一个基于红色、绿色、蓝色三种通道的颜色 rgbColor。该色彩模式通过对红、绿、蓝三个颜色通道的叠加，得到各式各样的颜色。

```
rgbColor.rgb.red = 255;
rgbColor.rgb.green = 0;
rgbColor.rgb.blue = 0;
```

依次设置颜色的红色、绿色和蓝色三种通道的数值，数值范围是从 0～255。

```
var cmykColor = new SolidColor( );
```

四分色模式是彩色印刷时采用的一种套色模式，利用色彩原料的三原色混色原理，加上黑色油墨，共四种颜色混合叠加，形成所谓的全彩印刷效果。

```
cmykColor.cmyk.cyan = 10;
cmykColor.cmyk.magenta = 100;
cmykColor.cmyk.yellow = 10;
cmykColor.cmyk.black = 10;
```

依次设置青色、洋红、黄色和黑色四种标准颜色的数值，数值范围是从 0～100。

```
var labColor = new SolidColor( );
```

字母 l：表示亮度，取值范围是 0～100；字母 a：表示从绿色到红色，取值范围是从 -128～127；字母 b：表示从蓝色到黄色的范围。

```
labColor.lab.l = 100;
labColor.lab.a = 40;
labColor.lab.b = 40;
```

依次设置三个维度的数值。

```
var grayColor = new SolidColor( );
```

接着创建一个基于灰度色彩模式的颜色。

```
grayColor.gray.gray = 30;
```

设置灰色值为 30，并将该颜色设置为前景色。

```
alert(app.foregroundColor.isEqual(grayColor));
```

除了创建颜色外，还可以使用 isEqual 方法比较两个颜色是否相同。这里打开一个 alert 信息窗口，显示前景色是否和刚刚创建的灰度颜色相同。

❺ **切换到 Photoshop**：保存完成的脚本，并切换到 Photoshop 界面。

❻ **运行脚本**：依次执行“文件”→“脚本”→“浏览”命令，或者使用之前设置的快捷键，打开脚本载入窗口。在弹出的“载入”窗口中，找到并双击脚本名称，加载并执行该脚本文件。

脚本执行后，弹出一个信息提示窗口，显示了前景色和灰色的比较结果。由于两种颜色不同，所以显示结果为 false(假)，如图 1-1-28 所示。

图 1-1-28　比较两种颜色是否相同

1.1.15　通过 ColorPicker 设置颜色

老师，使用 SolidColor 调配颜色确实很方便，不过有时我想让用户自行选择所需的颜色，该如何操作呢？

小美，这其实更加简单，通过 showColorPicker( )函数可以打开拾色器窗口，从而让用户自己拾取所需的颜色。

本小节演示如何使用 Photoshop 脚本通过拾色器窗口获取一种自定义的颜色。

❶ **创建脚本**：创建一个名为 1-1-11.jsx 的脚本文件，并输入以下代码：

```
var didGotColor = showColorPicker( );
```
首先创建一个 showColorPicker 拾色器窗口。

```
if(didGotColor)
{
```
如果拾色器窗口创建成功，则执行后面的代码。

```
    var hrexColor = app.foregroundColor.rgb.hexValue;
```
由于拾色器窗口和工具箱里的前景色是实时绑定的，所以可以从前景色获取拾色器窗口的颜色数值。这里获取的是十六进制格式的颜色数值 hexValue。

```
    alert(hrexColor);
```
使用 alert 信息窗口，显示从拾色器窗口获取的颜色数值。

```
}
```

❷ **切换到 Photoshop**：保存完成的脚本，并切换到 Photoshop 界面。

❸ **运行脚本**：依次执行"文件"→"脚本"→"浏览"命令，或者使用之前设置的快捷键，打开脚本载入窗口。在弹出的"载入"窗口中双击脚本名称，加载并执行该脚本文件。

❹ **拾取颜色**：脚本执行后，弹出了一个拾色器窗口，在左侧的颜色拾取面板选择一种颜色，如图 1-1-29 所示。然后单击"确定"按钮，此时弹出一个信息窗口，显示了刚刚设置的颜色的十六进制数值，如图 1-1-30 所示。

图 1-1-29　在颜色拾取面板选择颜色

图 1-1-30　显示颜色的十六进制数值

1.2 Photoshop 脚本常用语法

1.2.1 Photoshop 脚本的基本语句

老师，糟了！我发现我得健忘症了，才写了没多久的脚本，我居然不记得它的作用了，现在怎么办才好呢？

小美，没那么严重的。很多人在经过一段时间之后，都会忘记自己编写的脚本的作用，为了避免这个问题，我们在编写代码时需要给代码添加注释。你可以使用“//”双斜线添加单行注释，或者使用“/＊”和“＊/”添加多行注释，有了注释就不用担心遗忘了。

本小节演示如何给 Photoshop 脚本添加注释。注释的作用一般是在一段时间后再次查看脚本代码时，可以提醒我们这段代码的作用，或者帮助其他伙伴快速熟悉和上手我们的代码。

❶ **创建脚本**：创建一个名为 1-2-1.jsx 的脚本文件，并输入以下代码：

```
// 使用双斜线表示开始书写一行注释。
```

在行首使用双斜线//，表示开始书写一行注释。

```
alert("Hello Javascript");
```

调用脚本的 alert 警告窗口命令，弹出脚本信息窗口，显示一行字符串。

```
/*
    显示当前应用名称的弹出窗口
*/
```

使用斜线和星号，可以书写一段注释，如果注释有多行的话，可以采用此种注释方式。

```
alert(app.name);
```

调用脚本的 alert 警告窗口命令，弹出脚本信息窗口，显示当前应用程序的名称。

❷ **切换到 Photoshop**：保存完成的脚本，并切换到 Photoshop 界面。

❸ **运行脚本**：依次执行“文件”→“脚本”→“浏览”命令，打开脚本载入窗口。在弹出的“载入”窗口中，找到并双击脚本名称，加载并执行该脚本文件。

脚本执行后，依次弹出了两个信息提示窗口，第一个窗口显示了 Hello Javascript，如图 1-2-1 所示；第二个窗口显示了当前应用程序的名称，如图 1-2-2 所示。

图 1-2-1 显示一行字符串

图 1-2-2 显示当前程序的名称

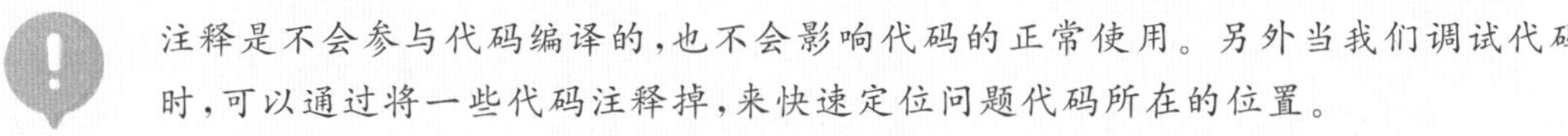

注释是不会参与代码编译的，也不会影响代码的正常使用。另外当我们调试代码时，可以通过将一些代码注释掉，来快速定位问题代码所在的位置。

1.2.2 Photoshop 脚本变量的定义

老师，我发现几乎每段脚本中都会包含 var 语句，我知道 var 是用来定义变量的，可是变量这个名字好奇怪哦！

小美，说起变量，你可以将它当作代数中的 x，都是用来存储一个数值的。例如：var number = app. activeDocument. activeLayer. opacity；表示定义了一个名为 number 的变量，它的值是活动图层的不透明度。

老师，那么“变量”中有一个“变”字，这个变字有什么特别的含义吗？

小美，问得好。变量，变量，就是可以变化的量。例如执行 number = 50 之后，number 的值不再是活动图层的不透明度了，它的值被改成了 50。

本小节演示 Photoshop 脚本变量的定义，变量的作用是存储各种元素、数值。

❶ **创建脚本**：创建一个名为 1-2-2.jsx 的脚本文件，并输入以下代码：

1. `var documentName = app.activeDocument.name;`

   通过 app.activeDocument.name 脚本获得当前文档的名称，然后使用 var 关键字，定义一个变量 documentName，通过等号"="将文档名称存储在变量 documentName 中。

2. `var documentPath = app.activeDocument.path;`

   通过 app.activeDocument.path 获得当前文档的路径，然后使用 var 关键字，定义另一个变量 documentPath，通过等号"="将文档路径存储在变量 documentPath 中。

3. `alert(documentName + "位于：" + documentPath);`

   调用脚本的 alert 警告窗口命令，弹出信息提示窗口，显示变量 documentName 和变量 documentPath 的值，也就是显示活动文档的名称和路径。使用加号"+"可以将多项内容拼接成一个字符串进行显示。

❷ **切换到** Photoshop：保存完成的脚本，并切换到 Photoshop 界面。

❸ **运行脚本**：依次执行"文件"→"脚本"→"浏览"命令，打开脚本载入窗口。在弹出的"载入"窗口中，找到并双击脚本名称，加载并执行该脚本文件。

脚本执行后弹出了一个信息提示窗口，显示了 Photoshop 当前文档的名称和路径，如图 1-2-3 所示。

图 1-2-3　弹出的窗口显示了 Photoshop 当前文档的名称和路径

1.2.3　Photoshop 脚本变量的类型

老师，既然变量的主要作用是存储，那么它可以存储什么样的内容呢？

小美，变量主要存储两种类型的数据：值类型和引用类型。
值类型包括数字、字符串等单纯的数值，如 3.14、"你好"。
引用类型包括数组、函数、对象等，如[1,2,3]、app.activeDocument。

本小节演示 Photoshop 脚本变量的类型。

❶ **创建脚本**：创建一个名为 1-2-3.jsx 的脚本文件，并输入以下代码：

1. var resolution = 72;

   使用 var 关键字定义一个整数类型的变量 resolution，它的值是整数 72。

2. var scale = 0.75;

   定义一个浮点数类型 scale，即带小数的数字变量，它的值是浮点数 0.75。

3. var isSaved = true;

   定义一个布尔类型的变量 isSaved，它的值是布尔值(真 true 或假 false)。

4. var documentName = "fish.psd";

   定义一个字符串类型的变量 documentName，它的值是一个字符串，字符串类型变量的值，需要用双引号或单引号括起来。

5. var file = File("d:\fish.psd");

   定义一个 File 文件类型的变量，File 后面双引号中的内容是一个文件的路径。如果需要 Photoshop 打开指定路径的文件，则首先需要将这个路径转换为 File 类型的变量。

6. var folder = Folder("d:\images");

   定义一个 Folder 类型的变量，Folder 后面双引号中的内容是一个文件夹的路径。如果需要打开一个文件夹下的所有文件，则首先需要将文件夹的路径转换为 Folder 类型的变量。

7. var channels = ["RGB", "红", "绿", "蓝"];

   定义一个数组类型的变量 channels。和其他类型不同，数组类型用于在一个变量中存储多个值。各个值使用英文逗号分割，这些值位于左右中括号之内。

8. alert(documentName + "的分辨率是：" + resolution + ";\n 缩放比例是：" + scale + ";\n 文档路径是：" + file + ";\n 文件夹是：" + folder + ";\n 通道是：" + channels);

   最后调用脚本的 alert 警告窗口命令，弹出信息提示窗口，显示由所有数据类型的值，也就是使用加号拼接成的字符串。

❷ **切换到 Photoshop**：保存完成的脚本，并切换到 Photoshop 界面。

❸ **运行脚本**：依次执行“文件”→“脚本”→“浏览”命令，打开脚本载入窗口。在弹出的“载入”窗口中，找到并双击脚本名称，加载并执行该脚本文件。

脚本执行后弹出了一个信息提示窗口，显示了拼接的字符串，如图 1-2-4 所示。

图 1-2-4　显示了文档的分辨率、缩放比例等信息

1.2.4 Photoshop 脚本的数组

老师，我要写一个脚本处理和星期相关的任务，如果要存储一个星期中的 7 天，是不是要定义 7 个变量啊，看起来有点笨拙哦！

小美，数组可以很好地解决这个问题。数组就是使用单独的变量名来存储多个值，这些值都被放在中括号[ ]之内，并使用逗号来分隔。

本小节演示 Photoshop 脚本数组类型变量的具体用法。

❶ **创建脚本**：创建一个名为 1-2-4.jsx 的脚本文件，并输入以下代码：

```
var softwares = ["Dreamweaver", "Illustrator", "Indesign"];
alert(softwares);
```

使用 var 关键字，定义一个数组类型的变量 softwares。它的值由三个某种类型的元素组成，元素之间由逗号隔开，所有的元素被包括在中括号里面。通过 alert 函数弹出一个信息窗口，显示 softwares 变量的内容，如图 1-2-5 所示。

```
softwares[0] = "Photoshop";
alert(softwares[0]);
```

由于数组的序号是从 0 开始的，所以此行代码用来更改数组中第一个元素的值。通过 alert 函数弹出一个信息窗口，显示 softwares 第一个元素的内容，如图 1-2-6 所示。

```
softwares.push("Premiere");
```

往数组的尾部 push 添加一个新的字符串 Premiere。

```
alert(softwares);
alert(softwares.length);
```

通过 alert 函数弹出一个窗口，显示 softwares 数组的内容，如图 1-2-7 所示。另一个 alert 函数可以显示 softwares 数组包含多少个元素，如图 1-2-8 所示。

❷ **切换到 Photoshop**：保存完成的脚本，并切换到 Photoshop 界面。

❸ **运行脚本**：依次执行"文件"→"脚本"→"浏览"命令，打开脚本载入窗口。在弹出的"载入"窗口中，找到并双击脚本名称，加载并执行该脚本文件。

脚本执行后，依次弹出了 4 个信息提示窗口，显示与 softwares 数组相关的信息，如图 1-2-5～图 1-2-8 所示。

图 1-2-5　softwares 原始数组

图 1-2-6　softwares 数组的第一个元素

图 1-2-7　修改后的 softwares 数组

图 1-2-8　softwares 数组元素数量

1.2.5　Photoshop 脚本的运算符

老师，我需要将所有图层按照序号进行重新命名，名称的格式像这样：layer-1、layer-2、……，请问我如何将字符串和数字拼接在一起呢？

小美，这是一个经常遇到的问题，你可以使用运算符中的加号"＋"进行字符串和数字的拼接。和"＋"加号类似的运算符还有很多，它们主要用于数值的计算。

本小节演示 Photoshop 脚本的变量运算。

❶ **创建脚本**：创建一个名为 1-2-5.jsx 的脚本文件，并输入以下代码：

```
1. var add = 1 + 1;
```

使用 var 关键字定义一个变量 add，它的值是数字 1 与数字 1 的和。代码中的"+"加号是求和运算符，"="等号是赋值运算符，它可以将"="右侧的值赋予左侧的变量。

2. var subtract = 2 - 1;
继续使用 var 关键字定义一个变量 subtract，它的值是数字 2 与数字 1 的差。

3. var multiply = 2 * 2;
定义一个变量 multiply，它的值是数字 2 与数字 2 的乘积。

4. var divide = 4 / 2;
继续定义一个变量 divide，它的值是数字 4 除以数字 2 的商。

5. var remainder = 5 % 2;
接着使用 var 关键字定义一个变量 remainder，它的值是使用数字 5 对数字 2 取余。

6. var appName = "Photoshop" + " 2022";
定义一个变量 appName，它的值是两个字符串连接后的字符串。

7. alert("Application name is " + appName);
使用脚本的 alert 警告窗口命令，弹出提示窗口，显示变量 appName 的值。

❷ **切换到 Photoshop**：保存完成的脚本，并切换到 Photoshop 界面。

❸ **运行脚本**：依次执行“文件”→“脚本”→“浏览”命令，打开脚本载入窗口。在弹出的“载入”窗口中，找到并双击脚本名称，加载并执行该脚本文件。

脚本执行后，弹出一个信息提示窗口，显示了拼接的字符串，如图 1-2-9 所示。

图 1-2-9　弹出窗口显示了拼接后的字符串

1.2.6　Photoshop 脚本的 if 条件判断语句

老师，我需要将所有文本图层的文字颜色修改为红色，在做这个之前，我需要先判断图层的类型是否为文本图层，请问有这样的判断语句吗？

小美，有的。可以使用 if 条件语句，它可以根据不同的条件执行不同的任务。条件语句的格式为：if (condition){ 代码 }，只有当( )小括号内的 condition 的值为 true 时，才会执行{}大括号内的代码。

本小节演示 Photoshop 脚本的 if 判断语句的使用。

❶ **创建脚本**：创建一个名为 1－2－6.jsx 的脚本文件，并输入以下代码：

```
if(app.activeDocument.width < app.activeDocument.height)
{
    alert("当前文档为竖状");
}
```

添加一个 if 判断语句，如果 app.activeDocument 当前活动文档的 width 宽度小于它的 height 高度，则弹出一个提示窗口。

```
if(app.activeDocument.resolution > 200)
    alert("当前文档为高清图像");
```

添加一个 if 判断语句，如果当前活动文档的 resolution 分辨率大于 200，则弹出一个提示窗口。如果需要执行的代码只有一行，则可以省略掉大括号。

```
if(app.documents.length == 0)
    alert("Photoshop 没有打开文档");
```

如果 Photoshop 的 documents 文档数组的长度为 0，则表示 Photoshop 尚未打开任何文档。

```
if(app.documents.length != 0)
    alert("Photoshop 打开了 " + app.documents.length + " 个文档");
```

如果 Photoshop 的 documents 数组的长度不为 0，则显示 Photoshop 打开的文档的数量。

```
if(app.documents.length != 0 && app.activeDocument.activeLayer.kind == LayerKind.TEXT)
    alert(app.activeDocument.activeLayer.textItem.contents);
```

您可以将"&&"理解为"并且"，所以 if 语句小括号内的代码的含义是：如果 Photoshop 的 documents 数组的长度不为 0，并且当前活动文档的活动图层的 LayerKind 类型为 TEXT 文本类型，则显示该图层的 contents 文字内容。

```
if(app.activeDocument.activeLayer.isBackgroundLayer || app.activeDocument.activeLayer.allLocked)
    alert("您无法移动该图层");
```

您可以将"||"理解为"或者"，所以 if 语句小括号内的代码的含义是：如果当前活动文档的活动图层是背景图层 isBackgroundLayer，或者当前活动文档的活动图层处于全部锁定的状态 allLocked，则弹出信息窗口，提示用户无法移动该图层。

❷ **切换到 Photoshop**：保存完成的脚本，并切换到 Photoshop 界面，此时已经打开了一份文档，如图 1－2－10 所示。

❸ **运行脚本**：依次执行"文件"→"脚本"→"浏览"命令，打开脚本载入窗口。在弹出的"载入"窗口中，找到并双击脚本名称，加载并执行该脚本文件。

脚本执行后，弹出一个信息提示窗口，显示了 Photoshop 打开文档的数量，如图 1－2－11 所示；接着又弹出一个提示窗口，显示了当前图层中的文字内容，如图 1－2－12 所示。

图 1-2-10　示例文档(1)

图 1-2-11　Photoshop 打开文档的数量

图 1-2-12　显示当前图层的文字内容

1.2.7　Photoshop 脚本的 if-else 条件判断语句

本小节演示 Photoshop 脚本的 if-else 条件判断语句的用法。

❶ **创建脚本：** 创建一个名为 1-2-7.jsx 的脚本文件，并输入以下代码：

```
var layerKind = app.activeDocument.activeLayer.kind;
```

首先定义一个变量 layerKind，用来表示当前活动图层的类型。

```
if(layerKind == LayerKind.NORMAL)
    alert("当前图层是普通图层");
```

如果图层类型是 NORMAL，则弹出一个信息提示窗口，显示当前图层是普通图层。

```
else if(layerKind == LayerKind.TEXT)
{
    alert("当前图层是文本图层");
    alert(app.activeDocument.activeLayer.textItem.contents);
```

```
}
```

如果图层类型是 TEXT，则弹出一个信息提示窗口，显示当前图层是文本图层，继续弹出第二个信息提示窗口，显示文本图层里的 contents 文字内容。由于需要执行的代码超过了一行，所以需要使用大括号将要执行的代码包括起来。

```
else if(layerKind == LayerKind.SMARTOBJECT)
    alert("当前图层是智能对象");
else if(layerKind == LayerKind.LAYER3D)
    alert("当前图层是 3D 图层");
else if(layerKind == LayerKind.VIDEO)
    alert("当前图层是视频图层");
```

依次检测当前图层的类型是否为智能对象、3D 图层和视频图层，如果是，则弹出相应的信息提示窗口显示对应的内容。

```
else
    alert("当前图层是调整图层");
```

else 是指当上面几种条件都不匹配时的情况，如果当前图层的类型不是以上几种类型，则当前图层为调整图层。

❷ **切换到 Photoshop**：保存完成的脚本，并切换到 Photoshop 界面，此时已经打开了一份文档，如图 1－2－13 所示。

图 1－2－13　示例文档(2)

❸ **运行脚本**：依次执行“文件”→“脚本”→“浏览”命令，打开脚本载入窗口。在弹出的“载入”窗口中，找到并双击脚本名称，加载并执行该脚本文件。

脚本执行后，弹出一个信息提示窗口，显示了当前活动图层的类型为智能对象，如图 1－2－14 所示。

LayerKind 图层类型共有 23 种：黑白、亮度对比、通道混合器、色彩平衡、曲线、曝光度、渐变填充、渐变映射、色相饱和度、反相、色阶、正常、图案填充、滤镜、海报化、可选颜色、智能对象、实色填充、文本、阈值、3D 图层、自然饱和度、视频。

图 1-2-14　当前活动图层的类型

1.2.8　Photoshop 脚本的循环语句

老师，我想找出所有名称以"产品-"开头的图层，可是文档有非常多的图层，我该如何快速找出想要的图层呢？

小美，你可以使用 for 循环语句，遍历 activeDocument 的 layers 属性里的所有 layer。for 循环的语法是：for (语句 1; 语句 2; 语句 3){代码块}。
语句 1：在代码块开始前执行；
语句 2：运行代码块的条件；
语句 3：在代码块被执行之后运行。

本小节演示 Photoshop 脚本循环语句的使用。

❶ **创建脚本**：创建一个名为 1-2-8.jsx 的脚本文件，并输入以下代码：

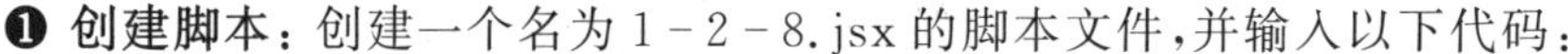

```
var layers = app.activeDocument.layers;
```

获得 Photoshop 的活动文档的所有图层，并将这些图层存储在 layers 变量中。由于一个文档往往拥有多个图层，所以 layers 变量是一个数组。

```
for(var i = 0; i < layers.length; i++)
{
```

添加一个 for 循环语句，遍历 layers 数组中的每个图层。小括号内的为循环条件。

```
    var layer = layers[i];
```

通过索引 i，获得遍历到的 layers 数组中的第 i 个图层。

```
    alert(layer.name + "是：" + layer.kind);
```

弹出一个 alert 信息提示窗口，显示遍历到的图层的 name 名称和 kind 类型。

```
}
```

上面示例中 for 循环的小括号内共有 3 个语句，它们的作用如下：

- var i=0：在大括号内的代码执行之前执行，初始化 i 的值为 0。
- i <layers. length：当 i 小于 layers 数组长度时才执行大括号内的代码。
- i++：++是自增运算符，这里表示每执行一次大括号内的代码，将 i 加 1，直到 i 和 layers. length 相等时，不再执行循环里的代码。

❷ **切换到 Photoshop**：保存完成的脚本，并切换到 Photoshop 界面，此时已经打开了一份文档，如图 1-2-15 所示。

图 1-2-15　示例文档(3)

❸ **运行脚本**：依次执行“文件”→“脚本”→“浏览”命令，打开脚本载入窗口。在弹出的“载入”窗口中，找到并双击脚本名称，加载并执行该脚本文件。

脚本执行后，依次弹出多个信息提示窗口，显示了当前活动各个图层的名称和类型，如图 1-2-16～图 1-2-18 所示。

图 1-2-16　正常图层类型

图 1-2-17　智能对象图层类型

图 1-2-18　文字图层类型

1.2.9　Photoshop 脚本的函数讲解

老师，最近有项设计任务，要给很多文档的所有文本图层设置文字内容、字体颜色和字号，由于每个图层都要进行相同的设置，就要编写很多相似的代码，有没有什么更加简便的方式？

小美，使用函数可以帮助你避免重复代码的问题，因为函数就是可重复使用的代码块。

函数的语法是：function functionName(参数){代码块}。

- function：定义函数必需的关键词。
- functionName：函数的名称。
- (参数)：小括号内的是函数的参数，多个参数以逗号分隔。函数也可以没有参数。
- {代码块}：大括号内的代码块是函数具体要实现的功能。

当要调用函数时，只需输入函数名和参数即可：functionName(参数)。

本小节演示 Photoshop 脚本中函数的用法，函数本质上是能独立完成某项功能的代码集合。

❶ **创建脚本**：创建一个名为 1－2－9.jsx 的脚本文件，并输入以下代码：

```
function setTextContent( )
{
```

使用 function 关键词新建一个函数，关键词后面的 setTextContent 是函数的名称。函数的具体内容包含在一对大括号内。

```
    var layer = activeDocument.artLayers.getByName("大标题");
```

通过 getByName 方法，从 activeDocument 活动文档的 artLayers 所有图层中获得名为“大标题”的图层，并将该图层存储在 layer 变量中。

```
    layer.textItem.contents = "自动化";
    layer.textItem.size = 110;
```

将图层的文字内容 contents 设置为“自动化”，接着将文字的 size 尺寸设置为 110。

```
}
setTextContent( )
```

如果要调用一个函数，则只需要输入函数名和一对小括号即可。

❷ **切换到 Photoshop**：保存完成的脚本，并切换到 Photoshop 界面，此时已经打开了一份文档，如图 1－2－19 所示。

图 1－2－19　原始文档

❸ **运行脚本**：依次执行“文件”→“脚本”→“浏览”命令，打开脚本载入窗口。在弹出的“载入”窗口中，找到并双击脚本名称，加载并执行该脚本文件。

脚本执行后，名称为“大标题”的图层的内容发生了变化，同时它的字号也增加到 110，最终效果如图 1－2－20 所示。

图 1－2－20　图层内容和字号发生了变化

❹ 包含参数的函数： 将第 7 行代码删掉或者注释掉，然后继续创建一个包含参数的函数 setTextContentBy。

该函数包含 3 个参数：layerName、contents、size，分别表示图层名称、图层的文字内容和字号，功能和 setTextContent 函数的功能相同。

```
8. function setTextContentBy(layerName, contents, size)
9. {
```

函数的参数位于小括号之内，并以逗号隔开。

```
10.     var layer = activeDocument.artLayers.getByName(layerName);
```

通过第一个参数 layerName，获得指定名称的图层。

```
11.     layer.textItem.contents = contents;
12.     layer.textItem.size = size;
```

将图层的文字内容设置为第二个参数，将文字的字号设置为第三个参数。

```
13. }
14. setTextContentBy("大标题", "自动化", 110);
```

调用 setTextContentBy 函数和调用 setTextContent 函数相似，只不过需要传入三个数值作为参数，这三个数值为"大标题"、"自动化"和 110，分别作为 layerName、contents、size 三个参数的值。

❺ 切换到 Photoshop： 保存完成的脚本，再次切换到 Photoshop 界面，如图 1－2－20 所示。

❻ 运行脚本： 依次执行“文件”→“脚本”→“浏览”命令，打开脚本载入窗口。在弹出的“载入”窗口中，找到并双击脚本名称，加载并执行该脚本文件。

脚本执行后，名称为“大标题”的图层的内容发生了变化，同时它的字号也增加到 110，最终效果如图 1－2－20 所示。

第 2 章 使用 Photoshop 脚本操作文档及输出文档

从本章将收获以下知识：

❶ 使用 Photoshop 脚本创建新文档

❷ 打开一个存在的文档

❸ 另存当前的文档

❹ 查看当前文档图层边界信息

❺ 复制当前的文档

❻ 将文档导出为 JPEG、GIF 和 PNG 格式的图片

❼ 为文件夹下的所有文档批量添加文档属性

2.1 使用 Photoshop 脚本操作文档

老师，我在 Photoshop 中每打开一张图片，或者新建一份空白的文档，Photoshop 界面上就会多显示一份文档。所以 Photoshop 脚本应该有不少操作文档的功能吧。

小美，你很聪明！Photoshop 脚本的确提供了很多方法，比如可以查询 document 文档的属性，或者修改文档的状态。

通过 app 和 documents 对象，你可以对文档进行以下操作：

- 通过 app.activeDocument 获得 Photoshop 的当前活动文档。
- 通过 app.documents 获得所有已打开的文档。
- 可以通过索引访问 app.documents 列表中的单个文档。
- 通过 documents.getByName( ) 获取指定名称的文档。
- 通过 documents.add( ) 方法创建新的文档。

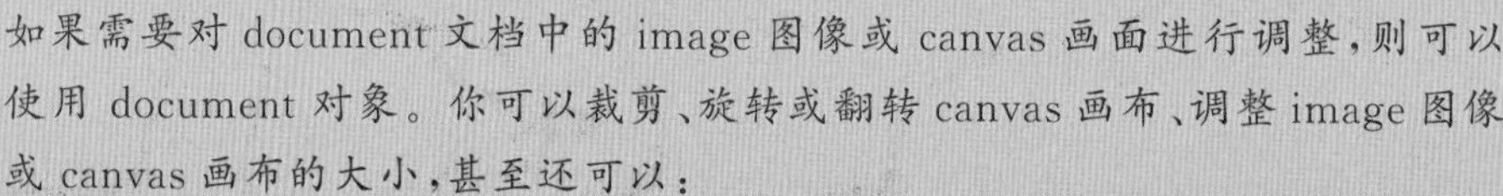

如果需要对 document 文档中的 image 图像或 canvas 画面进行调整，则可以使用 document 对象。你可以裁剪、旋转或翻转 canvas 画布、调整 image 图像或 canvas 画布的大小，甚至还可以：

- 访问 document 对象中包含的脚本对象，例如 artLayer 或 channel 对象。
- 获取活动图层 activeLayer。
- 保存当前的文档。
- 通过剪贴板在不同文档之间进行复制和粘贴。

老师，您刚刚说的 document、image 和 canvas 这三个概念，感觉有些相似，它们之前有什么区别吗？

小美，在 Photoshop 的世界里，一个 document 也可以称为一张图像 image 或者一幅画布 canvas，具体来说：

- image 是指整个文档及其内容。你可以修改或裁剪图像，或使用 resizeImage( ) 调整图像大小。
- canvas 是指文档位于屏幕上的空间。你可以旋转或翻转画布，或使用 resizeCanvas( ) 调整画布大小。

下面我将通过一些具体案例，讲解如何使用 Photoshop 脚本操作文档。

Photoshop 中的文档是图层、通道、路径、参考线等对象的容器。Photoshop 脚本中的 document 类用于对文档进行修改。

document 对象可以表示 Photoshop 中任何打开的文档，可以将 document 对象视为文件或画布。

2.1.1 使用 Photoshop 脚本创建一个新文档

本小节演示如何使用 Photoshop 脚本创建一个空白文档。

❶ **创建脚本**：创建一个名为 2-1-1.jsx 的脚本文件，并输入以下代码：

```
var width = 560;
var height = 560;
var resolution = 72;
```

使用 var 语句，定义一个变量 width，表示新文档的宽度数值。定义一个变量 height，表示新文档的高度数值。定义第三个变量 resolution，表示新文档的分辨率大小。

```
var docName = "New Document";
```

再次定义一个变量 docName，表示新文档的文档名称。

```
var mode = NewDocumentMode.RGB;
```

定义一个变量 mode，表示新文档的色彩模式为 RGB。

```
var initialFill = DocumentFill.TRANSPARENT;
```

接着定义一个变量 initialFill，表示新文档的背景填充颜色为透明 TRANSPARENT。

```
var pixelAspectRatio = 1;
```

最后定义一个变量 pixelAspectRatio，用来设置新文档的像素比率。

```
app.documents.add(width, height, resolution, docName, mode, initialFill, pixelAspectRatio );
```

使用以上的参数，创建一个新的文档。

NewDocumentMode 共有 BITMAP、CMYK、GRAYSCALE、LAB 和 RGB 五种类型。

DocumentFill 共有 BACKGROUNDCOLOR 背景色、TRANSPARENT 透明和 WHITE 白三种选项。

❷ **切换到 Photoshop**：脚本编写完成后，保存完成的脚本，并切换到 Photoshop 界面。

❸ **运行脚本**：依次执行"文件"→"脚本"→"浏览"命令，加载并执行该脚本文件。脚本执行后，Photoshop 将会显示新创建的文档，如图 2-1-1 所示。

图 2-1-1　Photoshop 创建了一份透明背景的空白文档

2.1.2　使用 Photoshop 脚本创建新文档并添加一个文字图层

本小节演示如何使用 Photoshop 脚本新建一个空白文档，并添加一个文字图层。

❶ **创建脚本**：创建一个名为 2-1-2.jsx 的脚本文件，并输入以下代码：

```
var docRef = app.documents.add(500, 300);
```

使用 var 语句定义一个变量 docRef，用来表示新建的文档对象。并设置新文档的宽度为 500 像素，高度为 300 像素。

```
var artLayerRef = docRef.artLayers.add( );
```

调用艺术图层属性的 add 添加图层方法，在新文档中添加一个空白图层，并将图层存储在 artLayerRef 变量中。

```
artLayerRef.kind = LayerKind.TEXT;
```

将新建图层的 kind 类型，设置为 TEXT 文字类型的图层。图层类型有十几种，例如智能图层、矢量图层、三维图层、视频图层等。

```
var textItemRef = artLayerRef.textItem;
textItemRef.contents = "Hello, Photoshop Script!";
textItemRef.size = 40;
```

接着定义一个变量 textItemRef，表示一个新的文本对象。设置这个文本对象的 contents 文字内容，同时设置这个文本对象的 size 字体大小。

```
artLayerRef.translate(0, 120);
```

接着使用translate 命令，移动文本图层，0 表示横向移动的距离，120 表示纵向的移动距离。需要注意的是，画布的原点位于文档的左上角。

❷ **切换到 Photoshop**：脚本编写完成后，保存完成的脚本，并切换到 Photoshop 界面。

❸ **运行脚本**：依次执行“文件”→“脚本”→“浏览”命令，打开脚本载入窗口。在弹出的“载入”窗口中，直接双击脚本名称，加载并执行该脚本文件。

请留意脚本执行后，界面将会显示一个包含文字图层的文档，如图 2-1-2 所示。

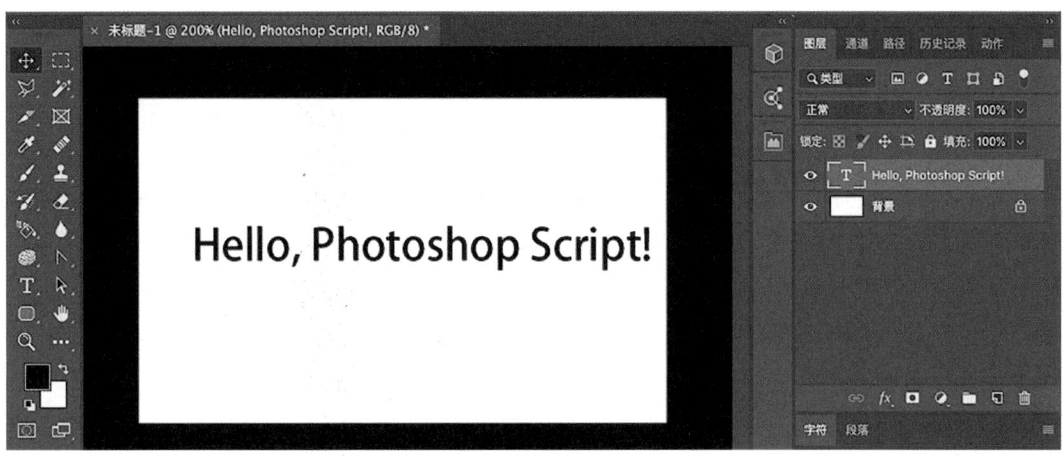

图 2-1-2　Photoshop 创建了一份包含文字图层的文档

2.1.3　使用 Photoshop 脚本打开一个存在的文档

本小节演示如何使用 Photoshop 脚本打开一张图片。

❶ **创建脚本**：创建一个名为 2-1-3.jsx 的脚本文件，并输入以下代码：

```
var sampleDoc = File("e:\SamplePicture8.jpg");
```

使用 var 语句定义一个变量 sampleDoc，用来表示硬盘上的一个图片文档。

```
var message = "您要打开示例文档吗?";
```

接着定义一个变量 message，用来表示一个字符串。

```
var answer = confirm(message);
```

定义一个变量 answer，用来表示在弹出的 confirm 确认警告窗口中，用户是单击了"是"选项，还是单击了"否"选项。

```
if (answer)
    open(sampleDoc);
```

如果用户选择了"是"，则使用 open 打开命令，打开指定的图片。

❷ **切换到 Photoshop**：脚本编写完成后，保存完成的脚本，并切换到 Photoshop 界面。

❸ **运行脚本**：依次执行"文件"→"脚本"→"浏览"命令，打开脚本载入窗口。在弹出的"载入"窗口中双击脚本名称，加载并执行该脚本文件。

脚本执行后将弹出一个信息提示窗口，如图 2-1-3 所示。在弹出的信息提示窗口中，单击"是"按钮将打开指定的图片，如图 2-1-4 所示。

图 2-1-3　询问是否打开文档

图 2-1-4　Photoshop 打开指定的文档

2.1.4　使用 Photoshop 脚本打开文件夹中所有文档

本小节演示如何使用 Photoshop 脚本打开一个文件夹下的所有文档。

❶ **创建脚本**：创建一个名为 2-1-4.jsx 的脚本文件，并输入以下代码：

```
var samplesFolder = Folder( "/Users/fazhanli/Desktop/images/" );
```

使用 var 语句定义一个变量 samplesFolder，表示硬盘某个路径上的文件夹。

```
var fileList = samplesFolder.getFiles( );
```

调用 samplesFolder 文件夹对象的 getFiles 获取文件列表命令，获得指定文件夹下的所有文件，并存储在变量 fileList 中。

```
for (var i = 0; i <fileList.length; i ++ )
{
    if (fileList[i] instanceof File)
        open(fileList[i]);
}
```

添加一个 for 循环语句，用来遍历 fileList 数组中存储的所有文档。先使用 instanceof 判断是否为正常文档 File，然后使用 open 打开命令打开文档。

❷ **切换到 Photoshop**：脚本编写完成后，保存完成的脚本，并切换到 Photoshop 界面，依次执行“文件”→“脚本”→“浏览”命令，打开脚本载入窗口。

❸ **运行脚本**：在弹出的“载入”窗口中，直接双击脚本名称，加载并执行该脚本文件。脚本文件执行后，将打开 images 文件夹下的 SamplePicture1.jpg、SamplePicture2.jpg 和 SamplePicture3.jpg 三个文件，如图 2-1-5 所示。

图 2-1-5　Photoshop 打开了 images 文件夹下的三个文件

2.1.5　使用 Photoshop 脚本另存当前文档

本小节演示如何使用 Photoshop 脚本保存一个文档。

❶ **创建脚本**：创建一个名为 2-1-5.jsx 的脚本文件，并输入以下代码：

1. `var document = app.activeDocument;`

   使用 var 语句定义一个变量 document，用来表示应用程序当前的活动文档。

2. `var fileOut = new File("/Users/fazhanli/Desktop/newPic.png");`

   接着定义一个变量 fileOut，用来设置文件保存的目标路径。

3. `var options = PNGSaveOptions;`

   定义一个变量 options，用来设置图片保存的文件格式。

4. `var asCopy = true;`

   继续定义一个变量 asCopy，设置图片将以副本的方式进行保存。

5. `var extensionType = Extension.LOWERCASE;`

   名称后缀为 LOWERCASE。Extension 共有 LOWERCASE 小写、NONE 无和 UPPERCASE 大写三种后缀。

6. `document.saveAs(fileOut, options, asCopy, extensionType);`

   接着调用文档对象的另存为 saveAs 方法，保存当前的图片。

❷ **切换到 Photoshop**：脚本编写完成后，保存完成的脚本，并切换到 Photoshop 界面，Photoshop 已经打开了一张图片资源，如图 2-1-6 所示。

❸ **运行脚本**：依次执行“文件”→“脚本”→“浏览”命令，加载并执行该脚本文件，脚本执行后，将在指定目录生成一份名为 newPic.png 的文件，如图 2-1-7 所示。

图 2-1-6　原始文档

图 2-1-7　生成一份名为 newPic.png 的文件

2.1.6　使用 Photoshop 脚本查看图层边界信息

本小节演示如何使用 Photoshop 脚本查看当前图层的边界信息。

❶ **创建脚本**：创建一个名为 2-1-6.jsx 的脚本文件，并输入以下代码：

1. `var activeLayer = app.activeDocument.activeLayer;`

   使用 var 语句定义一个变量 activeLayer，用来表示应用程序活动文档中的活动图层。

2. `var bounds = activeLayer.bounds;`

   接着定义一个变量 bounds，用来存储当前图层的边界信息。

3. `alert(bounds);`

   最后使用 alert 函数，弹出提示窗口，显示 bounds 变量存储的具体内容。

❷ **切换到** Photoshop：脚本编写完成后，保存完成的脚本，并切换到 Photoshop 界面，当前文档包含一个名为“水是生命之源”的图层，如图 2-1-8 所示，现在来获取该图层的边界信息。

❸ **运行脚本**：依次执行“文件”→“脚本”→“浏览”命令，打开脚本载入窗口。在弹出的“载入”窗口中，直接双击脚本名称，加载并执行该脚本文件。

脚本执行后，弹出一个提示窗口，显示了当前图层的左上角坐标为“270 像素，318 像素”，右下角坐标为“642 像素，392 像素”，如图 2-1-9 所示。

图 2-1-8 示例文档

图 2-1-9 图层的边界信息

2.1.7 使用 Photoshop 脚本复制当前文档

本小节演示如何使用 Photoshop 脚本复制一份当前文档。

❶ **创建脚本**：创建一个名为 2-1-7.jsx 的脚本文件，并输入以下代码：

```
1. var document = app.activeDocument;
```
使用 var 语句定义一个变量 document，用来表示应用程序当前的活动文档。

```
2. var name = "Adobe Photoshop";
```
接着定义一个变量 name，用来存储复制后的新文档的名称。

```
3. var mergeLayersOnly = 1;
```
最后定义一个变量 mergeLayersOnly，用来表示是否只复制合并的图层。

```
4. document.duplicate(name, mergeLayersOnly);
```
调用文档 document 的 duplicate 复制方法，复制当前的文档。

❷ **切换到 Photoshop**：脚本编写完成后，保存完成的脚本，并切换到 Photoshop 界面，Photoshop 已经打开了一份名为 SamplePicture9.jpg 的文档，现在来复制这份文档。

❸ **运行脚本**：依次执行"文件"→"脚本"→"浏览"命令，打开脚本载入窗口。在弹出的"载入"窗口中，直接双击脚本名称，加载并执行该脚本文件。

脚本执行后，SamplePicture9. jpg 文档被复制了一份，新文档名为 Adobe Photoshop，如图 2 - 1 - 10 所示。

图 2 - 1 - 10　SamplePicture9. jpg 文档被复制了一份

2.2　使用 Photoshop 脚本输出文档

老师，我需要为一家 psd 模板网站上的数十万个 psd 模板分别创建一份 jpeg 格式的缩略图，我知道 Photoshop 脚本可以帮我批量完成这项任务，可是 Photoshop 脚本该如何将 psd 文件导出为 jpeg 格式呢？

小美，document 对象的 exportDocument 方法，不仅可以将文档中的路径导出为 Illustrator 文件，而且可以将文档导出为 gif、jpeg 或 png 等格式的图片。接下来演示一下如何将文档导出为这些格式的图片。

2.2.1　使用 Photoshop 脚本压缩并输出文档为 GIF 格式

本小节演示如何使用 Photoshop 脚本将当前文档转换为 GIF 格式。

❶ **创建脚本**：创建一个名为 2 - 2 - 1. jsx 的脚本文件，并输入以下代码：

```
var document = app.activeDocument;
var fileOut = new File("e:\compressed.gif");
```

定义一个变量 document，用来表示应用程序当前的活动文档。继续定义一个变量 fileOut，用来表示导出后的图片路径。

```
3. var exportOptionsSaveForWeb = new ExportOptionsSaveForWeb( );
```
定义一个变量,用来表示当导出图片为网页格式时所需要用到的配置信息。

```
4. exportOptionsSaveForWeb.transparency = false;
5. exportOptionsSaveForWeb.includeProfile = true;
```
设置导出图片时,是否支持图片的透明度 transparency。

继续设置导出图片时,是否包含图片中内置的颜色档案(即色彩空间配置文件)。

```
6. exportOptionsSaveForWeb.lossy = 0;
7. exportOptionsSaveForWeb.colors = 256;
```
设置导出图片时,进行有损压缩的程度。

设置导出图片时,图片包含的色彩量为 256 种颜色。

```
8. exportOptionsSaveForWeb.colorReduction = ColorReductionType.SELECTIVE;
```
设置导出图片时,图片的减色算法为默认值,即在导出图片时,进行选择性减色。

ColorReductionType 共有 ADAPTIVE 自适应、BLACKWHITE 黑白、CUSTOM 自定义、GRAYSCALE 灰度、MACINTOSH 麦金塔、PERCEPTUAL 感知、RESTRICTIVE 限制、SELECTIVE 选择性、WINDOWS 窗口 9 种选项。

```
9. exportOptionsSaveForWeb.format = SaveDocumentType.COMPUSERVEGIF;
```
设置导出图片时,图片将被存储的格式。

```
10. exportOptionsSaveForWeb.ditherAmount = 0;
11. exportOptionsSaveForWeb.dither = Dither.NOISE;
```
设置导出图片时,图片的像素抖动值为 0。

设置导出图片时,图片的像素抖动类型为 NOISE 噪波抖动类型。

```
12. exportOptionsSaveForWeb.palette = Palette.LOCALADAPTIVE;
```
最后设置导出图片时,图片的调色板的类型为 LOCALADAPTIVE。

```
13. document.exportDocument(fileOut, ExportType.SAVEFORWEB, exportOptionsSaveForWeb);
```
调用文档对象的 exportDocument 输出文档方法,并使用上面设置的各种参数,将当前文档导出并转换为指定格式的图片。

- SaveDocumentType:共有 24 种类型,而支持 exportDocument( )方法的类型只有 COMPUSERVEGIF、JPEG、PNG-8、PNG-24 和 BMP 这 5 种。
- Dither:共有 DIFFUSION 扩散、NOISE 噪波抖动、NONE 无、PATTERN 模式等 4 种类型。
- ExportType:共有 ILLUSTRATORPATHS Illustrator 路径、SAVEFORWEB 网页保存 2 种类型。

❷ **切换到 Photoshop**:脚本编写完成后,保存完成的脚本,并切换到 Photoshop 界面。

❸ **运行脚本**:依次执行"文件"→"脚本"→"浏览"命令,打开脚本载入窗口。在弹出的"载入"窗口中,直接双击脚本名称,加载并执行该脚本文件。

脚本执行后在指定文件夹生成了一份名为 compressed.gif 的文件,如图 2-2-1 所示。

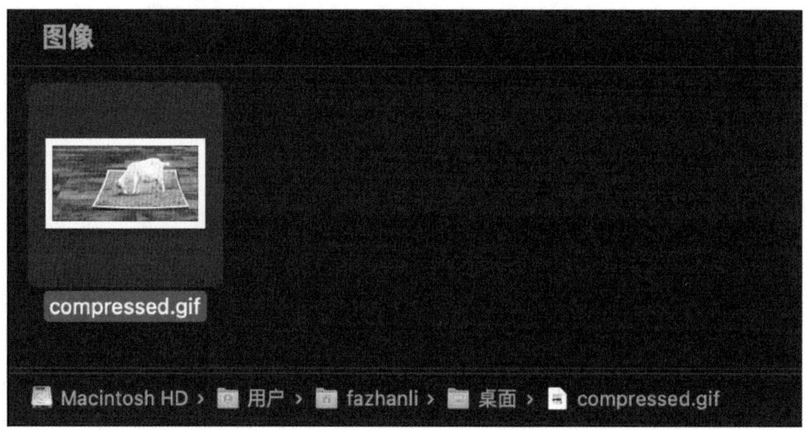

图 2-2-1　生成一份名为 compressed.gif 的文件

2.2.2　使用 Photoshop 脚本压缩并输出文档为 JPEG 格式

本小节演示如何使用 Photoshop 脚本将当前文档转换为 JPEG 的格式。

❶ **创建脚本**：创建一个名为 2-2-2.jsx 的脚本文件，并输入以下代码：

```
var document = app.activeDocument;
```

首先定义一个变量，用来表示应用程序当前的活动文档。

```
var fileOut = new File("e:\compressed.jpeg");
```

接着定义一个变量，用来表示导出后的图片路径。

```
var exportOptionsSaveForWeb = new ExportOptionsSaveForWeb( );
```

定义一个变量，用来表示当导出图片为网页格式时，所需要用到的配置信息。

```
exportOptionsSaveForWeb.format = SaveDocumentType.JPEG;
exportOptionsSaveForWeb.quality = 60;
```

设置导出图片时，文档的存储格式。

设置导出图片时，图片的压缩质量。压缩质量的范围在 1～100 之间。数字越大，图片的质量越高，图片的体积也就越大。

```
document.exportDocument(fileOut, ExportType.SAVEFORWEB, exportOptionsSaveForWeb);
```

调用文档对象的导出文档方法，并使用上面设置的各种参数，将当前文档导出，并转换为指定格式的图片。

❷ **切换到 Photoshop**：脚本编写完成后，保存完成的脚本，并切换到 Photoshop 界面。

❸ **运行脚本**：依次执行"文件"→"脚本"→"浏览"命令，打开脚本载入窗口。在弹出的"载入"窗口中，直接双击脚本名称，加载并执行该脚本文件。

脚本执行后在指定文件夹生成一份名为 compressed.jpeg 的文件，如图 2-2-2 所示。

图 2-2-2 生成一份名为 compressed.jpeg 的文件

2.2.3 使用 Photoshop 脚本输出文档为 PNG 格式

本小节演示如何使用 Photoshop 脚本将文档转换为 PNG 便携式网络图形格式。

❶ **创建脚本**：创建一个名为 2-2-3.jsx 的脚本文件，并输入以下代码：

1. `var document = app.activeDocument;`

   首先定义一个变量 document，用来表示应用程序当前的活动文档。

2. `var fileOut = new File("e:\compressed.png");`

   接着定义一个变量 fileOut，用来表示导出后的图片路径。

3. `var exportOptions = new ExportOptionsSaveForWeb( );`
4. `exportOptions.PNG8 = true;`

   定义变量 exportOptions，用来表示当导出图片为网页格式时，所需要用到的配置信息。

   设置导出文档时，将采用 8 位调色板，将真彩图片转换为索引彩色图片。

5. `document.exportDocument(fileOut, ExportType.SAVEFORWEB, exportOptions);`

   调用文档对象的导出文档方法，并使用上面设置的各种参数，将当前文档导出，并转换为指定格式的图片。

❷ **切换到 Photoshop**：脚本编写完成后，保存完成的脚本，并切换到 Photoshop 界面。

❸ **运行脚本**：依次执行"文件"→"脚本"→"浏览"命令，打开脚本载入窗口。在弹出的"载入"窗口中，直接双击脚本名称，加载并执行该脚本文件。

脚本执行后，在指定的文件夹生成了一份名为 compressed.png 的文件，如图 2-2-3 所示。

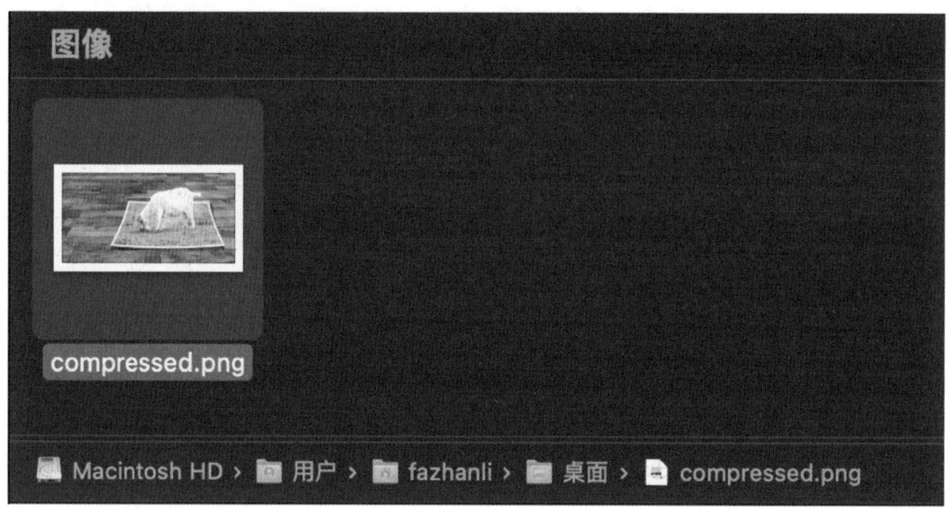

图 2-2-3　生成一份名为 compressed.png 的文件

2.2.4　使用 Photoshop 脚本关闭所有已打开的文档

本小节演示如何使用 Photoshop 脚本快速关闭已打开的所有文档。

❶ **创建脚本**：创建一个名为 2-2-4.jsx 的脚本文件，并输入以下代码：

```
while(app.documents.length >0)
{
```

添加一个 for 循环语句，循环执行大括号里的动作，直到小括号中的条件为假，即当前应用程序不再拥有被打开的文档。

```
    app.activeDocument.close(SaveOptions.DONOTSAVECHANGES);
```

调用文档对象的 close 关闭方法，关闭当前的文档。关闭方法里的参数可以保证关闭文档时，不再弹出提示窗口。

```
}
```

SaveOptions 共有 DONOTSAVECHANGES 不要改变、PROMPTTOSAVECHANGES 即时更改、SAVECHANGES 保存更改三种选项。

❷ **切换到 Photoshop**：脚本编写完成后，保存完成的脚本，并切换到 Photoshop 界面，当前界面已经打开三份文档，如图 2-2-4 所示。

❸ **运行脚本**：依次执行“文件”→“脚本”→“浏览”命令，打开脚本载入窗口。在弹出的“载入”窗口中，直接双击脚本名称，加载并执行该脚本文件。

脚本执行后，三份文档依次被关闭，如图 2-2-5 所示。

图 2-2-4　Photoshop 打开三份文档

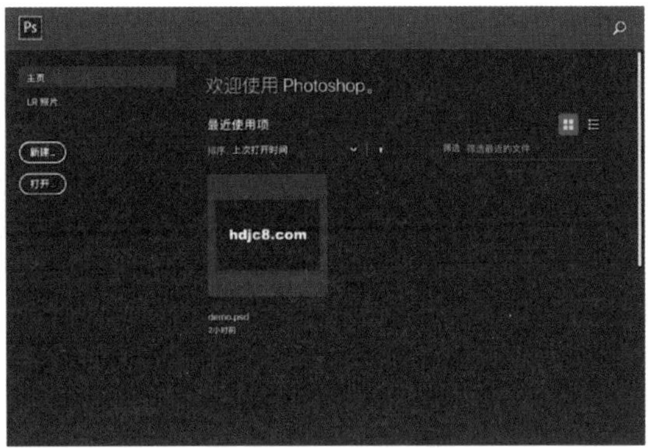

图 2-2-5　三份文档都被关闭

2.2.5　导出所有 Photoshop 字体到 Excel 文件

本小节演示如何使用 Photoshop 脚本获取 Photoshop 软件可以使用的所有字体，并将这些字体的名称导出为 Excel 电子表格文件。

❶ **创建脚本**：创建一个名为 2-2-5.jsx 的脚本文件，并输入以下代码：

```
var inputFolder = Folder.selectDialog("Select a destination folder for Excel file");
```

首先调用 Folder 的 selectDialog 方法，打开一个文件夹窗口，供用户选择电子表格文件所在的文件夹。

```
var excelFile = new File(inputFolder + "/" + "FontList.csv" );
excelFile.open("w");
```

在用户所选的文件夹中，创建一份电子表格文件 FontList.csv。

要往电子表格中写入内容，首先需要打开该文件。字母 w 表示：以写入的模式打开文件。

```
excelFile.write("Font Name, Font Post Script Name" + "\n");
```

接着往电子表格文件输入一行标题，分别表示字体名称和字体脚本名称，两个标题以逗号进行分隔，从而分属两列不同的单元格。\n 表示换行符。

```
for (var i = 0 ; i <= app.fonts.length - 1 ; i++)
{
    excelFile.write(app.fonts[i].name + "," + app.fonts[i].postScriptName + "\n");
}
```

通过 for 循环语句遍历 Photoshop 支持的所有字体。将遍历到的字体名称和字体脚本名称写入到电子表格中，两个名称同样以逗号进行分隔，使两个名称分别位于两列的单元格。

```
excelFile.close( );
alert("Excel 字体文件创建完成");
```

这样就完成了所有字体名称的写入，接着 close 关闭电子表格文件，并打开一个 alert 信息窗口，提示用户已经完成字体列表的导出。

❷ **切换到 Photoshop**：脚本编写完成后，保存完成的脚本，并切换到 Photoshop 界面。

❸ **运行脚本**：依次执行“文件”→“脚本”→“浏览”命令，打开脚本载入窗口。在弹出的

“载入”窗口中，直接双击脚本名称，加载并执行该脚本文件。

脚本执行后，会弹出一个窗口，选择当前的文件夹，作为电子表格文件的存储位置，将电子表格写入到该文件夹后，双击打开并查阅导出的字体列表，如图 2-2-6 所示。

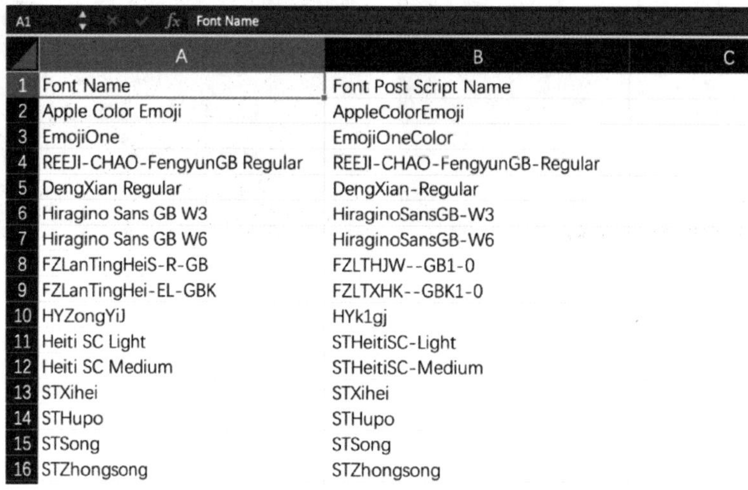

	A	B	C
1	Font Name	Font Post Script Name	
2	Apple Color Emoji	AppleColorEmoji	
3	EmojiOne	EmojiOneColor	
4	REEJI-CHAO-FengyunGB Regular	REEJI-CHAO-FengyunGB-Regular	
5	DengXian Regular	DengXian-Regular	
6	Hiragino Sans GB W3	HiraginoSansGB-W3	
7	Hiragino Sans GB W6	HiraginoSansGB-W6	
8	FZLanTingHeiS-R-GB	FZLTHJW--GB1-0	
9	FZLanTingHei-EL-GBK	FZLTXHK--GBK1-0	
10	HYZongYiJ	HYk1gj	
11	Heiti SC Light	STHeitiSC-Light	
12	Heiti SC Medium	STHeitiSC-Medium	
13	STXihei	STXihei	
14	STHupo	STHupo	
15	STSong	STSong	
16	STZhongsong	STZhongsong	

图 2-2-6　Photoshop 支持的字体列表

2.2.6　为指定文件夹下的文档批量添加文档属性

老师，我们公司决定给所有设计师的 psd 文件添加作者、版权等属性，以保证设计作品的正规性和专业性，只是公司多年来积累的 psd 文件太多了，请问是否可以使用 Photohsop 脚本批量完成这项任务。

小美，可以的！document 有个 info 属性，通过该属性可以设置文档的标题、作者、版权声明、创建日期等信息。

本小节演示如何使用 Photoshop 脚本为指定文件夹下的所有文档批量添加文档属性。

❶ **创建脚本**：创建一个名为 2-2-6.jsx 的脚本文件，并输入以下代码：

```
function getToday( )
{
```

首先使用 function 关键词，定义一个名为 getToday 的函数，用来获得当前的日期，作为文档属性中的 creationDate 创建日期。

```
    var theDate = new Date( );
```

通过 Date 类的 new 初始化方法，创建一个名为 theDate 的 Date 对象，该对象的值为当日的日期。

```
    var theYear = (theDate.getFullYear( )).toString( );
    var theMonth = theDate.getMonth( ).toString( );
```

通过 theDate 对象的 getFullYear( )方法获得当前的年份，并把年份的值存储在 theYear 变量中，通过 getMonth( )方法获得当前的月份，并将月份的值存储在 theMonth 变量中。

```
    if (theDate.getMonth( ) <10)
    {
        theMonth = "0" + theMonth;
    }
```

如果月份的值小于 10，则在月份的左侧添加一个 0。

```
    var theDay = theDate.getDate( ).toString( );
    if (theDate.getDate( ) <10)
    {
        theDay = "0" + theDay;
    }
```

通过 theDate 对象的 getDate( )方法获得当前的天数，如果天数小于 10，则在天数的左侧添加一个 0。

```
    return theYear + theMonth + theDay;
```

最后在 getToday 函数的尾部，返回由年份、月份和天数组成的日期。这样就完成了 getToday 函数的编写。

```
}
var inputFolder = Folder.selectDialog("Select a folder to tag");
```

调用 Folder 的 selectDialog 方法，打开一个文件夹窗口，供用户选择电子表格文件所在的文件夹。

```
if (inputFolder != null)
{
```

如果用户选择的文件夹不为空，则执行后面的代码。

```
    var fileList = inputFolder.getFiles( );
```

通过 inputFolder 的 getFiles( )方法，获得文件夹中的所有文件和文件夹。

```
    for (var i = 0; i <fileList.length; i++ )
    {
```

通过 for 循环，遍历文件夹中的所有项目。

```
        if (fileList[i] instanceof File && fileList[i].hidden == false)
        {
```

通过 instanceof 判断遍历到的项目的类型，通过 hidden 属性判断项目是否被隐藏。如果遍历到的项目的类型是 File，并且没有被隐藏，则执行后面的代码。&& 表示与运算，意思是 && 前后两个条件同时满足之后，才会执行后面的代码。

```
            var docRef = open(fileList[i])
```

如果项目的类型为 File，并且文件没有被隐藏，则打开该文件，并且使用 docRef 变量表示打开后的文档。

```
            docRef.info.caption = "Artboards for booklet";
            docRef.info.captionWriter = "Jerry";
            docRef.info.author = "Jerry";
```

依次设置文档属性的标题、标题作者和文档作者三个属性的值。

```
            docRef.info.copyrightNotice = "Copyright (c) hdjc8.com";
            docRef.info.copyrighted = CopyrightedType.COPYRIGHTEDWORK;
```

依次设置文档的版权声明和版权类型。

CopyrightedType 共有三种类型，如表 2-2-1 所列。

```
            docRef.info.country = "China";
            docRef.info.city = "BeiJing";
            docRef.info.creationDate = getToday( );
```

依次设置文档的国家和城市属性，然后通过上面定义的 getToday 函数，设置文档的创建日期。

```
            docRef.save( );
            docRef.close(SaveOptions.DONOTSAVECHANGES)
```

通过 save 方法保存设置文档属性之后的文档，然后通过 close 方法关闭文档。由于已经通过 save 方法保存了文档，所以此处通过 DONOTSAVECHANGES 选项，设置在关闭文档中不保存任何变化，以避免打开保存窗口。SaveOptions 共有三种不同的选项，如表 2-2-2 所列。

```
        }
    }
}
```

表 2-2-1　CopyrightedType 三种类型说明

类型名称	类型说明
COPYRIGHTEDWORK	本文档受版权保护
PUBLICDOMAIN	文档在公共域中，表示在现代知识产权法体系下，由不属于私人所有的知识财产要素组成的真正公有，或是不受知识产权保护的思想、作品和知识总汇
UNMARKED	未指明版权状态

表 2-2-2　SaveOptions 三种选项说明

选项名称	选项说明
DONOTSAVECHANGES	不保存更改
PROMPTTOSAVECHANGES	询问用户是否保存
SAVECHANGES	保存更改

❷ **切换到 Photoshop**：脚本编写完成后，保存完成的脚本，并切换到 Photoshop 界面。

❸ **运行脚本**：依次执行“文件”→“脚本”→“浏览”命令，打开脚本载入窗口。在弹出的“载入”窗口中，直接双击脚本名称，加载并执行该脚本文件。

❹ **选择文件夹**：脚本执行后，会弹出一个文件夹拾取窗口，选择需要设置属性信息的文档所在的文件夹，给该文件夹下的所有文档设置属性信息。

❺ **查看文档属性信息**：完成文档属性信息的设置之后，使用 Photoshop 打开文件夹下的任意文件，然后通过菜单“文件”→“文件简介”命令，查看文档的属性信息，如图 2-2-7 所示。

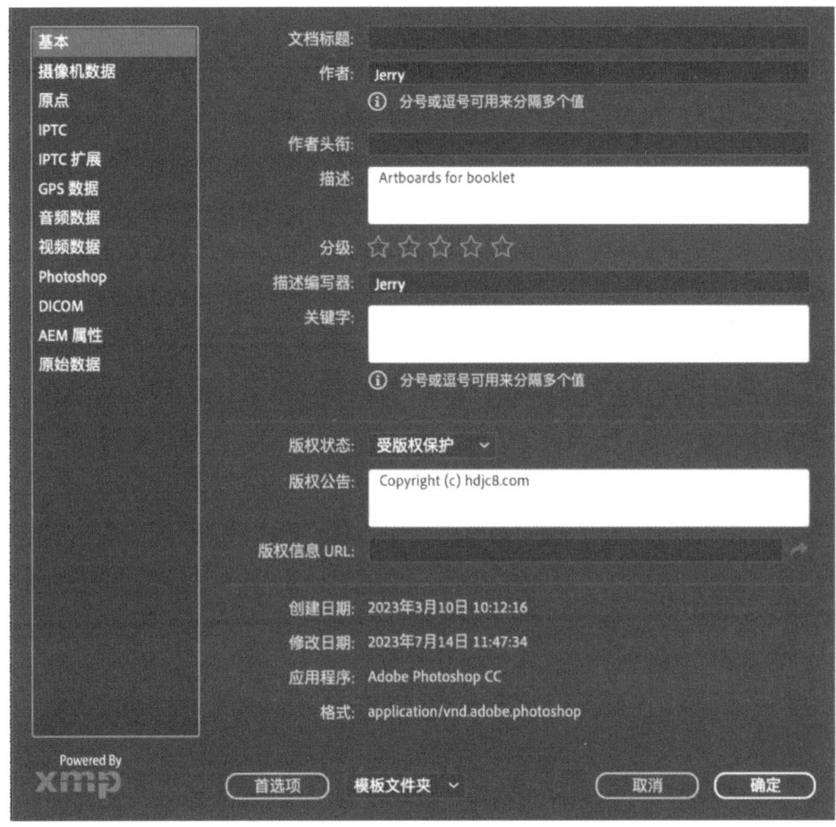

图 2-2-7　脚本设置后的文档属性信息

第 3 章 使用 Photoshop 脚本操作图像与画布

从本章将收获以下知识：

❶ 使用 Photoshop 脚本调整图像的亮度和对比度

❷ 使用自动对比度快速调整图像

❸ 使用色阶、曲线、色彩平衡、阈值等调整图像

❹ 修改图像的尺寸

❺ 修改画布的尺寸

❻ 旋转、翻转、裁剪画布

3.1 常见的图像色彩命令

老师，Photoshop 是一款优秀的图像处理软件，所以 Photoshop 脚本也可以进行图像调色、修图吧？

小美，没错。Photoshop 脚本可以使用 Photoshop 绝大多数的图像处理命令，你可以使用脚本去修改图像的亮度、对比度、色相、饱和度等基本属性，也可以使用色阶、曲线命令对图像进行更加精确的调整。

另外，与图像处理相关的命令，都位于 Photoshop 脚本的 Layer 对象中，所以要执行这些图像处理命令，首先要获得相应的 Layer 图层：

❶ var layer = app.activeDocument.activeLayer; //获得图层

❷ layer.invert( ); //执行图像反相命令

现在我们通过一些简单、实用的示例，演示这些图像色彩命令的使用。

3.1.1 使用 Photoshop 脚本调整图像的亮度和对比度

本小节演示如何使用 Photoshop 脚本调整图像的亮度和对比度。

❶ **创建脚本**：创建一个名为 3－1－1.jsx 的脚本文件，并输入以下代码：

```
var layer = app.activeDocument.activeLayer;
```

定义一个变量 layer，用来表示应用程序活动文档中的活动图层。

```
var brightness = 30;
var contrast = 30;
```

定义一个变量 brightness，用来表示亮度的数值。亮度的数值大小在－100～100 之间。继续定义一个变量 contrast，用来表示对比度的数值。对比度的数值大小也应在－100～100 之间。以上参数的设置效果如图 3－1－1 所示。

```
layer.adjustBrightnessContrast(brightness, contrast);
```

调用图层对象 layer 的 adjustBrightnessContrast 调整亮度和对比度方法，并传入前面设置的参数，来调整图像的亮度和对比度。

❷ **切换到 Photoshop**：脚本编写完成后，保存完成的脚本，并切换到 Photoshop 界面，当前的图片比较黯淡，需要调整亮度和对比度，如图 3－1－2 所示。

❸ **运行脚本**：依次执行“文件”→“脚本”→“浏览”命令，打开脚本载入窗口。在弹出的“载入”窗口中，直接双击脚本名称，加载并执行该脚本文件。

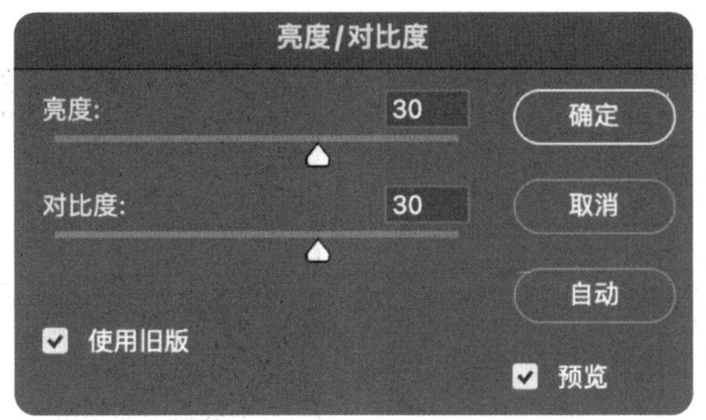

图 3-1-1　亮度/对比度参数设置

脚本执行后,图像的亮度和对比度都会得到改善,如图 3-1-3 所示。

图 3-1-2　调整亮度和对比度前的效果

图 3-1-3　调整亮度和对比度后的效果

3.1.2　使用 Photoshop 脚本调用自动对比度命令

本小节演示如何使用 Photoshop 脚本调用 Photoshop 软件的自动对比度功能。

❶ **创建脚本**:创建一个名为 3-1-2.jsx 的脚本文件,并输入以下代码:

```
var layer = app.activeDocument.activeLayer;
```

定义一个变量 layer,用来表示应用程序活动文档中的活动图层。

```
layer.autoContrast( );
```

调用图层对象 layer 的 autoContrast 自动对比度方法来自动调整图像的对比度。

❷ **切换到 Photoshop**:脚本编写完成后,保存完成的脚本,并切换到 Photoshop 界面,当前的图片比较灰暗,缺少色彩的对比度,如图 3-1-4 所示。

❸ **运行脚本**:依次执行"文件"→"脚本"→"浏览"命令,打开脚本载入窗口。在弹出的"载入"窗口中,直接双击脚本名称,加载并执行该脚本文件。

脚本执行后，图像的对比度将会被自动优化，效果如图 3-1-5 所示。

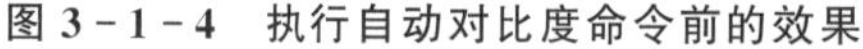

图 3-1-4　执行自动对比度命令前的效果

图 3-1-5　执行自动对比度命令后的效果

3.1.3　使用 Photoshop 脚本调整图像的色阶

本小节演示如何使用 Photoshop 脚本调用色阶命令。使用色阶命令可以调整图像的阴影、中间调和高光的强度级别，从而校正图像的色调范围和色彩平衡。

❶ **创建脚本**：创建一个名为 3-1-3.jsx 的脚本文件，并输入以下代码：

```
var layer = app.activeDocument.activeLayer;
```

定义一个变量 layer，用来表示应用程序活动文档中的活动图层。

```
var inputRangeStart = 32;
var inputRangeEnd = 145;
```

定义变量 inputRangeStart，表示阴影输入色阶值。数值大小在 0～253 之间。定义变量 inputRangeEnd，表示高光输入色阶值。其值至少比阴影输入色阶值大 2，并且小于或等于 255。

```
var inputRangeGamma = 1.00;
```

继续定义一个变量，用来表示中间调输入色阶值。数值大小在 0.1～9.99 之间。

```
var outputRangeStart = 0;
var outputRangeEnd = 255;
```

定义一个变量outputRangeStart，用来表示阴影输出色阶值。数值大小在 0～253 之间。最后定义一个变量 outputRangeEnd，用来表示高光输出色阶值。其值至少比高光输入色阶值大 2，并且小于或等于 255。以上参数的设置效果如图 3-1-6 所示。

```
layer.adjustLevels(inputRangeStart, inputRangeEnd, inputRangeGamma, outputRangeStart,
outputRangeEnd);
```

调用图层对象 layer 的 adjustLevels 调整色阶方法，并传入参数来调整图像的色阶。

❷ **切换到 Photoshop**：脚本编写完成后，保存完成的脚本，并切换到 Photoshop 界面，当前的图片比较灰暗，如图 3-1-7 所示。

❸ **运行脚本**：依次执行“文件”→“脚本”→“浏览”命令，加载并执行该脚本文件。脚本执行后，使用色阶功能调整当前的图像，最终效果如图 3-1-8 所示。

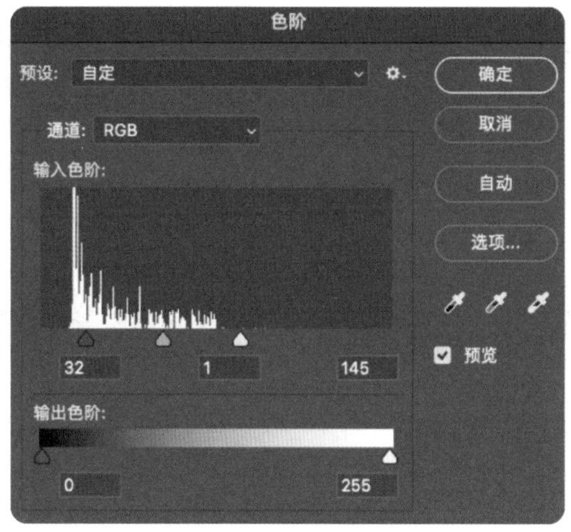

图 3-1-6　色阶参数设置

图 3-1-7　执行色阶命令前的效果

图 3-1-8　执行色阶命令后的效果

3.1.4　使用 Photoshop 脚本给图像应用自动色阶命令

本小节演示如何使用 Photoshop 脚本来调用 Photoshop 软件的自动色阶功能。

❶ **创建脚本**：创建一个名为 3-1-4.jsx 的脚本文件，并输入以下代码：

1. `var layer = app.activeDocument.activeLayer;`

   定义一个变量 layer，用来表示应用程序活动文档中的活动图层。

2. `layer.autoLevels( );`

   调用图层对象 layer 的 autoLevels 自动色阶方法，自动调整图像的色阶。

❷ **切换到 Photoshop**：脚本编写完成后，保存完成的脚本，并切换到 Photoshop 界面，Photoshop 已经打开了一张需要调整色阶的图像，如图 3-1-9 所示。

❸ **运行脚本**：依次执行“文件”→“脚本”→“浏览”命令，打开脚本载入窗口。在弹出的“载入”窗口中，直接双击脚本名称，加载并执行该脚本文件。

脚本执行后，图像的色阶将会被自动优化，最终效果如图 3-1-10 所示。

图 3-1-9　执行自动色阶命令前的效果

图 3-1-10　执行自动色阶命令后的效果

3.1.5　使用 Photoshop 脚本给图像应用曲线命令

本小节演示如何使用 Photoshop 脚本来调用 Photoshop 软件的曲线功能。

❶ **创建脚本**：创建一个名为 3-1-5.jsx 的脚本文件，并输入以下代码：

```
1. var layer = app.activeDocument.activeLayer;
```

定义一个变量 layer，用来表示应用程序活动文档中的活动图层。

```
2. var curveShape = [[36, 2], [87, 135], [255, 255]];
```

接着定义变量 curveShape，用来表示曲线上三个点的坐标。

每个坐标的第一个值表示输入值，第二个值表示输出值，如图 3-1-11 所示。

```
3. layer.adjustCurves(curveShape);
```

调用图层对象 layer 的 adjustCurves 调整曲线方法来调用曲线功能处理当前图像。

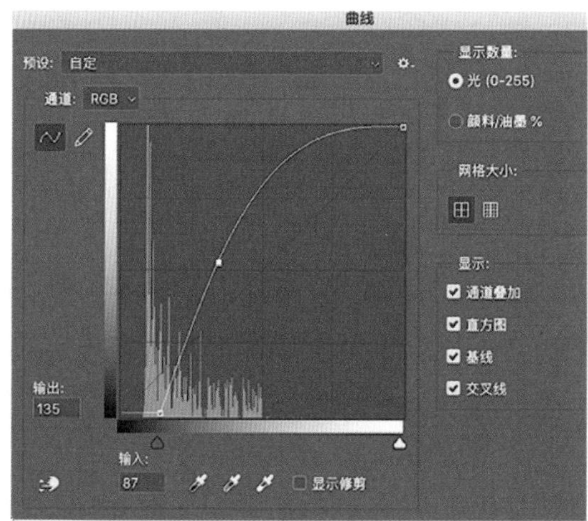

图 3-1-11　曲线命令的参数设置

❷ **切换到 Photoshop**：脚本编写完成后，保存完成的脚本，并切换到 Photoshop 界面，Photoshop 已经打开了一张需要调整色彩对比度的图像，如图 3-1-12 所示。

❸ **运行脚本**：依次执行“文件”→“脚本”→“浏览”命令，打开脚本载入窗口。在弹出的“载入”窗口中，直接双击脚本名称，加载并执行该脚本文件。

脚本执行后，使用曲线命令调整当前图像的色彩，最终效果如图 3-1-13 所示。

图 3-1-12　使用曲线命令调整前的效果

图 3-1-13　使用曲线命令调整后的效果

3.1.6　使用 Photoshop 脚本给图像应用色彩平衡命令

本小节演示如何使用 Photoshop 脚本来调用 Photoshop 软件的“色彩平衡”功能。

❶ **创建脚本**：创建一个名为 3-1-6.jsx 的脚本文件，并输入以下代码：

```
var layer = app.activeDocument.activeLayer;
```

定义一个变量 layer，用来表示应用程序活动文档中的活动图层。

```
var shadows = [0, 0, 0];
var midtones = [100, 0, 60];
var highlights = [0, 0, 0];
```

定义一个变量 shadows，表示阴影的色阶值。其值为包含三个数字的数组，并且每个数字的大小在 -100～100 之间。每个数字分别表示青或红、品红或绿，黄或蓝。

继续定义一个变量 midtones，用来表示中间调的色阶值。其值为包含三个数字的数组，并且每个数字的大小在 -100～100 之间。

定义一个变量 highlights，用来表示高光的色阶值。其值与前两个参数值的类型和取值范围都相同。

```
var preserveLuminosity = true;
```

最后定义一个布尔变量 preserveLuminosity，用来表示在调整图像的色彩平衡时，是否保持明度信息。以上参数的设置效果如图 3-1-14 所示。

```
layer.adjustColorBalance(shadows, midtones, highlights, preserveLuminosity);
```

调用图层对象 layer 的 adjustColorBalance 调整色彩平衡方法来调整图像的色彩均衡。

❷ **切换到 Photoshop**：脚本编写完成后，保存完成的脚本，并切换到 Photoshop 界面，Photoshop 已经打开了一张需要调整色彩的图像，如图 3-1-15 所示。

❸ **运行脚本**：依次执行“文件”→“脚本”→“浏览”命令，打开脚本载入窗口。在弹出的“载入”窗口中，直接双击脚本名称，加载并执行该脚本文件。

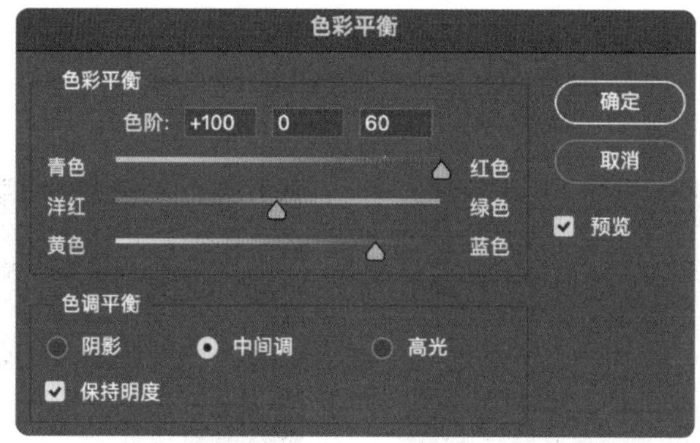

图 3-1-14　色彩平衡命令参数设置

脚本执行后，使用色彩平衡功能调整当前图像的色彩，最终效果如图 3-1-16 所示。

图 3-1-15　使用色彩平衡命令调整前的效果

图 3-1-16　使用色彩平衡命令调整后的效果

3.1.7　使用 Photoshop 脚本给图像应用照片滤镜命令

本小节演示如何使用 Photoshop 脚本来调用系统的“照片滤镜”功能。

❶ **创建脚本**：创建一个名为 3-1-7.jsx 的脚本文件，并输入以下代码：

1. `var layer = app.activeDocument.activeLayer;`
   定义一个变量 layer，用来表示应用程序活动文档中的活动图层。
2. `var fillColor = app.foregroundColor;`
   接着定义一个变量，用来表示照片滤镜的颜色。这里使用前景色作为照片滤镜的颜色。
3. `var density = 100;`
   继续定义一个变量，用来表示照片滤镜的颜色浓度，其值作为百分比值，应在 1%～100% 之间，如图 3-1-17 所示。
4. `var preserveLuminosity = true;`
   定义变量表示是否保留图像的明度信息。以上参数的设置效果如图 3-1-17 所示。
5. `layer.photoFilter(fillColor, density, preserveLuminosity);`
   调用图层对象 layer 的 photoFilter 照片滤镜方法来调用照片滤镜命令。

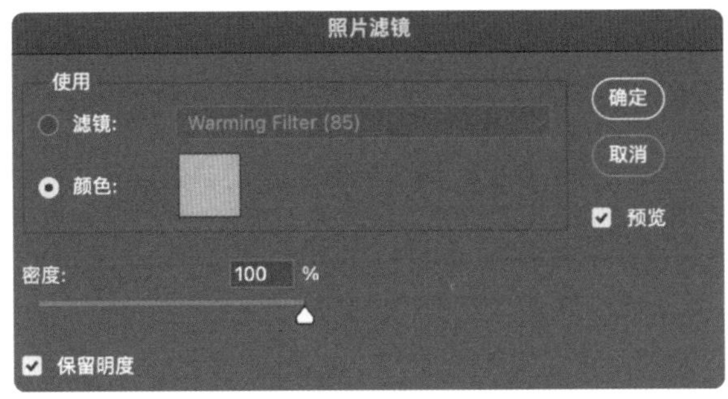

图 3-1-17　照片滤镜命令参数设置

❷ **切换到 Photoshop**：脚本编写完成后，保存完成的脚本，并切换到 Photoshop 界面。

❸ **设置前景色**：在调用脚本之前，首先设置一下 Photoshop 的前景色。单击工具条底部的“前景色”图标，打开“拾色器”面板。在弹出的拾色器窗口中，输入 ec8b00 作为 Photoshop 前景色，如图 3-1-18 所示，单击“确定”按钮，完成前景色的设置。

图 3-1-18　输入 ec8b00 作为前景色

❹ **运行脚本**：依次执行“文件”→“脚本”→“浏览”命令，打开脚本载入窗口。在弹出的“载入”窗口中，直接双击脚本名称，加载并执行该脚本文件。Photoshop 已经打开了一张需要应用照片滤镜的图像，如图 3-1-19 所示。

脚本执行后，给图像应用照片滤镜效果，最终效果如图 3-1-20 所示。

图 3-1-19　应用照片滤镜前的图片

图 3-1-20　应用照片滤镜后的效果

3.1.8 使用 Photoshop 脚本调用反相命令反转图像色彩

本小节演示如何使用 Photoshop 脚本来调用 Photoshop 软件的反相功能。

❶ **创建脚本**：创建一个名为 3-1-8.jsx 的脚本文件，并输入以下代码：

```
var layer = app.activeDocument.activeLayer;
```

定义一个变量 layer，用来表示应用程序活动文档中的活动图层。

```
layer.invert( );
```

调用图层对象 layer 的 invert 反相方法来反转图像的色彩。

❷ **切换到 Photoshop**：脚本编写完成后，保存完成的脚本，并切换到 Photoshop 界面，Photoshop 已经打开了一张需要应用照片滤镜的图像。

❸ **创建选区**：选择工具箱里的“矩形选框”工具，按下并向右下方拖动手指，以创建一个矩形选区，该选区选择蝴蝶右侧的一半身体，如图 3-1-21 所示。

❹ **运行脚本**：依次执行“文件”→“脚本”→“浏览”命令，打开脚本载入窗口。在弹出的“载入”窗口中，直接双击脚本名称，加载并执行该脚本文件。

此时选区里的内容已经被应用了反相的效果，如图 3-1-22 所示。

图 3-1-21 应用反相命令前的图片

图 3-1-22 应用反相命令后的效果

3.1.9 使用 Photoshop 脚本给图像应用色调分离命令

本小节演示如何使用 Photoshop 脚本来调用 Photoshop 软件的“色调分离”功能。

❶ **创建脚本**：创建一个名为 3-1-9.jsx 的脚本文件，并输入以下代码：

```
var layer = app.activeDocument.activeLayer;
```

定义一个变量 layer，用来表示应用程序活动文档中的活动图层。

```
var levels = 2;
```

接着定义一个变量 levels，用来设置色调分离的色阶值，其值在 2～225 之间。参数设置效果如图 3-1-23 所示。

```
layer.posterize(levels);
```

最后调用图层对象 layer 的“色调分离”方法。

图 3-1-23　色调分离参数设置

❷ **切换到 Photoshop**：脚本编写完成后，保存完成的脚本，并切换到 Photoshop 界面，Photoshop 已经打开了一张需要应用色调分离命令的图像，如图 3-1-24 所示。

❸ **运行脚本**：依次执行“文件”→“脚本”→“浏览”命令，打开脚本载入窗口。在弹出的“载入”窗口中，直接双击脚本名称，加载并执行该脚本文件。

脚本执行后，给图像应用了色调分离功能，最终效果如图 3-1-25 所示。

图 3-1-24　应用色调分离前的图片

图 3-1-25　应用色调分离后的效果

3.1.10　使用 Photoshop 脚本调整图像的阈值

本小节演示如何使用 Photoshop 脚本来调用 Photoshop 软件的“阈值”功能。

❶ **创建脚本**：创建一个名为 3-1-10.jsx 的脚本文件，并输入以下代码：

1. `var layer = app.activeDocument.activeLayer;`

   定义一个变量 layer，用来表示应用程序活动文档中的活动图层。

2. `var level = 109;`

   接着定义一个变量，用来设置“阈值”的色阶值。其数值大小在 1～255 之间。该参数的设置效果如图 3-1-26 所示。

3. `layer.threshold(level);`

   最后调用图层对象 layer 的“阈值”方法。

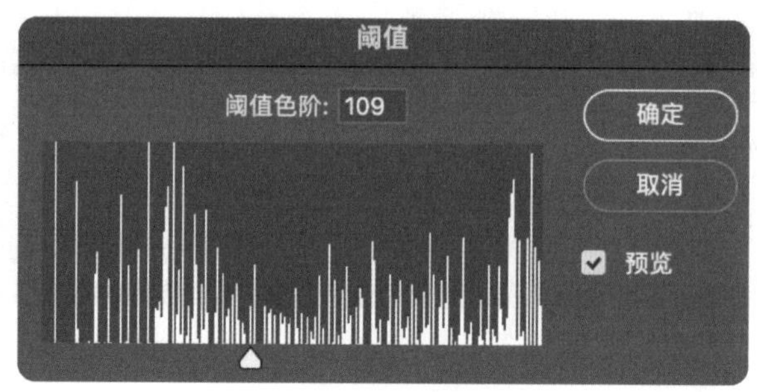

图 3-1-26　阈值参数设置

❷ **切换到 Photoshop**：脚本编写完成后，保存完成的脚本，并切换到 Photoshop 界面，Photoshop 已经打开了一张需要应用阈值命令的图像，如图 3-1-27 所示。

❸ **运行脚本**：依次执行“文件”→“脚本”→“浏览”命令，加载并执行该脚本文件。脚本执行后，给图像应用了阈值功能，最终效果如图 3-1-28 所示。

图 3-1-27　应用阈值命令前的图片

图 3-1-28　应用阈值命令后的效果

3.1.11　使用 Photoshop 脚本去除图像的色彩信息

本小节演示如何使用 Photoshop 脚本来调用 Photoshop 软件的“去色”功能。

❶ **创建脚本**：创建一个名为 3-1-11.jsx 的脚本文件，并输入以下代码：

```
var layer = app.activeDocument.activeLayer;
```
定义一个变量 layer，用来表示应用程序活动文档中的活动图层。

```
layer.desaturate( );
```
最后调用图层对象 layer 的 desaturate 去色方法。

❷ **切换到 Photoshop**：脚本编写完成后，保存完成的脚本，并切换到 Photoshop 界面，Photoshop 已经打开了一张需要应用去色命令的图像，如图 3-1-29 所示。

❸ **运行脚本**：依次执行“文件”→“脚本”→“浏览”命令，打开脚本载入窗口。在弹出的“载入”窗口中，直接双击脚本名称，加载并执行该脚本文件。

脚本执行后，给图像应用了去色功能，最终效果如图 3－1－30 所示。

图 3－1－29　应用去色命令前的图片

图 3－1－30　应用去色命令后的效果

3.1.12　使用 Photoshop 脚本给图像应用色调均化命令

本小节演示如何使用 Photoshop 脚本来调用 Photoshop 软件的“色调均化”功能。

❶ **创建脚本：**创建一个名为 3－1－12.jsx 的脚本文件，并输入以下代码：

1.
```
var layer = app.activeDocument.activeLayer;
```
定义一个变量 layer，用来表示应用程序活动文档中的活动图层。

2.
```
layer.equalize( );
```
最后调用图层对象 layer 的 equalize 色调均化方法。

❷ **切换到 Photoshop：**脚本编写完成后，保存完成的脚本，并切换到 Photoshop 界面，Photoshop 已经打开了一张需要应用色调均化命令的图像，如图 3－1－31 所示。

❸ **运行脚本：**依次执行“文件”→“脚本”→“浏览”命令，打开脚本载入窗口。在弹出的“载入”窗口中，直接双击脚本名称，加载并执行该脚本文件。

脚本执行后，给图像应用了色调均化功能，最终效果如图 3－1－32 所示。

图 3－1－31　应用色调均化命令前的图片

图 3－1－32　应用色调均化命令后的效果

3.2 图像和画布的调整

老师，我在调整完图像的色彩之后，还需要修改一下图像和画布的尺寸，这该怎么做呢？

小美，使用 Photoshop 脚本可以很方便地修改图像和画布的尺寸。由于图像和画布是针对文档对象的，所以修改图像和画布尺寸的方法在 document 对象中。通过 document 对象的 resizeImage、resizeCanvas 方法可以调整图像、画布的尺寸。此处 document 对象还提供了 flipCanvas、rotateCanvas 和 crop 方法，可以方便地翻转、放置和裁剪画布。

3.2.1 使用 Photoshop 脚本设置图像的大小

本小节演示如何使用 Photoshop 脚本修改图像的尺寸。

❶ **创建脚本**：创建一个名为 3-2-1.jsx 的脚本文件，并输入以下代码：

```
var document = app.activeDocument;
```

定义一个变量 document，用来表示应用程序的活动文档。

```
var width = 600;
var height = 400;
var resolution = 72;
```

依次定义三个变量，width 表示图像调整后的宽度，height 表示图像调整后的高度，resolution 表示图像调整后的分辨率。

```
var resampleMethod = ResampleMethod.AUTOMATIC;
```

定义变量表示图像调整后的重新采样方法为 AUTOMATIC 自动模式。

```
var amount = 50;
```

最后定义一个变量 amount，用来表示图像调整后的噪点值。其数值大小在 0～100 之间。以上参数的设置效果如图 3-2-1 所示。

```
document.resizeImage(width, height, resolution, resampleMethod, amount);
```

调用文档对象的 resizeImage 调整图像大小方法来重新设置图像的尺寸。

❷ **切换到 Photoshop**：脚本编写完成后，保存完成的脚本，并切换到 Photoshop 界面，Photoshop 已经打开了一张需要调整尺寸的图像，如图 3-2-2 所示。

❸ **运行脚本**：依次执行“文件”→“脚本”→“浏览”命令，打开脚本载入窗口。在弹出的“载入”窗口中，直接双击脚本名称，加载并执行该脚本文件。

图 3-2-1　图像大小设置窗口

脚本执行后，图像的尺寸得到了调整，最终效果如图 3-2-3 所示。

图 3-2-2　尺寸调整前的图像

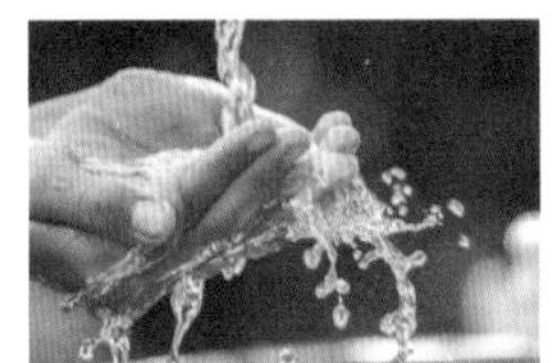

图 3-2-3　尺寸调整后的图像

3.2.2　使用 Photoshop 脚本设置画布的大小

本小节演示如何使用 Photoshop 脚本修改画布的尺寸。

❶ **创建脚本**：创建一个名为 3-2-2.jsx 的脚本文件，并输入以下代码：

```
1. var document = app.activeDocument;
```

定义一个变量，用来表示应用程序的活动文档。

```
2. var width = 600;
3. var height = 400;
```

定义一个变量 width，用来表示画布调整后的宽度。继续定义一个变量 height，用来表示画布调整后的高度。

```
4. var anchor = AnchorPosition.MIDDLECENTER;
```

定义一个变量 anchor，用来表示画布调整时的参考锚点。这里设置以画布的中心点为锚点。以上参数的设置效果如图 3-2-4 所示。

```
5. document.resizeCanvas(width, height, anchor);
```

调用文档对象的 resizeCanvas 调整画布大小方法来重新设置画布的尺寸。

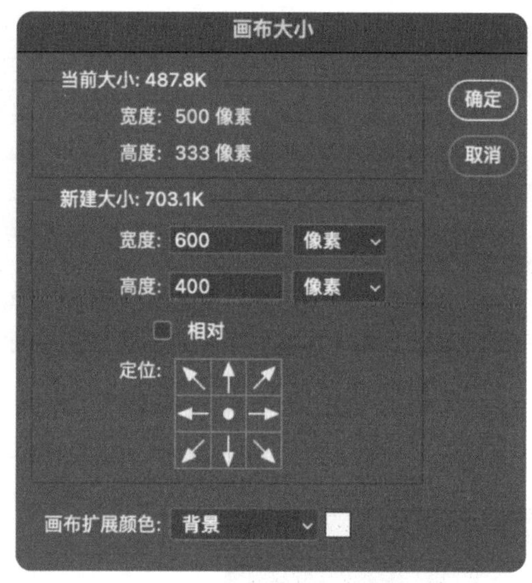

图 3-2-4　画布大小设置窗口

❷ **切换到 Photoshop**：脚本编写完成后，保存完成的脚本，并切换到 Photoshop 界面，Photoshop 已经打开了一张需要调整画布尺寸的图像，如图 3-2-5 所示。

❸ **运行脚本**：依次执行“文件”→“脚本”→“浏览”命令，打开脚本载入窗口。在弹出的“载入”窗口中，直接双击脚本名称，加载并执行该脚本文件，以调整文档的画布尺寸，最终效果如图 3-2-6 所示。

图 3-2-5　画布尺寸调整前的文档

图 3-2-6　增加文档的画布尺寸

3.2.3　使用 Photoshop 脚本翻转画布

本小节演示如何使用 Photoshop 脚本翻转画布。

❶ **创建脚本**：创建一个名为 3-2-3.jsx 的脚本文件，并输入以下代码：

```
var document = app.activeDocument;
```

定义一个变量 document，用来表示应用程序的活动文档。

```
document.flipCanvas(Direction.HORIZONTAL);
document.flipCanvas(Direction.VERTICAL);
```

调用文档对象的 flipCanvas 翻转画布方法翻转画布，此处设置为 HORIZONTAL 水平翻转。接着进行一次垂直方向的翻转。

❷ **切换到 Photoshop**：脚本编写完成后，保存完成的脚本，并切换到 Photoshop 界面，Photoshop 已经打开了一张需要翻转画布的图像，如图 3-2-7 所示。

❸ **运行脚本**：依次执行"文件"→"脚本"→"浏览"命令，打开脚本载入窗口。在弹出的"载入"窗口中，直接双击脚本名称，加载并执行该脚本文件，以翻转文档的画布方向，最终效果如图 3-2-8 所示。

图 3-2-7　画布方向翻转前的文档

图 3-2-8　翻转文档的画布方向

3.2.4　使用 Photoshop 脚本旋转画布

本小节演示如何使用 Photoshop 脚本旋转画布。

❶ **创建脚本**：创建一个名为 3-2-4.jsx 的脚本文件，并输入以下代码：

```
var document = app.activeDocument;
```

定义一个变量 document，用来表示应用程序的活动文档。

```
var angle = 45;
document.rotateCanvas(angle);
```

定义一个变量 angle，用来表示画布旋转的角度。接着调用文档对象的 rotateCanvas 旋转画布方法，以指定的角度旋转当前的画布。

❷ **切换到 Photoshop**：脚本编写完成后，保存完成的脚本，并切换到 Photoshop 界面，Photoshop 已经打开了一张需要旋转画布的图像，如图 3-2-9 所示。

❸ **运行脚本**：依次执行“文件”→“脚本”→“浏览”命令，打开脚本载入窗口。在弹出的“载入”窗口中，直接双击脚本名称，加载并执行该脚本文件，将文档的画布方向旋转 45°，最终效果如图 3－2－10 所示。

图 3－2－9　画布方向旋转前的文档

图 3－2－10　文档的画布方向旋转 45°

3.2.5　使用 Photoshop 脚本裁剪文档

本小节演示如何使用 Photoshop 脚本裁剪文档。

❶ **创建脚本**：创建一个名为 3－2－5.jsx 的脚本文件，并输入以下代码：

```
var document = app.activeDocument;
```

定义一个变量 document，用来表示应用程序的活动文档。

```
var bounds = [0, 0, 140, 104];
```

接着定义一个变量 bounds，用来表示画布需要裁剪的区域，即裁剪从坐标[0，0]到[140，104]的区域。注意画布的坐标原点位于左上角。

```
var angle = 0;
document.crop(bounds, angle);
```

定义一个变量 angle，用来设置裁剪的旋转角度为 0°。接着调用文档对象的 crop 裁剪方法，裁剪当前的文档。

❷ **切换到 Photoshop**：脚本编写完成后，保存完成的脚本，并切换到 Photoshop 界面，Photoshop 已经打开了一张需要裁剪的图像，如图 3－2－11 所示。

❸ **运行脚本**：依次执行“文件”→“脚本”→“浏览”命令，打开脚本载入窗口。在弹出的“载入”窗口中，直接双击脚本名称，加载并执行该脚本文件，对当前文档的画布进行裁剪，最终效果如图 3－2－12 所示。

图 3-2-11　裁剪前的文档

图 3-2-12　被裁剪的文档

第 4 章 使用 Photoshop 脚本操作图层

从本章将收获以下知识：

❶ 使用 Photoshop 脚本添加新图层
❷ 根据图层名称获取指定图层
❸ 拷贝、剪切、复制、删除图层
❹ 调整图层的层次顺序
❺ 获取图层的位置和尺寸
❻ 移动、旋转、缩放、链接、栅格化、合并、隐藏、锁定图层
❼ 设置文字图层的字体、尺寸、颜色、样式等
❽ 图层组中图层的检索等

4.1 图层的创建和复制

老师，图层真是 Photoshop 最重要的一个方面啊！我们在 Photoshop 中任何值得做的事情，都不能或至少不应该在没有图层的情况下完成。

小美，你说的很对！1995 年 Adobe 发行的 Photoshop 3.0 版本增加了图层功能，此后图层成为了 Photoshop 最强大的功能之一，我们可以在一个图层上绘制、编辑和重新定位元素，而不会影响其他图层。

既然图层是 Photoshop 软件这么重要的一个概念，Photoshop 脚本对图层应该有很多的支持吧？

是的，Photoshop 脚本提供了大量对图层的支持，使用脚本可以添加图层、删除图层、命名和重命名图层，对图层进行分组、移动、蒙版、混合，为图层添加效果、更改图层的不透明度，等等！

4.1.1 使用 Photoshop 脚本添加新的图层

本小节演示如何使用 Photoshop 脚本创建一个新图层。

❶ **创建脚本**：创建一个名为 4-1-1.jsx 的脚本文件，并输入以下代码：

```
var layerRef = app.activeDocument.artLayers.add();
```
调用图层组对象的 add 添加方法，创建一个图层，并将新的图层存储在 layerRef 变量中。

```
layerRef.name = "图层 1";
```
设置新的图层的名称为图层 1。

❷ **切换到 Photoshop**：脚本编写完成后，保存完成的脚本，并切换到 Photoshop 界面，Photoshop 已经打开了一份文档，如图 4-1-1 所示，您需要为文档添加新的图层。

❸ **运行脚本**：依次执行“文件”→“脚本”→“浏览”命令，加载并执行该脚本文件。脚本执行后，可以在图层面板看到新的图层，如图 4-1-1 所示。

图 4-1-1　新的名为"图层 1"的图层

4.1.2　使用 Photoshop 脚本根据图层名称查找图层

本小节演示如何使用 Photoshop 脚本，从图层列表中按名称查找图层。

❶ **创建脚本**：创建一个名为 4-1-2.jsx 的脚本文件，并输入以下代码：

1.
```
var layerRef = app.activeDocument.artLayers.getByName("Art");
```
调用图层组对象的 getByName 通过名称查找的方法，获得一个图层，并将查找的结果存储到变量 layerRef 中。

2.
```
layerRef.fillOpacity = 20;
```
接着设置查找到的图层的透明度 fillOpacity 为 20，透明度的取值范围为 0～100。

❷ **切换到 Photoshop**：脚本编写完成后，保存完成的脚本，并切换到 Photoshop 界面，Photoshop 已经打开了一份文档，该文档拥有上下两个图层，如图 4-1-2 所示。现在来使用脚本，调整位于上方的图层的透明度。

❸ **运行脚本**：依次执行"文件"→"脚本"→"浏览"命令，打开脚本载入窗口。在弹出的"载入"窗口中，直接双击脚本名称，加载并执行该脚本文件。

脚本执行后，最上方的图层将变为半透明，如图 4-1-3 所示。

图 4-1-2　文档拥有 Art 和 Building 两个图层

图 4-1-3　Art 图层变为半透明

4.1.3 使用 Photoshop 脚本删除当前图层

本小节演示如何使用 Photoshop 脚本从图层列表中删除某个图层。

❶ **创建脚本**：创建一个名为 4-1-3.jsx 的脚本文件，并输入以下代码：

```
var layer = app.activeDocument.activeLayer;
```

定义一个变量 layer，用来表示应用程序活动文档中的活动图层。

```
layer.remove();
```

接着调用图层对象的 remove 移除方法，将该图层从图层列表中删除。

❷ **切换到 Photoshop**：脚本编写完成后，保存完成的脚本，并切换到 Photoshop 界面，Photoshop 已经打开了一份文档，该文档拥有上下两个图层，如图 4-1-4 所示。

❸ **运行脚本**：现在使用脚本删除活动图层，依次执行“文件”→“脚本”→“浏览”命令，加载并执行脚本文件。脚本执行后，名为 Art 的活动图层被删除，如图 4-1-5 所示。

图 4-1-4 包含 Art 图层的文档

图 4-1-5 名为 Art 的活动图层被删除

4.1.4 使用 Photoshop 脚本复制一个图层

本小节演示如何使用 Photoshop 脚本通过复制粘贴的方式创建一个图层的副本。

❶ **创建脚本**：创建一个名为 4-1-4.jsx 的脚本文件，并输入以下代码：

```
var layer = app.activeDocument.activeLayer;
```

定义一个变量 layer，用来表示应用程序活动文档中的活动图层。

```
layer.copy();
```

首先调用图层对象的 copy 拷贝方法，将该图层拷贝到内存中。

```
app.activeDocument.paste();
```

然后调用文档对象的 paste 粘贴方法，将内存里的拷贝，粘贴到当前的文档。

❷ **切换到 Photoshop**：脚本编写完成后，保存完成的脚本，并切换到 Photoshop 界面，此时已经打开了一份文档，需要复制名为 Building 的图层，如图 4-1-6 所示。

❸ **运行脚本**：依次执行"文件"→"脚本"→"浏览"命令，加载并执行该脚本文件。脚本执行后，名为 Building 的图层被复制了一份，新的图层名为"图层 1"，如图 4-1-7 所示。

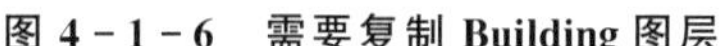
图 4-1-6 需要复制 Building 图层

图 4-1-7 Building 图层被复制了一份

4.1.5 使用 Photoshop 脚本剪切一个图层

本小节演示如何使用 Photoshop 脚本通过剪切并粘贴的方式创建一个拷贝的图层。

❶ **创建脚本**：创建一个名为 4-1-5.jsx 的脚本文件，并输入以下代码：

```
var layer = app.activeDocument.activeLayer;
```

定义一个变量 layer，用来表示应用程序活动文档中的活动图层。

```
layer.cut();
```

首先调用图层对象的 cut 剪切方法，将该图层剪切到内存中。

```
app.activeDocument.artLayers.add();
```

调用图组 artLayers 的 add 添加方法，添加一个新的图层。

```
app.activeDocument.paste();
```

然后调用文档对象的 paste 粘贴方法，将内存中的拷贝，粘贴到新的图层。

❷ **切换到 Photoshop**：脚本编写完成后，保存完成的脚本，并切换到 Photoshop 界面，Photoshop 已经打开了一份文档，需要剪切名为 Art 的图层，如图 4-1-8 所示。

❸ **运行脚本**：依次执行"文件"→"脚本"→"浏览"命令，打开脚本载入窗口。在弹出的"载入"窗口中，直接双击脚本名称，加载并执行该脚本文件。

脚本执行后，Art 图层的内容将被清空，并在该图层的上方，新增一个剪切后的图层，图层的名称为"图层 1"，最终效果如图 4-1-9 所示。

图 4-1-8　需要剪切名为 Art 的图层

图 4-1-9　Art 图层的内容被剪切到新图层

4.1.6　使用 Photoshop 脚本复制图层并改变图层顺序

本小节演示如何使用 Photoshop 脚本复制图层并插入到图层列表中某个位置。

❶ **创建脚本**：创建一个名为 4-1-6.jsx 的脚本文件，并输入以下代码：

1. `var layer = app.activeDocument.activeLayer;`

   定义一个变量 layer，用来表示应用程序活动文档中的活动图层。

2. `var layers = app.activeDocument.layers;`

   接着定义一个变量 layers，用来表示应用程序活动文档中的所有图层。

3. `layer.duplicate(layers[1], ElementPlacement.PLACEAFTER);`

   调用图层对象的 duplicate 复制方法，复制在图层面板中从下往上数第二个图层，并插入到所有图层的 PLACEAFTER 后面。

❷ **切换到 Photoshop**：脚本编写完成后，保存完成的脚本，并切换到 Photoshop 界面，Photoshop 已经打开了一份文档，需要复制名为 Art 的图层，并将复制后的图层放在图层列表中的最下方，如图 4-1-10 所示。

❸ **运行脚本**：依次执行“文件”→“脚本”→“浏览”命令，打开脚本载入窗口。在弹出的“载入”窗口中，直接双击脚本名称，加载并执行该脚本文件。

脚本执行后，Art 图层被复制了一份，并把复制后的图层“Art 拷贝”，放在图层面板中的最底层，如图 4-1-11 所示。

图 4-1-10　需要复制名为 Art 的图层

图 4-1-11　Art 图层被复制并放在底部

4.2　图层中内容的编辑

老师，我需要使用 Photoshop 脚本移动图层的位置，请问该如何操作呢？还有常见的变形 transform 操作，脚本能实现吗？

小美，都是可以的。你可以使用 layer 对象的 translate 方法移动图层，可以使用 resize、rotate 方法对图层进行变形操作。

此外你还可以 link 链接图层，或者对图层中的像素进行栅格化。

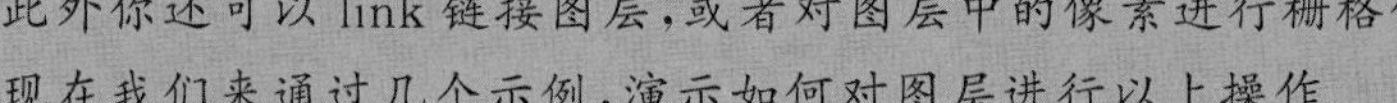

现在我们来通过几个示例，演示如何对图层进行以上操作。

4.2.1　使用 Photoshop 脚本调整图层的顺序

本小节演示如何使用 Photoshop 脚本改变某图层在图层列表中的位置。

❶ **创建脚本**：创建一个名为 4-2-1.jsx 的脚本文件，并输入以下代码：

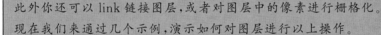

```
var layer = app.activeDocument.activeLayer;
```

定义一个变量 layer，用来表示应用程序活动文档中的活动图层。

```
var layers = app.activeDocument.layers;
```

接着定义一个变量 layers，用来表示应用程序活动文档中的所有图层。

```
layer.move(layers[1], ElementPlacement.PLACEAFTER);
```

调用图层对象的 move 移动方法，将该图层移至图层列表中第二个图层的后方。

❷ **切换到 Photoshop**：脚本编写完成后，保存完成的脚本，并切换到 Photoshop 界面，Photoshop 已经打开了一份文档，该文档拥有两个图层，如图 4-2-1 所示，现在来交换这两个图层在图层面板中的顺序。

❸ **运行脚本**：依次执行"文件"→"脚本"→"浏览"命令，打开脚本载入窗口。在弹出的"载入"窗口中，直接双击脚本名称，加载并执行该脚本文件。

脚本执行后，当前文档中的两个图层将交换它们在图层面板中的顺序，最终效果如图 4-2-2 所示。

图 4-2-1　文档拥有两个图层

图 4-2-2　两个图层的顺序被交换

4.2.2　使用 Photoshop 脚本移动图层的位置

本小节演示如何使用 Photoshop 脚本移动某个图层。

❶ **创建脚本**：创建一个名为 4-2-2.jsx 的脚本文件，并输入以下代码：

```
var layer = app.activeDocument.activeLayer;
```

定义一个变量 layer，用来表示应用程序活动文档中的活动图层。

```
layer.translate(100,100);
```

接着调用图层对象的 translate 平移方法，让图层在横向和纵向各移动 100 像素。

❷ **切换到 Photoshop**：脚本编写完成后，保存完成的脚本，并切换到 Photoshop 界面，Photoshop 已经打开了一份文档，如图 4-2-3 所示。该文档拥有两个图层，现在来移动位于上方图层的位置。

❸ **运行脚本**：依次执行"文件"→"脚本"→"浏览"命令，打开脚本载入窗口。在弹出的"载入"窗口中，直接双击脚本名称，加载并执行该脚本文件。

脚本执行后，位于上方的图层向右侧和下方各移动了 100 像素，如图 4-2-4 所示。

图 4-2-3 图层未移动前的文档

图 4-2-4 图层向右下方各移动 100 像素

4.2.3 使用 Photoshop 脚本旋转图层

本小节演示如何使用 Photoshop 脚本旋转某个图层。

❶ **创建脚本**：创建一个名为 4-2-3.jsx 的脚本文件，并输入以下代码：

```
1. var layer = app.activeDocument.activeLayer;
```
定义一个变量 layer，用来表示应用程序活动文档中的活动图层。

```
2. layer.rotate(45, AnchorPosition.MIDDLECENTER);
```
调用图层对象的 rotate 旋转方法，将图层旋转 45°，旋转锚点处于图层中心位置。

❷ **切换到 Photoshop**：脚本编写完成后，保存完成的脚本，并切换到 Photoshop 界面，Photoshop 已经打开了一份文档，该文档拥有两个图层，如图 4-2-5 所示，现在来旋转位于上方的图层。

❸ **运行脚本**：依次执行"文件"→"脚本"→"浏览"命令，打开脚本载入窗口，加载并执行该脚本文件。脚本执行后，位于上方的图层旋转了 45°，最终效果如图 4-2-6 所示。

图 4-2-5 图层未旋转前的文档

图 4-2-6 图层被旋转了 45°

4.2.4 使用 Photoshop 脚本缩放图层

本小节演示如何使用 Photoshop 脚本缩放某个图层的尺寸。

❶ **创建脚本**：创建一个名为 4-2-4.jsx 的脚本文件，并输入以下代码：

```
var layer = app.activeDocument.activeLayer;
```

定义一个变量，用来表示应用程序活动文档中的活动图层。

```
var horizontalRate = 50;
var verticalRate = 50;
```

定义两个变量 horizontalRate 和 verticalRate，表示横向、纵向的缩放比例为 50%。

```
var anchor = AnchorPosition.MIDDLECENTER;
```

最后定义一个变量，用来表示图层缩放的锚点为当前图层的中心位置。

```
layer.resize(horizontalRate, verticalRate, anchor);
```

调用图层对象的"缩放"方法，将图层沿横向和纵向均缩小 50%。

❷ **切换到 Photoshop**：脚本编写完成后，保存完成的脚本，并切换到 Photoshop 界面，此时打开了一份拥有两个图层的文档，如图 4-2-7 所示。现在来缩小上方的图层。

❸ **运行脚本**：依次执行"文件"→"脚本"→"浏览"命令，加载并执行该脚本文件。脚本执行后，位于上方的图层缩小到原来的 50%，最终效果如图 4-2-8 所示。

图 4-2-7 图层缩小前的文档

图 4-2-8 图层被缩小到原来的 50%

4.2.5 使用 Photoshop 脚本链接图层

本小节演示如何使用 Photoshop 脚本链接图层。

❶ **创建脚本**：创建一个名为 4-2-5.jsx 的脚本文件，并输入以下代码：

```
var layer = app.activeDocument.activeLayer;
```

定义一个变量 layer，用来表示应用程序活动文档中的活动图层。

```
var count = app.activeDocument.layers.length;
```

接着定义一个变量 count，用来表示当前文档中所有图层的数量。

```
for (var i = 0; i < count; i++)
{
    layer.link(app.activeDocument.layers[i]);
}
```

然后添加一个 for 循环语句，用来遍历文档中的所有图层。

调用图层对象的 link 链接方法，将当前图层与图层列表里的所有图层进行链接。

❷ **切换到 Photoshop：** 脚本编写完成后，保存完成的脚本，并切换到 Photoshop 界面，Photoshop 已经打开了一份文档，该文档拥有两个图层，如图 4-2-9 所示。

❸ **运行脚本：** 现在来链接这两个图层。依次执行"文件"→"脚本"→"浏览"命令，打开脚本载入窗口。在弹出的"载入"窗口中，直接双击脚本名称，加载并执行该脚本文件。

脚本执行后，图层面板中的两个图层的右侧都会显示一个链接标志，最终效果如图 4-2-10 所示。

图 4-2-9 图层未链接

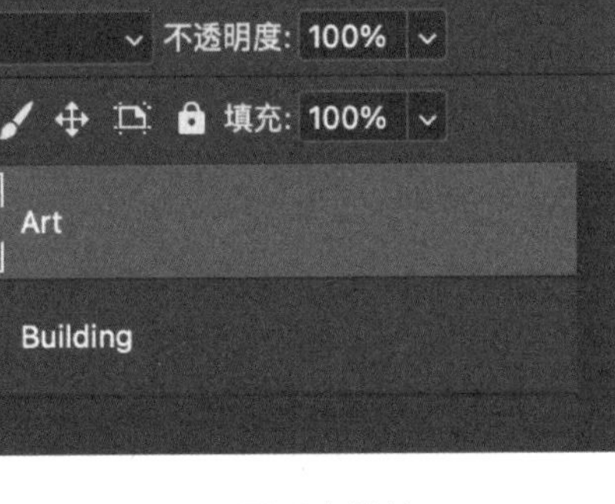

图 4-2-10 图层右侧显示一个链接标志

4.2.6 使用 Photoshop 脚本对图层进行栅格化

本小节演示如何使用 Photoshop 脚本栅格化某个图层。

❶ **创建脚本：** 创建一个名为 4-2-6.jsx 的脚本文件，并输入以下代码：

```
var layer = app.activeDocument.activeLayer;
```

定义一个变量 layer，用来表示应用程序活动文档中的活动图层。

```
layer.rasterize(RasterizeType.TEXTCONTENTS);
```

接着调用图层对象的 rasterize 栅格化方法，将当前图层的文本内容进行栅格化。

RasterizeType 共有 ENTIRELAYER 全部图层、FILLCONTENT 填充、LAYERCLIPPINGPATH 图层剪辑路径、LINKEDLAYERS 链接图层、SHAPE 图形、TEXTCONTENTS 文字内容等 6 个选项，读者可以根据栅格化对象的类型选择相应的选项。

❷ **切换到 Photoshop**：脚本编写完成后，保存完成的脚本，并切换到 Photoshop 界面，Photoshop 已经打开了一份文档，其中名为 Magic World 的图层为文本图层，如图 4-2-11 所示。

❸ **运行脚本**：现在来栅格化这个图层，依次执行"文件"→"脚本"→"浏览"命令，打开脚本载入窗口。在弹出的"载入"窗口中，直接双击脚本名称，加载并执行该脚本文件。

脚本执行后，Magic World 图层被转换为普通的像素图层，如图 4-2-12 所示。

图 4-2-11　Magic World 图层为文本图层

图 4-2-12　Magic World 被转换为像素图层

4.3　操作多个图层

老师，我的这些 psd 文件太大了，每次通过网络发送给伙伴都要花很长时间。有什么方法可以缩小这些 psd 文件吗？

小美，通过合并图层可以有效地压缩 psd 文件的大小。document 对象有两个方法 mergeVisibleLayers()、flatten()，分别用来合并可见图层、拼合所有图层。另外 layer 对象也有一个名为 merge()的方法，可以向下合并图层。

现在通过三个示例分别讲解合并图层的三个方法。

4.3.1 使用 Photoshop 脚本合并可见图层

本小节演示如何使用 Photoshop 脚本合并所有可见图层。

❶ **创建脚本：** 创建一个名为 4-3-1.jsx 的脚本文件，并输入以下代码：

1. `var document = app.activeDocument;`

   定义一个变量 document，用来表示应用程序的活动文档。

2. `document.mergeVisibleLayers();`

   接着调用文档对象的 mergeVisibleLayers 合并可见图层方法，合并所有可见图层。

❷ **切换到 Photoshop：** 脚本编写完成后，保存完成的脚本，并切换到 Photoshop 界面，Photoshop 已经打开了一份文档，该文档包含三个图层，其中名为 Magic World 的图层和名为 Art 的图层为可见图层，Building 图层处于隐藏状态，如图 4-3-1 所示。

❸ **运行脚本：** 现在来合并 Magic World 和 Art 这两个图层。依次执行"文件"→"脚本"→"浏览"命令，加载并执行该脚本文件。

脚本执行后，Magic World 和 Art 图层被合并为一个图层，如图 4-3-2 所示。

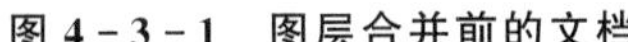
图 4-3-1 图层合并前的文档

图 4-3-2 上方两个图层被合并为一个

4.3.2 使用 Photoshop 脚本合并链接图层

本小节演示如何使用 Photoshop 脚本合并链接图层。

❶ **创建脚本：** 创建一个名为 4-3-2.jsx 的脚本文件，并输入以下代码：

1. `var layers = app.activeDocument.artLayers;`

   定义一个变量 layers，用来表示应用程序当前文档的所有图层。

```
for (var i = 0; i < layers.length; i ++ )
{
```

接着添加一个 for 循环语句，用来遍历当前文档的所有图层。

```
    if(! layers[i].isBackgroundLayer)
    {
```

然后检测遍历到的图层，如果不是背景图层，则执行后面的代码。

```
        var linkedLayers = layers[i].linkedLayers;
```

继续定义一个变量 linkedLayers，获取当前遍历到的图层的所有链接图层。

```
        if(linkedLayers.length > 0)
        {
            layers[i].merge(linkedLayers[i]);
        }
```

如果检测遍历到的图层拥有链接图层，则调用图层对象的merge 方法，合并所有的链接图层。

```
    }
}
```

❷ **切换到 Photoshop**：脚本编写完成后，保存完成的脚本，并切换到 Photoshop 界面，Photoshop 已经打开了一份文档，该文档包含三个图层，其中名为 Magic World 的图层和名为 Art 的图层为链接图层，如图 4－3－3 所示。

❸ **运行脚本**：现在来合并 Magic World 和 Art 这两个图层。依次执行“文件”→“脚本”→“浏览”命令，打开脚本载入窗口。在弹出的“载入”窗口中，直接双击脚本名称，加载并执行该脚本文件。

脚本执行后，Magic World 和 Art 图层被合并为一个图层，如图 4－3－4 所示。

图 4－3－3　上方两个图层为链接图层

图 4－3－4　链接图层被合并为一个

4.3.3 使用 Photoshop 脚本拼合所有图层

本小节演示如何使用 Photoshop 脚本合并所有图层。

❶ **创建脚本：**创建一个名为 4-3-3.jsx 的脚本文件，并输入以下代码：

```
var document = app.activeDocument;
```

定义一个变量 document，用来表示应用程序的活动文档。

```
document.flatten();
```

调用 document 文档对象的 flatten 拼合方法，合并文档中的所有图层。

❷ **切换到 Photoshop：**脚本编写完成后，保存完成的脚本，并切换到 Photoshop 界面，Photoshop 已经打开了一份文档，该文档包含三个图层，如图 4-3-5 所示。

❸ **运行脚本：**现在来合并这三个图层。依次执行"文件"→"脚本"→"浏览"命令，打开脚本载入窗口。在弹出的"载入"窗口中，直接双击脚本名称，加载并执行该脚本文件。

脚本执行后，三个图层被合并为一个图层，如图 4-3-6 所示。

图 4-3-5 三个图层合并前的原始文档

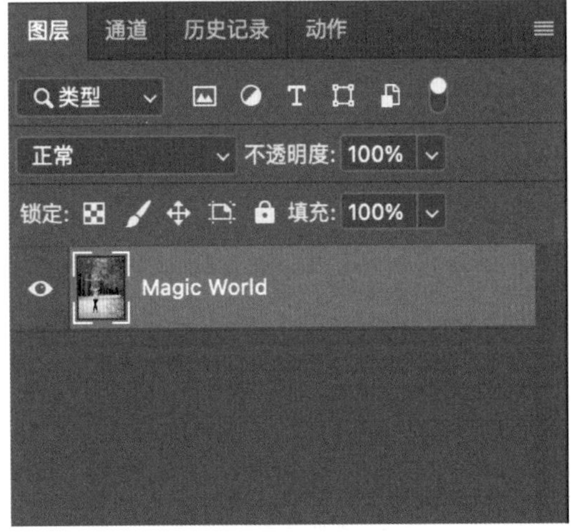

图 4-3-6 三个图层被合并为一个

4.4 管理图层的状态

老师，我有段脚本需要移动图层的位置，但是有些图层移动失败，原来是它们被锁定了。我想在移动图层之前，先检查这个图层是否被锁定，如果没被锁定，我再移动它的位置。请问如何检查图层的锁定状态？

小美，图层的锁定分为三种：像素锁定、位置锁定和透明像素锁定。你可以通过图层 layer 对象的 pixelsLocked、positionLocked 和 transparentPixelsLocked 属性来判断图层的三种锁定状态。如果要判断图层是否可被移动，可以通过图层对象的 positionLocked 属性判断。

4.4.1 使用 Photoshop 脚本锁定图层组中的所有图层

本小节演示如何使用 Photoshop 脚本锁定某个图层组的所有图层。

❶ **创建脚本**：创建一个名为 4-4-1.jsx 的脚本文件，并输入以下代码：

```
1. var layerSetRef = app.activeDocument.layerSets.getByName("ArtSet");
   定义一个变量 layerSetRef，用来表示活动文档中的名为 ArtSet 的图层组。

2. layerSetRef.allLocked = true;
   接着设置图层组的 allLocked 全部锁定属性为真，锁定该图层组下的所有图层。
```

❷ **切换到 Photoshop**：脚本编写完成后，保存完成的脚本，并切换到 Photoshop 界面，Photoshop 已经打开了一份文档，该文档包含一个名为 ArtSet 的图层组，图层组下包含两个图层，名称分别为 Magic World 和 Art，如图 4-4-1 所示。

❸ **运行脚本**：现在来锁定 ArtSet 图层组中的这两个图层。依次执行“文件”→“脚本”→“浏览”命令，加载并执行该脚本文件。

脚本执行后，ArtSet 图层组中的所有图层都将被锁定，如图 4-4-2 所示。

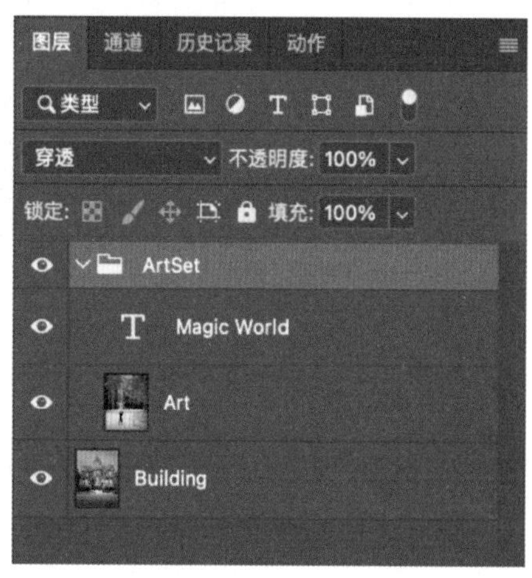

图 4-4-1 锁定图层前的图层面板

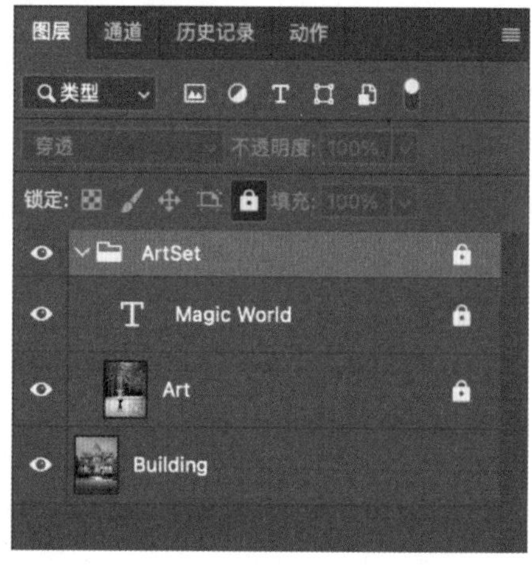

图 4-4-2 图层组中的所有图层都被锁定

4.4.2 使用 Photoshop 脚本查看图层的锁定状态

本小节演示如何使用 Photoshop 脚本查看当前图层的锁定状态信息。

❶ **创建脚本**：创建一个名为 4－4－2.jsx 的脚本文件，并输入以下代码：

```
var layer = app.activeDocument.activeLayer;
```

定义一个变量 layer，用来表示应用程序活动文档中的活动图层。

```
alert("Is pixels locked:" + layer.pixelsLocked);
```

接着调用 alert 命令，弹出提示窗口，显示当前图层的像素是否被锁定。

```
alert("Is position locked:" + layer.positionLocked);
```

弹出提示窗口，显示当前图层的位置是否被锁定。

```
alert("Is transparentPixels locked:" + layer.transparentPixelsLocked);
```

调用 alert 命令，弹出提示窗口，显示当前图层的透明度是否被锁定。

❷ **切换到 Photoshop**：脚本编写完成后，保存完成的脚本，并切换到 Photoshop 界面，Photoshop 已经打开了一份文档，该文档包含一个名为 Magic World 的图层，如图 4－4－3 所示。

❸ **运行脚本**：现在来查看该图层的锁定状态，依次执行“文件”→“脚本”→“浏览”命令，打开脚本载入窗口。在弹出的“载入”窗口中，直接双击脚本名称，加载并执行该脚本文件。

脚本执行后，依次弹出三个提示窗口，显示 Magic World 图层的像素、位置、透明像素都处于锁定状态，如图 4－4－4 所示。

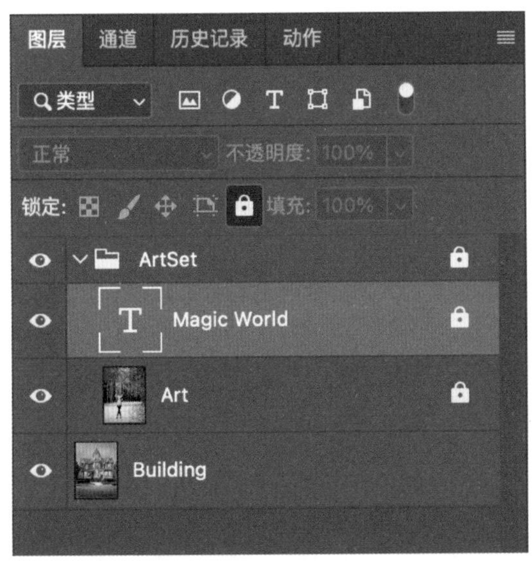

图 4－4－3 选择 Magic World 图层

图 4－4－4 Magic World 图层状态信息

4.4.3 设置文字图层的字体、尺寸、颜色、样式等属性

本小节演示如何使用 Photoshop 脚本设置文字图层的字体、尺寸、内容、样式等属性。

❶ **创建脚本**：创建一个名为 4-4-3.jsx 的脚本文件，并输入以下代码：

```
var layerRef = app.activeDocument.artLayers.getByName("PageSubTitle");
```

在图层列表中，获得指定名称 PageSubTitle 的文字图层。

```
layerRef.textItem.contents = "Characters and Glyphs";
```

设置该图层的 contents 文字内容。

```
var myFont = app.fonts.getByName("ArialMT");
layerRef.textItem.font = myFont;
```

设置文字图层的字体，首先获得名为 ArialMT 的字体，然后设置所选文字图层的字体。

❷ **切换到 Photoshop**：保存当前的脚本，并切换到 Photoshop 界面。当前 Photoshop 已经打开了一份文档，如图 4-4-5 所示。

❸ **运行脚本**：现在来修改位于下方的青色文字。依次执行“文件”→“脚本”→“浏览”命令，打开脚本载入窗口。在弹出的“载入”窗口中，直接双击脚本名称，加载并执行该脚本文件。

脚本执行后，青色文字的内容和字体都发生了变化，如图 4-4-6 所示。

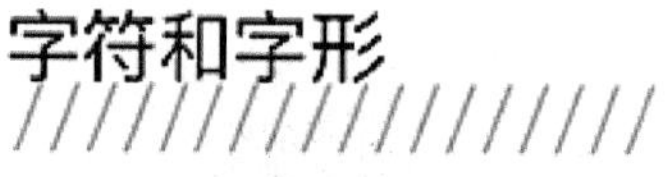

图 4-4-5 修改文字内容和字体前的状态

图 4-4-6 文字内容和字体都发生了变化

❹ **修改文字尺寸和样式**：继续编写代码，修改文字尺寸和样式。

```
layerRef.textItem.size = 24;
layerRef.textItem.fauxBold = true;
layerRef.textItem.fauxItalic = true;
```

设置文字的尺寸为 24，然后依次给文字应用 fauxBold 加粗和 fauxItalic 倾斜的样式。

```
layerRef.textItem.underline = UnderlineType.UNDERLINEOFF;
```

继续给文字图层添加 UNDERLINEOFF 下画线的效果。

```
layerRef.textItem.capitalization = TextCase.ALLCAPS;
```

同时将文字图层里的英文字母转换为 ALLCAPS 大写样式。

```
layerRef.textItem.antiAliasMethod = AntiAlias.STRONG;
```

设置消除锯齿的方式为 STRONG 粗壮样式。

```
layerRef.textItem.baselineShift = 10;
```

同时将文字从基线偏离 10 的距离。

❺ **切换到 Photoshop**：保存当前的脚本，并切换到 Photoshop 界面。现在来修改位于下方的青色文字的尺寸和样式，如图 4－4－7 所示。

❻ **运行脚本**：依次执行“文件”→“脚本”→“浏览”命令，打开脚本载入窗口。在弹出的“载入”窗口中，直接双击脚本名称，加载并执行该脚本文件。

脚本执行后，青色文字的尺寸和样式都发生了变化，如图 4－4－8 所示。

图 4－4－7 修改尺寸和样式前的文字图层

图 4－4－8 文字尺寸和样式发生了变化

❼ **修改文字颜色和排列方向**：继续编写代码，以修改文字的字体颜色和排列方向。

```
var color = new SolidColor();
```

首先创建一个新的颜色 color。

```
color.rgb.red = 200;
color.rgb.green = 0;
color.rgb.blue = 200;
layerRef.textItem.color = color;
```

依次设置红色、绿色和蓝色三个通道的数值。然后设置文字图层的字体颜色。

```
layerRef.textItem.position = [200,120];
layerRef.textItem.direction = Direction.VERTICAL;
```

设置文字图层的 position 位置信息，并将文字的 direction 排列方向设置为垂直排列。

❽ **切换到 Photoshop**：保存当前的脚本，并切换到 Photoshop 界面。现在来修改位于下方的青色文字的颜色和排列方向，如图 4－4－9 所示。

❾ **运行脚本**：依次执行“文件”→“脚本”→“浏览”命令，加载并执行该脚本文件。脚本执行后，文字的颜色变为紫色，排列方向变为垂直方向，如图 4－4－10 所示。

图 4－4－9 文字颜色和排列方向变化前的状态

图 4－4－10 文字颜色和排列方向发生变化

4.5 图层组的管理

老师，随着图像编辑工作的深入，文档中的图层数量越来越多，于是我使用图层组来组织和管理图层，可是在使用 Photoshop 脚本访问图层组中的图层时遇到了困难，请问我该如何找到图层组中的指定名称的图层？

小美，图层组类似于文件夹，将图层按照类别放在不同的组中，可以使图层面板中的图层结构更加清晰，也便于查找图层。

其实，使用 Photoshop 脚本访问图层组中的图层也是非常简单的：

❶ 通过 app. activeDocument. layerSets 属性获得图层组。

❷ 对图层组中的所有图层 layerSets. artLayers 进行遍历，找到指定名称的图层。

当然，图层组中还可以包含另一个图层组，从而实现多级图层组的嵌套。如果需要查询图层组中的图层组，可以：

❶ 通过 app. activeDocument. layerSets 属性获得图层组。

❷ 通过 layerSets. getByName( )方法获得指定名称的图层组。

此外，图层组对象还拥有 remove()、add()方法，用来删除图层组、添加新图层，以方便进行图层组和图层的管理。

4.5.1 使用 Photoshop 脚本选择图层组里的图层

本小节演示如何通过 Photoshop 脚本获得图层组里的指定名称的图层。

❶ **创建脚本**：创建一个名为 4－5－1. jsx 的脚本文件，并输入以下代码：

```
var layerSetRef = app.activeDocument.layerSets.getByName("Group2");
```

在图层列表中，获得名为 Group 2 的图层组。

```
var layers = layerSetRef.artLayers;
```

获得该图层组里的所有图层，并存储在变量 layers 中。

```
for(var i = 0; i < layers.length; i ++ )
{
```

添加一个 for 循环语句，用来遍历该图层组里的所有图层。

```
    var layer = layers[i];
    if(layer.name == "UIVIewResponsibilities-24")
        app.activeDocument.activeLayer = layer;
```

如果遍历到的图层的 name 名称等于指定的图层名称，则在图层列表里选择该图层。

```
}
```

❷ **切换到 Photoshop**：脚本编写完成后，保存完成的脚本，并切换到 Photoshop 界面，Photoshop 已经打开了一份文档，该文档包含一个名为 Group 2 的图层组，如图 4-5-1 所示。现在来选择 Group 2 图层组中的名为 UIVIewResponsibilities-24 的图层。

❸ **运行脚本**：依次执行"文件"→"脚本"→"浏览"命令，打开脚本载入窗口。在弹出的"载入"窗口中，直接双击脚本名称，加载并执行该脚本文件。

脚本执行后，Group 2 图层组中的名为 UIVIewResponsibilities-24 的图层处于选择状态，如图 4-5-2 所示。

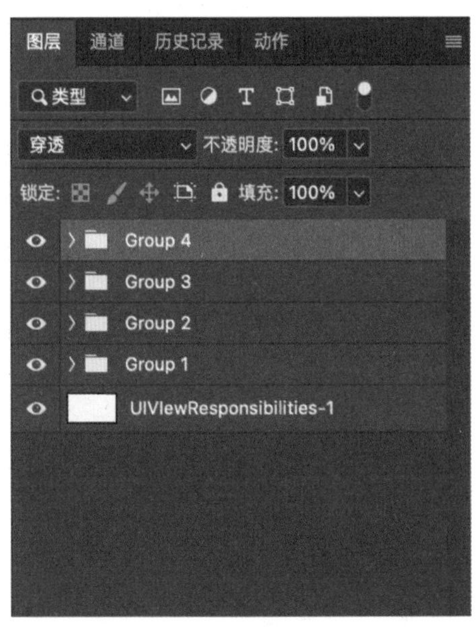

图 4-5-1　未选择图层前的图层面板

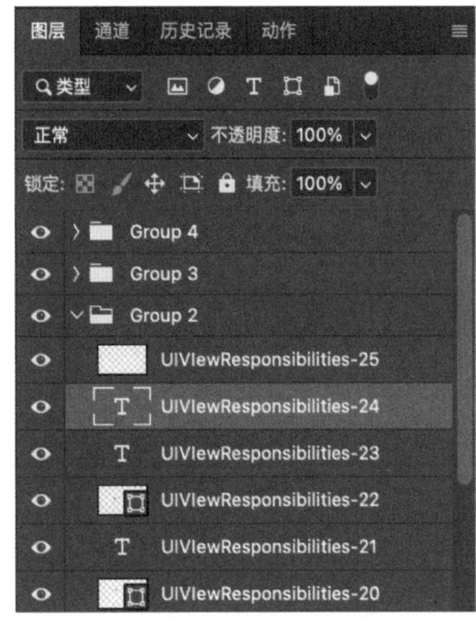

图 4-5-2　选择了指定图层

4.5.2　使用 Photoshop 脚本删除图层组里的图层组

在图层列表中，一个图层组不仅可以包含多个图层，甚至还可以包含多个图层组。

❶ **创建脚本**：创建一个名为 4-5-2.jsx 的脚本文件，并输入以下代码：

```
var layerSet = app.activeDocument.layerSets.getByName("Group1");
```

在图层列表中，获得名为 Group 1 的图层组。

```
var subLayerSet = layerSet.layerSets.getByName("SubGroup");
```

在获得的图层组中，继续查找并获取名为 SubGroup 的图层组。

3. subLayerSet.remove();
调用图层组的 remove 移除方法，从图层列表中移除找到的图层组里的图层组。

❷ **切换到 Photoshop：** 脚本编写完成后，保存完成的脚本，并切换到 Photoshop 界面，此时已经打开了一份文档，该文档包含一个名为 Group 1 的图层组，Group 1 图层组中又有一个名为 SubGroup 的图层组，如图 4-5-3 所示。现在来删除 SubGroup 图层组。

❸ **运行脚本：** 依次执行“文件”→“脚本”→“浏览”命令，打开脚本载入窗口。在弹出的“载入”窗口中，直接双击脚本名称，加载并执行该脚本文件。

脚本执行后，Group 1 图层组中的 SubGroup 图层组被删除，效果如图 4-5-4 所示。

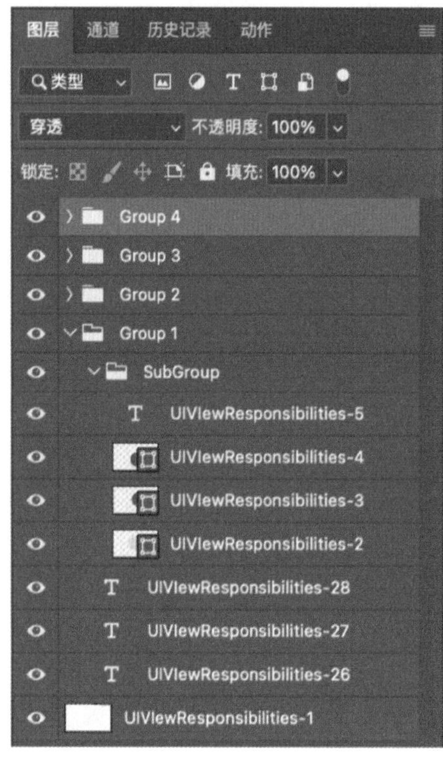

图 4-5-3 Group 1 图层组下的名为 SubGroup 的图层组

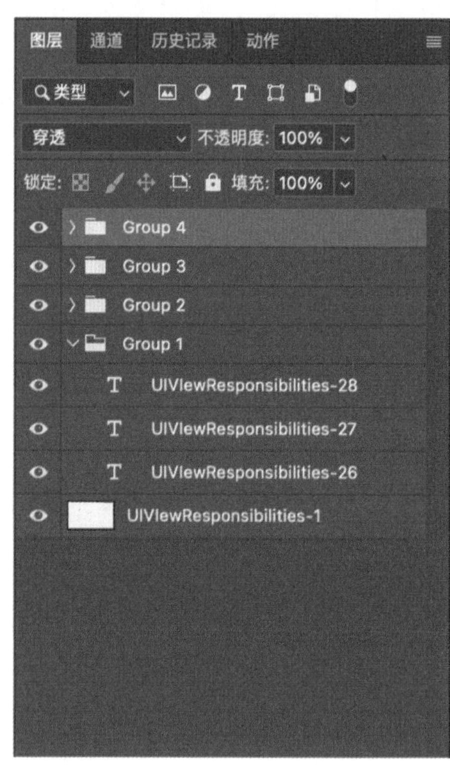

图 4-5-4 SubGroup 图层组被删除

4.5.3 使用 Photoshop 脚本删除名称包含指定内容的图层

当我们设计复杂的作品时，往往需要创建一些临时的辅助图层。

❶ **创建脚本：** 创建一个名为 4-5-3.jsx 的脚本文件，并输入以下代码：

1. var layers = app.activeDocument.artLayers;
获得活动文档里的所有图层，并存储在变量 layers 中。

```
for(var i = layers.length - 1; i > = 0; i-- )
{
```

添加一个 for 循环语句，用来遍历该图层组里的所有图层。

```
    var layer = layers[i];
    var layerName = layer.name;
```

获得循环语句遍历到的图层，然后获得当前图层的 name 图层名称。

```
    if(layerName.indexOf("Temporary") > -1)
        layer.remove();
```

所有辅助图层的名称都包含 Temporary 临时的字样，所以如果图层名称包含临时字样，则 remove 删除该图层，从而实现删除所有临时辅助图层的功能。

```
}
```

❷ **切换到 Photoshop**：脚本编写完成后，保存完成的脚本，并切换到 Photoshop 界面，Photoshop 已经打开了一份文档，如图 4-5-5 所示。

❸ **运行脚本**：现在来删除名称中包含 Temporary 的所有图层。依次执行“文件”→“脚本”→“浏览”命令，打开脚本载入窗口。在弹出的“载入”窗口中，直接双击脚本名称，加载并执行该脚本文件。

脚本执行后，所有名称包含 Temporary 字样的图层，都被从图层列表中删除，最终效果如图 4-5-6 所示。

图 4-5-5　文档拥有 6 个名称包含 Temporary 的图层

图 4-5-6　名称包含 Temporary 的图层都被删除

4.5.4 使用 Photoshop 脚本删除所有空图层

本小节演示如何使用 Photoshop 脚本删除无像素的图层、没有内容的文字图层等空白图层。

❶ **创建脚本**：创建一个名为 4-5-4.jsx 的脚本文件，并输入以下代码：

```
function deleteAllEmptyLayers(object)
{
```

首先添加一个 deleteAllEmptyLayers 函数，用来删除指定参数里的空白图层。其中 objectSet 参数表示当前的文档或图层组。

```
    try
    {
```

使用 try-catch 语句，捕捉可能发生的错误，如果在删除图层时遇到错误，则可以弹出提示框，显示遇到的错误信息。

```
        for(var i = object.artLayers.length-1; 0 <= i; i--)
        {
```

添加一个 for 循环语句，用来遍历容器里的所有图层。

```
            var layer = object.artLayers[i];
```

获得在循环语句中遍历到的图层。

```
            if(layer.allLocked || layer.pixelsLocked || layer.positionLocked
                || layer.transparentPixelsLocked || 0 != layer.linkedLayers.length)
            {
                continue;
            }
```

依次判断图层的像素是否被锁定、位置是否被锁定、透明度是否被锁定，以及是否链接其他的图层。如果该图层被锁定，或者和其他图层有链接，则不删除(continue 跳过)该图层。

```
            if((LayerKind.TEXT == layer.kind))
            {
```

判断当前的图层是否为 TEXT 文字图层。

```
                if("" == layer.textItem.contents)
                    layer.remove();
```

如果图层是文字图层，并且文字的内容为空，则 remove 删除该图层。

```
            }
            else
            {
```

接着处理不是文字图层的情况。

```
                if(0 == layer.bounds[2] && 0 == layer.bounds[3])
                {
                    layer.remove();
                }
```

如果图层的宽度和高度都是 0，表示该图层没有内容，则删除该图层。

```
            }
        }
        for(var i = object.layerSets.length - 1; 0 <= i; i--)
        {
```

添加另一个 for 循环语句，用来遍历该容器(文档或图层组)下的所有图层组。

```
            var layerSet = object.layerSets[i];
```

获得在循环语句遍历到的图层组。

```
            if(layerSet.allLocked || 0 != layerSet.linkedLayers.length)
            {
                continue;
            }
```

如果该图层组已经被锁定，或者该图层组和其他图层组有链接，则不删除(continue 跳过)该图层组。

```
            deleteAllEmptyLayers(layerSet);
```

当图层组没有被锁定，并且没有和其他图层组链接时，调用删除空的图层函数，并将该 layerSet 图层组作为函数的参数。

```
        }
    }
    catch(e) { alert(e); }
}
deleteAllEmptyLayers(app.activeDocument);
```

这样就完成了删除空图层的函数，现在来调用该函数，并将活动文档作为函数的参数。

❷ **切换到 Photoshop：** 脚本编写完成后，保存完成的脚本，并切换到 Photoshop 界面，Photoshop 已经打开了一份文档，其中名为 Empty Layer2 的图层是空白图层，如图 4-5-7 所示。

❸ **运行脚本：** 现在来删除这个图层。依次执行"文件"→"脚本"→"浏览"命令，打开脚本载入窗口。在弹出的"载入"窗口中，直接双击脚本名称，加载并执行该脚本文件。

脚本执行后，名为 Empty Layer2 的图层被删除，最终效果如图 4-5-8 所示。

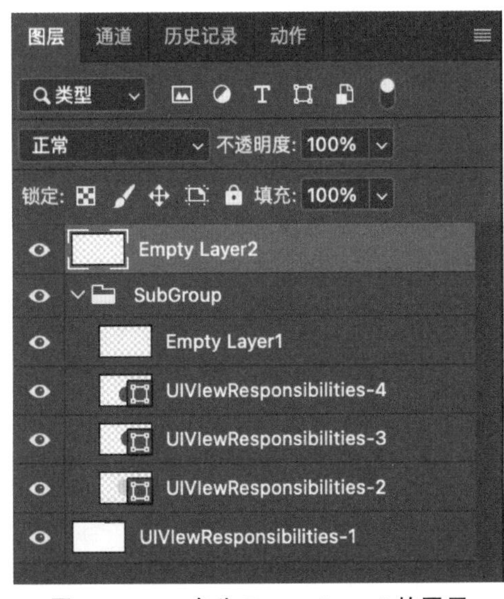

图 4-5-7　名为 Empty Layer2 的图层

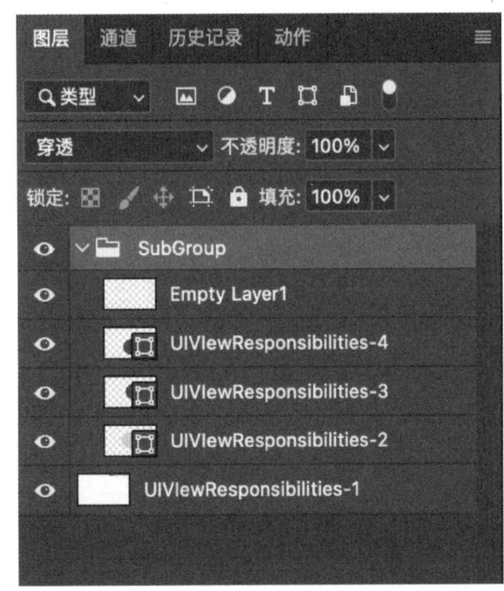

图 4-5-8　Empty Layer2 图层被删除

第 5 章 使用 Photoshop 脚本操作选区

从本章将收获以下知识：

❶ 使用 Photoshop 脚本创建选区

❷ 反转选区、取消选区、羽化选区

❸ 平滑选区、扩大选区、选择相似颜色

❹ 移动选区、旋转选区、描边选区

❺ 选区内容的编辑

5.1 选择区域的创建和取消

老师，我已经掌握了 Photoshop 脚本关于图层方面的内容。而选区是针对图层的区域选择，所以我也可以使用脚本创建选区吧？

是的，小美。选区所作用的内容，与被选中的图层有关。
选区可以确保只对特定区域进行编辑，不会对其他部分产生影响。比如可以随意修改选区内像素的颜色、调整亮度、对比度、更改大小等。
在 Photoshop 中，虽然选区的表现形式不同，但是最终的目的都是一样，即限制操作的范围。

基于选区的重要性，Photoshop 脚本对选区的操作提供了大量的支持。document 对象有一个 selection 属性，该属性可以帮助你创建选区、取消选区、移动选区、缩放选区，甚至羽化或平滑选区，基本上 Photoshop 的“选择”菜单中有的命令，Photoshop 脚本都可以实现。

选区往往包含选区范围、羽化参数等属性，所以创建选区的脚本代码会不会很复杂呢？

创建选区是通过 selection 的 select( )方法实现的，包含四个参数：
select (region, type, feather, antiAlias)

❶ region：表示选区的范围，格式为[left, top, right, bottom]，其中 left、top、right、bottom 分别表示选区四个角的坐标。
❷ type：选区的构建方式，共有替换、减少、扩展和相交四个选项。
❸ feather：选区的羽化数值。
❹ antiAlias：选区是否抗锯齿。

你只要依次设置这四个参数的数值，即可创建一个选区，所以创建选区是非常简单的，现在通过一些典型示例，讲解选区具体的创建和管理。

5.1.1 使用 Photoshop 脚本创建一个选区

本小节演示如何使用 Photoshop 脚本创建一个选区。

❶ **创建脚本**：创建一个名为 5－1－1.jsx 的脚本文件，并输入以下代码：

1. `var region = [[120,20], [220,20], [220,120], [120,120]];`

   定义一个变量 region，表示一定范围的区域。它的值依次为一个区域的左上角、右上角、右下角和左下角的坐标。

2. `var type = SelectionType.REPLACE;`

   接着定义一个变量 type，表示构建选区的方式。当前使用的是默认选项 REPLACEREPLACE，即如果当前文档已经存在选区，则取消已存在的选区后，再构建新的选区。

   SelectionType 的选项共有四种：

   - DIMINISH 减少：从已选择的区域中删除选择。
   - EXTEND 扩展：将选区添加到已选择的区域。
   - INTERSECT 相交：仅选择新选区与已选择区域相交的区域。
   - REPLACE 替换：替换选定区域。

3. `var feather = 0;`

   继续定义一个变量 feather，表示构建选区时的羽化值。这里设置选区的羽化值为 0。

4. `var antiAlias = true;`

   最后定义一个变量 antiAlias，表示构建选区时，是否支持抗锯齿功能。这里设置在构建选区时，支持抗锯齿功能。

5. `app.activeDocument.selection.select(region, type, feather, antiAlias);`

   通过调用选区对象的 select 选择方法，并传入之前设置好的各项参数，在当前文档构建一个选区。

6. `app.activeDocument.selection.fill(app.foregroundColor);`

   通过调用选区对象的 fill 填充方法，给当前的选区填充前景色 foregroundColor。

❷ **切换到 Photoshop**：保存完成的脚本，并切换到 Photoshop 界面，Photoshop 已经打开了一份文档，如图 5－1－1 所示。

❸ **运行脚本**：接着依次执行"文件"→"脚本"→"浏览"命令，打开脚本载入窗口。在弹出的"载入"窗口中，直接双击脚本名称，加载并执行该脚本文件。

脚本执行后，将在当前文档中创建一个新的选区，并给选区填充黑色，最终效果如图 5－1－2 所示。

图 5－1－1 创建选区前的文档

图 5－1－2 创建新选区并填充黑色

5.1.2 使用 Photoshop 脚本同时创建多个选区

本小节演示如何使用 Photoshop 脚本创建两个选区。

❶ **创建脚本**：创建一个名为 5-1-2.jsx 的脚本文件，并输入以下代码：

```
var region1 = [[0,0],[100,0],[100,100],[0,100]];
var region2 = [[150,150],[200,100],[100,100]];
```

定义变量 region1、region2，分别表示第一个、第二个选区的选择范围。

```
var type1 = SelectionType.REPLACE;
var type2 = SelectionType.EXTEND;
```

接着定义一个变量 type1，表示第一个选区的类型。

定义一个变量 type2，表示第二个选区的类型。此类型设置为扩展 EXTEND，即此选区将与前一个选区进行合并操作。

```
var feather = 0;
var antiAlias = true;
```

继续定义一个变量 feather，表示构建选区时的羽化值，这里设置选区的羽化值为 0。

最后定义一个变量 antiAlias，表示构建选区时，是否支持抗锯齿功能。这里设置在构建选区时，支持抗锯齿功能。

```
app.activeDocument.selection.select(region1, type1, feather, antiAlias);
app.activeDocument.selection.select(region2, type2, feather, antiAlias);
```

通过调用选区对象的 select 选择方法，依次创建两个选区。

```
app.activeDocument.selection.fill(app.foregroundColor);
```

通过调用选区对象的 fill 填充方法，给当前的选区填充前景色。

❷ **切换到 Photoshop**：保存完成的脚本，并切换到 Photoshop 界面，Photoshop 已经打开了一份文档，如图 5-1-3 所示。

❸ **运行脚本**：依次执行"文件"→"脚本"→"浏览"命令，打开脚本载入窗口。在弹出的"载入"窗口中，直接双击脚本名称，加载并执行该脚本文件。

脚本执行后，将在当前文档中创建一个正方形的选区和一个三角形的选区，并给这两个选区填充黑色，最终效果如图 5-1-4 所示。

图 5-1-3 创建两个选区前的文档

图 5-1-4 创建两个选区并填充黑色

5.1.3 使用 Photoshop 脚本取消当前选区

本小节演示如何使用 Photoshop 脚本取消一个选区。

❶ **创建脚本**：创建一个名为 5-1-3.jsx 的脚本文件，并输入以下代码：

```
var region1 = [[120,20],[220,20],[220,120],[120,120]];
```

定义一个变量 region1，表示一定范围的区域。它的值依次为四个点的坐标。

```
var type = SelectionType.REPLACE;
```

接着定义一个变量 type，表示创建选区的方式。当前使用的是默认选项 REPLACEREPLACE，即如果当前文档已经存在选区，则取消已存在的选区后，再创建新的选区。

```
var feather = 0;
var antiAlias = true;
```

定义一个变量 feather，表示创建选区时的羽化值。

继续定义一个变量 antiAlias，表示创建选区时，是否支持抗锯齿功能。

```
app.activeDocument.selection.select(region1, type, feather, antiAlias);
app.activeDocument.selection.fill(app.foregroundColor);
```

通过调用选区对象的 select 选择方法，并传入之前设置好的各项参数，在当前文档创建一个选区。

接着通过调用选区对象的 fill 填充方法，给当前的选区填充前景色。

```
app.activeDocument.selection.deselect( );
```

最后通过调用选区对象的 deselect 取消选择方法，取消当前文档的选区。

❷ **切换到 Photoshop**：保存完成的脚本，并切换到 Photoshop 界面，Photoshop 已经打开了一份文档，如图 5-1-5 所示。

❸ **运行脚本**：依次执行“文件”→“脚本”→“浏览”命令，打开脚本载入窗口。在弹出的“载入”窗口中，直接双击脚本名称，加载并执行该脚本文件。

脚本执行后，将在当前文档中创建一个新的选区，并给选区填充黑色，最后执行取消选择命令，取消当前选区，效果如图 5-1-6 所示。

图 5-1-5 创建选区并填充黑色前的图片

图 5-1-6 创建选区填充黑色然后取消选区

5.1.4 使用 Photoshop 脚本清除选区的内容

本小节演示如何使用 Photoshop 脚本，清除选区里的内容。

❶ **创建脚本**：创建一个名为 5－1－4.jsx 的脚本文件，并输入以下代码：

```
var region = [[120,20], [220,20], [220,120], [120,120]];
var type = SelectionType.REPLACE;
```

定义一个变量 region，表示一定范围的区域。它的值依次为四个点的坐标。

接着定义一个变量 type，表示选择的类型。当前使用的是默认选项 REPLACEREPLACE，即如果之前有选区存在，则取消之前的选区，再创建新的选区。

```
var feather = 0;
var antiAlias = true;
```

继续定义一个变量 feather，表示构建选区时的羽化值。

最后定义一个变量 antiAlias，表示构建选区时，是否支持抗锯齿功能。

```
app.activeDocument.selection.select(region, type, feather, antiAlias);
app.activeDocument.selection.clear( );
```

通过调用选区对象的 select 选择方法，并传入之前设置好的各项参数，以在当前的文档中，创建一个选区。

接着通过调用选区对象的 clear 清除方法，清除当前选区里的内容。

❷ **切换到 Photoshop**：保存完成的脚本，并切换到 Photoshop 界面，Photoshop 已经打开了一份文档，如图 5－1－7 所示。

❸ **运行脚本**：依次执行“文件”→“脚本”→“浏览”命令，打开脚本载入窗口。在弹出的“载入”窗口中，直接双击脚本名称，加载并执行该脚本文件。

脚本执行后，首先创建了一个矩形选区，接着清除选区中的内容，由于 Photoshop 的背景颜色为白色，所以该选区的填充颜色变为白色，最终效果如图 5－1－8 所示。

图 5－1－7　清除内容前的图片

图 5－1－8　创建矩形选区接着清除选区内容

5.1.5 使用 Photoshop 脚本反转当前选区

本小节演示如何使用 Photoshop 脚本反选当前的选区。

❶ **创建脚本**：创建一个名为 5-1-5.jsx 的脚本文件，并输入以下代码：

```
var region = [ [50,50], [150,50], [150,150], [50,150] ];
var type = SelectionType.REPLACE;
```

定义一个变量 region，表示一定范围的区域。它的值依次为四个点的坐标。接着定义一个变量 type，表示选择的类型。当前使用的是默认选项 REPLACEREPLACE，即如果之前有选区存在，则取消之前的选区，再创建新的选区。

```
var feather = 0;
var antiAlias = true;
```

继续定义一个变量 feather，表示构建选区时的羽化值。最后定义一个变量 antiAlias，表示构建选区时，是否支持抗锯齿功能。

```
app.activeDocument.selection.select(region, type, feather, antiAlias);
```

通过调用选区对象的 select 选择方法，并传入之前设置好的各项参数，以在当前的文档中，创建一个选区。

```
app.activeDocument.selection.invert( );
app.activeDocument.selection.fill(app.foregroundColor);
```

接着通过调用选区对象的 invert 反转方法，反选当前选区之外的内容。通过调用选区对象的 fill 填充方法，给当前的选区填充前景色。

❷ **切换到 Photoshop**：保存完成的脚本，并切换到 Photoshop 界面，Photoshop 已经打开了一份文档，如图 5-1-9 所示。

❸ **运行脚本**：接着依次执行“文件”→“脚本”→“浏览”命令，打开脚本载入窗口。在弹出的“载入”窗口中，直接双击脚本名称，加载并执行该脚本文件。

脚本执行后，首先创建了一个矩形选区，然后再反转此选区，接着使用前景色填充反转后的选区，最终效果如图 5-1-10 所示。

图 5-1-9 填充选区前的图片

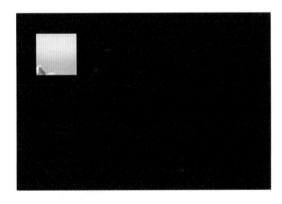

图 5-1-10 创建选区反转选区并填充选区

5.2 选择区域的编辑

老师，我需要对圆形选区进行羽化操作，以绘制一轮圆圆的、雾蒙蒙的月亮，请问如何使用 Photoshop 脚本对选区进行羽化？

小美，使用 selection 对象的 feather(number) 方法，即可按照指定的数值 number 羽化选区的边缘。

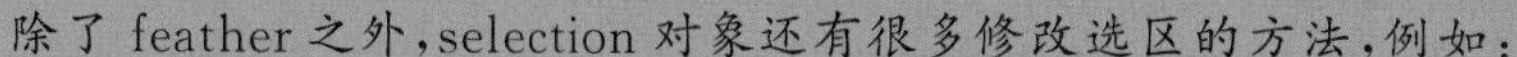

除了 feather 之外，selection 对象还有很多修改选区的方法，例如：

- smooth( )方法：以指定半径平滑选区。
- expand( )方法：按指定的数值扩展选区。
- resize( )方法：根据锚点位置将选区的大小调整为指定的尺寸。
- resizeBoundary( )方法：调整选区边框的尺寸。
- grow( )方法：扩大选区以选择在容差范围内的所有相邻像素。
- similar( )方法：扩大选区以选择整个图像中的容差范围内的像素。

现在通过几个示例讲解这些命令的具体用法。

5.2.1 使用 Photoshop 脚本羽化当前选区

本小节演示如何使用 Photoshop 脚本羽化一个选区。

❶ **创建脚本**：创建一个名为 5－2－1.jsx 的脚本文件，并输入以下代码：

```
var region = [[150,50],[250,50],[250,150],[150,150]];
var type = SelectionType.REPLACE;
```

首先定义一个变量 region，表示一定范围的区域。它的值依次为四个点的坐标。接着定义一个变量 type，表示选择的类型。当前使用的是默认选项 REPLACEREPLACE，即如果之前有选区存在，则取消之前的选区，再创建新的选区。

```
var feather = 0;
var antiAlias = true;
```

继续定义一个变量 feather，表示构建选区时的羽化值。最后定义一个变量 antiAlias，表示构建选区时，是否支持抗锯齿功能。

```
app.activeDocument.selection.select(region, type, feather, antiAlias);
```

通过调用选区对象的 select 选择方法，并传入之前设置好的各项参数，以在当前的文档中，创建一个选区。

```
app.activeDocument.selection.feather(20);
app.activeDocument.selection.fill(app.foregroundColor);
```

接着通过调用选区对象的 feather 羽化方法，给当前选区设置值为 20 像素的羽化效果。通过调用选区对象的 fill 填充方法，给当前的选区填充前景色。

❷ **切换到 Photoshop**：保存完成的脚本，并切换到 Photoshop 界面，Photoshop 已经打开了一份文档，如图 5-2-1 所示。

❸ **运行脚本**：依次执行"文件"→"脚本"→"浏览"命令，打开脚本载入窗口。在弹出的"载入"窗口中，直接双击脚本名称，加载并执行该脚本文件。

脚本执行后，首先创建了一个矩形选区，接着对选区进行羽化操作并填充前景色，最终效果如图 5-2-2 所示。

图 5-2-1 羽化填充前的图片

图 5-2-2 对选区进行羽化并填充颜色

5.2.2 使用 Photoshop 脚本平滑当前选区

本小节演示如何使用 Photoshop 脚本平滑一个选区。

❶ **创建脚本**：创建一个名为 5-2-2.jsx 的脚本文件，并输入以下代码：

```
var region = [[150,50],[250,50],[250,150],[150,150]];
var type = SelectionType.REPLACE;
```

定义一个变量 region，表示一定范围的区域。它的值依次为四个点的坐标。

接着定义一个变量 type，表示选择的类型。当前使用的是默认选项 REPLACE，即如果之前有选区存在，则取消之前的选区，再创建新的选区。

```
var feather = 0;
var antiAlias = true;
```

定义一个变量 feather，表示构建选区时的羽化值。

继续定义一个变量 antiAlias，表示构建选区时，是否支持抗锯齿功能。

```
app.activeDocument.selection.select(region, type, feather, antiAlias);
```

通过调用选区对象的 select 选择方法，并传入之前设置好的各项参数，以在当前的文档中，创建一个选区。

```
app.activeDocument.selection.smooth(10);
app.activeDocument.selection.fill(app.foregroundColor);
```

通过调用选区对象的 smooth 平滑方法，给当前选区设置值为 10 像素的平滑效果。smooth 方法可以清除基于颜色的选区内部或外部的杂散像素。

接着通过调用选区对象的 fill 填充方法，给当前的选区填充前景色。

❷ **切换到 Photoshop**：保存完成的脚本，并切换到 Photoshop 界面，Photoshop 已经打开了一份文档，如图 5-2-3 所示。

❸ **运行脚本**：依次执行“文件”→“脚本”→“浏览”命令，打开脚本载入窗口。在弹出的“载入”窗口中，直接双击脚本名称，加载并执行该脚本文件。

脚本执行后，首先创建了一个矩形选区，接着对选区进行平滑操作并填充前景色，最终效果如图 5-2-4 所示。

图 5-2-3　平滑选区并填充前的图片

图 5-2-4　平滑选区并填充前景色

5.2.3　使用 Photoshop 脚本扩展当前选区

本小节演示如何使用 Photoshop 脚本创建扩展选区。

❶ **创建脚本**：创建一个名为 5-2-3.jsx 的脚本文件，并输入以下代码：

```
var region = [ [150,50], [250,50], [250,150], [150,150] ];
var type = SelectionType.REPLACE;
```

定义一个变量 region，表示一定范围的区域。它的值依次为四个点的坐标。

接着定义一个变量 type，表示选择的类型。当前使用的是默认选项 REPLACE，即如果之前有选区存在，则取消之前的选区，再创建新的选区。

```
var feather = 0;
var antiAlias = true;
```

继续定义一个变量 feather，表示构建选区时的羽化值。

最后定义一个变量 antiAlias，表示构建选区时，是否支持抗锯齿功能。

```
app.activeDocument.selection.select(region, type, feather, antiAlias);
```

通过调用选区对象的 select 选择方法，并传入之前设置好的各项参数，以在当前的文档中，创建一个选区。

```
var number = 20;
app.activeDocument.selection.expand(number);
```

接着定义一个变量 number，作为选区扩展的距离。通过调用选区对象的 expand 扩展方法，将当前选区向外扩展 20 像素。

```
app.activeDocument.selection.fill(app.foregroundColor);
```

通过调用选区对象的 fill 填充方法，给当前的选区填充前景色。

❷ **切换到 Photoshop**：保存完成的脚本，并切换到 Photoshop 界面，Photoshop 已经打开了一份文档，如图 5-2-5 所示。

❸ **运行脚本**：依次执行"文件"→"脚本"→"浏览"命令，打开脚本载入窗口。在弹出的"载入"窗口中，直接双击脚本名称，加载并执行该脚本文件。

脚本执行后，首先创建了一个矩形选区，接着对选区进行扩展操作并填充前景色，最终效果如图 5-2-6 所示。

图 5-2-5 扩展选区并填充前的图片

图 5-2-6 扩展选区并填充颜色

5.2.4 使用 Photoshop 脚本改变当前选区内容的尺寸

本小节演示如何使用 Photoshop 脚本缩放一个选区的内容。

❶ **创建脚本**：创建一个名为 5-2-4.jsx 的脚本文件，并输入以下代码：

```
var region = [[150,50], [250,50], [250,150], [150,150]];
var type = SelectionType.REPLACE;
```

定义一个变量 region，表示一定范围的区域。它的值依次为四个点的坐标。

接着定义一个变量 type，表示选择的类型。当前使用的是默认选项 REPLACE，即如果之前有选区存在，则取消之前的选区，再创建新的选区。

```
var feather = 0;
var antiAlias = true;
```

继续定义一个变量 feather，表示构建选区时的羽化值。

最后定义一个变量 antiAlias，表示构建选区时，是否支持抗锯齿功能。

```
app.activeDocument.selection.select(region, type, feather, antiAlias);
```

通过调用选区对象的 select 选择方法，并传入之前设置好的各项参数，以在当前的文档中，创建一个选区。

```
var horizontal = 50;
var vertical = 50;
app.activeDocument.selection.resize(horizontal, vertical, AnchorPosition.MIDDLECENTER);
```

定义两个变量 horizontal、vertical，分别表示选区缩放的横向百分比、纵向百分比。

通过调用选区对象的 resize 缩放方法，并以选区中心点为锚点，缩小当前选区。

❷ **切换到 Photoshop**：保存完成的脚本，并切换到 Photoshop 界面，Photoshop 已经打开了一份文档，如图 5-2-7 所示。

❸ **运行脚本**：依次执行“文件”→“脚本”→“浏览”命令，打开脚本载入窗口。在弹出的“载入”窗口中，直接双击脚本名称，加载并执行该脚本文件。

脚本执行后，首先创建了一个矩形选区，接着对选区里的内容进行缩小操作，最终效果如图 5-2-8 所示。

图 5-2-7　缩小选区内容前的图片

图 5-2-8　缩小选区里的内容

5.2.5　使用 Photoshop 脚本改变当前选区的尺寸

本小节演示如何使用 Photoshop 脚本缩放一个选区边框。

❶ **创建脚本**：创建一个名为 5-2-5.jsx 的脚本文件，并输入以下代码：

```
var region = [ [150,50], [250,50], [250,150], [150,150] ];
var type = SelectionType.REPLACE;
```

定义一个变量 region，表示一定范围的区域。它的值依次为四个点的坐标。

接着定义一个变量 type，表示选择的类型。

```
var feather = 0;
var antiAlias = true;
```

定义两个变量 feather、antiAlias，分别表示选区的羽化值和是否支持抗锯齿功能。

```
app.activeDocument.selection.select(region, type, feather, antiAlias);
```

通过调用选区对象的 select 选择方法，在当前文档构建一个选区。

```
var horizontal = 50;
var vertical = 50;
app.activeDocument.selection.resizeBoundary(horizontal, vertical,
AnchorPosition.MIDDLECENTER);
```

定义两个变量 horizontal、vertical，分别表示选区缩放时的横向移动距离、纵向移动距离。通过调用选区对象的 resizeBoundary 边框缩放方法，设置选区边框的缩放效果。

```
app.activeDocument.selection.fill(app.foregroundColor);
```

最后调用选区对象的 fill 填充方法，给当前的选区填充前景色。

❷ **切换到 Photoshop**：保存完成的脚本，并切换到 Photoshop 界面，Photoshop 已经打开了一份文档，如图 5-2-9 所示。

❸ **运行脚本**：依次执行"文件"→"脚本"→"浏览"命令，打开脚本载入窗口。在弹出的"载入"窗口中，直接双击脚本名称，加载并执行该脚本文件。

脚本执行后，首先创建了一个矩形选区，接着对选区进行缩小操作，并填充前景色，最终效果如图 5-2-10 所示。

图 5-2-9 缩小选区并填充前的图片

图 5-2-10 缩小选区并填充颜色

5.2.6 使用 Photoshop 脚本调用 Grow 命令扩展选区

本小节演示如何使用 Photoshop 脚本扩展一个选区。

❶ **创建脚本**：创建一个名为 5-2-6.jsx 的脚本文件，并输入以下代码：

```
var region = [[50,50], [150,50], [150,150], [50,150]];
var type = SelectionType.REPLACE;
```

定义一个变量 region，表示一定范围的区域。它的值依次为四个点的坐标。接着定义一个变量 type，表示选择的类型。

```
var feather = 0;
var antiAlias = true;
app.activeDocument.selection.select(region, type, feather, antiAlias);
```

继续定义一个变量 feather，表示构建选区时的羽化值。最后定义一个变量 antiAlias，表示构建选区时，是否支持抗锯齿功能。通过调用选区对象的 select 选择方法，并传入之前设置好的各项参数，以在当前的文档中，创建一个选区。

```
var tolerance = 30;
var antiAlias = true;
app.activeDocument.selection.grow(tolerance, antiAlias);
```

定义变量 tolerance 表示选区的扩展程度值。定义变量 antiAlias 表示构建选区时，是否支持抗锯齿功能。接着通过调用选区对象的 grow 扩大选区方法，选区将向四周扩展。

```
app.activeDocument.selection.fill(app.foregroundColor);
```

最后通过调用选区对象的 fill 填充方法，给当前的选区填充前景色。

❷ **切换到 Photoshop**：保存完成的脚本，并切换到 Photoshop 界面，Photoshop 已经打开了一份文档，如图 5－2－11 所示。

❸ **运行脚本**：依次执行“文件”→“脚本”→“浏览”命令，打开脚本载入窗口。在弹出的“载入”窗口中，直接双击脚本名称，加载并执行该脚本文件。

脚本执行后，首先创建了一个矩形选区，接着对选区进行扩大选取操作，并填充前景色，最终效果如图 5－2－12 所示。

图 5－2－11　扩大填充前的图片

图 5－2－12　扩大选取选区并填充颜色

5.2.7　使用 Photoshop 脚本选取相似的颜色

本小节演示如何使用 Photoshop 脚本利用相似颜色扩展一个选区。

❶ **创建脚本**：创建一个名为 5－2－7.jsx 的脚本文件，并输入以下代码：

```
var region = [[150,50], [250,50], [250,150], [150,150]];
var type = SelectionType.REPLACE;
```

定义一个变量 region，表示一定范围的区域。它的值依次为四个点的坐标。

接着定义一个变量 type，表示选择的类型。

```
var feather = 0;
var antiAlias = true;
app.activeDocument.selection.select(region, type, feather, antiAlias);
```

定义变量 feather 表示选区的羽化值。定义变量 antiAlias 表示是否支持抗锯齿功能。

通过调用选区对象的 select 选择方法，并传入之前设置好的各项参数，以在当前的文档中，创建一个选区。

```
var tolerance = 32;
var antiAlias  = true;
app.activeDocument.selection.similar(tolerance,  antiAlias);
```

定义一个变量 tolerance，表示选区的扩展程度值。

定义一个变量 feather，表示构建选区时的羽化值。

接着通过调用选区对象的 similar 相似方法，选区将向四周按相似颜色的程度进行扩展。

```
app.activeDocument.selection.fill(app.foregroundColor);
```

最后通过调用选区对象的 fill 填充方法，给当前的选区填充前景色。

❷ **切换到 Photoshop：**保存完成的脚本，并切换到 Photoshop 界面，Photoshop 已经打开了一份文档，如图 5-2-13 所示。

❸ **运行脚本：**依次执行"文件"→"脚本"→"浏览"命令，打开脚本载入窗口。在弹出的"载入"窗口中，直接双击脚本名称，加载并执行该脚本文件。

脚本执行后，首先创建了一个矩形选区，接着对选区进行相似选取操作，并填充前景色，最终效果如图 5-2-14 所示。

图 5-2-13　填充相似颜色前的图片

图 5-2-14　选区相似选取并填充颜色

5.3　选区和选区内容的编辑

老师，我已经掌握了如何创建选区，以及如何调整选区的范围。但是如果我需要移动选区里的内容，那么该如何编写脚本呢？

小美，通过 selection 对象的 translate(deltaX, deltaY)方法，可以移动选区里的像素。两个参数 deltaX 和 deltaY，表示相对于当前位置在水平、垂直方向上的移动距离。

除了使用 translate( )方法移动选区内容外，你还可以：

- translateBoundary( )：移动选区范围。
- rotate( )：旋转选区的内容。
- rotateBoundary( )：旋转选区的范围。
- selectBorder( )：选择选区的边框。
- stroke( )：对选区的边框进行描边。

现在通过几个示例讲解这些命令的具体用法。

5.3.1 使用 Photoshop 脚本移动选区的内容

本小节演示如何使用 Photoshop 脚本移动选区里的内容。

❶ **创建脚本**：创建一个名为 5-3-1.jsx 的脚本文件，并输入以下代码：

```
var region = [ [150,50], [250,50], [250,150], [150,150] ];
var type = SelectionType.REPLACE;
```

定义一个变量 region，表示一定范围的区域。它的值依次为四个点的坐标。
接着定义一个变量 type，表示选择的类型。

```
var feather = 0;
var antiAlias = true;
app.activeDocument.selection.select(region, type, feather, antiAlias);
```

定义变量 feather 表示选区的羽化值。定义变量 antiAlias 表示是否支持抗锯齿功能。
通过调用选区对象的 select 选择方法，在当前的文档中创建一个选区。

```
var deltaX = 60;
var deltaY = 60;
app.activeDocument.selection.translate(deltaX, deltaY);
```

定义两个变量 deltaX、deltaY，表示选区内容在横向上、纵向上的移动值。
通过调用选区对象的 translate 移动方法，在横向和纵向上，各移动选区内容 60 像素。

```
app.activeDocument.selection.fill(app.foregroundColor);
```

通过调用选区对象的 fill 填充方法，给当前的选区填充前景色。

❷ **切换到 Photoshop**：保存完成的脚本，并切换到 Photoshop 界面，Photoshop 已经打开了一份文档，如图 5-3-1 所示。

❸ **运行脚本**：依次执行“文件”→“脚本”→“浏览”命令，打开脚本载入窗口。在弹出的“载入”窗口中，直接双击脚本名称，加载并执行该脚本文件。

脚本执行后，首先创建一个矩形选区，接着向右下角移动选区的内容，并填充前景色，最终效果如图 5-3-2 所示。

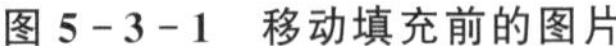

图 5-3-1 移动填充前的图片

图 5-3-2 移动选区内容并填充颜色

5.3.2 使用 Photoshop 脚本移动选区

本小节演示如何使用 Photoshop 脚本移动一个选区。

❶ **创建脚本**：创建一个名为 5-3-2.jsx 的脚本文件，并输入以下代码：

```
var region = [[150,50], [250,50], [250,150], [150,150]];
var type = SelectionType.REPLACE;
```

定义一个变量 region，表示一定范围的区域。它的值依次为四个点的坐标。
接着定义一个变量 type，表示选择的类型。

```
var feather = 0;
var antiAlias = true;
app.activeDocument.selection.select(region, type, feather, antiAlias);
```

定义变量 feather 表示选区的羽化值。定义变量 antiAlias 表示是否支持抗锯齿功能。
通过调用选区对象的 select 选择方法，在当前的文档中创建一个选区。

```
var deltaX = 60;
var deltaY = 60;
app.activeDocument.selection.translateBoundary(deltaX, deltaY);
```

定义两个变量 deltaX、deltaY，分别表示选区在横向上、纵向上的移动值。
调用选区对象的 translateBoundary 位移选框方法，在横向和纵向各移动选区 60 像素。

```
app.activeDocument.selection.fill(app.foregroundColor);
```

通过调用选区对象的 fill 填充方法，给当前的选区填充前景色。

❷ **切换到 Photoshop**：保存完成的脚本，并切换到 Photoshop 界面，Photoshop 已经打开了一份文档，如图 5-3-3 所示。

❸ **运行脚本**：依次执行"文件"→"脚本"→"浏览"命令，打开脚本载入窗口。在弹出的"载入"窗口中，直接双击脚本名称，加载并执行该脚本文件。

脚本执行后，首先创建一个矩形选区，接着向右下角移动选区，并填充前景色，最终效果如图 5-3-4 所示。

图 5-3-3　移动选区并填充前的图片

图 5-3-4　移动选区并填充颜色

5.3.3　使用 Photoshop 脚本旋转当前选区的内容

本小节演示如何使用 Photoshop 脚本旋转选区的内容。

❶ **创建脚本**：创建一个名为 5-3-3.jsx 的脚本文件，并输入以下代码：

```
var region = [[150,50],[250,50],[250,150],[150,150]];
var type = SelectionType.REPLACE;
```

定义一个变量 region，表示一定范围的区域。它的值依次为四个点的坐标。

接着定义一个变量 type，表示选择的类型。

```
var feather = 0;
var antiAlias = true;
app.activeDocument.selection.select(region, type, feather, antiAlias);
```

定义变量 feather 表示选区的羽化值。定义变量 antiAlias 表示是否支持抗锯齿功能。

通过调用选区对象的 select 选择方法，在当前的文档中创建一个选区。

```
var angle = 45;
var anchor = AnchorPosition.MIDDLECENTER;
app.activeDocument.selection.rotate(angle, anchor);
```

定义一个变量 angle，表示选区内容的旋转角度。

接着定义一个变量 anchor，表示选区内容的旋转锚点，位于选区的中心位置。

通过调用选区对象的 rotate 旋转方法，旋转当前选区的内容。

❷ **切换到 Photoshop**：保存完成的脚本，并切换到 Photoshop 界面，Photoshop 已经打开了一份文档，如图 5-3-5 所示。

❸ **运行脚本**：依次执行“文件”→“脚本”→“浏览”命令，打开脚本载入窗口。在弹出的“载入”窗口中，直接双击脚本名称，加载并执行该脚本文件。

脚本执行后，首先创建一个矩形选区，接着旋转选区的内容，最终效果如图 5-3-6 所示。

图 5－3－5　旋转选区内容前的图片

图 5－3－6　旋转选区的内容

5.3.4　使用 Photoshop 脚本旋转当前选区

本小节演示如何使用 Photoshop 脚本旋转一个选区。

❶ **创建脚本**：创建一个名为 5－3－4.jsx 的脚本文件，并输入以下代码：

```
var region = [[150,50],[250,50],[250,150],[150,150]];
var type = SelectionType.REPLACE;
```

定义一个变量 region，表示一定范围的区域。它的值依次为四个点的坐标。

接着定义一个变量 type，表示选择的类型。

```
var feather = 0;
var antiAlias = true;
app.activeDocument.selection.select(region, type, feather, antiAlias);
```

定义变量 feather 表示选区的羽化值。定义变量 antiAlias 表示是否支持抗锯齿功能。

通过调用选区对象的 select 选择方法，在当前的文档中创建一个选区。

```
var angle = 45;
var anchor = AnchorPosition.MIDDLECENTER;
app.activeDocument.selection.rotateBoundary(angle, anchor);
```

接着定义一个变量 angle，表示选区的旋转角度。

同样定义一个变量 anchor，表示选区的旋转锚点，位于选区的中心位置。

接着通过调用选区对象的 rotateBoundary 旋转选框方法，旋转当前的选区。

```
app.activeDocument.selection.fill(app.foregroundColor);
```

通过调用选区对象的 fill 填充方法，给当前的选区填充前景色。

❷ **切换到 Photoshop**：保存完成的脚本，并切换到 Photoshop 界面，Photoshop 已经打开了一份文档，如图 5－3－7 所示。

❸ **运行脚本**：依次执行“文件”→“脚本”→“浏览”命令，打开脚本载入窗口。在弹出的“载入”窗口中，直接双击脚本名称，加载并执行该脚本文件。

脚本执行后，首先创建一个矩形选区，接着旋转选区的边框，并填充前景色，最终效果如图 5－3－8 所示。

图 5-3-7　旋转选区并填充前的图片

图 5-3-8　旋转选区并填充颜色

5.3.5　使用 Photoshop 脚本设置选区的边框

本小节演示如何使用 Photoshop 脚本创建一个边界选区。

❶ **创建脚本**：创建一个名为 5-3-5.jsx 的脚本文件，并输入以下代码：

```
var region = [[150,50], [250,50], [250,150], [150,150]];
var type = SelectionType.REPLACE;
```

定义一个变量 region，表示一定范围的区域。它的值依次为四个点的坐标。
接着定义一个变量 type，表示选择的类型。

```
var feather = 0;
var antiAlias = true;
app.activeDocument.selection.select(region, type, feather, antiAlias);
```

定义变量 feather 表示选区的羽化值。定义变量 antiAlias 表示是否支持抗锯齿功能。
通过调用选区对象的 select 选择方法，在当前的文档中创建一个选区。

```
var width = 10;
app.activeDocument.selection.selectBorder(width);
```

接着定义一个变量 width，表示边框的宽度。
通过调用选区对象的 selectBorder 选择边框方法，并传入之前设置好的各项参数，以在当前文档构建一个边界选区。

```
app.activeDocument.selection.fill(app.foregroundColor);
```

通过调用选区对象的 fill 填充方法，给当前的选区填充前景色。

❷ **切换到 Photoshop**：保存完成的脚本，并切换到 Photoshop 界面，Photoshop 已经打开了一份文档，如图 5-3-9 所示。

❸ **运行脚本**：依次执行"文件"→"脚本"→"浏览"命令，打开脚本载入窗口。在弹出的"载入"窗口中，直接双击脚本名称，加载并执行该脚本文件。

脚本执行后，首先创建一个矩形选区，接着选择选框的边界，并填充前景色，最终效果如图 5-3-10 所示。

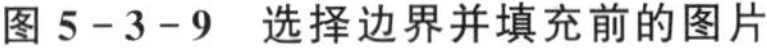

图 5-3-9 选择边界并填充前的图片

图 5-3-10 选择选区边界并填充颜色

5.3.6 使用 Photoshop 脚本给选区添加描边效果

本小节演示如何使用 Photoshop 脚本给选区添加描边效果。

❶ **创建脚本**：创建一个名为 5-3-6.jsx 的脚本文件，并输入以下代码：

```
var region = [[50,50], [150,50], [150,150], [50,150]];
var type = SelectionType.REPLACE;
```

定义一个变量 region，表示一定范围的区域。它的值依次为四个点的坐标。接着定义一个变量 type，表示选择的类型。

```
var feather = 0;
var antiAlias = true;
```

变量 feather 表示构建选区时的羽化值。

变量 antiAlias 表示构建选区时，支持抗锯齿功能。

```
app.activeDocument.selection.select(region, type, feather, antiAlias);
```

通过调用选区对象的 select 选择方法，并传入之前设置好的各项参数，以在当前的文档中创建一个选区。

```
var strokeColor = app.foregroundColor;
var width = 5;
```

继续定义一个变量 strokeColor，表示描边的颜色。

定义另一个变量 width，表示描边的宽度。

```
var location = StrokeLocation.OUTSIDE;
var mode = ColorBlendMode.NORMAL;
```

定义变量 location，表示描边的位置，即在选区外部进行描边。继续定义变量 mode，表示描边的颜色混合模式，这里采用正常的颜色混合模式。

```
var opacity = 100;
var preserveTransparency = true;
```

定义一个变量 opacity，表示描边的透明度。最后定义一个变量 preserveTransparency，表示描边是否保留透明度，以上参数效果如图 5-3-11 所示。

12. app.activeDocument.selection.stroke(strokeColor, width, location, mode, opacity, preserveTransparency);

通过调用选区对象的 stroke 描边方法并传入之前设置好的各项参数,来进行描边。

13. app.activeDocument.selection.fill(app.backgroundColor);

接着通过调用选区对象的 fill 填充方法,给当前选区填充系统的背景色。

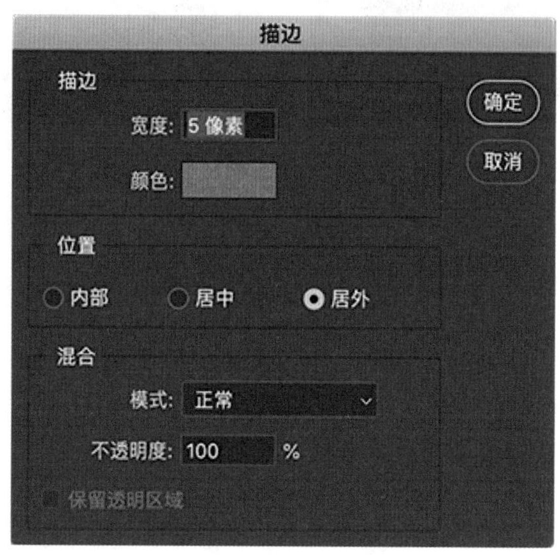

图 5-3-11 描边设置窗口

❷ **切换到 Photoshop**:保存完成的脚本,并切换到 Photoshop 界面,Photoshop 已经打开了一份文档,如图 5-3-12 所示。

❸ **运行脚本**:依次执行"文件"→"脚本"→"浏览"命令,打开脚本载入窗口。在弹出的"载入"窗口中,直接双击脚本名称,加载并执行该脚本文件。

脚本执行后,首先创建一个矩形选区,然后给选区添加描边效果,并给选区填充背景色,最终效果如图 5-3-13 所示。

图 5-3-12 给选区描边前的图片

图 5-3-13 给选区描边后的效果

第 6 章 使用 Photoshop 脚本操作通道

从本章将收获以下知识：

❶ 使用 Photoshop 脚本查找通道

❷ 改变颜色信息通道的颜色

❸ 查看通道的类型属性

❹ 检索、删除通道

❺ 将通道信息写入文本文件

6.1 使用 Photoshop 脚本访问通道

老师，很久以前，我在开始学习 Photoshop 时，发现通道的概念好难理解，很多同学也遇到同样的障碍。

小美，通道在 Photoshop 2.5 版本时开始定性。它主要有三种类型：颜色信息通道、Alpha 通道和专色通道，通道的作用就是根据这些类型存储不同的信息。

❶ 颜色信息通道：图像的颜色模式决定了所创建的颜色通道的数量。RGB 图像的每种颜色(红、绿和蓝)都有一个通道，并且还有一个用于编辑图像的复合通道。

❷ Alpha 通道：用于将选区存储为灰度图像。

❸ 专色通道：用于专色油墨印刷的附加印版。

小美，为了方便理解通道，你可以将通道看作一个容器，一个可以储存色彩、选区的容器。只不过通道是以黑、白、灰来存储这些颜色的，所以复合通道之外的通道里面没有彩色信息，只有黑、白、灰。

6.1.1 使用 Photoshop 脚本通过通道名称查找通道

本小节演示如何使用 Photoshop 脚本查看一个通道的直方图。

❶ **创建脚本**：创建一个名为 6-1-1.jsx 的脚本文件，并输入以下代码：

```
var channelRef = app.activeDocument.channels.getByName("红");
```

通过调用通道组对象的 getByName 通过名称查找方法，获得当前图像的红色通道。

```
alert(channelRef.histogram);
```

通过调用 alert 警告窗口命令，弹出提示窗口，显示该图像的直方图信息。

❷ **切换到 Photoshop**：保存完成的脚本，并切换到 Photoshop 界面，此时已经打开了一份文档，如图 6-1-1 所示。

❸ **运行脚本**：依次执行"文件"→"脚本"→"浏览"命令，打开脚本载入窗口。在弹出的"载入"窗口中，直接双击脚本名称，加载并执行该脚本文件。

脚本执行后，在弹出的脚本警告窗口中，显示了红色通道的直方图信息，如图 6-1-2 所示。

图 6-1-1 需要查看通道信息的文档

图 6-1-2 红色通道的直方图信息

红、绿、蓝三个通道各有 256 个数字，我们以图 6-1-2 所示的红色通道为例，讲解这些数字的奥秘。数字表示像素的数量，例如红色通道的第 1 个数字为 0，表示图片上红色通道数值为 0 的像素共有 0 个。红色第 256 个数字是 67，表示图片上红色通道的数值为 255 的像素共有 67 个。

6.1.2 使用 Photoshop 脚本查看通道的类型属性

本小节演示如何使用 Photoshop 脚本查看一个通道的类型。

❶ **创建脚本**：创建一个名为 6-1-2.jsx 的脚本文件，并输入以下代码：

```
var channelRef1 = app.activeDocument.channels.getByName("红");
var channelRef2 = app.activeDocument.channels.getByName("Alpha 1");
```

通过调用通道组对象的“通过名称查找”方法，获得当前图像的红色通道。通过调用通道组对象的“通过名称查找”方法，获得当前图像的“Alpha 1”通道。

```
alert(channelRef1.kind);
alert(channelRef2.kind);
```

通过调用警告窗口命令，弹出提示窗口，显示红色通道的信息。弹出提示窗口显示指定通道的信息。

❷ **切换到 Photoshop**：保存完成的脚本，并切换到 Photoshop 界面，此时已经打开了一份文档，其通道信息如图 6-1-3 所示。

❸ **运行脚本**：依次执行“文件”→“脚本”→“浏览”命令，打开脚本载入窗口。在弹出的“载入”窗口中，直接双击脚本名称，加载并执行该脚本文件。

脚本执行之后，弹出一个信息窗口，从窗口中的信息可以得知，红色通道的类型是“复合”通道，如图 6-1-4 所示。

图 6-1-3　通道面板

接着弹出第二个信息窗口，显示“Alpha 1”通道的类型为遮罩类型，如图 6-1-5 所示。

图 6-1-4　红色通道的类型是“复合”通道

图 6-1-5　“Alpha 1”通道的类型为遮罩类型

6.1.3　使用 Photoshop 脚本遍历文档的所有通道

本小节演示如何使用 Photoshop 脚本遍历所有的通道。

❶ **创建脚本**：创建一个名为 6-1-3.jsx 的脚本文件，并输入以下代码：

```
var channels = app.activeDocument.channels;
```

通过文档对象的 channels 通道属性，获得当前图像的所有通道。

```
var count = channels.length;
```

定义一个变量 count，表示文档中所有通道的数量。

```
for(var i = 0 ; i<count; i++)
{
    alert(channels[i].name);
}
```

添加一个循环语句，用来遍历所有的通道。通过 alert 窗口语句，显示通道的名称。

❷ **切换到 Photoshop**：保存完成的脚本，并切换到 Photoshop 界面，此时已经打开了一份文档，其通道信息如图 6-1-3 所示。

❸ **运行脚本**：依次执行“文件”→“脚本”→“浏览”命令，打开脚本载入窗口。在弹出的“载入”窗口中，直接双击脚本名称，加载并执行该脚本文件。

脚本执行后，依次弹出四个窗口，分别显示四个通道的名称，如图 6-1-6 所示。

图 6-1-6 四个通道的名称

6.2 使用 Photoshop 脚本编辑通道

谢谢老师，这样我就对通道有了更加深刻又形象的理解了。那么使用 Photoshop 脚本也可以编辑通道吗？

可以的，小美！你可以通过名称查找通道，还可以修改通道的颜色，甚至删除某个通道。现在来通过几个示例演示怎样使用 Photoshop 脚本来操作图像的通道。

6.2.1 使用 Photoshop 脚本改变颜色信息通道的颜色

本小节演示如何使用 Photoshop 脚本改变一个通道的颜色。

❶ **创建脚本**：创建一个名为 6-2-1.jsx 的脚本文件，并输入以下代码：

```
var channelRef = app.activeDocument.channels.getByName("Alpha 1");
alert(channelRef.color.rgb.red + "/" + channelRef.color.rgb.green + "/" + channelRef.color.rgb.blue);
```

通过调用通道组对象的 getByName 通过名称查找方法，获得一个自定义的通道。通过调用警告窗口命令，弹出提示窗口，显示该通道的颜色信息。

```
channelRef.color.rgb.blue = 255;
alert(channelRef.color.rgb.red + "/" + channelRef.color.rgb.green + "/" + channelRef.color.rgb.blue);
```

将通道颜色的蓝色值修改为 255。弹出 alert 提示窗口，显示该图像的颜色信息。

❷ **切换到 Photoshop**：保存完成的脚本，并切换到 Photoshop 界面，此时已经打开了一份文档，它包含一个名为 Alpha 1 的通道，如图 6-2-1 所示。

图 6-2-1　包含 Alpha 1 通道的文档

❸ **运行脚本**：依次执行"文件"→"脚本"→"浏览"命令，加载并执行该脚本文件。

脚本执行后，在弹出的脚本警告窗口中，显示了 Alpha 1 通道的颜色信息，如图 6-2-2 所示。接着又弹出第二个窗口，显示了 Alpha 1 的蓝色通道被修改后结果，如图 6-2-3 所示。

图 6-2-2　红色通道的颜色值　　**图 6-2-3　新通道的颜色值**

当 Alpha 1 的蓝色通道发生变化时，图像的颜色也发生了变化，如图 6-2-4 所示。

图 6-2-4　Alpha 1 蓝色通道的变化对图像颜色的影响

6.2.2　使用 Photoshop 脚本删除指定的通道

本小节演示如何使用 Photoshop 脚本删除一个通道。

❶ **创建脚本**：创建一个名为 6-2-2.jsx 的脚本文件，并输入以下代码：

1. `var channels = app.activeDocument.channels;`
   通过文档对象的 channels 通道组属性，获得当前图像的所有通道。
2. `var channel = channels.getByName("红");`
   接着通过调用通道组对象的 getByName 通过名称查找方法，获得当前图像的红色通道。
3. `channel.remove();`
   通过调用通道对象的 remove 移除方法，删除该通道。

❷ **切换到 Photoshop**：保存完成的脚本，并切换到 Photoshop 界面，此时已经打开了一份文档，其通道信息如图 6-2-5 所示。

❸ **运行脚本**：依次执行“文件”→“脚本”→“浏览”命令，打开脚本载入窗口。在弹出的“载入”窗口中，直接双击脚本名称，加载并执行该脚本文件。

脚本执行后，通道面板中的红色通道将被删除，如图 6-2-6 所示。

图 6-2-5　通道面板信息

图 6-2-6　红色通道将被删除

6.2.3　使用 Photoshop 脚本将通道信息写入文本文件

本小节演示如何使用 Photoshop 脚本将通道信息写入文本文件。

❶ **创建脚本**：创建一个名为 6-2-3.jsx 的脚本文件，并输入以下代码：

```
var fileOut = new File("/Users/fazhanli/Desktop/ChannelsInformation.log");
```

定义一个变量,表示硬盘上某个路径的文件。通道的文本信息将被写入到这个文件。

```
fileOut.open("w", "TEXT", "????");
```

设置文件的操作模式为 w 写入模式。

```
var channels = app.activeDocument.channels;
var count = channels.length;
```

通过文档对象的 channels 通道组属性,获得当前图像的所有通道。定义一个变量 count,用来表示所有通道的数量。

```
for(var i = 0; i < count; i + +)
{
    fileOut.write(channels[i].name + ":" + channels[i].histogram + "\r\n\r\n");
}
```

构建一个循环语句,用来遍历所有的通道。在循环语句中,依次将通道的名称 name 和通道的直方图信息 histogram,通过加号拼接在一起,并写入到文本文件里。

```
fileOut.close();
```

文件写入成功后,关闭文件的输入流。

❷ **切换到 Photoshop**:保存完成的脚本,并切换到 Photoshop 界面,此时 Photoshop 已经打开了一份文档,如图 6-2-5 所示。

❸ **运行脚本**:依次执行"文件"→"脚本"→"浏览"命令,打开脚本载入窗口。在弹出的"载入"窗口中,直接双击脚本名称,加载并执行该脚本文件。

脚本执行后,在指定位置的文件夹中,生成一个文本文件。双击打开该文件,查看文件中各个通道的直方图信息,如图 6-2-7 所示。

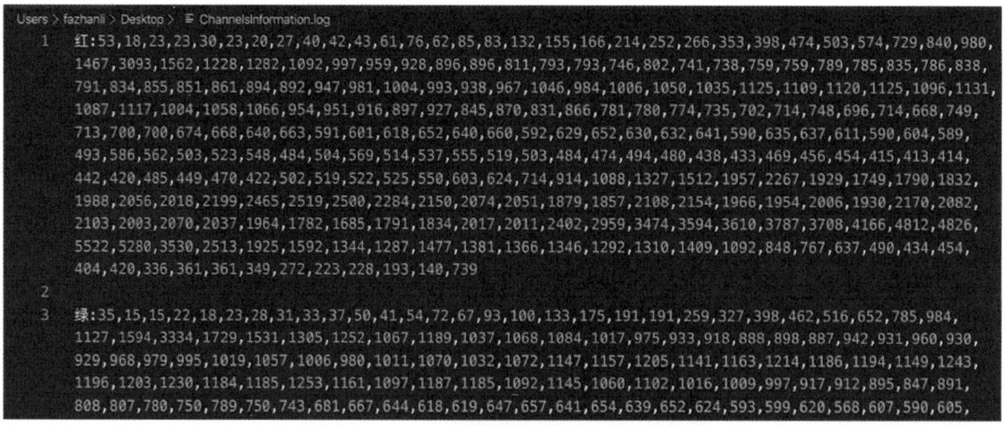

```
Users > fazhanli > Desktop > ChannelsInformation.log
1  红:53,18,23,23,30,23,20,27,40,42,43,61,76,62,85,83,132,155,166,214,252,266,353,398,474,503,574,729,840,980,
   1467,3093,1562,1228,1282,1092,997,959,928,896,896,811,793,793,746,802,741,738,759,759,789,785,835,786,838,
   791,834,855,851,861,894,892,947,981,1004,993,938,967,1046,984,1006,1050,1035,1125,1109,1120,1125,1096,1131,
   1087,1117,1004,1058,1066,954,951,916,897,927,845,870,831,866,781,780,774,735,702,714,748,696,714,668,749,
   713,700,700,674,668,640,663,591,601,618,652,640,660,592,629,652,630,632,641,590,635,637,611,590,604,589,
   493,586,562,503,523,548,484,504,569,514,537,555,519,503,484,474,494,480,438,433,469,456,454,415,413,414,
   442,420,485,449,470,422,502,519,522,525,550,603,624,714,914,1088,1327,1512,1957,2267,1929,1749,1790,1832,
   1988,2056,2018,2199,2465,2519,2500,2284,2150,2074,2051,1879,1857,2108,2154,1966,1954,2006,1930,2170,2082,
   2103,2003,2070,2037,1964,1782,1685,1791,1834,2017,2011,2402,2959,3474,3594,3610,3787,3708,4166,4812,4826,
   5522,5280,3530,2513,1925,1592,1344,1287,1477,1381,1366,1346,1292,1310,1409,1092,848,767,637,490,434,454,
   404,420,336,361,361,349,272,223,228,193,140,739
2
3  绿:35,15,15,22,18,23,28,31,33,37,50,41,54,72,67,93,100,133,175,191,191,259,327,398,462,516,652,785,984,
   1127,1594,3334,1729,1531,1305,1252,1067,1189,1037,1068,1084,1017,975,933,918,888,898,887,942,931,960,930,
   929,968,979,995,1019,1057,1006,980,1011,1070,1032,1072,1147,1157,1205,1141,1163,1214,1186,1194,1149,1243,
   1196,1203,1230,1184,1185,1253,1161,1097,1187,1185,1092,1145,1060,1102,1016,1009,997,917,912,895,847,891,
   808,807,780,750,789,750,743,681,667,644,618,619,647,657,641,654,639,652,624,593,599,620,568,607,590,605,
```

图 6-2-7　文档各个通道的直方图信息

第 7 章 使用 Photoshop 脚本操作滤镜

从本章将收获以下知识：

❶ 使用 Photoshop 脚本调用模糊滤镜

❷ 高斯模糊滤镜、运动模糊滤镜、锐化滤镜

❸ 给图片添加噪点、云彩滤镜、镜头光晕滤镜

❹ 扩散亮光滤镜、镜头光晕滤镜、去斑滤镜

❺ 海洋波纹滤镜、挤压滤镜、极坐标滤镜

❻ 组合多个滤镜和图像工具实现复古效果

7.1 常用滤镜的使用

老师，滤镜真是一个好东西，当年刚开始学 Photoshop 时，最喜欢摆弄这些滤镜，使用它们可以非常快速地给图像添加各种各样的炫酷效果！

是啊，小美。滤镜具有非常神奇的效果，但是真正用起来却很难做到恰到好处。如果想在最适当的时候应用滤镜到最适当的位置，除了平常的美术功底之外，还需要用户对滤镜熟悉并具有操控能力，甚至需要具有很丰富的想象力。这样才能有的放矢地应用滤镜，发挥出艺术才华。

如果可以在 Photoshop 脚本中使用这些滤镜，那一定可以给作品批量添加帅气的艺术效果。

你的想法很好！Photoshop 脚本对滤镜的支持非常强大，几乎可以使用脚本调用所有的滤镜命令。

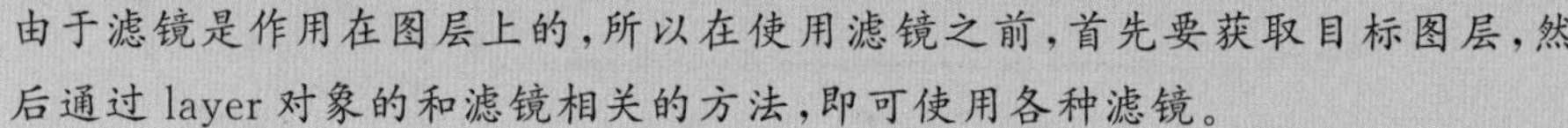

由于滤镜是作用在图层上的，所以在使用滤镜之前，首先要获取目标图层，然后通过 layer 对象的和滤镜相关的方法，即可使用各种滤镜。

以给活动图层应用模糊滤镜为例：

❶ var layer = app.activeDocument.activeLayer;// 获得目标图层。

❷ layer.applyBlur();//给图层应用模糊滤镜。

是不是很简单啊，小美？

接着咱们通过更多的示例，讲解如何在脚本中使用各种滤镜。

7.1.1 使用 Photoshop 脚本给图像应用模糊滤镜

本小节演示如何使用 Photoshop 脚本，给图像应用“模糊”滤镜。

❶ **创建脚本**：创建一个名为 7-1-1.jsx 的脚本文件，并输入以下代码：

```
var layer = app.activeDocument.activeLayer;
```

定义一个变量 layer，用来表示应用程序活动文档中的活动图层。

```
for(var i = 0;  i<3;  i++)
{
    layer.applyBlur();
}
```

接着创建一个持续三次的循环，这样可以使"模糊"滤镜的作用效果更加明显。调用图层对象的 applyBlur 应用模糊方法，给图层添加模糊效果。

❷ **切换到** Photoshop：保存完成的脚本，并切换到 Photoshop 界面，此时已经打开了一份文档，如图 7-1-1 所示。

❸ **运行脚本**：依次执行"文件"→"脚本"→"浏览"命令，打开脚本载入窗口。在弹出的"载入"窗口中，直接双击脚本名称，加载并执行该脚本文件。

脚本执行后，图像将被连续 3 次添加模糊滤镜，使原本清晰的图片变得模糊，最终效果如图 7-1-2 所示。

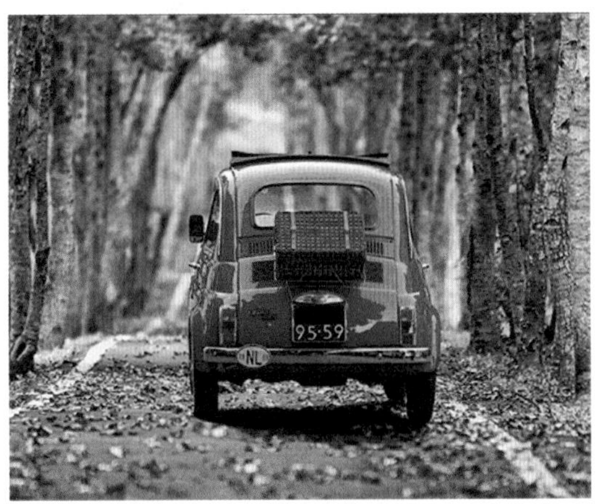

图 7-1-1　应用模糊滤镜前的图片

图 7-1-2　图像将被连续 3 次应用模糊滤镜

7.1.2　使用 Photoshop 脚本给图像应用高斯模糊滤镜

本小节演示如何使用 Photoshop 脚本给图像应用"高斯模糊"滤镜。

❶ **创建脚本**：创建一个名为 7-1-2.jsx 的脚本文件，并输入以下代码：

```
var layer = app.activeDocument.activeLayer;
```

定义一个变量 layer，用来表示应用程序活动文档中的活动图层。

```
var radius = 2.5;
layer.applyGaussianBlur(radius);
```

接着定义一个变量 radius，用来表示"高斯模糊"的程度。高斯模糊的半径大小在 0.1～250.0 像素之间。调用图层对象的 applyGaussianBlur 应用高斯模糊方法，并传入半径参数，给图层添加高斯模糊效果。

❷ **切换到** Photoshop：保存完成的脚本，并切换到 Photoshop 界面，此时已经打开了一份

文档，如图 7-1-3 所示。

❸ **运行脚本**：依次执行“文件”→“脚本”→“浏览”命令，打开脚本载入窗口。在弹出的“载入”窗口中，直接双击脚本名称，加载并执行该脚本文件。

脚本执行后，图片将被应用指定参数的高斯模糊滤镜，最终效果如图 7-1-4 所示。

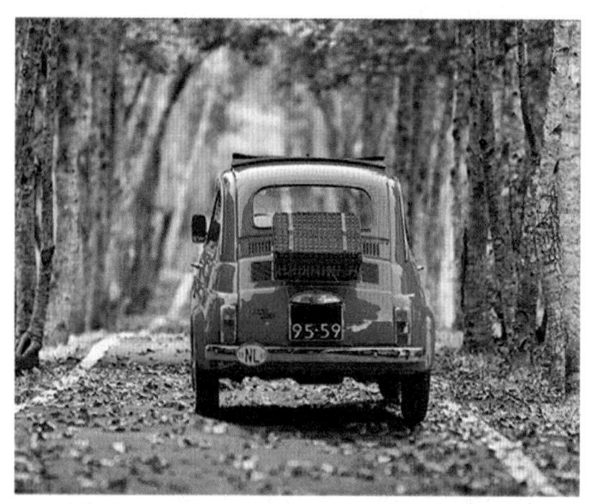

图 7-1-3　应用高斯模糊滤镜前的图片

图 7-1-4　应用高斯模糊滤镜后的效果

7.1.3　使用 Photoshop 脚本给图像应用运动模糊滤镜

本小节演示如何使用 Photoshop 脚本给图像应用“运动模糊”滤镜。

❶ **创建脚本**：创建一个名为 7-1-3.jsx 的脚本文件，并输入以下代码：

```
var layer = app.activeDocument.activeLayer;
```

定义一个变量 layer，用来表示应用程序活动文档中的活动图层。

```
var angle = 10;
var radius = 55;
```

定义一个变量 angle，用来表示“运动模糊”的角度。角度的数值范围在 -360～360 之间。继续定义一个变量 radius，用来表示“运动模糊”的半径。半径的数值范围在 1～999 之间。参数设置效果如图 7-1-5 所示。

```
layer.applyMotionBlur(angle, radius);
```

调用图层对象的“应用运动模糊滤镜”方法，给图层添加运动模糊效果。

❷ **切换到 Photoshop**：保存完成的脚本，并切换到 Photoshop 界面，此时已经打开了一份示例文档，如图 7-1-6 所示。

❸ **选择图像中的马**：在左侧的工具栏中，选择“套索”工具，用来选择图像中的马，作为需要执行运动模糊滤镜的区域。

❹ **运行脚本**：依次执行“文件”→“脚本”→“浏览”命令，打开脚本载入窗口。在弹出的“载入”窗口中，直接双击脚本名称，加载并执行该脚本文件。

图 7-1-5 运动模糊参数设置

脚本执行之后，刚刚选择的马被应用了运动模糊的滤镜，最终效果如图 7-1-7 所示。

图 7-1-6 应用运动模糊前的图片

图 7-1-7 应用运动模糊滤镜后的效果

7.1.4 使用 Photoshop 脚本给图像应用锐化滤镜

本小节演示如何使用 Photoshop 脚本给图像应用“锐化”滤镜。

❶ **创建脚本**：创建一个名为 7-1-4.jsx 的脚本文件，并输入以下代码：

```
var layer = app.activeDocument.activeLayer;
```

定义一个变量 layer，用来表示应用程序活动文档中的活动图层。

```
layer.applySharpen();
layer.applySharpen();
```

调用 layer 图层对象的 applySharpen 应用锐化方法，给图层添加锐化效果。再次调用 layer 对象的 applySharpen 方法，使锐化的效果更加明显。

❷ **切换到 Photoshop**：保存完成的脚本，并切换到 Photoshop 界面，此时已经打开了一份示例文档，如图 7－1－8 所示。

❸ **运行脚本**：依次执行"文件"→"脚本"→"浏览"命令，打开脚本载入窗口。在弹出的"载入"窗口中，直接双击脚本名称，加载并执行该脚本文件。

脚本执行后，图片将连续应用两次锐化滤镜，最终效果如图 7－1－9 所示。

图 7－1－8　应用锐化滤镜前的图片

图 7－1－9　图片连续应用了两次锐化滤镜

7.1.5　使用 Photoshop 脚本给图像添加噪点

本小节演示如何使用 Photoshop 脚本给图像应用"添加杂色"滤镜。

❶ **创建脚本**：创建一个名为 7－1－5.jsx 的脚本文件，并输入以下代码：

1. `var layer = app.activeDocument.activeLayer;`

   定义一个变量，用来表示应用程序活动文档中的活动图层。

2. `var amount = 10;`

   接着定义一个变量 amount，用来表示杂色的数量。其数值范围在 0.1～400 之间。

3. `var distribution = NoiseDistribution.GAUSSIAN;`

   定义一个变量，用来表示杂色的分布方式为 GAUSSIAN 高斯模式。另一种杂色分布方式为均匀分布。

4. `var monochromatic = true;`

   最后定义一个变量，用来表示杂色的色彩为单色模式。参数设置效果如图 7－1－10 所示。

5. `layer.applyAddNoise(amount, distribution, monochromatic);`

   调用图层对象的 applyAddNoise 添加杂色方法，给图层添加杂色效果。

❷ **切换到 Photoshop**：保存完成的脚本，并切换到 Photoshop 界面，此时已经打开了一份示例文档，如图 7－1－11 所示。

❸ **运行脚本**：依次执行"文件"→"脚本"→"浏览"命令，打开脚本载入窗口。在弹出的"载入"窗口中，双击脚本名称，加载并执行该脚本文件。

脚本执行后，图片将被应用指定参数的杂色滤镜，效果如图 7－1－12 所示。

图 7-1-10　添加杂色参数设置

图 7-1-11　应用杂色滤镜前的图片

图 7-1-12　图片被应用杂色滤镜后的效果

7.1.6　使用 Photoshop 脚本给图像应用蒙尘与划痕滤镜

本小节演示如何使用 Photoshop 脚本给图像应用“蒙尘与划痕”滤镜。

❶ **创建脚本**：创建一个名为 7-1-6.jsx 的脚本文件，并输入以下代码：

```
var layer = app.activeDocument.activeLayer;
```

定义一个变量 layer，用来表示应用程序活动文档中的活动图层。

```
var radius = 7;
```

接着定义一个变量 radius，用来表示半径的大小。蒙尘与划痕滤镜的半径大小在 1～100 之间。

```
var threshold = 0;
```

继续定义一个变量 threshold，用来表示阈值的大小。阈值大小的数值范围在 0～255 之间。参数设置效果如图 7-1-13 所示。

```
4. layer.applyDustAndScratches(radius, threshold);
```

调用图层对象的 applyDustAndScratches 应用蒙尘与划痕滤镜方法，给图层添加蒙尘与划痕效果。

图 7-1-13 蒙尘与划痕参数设置

❷ **切换到 Photoshop**：保存完成的脚本，并切换到 Photoshop 界面，此时已经打开了一份示例文档，如图 7-1-14 所示。

❸ **运行脚本**：依次执行"文件"→"脚本"→"浏览"命令，打开脚本载入窗口。在弹出的"载入"窗口中，直接双击脚本名称，加载并执行该脚本文件。

脚本执行后，图片被应用了蒙尘与划痕滤镜，效果如图 7-1-15 所示。

图 7-1-14 应用蒙尘与划痕滤镜前的图片

图 7-1-15 应用蒙尘与划痕滤镜后的效果

7.1.7 使用 Photoshop 脚本制作云彩

本小节演示如何使用 Photoshop 脚本给图像应用“云彩”滤镜。

❶ **创建脚本**：创建一个名为 7-1-7.jsx 的脚本文件，并输入以下代码：

```
app.foregroundColor.rgb.red = 0;
app.foregroundColor.rgb.green = 125;
app.foregroundColor.rgb.blue = 255;
```

“云彩滤镜”是根据前景色和背景色来模拟生成的。在此将前景色设为蓝色，背景色设为白色，以产生蓝天白云的效果。首先设置前景色的三个色彩通道的数值。

```
app.backgroundColor.rgb.red = 255;
app.backgroundColor.rgb.green = 255;
app.backgroundColor.rgb.blue = 255;
```

然后设置背景色的三个色彩通道的数值。

```
var layer = app.activeDocument.activeLayer;
layer.applyClouds();
```

定义一个变量 layer，用来表示应用程序活动文档中的活动图层。接着调用图层对象的 applyClouds 应用云彩滤镜方法，给图层添加云彩滤镜效果。

❷ **切换到 Photoshop**：保存完成的脚本，并切换到 Photoshop 界面，此时已经打开了一份空白的文档，如图 7-1-16 所示。

❸ **运行脚本**：依次执行“文件”→“脚本”→“浏览”命令，打开脚本载入窗口。在弹出的“载入”窗口中，直接双击脚本名称，加载并执行该脚本文件。

脚本执行后，在空白文档中创建云彩滤镜，效果如图 7-1-17 所示。

图 7-1-16 空白文档

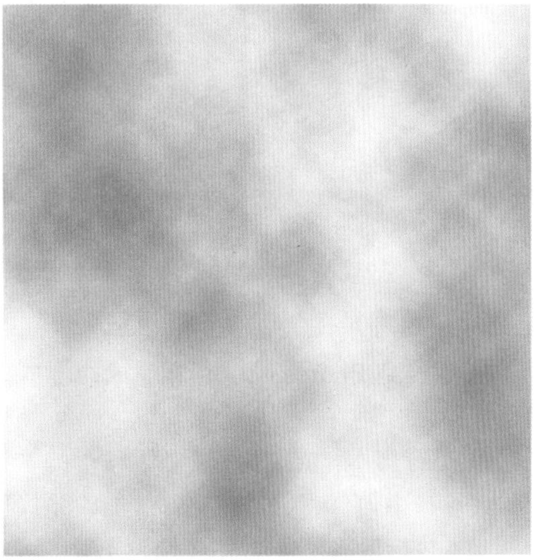

图 7-1-17 云彩滤镜效果

7.1.8 使用 Photoshop 脚本制作镜头光晕

本小节演示如何使用 Photoshop 脚本给图像应用“镜头光晕”滤镜。

❶ **创建脚本**：创建一个名为 7-1-8.jsx 的脚本文件，并输入以下代码：

1. `var layer = app.activeDocument.activeLayer;`

   定义一个变量 layer，用来表示应用程序活动文档中的活动图层。

2. `var brightness = 80;`

   定义一个变量 brightness，用来表示光晕的明亮程度。光晕滤镜的明亮程度作为一个百分比数值，取值范围在 0%～300% 之间。

3. `var flareCenter = [60,40];`

   定义一个变量 flareCenter，表示光晕中心点坐标，在此设置光晕的中心点位于文档的左上角。

4. `var lensType = LensType.ZOOMLENS;`

   定义一个变量 lensType，用来表示镜头光晕的类型。参数设置效果如图 7-1-18 所示。

5. `layer.applyLensFlare(brightness, flareCenter, lensType);`

   调用图层对象的 applyLensFlare 应用镜头光晕滤镜方法，给图层添加镜头光晕效果。

图 7-1-18　镜头光晕参数设置

❷ **切换到 Photoshop**：保存完成的脚本，并切换到 Photoshop 界面，此时已经打开了一份示例文档，如图 7-1-19 所示。

❸ **运行脚本**：依次执行“文件”→“脚本”→“浏览”命令，打开脚本载入窗口。在弹出的“载入”窗口中，直接双击脚本名称，加载并执行该脚本文件。

脚本执行后，图片被应用了镜头光晕滤镜，图片的左上角多了镜头光晕，效果如图 7-1-20 所示。

图 7-1-19　应用镜头光晕滤镜前的图片

图 7-1-20　应用镜头光晕滤镜后的效果

7.1.9　使用 Photoshop 脚本给图像应用扩散亮光滤镜

本小节演示如何使用 Photoshop 脚本给图像应用“扩散亮光”滤镜。

❶ **创建脚本**：创建一个名为 7-1-9.jsx 的脚本文件，并输入以下代码：

```
var graininess = 1;
```

定义一个变量 graininess，用来设置亮光中的颗粒密度。颗粒密度的数值范围在 0～10 之间，数值越大，颗粒感越强烈。

```
var glowAmount = 10;
```

定义一个变量 glowAmount，设置亮光的强度。亮光强度的数值范围在 0～20 之间，数值越大，光芒就越强烈。

```
var clearAmount = 15;
```

定义一个变量 clearAmount，用来设置图像中受亮光影响的范围。数值越大，受影响的范围越小，图像越清晰。参数设置效果如图 7-1-21 所示。

```
var layer = app.activeDocument.activeLayer;
layer.applyDiffuseGlow(graininess, glowAmount, clearAmount);
```

定义一个变量 layer，用来表示应用程序活动文档中的活动图层。调用图层对象的 applyDiffuseGlow 应用扩散亮光滤镜方法，给图层添加扩散亮光效果。

图 7-1-21　扩散亮光参数设置

❷ **切换到 Photoshop**：保存完成的脚本，并切换到 Photoshop 界面，此时已经打开了一份示例文档，如图 7-1-22 所示。

❸ **运行脚本**：依次执行“文件”→“脚本”→“浏览”命令，打开脚本载入窗口。在弹出的“载入”窗口中，直接双击脚本名称，加载并执行该脚本文件。

脚本执行后，图片被应用了扩散亮光的滤镜，效果如图 7-1-23 所示。

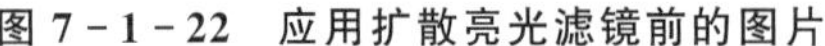

图 7-1-22　应用扩散亮光滤镜前的图片

图 7-1-23　应用扩散亮光滤镜后的效果

7.1.10　使用 Photoshop 脚本给图像应用去斑滤镜

本小节演示如何使用 Photoshop 脚本给图像应用“去斑”滤镜。

❶ **创建脚本**：创建一个名为 7-1-10.jsx 的脚本文件，并输入以下代码：

```
var layer = app.activeDocument.activeLayer;
```

定义一个变量 layer，用来表示应用程序活动文档中的活动图层。

```
for(var i = 0; i<5; i++)
{
    layer.applyDespeckle();
}
```

创建一个持续五次的循环，这样可以使“去斑滤镜”的效果更加明显。

调用图层对象的 applyDespeckle 应用去斑滤镜方法，给图层添加去斑效果。

❷ **切换到 Photoshop**：保存完成的脚本，并切换到 Photoshop 界面，此时已经打开了一份示例文档，如图 7-1-24 所示。

❸ **运行脚本**：依次执行“文件”→“脚本”→“浏览”命令，打开脚本载入窗口。在弹出的“载入”窗口中，直接双击脚本名称，加载并执行该脚本文件。

脚本执行后，当前文档将被重复添加多次去斑滤镜，效果如图 7-1-25 所示。

图 7-1-24 应用去斑滤镜前的图片

图 7-1-25 应用去斑滤镜后的效果

7.1.11 使用 Photoshop 脚本给图像应用高反差保留滤镜

本小节演示如何使用 Photoshop 脚本给图像应用"高反差保留"滤镜。

❶ **创建脚本**：创建一个名为 7-1-11.jsx 的脚本文件，并输入以下代码：

```
1. var layer = app.activeDocument.activeLayer;
```

定义一个变量 layer，用来表示应用程序活动文档中的活动图层。

```
2. var radius = 240;
```

接着定义一个变量 radius，用来设置高反差保留的半径值。

半径的大小在 0.1～250.0 之间。参数设置效果如图 7-1-26 所示。

```
3. layer.applyHighPass(radius);
```

调用图层对象的 applyHighPass 应用高反差保留滤镜方法，给图层添加高反差保留效果。

图 7-1-26 高反差保留参数设置

❷ **切换到 Photoshop**：保存完成的脚本，并切换到 Photoshop 界面，此时已经打开了一份示例文档，如图 7-1-27 所示。

❸ **运行脚本**：依次执行“文件”→“脚本”→“浏览”命令，打开脚本载入窗口。在弹出的“载入”窗口中，直接双击脚本名称，加载并执行该脚本文件。

脚本执行后，给图像应用了高反差保留滤镜，效果如图 7-1-28 所示。

图 7-1-27　应用高反差保留滤镜前的图片

图 7-1-28　应用高反差保留滤镜后的效果

7.1.12　使用 Photoshop 脚本给图像应用海洋波纹滤镜

本小节演示如何使用 Photoshop 脚本给图像应用“海洋波纹”滤镜。

❶ **创建脚本**：创建一个名为 7-1-12.jsx 的脚本文件，并输入以下代码：

1. `var layer = app.activeDocument.activeLayer;`

   定义一个变量 layer，用来表示应用程序活动文档中的活动图层。

2. `var size = 5;`

   定义一个变量 size，用来表示波纹的大小。

   波纹的大小范围在 1～15 之间，数值越大，波纹的尺寸就越大。

3. `var magnitude = 10;`

   定义一个变量 magnitude，用来表示波纹的幅度。波纹幅度的数值范围在 0～20 之间，以上参数效果如图 7-1-29 所示。

4. `layer.applyOceanRipple(size, magnitude);`

   最后调用 layer 图层对象的 applyOceanRipple 应用海洋波纹滤镜方法，给图层添加海洋波纹效果。

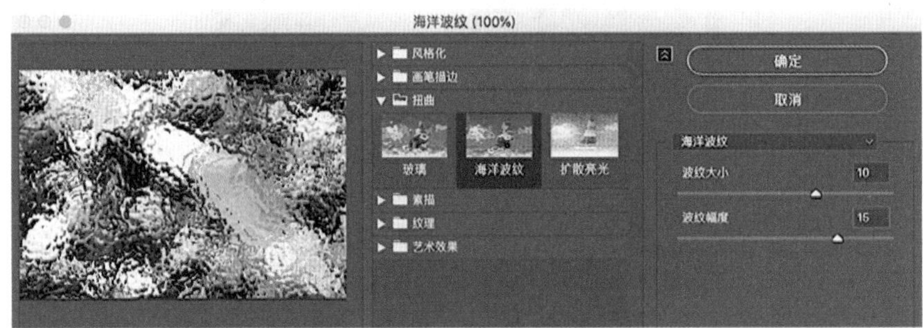

图 7-1-29　海洋波纹参数效果

❷ **切换到 Photoshop**：保存完成的脚本，并切换到 Photoshop 界面，此时已经打开了一份示例文档，如图 7－1－30 所示。

❸ **运行脚本**：接着依次执行“文件”→“脚本”→“浏览”命令，打开脚本载入窗口。在弹出的“载入”窗口中，直接双击脚本名称，加载并执行该脚本文件。

脚本执行后，图片被应用了指定参数的海洋波纹滤镜，效果如图 7－1－31 所示。

图 7－1－30　应用海洋波纹滤镜前的图片

图 7－1－31　应用海洋波纹滤镜后的效果

7.1.13　使用 Photoshop 脚本给图像应用挤压滤镜

本小节演示如何使用 Photoshop 脚本给图像应用“挤压”滤镜。

❶ **创建脚本**：创建一个名为 7－1－13.jsx 的脚本文件，并输入以下代码：

1. `var layer = app.activeDocument.activeLayer;`

   定义一个变量 layer，用来表示应用程序活动文档中的活动图层。

2. `var amount = 100;`

   定义一个变量 amount，表示挤压的程度。挤压程度的数值范围在－100～100 之间。数值越大，受挤压的程度就越强。参数设置效果如图 7－1－32 所示。

3. `layer.applyPinch(amount);`

   调用图层对象的 applyPinch 应用挤压滤镜方法，给图层应用挤压滤镜。

图 7－1－32　挤压滤镜参数效果

❷ **切换到 Photoshop**：保存完成的脚本，并切换到 Photoshop 界面，此时已经打开了一份示例文档，如图 7-1-33 所示。

❸ **运行脚本**：依次执行“文件”→“脚本”→“浏览”命令，打开脚本载入窗口。在弹出的“载入”窗口中，直接双击脚本名称，加载并执行该脚本文件。

脚本执行后，图片被应用了指定参数的挤压滤镜，效果如图 7-1-34 所示。

图 7-1-33 应用挤压滤镜前的图片

图 7-1-34 应用挤压滤镜后的效果

7.1.14 使用 Photoshop 脚本给图像应用最大化滤镜

本小节演示如何使用 Photoshop 脚本给图片应用“最大化”滤镜。

❶ **创建脚本**：创建一个名为 7-1-14.jsx 的脚本文件，并输入以下代码：

1. `var layer = app.activeDocument.activeLayer;`

   定义一个变量 layer，用来表示应用程序活动文档中的活动图层。

2. `var radius = 10;`

   定义一个变量 radius，用来表示最大化滤镜的半径值。最大化滤镜的半径大小在 1～100 像素之间。

3. `layer.applyMaximum(radius);`

   参数设置效果如图 7-1-35 所示。调用图层对象的“应用最大化滤镜”方法，给图层应用最大化滤镜。

❷ **切换到 Photoshop**：保存完成的脚本，并切换到 Photoshop 界面，此时已经打开了一份示例文档，如图 7-1-36 所示。

❸ **运行脚本**：依次执行“文件”→“脚本”→“浏览”命令，打开脚本载入窗口。在弹出的“载入”窗口中，直接双击脚本名称，加载并执行该脚本文件。

脚本执行后，图片被应用了指定参数的最大化滤镜，效果如图 7-1-37 所示。

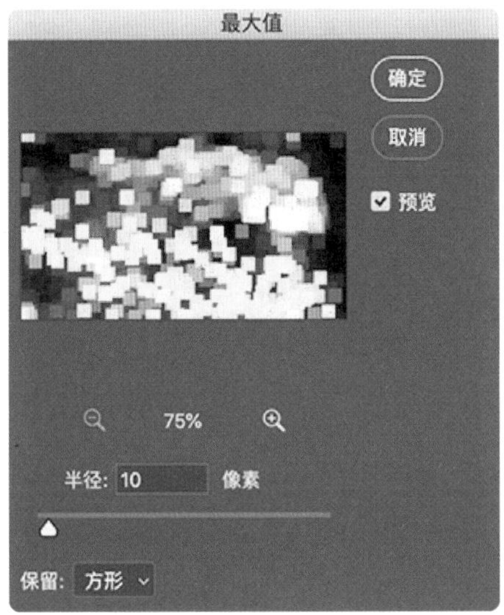

图 7-1-35 最大化参数设置

图 7-1-36 应用最大化滤镜前的图片

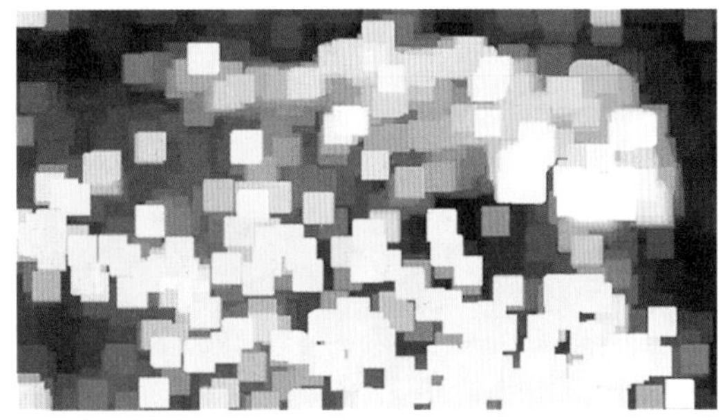

图 7-1-37 应用最大化滤镜后的效果

7.1.15 使用 Photoshop 脚本给图像应用最小化滤镜

本小节演示如何使用 Photoshop 脚本给图像应用“最小化”滤镜。

❶ **创建脚本**：创建一个名为 7-1-15.jsx 的脚本文件，并输入以下代码：

1. `var layer = app.activeDocument.activeLayer;`

   定义一个变量 layer，用来表示应用程序活动文档中的活动图层。

2. `var radius = 5;`

   定义一个变量 radius，用来表示最小化滤镜的半径值。最小化滤镜的半径大小在 1～100 像素之间。参数设置效果如图 7-1-38 所示。

3. `layer.applyMinimum(5);`

   调用图层对象的 applyMinimum 应用最小化滤镜方法，给图层应用最小化滤镜。

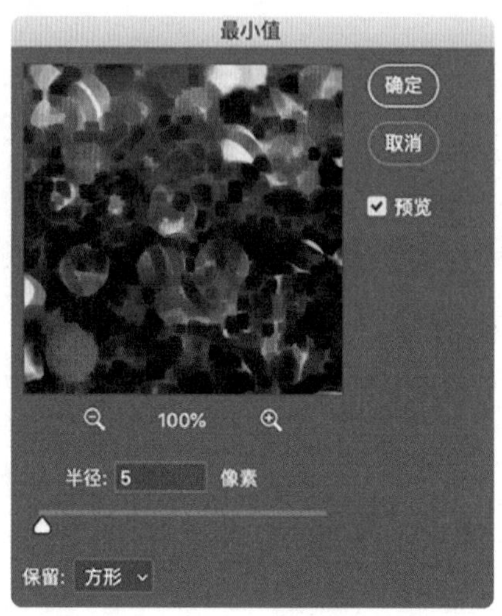

图 7-1-38　最小化参数设置

❷ **切换到 Photoshop**：保存完成的脚本，并切换到 Photoshop 界面，此时已经打开了一份示例文档，如图 7-1-39 所示。

❸ **运行脚本**：依次执行"文件"→"脚本"→"浏览"命令，打开脚本载入窗口。在弹出的"载入"窗口中，直接双击脚本名称，加载并执行该脚本文件。

脚本执行后，图片被应用了指定参数的最小化滤镜，效果如图 7-1-40 所示。

图 7-1-39　应用最小化滤镜前的图片

图 7-1-40　应用最小化滤镜后的效果

7.1.16　使用 Photoshop 脚本给图像应用极坐标滤镜

本小节演示如何使用 Photoshop 脚本给图像应用"极坐标"滤镜。

❶ **创建脚本**：创建一个名为 7-1-16.jsx 的脚本文件，并输入以下代码：

1.
```
var layer = app.activeDocument.activeLayer;
```
定义一个变量 layer，用来表示应用程序活动文档中的活动图层。

2.
```
var conversion = PolarConversionType.RECTANGULARTOPOLAR;
```
定义一个变量 conversion，表示极坐标的类型是：从平面坐标转换为极坐标。另一种类型是从极坐标转换为平面坐标。参数设置效果如图 7-1-41 所示。

```
3. layer.applyPolarCoordinates(conversion);
```
接着调用图层对象的 applyPolarCoordinates 应用极坐标滤镜方法，给图层应用极坐标滤镜。

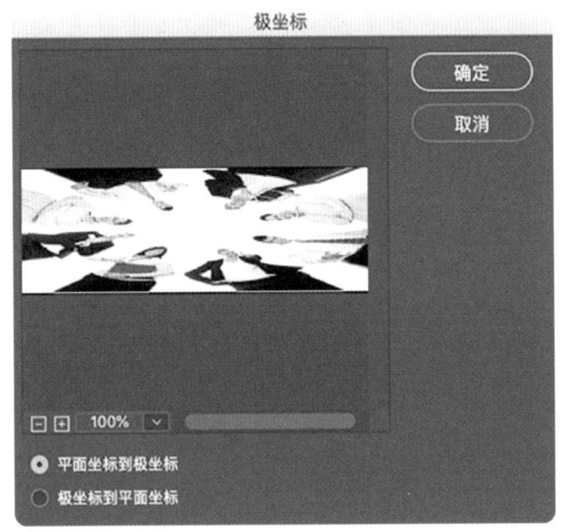

图 7-1-41 极坐标滤镜参数设置

❷ **切换到 Photoshop：**保存完成的脚本，并切换到 Photoshop 界面，此时已经打开了一份示例文档，如图 7-1-42 所示。

❸ **运行脚本：**依次执行"文件"→"脚本"→"浏览"命令，打开脚本载入窗口。在弹出的"载入"窗口中，直接双击脚本名称，加载并执行该脚本文件。

脚本执行后，图片被应用了指定参数的极坐标滤镜，效果如图 7-1-43 所示。

图 7-1-42 应用极坐标滤镜前的图片

图 7-1-43 应用极坐标滤镜后的效果

7.2 组合多个滤镜以产生特殊效果

老师，通过上面 16 个示例的讲解，我已经掌握了大部分滤镜的脚本写法。如果我想综合多个滤镜，以制作更加复杂和精美的艺术效果，那该如何操作呢？

小美，你的这个想法非常棒！事实上，已经有不少国外的艺术家将他们需要经常使用的艺术效果制作成脚本，以方便重复使用，或者分享给合作伙伴，这些脚本往往包含对多个滤镜的综合应用。

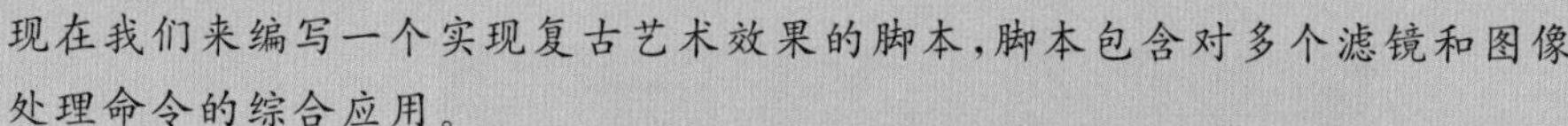

现在我们来编写一个实现复古艺术效果的脚本，脚本包含对多个滤镜和图像处理命令的综合应用。

本小节演示如何组合多个滤镜和图像工具以实现复古的艺术效果。

❶ **创建脚本**：创建一个名为 7-2-1.jsx 的脚本文件，并输入以下代码：

```
function vintageEffect()
{
```

首先添加一个函数，用来实现复古艺术效果。

```
    var layer = app.activeDocument.activeLayer;
```

获得当前文档的活动图层。

```
    layer.mixChannels([[29.9, 58.7, 11.4, 0.0]], true);
```

然后给图层应用混合通道效果，各参数的设置效果如图 7-2-1 所示，其中第二个参数值 true，表示给图层应用单色效果。

```
    layer.adjustBrightnessContrast(0, 10);
```

接着调整图像的亮度和对比度。参数的设置效果如图 7-2-2 所示。

```
    layer.applyAddNoise(3, NoiseDistribution.UNIFORM, false);
```

给图像添加杂色效果，以模拟由于年代久远，图像变得粗糙的效果，参数的设置如图 7-2-3 所示。

```
    var c = new SolidColor()
    c.rgb.hexValue = "ac7a33"
```

继续给图像应用照片滤镜效果，首先定义一个颜色，并设置颜色为深褐色。

```
    layer.photoFilter(c, 70, true)
```

给图像应用照片滤镜效果，第一个参数表示照片滤镜的颜色，第二个参数表示深度为 70%，第三个参数表示保留明度，参数效果如图 7-2-4 所示。

```
    layer.adjustLevels(0, 255, 1.33, 0, 255)
```

最后调整图像的色阶，前 3 个参数，分别表示输入色阶的阴影、高光和中间调的数值。第 4、5 个参数，分别表示输出色阶的阴影和高光的数值，参数效果如图 7-2-5 所示。

```
}
vintageEffect();
```

完成函数的创建之后，就可以调用该函数，给当前文档应用复古效果。

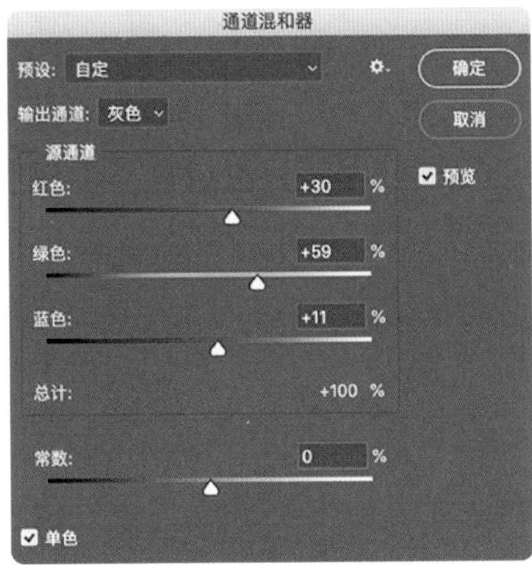

图 7-2-1　通道混和器

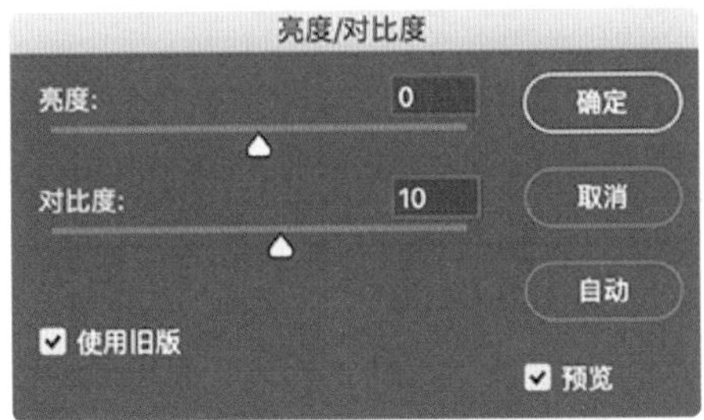

图 7-2-2　亮度/对比度

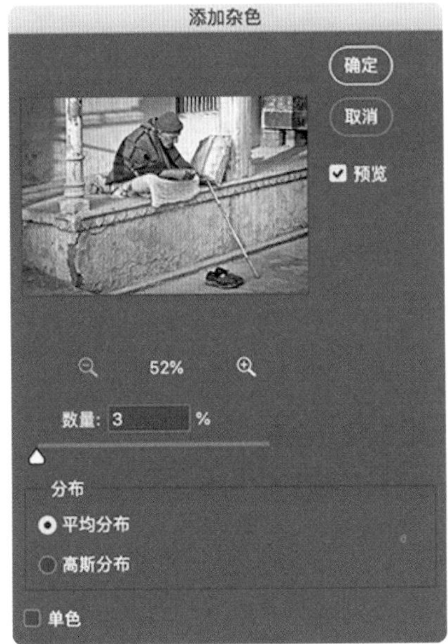

图 7-2-3　添加杂色

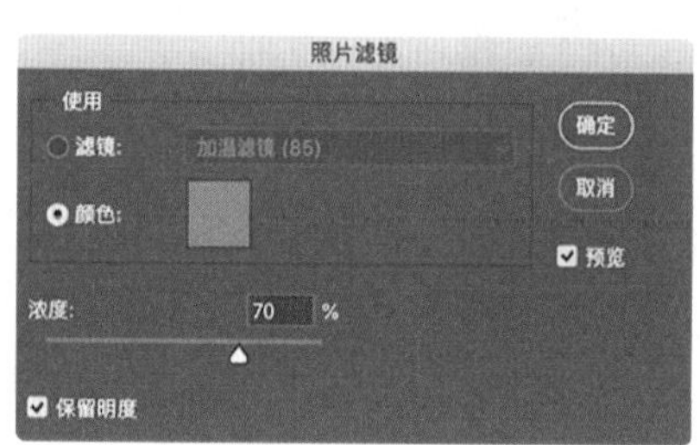

图 7-2-4　照片滤镜

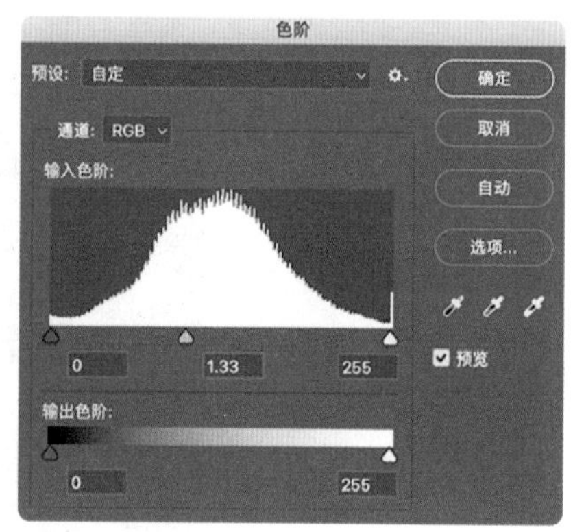

图 7-2-5　色　阶

❷ **切换到 Photoshop**：保存完成的脚本，并切换到 Photoshop 界面，此时已经打开了一份空白的文档，如图 7-2-6 所示。接着依次执行"文件"→"脚本"→"浏览"命令，打开脚本载入窗口。

❸ **运行脚本**：在弹出的"载入"窗口中，双击脚本名称，加载并执行该脚本文件。脚本执行后，示例图片被应用了复古风格的艺术效果，最终效果如图 7-2-7 所示。

图 7-2-6　应用复古风格前的图片

图 7-2-7　应用复古风格后的艺术效果

第 8 章 使用 Photoshop 脚本自动化设计任务

从本章将收获以下知识：

❶ 为耗时长的批处理任务添加进度条
❷ 使用 try - catch 语句避免脚本的崩溃
❸ 在 Photoshop 脚本中调用 Photoshop 动作
❹ 给所有图层批量更名
❺ 给产品图片批量添加水印
❻ 批量生成各尺寸的 iOS 图标
❼ 批量生成 Web 网页切图
❽ 拼合多张小图为大图，并生成小图坐标信息
❾ 为数千名员工批量生成对应的名片
❿ 开发一个运行在 Photoshop 上的猜数字游戏，等等

8.1 脚本的一些特殊用途

老师，Photoshop 的历史面板真的很好用，我在 Photoshop 中编辑图像时，每进行一步操作，都会被记录在“历史记录”面板中。
通过历史记录面板我还可以将图像恢复到操作过程中的任意一步状态，或者将处理结果创建为快照、新的文档。

小美，1998 年 Adobe Photoshop 5.0 发布，从此引入了 History（历史）的概念，用户可以多次后退，取消自己的操作。
从 Photoshop CC 2018 年 10 月版（20.0）开始，我们可以使用 Control + Z（Windows）/ Command + Z（Mac）组合键，在 Photoshop 文档中还原多个步骤。

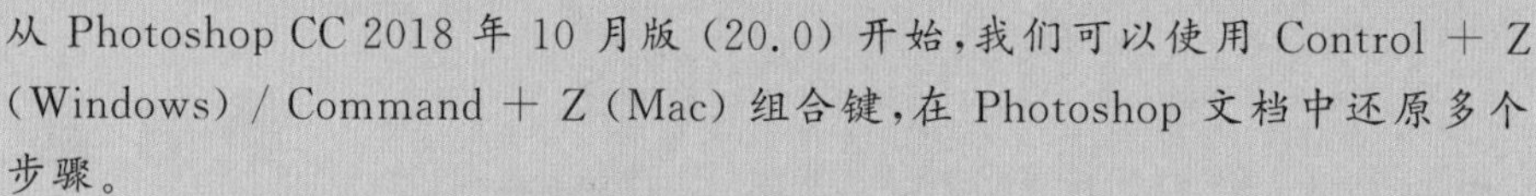

使用 Photoshop 脚本我们可以获取文档的所有历史状态，通过名称查询某一个历史状态，或者撤销到某一步的历史状态。
文档的历史状态在 document 对象的 historyStates 属性中，该属性是一个数组，数组中的每个元素都是一个 HistoryState 类型的对象。
通过 HistoryState 对象的 name 和 snapshot 属性，可以获得历史状态的名称和是否快照。

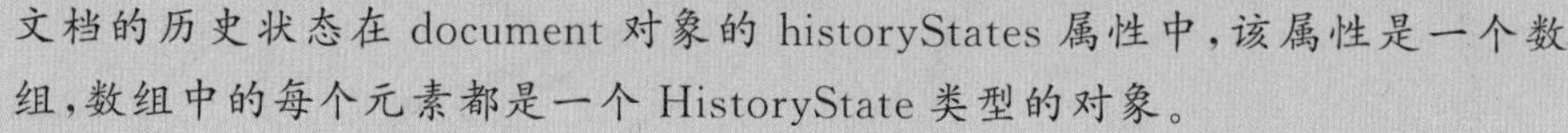

8.1.1 输出当前文档的所有历史状态

本小节演示如何使用 Photoshop 脚本查看当前文档的所有历史记录。

❶ **创建脚本**：创建一个名为 8-1-1.jsx 的脚本文件，并输入以下代码：

```
var states = app.activeDocument.historyStates;
var count = states.length;
```

定义一个变量 states，表示当前文档的所有历史记录。
定义一个变量 count，表示当前文档的所有历史记录的数量。

```
var statesList = "";
```

接着定义一个变量，用于在后面的代码中，存储所有历史记录的名称。

```
for(var i = 0; i < count; i ++ )
{
    statesList += states[i].name + "\r\n";
}
```

添加一个 for 循环语句，遍历所有历史记录。在循环语句中，将历史记录的名称，不断地累加到变量中。（ += ：表示将右侧内容累加到左侧的变量中。\r\n：表示换行符。）

```
alert(statesList);
```

调用 alert 警告窗口语句，弹出提示框，显示历史记录信息。

❷ **运行脚本：**保存完成的脚本，并切换到 Photoshop 界面，如图 8－1－1 所示。现在使用脚本查看文档的历史信息，依次执行“文件”→“脚本”→“浏览”命令，找到并运行该脚本。

脚本运行后，弹出一个信息提示窗口，显示了当前文档的所有历史信息，如图 8－1－2 所示。

图 8－1－1　当前文档已经包含一些历史记录

图 8－1－2　文档的所有历史信息

8.1.2　更改默认历史记录数量

本小节将演示如何更改系统保留历史记录的数量，系统默认保留 20 条历史记录。

❶ **创建脚本：**创建一个名为 8－1－2.jsx 的脚本文件，并输入以下代码：

```
var number = 50;
```

定义一个变量 number，用来设置系统最多保存 50 条最近的历史记录。

```
app.preferences.numberofHistoryStates = number;
```

修改应用程序对象的 numberofHistoryStates 属性，将历史状态数量参数设置为 50。

```
app.beep( );
```

调用应用程序对象的 beep( ) 方法，用于在完成一系列动作后，播放一个系统音效提示用户操作完成。

❷ **运行脚本**：保存完成的脚本，并切换到 Photoshop 界面。接着依次执行“文件”→“脚本”→“浏览”命令，打开脚本载入窗口。在弹出的“载入”窗口中，直接双击脚本名称，加载并执行该脚本文件。

脚本执行后，Photoshop 将可以保留 50 条最近的操作记录，如图 8-1-3 所示，同时在完成设置之后，播放了一条短暂的提示音，提示用户脚本执行完毕。

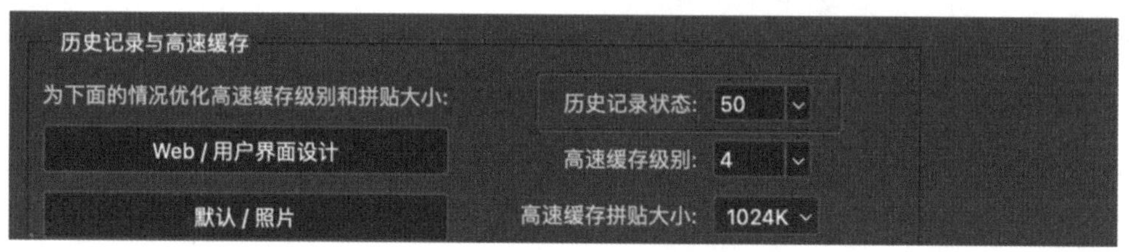

图 8-1-3　Photoshop 可以保留 50 条最近的操作记录

8.1.3　通过 Photoshop 脚本查询参考线信息

本小节演示如何使用 Photoshop 脚本查看文档中参考线的信息。

❶ **创建脚本**：创建一个名为 8-1-3.jsx 的脚本文件，并输入以下代码：

```
var guides = app.activeDocument.guides;
var count = guides.length;
```

定义一个变量 guides，表示应用程序当前文档中的所有参考线。继续定义一个变量 count，表示参考线总的数量。

```
for ( var i = 0; i < count; i ++ )
{
    alert(guides[i].direction + "\r\n" + guides[i].coordinate);
}
```

添加一个 for 循环语句，用来遍历所有参考线。

调用 alert 语句弹出提示窗口，显示参考线的 direction 方向以及 coordinate 坐标值。

❷ **切换到 Photoshop**：保存完成的脚本，并切换到 Photoshop 界面，当前文档中拥有 4 条参考线，如图 8-1-4 所示。

❸ **运行脚本**：现在我们使用脚本来查看每条参考线的方向和位置。依次执行“文件”→“脚本”→“浏览”命令，打开脚本载入窗口。在弹出的“载入”窗口中，直接双击脚本名称，加载并执行该脚本文件。

脚本执行后，依次弹出 4 个信息提示窗口，在弹出的窗口中，分别显示了 4 条参考线的方向和位置，如图 8-1-5 所示。

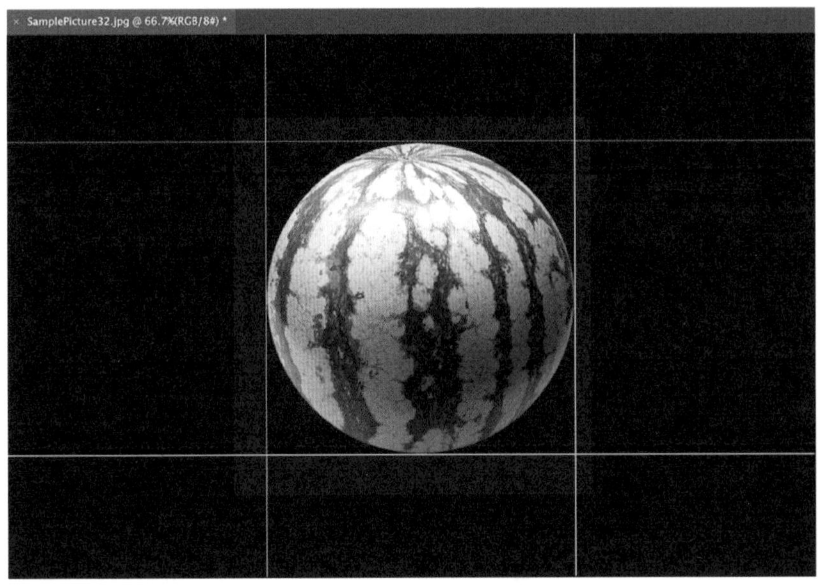

图 8-1-4　文档拥有 4 条参考线

图 8-1-5　4 条参考线的方向和位置

8.1.4　使用 Photoshop 脚本绘制路径并描边

老师，我在制作一款作为数学图形辅助绘制工具的插件，请问使用 Photoshop 脚本可以绘制图形吗？

小美，没问题！你可以使用脚本绘制一条条的路径，然后再对这些路径进行描边就可以了。

在绘制路径时，需要使用到 PathPointInfo、SubPathInfo、pathItems 和 pathItem 四个对象，这四个对象的作用依次为：

❶ PathPointInfo：用于定义路径上的每个顶点的锚点和位置信息。

❷ SubPathInfo：通过数组设置一条路径上的所有顶点。

❸ pathItems：将路径添加到文档的所有路径列表中。

❹ pathItem：对路径进行描边。

这样就可以通过路径绘制任意形状的图形了。

本小节演示如何使用 Photoshop 脚本绘制一条直线。

❶ **创建脚本**：创建一个名为 8－1－4.jsx 的脚本文件，并输入以下代码：

```
var doc = app.activeDocument;
var start = [100, 100];
var stop = [300, 300];
```

定义一个变量 doc，表示应用程序的当前文档。

接着定义两个变量，第一个变量 start 表示直线的起点坐标，位于文档的左上角，距离顶边界和左边界各 100 像素的位置。第二个变量 stop 表示直线的终点坐标。

```
var startPoint = new PathPointInfo( );
startPoint.anchor = start;
```

定义一个变量 startPoint，表示路径上的起点信息。接着设置路径起点的 anchor 锚点坐标位置。

```
startPoint.leftDirection = start;
startPoint.rightDirection = start;
startPoint.kind = PointKind.CORNERPOINT;
```

设置路径起点的 leftDirection 左侧方向点和 rightDirection 右侧方向点的坐标位置。就像在使用钢笔工具绘制曲线时一样，每个锚点的两侧都有一个控制点。接着设置路径起点的类型为 CORNERPOINT 转角类型，还有一种类型为平滑类型。

```
var stopPoint = new PathPointInfo( );
```

继续定义一个变量 stopPoint，表示路径上的终点信息。

```
stopPoint.anchor = stop;
stopPoint.leftDirection = stop;
stopPoint.rightDirection = stop;
stopPoint.kind = PointKind.CORNERPOINT;
```

接着设置路径终点的 anchor 锚点坐标位置、左右两个方向端点的坐标位置，同时设置路径终点的类型为 CORNERPOINT 转角类型。

```
var spi = new SubPathInfo( );
spi.closed = false;
```

定义一个变量 spi，表示将要创建的一个子路径。因为我们绘制的是一条直线段，所以设置子路径为非闭合模式(closed 为 false)。

```
spi.operation = ShapeOperation.SHAPEXOR;
```

设置子路径与其他已存在的子路径的交互方式为 SHAPEXOR 替换。除此之外，还有“相加”、“相减”和“取交叉部分”等。

```
spi.entireSubPath = [startPoint, stopPoint];
```

设置子路径的 entireSubPath 节点信息。如果使用很多个节点坐标，并且设置路径的闭合属性为真，就可以绘制复杂的自定义图形了。

```
var line = doc.pathItems.add("Line", [spi]);
```

将设置好的子路径添加到当前文档的 pathItems 所有路径列表中。同时设置此子路径的名称为 Line，方便之后修改子路径。

```
line.strokePath(ToolType.BRUSH);
line.remove( );
```

调用路径对象的 strokePath 描边方法，使用 BRUSH 画笔模式，沿着子路径进行描边。沿着路径描边后，remove 移除不再需要的路径。

❷ **运行脚本**：保存完成的脚本，并切换到 Photoshop 界面，此时已经新建了一份空白文档，如图 8-1-6 所示。接着依次执行“文件”→“脚本”→“浏览”命令，打开脚本载入窗口。在弹出的“载入”窗口中，直接双击脚本名称，加载并执行该脚本文件。

脚本执行后，将创建一条拥有两个锚点的路径，并使用前景色对路径进行描边，最后再将路径删除，最终效果如图 8-1-7 所示。

图 8-1-6　空白文档　　　　**图 8-1-7　绘制一条直线**

8.2 脚本的执行状态

老师，我在编写 Photoshop 脚本时，经常遇到由于找不到要打开的图片，或者找不到指定名称的图层而出现错误，从而终止脚本执行的问题，请问怎样才能避免出现这种问题呢？

小美，你描述的情况是非常普遍的。

你可以使用 try - catch 语句，捕捉脚本运行时出现的错误信息。

try - catch 语句的语法是：

```
try
{ 尝试执行代码块 }
catch(err)
{ 捕捉到错误时的代码块 }
```

当脚本运行出错时，会弹出信息提示窗口显示错误信息，以提醒如何纠正错误。还可以在 catch 语句中执行 B 计划，例如当无法打开指定的图片时，那就打开一份确定存在的备用图片。

8.2.1 使用 try - catch 语句避免 Photoshop 脚本的崩溃

当要打开的图片不存在时，或者要访问的图层不存在时，Photoshop 脚本就会出现崩溃。本小节演示如何使用 try - catch 语句避免 Photoshop 脚本的崩溃，使脚本能够继续执行下去。

❶ **创建脚本**：创建一个名为 8 - 2 - 1.jsx 的脚本文件，并输入以下代码：

```
try
{
```

try 语句允许我们定义在执行时进行错误测试的代码块。

```
    for(var i = 1; i <= 10; i++)
    {
        var noFile = new File("/Users/hdjc8.com/MyDocuments/8-18-" + i + ".jpg");
        open(noFile);
```

通过一个 for 循环，连续打开位于/Users/hdjc8.com/MyDocuments/文件夹下的 10 张图片，这 10 张图片的名称分别为 8 - 18 - 1.jpg、8 - 18 - 2.jpg、8 - 18 - 3.jpg、……。它们的格式相同，只是在名称的尾部具有不同的编号。

```
    }
}
catch(e)
{
    alert(e);
    open(new File("/Users/hdjc8.com/MyDocuments/demo.jpg"));
```

catch 语句允许我们定义当 try 代码块发生错误时，所执行的代码块。这里通过 alert 语句弹出一个提示窗口，用来显示具体的错误信息。然后再 open 打开一份确定存在的图片。

```
}
```

❷ **切换到 Photoshop**：保存完成的脚本，并切换到 Photoshop 界面。

❸ **运行脚本**：依次执行“文件”→“脚本”→“浏览”命令，打开脚本载入窗口。在弹出的“载入”窗口中，直接双击脚本名称，加载并执行该脚本文件。

脚本执行之后，将依次打开文件夹下的两张图片，并且在异常捕捉语句的保护下，不会出现崩溃问题，只是弹出一个信息窗口，提示错误信息，如图 8－2－1 所示。

图 8－2－1　提示错误信息的提示窗口

8.2.2　如何延迟执行某个动作

本小节演示如何使用 Photoshop 脚本延迟执行某个动作。

❶ **创建脚本**：创建一个名为 8－2－2.jsx 的脚本文件，并输入以下代码：

```
$.setTimeout = function(func, time) {
```

首先创建一个函数，它包含两个参数，第一个参数表示延迟执行的动作，第二个参数表示延迟的时间。

```
    $.sleep(time);
    func( );
```

调用 sleep 方法使脚本休眠指定的时长。在休眠指定的时长之后，再执行延迟动作。

```
};
$.setTimeout(function ( ) { alert("Hello Photoshop Script!"); }, 3000);
```

完成延迟函数之后，使用这个函数创建一个延迟动作：再延迟 3 000 ms，也就是在 3 s 之后，弹出一个信息提示窗口。

❷ **切换到 Photoshop**：保存完成的脚本，并切换到 Photoshop 界面。

❸ **运行脚本**：依次执行“文件”→“脚本”→“浏览”命令，打开脚本载入窗口。在弹出的“载入”窗口中，直接双击脚本名称，加载并执行该脚本文件。

脚本执行 3 s 之后，Photoshop 软件会弹出一个信息提示窗口，如图 8－2－2 所示。

图 8-2-2　脚本执行 3 s 之后 Photoshop 弹出信息提示窗口

8.2.3　使用 sleep 和 refresh 函数创建一个移动动画

本小节演示如何使用 sleep 和 refresh 函数创建一段位移动画。

❶ **创建脚本**：创建一个名为 8-2-3.jsx 的脚本文件，并输入以下代码：

```
for(var i = 0; i<5; i++ )
{
```

首先添加一个 for 循环语句，使图层重复移动 5 次。

```
    var layer = app.activeDocument.activeLayer;
    layer.translate(0, -20);
```

获得文档的活动图层，并且将图层向上方 translate 移动 20 像素的距离。由于循环语句的作用，图层共向上方移动 100 个像素。

```
    $.sleep (1000);
```

在图层移动 20 像素之后，sleep 暂停 1 000 ms，然后再执行下一次的位移动作。

```
    app.refresh( );
```

调用 refresh 方法，使 Photoshop 软件可以刷新屏幕上的内容。如果不执行该方法，有可能看不到图层的位移效果。

```
}
```

❷ **切换到 Photoshop**：保存完成的脚本，并切换到 Photoshop 界面。

❸ **运行脚本**：依次执行"文件"→"脚本"→"浏览"命令，打开脚本载入窗口。在弹出的"载入"窗口中，直接双击脚本名称，加载并执行该脚本文件。脚本执行之后，所选图层将每秒向上方移动 20 像素的距离，如图 8-2-3 所示。

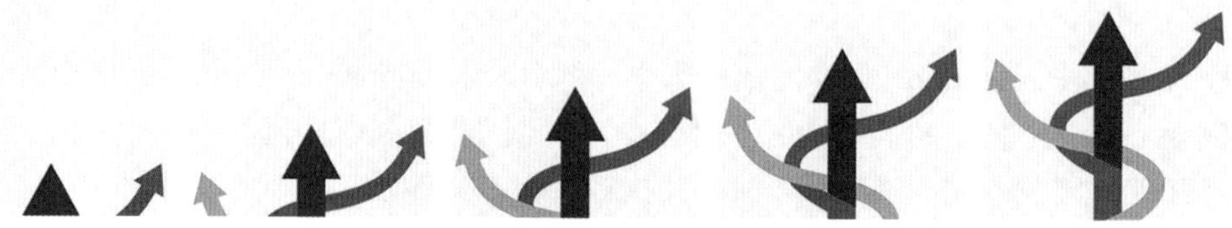

图 8-2-3　脚本执行后图层每秒向上移动 20 像素

8.2.4 为耗时长的批处理任务添加进度条

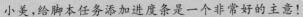

老师，我使用 Photoshop 打开一份较大的文件时，或者将时间轴上的视频渲染输出时，就会出现一个进度条提示任务的进度。
由于脚本是批量执行任务的，所以往往也会花费较多的时间，请问我可以给脚本中的任务设置进度条吗？

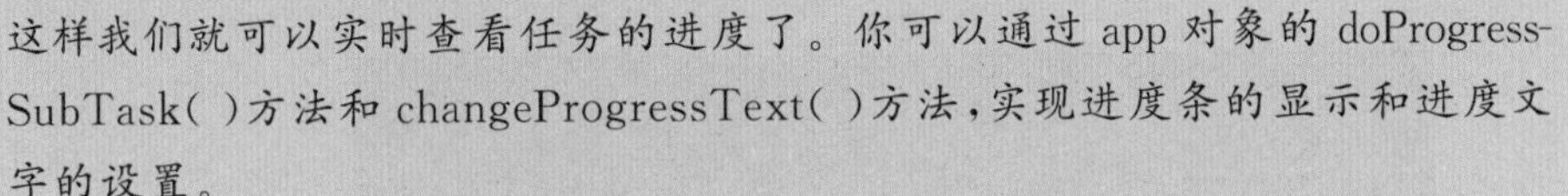

小美，给脚本任务添加进度条是一个非常好的主意！
这样我们就可以实时查看任务的进度了。你可以通过 app 对象的 doProgressSubTask( )方法和 changeProgressText( )方法，实现进度条的显示和进度文字的设置。

当使用脚本处理大量图片时，可以使用进度条显示当前任务的工作进度。本小节就来创建一个进度条。

❶ **创建脚本**：创建一个名为 8－2－4.jsx 的脚本文件，并输入以下代码：

```
function changeSOContent( )
{
```

首先添加一个函数，用来创建进度条。

```
    for (var i = 0; i<10; i++)
    {
```

添加一个 for 循环语句，用来重复 10 次刷新进度条的进度百分比。

```
        app.doProgressSubTask(i, 10, "updateProgress( )");
        $.sleep(500);
```

接着通过 doProgressSubTask 方法执行进度条的子任务，三个参数依次表示任务的索引、任务总数和需要执行的函数。调用休眠方法，使脚本休眠 500 ms。

```
        function updateProgress( )
        {
```

接着创建一个函数，实现进度条的子任务。

```
            app.changeProgressText("Current image: " + i + "");
```

根据进度条的当前进度，刷新进度条上的文字内容。

```
            app.doForcedProgress("" + i * 10, "");
```

执行无法取消的进度条任务，第一个参数表示进度条文本，第二个参数表示需要执行的代码。添加此句脚本，可以让进度条动画更加流畅。

```
            }
        }
}

app.doProgress("Please wait", "changeSOContent( )");
```

执行进度条任务，第一个参数表示进度条文本，第二个参数表示需要执行的进度条代码。

❷ **切换到 Photoshop**：保存完成的脚本，并切换到 Photoshop 界面。

❸ **运行脚本**：依次执行"文件"→"脚本"→"浏览"命令，打开脚本载入窗口。在弹出的"载入"窗口中，直接双击脚本名称，加载并执行该脚本文件。脚本执行之后，将显示一个进度条的动画，如图 8-2-4 所示。

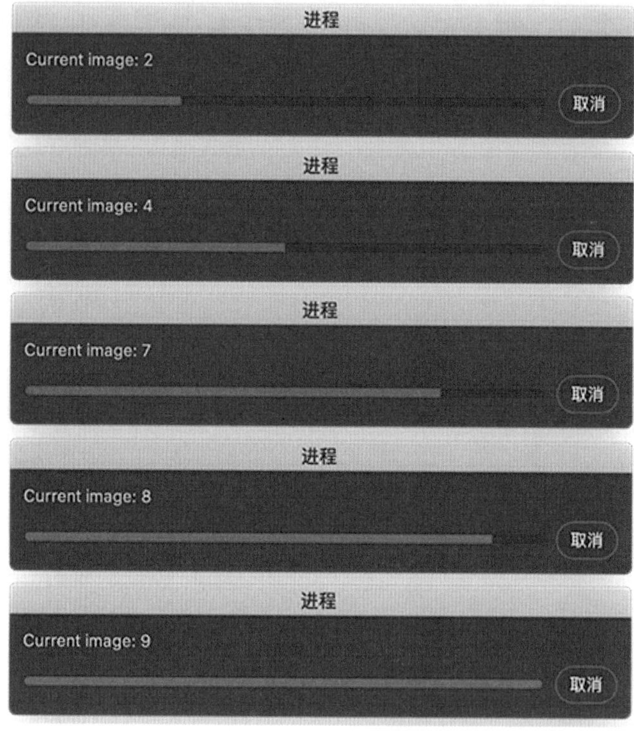

图 8-2-4　进度条动画

8.3　使用脚本调用动作或执行其他脚本

老师，在使用 Photoshop 脚本之前，我已经在工作中积累了大量的动作，它们可以帮我快速提高工作效率，我可不想抛弃这些老朋友。有什么方式能在 Photoshop 中使用这些动作吗？

小美，当然可以。Photoshop 脚本提供了两种调用动作的方式：
❶ app. batch( )方法：可以对多张图片应用指定的动作。
❷ app. doAction( )方法：可以对活动文档应用指定的动作。
你可以根据需要选择其中的一种方式。

8.3.1 在 Photoshop 脚本中调用 Photoshop 的动作

如果已经创建了大量的动作，那么不要浪费这些动作，可以在脚本中非常方便地调用已有的动作。

❶ **第一种调用动作的方法：**创建一个名为 8－3－1.jsx 的脚本文件，并输入以下代码：

```
var sampleDoc1 = File("/Users/fazhanli/Desktop/logo1.png");
var sampleDoc2 = File("/Users/fazhanli/Desktop/logo2.png");
```

首先加载两张图片素材，需要将这两张图片的尺寸缩小一半。

```
var docs = [sampleDoc1, sampleDoc2];
app.batch(docs, "Shrink the picture in half", "默认动作");
```

定义一个 docs 数组，用来存储这两张图片。接着给这个数组里的所有图片应用动作，其中第二个参数"Shrink the picture in half"是动作的名称，该动作可以将图片的尺寸缩小一半，而第三个参数"默认动作"是动作的组名，如图 8－3－1 所示。

图 8－3－1　动作面板中的"Shrink the picture in half"动作

❷ **切换到 Photoshop：**保存完成的脚本，并切换到 Photoshop 界面。

❸ **运行脚本：**依次执行"文件"→"脚本"→"浏览"命令，打开脚本载入窗口。在弹出的"载入"窗口中，直接双击脚本名称，加载并执行该脚本文件。脚本调用动作面板里的指定名称

的动作,依次修改了两张图片的尺寸,如图 8-3-2 和图 8-3-3 所示。

图 8-3-2　原图和缩小一半尺寸的图片示例(一)

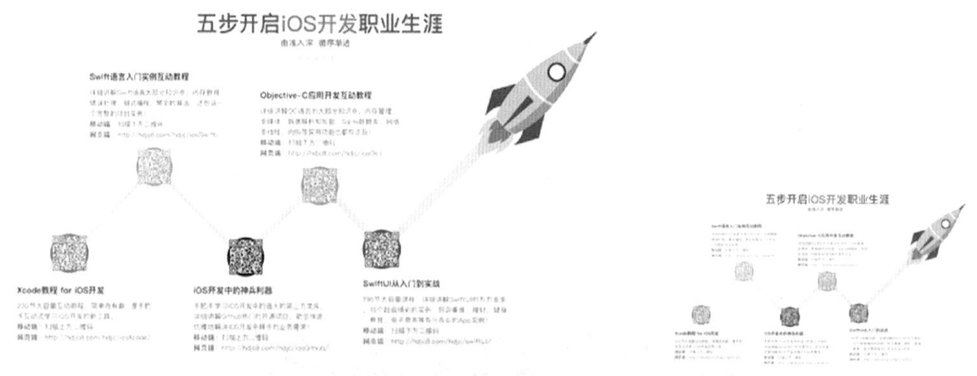

图 8-3-3　原图和缩小一半尺寸的图片示例(二)

❹ **第二种调用动作的方法**:首先注释或删除第一种方法的第 4 行代码,然后继续编写代码。

```
for(var i = 0; i < docs.length; i++)
{
```

添加一个 for 循环语句,用来遍历包含两张图片的数组。

```
    open(docs[i]);
    app.doAction("Shrink the picture in half", "默认动作");
```

在 Photoshop 软件中,打开遍历到的图片。第二种脚本调用动作的方式就是 doAction 方法,该方法的第一个参数是动作的名称,第二个参数是动作的组名。

```
}
```

❺ **运行脚本**:保存完成的脚本,切换到 Photoshop 界面,并再次执行该脚本文件。脚本调用动作面板里的指定名称的动作,依次修改了两张图片的尺寸,如图 8-3-2 和图 8-3-3 所示。

8.3.2 引用和执行其他的 Photoshop 脚本文件

本小节演示如何在一个 Photoshop 脚本文件中引用和执行其他的脚本文件。

SampleColor.jsx 是一份已经完成的脚本文件，它包含一个函数，用来获得指定坐标的颜色，代码如下：

```
function getSampleColor(x, y)
{
    var pointSample = app.activeDocument.colorSamplers.add([(x - 1),(y - 1)]);
    var rgb = [
        pointSample.color.rgb.red,
        pointSample.color.rgb.green,
        pointSample.color.rgb.blue
    ];
    pointSample.remove( );
    return rgb;
}
```

❶ **第一种调用脚本的方法**：我们需要在另一份脚本文件中，调用这个函数。创建一个名为 8-3-2.jsx 的脚本文件，并输入以下代码，调用另一个脚本文件里的函数。

```
#include "/Users/fazhanli/Desktop/SampleColor.jsx";
```

通过 include 关键词，将另一个脚本文件，导入到当前的脚本文件中。

```
var color = getSampleColor(20, 20);
```

这样就可以调用另一个脚本文件里的，用来获取指定坐标颜色的 getSampleColor 方法了。

```
var red = Math.ceil(color[0]);
var green = Math.ceil(color[1]);
var blue = Math.ceil(color[2]);
alert("R:" + red + " G:" + green + " B:" + blue);
```

将获取的颜色的三个通道的数值，依次存入三个变量中。接着弹出一个信息提示窗口，显示这个颜色的数值。

❷ **切换到 Photoshop**：保存完成的脚本，并切换到 Photoshop 界面，当前已经打开了一张图片，如图 8-3-4 所示。

❸ **运行脚本**：现在来查找该图片位于坐标(20,20)位置上的颜色，依次执行"文件"→"脚本"→"浏览"命令，打开脚本载入窗口。在弹出的"载入"窗口中，直接双击脚本名称，加载并执行该脚本文件。

此时弹出一个信息窗口，提示获取到的指定坐标的颜色，如图 8-3-5 所示。

❹ **第二种调用脚本的方法**：继续编写代码，演示第二种调用其他脚本文件的方法。如果调用其他的脚本文件，只是想给图片直接应用脚本中的艺术处理效果，而不需要引用脚本中的相关变量或函数，则可以使用 evalFile 方法来调用另一个脚本。代码如下：

图 8-3-4　Photoshop 已经打开一张图片

图 8-3-5　坐标(20,20)上的图片颜色

```
try
{
```

首先添加一个异常捕捉语句，避免因找不到其他脚本文件而导致崩溃。

```
    $.evalFile(new File("/Users/fazhanli/Desktop/LumoStyle.jsx"));
```

通过 evalFile 方法，调用指定路径的脚本文件，该脚本文件用来给图像应用洛莫风格的艺术效果。

```
}
catch (e)
{
    alert(e);
}
```

❺ **切换到 Photoshop**：保存完成的脚本，并切换到 Photoshop 界面，当前已经打开了一张图片，如图 8-3-6 所示。

❻ **运行脚本**：现在给图片应用洛莫艺术效果，依次执行"文件"→"脚本"→"浏览"命令，打开脚本载入窗口。在弹出的"载入"窗口中，直接双击脚本名称，加载并执行该脚本文件。此时弹出一个信息窗口，提示获取到的指定坐标的颜色，如图 8-3-7 所示。

图 8-3-6　运行脚本前的图片

图 8-3-7　运行脚本后的效果

8.4 设计任务的批处理

8.4.1 使用 Photoshop 脚本给图层批量更名

老师，据说给每个图层合理命名，是 Photoshop 界的基本礼仪。使用 Photoshop 脚本可以给图层批量重命名吗？

小美，给图层起个匹配的名称不仅可以方便后期对作品的维护，也是对合作伙伴的尊重。

对一个图层重命名是非常简单的，只需要设置它的 name 属性即可：

```
layer.name = "新名称";
```

但是如果对图层面板中的所有图层进行重命名，尤其是在有图层组的情况下，就需要将所有图层提取到一个数组中，然后通过一个循环对数组中的图层进行重命名即可完成任务。

> 如果图层组中还存在另一个图层组，则要对图层组进行嵌套遍历，以找出所有的图层。

本小节演示如何使用 Photoshop 脚本给图层批量更名。

❶ **创建脚本**：创建一个名为 8-4-1.jsx 的脚本文件，并输入以下代码：

```
1. var layers = new Array( );
```

定义一个数组 layers，用来存储所有需要修改名称的图层。

```
2. function getLayersInLayerSet(layerSets)
3. {
```

接着添加一个函数，用来获得图层组里的所有图层。其中 layerSets 参数表示当前文档的所有图层组。

```
    for(var i = 0; i < layerSets.length; i++)
    {
```

添加一个 for 循环语句，用来遍历所有的图层组。

```
        var subLayers = layerSets[i].artLayers;
```

获得在循环语句中，遍历到的图层组里的 artLayers 所有图层。

```
        for(var j = subLayers.length - 1; j >= 0; j--)
        {
            layers.push(subLayers[j]);
        }
```

然后对这些图层进行遍历，并将这些图层都添加到 layers 数组里。

```
        if(layerSets[i].layerSets)
            getLayersInLayerSet(layerSets[i].layerSets);
```

如果在图层组里还包含其他的图层组，则继续获得内部图层组里的所有图层。

```
    }
}
var prefix = "UIVIewResponsibilities-";
var subLayers = app.activeDocument.artLayers;
```

这样就完成了获得所有图层组里的所有图层的函数。接着定义一个变量 prefix，表示所有图层名称的前缀，然后获得当前文档未处于图层组里的所有图层 subLayers。

```
for(var i = subLayers.length - 1; i >= 0; i--)
{
    layers.push(subLayers[i]);
}
```

同样添加一个 for 循环语句，将这些图层都加入到 layers 数组中。

```
getLayersInLayerSet(app.activeDocument.layerSets);
```

调用刚刚创建的函数，将当前文档所有位于图层组里的图层都加入到 layers 数组中。
这样就获取了当前文档的所有图层，这些图层都存储在 layers 数组中。

```
for(var i = 1; i <= layers.length; i++)
{
    layers[i - 1].name = prefix + i;
}
```

最后添加一个 for 循环语句，将这些图层进行重新命名，图层名称的格式为前缀加序号的样式。

❷ **切换到 Photoshop**：保存完成的脚本，并切换到 Photoshop 界面，此时已经新建了一份空白文档，其图层列表如图 8-4-1 所示。

❸ **运行脚本**：批量修改这些图层的名称，依次执行“文件”→“脚本”→“浏览”命令，打开脚本载入窗口。在弹出的“载入”窗口中，直接双击脚本名称，加载并执行该脚本文件。脚本执行后，所有图层的名称发生了变化，如图 8-4-2 所示。

图 8-4-1 图层面板

图 8-4-2 图层名称被批量修改

8.4.2 使用 Photoshop 脚本创作艺术效果

本小节演示如何使用 Photoshop 脚本创作一些奇特的艺术效果。

❶ **创建脚本：**创建一个名为 8-4-2.jsx 的脚本文件，并输入以下代码：

```
var number = prompt("请输入复制并旋转的次数：");
```

首先调用 prompt 输入窗口命令，弹出输入窗口，提示用户输入一个旋转次数。

```
if(number > 0) {
```

如果用户输入的数字大于 0，则执行后面的代码。

```
    var layer = app.activeDocument.activeLayer;
```

定义一个变量，表示应用程序活动文档的当前图层。

```
    for(var i = 1; i <= number; i++) {
```

添加一个按用户设定次数 number 执行的循环语句。

```
        var newLayer = layer.duplicate(layer, ElementPlacement.PLACEBEFORE);
```

调用 layer 对象的 duplicate 方法，复制一个图层，并将复制后的图层，置于原图层的下方 PLACEBEFORE。

```
        newLayer.rotate((360/number) * i, AnchorPosition.BOTTOMCENTER);
```

根据用户输入的旋转次数，对 360°进行等比例划分，并以此值为旋转角度，对图层进行旋转操作。图层旋转的参考点，位于图层的 BOTTOMCENTER 底部中间位置。

```
        newLayer.applyGaussianBlur(2 * (i - 1));
```

在旋转的同时，给图层添加一个高斯模糊滤镜。模糊滤镜的强度也是递增的。

```
    }
}
```

❷ **切换到 Photoshop**：保存完成的脚本，并切换到 Photoshop 界面，此时已经打开了一份文档，如图 8-4-3 所示。

❸ **运行脚本**：接着来给该文档中的叶子图层应用脚本，依次执行“文件”→“脚本”→“浏览”命令，打开脚本载入窗口。在弹出的“载入”窗口中，直接双击脚本名称，加载并执行该脚本文件。

❹ **设置旋转次数**：脚本执行后，在弹出的“脚本提示”窗口，输入数字 6 作为旋转的次数，这样可以依次复制 6 个当前的图层，并给复制后的图层添加高斯模糊效果，最终效果如图 8-4-4 所示。

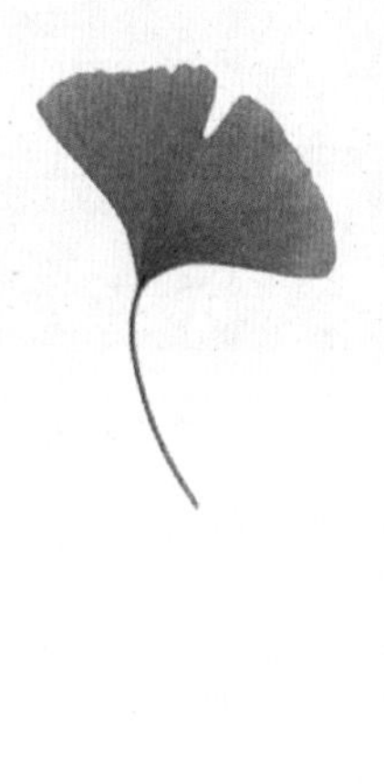

图 8-4-3　原始文档

图 8-4-4　运行脚本后的文档

8.4.3　使用 Photoshop 脚本给图片批量添加水印

老师，我公司有不少客户是经营淘宝店铺的，他们的产品图片都需要打上水印以免盗图。请问如何使用 Photoshop 脚本给这些产品图片统一打上版权保护的水印？

小美，随着产权保护意识的觉醒，大家都越来越注重知识产权的保护。通过脚本给作品添加版权保护的水印是非常方便的，主要有以下几个步骤：

❶ 让用户选择待保护图片所在的文件夹。

❷ 循环遍历文件夹下的所有图片并打开图片。

❸ 在打开的文档中新建文本图层，并设置版权保护相关的文字内容。

❹ 保存并关闭文档。

为了保护我们的作品，经常会在图片上打上水印，您在淘宝上经常可以看到带有版权水印的图片。本节演示如何给图片批量添加水印。

❶ **创建脚本**：创建一个名为 8－4－3.jsx 的脚本文件，并输入以下代码：

```
var inputFolder = Folder.selectDialog("请选择图片所在文件夹：");
```

调用文件夹对象的 selectDialog 选择文件夹命令，弹出文件夹选择窗口，提示用户选择待处理文件所在的文件夹，并将用户选择的文件夹，存储在变量中。

```
if (inputFolder != null && inputFolder != null)
{
```

判断如果用户选择的文件夹存在，则执行后面的代码。

```
    var fileList = inputFolder.getFiles( );
```

定义一个变量 fileList，获得文件夹下的所有图片。

```
    for (var i = 0; i <fileList.length; i++ )
    {
```

添加一个 for 循环语句，遍历文件夹下所有图片。

```
        if (fileList[i] instanceof File && fileList[i].hidden == false)
        {
```

如果图片是 File 正常文件，并且处于非隐藏状态，则执行后面的脚本。

```
            var docRef = open(fileList[i]);
            var layerRef = docRef.artLayers.add( );
```

open 打开遍历到的图片。然后在打开后的文档中，新建一个图层。

```
            layerRef.kind = LayerKind.TEXT;
            layerRef.textItem.contents = "CopyRight @ hdjc8.com";
            layerRef.textItem.size = docRef.width/13;
```

设置新建图层的类型为 TEXT 文本类型。接着设置图层的 contents 内容为版权声明文字，并通过图片的宽度，计算出水印文字的 size 大小。

```
            var color = new RGBColor( );
            color.red = 200;
            color.green = 200;
            color.blue = 200;
```

定义一个 color 变量，用来表示一种颜色。依次设置 color 颜色对象的红色、绿色和蓝色通道的数值为 200，以创建一个浅灰色。

```
            var sc = new SolidColor( );
            sc.rgb = color;
            layerRef.textItem.color = sc;
```

定义一个 sc 实体色变量，表示水印文字的颜色。然后将文本图层的字体颜色，设置为实体色对象。

```
            layerRef.fillOpacity = 50;
            layerRef.translate(0, docRef.height/2 - 72);
```

同时设置文本图层的 fillOpacity 不透明度为 50，即半透明。将文本图层向下 translate 移动至文档的中间位置。

```
                layerRef.merge( );
                docRef.save( );
                docRef.close( );
```

merge 合并文本图层至背景图层。接着 save 保存添加水印后的文档，并 close 关闭文档。

```
            }
        }
}
```

❷ **切换到 Photoshop**：保存完成的脚本，并切换到 Photoshop 界面。

❸ **运行脚本**：依次执行“文件”→“脚本”→“浏览”命令，打开脚本载入窗口。在弹出的“载入”窗口中，直接双击脚本名称，加载并执行该脚本文件。

脚本执行后，在弹出的文件夹窗口中，选择待处理图片所在的文件夹，开始执行脚本，给该文件夹下的所有图片批量添加文字水印，最终效果如图 8－4－5 所示。

图 8－4－5　文件夹下的所有图片都批量添加了文字水印

8.4.4　使用 Photoshop 脚本批量调整图像的对比度和色阶

在影楼设计、淘宝图片设计工作中，经常会使用同样的图像美化方式，处理大量需要调整的图片。本小节将介绍如何使用 Photoshop 脚本批量优化图片。

❶ **创建脚本**：创建一个名为 8－4－4.jsx 的脚本文件，并输入以下代码：

```
var inputFolder = Folder.selectDialog("选择图片所在的文件夹");
```

调用文件夹对象的 selectDialog 选择文件夹命令，弹出文件夹选择窗口，提示用户选择待处理文件所在的文件夹，并将用户选择的文件夹，存储在变量中。

```
if (inputFolder != null && inputFolder != null)
{
```

如果用户选择的文件夹存在，则执行后面的代码。

```
    var fileList = inputFolder.getFiles( );
```

定义一个 fileList 变量，用于存储文件夹下的所有图片。

```
    for (var i = 0; i <fileList.length; i++ )
    {
```

添加一个 for 循环语句，遍历文件夹下的所有图片。

```
        if ( fileList[i] instanceof File && fileList[i].hidden == false )
        {
```

如果图片是 File 正常文件，并且处于非隐藏状态，则执行后面的代码。

```
            open( fileList[i] );
```

open 打开遍历到的图片。

```
            app.activeDocument.activeLayer.autoContrast( );
            app.activeDocument.activeLayer.autoLevels( );
```

调用活动图层的 autoContrast 自动对比度命令和 autoLevels 自动色阶命令，也可以根据实际情况，自定义图片优化的方法和步骤。

```
            app.activeDocument.save( );
            app.activeDocument.close( );
```

保存完成后的优化结果，图片处理完成后，关闭当前文档。

```
        }
    }
}
```

❷ **切换到 Photoshop**：保存完成的脚本，并切换到 Photoshop 界面。

❸ **运行脚本**：依次执行"文件"→"脚本"→"浏览"命令，打开脚本载入窗口。在弹出的"载入"窗口中，直接双击脚本名称，加载并执行该脚本文件。

脚本执行后，在弹出的文件夹窗口中，选择待处理图片所在的文件夹，给该文件夹下的所有图片批量应用自动对比度和自动色阶命令。其中图 8-4-6 所示为执行脚本前的原图，图 8-4-7 所示为应用自动对比度和自动色阶命令之后的效果。

图 8-4-6　需要调整亮度和对比度的图片

图 8-4-7　运行脚本后的效果

8.4.5　使用 Photoshop 脚本批量生成缩略图

老师，我已经掌握了如何给图片批量添加水印，但是现在还有一项任务要向老师请教。就是如何给图片批量生成缩略图？因为好多产品的列表页都需要产品图片的缩略图。

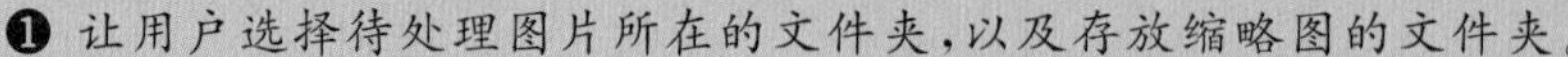

小美，使用 Photoshop 脚本批量生成缩略图也是非常简单的，但是要注意产品图片有的宽度大于高度，有的高度大于宽度，所以在缩小图片时，需要先将较大的那个缩小到指定的尺寸。具体来说包含以下几个步骤：

❶ 让用户选择待处理图片所在的文件夹，以及存放缩略图的文件夹。

❷ 遍历待处理图片文件夹中的图片，并打开这些图片。

❸ 如果图片宽度大于高度，则将图片宽度缩小到指定尺寸，否则将图片高度缩小到指定尺寸。

❹ 将图片的画布缩小到指定尺寸。

❺ 保存并关闭文档。

在电子商务网站的产品图片设计中经常会制作大量缩略图。本小节演示如何使用 Photoshop 脚本批量缩放和导出缩略图。

❶ 创建脚本：创建一个名为 8-4-5.jsx 的脚本文件，并输入以下代码：

```
var size = 150;
```

定义一个变量，作为缩略图的尺寸。可以优化此处的逻辑为：弹出一个输入窗口，提示用户输入一个数字作为缩略图的尺寸。

```
var inputFolder = Folder.selectDialog("请选择导入的文件夹：");
var outputFolder = Folder.selectDialog("请选择输出的文件夹：");
```

调用 Folder 文件夹对象的 selectDialog 选择对话框命令，弹出文件夹选择窗口，提示用户选择待处理的文件所在文件夹，以及选择缩略图输出的文件夹。

```
var fileList = inputFolder.getFiles( );
```

定义一个变量 fileList，表示文件夹下的所有图片。

```
for (var i = 0; i <fileList.length; i++)
{
```

添加一个 for 循环语句，遍历文件夹下的所有图片。

```
    if (fileList[i] instanceof File && fileList[i].hidden == false)
    {
```

如果图片是 File 正常文件，并且是非隐藏模式，则继续后面的操作。

```
        var doc = app.open(fileList[i]);
```

打开遍历到的图片，并存储在变量中。

```
        if(parseInt(doc.width) > parseInt(doc.height))
        {
            var newHeight = parseInt(doc.height) * size / parseInt(doc.width);
            doc.resizeImage(size, newHeight);
```

如果图片的宽度大于其高度，则设置缩略图的宽度为变量的值，同时高度按比例缩小。将图片按照计算得出的宽度和高度进行缩放。

```
        }
        else
        {
            var newWidth = parseInt(doc.width) * size / parseInt(doc.height);
            doc.resizeImage(newWidth, size);
```

接着处理图片高度大于宽度的情况，由于缩略图的高大于宽，所以设置缩略图的高度作为变量的值，同时宽度按比例缩小。

```
        }
        doc.resizeCanvas(size, size, AnchorPosition.MIDDLECENTER);
```

此时图片的尺寸有可能不是正方形。如果我们的缩略图需要保持正方形，那么还需要在此设置画布的尺寸。

```
        var file = new File(outputFolder + "/output" + i + ".jpg");
        var jpegOptions = new JPEGSaveOptions( );
```

定义一个变量 file，作为缩略图导出后的文件路径。继续定义一个变量 jpegOptions，作为缩略图输出时的图片格式。

```
        doc.saveAs(file, jpegOptions, true, Extension.LOWERCASE);
        doc.close(SaveOptions.DONOTSAVECHANGES);
```

然后调用文档对象 doc 的 saveAs 另存为命令，保存当前缩略图到指定的路径上。操作完成后，close 关闭当前缩略图文档。

```
    }
}
```

❷ **切换到 Photoshop**：保存完成的脚本，并切换到 Photoshop 界面。

❸ **运行脚本**：依次执行“文件”→“脚本”→“浏览”命令，打开脚本载入窗口。在弹出的“载入”窗口中，直接双击脚本名称，加载并执行该脚本文件。

脚本执行后，在弹出的文件夹窗口中，选择待处理图片所在的文件夹，接着还需要选择缩略图输出的文件夹，然后开始执行脚本，给文件夹中的所有图片生成一份缩略图。图 8-4-8 所示为执行脚本前的原图，图 8-4-9 所示为生成的缩略图。

图 8-4-8　需要生成缩略图的图片素材

图 8-4-9　运行脚本后的效果

8.4.6 使用 Photoshop 脚本批量拼合图片并导出 PDF

老师，我需要将所有产品图片发给意向客户，如果一张一张地发太麻烦了，用户查阅起来也不方便，有没有办法将这些图片拼合为一个文件？

小美，通常给意向客户发送产品图片时，可以将这些图片打包在一个 PDF 文件中。客户只需要打开这个 PDF 文档，然后使用鼠标上下滚动就可以查看文档中的所有内容了。

PDF 的生成也很简单，主要是通过 makePDFPresentation 方法实现。

本小节演示如何使用 Photoshop 脚本，将一个文件夹下的图片合并为一份 PDF 文档。

❶ **创建脚本**：创建一个名为 8-4-6.jsx 的脚本文件，并输入以下代码：

```
var inputFolder = new Folder("/Users/fazhanli/Desktop/images/");
```

首先定义一个变量，表示包含待处理图片所在的文件夹。

```
if (inputFolder != null)
{
```

如果存在该文件夹，则执行后面的脚本。

```
    var inputFiles = inputFolder.getFiles("*.png");
```

获得文件夹下的拥有指定扩展名 png 的所有图片，并将这些图片存储在一个数组里。

```
    inputFiles = inputFiles.reverse( );
```

由于图片列表是倒序排列的，所以通过调用列表的 reverse 方法，反转这个数组。

```
    var outputFile = File("/Users/fazhanli/Desktop/JavaScriptPresentation.pdf");
    var options = new PresentationOptions;
```

定义一个变量 outputFile，表示 PDF 文档的存储路径。

```
    makePDFPresentation(inputFiles, outputFile, options);
    alert("PDF file saved to: " + outputFile.fsName);
```

调用 makePDFPresentation 方法，将所有图片导出为一份 PDF 文档。通过打开一个 alert 信息窗口，提示 PDF 文档创建完毕。

```
}
```

❷ **切换到 Photoshop**：保存完成的脚本，并切换到 Photoshop 界面。

❸ **运行脚本**：依次执行"文件"→"脚本"→"浏览"命令，打开脚本载入窗口。在弹出的"载入"窗口中，直接双击脚本名称，加载并执行该脚本文件。

脚本执行后，打开一个信息提示窗口，提示 PDF 文档创建成功，并显示了文档所在的路径。打开生成的 PDF 文档，查看文档里的内容。

从打开的文档可以看出，每一张图片占据 PDF 文档里的一页的内容，如图 8-4-10 和

图 8-4-11 所示。

图 8-4-10 PDF 文档中的第一页

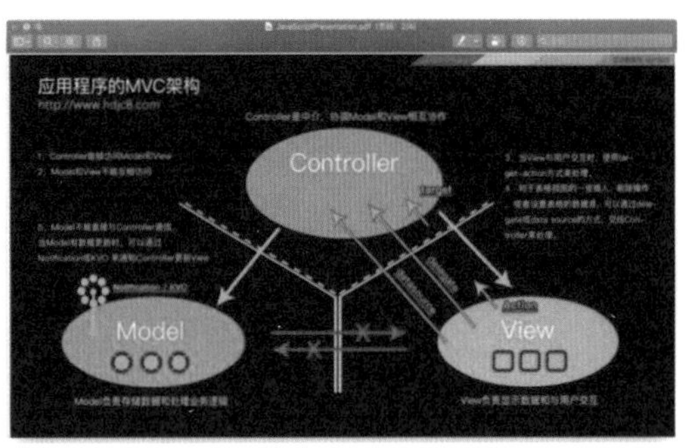

图 8-4-11 PDF 文档中的第二页

8.4.7 使用 Photoshop 脚本批量生成各尺寸的图标

老师，我们的产品向苹果的应用商店提交时，需要提供十几张不同尺寸的 app 图标。安卓版本的产品向不同的平台提交产品时，也需要提供多种不同尺寸的 app 图标，有没有办法快速生成这些不同尺寸的图标呢？

小美，这是一个很普遍的需求，为同一张图片生成不同尺寸的图标，可以通过以下几个步骤完成：

❶ 由用户选择待处理的大图和图标输出的文件夹。

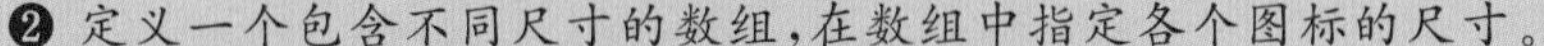
❷ 定义一个包含不同尺寸的数组，在数组中指定各个图标的尺寸。

❸ 打开大图并根据数组中的尺寸调整大图的尺寸。

❹ 保存缩小尺寸后的大图为指定名称的文件。

❺ 恢复大图的历史状态，以输出其他尺寸的图片。

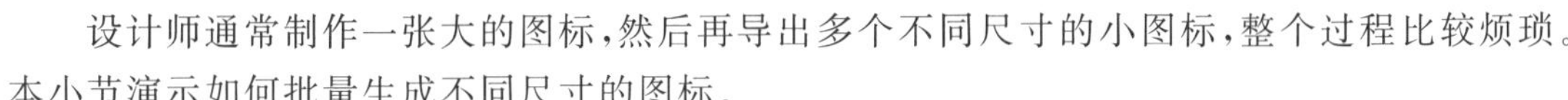
设计师通常制作一张大的图标，然后再导出多个不同尺寸的小图标，整个过程比较烦琐。本小节演示如何批量生成不同尺寸的图标。

❶ **创建脚本**：创建一个名为 8-4-7.jsx 的脚本文件，并输入以下代码：

1. `var bigIcon = File.openDialog("请选择一张 1024x1024 大小的图片：", "*.png", false);`

   首先调用 File 文件对象的 openDialog 打开窗口命令，弹出文件选择窗口，提示用户选择一张 1 024×1 024 尺寸的图片，并将用户选择的文件存储在变量中。

2. `var pngDoc = open(bigIcon, OpenDocumentType.PNG);`

   然后打开用户选择的图标文件，并将打开后的文档，存储在变量中。

3. `var destFolder = Folder.selectDialog( "请选择一个输出的文件夹：");`

   接着调用 Folder 文件夹对象的 selectDialog 选择对话框命令，弹出文件夹选择窗口，提示用户选择用于输出图标的文件夹，同样将文件夹也存储在变量中。

```
var icons =
[
    {"name": "iTunesArtwork", "size":1024},
    {"name": "Icon", "size":57},
    {"name": "Icon@2x", "size":114},
    {"name": "Icon-@2x", "size":114},
    {"name": "Icon-40", "size":40},
    {"name": "Icon-72", "size":72},
    {"name": "Icon-72@2x", "size":144},
    {"name": "Icon-Small", "size":29},
    {"name": "Icon-Small@2x", "size":58},
    {"name": "Icon-Small-50", "size":50},
    {"name": "Icon-Small-50@2x", "size":100},
    {"name": "logo-76", "size":76},
    {"name": "logo-80", "size":80},
    {"name": "logo-100", "size":100},
    {"name": "logo-120", "size":120},
    {"name": "logo-152", "size":152}
];
```

定义一个数组，这个数组由各种对象组成，每个对象都有一个名称属性和一个尺寸属性，分别表示图标的名称和尺寸。

```
var option = new PNGSaveOptions( );
option.PNG8 = false;
```

再次定义一个 option 变量，表示图标输出的格式。并设置在输出图标时，不生成采用 8 位调色板的索引图像 PNG8，以保证图标的质量。

```
var startState = pngDoc.historyStates[0];
```

保存当前的历史状态，以方便缩放图片后，再返回至最初状态的尺寸。

```
for (var i = 0; i < icons.length; i++)
{
```

接着添加一个 for 循环语句，用来遍历所有图标对象的数组。

```
    var icon = icons[i];
    pngDoc.resizeImage(icon.size, icon.size);
```

在循环语句中，定义一个变量，表示当前遍历到的图标对象。然后调用文档对象的"缩放图像"方法，将原图标缩小到指定的尺寸。

```
    var destFileName = icon.name + ".png";
```

接着定义一个变量，表示要导出的图标的名称。

```
    if (icon.name == "iTunesArtwork")
        destFileName = icon.name;
```

如果导出的图标名称为特定的文件名称，则不需要给该图标名称添加后缀。

```
    var file = new File(destFolder + "/" + destFileName);
    pngDoc.saveAs(file, option, true, Extension.LOWERCASE);
```

继续定义一个变量，表示图标输出的文件路径。然后调用文档对象的"另存为"方法，将缩小尺寸后的图标，导出到指定的文件路径。

```
pngDoc.activeHistoryState = startState;
```

最后将文档对象的历史状态恢复到尺寸缩放之前的状态，即恢复到 1 024×1 024 的尺寸，为再次缩小尺寸并导出图标做准备。

```
}
pngDoc.close(SaveOptions.DONOTSAVECHANGES);
```

操作完成后，关闭文档。

❷ **切换到 Photoshop：** 保存完成的脚本，并切换到 Photoshop 界面。

❸ **运行脚本：** 依次执行"文件"→"脚本"→"浏览"命令，打开脚本载入窗口。在弹出的"载入"窗口中，直接双击脚本名称，加载并执行该脚本文件。

脚本执行后，打开一个文件选择窗口，选择一张 1 024×1 024 的图片，如图 8-4-12 所示。接着又会弹出一个窗口，选择一个文件夹作为图标输出的位置，如图 8-4-13 所示。

图 8-4-12 选择 1 024×1 024 的图片

图 8-4-13 选择图标输出的文件夹

确定图标的输出位置之后，开始运行脚本。脚本运行结束之后，切换到图片输出的文件夹，查看输出后的小图标，共生成了 16 枚不同尺寸的小图标，如图 8-4-14 所示。

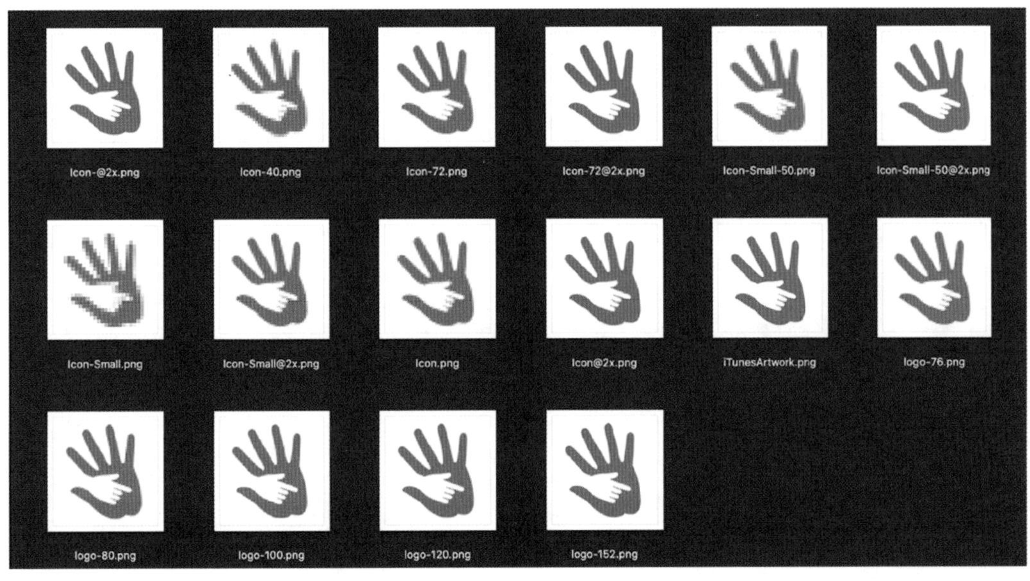

图 8-4-14 运行脚本后批量生成 16 枚不同尺寸的小图标

8.4.8 使用 Photoshop 脚本批量生成 Web 切图

老师，我已经完成了网页的设计稿，这是一份 psd 文档，文档中的每个图层都需要导出为 png 图片，以提供给网站前端工程师，作为他们进行网页开发所需的素材。
因为类似的任务比较多，所以我想写个脚本批量导出图层为 png 文件。

小美，所有可重复的任务都可考虑使用 Photoshop 脚本来编写，你可以通过以下几个步骤实现导出图层为 png 文件的脚本：

❶ 由用户选择导出 png 的文件夹。
❷ 遍历设计稿中的所有图层。
❸ 拷贝遍历到的图层，并获取图层的尺寸。
❹ 根据图层的尺寸创建新的文档，并将图层粘贴到新文档。
❺ 保存并关闭新文档。

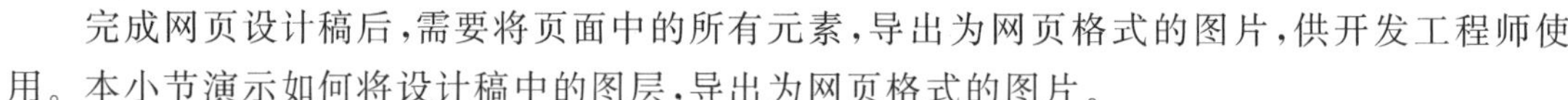

完成网页设计稿后，需要将页面中的所有元素，导出为网页格式的图片，供开发工程师使用。本小节演示如何将设计稿中的图层，导出为网页格式的图片。

❶ **创建脚本**：创建一个名为 8－4－8.jsx 的脚本文件，并输入以下代码：

```
var outputFolder = Folder.selectDialog("选择输出的文件夹");
```

首先调用 Folder 文件夹对象的 selectDialog 选择对话框命令，弹出文件夹选择窗口，提示用户选择输出网页图片的文件夹，并将用户选择的文件夹存储在变量中。

```
var layers = app.activeDocument.layers;
var doc = app.activeDocument;
```

接着定义一个变量 layers，用来表示当前文档的所有图层，同时定义一个变量 doc，表示当前文档。

```
var option = new ExportOptionsSaveForWeb( );
option.transparency = true;
option.colors = 256;
option.format = SaveDocumentType.COMPUSERVEGIF;
```

继续定义一个变量 option，表示图片的输出格式。设置图片输出时支持透明度 transparency、图片输出的色彩范围为 256 色，以及图片的输出格式为 gif。

```
for(var i = 0; i < layers.length; i + + )
{
```

添加一个循环，遍历当前文档的所有图层。

```
    layers[i].copy( );
```

将当前遍历到的图层拷贝到内存。

```
var bounds = layers[i].boundsNoEffects;
```

获得图层的尺寸大小。这个尺寸排除了图层特效，如阴影、外发光等产生的范围。

```
var width = bounds[2] - bounds[0];
var height = bounds[3] - bounds[1];
```

计算当前图层的宽度，为范围数组变量的第三个值与第一个值的差。同时计算当前图层的高度，也就是范围数组变量的第四个值与第二个值的差。

```
app.documents.add(width, height, 72, "myDocument", NewDocumentMode.RGB, DocumentFill.TRANSPARENT);
app.activeDocument.paste( );
```

创建一个新文档，新文档的尺寸与拷贝到内存中图层的尺寸一致。然后将内存中的图层，粘贴到新文档。

```
var file = new File(outputFolder + "/Output" + i + ".gif");
app.activeDocument.exportDocument(file, ExportType.SAVEFORWEB, option);
```

接着定义一个变量 file，作为图层输出的路径。调用文档对象的 exportDocument 导出文档方法，将新文档导出为网页图片。

```
app.activeDocument.close(SaveOptions.DONOTSAVECHANGES);
app.activeDocument = doc;
```

调用文档对象的 close 关闭方法，关闭新文档。将应用程序的当前文档，重置为网页设计稿文档。

```
}
doc.close(SaveOptions.DONOTSAVECHANGES);
```

当全部图层都导出后，关闭网页设计稿文档。

❷ **切换到 Photoshop**：保存完成的脚本，并切换到 Photoshop 界面，当前的文档是一份完成的设计稿，每个图层代表一个需要导出的图片元素，如图 8-4-15 所示。

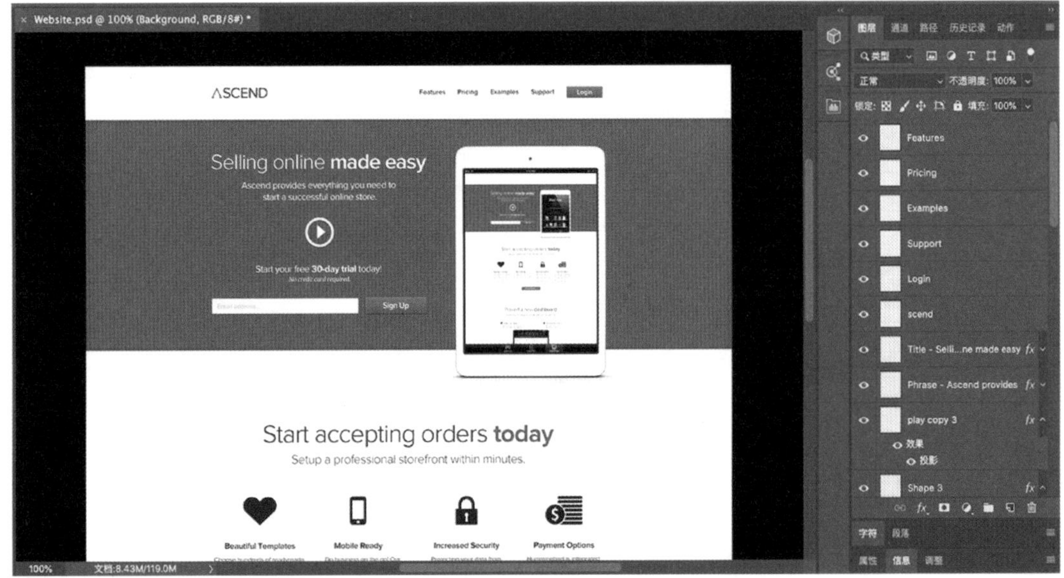

图 8-4-15　每个图层代表一个需要导出的图片

❸ **运行脚本**：依次执行"文件"→"脚本"→"浏览"命令，打开脚本载入窗口。在弹出的"载入"窗口中，直接双击脚本名称，加载并执行该脚本文件。

脚本执行后，在弹出的"选择文件夹"窗口，选择网页图片输出的文件夹，即可将文档中的每个图层，分别导出为该文件夹下的一张图片，导出后的图片素材如图 8-4-16 所示。

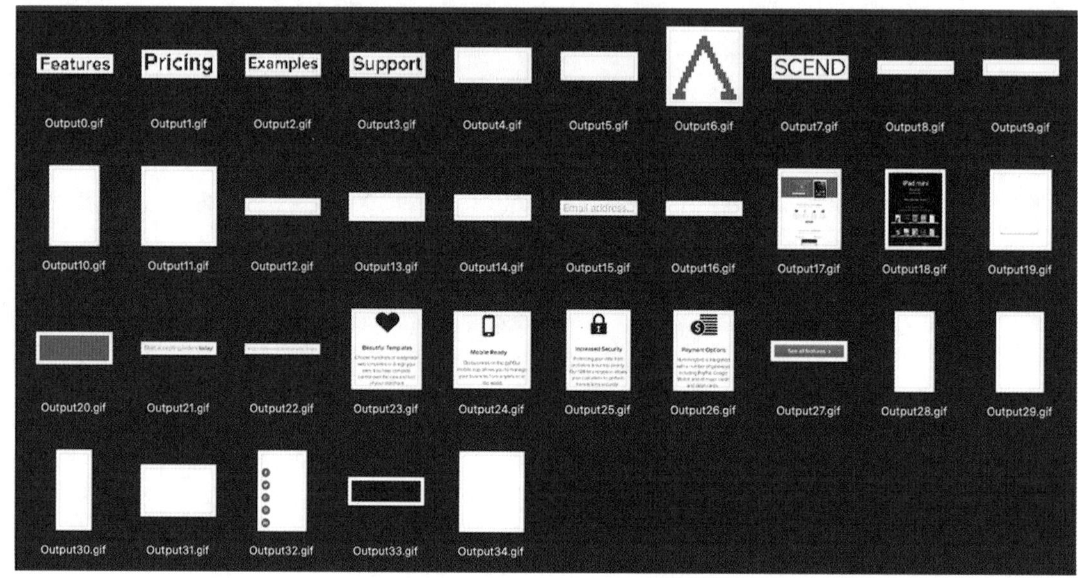

图 8-4-16　导出后的图片素材

8.4.9　使用 Photoshop 脚本批量制作画册模板

工作中经常需要多个设计师共同完成一项任务。为了保证完成的设计作品的一致性，需要制定统一标准的设计模板。本小节将演示如何用 Photoshop 脚本制定一个画册模板。

❶ **创建脚本**：创建一个名为 8-4-9.jsx 的脚本文件，并输入以下代码：

```
var outputFolder = Folder.selectDialog("选择输出的文件夹");
```

首先调用 Folder 文件夹对象的 selectDialog 选择对话框命令，弹出文件夹选择窗口，提示用户选择输出模板文件的文件夹，并将选择的文件夹，存储在 outputFolder 变量中。

```
var logo = File("/Users/fazhanli/Desktop/Logo.png");
var logoDoc = open(logo);
```

接着定义一个变量 logo，用来表示硬盘上的一张图片。它将作为公司的图标，被加载并放置在模板图像中的某个位置上。

```
logoDoc.selection.selectAll( );
logoDoc.selection.copy( );
logoDoc.close(SaveOptions.DONOTSAVECHANGES);
```

调用选区对象的 selectAll 全选命令，选择整张图片。然后调用选区对象的 copy 拷贝命令，拷贝选区的内容至内存。图片被拷贝至内存后，就可以把它 close 关闭掉了。

```
var pageCount = 10;
```

定义一个变量 pageCount，表示画册的页数。您可以根据实际情况，设置相应的数字。

```
function getSolidColor(r, g, b)
{
```

创建一个函数，用于生成相应的"实体颜色"对象。

```
    var sc = new SolidColor( );
    sc.rgb.red = r;
    sc.rgb.green = g;
    sc.rgb.blue = b;
```

新建一个实体颜色对象 sc，并存储在变量中。然后设置"实体颜色"对象的颜色数值。

```
    return sc;
```

在函数的结尾，将结果返回。

```
}
for(var i = 1; i < = pageCount; i + + )
{
```

添加一个 10 次的循环，用来创建 10 页画册模板。

```
    var docWidth = 2480;
    var docHeight = 3366;
```

设置模板的宽度和高度，在此设置为 B5 规格。

```
    var mode = NewDocumentMode.RGB;
    var fill = DocumentFill.WHITE;
    var doc = app.documents.add(docWidth, docHeight, 300, "page" + i, mode, fill);
```

设置模板的色彩模式为 RGB 和默认填充色为 WHITE。接着调用文档集合对象的 add 添加方法，创建一个空白模板文件，并将模板文件存储在变量 doc 中。

```
    var body = doc.artLayers.add( );
```

在空白模板文件中，创建一个空白图层。

```
    doc.selection.select([[0, 540], [docWidth, 540], [docWidth, 822], [0, 822]], SelectionType.REPLACE, 0, true);
```

调用选区对象的 select 方法，创建一个长方形选区，作为页面上方色块，如图 8-4-17 所示。

```
    doc.selection.fill(getSolidColor(231, 121, 24));
```

使用刚刚创建的函数，创建一个颜色，并使用这个颜色填充选区。

```
    doc.selection.select([[0, 844], [docWidth, 844],[docWidth, 856], [0, 856]], SelectionType.REPLACE, 0, true);
    doc.selection.fill(getSolidColor(231, 121, 24));
```

创建另一个较细的长方形，如图 8-4-18 所示。

然后创建一个颜色，并使用这个颜色填充选区。

```
    doc.selection.select([[0, 972], [docWidth, 972],[docWidth, 3018], [0, 3018]], SelectionType.REPLACE, 0, true);
    doc.selection.fill(getSolidColor(223, 223, 223));
```

使用同样的方式，继续创建第三个长方形区域，作为页面中部的灰色区域，如图 8-4-19 所示。创建一个颜色，并使用这个颜色填充选区。

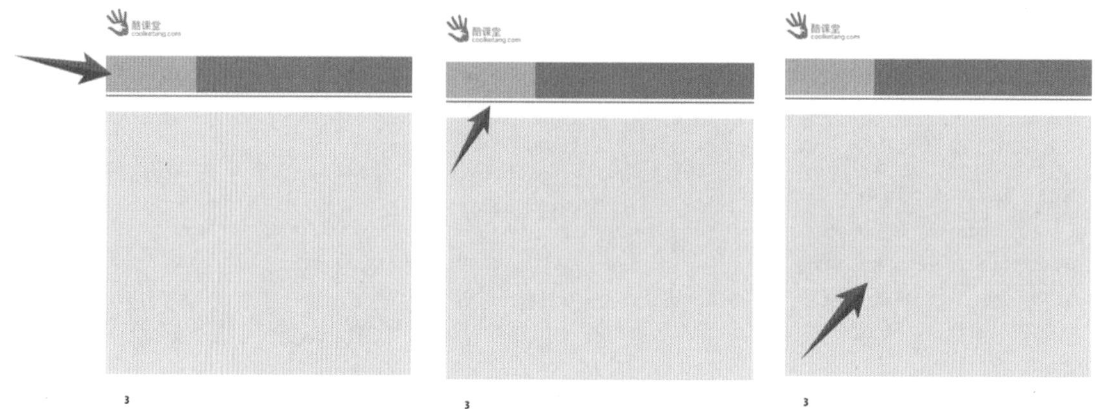

图 8-4-17　页面上方色块　　图 8-4-18　分割线　　图 8-4-19　页面中部灰色区域

```
if(i % 2 != 0)
{
    doc.selection.select([[0, 540], [720, 540],[720, 822], [0, 822]], SelectionType.REPLACE, 0, true);
    doc.selection.fill(getSolidColor(243, 182, 8));
```

判断页码是否属于奇数页。如果是奇数页的模板，则多创建一个长方形的色块，如图 8-4-20 所示。

```
}
var pageNumber = doc.artLayers.add( );
pageNumber.kind = LayerKind.TEXT;
```

创建一个空白图层，页码将被放置在此图层中。设置图层的类型为文字图层。

```
var textItemRef = pageNumber.textItem;
textItemRef.contents = i;
textItemRef.size = 18;
```

将文本内容设置为遍历的数字(即页码)。并设置字体大小为 18。

```
if(i % 2 == 0)
  pageNumber.translate(docWidth - 420, docHeight - 460);
else
pageNumber.translate( - 100, docHeight - 460);
```

如果是偶数页，页码在模板页面的右下角。如果是奇数页，页码放置在模板页面的左下角，如图 8-4-21 所示。

```
doc.paste( );
```

将拷贝到内存的图标文件，粘贴到当前模板页面内，它将被粘贴到页面的中心位置。

```
if(i % 2 != 0)
    doc.activeLayer.translate( - 940, - 1398);
else
    doc.activeLayer.translate(964, - 1398);
```

如果是奇数页，则把图标移至左上角，如果是偶数页，则把图标移至右上角，如图 8-4-22 所示。

```
        var file = new File(outputFolder + "/page" + i + ".jpg");
        var jpegOptions = new JPEGSaveOptions( );
```

接着定义一个变量 file，作为模板输出的文件。

定义一个变量 jpegOptions，用作图片输出的格式。

```
        doc.saveAs(file, jpegOptions, true, Extension.LOWERCASE);
        doc.close(SaveOptions.DONOTSAVECHANGES);
```

然后调用文档对象的 saveAs 另存为方法，保存当前的模板。

保存文档之后就可以 close 关闭当前的文档了。

```
}
```

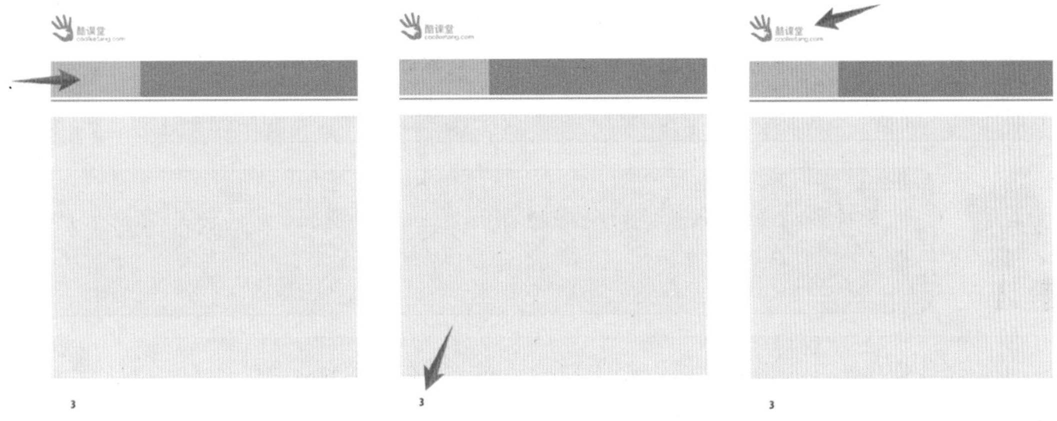

图 8-4-20　长方形色块　　图 8-4-21　奇数页的页码　　图 8-4-22　奇数页的图标

❷ **切换到 Photoshop**：保存完成的脚本，并切换到 Photoshop 界面。

❸ **运行脚本**：依次执行"文件"→"脚本"→"浏览"命令，打开脚本载入窗口。在弹出的"载入"窗口中，直接双击脚本名称，加载并执行该脚本文件。

脚本执行后，在弹出的"选择文件夹"窗口，选择模板文件输出的文件夹，接着开始执行脚本批量生成模板，生成的模板如图 8-4-23 和图 8-4-24 所示。

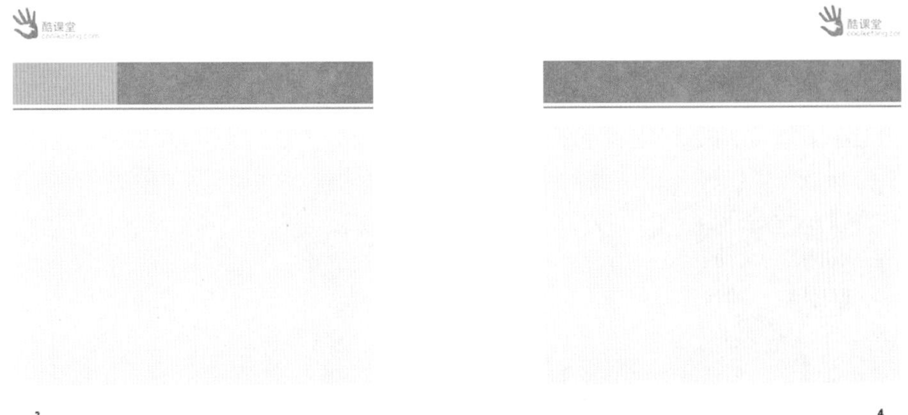

图 8-4-23　奇数页　　图 8-4-24　偶数页

8.4.10 拼合多张小图为大图并生成小图坐标信息

老师，我在网易浏览新闻时，发现一张非常喜欢的小图标，于是就将这张小图标保存了下来。结果发现保存下来的是一张非常大的图片，小图标被摆放在大图中的一个角落。

我简单数了一下，这张大图包含数十张小图标，网易的设计师为什么要将小图标都合在一起呢，使用单独的小图标不好吗？

小美，很多网站、游戏都会使用到图片素材，将小的图片素材合并在一起使用，有两个好处，一是方便压缩这些图片的体积，二是减少读取图片的次数，以缓解服务器的压力。

可是将那么多的小图排列整齐地摆放在一张大图上，感觉会非常的费时和费力。

纯手工操作的确是比较麻烦。但是使用 Photoshop 脚本就非常简单了：

❶ 由用户选择待合并的小图所在的文件夹。

❷ 通过循环打开这些小图，并将它们的宽度、高度和名称存入数组。

❸ 按照高度将这些小图从高到低排序，这样合并后的效果更加美观。

❹ 通过循环打开这些小图。

❺ 拷贝小图并粘贴到大图的适当位置。

❻ 记录小图在大图中的区域，并将这些数据写入到文本文件。

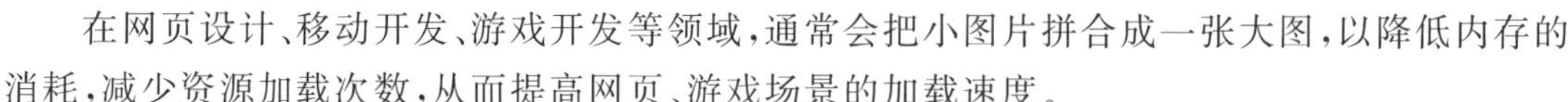

在网页设计、移动开发、游戏开发等领域，通常会把小图片拼合成一张大图，以降低内存的消耗，减少资源加载次数，从而提高网页、游戏场景的加载速度。

❶ **创建脚本**：创建一个名为 8-4-10.jsx 的脚本文件，并输入以下代码：

```
var inputFolder = Folder.selectDialog("选择导入的文件夹：");
var fileList = inputFolder.getFiles("*.png");
```

首先调用 Folder 文件夹对象的 selectDialog 选择对话框命令，提示用户选择所有小图片所在的文件夹，然后获取用户选择的文件夹下的所有 png 图片。

```
var docWidth = 2048;
var docHeight = 2048;
```

接着定义两个变量 docWidth、docHeight，分别表示拼合后大图的宽度和高度。也可以计算全部小图的尺寸，从而得出拼合后大图的尺寸。

```
var fileNames = new Array( );
var fileWidths = new Array( );
var fileHeights = new Array( );
```

继续定义三个数组，分别用于存储所有小图片的名称、宽度和高度。

```
for (var i = 0; i<fileList.length; i++)
{
    var doc = app.open(fileList[i]);
```

添加一个 for 循环语句，用来遍历文件夹下的所有文件。调用应用程序对象的 open 打开命令，打开遍历到的文件。

```
    fileNames[i] = doc.fullName;
    fileWidths[i] = parseInt(doc.width);
    fileHeights[i] = parseInt(doc.height);
    doc.close( );
```

然后将文档对象的路径全称、宽度、高度等信息，依次存储到三个不同的数组里。数据存储完成后，close 关闭该文档即可。

```
}
for (var i = fileHeights.length - 1; i > 0; --i)
{
```

遍历所有的小图片，目的是将这些小图按图片的高度从小到大排列。这样把小图合并到大图时，也是按高度从小到大的顺序，依次添加到大图中的。

```
    for (var j = 0; j<i; ++j)
    {
```

添加一个 for 循环语句，这个循环语句和外面的循环语句，构建了一个名叫“冒泡排序”的排序算法。用来按高度从小到大的顺序排列小图片。

```
        if (fileHeights[j] > fileHeights[j + 1])
            swap(j, j + 1);
```

判断如果前面小图的高度，比后面小图的高度高，则执行 swap 交换函数，交换两个图片在数组中的位置。

```
    }
}
function swap(i, j)
{
```

新建一个名为 swap 交换的函数，用来交换两个位置的数据。

```
    var temp = fileHeights[i];
    fileHeights[i] = fileHeights[j];
    fileHeights[j] = temp;
```

利用一个临时变量，交换前后位置的图片高度数据。

```
    var temp2 = fileWidths[i];
    fileWidths[i] = fileWidths[j];
    fileWidths[j] = temp2;
```

同样利用一个临时变量，交换前后位置的图片宽度数据。

```
    var temp3 = fileNames[i];
    fileNames[i] = fileNames[j];
    fileNames[j] = temp3;
```

利用一个临时变量，交换前后位置的图片路径全称数据。

```
}
var newDoc = app.documents.add(docWidth, docHeight);
```

调用文档集合对象的 add 添加方法，创建一个设置好宽度和高度的空白文档。

```
var currentTop  = 0;
var currentLeft  = 0;
var locationInfo = "";
```

变量 currentTop 表示小图在大图上的顶边距，变量 currentLeft 表示小图在大图上的左边距；变量 locationInfo 表示要输出至文件的、所有小图在大图中的坐标信息。

```
for(var i = 0; i < fileNames.length; i++)
{
```

添加一个 for 循环语句，用来遍历所有小图，将它们放置在大图的合适位置上。

```
    var doc = app.open(fileNames[i]);
    doc.selection.selectAll( );
    doc.selection.copy( );
```

调用应用程序对象的 open 打开命令，打开遍历到的文件，并将打开的文件存储在变量中。调用文档对象的 selectAll 全选命令，全选当前的图片，然后执行 copy 拷贝命令，将小图拷贝到内存。

```
    locationInfo += doc.name + ":";
    doc.close( );
```

再把小图的文件名称，添加到变量中去。所有动作完成后，close 关闭此文档。

```
    if((currentLeft + fileWidths[i]) > docWidth)
    {
        currentLeft = 0;
        currentTop = currentTop + fileHeights[i - 1];
    }
```

接着就把拷贝到内存中的小图，粘贴到大图中。先判断小图的宽度加上小图的左边距是否大于之前设置的最大宽度 2 048。如果超过了 2 048，则把小图的左边距重置为 0，并把顶边距改为当前的顶边距与上一张小图的高度的和。这样就可以把小图放在下一行的起始位置了。

```
    var bounds = [[currentLeft, currentTop],
                  [currentLeft + fileWidths[i], currentTop],
                  [currentLeft + fileWidths[i], currentTop + fileHeights[i]],
                  [currentLeft, currentTop + fileHeights[i]]];
```

定义一个变量，用来计算小图在大图中应放置的区域。4 个坐标分别表示小图的左上角、右上角、右下角和左下角的坐标。

```
    newDoc.selection.select(bounds, SelectionType.REPLACE, 0, true);
    locationInfo += bounds + "\r\n";
```

在大图中创建一个基于变量的选区，目的是粘贴小图时，保证小图被准确粘贴在这个位置上。小图默认会被粘贴到大图中心位置上。然后把这个区域变量，添加到用于存储坐标信息的变量中。我们将在后面的代码中，将这个变量写入到文本文件。

```
    newDoc.paste( );
    currentLeft += fileWidths[i];
```

把刚才拷贝到内存中的小图，paste 粘贴到大图中，然后把左边距加上当前小图的宽度，作为下张要添加的小图在大图上的左边距。

```
}
var destFolder = Folder.selectDialog( "请选择一个输出的文件夹：");
```

调用 Folder 文件夹对象的 selectDialog 选择对话框命令，弹出文件夹选择窗口，提示用户选择大图和文本文件要输出的文件夹。

```
var option = new PNGSaveOptions( );
option.PNG8 = false;
var file = new File(destFolder + "/combined.png");
newDoc.saveAs(file, option, true, Extension.LOWERCASE);
```

接着定义一个变量 option，表示导出大图的存储格式。并设置输出选项的压缩属性为假，保证导出的大图不被压缩。也可以根据情况，设置导出为压缩模式。

继续定义一个变量 file，表示将要导出的大图文件。然后调用 newDoc 的 saveAs 另存为方法，将大图保存到指定位置的文件夹下。

```
var fileOut = new File(destFolder + "/combined.log");
fileOut.open("w", "TEXT", "????");
```

定义一个变量 fileOut，表示将要导出的文本文件。这个文本文件存储了所有小图在大图中的坐标信息，如图 8-4-25 所示。

```
fileOut.write(locationInfo);
fileOut.close( );
```

最后将坐标信息写入文本文件。

然后调用文件对象的"关闭"方法，关闭文本输入流。

Users > fazhanli > Desktop > OutputImages > combined.log

```
image12.png:0,0,32,0,32,32,0,32
image13.png:32,0,64,0,64,32,32,32
image11.png:64,0,96,0,96,32,64,32
image10.png:96,0,128,0,128,32,96,32
image4.png:128,0,398,0,398,150,128,150
image5.png:398,0,668,0,668,150,398,150
image3.png:668,0,938,0,938,150,668,150
image7.png:938,0,1308,0,1308,180,938,180
image6.png:1308,0,1678,0,1678,180,1308,180
image14.png:0,180,509,180,509,365,0,365
image2.png:509,180,869,180,869,380,509,380
image9.png:869,180,1028,180,1028,387,869,387
image8.png:1028,180,1679,180,1679,679,1028,679
image1.png:0,679,465,679,465,1179,0,1179
image0.png:465,679,1216,679,1216,1323,465,1323
```

图 8-4-25 小图在大图中的坐标

❷ **切换到 Photoshop**：保存完成的脚本，并切换到 Photoshop 界面。

❸ **运行脚本**：依次执行"文件"→"脚本"→"浏览"命令，打开脚本载入窗口。在弹出的

“载入”窗口中，直接双击脚本名称，加载并执行该脚本文件。

脚本执行后，在弹出的“选择文件夹”窗口，选择需要进行拼合的小图所在的文件夹，该文件夹下共有 17 张需要进行拼合的小图，如图 8-4-26 所示。

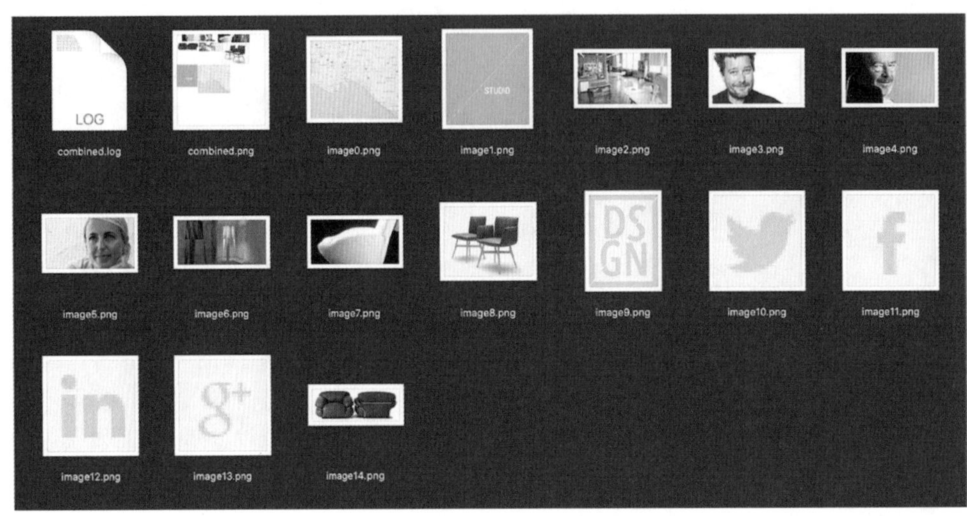

图 8-4-26　需要进行拼合的小图

接着开始执行脚本，生成一份包含各个小图在大图中的坐标和尺寸的文本文件，如图 8-4-25 所示。把大图导入项目后，通过坐标就可以正常引用小图了。坐标信息的格式，可以根据需求自行更改。

除了生成文本文件之外，还会生成一张拼合后的大图，如图 8-4-27 所示。

图 8-4-27　生成一张拼合后的大图

8.4.11 使用 Photoshop 脚本为数千名员工批量生成名片

老师，我们有家客户是一家很大的企业，旗下有数千名员工。我们在为这家企业设置 VI 系统时，需要为该企业的每个员工设计和印刷名片，这是一个非常大的工作量，所以我考虑让 Photoshop 脚本来协助我。

是的，小美。大量重复性的任务最适合使用 Photoshop 脚本。要批量生成这么多的名片，首先要有一份已经制作好的设计稿，然后再：

❶ 将员工资料读入到数组中。

❷ 打开制作好的设计稿。

❸ 将员工资料依次填写到设计稿中对应的文本图层中。

❹ 将填好信息的设计稿另存一份。

互程科技集团拥有数百名员工，需要为每个员工制作一张名片。这些名片使用同一套模板，如图 8-4-28 所示。

只需要修改名片模板上的员工姓名、职称、联系方式即可。

图 8-4-28 员工名片 psd 模板

所有员工的资料都存储在一张电子表格中，部分内容如图 8-4-29 所示。

需要使用脚本读取这份资料，并为数百名员工生成不同的名片。

❶ **excel 转 csv**：首先使用 Excel 的“文件”→“另存为”命令，将电子表格保存为. csv 逗号分隔值文件 StaffSheet. csv，csv 文件中的每一个单元格的数据使用逗号进行分隔，如图 8-4-30 所示。

	A	B	C	D	E
1	StaffName	JobTitle	PhoneNumber	Email	
2	凌宝玉	商务部-经理	(86) 010-65389832	65389832@hdjc8.com	
3	邵莉莉	商务部-普通职员	(86) 010-65389833	65389833@hdjc8.com	
4	游绍霞	商务部-普通职员	(86) 010-65389834	65389834@hdjc8.com	
5	李礼珍	商务部-普通职员	(86) 010-65389835	65389835@hdjc8.com	
6	周燕清	商务部-普通职员	(86) 010-65389836	65389836@hdjc8.com	
7	张丽春	商务部-普通职员	(86) 010-65389837	65389837@hdjc8.com	
8	吴贤惠	商务部-普通职员	(86) 010-65389838	65389838@hdjc8.com	
9	陈宝玉	商务部-普通职员	(86) 010-65389839	65389839@hdjc8.com	
10	王丽丹	商务部-普通职员	(86) 010-65389840	65389840@hdjc8.com	
11	何爱玲	商务部-普通职员	(86) 010-65389841	65389841@hdjc8.com	
12	王俊燕	财务部-总监	(86) 010-65389842	65389842@hdjc8.com	

图 8-4-29　员工资料表

图 8-4-30　将电子表格保存为.csv 文件

❷ **查看 csv 文件**：使用文本编辑器打开导出后的 StaffSheet.csv 文件，查看文件里的内容，如图 8-4-31 所示。每一行代表一条员工信息，每位员工的资料则是以逗号进行分隔的。

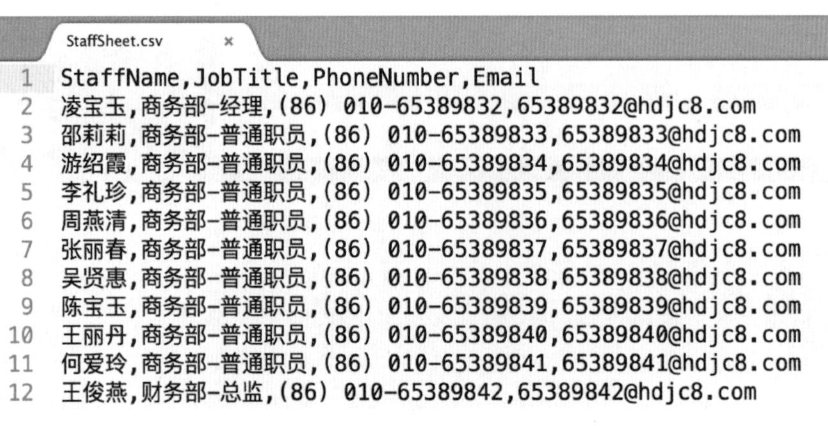

```
StaffName,JobTitle,PhoneNumber,Email
凌宝玉,商务部-经理,(86) 010-65389832,65389832@hdjc8.com
邵莉莉,商务部-普通职员,(86) 010-65389833,65389833@hdjc8.com
游绍霞,商务部-普通职员,(86) 010-65389834,65389834@hdjc8.com
李礼珍,商务部-普通职员,(86) 010-65389835,65389835@hdjc8.com
周燕清,商务部-普通职员,(86) 010-65389836,65389836@hdjc8.com
张丽春,商务部-普通职员,(86) 010-65389837,65389837@hdjc8.com
吴贤惠,商务部-普通职员,(86) 010-65389838,65389838@hdjc8.com
陈宝玉,商务部-普通职员,(86) 010-65389839,65389839@hdjc8.com
王丽丹,商务部-普通职员,(86) 010-65389840,65389840@hdjc8.com
何爱玲,商务部-普通职员,(86) 010-65389841,65389841@hdjc8.com
王俊燕,财务部-总监,(86) 010-65389842,65389842@hdjc8.com
```

图 8-4-31　StaffSheet.csv 文件里的内容用逗号分隔

这样在脚本中如果也以逗号分隔这些数据，就可以得到每位员工的各项信息了。现在开始编写脚本，读取员工资料并生成相应的名片。

❸ **创建脚本**：创建一个名为 8-4-11.jsx 的脚本文件，并输入以下代码：

```
var testtextfile = new File("/Users/fazhanli/Desktop/StaffSheet.csv");
```

首先定义一个变量 testtextfile，表示所有员工的资料文件。

```
testtextfile.encoding = "UTF8";
testtextfile.open("r");
```

设置文本文件的编码格式为 UTF8，并且以只读的方式打开该文件。其中字母 r 表示以只读模式打开文件，避免文件的数据被意外修改。

```
var fileContentsString = testtextfile.read( );
testtextfile.close( );
```

读取文件里的所有数据，并将读取的数据存储在变量 fileContentsString 中。读取完文件的数据之后，就可以 close 关闭该文件了。

```
var array = fileContentsString.split("\n ");
```

以换行符\n 对这些数据进行 split 分隔，从而得到每一位员工的资料，并将这些资料信息存储在数组 array 中。

```
for(var i = 1; i < array.length; i ++ )
{
```

添加一个 for 循环语句，遍历这些员工资料。

```
    var subArray = array[i].split(",");
```

接着以逗号对每一条员工数据进行 split 分隔，就可以得到每位员工的详细信息，并将这些信息都保存到数组 subArray 中。

```
    var staffName = subArray[0];
    var jobTitle = subArray[1];
    var phoneNumber = subArray[2];
    var email = subArray[3];
```

获得数组里的前 4 条数据，这 4 条数据分别是员工的姓名、职称、电话号码和邮箱。

```
    var staffNameLayer = app.activeDocument.artLayers.getByName("StaffName");
    var jobTitleLayer = app.activeDocument.artLayers.getByName("JobTitle");
    var emailLayer = app.activeDocument.artLayers.getByName("Email");
    var numberLayer = app.activeDocument.artLayers.getByName("PhoneNumber");
```

通过图层的名称，依次获得用来显示员工姓名、职称、电话号码和邮箱这 4 个图层。

```
    staffNameLayer.textItem.contents = staffName;
    jobTitleLayer.textItem.contents = jobTitle;
    emailLayer.textItem.contents = phoneNumber;
    numberLayer.textItem.contents = email;
```

然后修改这 4 个图层的文字内容，使这 4 个图层依次显示来自员工资料的姓名、职称、电话号码和邮箱等 4 项数据。

```
    var fileOut = new File("/Users/fazhanli/Desktop/" + staffName + " - " + jobTitle + ".psd");
```

这样就给每位员工都设置了不同内容的名片，现在将设置好的名片，存储为一份待打印的文档。文档的名称由员工的姓名和职称组成。

```
    var options = PhotoshopSaveOptions;
    var asCopy = true;
    var extensionType = Extension.LOWERCASE;
```

创建一个存储选项 options，该存储选项可以将文档存储为 PSD 文件。设置文件名称的扩展名为 LOWERCASE 小写样式。

```
    app.activeDocument.saveAs(fileOut, options, asCopy, extensionType);
```

最后将名片 saveAs 保存在指定的路径上。

```
}
```

❹ **切换到 Photoshop**：保存完成的脚本，并切换到 Photoshop 界面。

❺ **运行脚本**：依次执行“文件”→“脚本”→“浏览”命令，打开脚本载入窗口。在弹出的“载入”窗口中，直接双击脚本名称，加载并执行该脚本文件。

脚本执行后，为数百名员工批量生成了各自的名片，名片列表如图 8-4-32 所示，生成的名片效果如图 8-4-33 所示。

图 8-4-32　根据模板生成名片文件

图 8-4-33　批量生成的名片效果

8.4.12　将 1 寸的照片平铺打印在 A5 的纸张上

老师，我一个好友经营一家照相馆，他经常需要为客户打印标准尺寸的照片，每次都要花不少时间将照片排列在 A5 尺寸的纸张上。我很想为他写个 Photoshop 脚本，帮助他快速排列要打印的照片。

小美，这又是一个很常见的业务需求，你可以使用以下步骤完成脚本的编写：

❶ 定义照片的尺寸、照片排列的间距等参数。

❷ 创建一份 A5 标准尺寸的空白文档。

❸ 打开并拷贝需要平铺的照片，然后关闭照片。

❹ 根据纸张尺寸、照片尺寸和打印数量，计算需要在纸张上摆放几行几列的照片。

❺ 根据行数、列数、照片尺寸，在空白文档创建一个选区。

❻ 将照片粘贴到这个选区，从而完成照片的摆放。

照相馆经常需要打印自定义张数的 1 寸照片，本小节演示如何使用 Photoshop 脚本在一张 A5 尺寸的纸张上面平铺 1 寸的照片。

❶ **创建脚本**：创建一个名为 8-4-12.jsx 的脚本文件，并输入以下代码：

```
var width = 14.8;
var height = 21.0;
var resolution = 300;
```

首先定义三个变量 width、height、resolution，依次表示文档的宽度、高度和分辨率，也就是创建一份 A5 尺寸的文档。其中宽度和高度的单位是厘米。

```
var width1Inch = 2.5;
var height1Inch = 3.6;
```

定义两个变量 width1Inch、height1Inch，分别表示一寸照片的宽度和高度，单位也是厘米。

```
var padding = 70;
var spacing = 30;
```

定义两个变量 padding、spacing，分别表示照片到纸张边缘的距离，以及照片之间的距离。

```
function createDocumentByCM(width, height, resolution)
{
```

添加一个函数，用来创建一份指定尺寸的文档。

```
    var startRulerUnits = app.preferences.rulerUnits
    app.preferences.rulerUnits = Units.CM;
```

首先获得 Photoshop 软件当前的标尺单位，并存在一个变量中，当完成整个任务时，利用这个变量恢复 Photoshop 软件原来的标尺单位。然后临时设置标尺单位为厘米，以方便文档的创建。

```
    var docName = "New Document";
    var mode = NewDocumentMode.CMYK;
```

设置文档的名称和色彩模式为 CMYK。

```
    app.documents.add(width, height, resolution, docName, mode);
    app.preferences.rulerUnits = startRulerUnits;
```

根据以上参数，创建一份空白文档。完成文档的创建之后，恢复原来的标尺单位。

```
}
createDocumentByCM(width, height, resolution);
```

调用刚刚创建的文档，创建一份文档。

❷ **切换到 Photoshop**：保存完成的脚本，并切换到 Photoshop 界面。

❸ **运行脚本**：依次执行"文件"→"脚本"→"浏览"命令，打开脚本载入窗口。在弹出的"载入"窗口中，直接双击脚本名称，加载并执行该脚本文件。脚本执行后，创建一份尺寸为 A5 的空白文档，如图 8-4-34 所示。

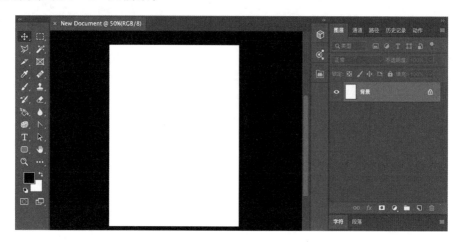

图 8-4-34　创建一份尺寸为 A5 的空白文档

❹ **平铺 1 寸的照片**：接着在这份文档中平铺 1 寸的照片，现在继续编写脚本。

```
function getPixelSizeFromCM(cmValue)
{
    return Math.ceil(cmValue * 118);
}
```

创建一个函数，用来将厘米转换为像素，以方便精确定位照片在文档里的位置。将厘米数值转换为像素数值，并返回转换后的数值。

```
function createSelectionForOnePicture(row, col)
{
```

创建另一个函数，根据照片的行数和列数，将照片放置在文档里的适当位置。

```
    var width1InchPixel = getPixelSizeFromCM(width1Inch);
    var height1InchPixel = getPixelSizeFromCM(height1Inch);
```

首先获得 1 寸照片以像素为单位的宽度和高度。

```
    var baseX = padding + (col - 1) * (width1InchPixel + spacing);
    var baseY = padding + (row - 1) * (height1InchPixel + spacing);
```

接着根据照片在文档里的列数，计算照片在文档里的水平位置。根据照片在文档里的行数，计算照片在文档里的垂直方向上的位置。

```
28. var region = [[baseX, baseY],[baseX + width1InchPixel, baseY],[baseX + width1InchPixel,
    baseY + height1InchPixel],[baseX, baseY + height1InchPixel]];
```

然后创建一个坐标数组，表示一个用来放置照片的区域。这个数组包含 4 个坐标，依次是照片的左上角、右上角、右下角和左下角的坐标。

```
29.     var type = SelectionType.REPLACE;
30.     var feather = 0;
31.     var antiAlias = true;
32.     app.activeDocument.selection.select(region, type, feather, antiAlias);
```

依次定义三个变量，分别表示创建选区的类型、羽化程度和抗锯齿三个参数。根据以上参数，创建一个选区，用来放置指定行数和列数的照片。

```
33. }
34. function tilePictures( )
35. {
```

继续添加一个函数，用来平铺 1 寸照片。

```
36.     var file = File.openDialog ("Select a picture file", false);
37.     open(file);
```

首先打开一个文件拾取窗口，由用户选择需要平铺的照片。然后获得打开文档的活动图层。

```
38.     var layer = app.activeDocument.activeLayer;
39.     layer.copy( );
40.     app.activeDocument.close( );
```

将活动图层拷贝到内存中，并关闭照片文档。

```
41.     for(var i = 1; i < = 5; i + + )
42.     {
```

添加一个执行 5 次的循环语句，用来平铺 1 寸照片。

```
43.         for(var j = 1; j < = 5; j + + )
44.         {
```

继续添加一个执行 5 次的循环语句，以平铺 5 行 5 列共 25 张 1 寸照片。

```
45.             createSelectionForOnePicture(i, j);
46.             app.activeDocument.paste(true);
```

调用刚刚编写的函数，根据照片的行数 i 和列数 j，创建一个选择区域。然后将刚刚拷贝的照片，paste 粘贴到这个选择区域。

```
47.         }
48.     }
49. }
```

❺ **调用 tilePictures 函数**：最后在第 17 行代码创建文档函数 createDocumentByCM 的下方，调用 tilePictures 函数：

```
17. createDocumentByCM(width, height, resolution);
18. tilePictures( );
```

❻ **切换到 Photoshop**：保存完成的脚本，并切换到 Photoshop 界面。

❼ **运行脚本**：依次执行“文件”→“脚本”→“浏览”命令，打开脚本载入窗口。在弹出的“载入”窗口中，直接双击脚本名称，加载并执行该脚本文件。

脚本执行后，在弹出的文件拾取窗口中，选择一张图片作为进行平铺的 1 寸照片，这样脚本将把所选照片在 A5 纸张上进行 5 行 5 列的平铺，如图 8-4-35 所示。

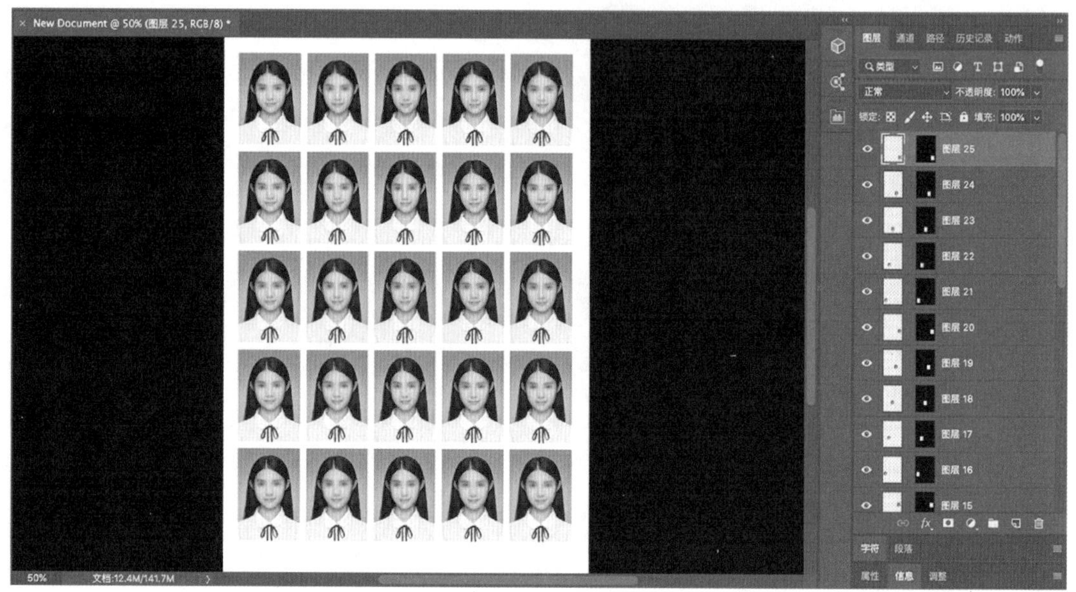

图 8-4-35　照片在 A5 纸张上进行 5 行 5 列的平铺

❽ **自定义平铺数量**：这样就实现了 1 寸照片的平铺功能。有时客户只需要打印 10 张照片，这时该怎么处理呢？首先需要在第 7 行代码的下方，添加一个全局变量 totalCount，表示需要进行平铺的照片的数量。

```
7. var spacing = 30;
8. var totalCount = 10;
```

然后再来修改平铺照片的 tilePictures 函数的代码(灰色为历史代码)：

```
50. function tilePictures( )
51. {
52.     var file = File.openDialog ("Select a picture file", false);
53.     open(file);
54.     var layer = app.activeDocument.activeLayer;
55.     layer.copy( );
56.     app.activeDocument.close( );
57.     var total = 0;
```

继续定义一个变量，表示已经平铺在文档里的照片的数量，其默认值为零。

```
58.     for(var i = 1; i <= 5; i ++ )
59.     {
```

```
        for(var j = 1; j < = 5; j ++)
        {
            createSelectionForOnePicture(i, j);
            app.activeDocument.paste(true);
            total += 1;
            if(total >= totalCount)
                return;
```

每当在文档里平铺一份照片时，将变量的值增加 1。当变量的值大于或等于 10 时，表示已经平铺了 10 张照片，退出循环语句。

```
        }
    }
}
```

❾ **切换到 Photoshop：** 保存完成的脚本，并切换到 Photoshop 界面。

❿ **运行脚本：** 再次加载、执行该脚本文件。脚本执行后，共有 10 张照片被平铺在当前的文档中，如图 8-4-36 所示。

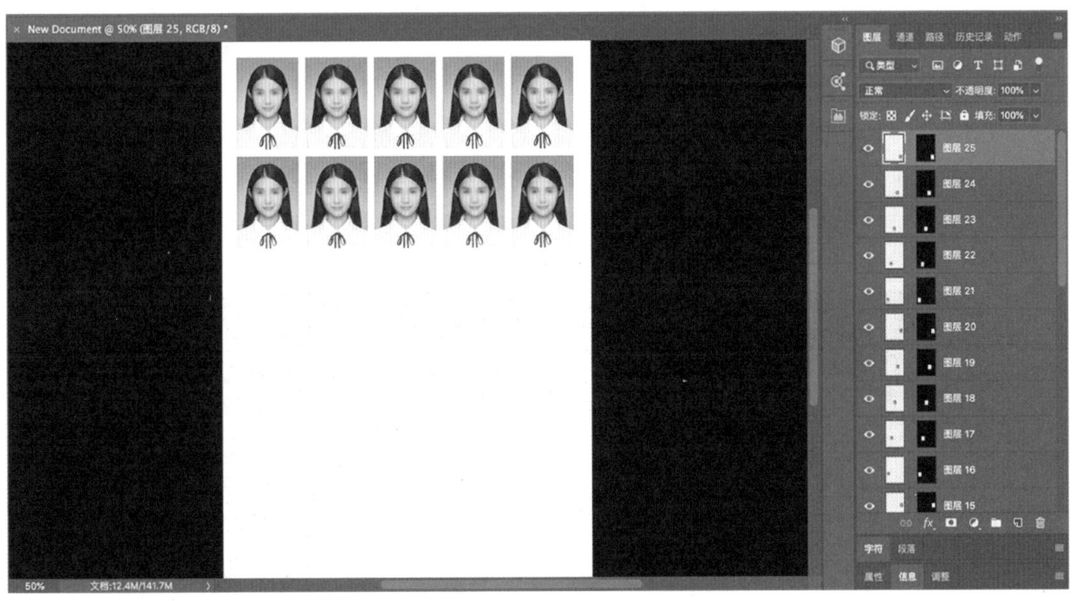

图 8-4-36　共 10 张照片被平铺在文档中

8.4.13　富有商业价值的用于给印刷品添加印刷说明的脚本

老师，我们每天都要向印刷厂发送很多需要印刷的设计作品，然后告诉印刷厂这些作品的印刷规格，这样的沟通既费时又费力。

后来我和印刷厂约定好：给每个作品添加一个白边，在白边右下角注明这份作品的印刷是否需要车边、覆膜种类、印刷张数等信息。这样作品印刷后，印刷厂的工人可根据白边上的说明，对印刷品做进一步的加工。
所以我想写个脚本，给需要印刷的设计作品添加白边，并在白边上写上印刷规格。

小美，这个需求可以通过修改作品画布尺寸、添加文字图层来实现，只是由于你们和印刷厂两家的 Photoshop 的标尺单位有可能不同，所以需要重设标尺单位以避免误差的出现。具体的步骤如下：

❶ 获取并保存 Photoshop 的标尺单位。
❷ 将标尺单位设置为所需要使用的标尺单位。
❸ 增加设计作品的画布尺寸。
❹ 在画布的右下角创建一个文本图层，并设置它的文字内容。
❺ 恢复 Photoshop 的标尺单位。

我们每天都需要向印刷厂发送很多需要印刷的作品，作品的四周需要添加一条白边（出血），上面添加一行文字，说明是否需要车边、上光、覆膜、烫金、压纹、折页、裱糊、印刷材料、印刷方式、印刷张数等信息。

白边的宽度为 100 像素，印刷厂根据白边右下角的文字进行印刷或喷绘，如图 8－4－37 所示。

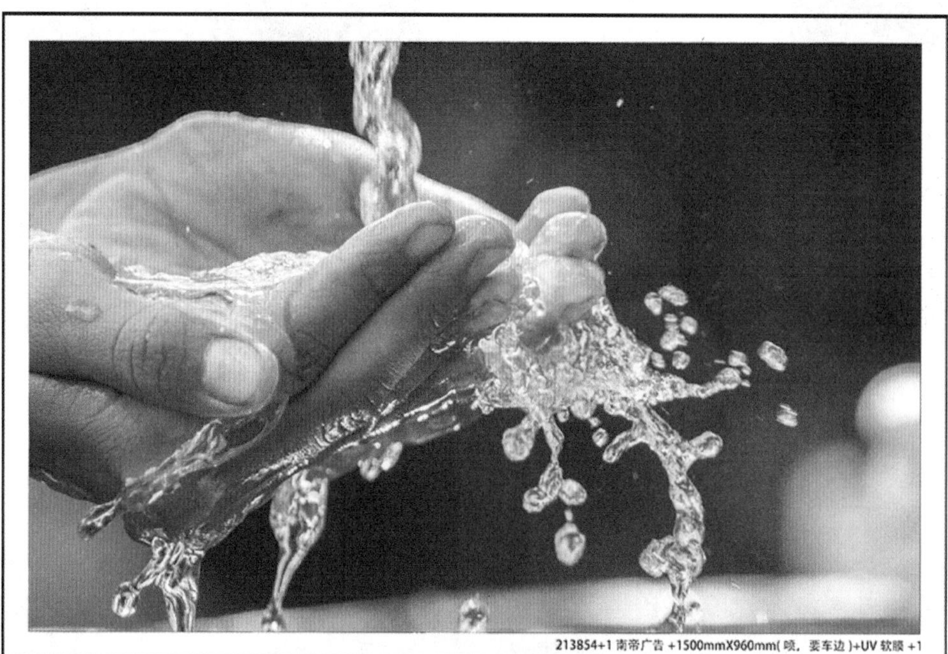

213854+1 南帝广告 +1500mmX960mm(喷，要车边)+UV 软膜 +1

图 8－4－37　根据白边右下角的说明文字进行印刷

这些说明文字都在作品的文件名称中，所以需要编写一个脚本，读取作品的名称，并将它放在右下角的白边上。现在开始编写代码，实现这项功能。

❶ **创建脚本**：创建一个名为 8-4-13.jsx 的脚本文件，并输入以下代码：

```
var borderSize = 100
var fontName = "SimHei";
var fontSize = 20;
```

变量 borderSize 表示白边的宽度，变量 fontName 和 fontSize 是文字的字体和尺寸。

```
var startRulerUnits = app.preferences.rulerUnits;
var startTypeUnits = app.preferences.typeUnits;
```

获取 Photoshop 软件当前的标尺单位和字体单位，并将它们存储在两个变量中，我们在任务中会修改这两个单位，在任务完成之后，再利用这两个变量恢复默认单位。

```
app.preferences.rulerUnits = Units.PIXELS;
app.preferences.typeUnits = TypeUnits.PIXELS;
```

设置软件的标尺单位和字体单位为像素，以方便进行文字图层的精确定位。

```
var docWidth = app.activeDocument.width;
var docHeight = app.activeDocument.height;
```

定义两个变量，分别存储活动文档的宽度和高度。

```
var content = app.activeDocument.name.split('.')[0];
```

接着使用英文句号对文档的名称进行分割，英文句号的左侧为文档的名称，也就是需要提取的说明文字，英文句号的右侧则是文件的扩展名。

```
var position = [docWidth - borderSize, docHeight - borderSize * 0.5 + fontSize * 0.5];
```

文字图层的水平坐标是文档宽度和白边宽度的差。垂直坐标为文档高度与白边宽度的差，从而让图层在水平方向上和作品的右侧对齐，在垂直方向上位于白边的中心位置。

```
var textLayer = app.activeDocument.artLayers.add( );
textLayer.kind = LayerKind.TEXT;
textLayer.textItem.contents = content;
textLayer.textItem.size = fontSize;
```

添加一个图层，用来显示说明文字。设置图层的类型为 TEXT 文字类型。设置文字图层的 contents 内容为说明文字，同时设置文字的尺寸 size。

```
try
{
```

添加一个异常捕捉语句，避免由于无法找到相应的字体而导致程序崩溃。

```
    var myFont = app.fonts.getByName(fontName);
    textLayer.textItem.font = myFont;
```

获取系统里的指定字体，并将该字体作为文字说明的字体。

```
}
catch(e) { ; }
textLayer.textItem.justification = Justification.RIGHT;
```

```
23. textLayer.textItem.position = position;
```
设置文字图层的对齐方式为 RIGHT 右对齐，从而使文字图层和作品内容保持右对齐。设置文字图层的位置，使文字图层位于文档的右下角。

```
24. app.preferences.rulerUnits = startRulerUnits;
25. app.preferences.typeUnits = startTypeUnits;
```
这样就完成了所有任务，最后恢复 Photoshop 软件的标尺单位和字体单位。

❷ **切换到 Photoshop**：保存完成的脚本，并切换到 Photoshop 界面，此时已经打开了一份文档，如图 8-4-38 所示。

❸ **运行脚本**：依次执行"文件"→"脚本"→"浏览"命令，打开脚本载入窗口。在弹出的"载入"窗口中，直接双击脚本名称，加载并执行该脚本文件。

脚本执行后，在文档的右下角显示了一行说明文字。说明文字和作品保持右对齐，并且在垂直方向上，位于白边的中心位置。最终效果如图 8-4-39 所示。

图 8-4-38　添加说明文字前的原始图片

图 8-4-39　文档右下角的说明文字

8.4.14　使用 Photoshop 脚本开发一个有趣的 Photoshop 游戏

老师，你喜欢玩电脑游戏吗？我在业余时间经常会玩一些消消乐、数独之类的益智游戏。

小美，老师也喜欢啊！玩些小游戏可以适当地舒缓情绪、放松心情。只要不沉溺于游戏的世界，我还是挺支持闲暇时玩玩游戏的，劳逸结合嘛！

都说游戏是代码编写出来的，现在我也可以编写代码了，那么我也可以开发游戏吗？

小美，你开发一个简单的小游戏还是可以的，现在我们就来开发一款运行在 Photoshop 上的猜数字的小游戏。

游戏的流程如下：

❶ Photoshop 随机生成一个 1～10 之间的数字。

❷ 通过弹出窗口获取用户输入的数字。

❸ 如果用户输入的数字和随机数字相同，则提示游戏成功。

❹ 如果用户输入的数字和随机数字不同，则提示用户猜测错误。

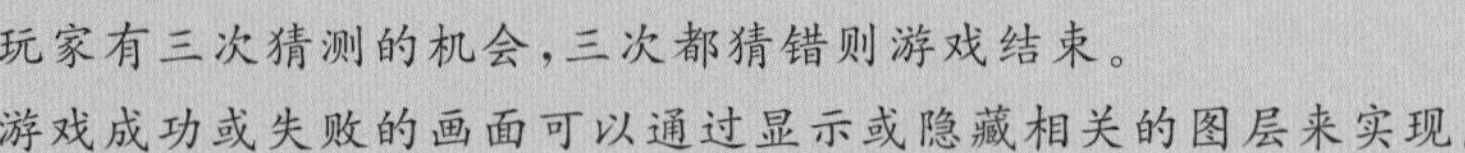

玩家有三次猜测的机会，三次都猜错则游戏结束。

游戏成功或失败的画面可以通过显示或隐藏相关的图层来实现。

繁忙的工作之余，总想玩个小游戏放松一下紧绷的神经。本小节演示如何使用 Photoshop 脚本，开发一款在 Photoshop 软件上运行的游戏。

❶ **创建脚本**：创建一个名为 8-4-14.jsx 的脚本文件，并输入以下代码：

```
var successLayer;
var failureLayer;
```

首先添加两个变量，分别作为游戏成功和失败时需要显示的图层，如图 8-4-40 所示。

图 8-4-40　Failure! 和 Success! 图层分别为游戏失败、成功时显示的图层

```
function initScean( )
{
```

添加一个方法，用来创建一个空白文档，并在文档中添加两个图层，分别显示游戏成功和失败时的画面。

```
    var docRef = app.documents.add(800, 400);
```

首先创建一个长度为 800 像素，宽度为 400 像素的文档。

```
    successLayer = docRef.artLayers.add( );
    successLayer.kind = LayerKind.TEXT;
```

然后创建一个图层，并设置图层的样式为文字图层，该图层用来显示游戏成功时的画面。

```
    successLayer.textItem.contents = "Success!";
    successLayer.textItem.size = 120;
```

当游戏成功时，显示成功提示文字，并设置文字的尺寸为 120。

```
    successLayer.translate(100, 200);
    successLayer.visible = false;
```

接着将提示文字移到文档的中心位置，并在默认状态下隐藏提示文字。

```
    failureLayer = docRef.artLayers.add( );
    failureLayer.kind = LayerKind.TEXT;
```

创建另一个图层，并设置图层的样式，该图层用来显示游戏失败时的画面。

```
    failureLayer.textItem.contents = "Failure!";
    failureLayer.textItem.size = 120;
```

当游戏失败时，显示失败提示文字，并设置文字的尺寸为 120。

```
    failureLayer.translate(100, 200);
    failureLayer.visible = false;
```

将提示文字 translate 移到文档的中心位置，并在默认状态下隐藏提示文字。

```
}
function playGame( )
{
```

继续添加一个函数，此函数将用来处理所有的游戏逻辑。

```
    successLayer.visible = false;
    failureLayer.visible = false;
```

初始化游戏界面，隐藏游戏成功与失败的结束画面，这样当游戏结束后，如果玩家选择重新开始游戏，就可以隐藏结束画面了。

```
    var number = parseInt(Math.random( ) * 10 + 1);
```

新建一个变量。通过调用 Math.random( )方法，获得 0～1 之间的随机值，乘以 10 再加 1 就生成了 1～10 之间的随机值。最后将带小数点的数字转为整数。

```
    for(var round = 3; round > 0; round -- )
    {
```

玩家有三次机会去猜这个随机值，猜中会显示成功画面。失败一次给一个接近答案的提示，三次都失败了则显示失败画面。所以在此添加一个三次的循环。

```
        var userNumber = prompt("请给出您心中的数字：", 0);
```

使用“输入窗口”命令，提示玩家输入猜测的数字，并将输入的数字存储在变量中。

```
        if(userNumber == number)
```

```
        {
            successLayer.visible = true;
            failureLayer.visible = false;
            alert("恭喜您，答对了！");
            break;
```

判断玩家给出的数字，与系统生成的随机数字是否相同。如果两个数字相同，则显示成功画面（即显示包含成功画面的图层），并隐藏失败画面。同时给出一个"提示窗口"，提示玩家游戏成功，如图 8－4－41 所示。

```
        }
        else {
```

添加一个判断语句，用来处理玩家猜测的数字，与随机生成的数字不同的情况。

```
            if(round == 1) {
                successLayer.visible = false;
                failureLayer.visible = true;
                app.refresh( );
```

第三次提供的答案同样错误后，将显示失败画面（即显示包含失败画面的图层），并且隐藏成功画面。

```
                if(confirm("不好意思，您输了！再试一次吧！")) {
                    playGame( );
                }
                break;
```

调用 confirm 语句，弹出提示窗口，询问玩家是否重新开始游戏。如果用户选择是，则重新开始游戏。添加 break 语句，以结束循环语句。

```
            }
            else {
```

添加另一个判断语句，用来处理玩家回答错误，但还有机会的情况。

```
                if(userNumber < number)
                    alert("不好意思，您的数字太小了！您还有" + (round - 1) + "次机会");
                else
                    alert("不好意思，您的数字太大了！您还有" + (round - 1) + "次机会");
```

提示玩家猜测的数字，比随机数字是大还是小了，以降低游戏的难度并提高趣味性。

```
            }
        }
    }
}
initScean( );
playGame( );
```

最后调用初始化场景函数和游戏函数，开始游戏。

图 8-4-41　显示成功画面

❷ **切换到 Photoshop**：保存完成的脚本，并切换到 Photoshop 界面。

❸ **运行脚本**：依次执行“文件”→“脚本”→“浏览”命令，打开脚本载入窗口。在弹出的“载入”窗口中，直接双击脚本名称，加载并执行该脚本文件。脚本执行后，游戏开始运行！

❹ **玩游戏**：此时系统生成了一个 1～10 之间的随机数字。玩家并不知道这个数字，但是需要在弹出的窗口内，输入自己猜测的数字，如图 8-4-42 所示。

然后点击“确定”按钮，提交第一个猜测数字。由于玩家输入的数字与系统生成的数字不一致，于是系统弹出错误提示，并告诉玩家和答案相比，玩家给的数字是小了还是大了，如图 8-4-43 所示。

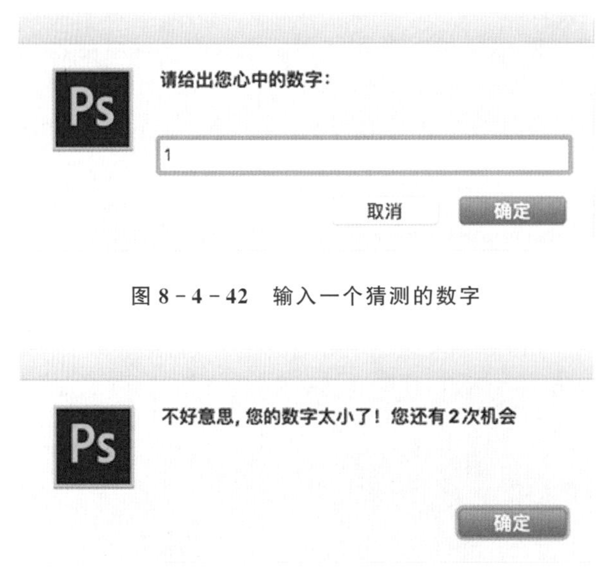

图 8-4-42　输入一个猜测的数字

图 8-4-43　程序给出答案和提示

如果玩家三次都没猜对答案，游戏就会以失败结束，并在图层面板中，显示失败画面所在的图层。同时鼓励用户再试一次，如图 8-4-44 所示。

图 8-4-44　游戏失败画面

单击“是”按钮，重新开始游戏。玩家再次输入一个猜测的数字，当猜对数字之后，游戏将取得胜利，并在图层面板中，显示胜利画面所在的图层，如图 8-4-45 所示。

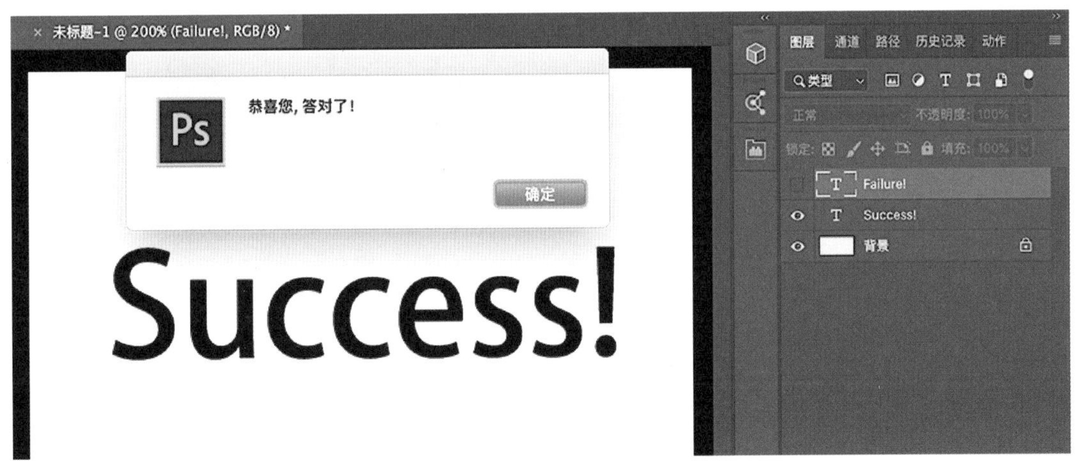

图 8-4-45　游戏成功画面

游戏 = 有趣的交互 + 奖励或惩罚。大家一起张开想象的翅膀，使用 Photoshop 脚本开发更加有趣的游戏吧！

第 9 章 脚本监听器和 Action Manager

从本章将收获以下知识：

❶ 使用脚本监听器自动生成 Photoshop 脚本
❷ Action Manager 和 Photoshop 脚本的区别
❸ 动作管理器 Action Manager 的主要元素
❹ 使用动作管理器实现夸张效果的 Lomo 风格
❺ 使用动作管理器实现明晰效果
❻ 使用动作管理器实现罪恶城市 SinCity 效果
❼ 将一个视频批量分隔为多个 mp4 小视频
❽ 为百万视频批量生成 Gif 动画
❾ 为百万视频批量生成九宫格预览图
❿ 给数百视频批量添加不同标题的片头动画

9.1 ScriptingListener 脚本监听器

老师，我在编写 Photoshop 脚本时，经常会遇到一些 Photoshop 脚本无法完成的事情，例如无法通过 Photoshop 脚本对图层执行斜切操作，无法使用曝光度命令等。

小美，你说的没错。Photoshop 脚本仍在完善之中，目前尚未支持所有的 Photoshop 命令。不过庆幸的是 Adobe 给咱们提供了 ScriptListener 脚本监听器。

对于任何可在 Photoshop 中执行的操作，ScriptingListener 脚本监听器都可以将和操作相关的 Photoshop 脚本代码记录到日志文件中。
你可以将生成的代码直接复制到你的脚本中使用，从而达到可以使用任何 Photoshop 命令的目标。

9.1.1 使用脚本监听器自动生成 Photoshop 脚本

本小节演示如何使用 Photoshop 脚本监听器自动记录每一步操作，并生成脚本文件。为了自动记录每一步操作，并生成对应的脚本语句，需要下载并安装脚本监听器插件。

❶ **进入脚本监听器网址**：首先使用浏览器进入https://helpx.adobe.com/photoshop/kb/downloadable-plugins-and-content.html 。

由于下载地址可能发生变化，所以建议您搜索photoshop scripting listener 来查找脚本监听器的下载地址。

❷ **下载脚本监听器**：脚本监听器支持 macOS 和 Windows 系统，读者可以根据自己的操作系统，选择该页面对应的链接，下载该插件的压缩包，如图 9-1-1 所示。

❸ **解压脚本监听器**：压缩包下载完成后，需要对压缩包进行解压操作。

如果您电脑的系统是 Windows：

- 解压后得到两个文件夹：Scripting_Win32 和 Scripting_Win64，如果 Windows 是 64 位，则使用 Scripting_Win64 中的内容；否则使用 Scripting_Win32 中的内容。
- 将 Scripting_Win64 文件夹或 Scripting_Win32 文件夹下的 Scripting Utilities 文件夹中的 ScriptListener.8li 文件，放在此处：Program Files\Adobe\Adobe Photoshop [Photoshop_version]\Plug-ins\。
- 重新启动 Photoshop。

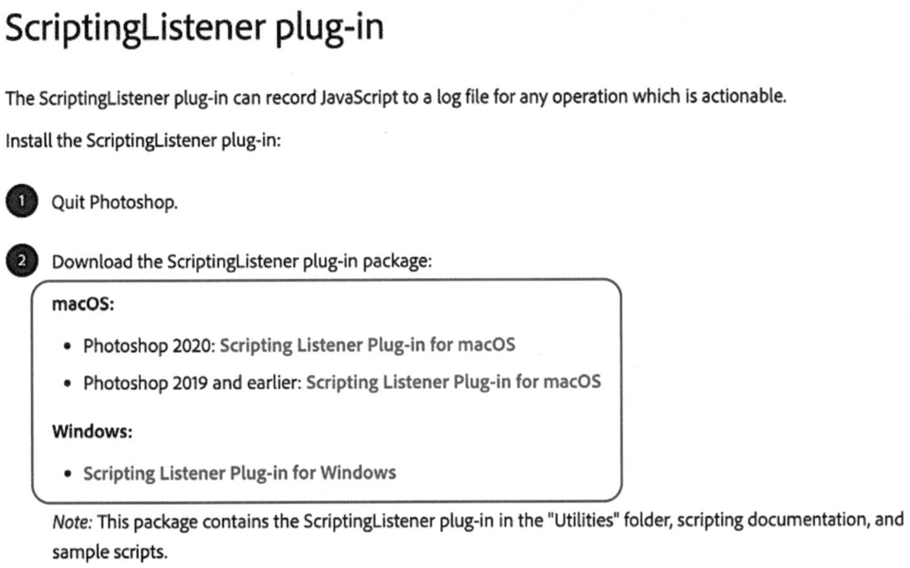

ScriptingListener plug-in

The ScriptingListener plug-in can record JavaScript to a log file for any operation which is actionable.

Install the ScriptingListener plug-in:

1. Quit Photoshop.

2. Download the ScriptingListener plug-in package:

   macOS:

   - Photoshop 2020: Scripting Listener Plug-in for macOS
   - Photoshop 2019 and earlier: Scripting Listener Plug-in for macOS

   Windows:

   - Scripting Listener Plug-in for Windows

   Note: This package contains the ScriptingListener plug-in in the "Utilities" folder, scripting documentation, and sample scripts.

图 9－1－1　根据操作系统的不同下载相应的插件

如果您电脑的系统是 macOS：

- 将解压后的 ScriptingListener. plugin 文件，放在此处：Applications\Adobe Photoshop [Photoshop_version]\Plug-ins\。
- 重新启动 Photoshop。

这样就完成了脚本监听器插件的安装，接着在 Photoshop 软件里的每步操作，都会被脚本监听器记录下来，并存储在位于桌面的名为 ScriptingListenerJS. log 的文件中。

❹ **使用脚本监听器**：Photoshop 已经打开了一张图片，如图 9－1－2 所示。我们将对图片进行一些艺术处理，脚本监听器会记录这个过程中的每一个操作步骤，并将这些操作步骤记录在桌面上的 ScriptingListenerJS. log 文件中。当操作结束之后，我们就可以将录制的脚本保存，并应用给其他的图片。

图 9－1－2　等待处理的文档

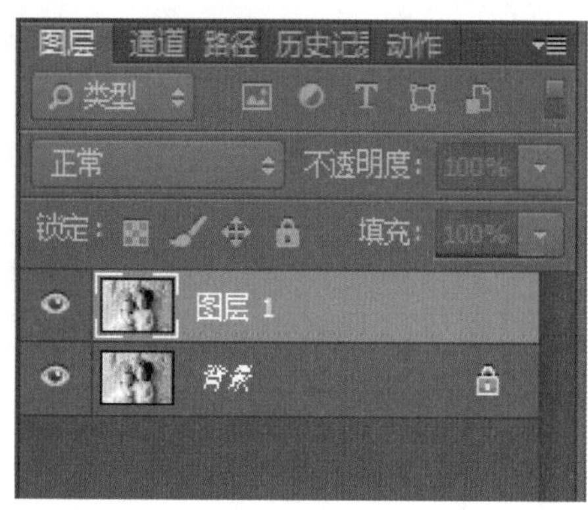

图 9-1-3 复制背景图层

❺ **复制图层**：依次单击“图层”→“新建”→“通过拷贝的图层”命令，复制当前图层，效果如图 9-1-3 所示。

❻ **修改画面尺寸**：依次单击“图像”→“画布大小”命令，增加当前画布的尺寸。在宽度输入框内，输入画布的宽度数值 560。同样在高度输入框内，输入画布的高度数值 407。然后单击“确定”按钮，完成画布尺寸的修改。

画布尺寸增大后的效果如图 9-1-4 所示。

❼ **设置图层样式**：给图层添加一些具有艺术效果的样式，在右侧的图层面板中，双击复制的图层，打开“图层样式”设置窗口。在弹出的“图层样式”窗口中，首先选择左侧的“描边”选项，给当前图层添加描边效果。

图 9-1-4 将画布尺寸增大

然后在大小输入框内，输入描边的宽度为 10，如图 9-1-5 所示。

接着给图层添加投影效果。首先在不透明度滑杆上单击，降低投影的不透明度为 50%。然后在距离输入框内，输入投影的距离为 18。在大小输入框内，输入投影的尺寸为 18，如图 9-1-6 所示。

最后单击“确定”按钮，完成图层样式的设置。

❽ **自由变换**：依次单击“编辑”→“自由变换”命令，对添加样式后的图层进行旋转操作。在角度输入框内，输入旋转的角度数值－5，如图 9-1-7 所示。

然后按下键盘上的回车键，完成图层的旋转操作。

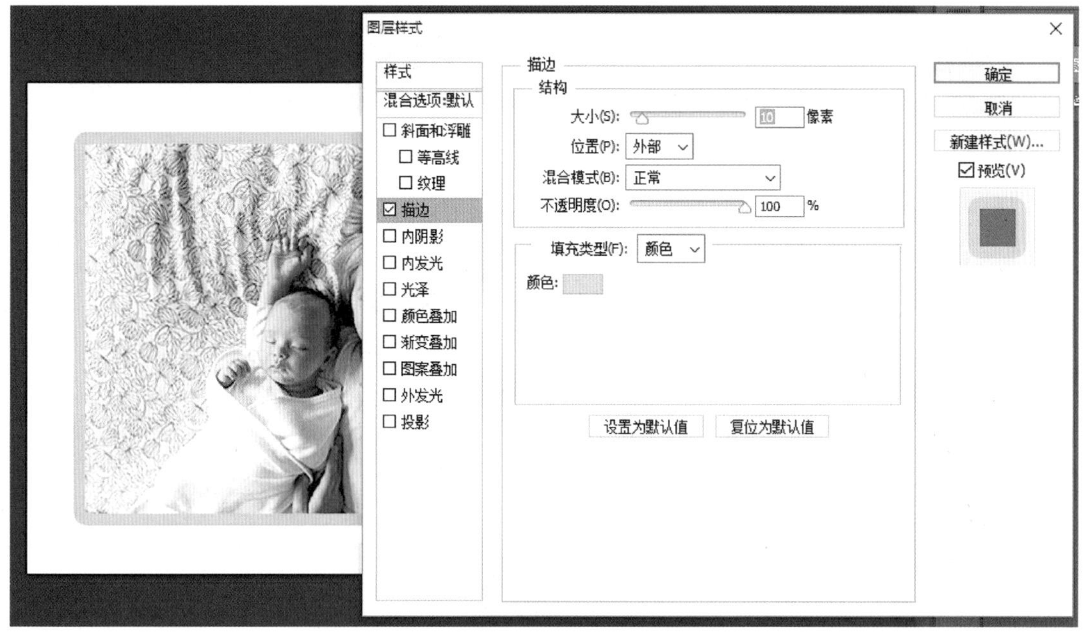

图 9－1－5　给图层添加描边效果

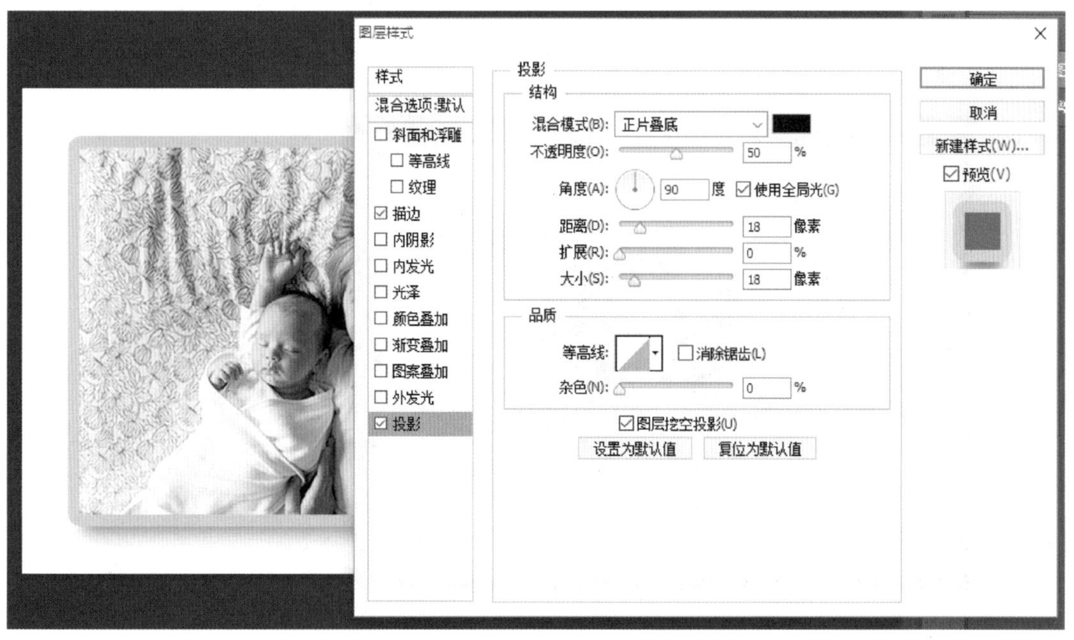

图 9－1－6　给图层添加投影效果

❾ **删除背景图层：** 删除多余的背景图层，只保留通过背景图层复制的图层。删除背景图层后的效果如图 9－1－8 所示。

❿ **保存结果：** 保存最终的结果，完成对图片的艺术处理和代码的录制。

图 9-1-7　对图层进行自由变换

图 9-1-8　删除背景图层

9.1.2　使用监听器生成的 Photoshop 脚本

接着切换到桌面文件夹，查看由脚本监听器生成的脚本文件。

❶ **找到脚本文件**：脚本监听器自动生成了 Javascript 和 VBScript 两种语言对应的脚本

文件，如图 9-1-9 所示。这里选择使用第一个脚本 ScriptingListenerJS. log，该文件是由脚本监听器录制的基于 Javascript 的脚本。

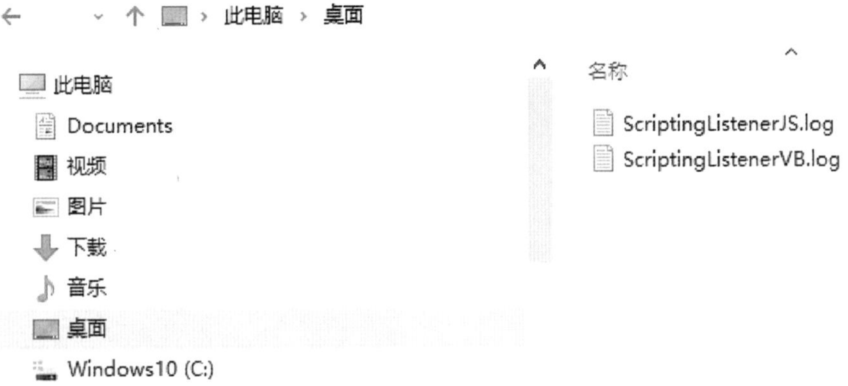

图 9-1-9　Javascript 和 VBScript 两种语言对应的脚本文件

❷ **修改文件后缀**：由于脚本文件的后缀是. log，无法直接在 Photoshop 中使用，所以在使用该脚本前，将脚本文件的名称从 ScriptingListenerJS. log 修改为 artPhoto. jsx。

❸ **查看脚本代码**：双击打开修改名称后的后缀是. jsx 的脚本文件，查看脚本文件里的内容，如图 9-1-10 所示。

```
// =======================================================
var idCpTL = charIDToTypeID( "CpTL" );
executeAction( idCpTL, undefined, DialogModes.NO );

// =======================================================
var idCnvS = charIDToTypeID( "CnvS" );
    var desc98 = new ActionDescriptor();
    var idWdth = charIDToTypeID( "Wdth" );
    var idPxl = charIDToTypeID( "#Pxl" );
    desc98.putUnitDouble( idWdth, idPxl, 560.000000 );
    var idHght = charIDToTypeID( "Hght" );
    var idPxl = charIDToTypeID( "#Pxl" );
    desc98.putUnitDouble( idHght, idPxl, 407.000000 );
    var idHrzn = charIDToTypeID( "Hrzn" );
    var idHrzL = charIDToTypeID( "HrzL" );
    var idCntr = charIDToTypeID( "Cntr" );
    desc98.putEnumerated( idHrzn, idHrzL, idCntr );
    var idVrtc = charIDToTypeID( "Vrtc" );
    var idVrtL = charIDToTypeID( "VrtL" );
    var idCntr = charIDToTypeID( "Cntr" );
    desc98.putEnumerated( idVrtc, idVrtL, idCntr );
    var idcanvasExtensionColorType = stringIDToTypeID( "canvasExtensionColorType" );
    var idcanvasExtensionColorType = stringIDToTypeID( "canvasExtensionColorType" );
    var idBckC = charIDToTypeID( "BckC" );
    desc98.putEnumerated( idcanvasExtensionColorType, idcanvasExtensionColorType, idBckC );
executeAction( idCnvS, desc98, DialogModes.NO );

// =======================================================
var idsetd = charIDToTypeID( "setd" );
    var desc99 = new ActionDescriptor();
    var idnull = charIDToTypeID( "null" );
        var ref51 = new ActionReference();
        var idPrpr = charIDToTypeID( "Prpr" );
        var idLefx = charIDToTypeID( "Lefx" );
        ref51.putProperty( idPrpr, idLefx );
        var idLyr = charIDToTypeID( "Lyr " );
        var idOrdn = charIDToTypeID( "Ordn" );
        var idTrgt = charIDToTypeID( "Trgt" );
        ref51.putEnumerated( idLyr, idOrdn, idTrgt );
    desc99.putReference( idnull, ref51 );
    var idT = charIDToTypeID( "T   " );
        var desc100 = new ActionDescriptor();
```

图 9-1-10　由脚本监听器生成的代码

由脚本监听器生成的脚本代码，往往比我们自己编写的代码要臃肿很多，但是它们的功能都是相同的。

由脚本监听器生成的代码被称为 Action Manager 代码，我们将在下一节讲解如何阅读和编写这样的代码。

❹ **使用脚本文件**：现在来调用由脚本监听器生成的脚本文件，首先单击并打开另一份示例文档，如图 9-1-11 所示。然后依次单击“文件”→“脚本”→“浏览”命令，打开并运行 artPhoto.jsx 文件。脚本执行后，文档的最终效果如图 9-1-12 所示。

图 9-1-11　原始文档

图 9-1-12　应用脚本代码后的文档

脚本监听器安装之后，如果需要停止监听 Photoshop 中的操作，则只需要从 Plug-ins 目录删除脚本监听器插件即可。

9.2　Photoshop Action Manager 动作管理器的使用

老师，脚本监听器真是太好用了，我虽然无法理解脚本监听器生成的代码的逻辑，但是拷贝到我的脚本中还真的能用。

小美，其实脚本监听器生成的代码被称为 Action Manager（动作管理器）代码，简称 AM 代码。

现在我给你好好讲一讲动作管理器，这样你不仅可以看懂脚本监听器生成的代码，甚至可以自行编写 AM 代码。

9.2.1 Photoshop Action Manager 的历史

要谈 Action Manager 动作管理器，就要先从 Action 动作讲起。使用 Photoshop 的动作，可以记录你在 Photoshop 中的每一步操作，这些操作合起来称为一个动作，如图 9-2-1 所示，名为 ResizeTopMenu 的动作拥有转换为智能对象、图像大小、画面大小、存储、关闭五步操作。

有了动作之后，就可以将相同的操作快速应用到其他的文件，所以在 Photoshop 脚本之前，动作是设计师们的效率神器。

Adobe 在 Action 动作的基础上，推出了 Action Manager，它同样可以记录你的每一步操作，只是这些操作被记录为 Photoshop 脚本，而不是动作面板中的一条记录，如图 9-2-2 所示。多个操作之间使用“//==============”分割。

图 9-2-1 动作面板

```
ScriptingListenerJS.log
// =======================================================
var idnglProfileChanged = stringIDToTypeID( "nglProfileChanged" );
    var desc1 = new ActionDescriptor();
    var iddontRecord = stringIDToTypeID( "dontRecord" );
    desc1.putBoolean( iddontRecord, true );
    var idforceNotify = stringIDToTypeID( "forceNotify" );
    desc1.putBoolean( idforceNotify, true );
executeAction( idnglProfileChanged, desc1, DialogModes.NO );

// =======================================================
var idhomeScreenVisibilityChanged = stringIDToTypeID( "homeScreenVisibilityChanged" );
    var desc2 = new ActionDescriptor();
    var iddontRecord = stringIDToTypeID( "dontRecord" );
    desc2.putBoolean( iddontRecord, true );
    var idforceNotify = stringIDToTypeID( "forceNotify" );
    desc2.putBoolean( idforceNotify, true );
    var idVsbl = charIDToTypeID( "Vsbl" );
    desc2.putBoolean( idVsbl, true );
executeAction( idhomeScreenVisibilityChanged, desc2, DialogModes.NO );

// =======================================================
var idMRUFileListChanged = stringIDToTypeID( "MRUFileListChanged" );
    var desc3 = new ActionDescriptor();
    var iddontRecord = stringIDToTypeID( "dontRecord" );
    desc3.putBoolean( iddontRecord, true );
    var idforceNotify = stringIDToTypeID( "forceNotify" );
    desc3.putBoolean( idforceNotify, true );
executeAction( idMRUFileListChanged, desc3, DialogModes.NO );
```

图 9-2-2 每一步操作都被记录为 Photoshop 脚本

1. Action Manager 与 Photoshop 脚本的不同

Photoshop 脚本是基于 DOM(Document Object Model，文档对象模型)的，DOM 提供了对 Photoshop 文档的结构化的表述，并定义了一种方式可以使 Photoshop 脚本对该结构进行访问，从而改变 Photoshop 文档的结构、样式和内容。

DOM 将 app、Photoshop 文档、Photoshop 图层等元素解析为包含属性和方法的对象，如图 9-2-3 所示。

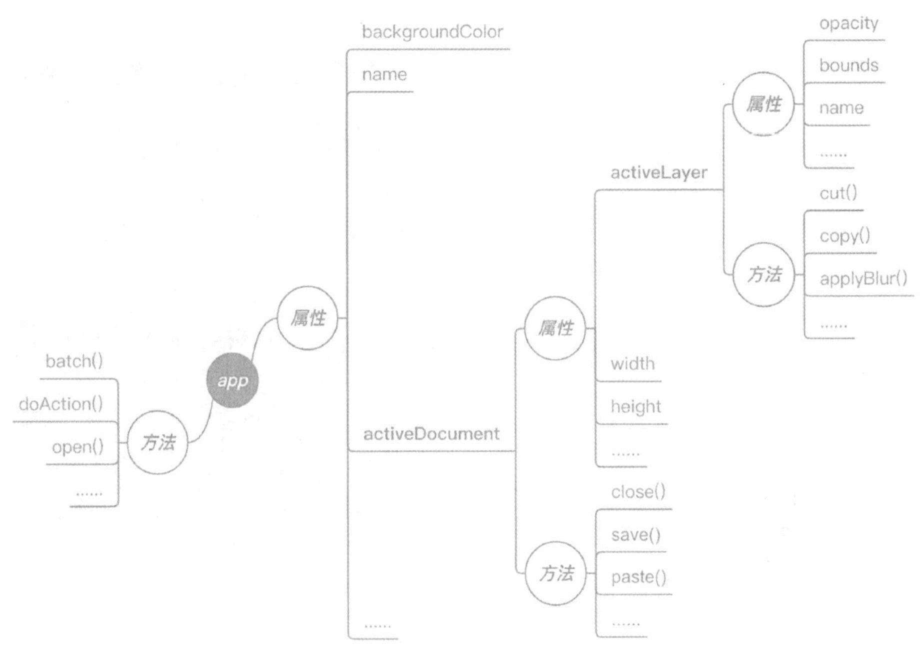

图 9-2-3 Photoshop 脚本 DOM 结构层级图

它们的属性又可以包含其他的对象，例如 app 对象有一个名为 activeDocument 的属性，该属性是一个 Document 类型的对象，该对象同样包含相应的属性和方法；activeDocument 有一个名为 activeLayer 的属性，该属性是一个 ArtLayer 类型的对象，activeLayer 同样也有相应的属性和方法，就样就构成了 Photoshop 脚本的 DOM 结构。

DOM 会将 Photoshop 相关的元素和 Photoshop 脚本连接起来，如果想要查询或设置某个对象的某个属性，只需从 app 开始，沿着 DOM 层级结构一层一层往下寻找即可。

例如要设置当前文档的活动图层的 opacity 透明度的值，只需要一行代码：

```
app.activeDocument.activeLayer.opacity = 50;
```

如果使用 Action Manager 来实现将 opacity 透明度的值设置为 50，则此时脚本监听器生成的 Action Manager 代码如下：

```
// =======================================================
var idsetd = charIDToTypeID( "setd" );
    var desc14 = new ActionDescriptor( );
```

```
    var idnull = charIDToTypeID( "null" );
        var ref2 = new ActionReference( );
        var idLyr = charIDToTypeID( "Lyr " );
        var idOrdn = charIDToTypeID( "Ordn" );
        var idTrgt = charIDToTypeID( "Trgt" );
        ref2.putEnumerated( idLyr, idOrdn, idTrgt );
    desc14.putReference( idnull, ref2 );
    var idT = charIDToTypeID( "T   " );
        var desc15 = new ActionDescriptor( );
        var idOpct = charIDToTypeID( "Opct" );
        var idPrc = charIDToTypeID( "#Prc" );
        desc15.putUnitDouble( idOpct, idPrc, 50.000000 );
    var idLyr = charIDToTypeID( "Lyr " );
    desc14.putObject( idT, idLyr, desc15 );
executeAction( idsetd, desc14, DialogModes.NO );
```

2. Action Manager 代码格式化

脚本监听器生成的代码比较臃肿和混乱，读者可以打开浏览器，进入这个地址：https://javieraroche.github.io/parse-action-descriptor-code/。

还有一个代码格式化工具：https://github.com/rendertom/Clean-SL 该工具可以清理变量名称并将它们提升到顶部，将代码块包装成函数，将 charID 转换为字符串 ID 等，生成的代码很干净并可保持更好的可读性。

接着执行以下操作：

❶ 将脚本监听器生成的代码粘贴到位于上方的 Input 输入框里，如图 9-2-4 所示。

❷ 在最左侧的下拉列表中选择 Sort IDs 选项，该选项可以对代码进行分类并排序。

❸ 单击右侧的 Parse 按钮，对代码进行格式化。

❹ 此时在下方的 Output 区域显示了格式化后的代码，单击底部的 Copy to clipboard 按钮，可以拷贝格式化后的代码。

3. 为什么要使用 Action Manager

即便这样，格式化后的代码只是更适于观看和修改，仍然比较复杂。看到这里很多人都会惊讶，为什么实现同样的功能，Action Manager 生成的 Photoshop 脚本会如此臃肿。那为什么我们还要学习如何阅读和使用 Action Manager 呢？

这是因为 Photoshop 脚本的 DOM API 尚不健全，它只能覆盖 Photoshop 大约 80%的功能，例如通过 Photoshop 脚本，你无法调用 Photoshop 的 vibrance 自然饱和度功能，无法移动时间轴上的指针，甚至无法获得同时选择的多个图层，如图 9-2-5 所示。通过以下代码：

```
app.activeDocument.activeLayer
```

你只能获得选择了的多个图层中的一个。但是使用 Action Manager 就不存在这样的局限。

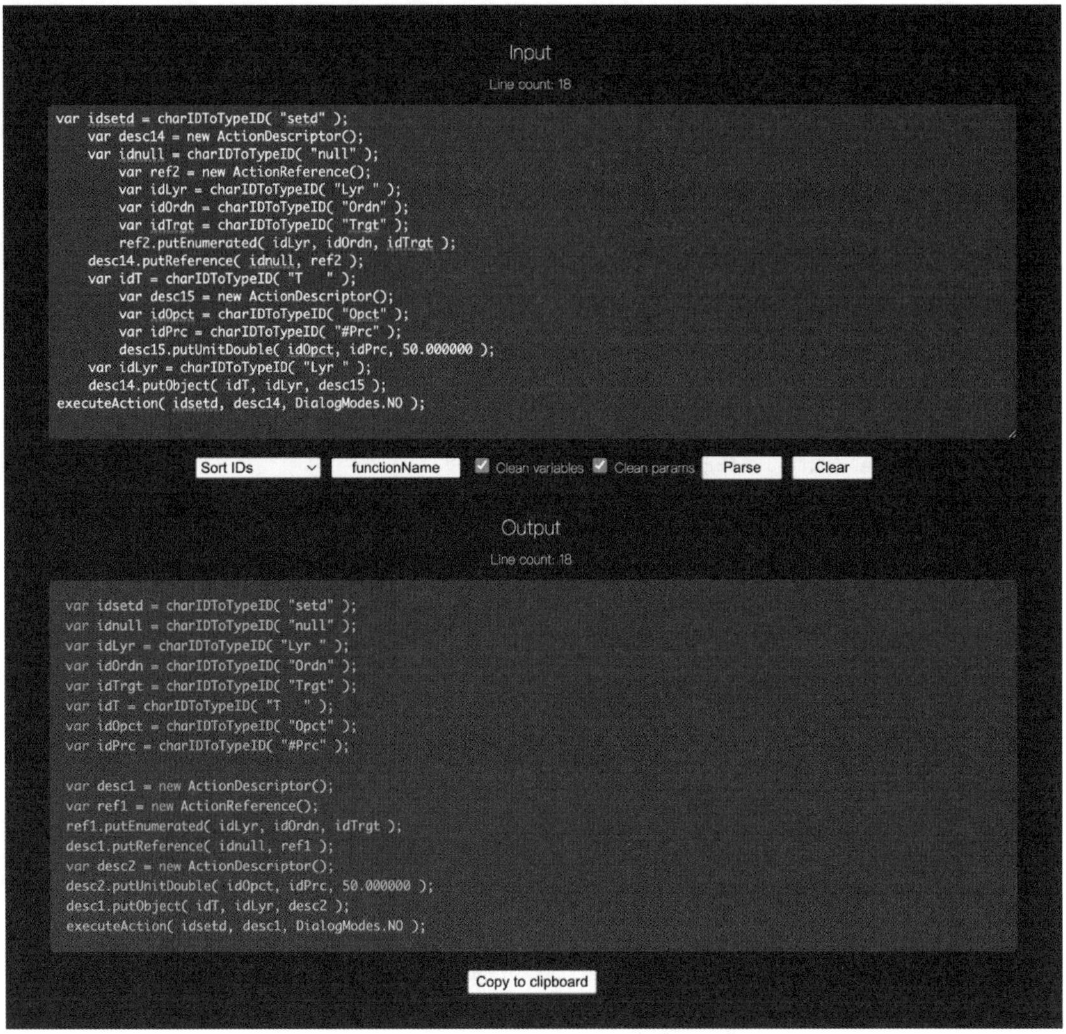

Input
Line count: 18
var idsetd = charIDToTypeID("setd");
var desc14 = new ActionDescriptor();
var idnull = charIDToTypeID("null");
var ref2 = new ActionReference();
var idLyr = charIDToTypeID("Lyr ");
var idOrdn = charIDToTypeID("Ordn");
var idTrgt = charIDToTypeID("Trgt");
ref2.putEnumerated(idLyr, idOrdn, idTrgt);
desc14.putReference(idnull, ref2);
var idT = charIDToTypeID("T   ");
var desc15 = new ActionDescriptor();
var idOpct = charIDToTypeID("Opct");
var idPrc = charIDToTypeID("#Prc");
desc15.putUnitDouble(idOpct, idPrc, 50.000000);
var idLyr = charIDToTypeID("Lyr ");
desc14.putObject(idT, idLyr, desc15);
executeAction(idsetd, desc14, DialogModes.NO);
Sort IDs
functionName
Clean variables
Clean params
Parse
Clear
Output
Line count: 18
var idsetd = charIDToTypeID("setd");
var idnull = charIDToTypeID("null");
var idLyr = charIDToTypeID("Lyr ");
var idOrdn = charIDToTypeID("Ordn");
var idTrgt = charIDToTypeID("Trgt");
var idT = charIDToTypeID("T   ");
var idOpct = charIDToTypeID("Opct");
var idPrc = charIDToTypeID("#Prc");
var desc1 = new ActionDescriptor();
var ref1 = new ActionReference();
ref1.putEnumerated(idLyr, idOrdn, idTrgt);
desc1.putReference(idnull, ref1);
var desc2 = new ActionDescriptor();
desc2.putUnitDouble(idOpct, idPrc, 50.000000);
desc1.putObject(idT, idLyr, desc2);
executeAction(idsetd, desc1, DialogModes.NO);
Copy to clipboard

图 9-2-4　Action Manager 代码的格式化

图层
通道
历史记录
动作
类型
正常
不透明度: 100%
锁定:
填充: 100%
Photoshop 脚本
自动化
Photoshop 的
1.大幅提高您的工作效...oshop 设计师不
画笔
背景

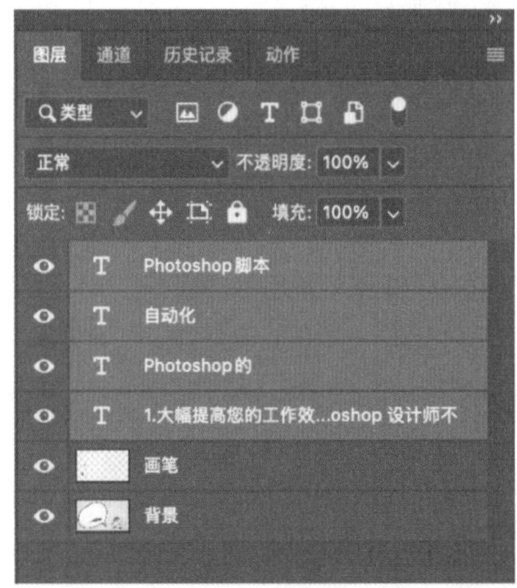

图 9-2-5　DOM API 无法获得选中的多个图层

建议优先用 Photoshop 的 DOM API(Photoshop 脚本)来完成任务,因为这样写出来的脚本简单、清晰、易于维护。如果发现某个需求没有相应的 API,则可以通过脚本监听器输出相应的脚本,拷贝出来结合 Photoshop 脚本一起使用。

9.2.2 Photoshop Action Manager 的主要元素

老师,AM 代码看起来既复杂又臃肿,这些代码主要是由什么组成的?

小美,这个问题问得好!知道了 AM 代码由什么组成,才可以正确理解它们的功能和逻辑。

AM 代码主要由 ActionDescriptor 和 ActionReference 组成,这两者分别具有不同的作用:

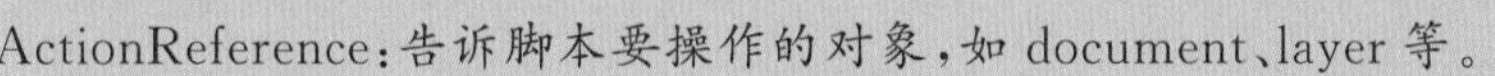

ActionReference:告诉脚本要操作的对象,如 document、layer 等。

ActionDescriptor:描述操作命令的参数。

ActionReference 负责告诉脚本要操作的对象,如 Photoshop 的文档、图层、选区等。以上一小节的修改图层 opacity 透明度的代码为例,下面的代码用来引用当前活动图层:

```
var reference = new ActionReference( );
var idLyr = charIDToTypeID( "Lyr " );
var idOrdn = charIDToTypeID( "Ordn" );
var idTrgt = charIDToTypeID( "Trgt" );
reference.putEnumerated( idLyr, idOrdn, idTrgt );
```

而 ActionDescriptor 用来描述待操作对象的参数。仍然以上一小节的修改图层 opacity 透明度的代码为例,下面的代码用来设置图层的透明度为 50:

```
var descriptor= new ActionDescriptor( );
var idOpct = charIDToTypeID( "Opct" );
var idPrc = charIDToTypeID( "#Prc" );
descriptor.putUnitDouble( idOpct, idPrc, 50.000000 );
```

除了 ActionDescriptor 和 ActionReference 以外,在上面的代码中还可以看到很多的 charIDToTypeID,这又是什么呢?

charIDToTypeID 是一个函数,它的参数是一个 4 个字符长度的字符串缩写,比如 Lyr 表示的是图层 Layer 的意思，Ordn 表示序数 ordinal，而 Trgt 表示目标 target。

charIDToTypeID 的作用是将 4 个字符长度的字符串转换为 Type ID，计算机无法识别诸如 Lyr 这样的字符串，但是可以识别该字符串转换后的索引数值，可以通过 alert 命令查看 Lyr 转换为索引数值后的内容，如图 9－2－6 所示。使用 Photoshop 运行该脚本，将弹出一个信息提示窗口，显示 Lyr 字符串的索引数值，如图 9－2－7 所示。

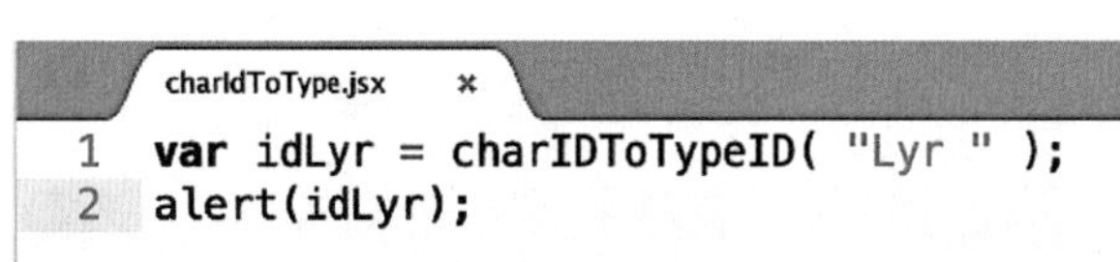

图 9－2－6　通过 alert 查看 Lyr 的索引数值

图 9－2－7　Lyr 的索引数值

因此下面这两行代码是等价的：

```
var idLyr = charIDToTypeID( "Lyr " );
var idLyr = 1283027488;
```

1. stringIDToTypeID 函数

随着 Photoshop 的发展，Photoshop 的功能越来越多，由四个字符组成的 charID 逐渐无法标识所有的 Photoshop 功能，于是 Adobe 的工程师又推出了 stringIDToTypeID 函数，该函数可以通过一个完整的字符串来表示某个命令。例如 stringIDToTypeID("layer")和 charIDToTypeID("Lyr ")具有相同的含义，因此下面这三行代码是等价的：

```
var idLyr = charIDToTypeID( "Lyr " );
var idLyr = 1283027488;
var idLyr = stringIDToTypeID( "layer" );
```

2. typeIDToCharID 和 typeIDToStringID 函数

与 charIDToTypeID、stringIDToTypeID 功能相反的函数是 typeIDToCharID、typeIDToStringID 函数，这两个函数的功能是将 TypeID 转换为 CharID 和 StringID。

以下三行代码，可以将作为 TypeID 的 1283027488 转换为对应的 CharID 和 StringID，如图 9－2－8 所示。

```
var charId = typeIDToCharID(1283027488)
var stringId = typeIDToStringID(1283027488)
alert("charId 是：" + charId + "\nstringId 是：" + stringId);
```

charId是：Lyr
stringId是：layer
确定

图 9-2-8　TypeID 对应的 CharID 和 StringID

3. CharID 和 StringID 的相互转换

有了 typeIDToCharID 和 typeIDToStringID 函数之后，想通过 CharID 查询对应的 StringID，或者想通过 StringID 查询对应的 CharID 就变得简单了。

#Prc 是一个 CharID，我们想知道它的 StringID，因为 StringID 是一个完整的字符串，通过 StringID 可以了解 #Prc 的具体函数，以下代码可以查询 #Prc 的 StringID：

```
var typeId = charIDToTypeID( "#Prc" );
var stringId = typeIDToStringID(typeId);
alert("#Prc 的 StringId 是：" + stringId);
```

代码运行的结果如图 9-2-9 所示。从运行结果可以看出，#Prc 的 StringId 是 percentUnit，因此 #Prc 表示使用百分比作为单位。

同样如果想通过 StringID 查询 CharID，则也可以使用类似的方法。以下代码可以查询 copy 的 CharID，代码运行的结果如图 9-2-10 所示。

```
var typeId = stringIDToTypeID( "copy" );
var chardId = typeIDToCharID(typeId);
alert("copy 的 ChardId 是：" + chardId);
```

#Prc的StringId是：percentUnit
确定

图 9-2-9　通过 CharID 查询 StringID

copy的ChardId是：Cpy
确定

图 9-2-10　通过 StringID 查询 CharID

typeIDToCharID 和 typeIDToStringID 函数在实际工作中使用较少，因此读者只需要掌握 ActionDescriptor、ActionReference、charIDToTypeID 和 stringIDToTypeID 四个概念即可阅读、修改和自行编写 Action Manager 代码。

9.2.3　Photoshop Action Manager 代码的编写步骤

老师，Action Manager 代码看起来比 Photoshop 脚本难写多了，但是 AM 代码又是这么实用，那我要怎样才能写好 Action Manager 代码呢？

小美，你知道吗，很多国外的 Photoshop 爱好者把 Photoshop 的 Action Manager 戏称为 rabbit hole 兔子洞，或者 land of sorrows 伤心地，用来形容 Action Manager 代码的复杂和难以编写。

但是我来告诉你一个诀窍：Action Manager 代码的逻辑非常简单，所以你只要记住三个步骤，即可快速上手 Action Manager 代码的编写。

编写 Action Manager 代码的三个步骤如图 9-2-11 所示。

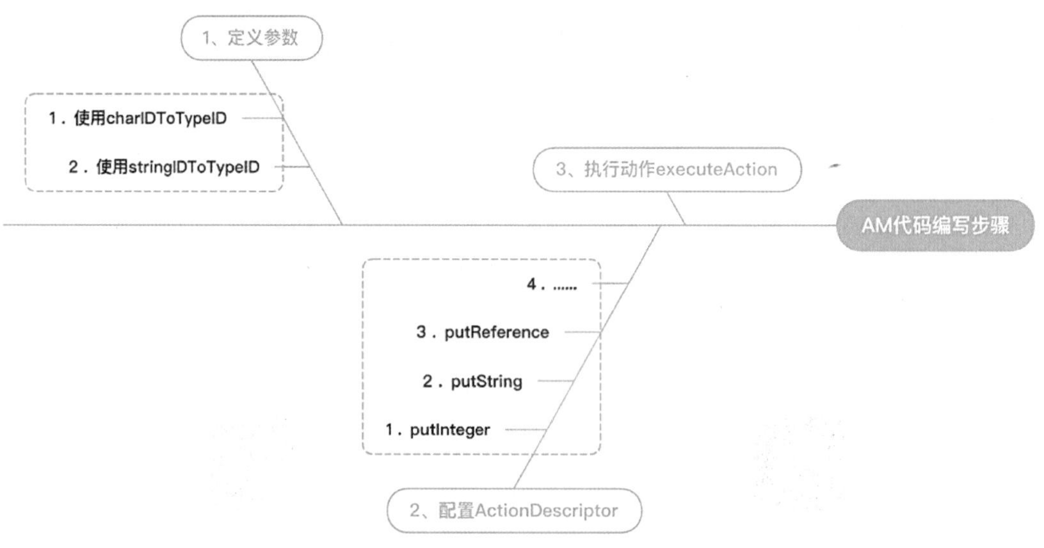

图 9-2-11　编写 Action Manager 代码的三个步骤

❶ **定义参数**：第一步是使用 charIDToTypeID 或 stringIDToTypeID，定义整个操作所需要的参数。

❷ **配置 ActionDescriptor**：第二步是创建一个 ActionDescriptor，然后通过 putInteger、 putString 和 putReference 等函数将第一步定义的参数，添加到 ActionDescriptor 中。

具体使用哪个 put 函数，取决于参数的类型，如果参数是整数，则使用 putInterger；如果参数是字符串，则使用 putString；如果需要引用文档中的某个元素，如图层、选区等，则需要使用 putReference 函数。

目前共有 13 种不同的 put 函数，这些函数可以从 photoshop-javascript-ref. pdf 中找到，pdf 下载地址：http://hdjc9. com/download. html。

❸ **执行动作 executeAction**：第三步是执行动作，也就是调用 executeAction 函数，并传入之前配置好的 ActionDescriptor。

9.2.4　Photoshop Action Manager 代码编写简单示例

我们以使用 Action Manager 调用 Photoshop 的自然饱和度命令为例，讲解 Action Manager 代码的编写步骤。

```
1. var idvibrance = stringIDToTypeID( "vibrance" );
```

❶ **定义参数**：这里使用 stringIDToTypeID 函数定义一个参数，该参数表示 vibrance 自然饱和度命令的索引值。

```
2. var desc1 = new ActionDescriptor( );
3. desc1.putInteger( idvibrance, 20 );
```

❷ **配置 ActionDescriptor**：通过 new 创建一个新的 ActionDescriptor，然后通过 putInteger 将 vibrance 参数和它的数值 20，添加到 ActionDescriptor 中，从而完成 ActionDescriptor 的配置。由于 20 是整数，所以使用 putInteger 函数。ActionDescriptor 的效果如图 9-2-12 所示。

图 9-2-12　自然饱和度的参数为 20

```
4. executeAction( idvibrance, desc1, DialogModes.NO );
```

❸ **执行动作**：通过调用 executeAction 函数，并传入相关的参数来调用 Photoshop 的 Vibrance 自然饱和度命令。

第一个参数表示自然饱和度命令；

第二个参数是自然饱和度命令需要使用的参数；

第三个参数表示在执行代码时不显示对话框。

❹ **运行脚本**：保存完成的脚本，并切换到 Photoshop 界面，此时已经打开了一份文档，如图 9-2-13 所示。接着依次执行"文件"→"脚本"→"浏览"命令，打开脚本载入窗口。在弹出的"载入"窗口中，双击脚本名称，加载并执行该脚本文件。

脚本执行之后，通过 Action Manager 的代码，使用自然饱和度命令对图像进行了调整，最终效果如图 9-2-14 所示。

图 9-2-13　运行脚本前的图像

图 9-2-14　运行脚本后的图像

9.2.5　Photoshop Action Manager 代码编写复杂示例

接着我们再来看一个稍微复杂一点儿的示例，该示例用来将一个名为"自动化"图层的不透明度设置为 50%。

❶ **定义参数**：代码编写的第一步是定义动作描述符所需的参数。

```
1. var layerName = "自动化";
2. var opacity = 30.000000;
```

定义两个变量，第一个变量 layerName 表示需要操作的图层的名称，第二个变量 opacity 表示不透明度的值。

```
3. var idsetd = charIDToTypeID( "setd" );
```

定义一个变量，表示 set 这个动作。

charIDToTypeID("setd")等价于 stringIDToTypeID("set")。

```
4. var idnull = charIDToTypeID( "null" );
```

定义一个变量，表示要操作的目标。

charIDToTypeID("null")等价于 stringIDToTypeID("target")。

```
5. var idLyr = charIDToTypeID( "Lyr " );
```

定义一个变量，表示图层。

charIDToTypeID("Lyr ")等价于 stringIDToTypeID("layer")。

```
6. var idT = charIDToTypeID( "T   " );
```

定义一个变量，表示 to，也就是动作的方向。

charIDToTypeID("T   ")等价于 stringIDToTypeID("to")。

```
7. var idOpct = charIDToTypeID( "Opct" );
```

定义一个变量，表示 opacity 透明度参数。

charIDToTypeID("Opct")等价于 stringIDToTypeID("opacity")。

```
8. var idPrc = charIDToTypeID( "#Prc" );
```

定义一个变量，表示 percent 百分比单位。

charIDToTypeID("#Prc")等价于 stringIDToTypeID("percentUnit")。

脚本监听器生成的代码通常使用 charIDToTypeID 函数，而不会使用 stringIDToTypeID 函数。但是我们自己编写 AM 代码时，建议使用 stringIDToTypeID，这样的代码更容易阅读和后期的维护。

因此第 3～8 行的代码也可以修改为 stringIDToTypeID 的样式：

```
3. var idsetd = stringIDToTypeID( "set" );
4. var idnull = stringIDToTypeID( "target" );
5. var idLyr = stringIDToTypeID( "layer" );
6. var idT = stringIDToTypeID( "to" );
7. var idOpct = stringIDToTypeID( "opacity" );
8. var idPrc = stringIDToTypeID( "percentUnit" );
```

❷ **配置动作描述符：**第二步是配置 ActionDescriptor 动作描述符。

```
 9. var ref1 = new ActionReference( );
10. ref1.putName( idLyr, layerName );
```

定义一个 ActionReference 变量 ref1，表示引用文档中的一个图层，该图层的名称是 layerName 变量的值，也就是：自动化。

```
11. var desc1 = new ActionDescriptor( );
12. desc1.putReference( idnull, ref1 );
```

定义一个 ActionDescriptor 变量 desc1，然后通过 putReference 方法，将 ref1 引用的图层设置为待操作的目标图层。由第 4 行代码可知参数 idnull 表示 target 目标，由第 9 和第 10 行代码可知参数 ref1 表示名为自动化的图层。

```
13. var desc2 = new ActionDescriptor( );
14. desc2.putUnitDouble( idOpct, idPrc, opacity );
```

定义另一个 ActionDescriptor 变量 desc2，通过 putUnitDouble 方法，设置 opacity 参数的值为 20。由第 7 行代码可知 idOpct 表示 opacity 透明度参数。由第 8 行代码可知 idPrc 表示设置 opacity 的值时采用百分比为单位。由第 2 行代码可知 opacity 的值为 30。

```
15. desc1.putObject( idT, idLyr, desc2 );
```

由第 6 行代码可知 idT 表示 to，由第 5 行代码可知 idLyr 表示图层，由第 13 行代码可知 desc2 表示 opacity 不透明度参数。所以第 15 行代码的含义是：将 desc2 中关于不透明度的设置应用到图层上。

❸ **执行动作**：第三步是 executeAction 执行动作。

```
16. executeAction( idsetd, desc1, DialogModes.NO );
```

由第 3 行代码可知，idsetd 参数表示 set 这个动作，所以调用 executeAction 函数来执行一个 set 设置操作，具体 set 设置什么，是由第二个参数 desc1 决定的，该参数保留了需要操作的图层和透明度参数等信息。

从上面的代码可以看出，desc1 变量包含了 ref1 变量和 desc2 变量。ref1 变量又包含了 idLyr 和 layerName 两个变量，desc2 变量则包含了 idOpct、idPrc 和 opacity 三个变量，如图 9-2-15 所示。

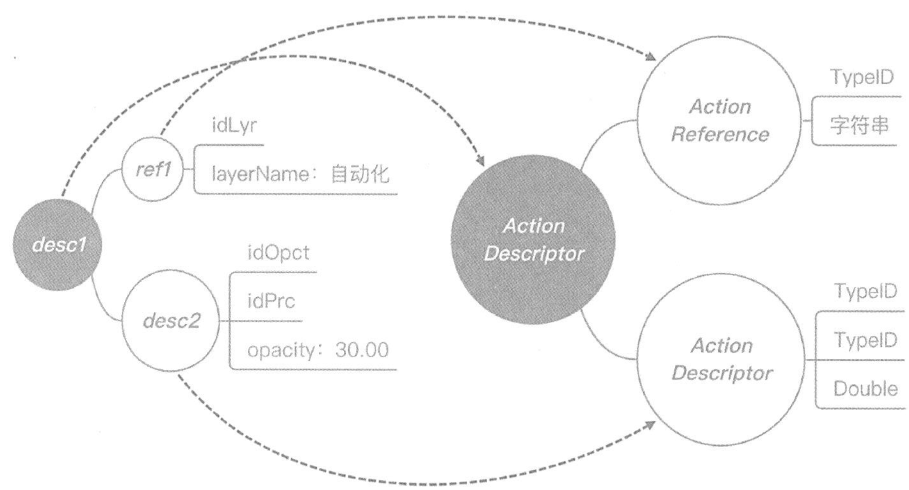

图 9-2-15　一个 ActionDescriptor 可以包含另一个 ActionDescriptor

从包含关系可以看出，一个 ActionDescriptor 可以包含 TypeID、ActionReference，甚至可以包含另一个 ActionDescriptor，从而形成一个包含更多内容的参数包。

❹ **切换到 Photoshop**：保存完成的脚本，并切换到 Photoshop 界面，此时已经打开了一份文档，文档的活动图层为“背景”，如图 9-2-16 所示。

❺ **运行脚本**：加载并执行该脚本文件，通过 Action Manager 的代码，将名为“自动化”图层的不透明度修改为了 30%，最终效果如图 9-2-17 所示。

图 9-2-16　Photoshop 已经打开了一份文档

图 9-2-17　名为“自动化”图层的不透明度被修改为 30%

9.3　Photoshop Action Manager 实战

多谢老师，我现在已经可以读懂脚本监听器生成的 Action Manager 代码了，并且还可以编写一些简单的 Action Manager 代码。

但是还想请您多给我讲解一些 Action Manager 的实例，这样我才能对 Action Manager 的理解更加深入。

好的，小美。Action Manager 的确非常实用，所以下面给你演示的这些示例，基本上都是基于实际项目改编的！

9.3.1 组合多个图像工具实现夸张效果的 Lomo 风格

本小节演示如何使用 Action Manager 代码，组合多个图像工具，以实现色彩对比度高、画面夸张的 Lomo 洛莫艺术风格。

❶ **创建脚本**：创建一个名为 9－3－1.jsx 的脚本文件，并输入以下代码：

```
function saturation(number)
{
```

首先添加一个函数，用来设置图像的饱和度。

```
    var idH = charIDToTypeID( "H   " );
    var idStrt = charIDToTypeID( "Strt" );
    var idLght = charIDToTypeID( "Lght" );
```

通过 charIDToTypeID 方法，将字符串转换为 Photoshop 软件的参数 ID。这里依次创建三个参数，分别表示色相、饱和度和亮度。

```
    var desc22613 = new ActionDescriptor( );
```

定义一个变量，作为动作描述符。

```
    desc22613.putInteger( idH, 0 );
    desc22613.putInteger( idStrt, number );
    desc22613.putInteger( idLght, 0 );
```

设置色相参数的数值为 0，也就是不调整图像的色相。设置饱和度的数值为函数的参数。设置亮度参数的数值为 0，也就是不调整图像的亮度。

```
    var list3632 = new ActionList( );
```

接着创建一个动作列表。

```
    var idHsttwo = charIDToTypeID( "Hst2" );
    list3632.putObject( idHsttwo, desc22613 );
```

在动作列表中，添加色相或饱和度调整命令。

```
    var desc22612 = new ActionDescriptor( );
```

继续定义一个变量，作为动作描述符。

```
    var idAdjs = charIDToTypeID( "Adjs" );
    desc22612.putList( idAdjs, list3632 );
```

创建一个调整参数，并将包含色相或饱和度命令的动作列表添加到调整参数中。

```
    var idHStr = charIDToTypeID( "HStr" );
    executeAction( idHStr, desc22612, DialogModes.NO );
```

最后调用执行动作方法，执行具有自定义参数的色相或饱和度命令。

```
}
function exposure(number)
{
```

继续添加一个函数，用来实现曝光度的艺术效果。

```
    var idExps = charIDToTypeID( "Exps" );
```

创建一个表示曝光度的参数。

```
    var desc22527 = new ActionDescriptor( );
    desc22527.putDouble( idExps, number );
```

定义一个变量,作为动作描述符。并设置曝光度的参数值为函数的参数值。

```
    executeAction( idExps, desc22527, DialogModes.NO );
```

调用执行动作方法,执行具有自定义参数的曝光度命令。

```
}
function lomoEffect( )
{
```

再次添加一个函数,用来实现洛莫的艺术效果。

```
    var layer = app.activeDocument.activeLayer;
    exposure(1.5);
```

接着获得当前的活动图层。然后调用曝光度函数,并设置曝光度的参数值为 1.5,参数效果如图 9-3-1 所示。

```
    layer.adjustCurves([[0, 0], [192, 127], [255, 255]])
```

调用曲线命令,并设置相应的三个参数,分别表示曲线由左到右三个顶点的坐标。参数的设置如图 9-3-2 所示。

```
    layer.adjustLevels(0, 255, 0.5, 0, 255)
```

继续调整图像的色阶,第 1、2、3 个参数,分别表示输入色阶的阴影、高光和中间调的数值。第 4、5 个参数,分别表示输出色阶的阴影和高光的数值。参数的设置如图 9-3-3 所示。

```
    saturation( - 30);
```

调用刚刚编写的饱和度函数,降低图像的饱和度。参数的设置如图 9-3-4 所示。

```
}
lomoEffect( );
```

完成函数的创建之后,就可以调用该函数了,给当前图像应用洛莫艺术效果。

图 9-3-1　曝光度命令参数设置

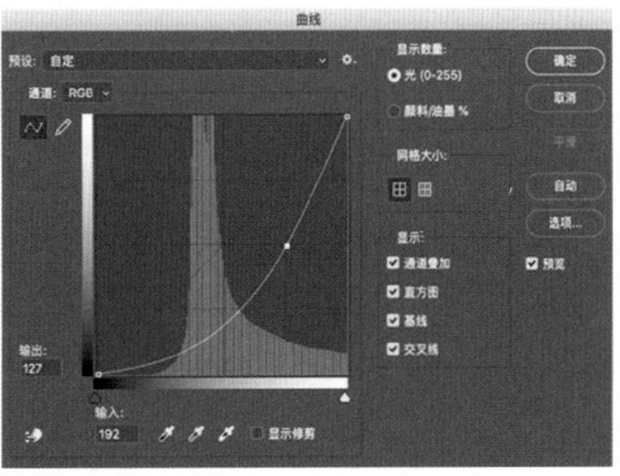

图 9-3-2　曲线命令参数设置

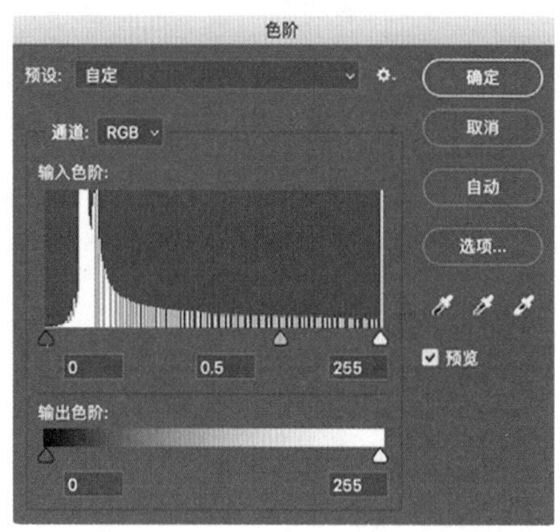

图 9-3-3　色阶命令参数设置

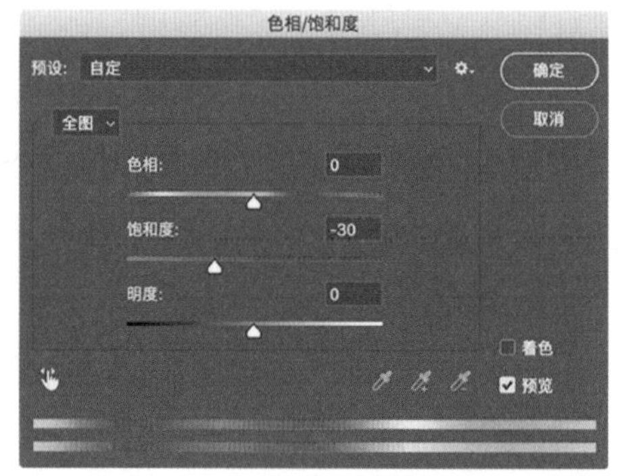

图 9-3-4　色相/饱和度参数设置

❷ **切换到 Photoshop**：保存完成的脚本，并切换到 Photoshop 界面，此时已经打开了一份空白的文档，如图 9-3-5 所示。

❸ **运行脚本**：依次执行"文件"→"脚本"→"浏览"命令，打开脚本载入窗口。在弹出的"载入"窗口中，直接双击脚本名称，加载并执行该脚本文件。

脚本执行后，图片被应用了 Lomo 风格的艺术效果，如图 9-3-6 所示。

图 9-3-5　应用 Lomo 风格艺术效果前的图片

图 9-3-6　图片被应用 Lomo 风格艺术效果

9.3.2　组合多个滤镜和图像工具实现明晰效果

本小节使用 Action Manager 代码，组合多个滤镜和图像工具，以增强图像的明晰程度。

❶ **创建脚本**：创建一个名为 9-3-2.jsx 的脚本文件，并输入以下代码：

```
function vibrance(number)
{
```

首先添加一个函数，用来调整图像的自然饱和度。

```
    var desc22663 = new ActionDescriptor( );
```

```
    var idvibrance = stringIDToTypeID( "vibrance" );
```

定义一个变量，作为动作描述符。通过 charIDToTypeID 方法，将字符串转换为 Photoshop 的参数 ID。这里创建一个自然饱和度参数。

```
    desc22663.putInteger( idvibrance, number );
    executeAction( idvibrance, desc22663, DialogModes.NO );
```

设置饱和度的数值为函数的参数值，接着调用 executeAction 执行动作方法，执行具有自定义参数的自然饱和度命令。

```
}
function sharpen(amount, radius)
{
```

继续添加一个函数，用来实现锐化效果。

```
    var desc22691 = new ActionDescriptor( );
```

定义一个变量，作为动作描述符。

```
    var idAmnt = charIDToTypeID( "Amnt" );
    var idPrc = charIDToTypeID( "#Prc" );
    desc22691.putUnitDouble( idAmnt, idPrc, amount );
```

创建一个参数，表示锐化的数量，并设置锐化的数量为函数参数的值。

```
    var idRds = charIDToTypeID( "Rds " );
    var idPxl = charIDToTypeID( "#Pxl" );
    desc22691.putUnitDouble( idRds, idPxl, radius );
```

创建另一个参数，表示锐化的半径，并设置锐化的半径为函数的第二个参数的值。

```
    var idThsh = charIDToTypeID( "Thsh" );
    desc22691.putInteger( idThsh, 0 );
```

接着创建第三个参数，表示锐化的阈值，并设置阈值为 0。

```
    var idUnsM = charIDToTypeID( "UnsM" );
    executeAction( idUnsM, desc22691, DialogModes.NO );
```

调用执行动作方法，执行具有自定义参数的锐化命令。

```
}
function clarityEffect( )
{
```

再次添加一个函数，用来实现明晰效果。

```
    vibrance(20);
```

首先调用自然饱和度函数，并设置饱和度的参数值为 20，以增强图像的饱和度。参数的设置如图 9-3-7 所示。

```
    var layer = app.activeDocument.activeLayer;
    layer.adjustCurves([[5, 0], [130, 150], [190, 220], [250, 255]]);
```

获得当前的活动图层。调用曲线命令，并设置相应的四个参数，分别表示曲线由左到右四个顶点的坐标。参数设置如图 9-3-8 所示。

```
    sharpen(30, 2.6);
```

继续调用锐化函数，并设置锐化的数量为 30，半径为 2.6。参数的设置如图 9-3-9 所示。

```
    layer.adjustBrightnessContrast(0, 4);
```

给图层添加亮度和对比度效果，设置亮度的数值为 0，对比度的数值为 4，以稍微增加图像的对比度。参数的设置如图 9－3－10 所示。

```
}
clarityEffect( );
```

这样就完成了明晰效果函数的创建，在此调用该函数，以增强图像的明晰程度。

图 9－3－7　自然饱和度参数设置

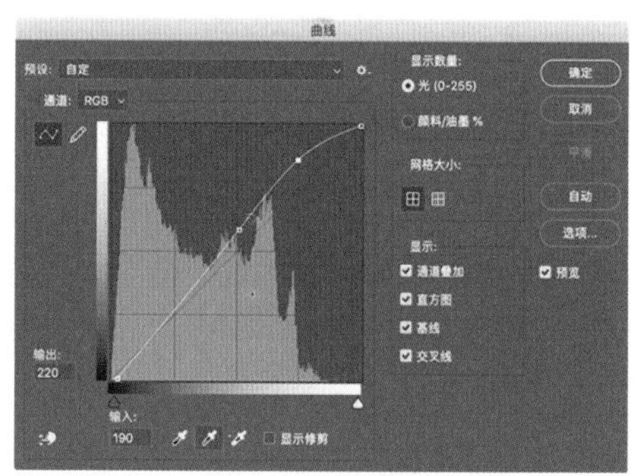

图 9－3－8　曲线参数设置

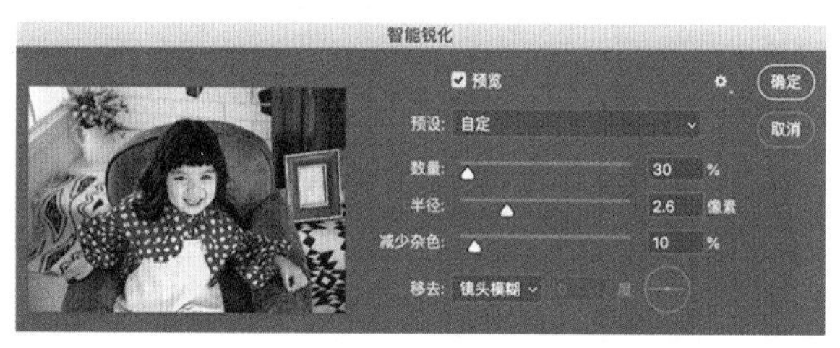

图 9－3－9　智能锐化参数设置

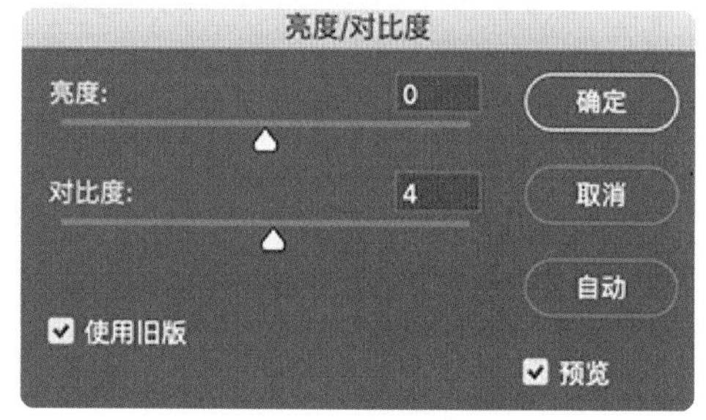

图 9－3－10　亮度/对比度参数设置

❷ **切换到 Photoshop：**保存完成的脚本，并切换到 Photoshop 界面，此时已经打开了一份待处理的文档，如图 9－3－11 所示。

❸ **运行脚本：**依次执行“文件”→“脚本”→“浏览”命令，打开脚本载入窗口。在弹出的“载入”窗口中，直接双击脚本名称，加载并执行该脚本文件。脚本执行后，图片被应用了明晰效果，如图 9－3－12 所示。

图 9－3－11　原始图像

图 9－3－12　应用明晰效果后的图像

9.3.3　组合多个图像工具实现罪恶城市 SinCity 效果

本小节演示如何使用 Action Manager 代码，组合多个图像工具，以实现罪恶城市 SinCity 的艺术效果。

❶ **创建脚本**：创建一个名为 9-3-3.jsx 的脚本文件，并输入以下代码：

```
function exposure(number)
{
```

首先添加一个函数，用来实现曝光度效果。

```
    var desc22527 = new ActionDescriptor( );
```

定义一个变量，作为动作描述符。

```
    var idExps = charIDToTypeID( "Exps" );
    desc22527.putDouble( idExps, number );
```

创建一个表示曝光度的参数，并设置曝光度的参数值为函数的参数值。

```
    executeAction( idExps, desc22527, DialogModes.NO );
```

调用执行动作方法，执行具有自定义参数的曝光度命令。

```
}
function sinCityEffect( )
{
```

再次添加一个函数，用来实现罪恶城市的艺术效果。

```
    var layer = app.activeDocument.activeLayer;
    layer.adjustBrightnessContrast( -28, 90);
```

接着获得当前的活动图层。设置亮度参数的数值为 -28，对比度的数值为 90，以降低图像的亮度，并大幅增强图像的对比度，参数效果如图 9-3-13 所示。

```
    exposure(1.0);
```

调用曝光度函数，并设置曝光度的参数值为 1.0，参数效果如图 9-3-14 所示。

```
    layer.mixChannels([[29.9, 58.7, 11.4, 0.0]], true);
```

给图层应用混合通道效果，其中第二个参数值 true，表示给图层应用单色效果，各参数的设置效果如图 9-3-15 所示。

```
}
sinCityEffect( );
```

这样就完成了艺术效果函数的创建，在此调用该函数，以给图像设置该艺术效果。

图 9-3-13　亮度/对比度参数设置

图 9-3-14　曝光度参数设置

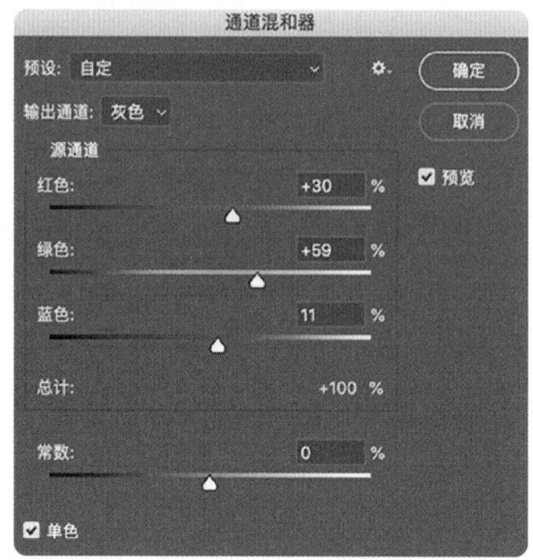

图 9-3-15　通道混和器参数设置

❷ **切换到 Photoshop**：保存完成的脚本，并切换到 Photoshop 界面，此时已经打开了一份空白的文档，如图 9-3-16 所示。

❸ **运行脚本**：依次执行"文件"→"脚本"→"浏览"命令，打开脚本载入窗口。在弹出的"载入"窗口中双击脚本名称，加载并执行该脚本文件。

脚本执行后，图片被应用了罪恶城市 SinCity 效果，如图 9-3-17 所示。

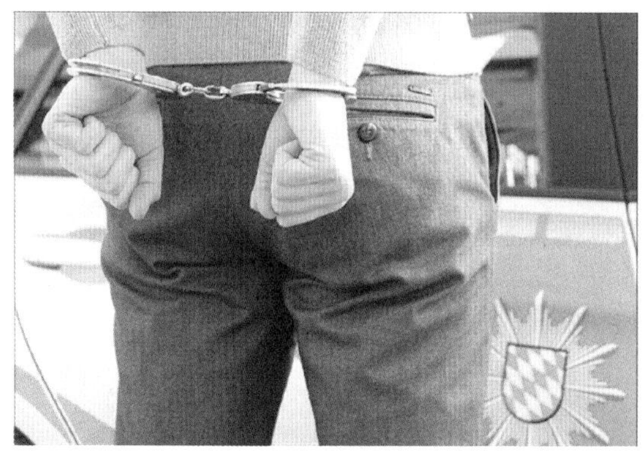

图 9-3-16　原始图片

图 9-3-17　罪恶城市 SinCity 效果

9.3.4　将多张图片合并然后导出为 GIF 动画

老师，我知道使用时间轴可以在 Photoshop 中制作 GIF 动画，使用 Photoshop 脚本也可以制作 GIF 动画吗？

小美，可以的。不过关于时间轴相关的操作，还是需要 Action Manager 的帮助。具体的制作流程可以分为以下几个步骤：

❶ 由用户选择生成 GIF 动画所需的素材所在的文件夹。

❷ 打开这些图片，并将它们放在同一个文档的不同图层。

❸ 将每个图层转换为一个关键帧。

❹ 设置每个关键帧需要显示和隐藏的图层。

❺ 为每个关键帧设置延迟时间。

❻ 导出 GIF 动画。

本小节演示如何使用 Action Manager 代码，将多张图片合并为一份 GIF 动画。

❶ **创建脚本**：创建一个名为 9-3-4.jsx 的脚本文件，并输入以下代码：

```
var inputFolder = Folder.selectDialog("Select a folder containing images:")
```

首先定义一个变量，供用户选择图片素材所在的文件夹。

```
if (inputFolder != null)
{
```

如果用户选择的文件夹确实存在(不为 null)，则执行后面的脚本。

```
    var fileList = inputFolder.getFiles("*.png");
```

获取文件夹下的所有 png 格式的图片素材，并将这些图片存在一个数组中。

```
    if(fileList.length <= 1)
        alert("No images or only one image.");
```

如果该文件夹下只有一张图片，或者没有任何图片，则弹出信息窗口，提示用户图片数量太少，无法生成动画。

```
    else
    {
        var frameCount = fileList.length;
```

如果该文件夹下拥有多张图片，则可以生成动画，同时获得图片的数量。

```
        if (fileList[0] instanceof File && fileList[0].hidden == false)
            open(fileList[0]);
```

如果列表里的第一个元素是文件，并且未被隐藏，则打开该图片。

```
        for (var i = 1; i <fileList.length; i++)
        {
```

然后添加一个循环语句，用来依次打开列表里的除了第一张图片之外的其他图片，并将这些图片复制、粘贴到第一张图片。

```
            if (fileList[i] instanceof File && fileList[i].hidden == false)
            {
                open(fileList[i]);
```

如果遍历到的元素是文件，并且未被隐藏，则打开该图片。

```
                var layer = app.activeDocument.activeLayer;
```

```
                layer.copy( );
```

获得新打开的文档的活动图层，并且拷贝这个图层里的内容。

```
                app.activeDocument.close( );
                app.activeDocument.paste(false);
```

关闭新打开的文档，然后将刚刚复制的内容，粘贴到第一张图片所在的文档。从而将用户所选文件夹下的所有图片，全部集中到第一张图片所在的文档中，并且分属不同的图层。

```
            }
        }
    }
}
```

❷ **切换到 Photoshop**：以上的代码可以将需要合成 GIF 的多张图片集成到一个文档中。现在先来测试一下这段代码。保存完成的脚本，并切换到 Photoshop 界面。

❸ **运行脚本**：依次执行“文件”→“脚本”→“浏览”命令，打开脚本载入窗口。在弹出的“载入”窗口中，直接双击脚本名称，加载并执行该脚本文件。

此时弹出一个文件夹拾取窗口，在弹出的文件夹拾取窗口中，选择图片素材所在的文件夹，该文件夹下有四张图片，如图 9-3-18 所示。

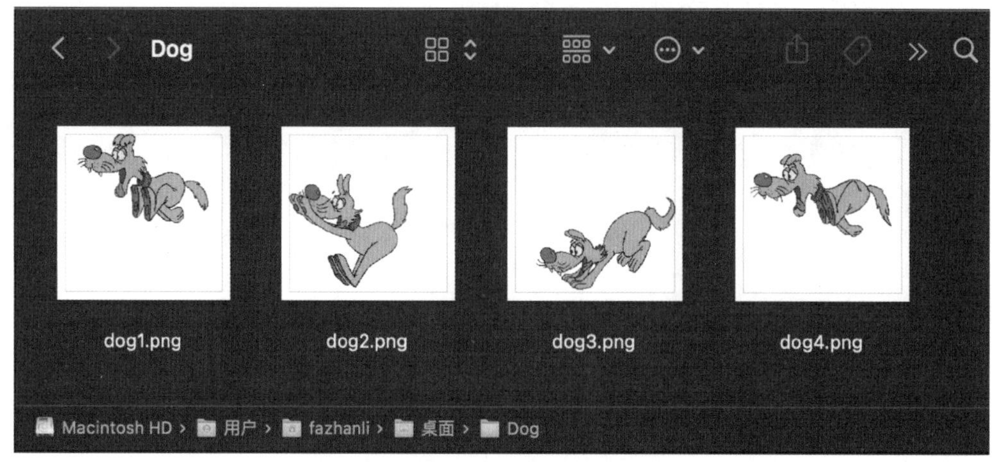

图 9-3-18　需要合成 GIF 动画的图片素材

此时就将一个文件夹下的所有图片，全部集中到第一张图片所在的文档中，并且分属不同的图层，如图 9-3-19 所示。

❹ **将图层转为动画帧**：下面要做的就是将这些图层分别放在不同的动画关键帧上，现在继续编写后面的代码。

```
function addFrames(frameCount)
{
```

添加一个函数，用来在时间轴上添加帧，帧的数量和图片的数量 frameCount 相同。

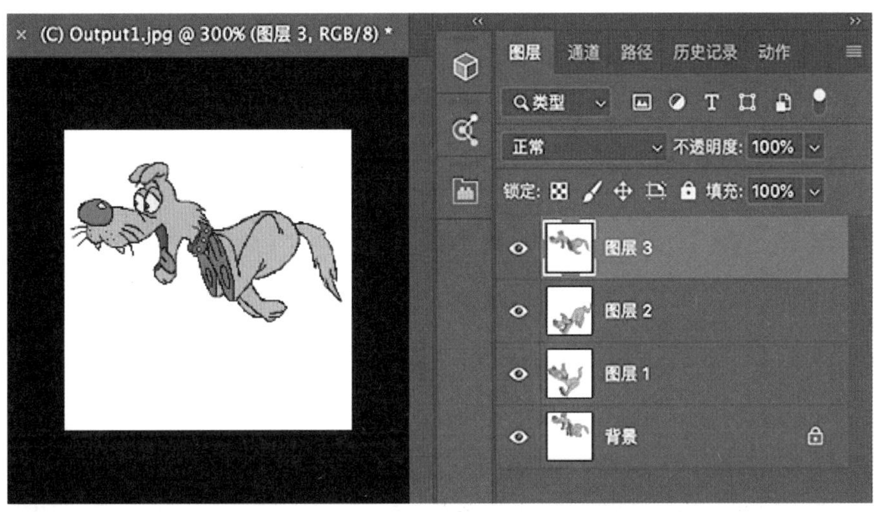

图 9-3-19　图片被放置在不同的图层

```
27.     var idmakeFrameAnimation = stringIDToTypeID( "makeFrameAnimation" );
28.     executeAction( idmakeFrameAnimation, undefined, DialogModes.NO );
```

首先生成一个创建帧动画的参数，并通过 executeAction 方法，创建一个帧动画。

```
29.     for(var i = 1; i < frameCount; i ++ )
30.     {
```

在创建帧动画之后，Photoshop 会自动创建一个关键帧。在此添加一个循环语句，用来创建剩余的关键帧。使关键帧的数量和图片的数量相同。

```
31.         var idanimationFrameClass = stringIDToTypeID( "animationFrameClass" );
```

创建一个动画帧类的参数。

```
32.         var idOrdn = charIDToTypeID( "Ordn" );
33.         var idTrgt = charIDToTypeID( "Trgt" );
```

继续创建两个参数分别表示关键帧的序号和目标。

```
34.         var ref234 = new ActionReference( );
35.         ref234.putEnumerated( idanimationFrameClass, idOrdn, idTrgt );
```

根据刚刚创建的三个参数，生成一个动作参考。

```
36.         var desc1309 = new ActionDescriptor( );
37.         var idnull = charIDToTypeID( "null" );
38.         desc1309.putReference( idnull, ref234 );
```

接着创建一个动作描述符。然后创建一个值为空的参数。

```
39.         var idDplc = charIDToTypeID( "Dplc" );
40.         executeAction( idDplc, desc1309, DialogModes.NO );
```

最后通过 executeAction 方法，创建一个新的关键帧。

```
41.     }
42. }
```

❺ **调用函数：**在第 22 行的代码下方添加一行代码，以执行添加关键帧的函数。

```
            }
        }
        addFrames(frameCount);
    }
}
```

❻ **运行脚本**：现在再来测试一下这段代码。保存完成的脚本，并切换到 Photoshop 界面。依次执行"文件"→"脚本"→"浏览"命令，再次执行该脚本文件。

此时弹出一个文件夹拾取窗口，在弹出的文件夹拾取窗口中，选择图片素材所在的文件夹，此时就将文件夹下的所有图片，全部集中到第一张图片所在的文档中，并且分属不同的图层，同时这个几个图层在时间轴面板中位于不同的动画帧，如图 9－3－20 所示。

图 9－3－20　四个图层在时间轴面板中位于不同的动画帧

❼ **设置延迟时间**：继续 GIF 动画的制作，需要设置每个关键帧的显示内容和延迟时间，并导出这个关键帧动画。

```
function highligthFrame(index)
{
```

首先添加一个函数，用来选择指定序号的关键帧。

```
    var idanimationFrameClass = stringIDToTypeID( "animationFrameClass" );
```

创建一个 TypeID，表示动画帧类。为了方便理解，TypeID 以后将被称作参数。

```
    var ref208 = new ActionReference( );
    ref208.putIndex( idanimationFrameClass, index );
```

然后创建一个关于动画帧类的动作参考，并设置动画帧的序号为函数的参数。

```
    var desc1158 = new ActionDescriptor( );
    var idnull = charIDToTypeID( "null" );
    desc1158.putReference( idnull, ref208 );
```

继续创建一个动作描述符。创建一个值为空的参数。

```
    var idslct = charIDToTypeID( "slct" );
    executeAction( idslct, desc1158, DialogModes.NO );
```

创建一个表示选择的参数，并调用 executeAction 方法，选择指定序号的关键帧。

```
}
function setDelayForFrame(delay)
{
```

继续添加一个函数，用来设置关键帧的延迟时间。

```
    var idanimationFrameClass = stringIDToTypeID( "animationFrameClass" );
```

创建一个参数，表示动画帧类。

```
    var idOrdn = charIDToTypeID( "Ordn" );
    var idTrgt = charIDToTypeID( "Trgt" );
```

继续创建两个参数，表示关键帧的顺序和目标。

```
    var ref222 = new ActionReference( );
    ref222.putEnumerated( idanimationFrameClass, idOrdn, idTrgt );
```

根据刚刚创建的三个参数，生成一个动作参考。

```
    var desc1173 = new ActionDescriptor( );
```

接着创建一个动作描述符。

```
    var idnull = charIDToTypeID( "null" );
    desc1173.putReference( idnull, ref222 );
    var desc1174 = new ActionDescriptor( );
```

然后创建一个值为空的参数，并继续创建一个新的动作描述符。

```
    var idanimationFrameDelay = stringIDToTypeID( "animationFrameDelay" );
    desc1174.putDouble( idanimationFrameDelay, delay );
```

创建一个参数，表示动画帧的延迟时间，并设置延迟时间的数值为函数参数的值。

```
    var idT = charIDToTypeID( "T   " );
    desc1173.putObject( idT, idanimationFrameClass, desc1174 );
```

创建一个新的参数，包含动画帧和动画帧的延迟时间。

```
    var idsetd = charIDToTypeID( "setd" );
    executeAction( idsetd, desc1173, DialogModes.NO );
```

最后创建一个用来设置延迟时间的参数，并通过调用 executeAction 方法，设置当前关键帧的延迟时间。

```
}
```

❽ **设置关键帧显示的内容：**添加一个名为 showLayerForIndex 的函数，该函数用来给每个关键帧设置不同的显示图层。例如第一帧只显示第一个图层，其他图层隐藏，第二帧显示第二个图层，隐藏其他图层。

```
73. function showLayerForIndex(index)
74. {
75.     var layers = app.activeDocument.artLayers;
```

首先获得活动文档的所有图层,并存储在一个变量中。

```
76.     for(var i = 0; i<layers.length; i++)  { layers[i].visible = false; }
```

通过一个循环语句,隐藏所有的图层。

```
77.     layers[index].visible = true;
```

然后根据关键帧的序号,决定显示哪个图层。

```
78. }
79. function exportGif( )
80. {
```

添加一个函数,用来导出 gif 动画。

```
81.     var desc1181 = new ActionDescriptor( );
```

首先创建一个动作描述符。

```
82.     var idDIDr = charIDToTypeID( "DIDr" );
83.     desc1181.putBoolean( idDIDr, true );
```

创建一个参数,表示文件的导出操作。

```
84.     var idIn = charIDToTypeID( "In  " );
85.     desc1181.putPath( idIn, new File( "/Users/fazhanli/Desktop" ) );
```

继续创建一个参数,表示文件的导出路径。

```
86.     var idovFN = charIDToTypeID( "ovFN" );
87.     desc1181.putString( idovFN, "myGif.gif" );
```

继续创建一个参数,表示文件导出后的名称。

```
88.     var idSaveForWeb = stringIDToTypeID( "SaveForWeb" );
89.     var idUsng = charIDToTypeID( "Usng" );
```

依次创建两个参数,分别表示:为网页导出和使用。

```
90.     var desc1180 = new ActionDescriptor( );
91.     desc1180.putObject( idUsng, idSaveForWeb, desc1181 );
```

创建一个动作描述符,表示将当前文档导出为网页格式的 GIF 动画。

```
92.     var idExpr = charIDToTypeID( "Expr" );
93.     executeAction( idExpr, desc1180, DialogModes.NO );
```

最后调用 executeAction 方法,执行动画的导出。

```
94. }
```

❾ **完成脚本的编写**:在完成用于选择关键帧的 highligthFrame 函数、用于为关键帧设置延迟时间的 setDelayForFrame 函数、用于为指定关键帧设置需要显示图层的 showLayerForIndex 函数、用于导出动画的 exportGif 函数后,现在开始使用这些函数。

在第 23 行代码“addFrames(frameCount);”的下方添加以下代码:

```
        addFrames(frameCount);
        for(var i = 1; i < = frameCount; i + + ) {
```

在添加关键帧之后，通过一个循环语句，设置关键帧的显示内容和延迟时间。

```
            highligthFrame(i);
            showLayerForIndex(i - 1);
            setDelayForFrame(0.5);
```

首先选择指定序号的关键帧。然后根据关键帧的序号，设置该关键帧只显示哪个图层。接着设置关键帧的延迟时间为 0.5 s。

```
        }
        exportGif( )
```

这样就完成了每个关键帧的显示内容和延迟时间的设置，接下来导出动画。

```
    }
}
```

⑩ 切换到 Photoshop：保存完成的脚本，并切换到 Photoshop 界面。

⑪ 运行脚本：依次执行 Photoshop 的“文件”→“脚本”→“浏览”菜单命令，再次加载并执行该脚本文件。

脚本执行后，在弹出的文件夹选择窗口中，选择需要合成 GIF 动画的图片所在的文件夹，脚本将会把这些图片合成为 GIF 动画，最终的时间轴如图 9 - 3 - 21 所示。

时间轴上共有四个关键帧，每个关键帧的延迟时间为 0.5 s。

图 9 - 3 - 21　GIF 动画的时间轴面板和图层面板

最终导出的 GIF 文件如图 9－3－22 所示。

图 9－3－22　导出的 GIF 动画

9.3.5　将百万视频批量转换为 GIF 动画

老师，我们有家客户经营一家大型的视频资源交易网站，为了方便用户了解网站上视频的大致内容，需要为每个视频制作一份 gif 动画。

客户说他们有近百万个视频文件，天啊，那我要做一百万个 GIF 动画，这要做到哪年哪月啊？

小美，别急啊，Photoshop 脚本可以帮你解决这个问题。下面我们以每 10 帧从视频中截取一张 GIF 画面为例：

❶ 打开需要转成 GIF 动画的 mp4 视频。

❷ 创建一份和视频相同尺寸的空白文档。

❸ 将时间轴上的指针每隔 10 帧移动一次，然后拷贝所在帧的画面。

❹ 将拷贝的画面粘贴到空白文档。

❺ 重复步骤❸～❹，这样视频中的每隔 10 帧的画面，都变成了空白文档中的一个图层。

❻ 将每个图层转换为一个关键帧。

❼ 设置每个关键帧需要显示和隐藏的图层。

❽ 为每个关键帧设置延迟时间。

❾ 导出 GIF 动画。

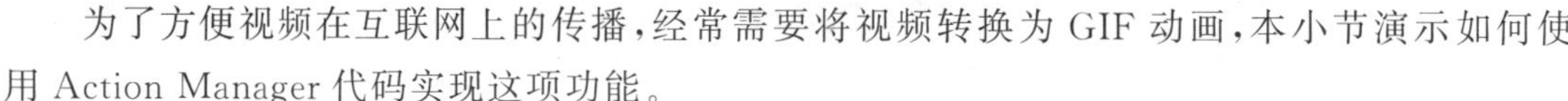

为了方便视频在互联网上的传播，经常需要将视频转换为 GIF 动画，本小节演示如何使用 Action Manager 代码实现这项功能。

❶ **创建脚本**：创建一个名为 9－3－5.jsx 的脚本文件，并输入以下代码：

```
function getVideoProperty(property)
{
```

添加一个函数,用来获取视频的属性,例如视频的总帧数、帧率等。

```
    var reference = new ActionReference( );
```

首先创建一个动作参考。

```
    reference.putProperty(charIDToTypeID("Prpr"), stringIDToTypeID(property));
    reference.putClass(stringIDToTypeID("timeline"));
```

接着创建一个视频属性,并将这个属性添加到动作参考中。

```
    var ret = executeActionGet(reference);
```

通过 executeAction 方法,从动作参考中获取指定属性的值。

```
    var frameCount = ret.getInteger(stringIDToTypeID(property));
    return frameCount;
```

最终获得视频属性的值,并返回这个值。

```
}
```

❷ **实现跳转到指定帧函数**:定义一个函数用来在时间轴上跳转到视频指定的帧。

```
function highlightVideoFrame(index)
{
    var ref12 = new ActionReference( );
```

首先创建一个 ActionReference 动作参考。

```
    var idPrpr = charIDToTypeID( "Prpr" );
    var idtime = stringIDToTypeID( "time" );
    ref12.putProperty( idPrpr, idtime );
```

依次创建两个参数 idPrpr 和 idtime,分别表示属性和时间,并将它们添加到动作参考中。

```
    var idtimeline = stringIDToTypeID( "timeline" );
    ref12.putClass( idtimeline );
```

继续创建一个参数 idtimeline,表示时间轴,同时将它添加到动作参考中。

```
    var desc46 = new ActionDescriptor( );
    var idnull = charIDToTypeID( "null" );
    desc46.putReference( idnull, ref12 );
```

创建一个动作描述符 ActionDescriptor。接着创建一个值为空 null 的参数。

```
    var desc47 = new ActionDescriptor( );
    var idframe = stringIDToTypeID( "frame" );
    desc47.putInteger( idframe, index );
```

再次创建一个动作描述符。创建一个参数,表示时间轴上的帧,同时将它添加到动作描述符中。

```
    var idtimecode = stringIDToTypeID( "timecode" );
    desc46.putObject( charIDToTypeID( "T   " ), idtimecode, desc47 );
```

继续创建一个参数,表示时间码,同时将它添加到动作描述符中。

```
    var idsetd = charIDToTypeID( "setd" );
    executeAction( idsetd, desc46, DialogModes.NO );
```

通过 executeAction 方法，在时间轴上跳转到指定的帧。

```
}
```

❸ **定义变量：**定义完成任务所需的一些变量。

```
var interval = 10;
```

在完成两个功能函数之后，定义一个值为 10 的变量，表示每 10 帧取 1 帧画面截图，用来生成 GIF 动画。

```
var totalFrameCount = getVideoProperty("frameCount");
var frameRate = getVideoProperty("frameRate");
```

接着通过调用刚刚创建的函数，获得当前视频的总帧数和帧率（每秒的帧数）。

```
var videoDocument = app.activeDocument;
var newDocument;
```

然后定义两个变量，分别表示活动文档和新的文档。

```
var frameCount = 0;
```

定义一个默认值为 0 的变量，统计用来创建 GIF 动画的视频帧的数量。

❹ **获取 GIF 截图：**添加一个循环语句，循环语句的步进值为 10，也就是每 10 帧获取 1 帧的视频内容，作为 GIF 动画的截图。

```
for(var i = 0; i < totalFrameCount; i += interval)
{
    highlightVideoFrame(i);
```

首先通过刚刚编写的函数，跳转到时间轴上的指定的帧。

```
    var layer = app.activeDocument.activeLayer;
    layer.copy( );
```

然后将该视频帧的画面，拷贝到内存中。

```
    if(i == 0)
    {
```

如果循环的索引值为 0，则创建一个新的文档，用来粘贴刚刚拷贝的视频画面。

```
        var width = videoDocument.width;
        var height = videoDocument.height;
        var resolution = 72;
        var docName = "New Document";
```

定义四个变量，分别表示视频文档的宽度、高度、分辨率和文档名称。

```
        var mode = NewDocumentMode.RGB;
        var initialFill = DocumentFill.TRANSPARENT;
        var pixelAspectRatio = 1;
```

```
        newDocument = app.documents.add(width, height, resolution, docName, mode, initialFill, pixelAspectRatio);
```

继续定义三个变量，分别表示文档的色彩模式、文档的背景是否透明，以及像素宽高比。使用以上参数，创建一个新的文档。

```
    }
    else
        app.activeDocument = newDocument;
```

如果循环的索引值为 0，则将新文档设置为 Photoshop 软件的活动文档。

```
    newDocument.paste(false);
    app.activeDocument = videoDocument;
```

接着将刚刚复制的指定帧的视频画面，粘贴到新的文档中。粘贴之后，再将原来的视频文档，设置为 Photoshop 软件的活动文档。

```
    frameCount += 1;
```

每粘贴一次，就将 frameCount 变量的值增加 1，以统计有多少帧用于生成 GIF 动画。

```
}
app.activeDocument = newDocument;
```

在将所有视频帧每 10 帧取 1 帧，并将这些帧粘贴到新文档之后，就完成了视频画面到新文档的输出。此时将新文档设置为 Photoshop 软件的活动文档。

```
addFrames(frameCount);
```

接着根据 frameCount 变量的值，在新的文档创建相同数量的帧。此处的 addFrames 函数以及后面代码中的 highligthFrame 函数、showLayerForIndex 函数和 setDelayForFrame 函数，都来自上一小节。

❺ 设置显示图层： 通过一个循环语句，给不同的关键帧设置不同的显示图层。

```
for(var i = 1; i <= frameCount; i++)
{
    highligthFrame(i);
```

通过 highligthFrame 函数选择遍历到的关键帧。

```
    showLayerForIndex(i - 1);
```

通过 showLayerForIndex 函数显示当前关键帧的图层。

```
    var duration = interval/frameRate;
    duration = duration/2;
    setDelayForFrame(duration);
```

然后根据动画时长 interval 和动画帧率 frameRate，给每个关键帧设置不同的延迟时间。请将上面的 addFrames 函数、highlightFrame 函数、showLayerForIndex 函数和 setDelayForFrame 函数的代码从上一小节的脚本中复制到当前的脚本中。

```
}
exportGif()
```

调用 exportGif 函数，导出 gif 动画，exportGif 函数也是在上一小节中实现的。

❻ 切换到 Photoshop： 保存完成的脚本，并切换到 Photoshop 界面，此时已经打开了一份

mp4 视频文档，如图 9－3－23 所示。

❼ **运行脚本**：现在来将这个视频文件转换为 GIF 文件，依次执行“文件”→“脚本”→“浏览”命令，打开脚本载入窗口。在弹出的“载入”窗口中，直接双击脚本名称，加载并执行该脚本文件。脚本执行后，将得到一个名为 myGif.gif 的动画，如图 9－3－24 所示。

图 9－3－23　需要转为 GIF 的视频

图 9－3－24　生成的 GIF 动画

9.3.6　将一个视频批量分隔为多个 mp4 小视频

老师，我们的客户互动教程网是一家教学网站，他们为了提高工作效率，在录制课程视频时，是将多段课程一起录制的，每段课程视频之间有 90 帧的黑屏，然后告诉我们以黑屏为参照，将这个视频分隔为一段段的视频课程。由于他们录制的视频比较多，所以我想使用脚本来批量处理。

小美，这哪里是提高工作效率啊，明明是偷懒，话说回来，要使用 Photoshop 脚本来批量分割并导出视频绝对是可以的。

其主要包含这样两个步骤：

❶ 找出视频中的黑屏所在的帧号，将这些帧号保存到数组中。

❷ 以数组里的相邻两个帧号，作为一段视频的开始帧和结束帧，然后将这一段视频导出即可。

当前文档是一门课程的项目演示视频，它包含 9 个节目的演示片段，如图 9－3－25 所示，需要将它拆分为 9 个单独的视频。

❶ **创建脚本**：创建一个名为 9－3－6.jsx 的脚本文件，以实现拆分视频的功能。

❷ **定义颜色采样函数**：定义一个名为 getSampleColor 的函数，用来获得图片上指定坐标

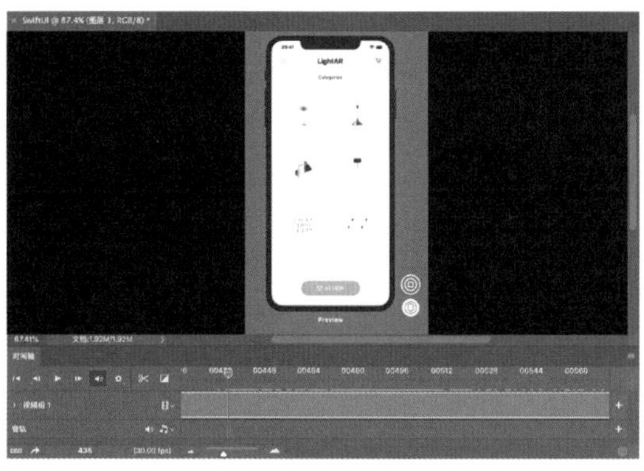
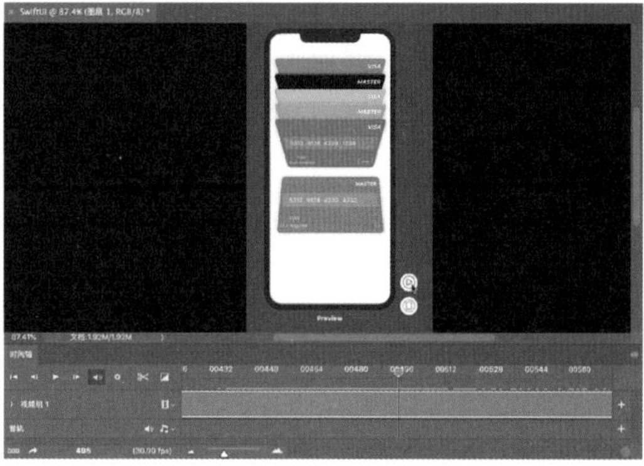

图 9-3-25　包含 9 段小节目的视频文件

的颜色。它的两个参数 x，y 是采样点的坐标。

```
function getSampleColor(x, y)
{
    var pointSample = app.activeDocument.colorSamplers.add([(x - 1),(y - 1)]);
```

在图片指定位置添加一个颜色采样器，以获取该位置上的颜色。

```
    var rgb = [
        pointSample.color.rgb.red,
        pointSample.color.rgb.green,
        pointSample.color.rgb.blue
    ];
```

将获得的颜色信息的红、绿、蓝三个通道的值存储在 rgb 数组中。

```
    pointSample.remove( );
    return rgb;
```

在函数的末尾删除颜色采样器，并返回获取的颜色信息。

```
}
```

❸ **判断是否为黑屏函数：**定义一个名为 isBlackPage 的函数，用来判断当前帧的画面是否为黑屏。

```
function isBlackPage( )
{
    var points = [[2,2],[1228, 6],[500, 100]];
```

定义三个采样坐标，如果这三个坐标的颜色都是黑色，则判断该页面为黑屏。

```
    var blackNumber = 0;
    for(var i = 0; i <points.length; i ++ )
    {
        var point = points[i];
```

```
        var color = getSampleColor(point[0], point[1]);
```

获得 points 数组中的坐标上的颜色。

```
        var red = Math.ceil(color[0]);
        var green = Math.ceil(color[1]);
        var blue = Math.ceil(color[2]);
```

将获得的红、绿、蓝三个通道的颜色数值,依次存储在三个变量中。

```
        if(red <= 5 && green <= 5 && blue <= 5)
            blackNumber += 1;
```

如果这三个值都小于 5,则这个坐标上的颜色为黑色。将黑色点的数量加 1。

```
    }
    if(blackNumber == points.length)
        return true;
    else
        return false;
```

如果黑色点的数量为 points 数组的长度,也就是 3,那么当前页面为黑屏。

```
}
```

❹ **找出每段视频：**以黑屏为参照物,找出每段视频的开始位置和结束位置。

```
var beginPoints = [0];
var totalFrameCount = getVideoProperty("frameCount");
```

beginPoints 数组用来存储黑屏位置上的帧号,两个相邻帧号之间的差值,就是一段视频的长度,这样就可以根据这个长度裁剪和输出视频了。

totalFrameCount 变量是当前视频的总帧数,getVideoProperty 函数是上一小节创建的。

```
for(var i = 0; i < totalFrameCount; i += 80)
{
```

由于黑屏画面的时长为 90 帧,所以这里每 80 帧检查一下视频画面是否为黑屏,以避免漏掉一些黑屏画面。

```
    highlightVideoFrame(i);
    var isBlack = isBlackPage( );
```

将时间轴上的指针移到指定的帧,highlightVideoFrame 函数是上一小节实现的。然后通过 isBlackPage 方法检查这一帧的画面是否为黑屏。

```
    if(isBlack)
    {
```

如果是黑屏画面,则找出这一段黑屏画面的最后一帧。

```
        for(var j = 1; j <= 90; j += 1)
        {
```

逐帧检查接下来的 90 帧是否为黑屏,以找出这一段黑屏画面的最后一帧。

```
            highlightVideoFrame(i + j);
            var isBlack2 = isBlackPage( );
```

通过 highlightVideoFrame 方法跳转到这一帧,然后检查这一帧是否黑屏。

```
            if(! isBlack2)
            {
                beginPoints.push(i + j - 1);
```

如果不是黑屏,则将帧号存储在一个数组里。两个相邻帧号之间的差值,是一段视频的长度。

```
                isBlack = false;
                i += 1000;
```

重置 isBlack 变量的值,以找出下一段的黑屏。同时跳过 1 000 帧,因为两段黑屏之间的视频的长度都是大于 1 000 帧的,所以没必要浪费时间去检查这 1 000 帧是否为黑屏。

```
                break;
            }
        }
    }
}
var count = beginPoints.length - 1;
```

此时 beginPoints 已经包含了所有需要截取的视频的开始帧和结束帧,因此通过数组的长度,可以计算出拆分后的视频的数量。

```
var prefix = "preview";
var exportPath = "/Users/fazhanli/Movies/videoResource/";
```

定义一个变量,作为拆分后的视频名称的前缀。继续定义一个变量,作为拆分后的视频的存储路径。

❺ 创建导出视频函数: 创建一个名为 exportVideo 的函数,用来导出视频。

```
function exportVideo(exportPath, fName, startPoint, endPoint)
{
```

添加一个函数,用来导出起始帧和结束帧之间的视频片段。

```
    var desc17 = new ActionDescriptor( );
```

首先定义一个动作描述符。

```
    var iddirectory = stringIDToTypeID( "directory" );
    desc17.putPath( iddirectory, new File( exportPath ) );
```

设置导出之后的视频的存储路径。

```
    var idNm = charIDToTypeID( "Nm  " );
    desc17.putString( idNm, fName);
```

创建一个参数,表示导出后的视频名称。将函数的第二个参数,作为视频的名称。

```
    var idameFormatName = stringIDToTypeID( "ameFormatName" );
    desc17.putString( idameFormatName, "H.264" );
```

设置视频的渲染格式为高质量模式。

```
var idamePresetName = stringIDToTypeID( "amePresetName" );
desc17.putString( idamePresetName, "1_High Quality.epr" );
```

设置视频转码的预设名称。

```
var iduseDocumentSize = stringIDToTypeID( "useDocumentSize" );
desc17.putBoolean( iduseDocumentSize, true );
```

使用文档的尺寸对视频进行渲染，也就是不对视频的尺寸进行缩放操作。

```
var iduseDocumentFrameRate = stringIDToTypeID( "useDocumentFrameRate" );
desc17.putBoolean( iduseDocumentFrameRate, true );
```

使用文档当前的帧率，对视频进行转码操作。

```
var idpixelAspectRatio = stringIDToTypeID( "pixelAspectRatio" );
var idDcmn = charIDToTypeID( "Dcmn" );
```

创建两个参数，分别表示像素长宽比和当前文档。

```
desc17.putEnumerated( idpixelAspectRatio, idpixelAspectRatio, idDcmn );
```

设置视频转码的像素长宽比，和当前文档的长宽比率保持相同。

```
var idfieldOrder = stringIDToTypeID( "fieldOrder" );
var idvideoField = stringIDToTypeID( "videoField" );
```

创建两个参数，分别表示域号和视频域。

```
var idpreset = stringIDToTypeID( "preset" );
desc17.putEnumerated( idfieldOrder, idvideoField, idpreset );
```

设置视频的域号和视频域为默认设置。

```
var idmanage = stringIDToTypeID( "manage" );
desc17.putBoolean( idmanage, true );
```

接着创建一个管理参数。

```
if(startPoint != -1) {
```

如果起点帧号的参数不等于 -1，则实现分段渲染视频的功能。

```
    var idinFrame = stringIDToTypeID( "inFrame" );
    desc17.putInteger( idinFrame, startPoint );
```

设置视频渲染的起始帧号。

```
    var idoutFrame = stringIDToTypeID( "outFrame" );
    desc17.putInteger( idoutFrame, endPoint );
```

然后设置视频渲染的结束帧号。

```
}
else {
    var idallFrames = stringIDToTypeID( "allFrames" );
    desc17.putBoolean( idallFrames, true );
```

如果起点帧号的参数等于 -1，则表示需要将整个视频进行渲染输出。

```
}
var idrenderAlpha = stringIDToTypeID( "renderAlpha" );
var idalphaRendering = stringIDToTypeID( "alphaRendering" );
```

创建两个参数，分别表示是否渲染透明度信息。

```
    var idNone = charIDToTypeID( "None" );
    desc17.putEnumerated( idrenderAlpha, idalphaRendering, idNone );
```

设置在渲染视频时,不对透明度信息进行处理。

```
    var idQlty = charIDToTypeID( "Qlty" );
    desc17.putInteger( idQlty, 1 );
```

设置视频的渲染质量为 1。

```
    var idErrorThreshold = stringIDToTypeID( "Z3DPrefHighQualityErrorThreshold" );
    desc17.putInteger( idErrorThreshold, 5 );
```

设置高质量错误阈值为 5,这样就完成了视频渲染参数的设置。

```
    var desc16 = new ActionDescriptor( );
```

接着进行视频的输出,首先定义一个动作描述符。

```
    var idUsng = charIDToTypeID( "Usng" );
    var idvideoExport = stringIDToTypeID( "videoExport" );
    desc16.putObject( idUsng, idvideoExport, desc17 );
```

创建另一个参数 idvideoExport,表示执行视频渲染输出的操作。将以上参数整合到视频输出的指令中。

```
    var idExpr = charIDToTypeID( "Expr" );
    executeAction( idExpr, desc16, DialogModes.NO );
```

最后执行视频的输出操作,并且不弹出任何对话框。

```
}
```

❻ **分割并导出视频**:根据每段视频的开始位置和结束位置,导出每一段的视频。

```
for(var i = 0;i < count; i ++ )
{
```

添加一个循环语句,用来遍历帧号数组。

```
    var p1 = beginPoints[i];
    var p2 = beginPoints[i + 1] - 2;
```

获得对视频进行拆分的起点的帧号。然后获得对视频进行拆分的结束点的帧号。

```
    var fName = prefix + "-" + (i + 1) + ".mp4";
```

定义一个变量,表示视频的名称,视频名称由前缀和循环语句的索引组成。

```
    exportVideo(exportPath, fName, p1, p2);
```

在循环语句里调用视频输出函数,并传递输出路径、视频名称、起点帧号和终点帧号四个参数,对 9 个视频进行批量导出。

```
}
```

❼ **切换到 Photoshop**:保存完成的脚本,并切换到 Photoshop 界面,此时已经打开了一份 mp4 视频文件,如图 9-3-26 所示,现在将这个视频分割为 9 个小的 mp4 视频。

❽ **运行脚本**:依次执行"文件"→"脚本"→"浏览"命令,打开脚本载入窗口。在弹出的"载入"窗口中,直接双击脚本名称,加载并执行该脚本文件。

脚本执行后,当前视频被分隔为 9 个单独的视频文件,如图 9-3-27 所示。

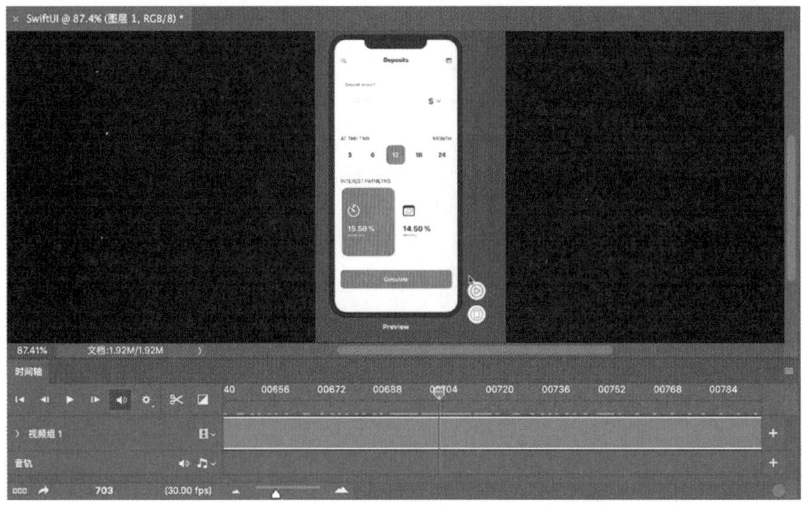

图 9-3-26　待分割为 9 个小的 mp4 的视频文件

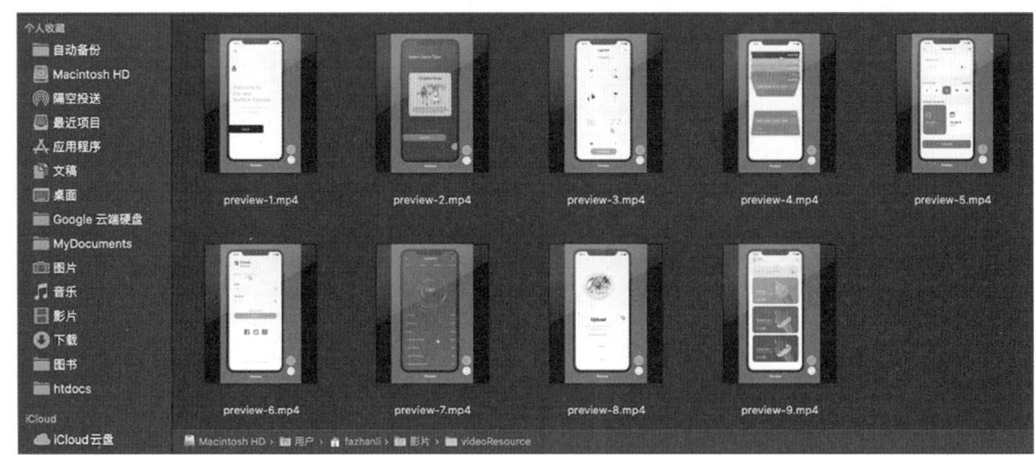

图 9-3-27　视频被分隔为 9 个单独的视频文件

9.3.7　将多个小视频合并为一个完整的视频

老师，跟您说件好搞笑的事儿，互动教程网跟我说要将拆分的视频课程片段再合成一个，因为他们打算在网易云课程发布他们的课程。

如果分开发布课程的话，太浪费时间了，所以还需要将这些视频再合成一个。这样每章课程只需要上传一个视频文件就行了。

小美，还有这事，那把原来没有拆分的视频拿去上传不就行了。

我也是这样讲的，但是他们说原来的视频中有很多长达 90 帧的黑屏，这会影响学员的学习体验。

好吧，看在他们对学员负责的份上，咱们再来写一份合并视频的脚本，这个脚本其实很简单，只有三个步骤：

❶ 由用户选择待合并视频所在的文件夹，并将这些视频存在数组中。

❷ 遍历数组中的所有视频，打开第一个视频，其他视频则在时间轴上依次插入到上一个视频的后方。

❸ 渲染导出合并后的视频。

本小节实现的功能和上节刚好相反，将通过 Action Manager 代码，将多个视频合并为一个视频。当前文档已经包含了在上一小节创建的名为 exportVideo 用于导出视频的函数。

❶ **创建脚本**：创建一个名为 9-3-7.jsx 的脚本文件，并输入以下代码：

```
var exportFilePath = "/Users/fazhanli/Desktop/videos";
var exportFileName = "mergedVideo.mp4"
```

首先定义一个变量，表示视频输出的路径。定义另一个变量，表示输出后的视频的名称。

```
var sampleFolder = Folder.selectDialog("选择文件夹");
var fileList = sampleFolder.getFiles("*.mp4");
```

打开一个文件夹拾取窗口，由用户选择需要进行合并的视频素材所在的文件夹。获得用户所选文件夹下的所有 mp4 文件。

```
for(var i=0; i<fileList.length; i++)
{
```

添加一个循环语句，用来遍历每个视频文件。

```
    if(i == 0)
        app.open(fileList[i]);
```

如果是用户所选文件夹里的第一个视频文件，则打开该视频文件。

```
    else
    {
        var idaddClipsToTimeline = stringIDToTypeID( "addClipsToTimeline" );
```

如果不是文件夹里的第一个视频文件，则将这些视频文件插入到上一个视频的尾部。

```
        var idflst = charIDToTypeID( "flst" );
```

创建一个参数 idflst，表示上一个视频在时间轴里的最后的帧。

```
        var list5190 = new ActionList( );
        list5190.putPath( fileList[i]);
```

创建一个动作列表，并将视频添加到动作列表中。

```
        var desc31774 = new ActionDescriptor( );
        desc31774.putList( idflst, list5190 );
```

接着创建一个动作描述符，并且包含上方的动作列表。

```
        executeAction( idaddClipsToTimeline, desc31774, DialogModes.NO );
```

调用 executeAction 方法，将动作列表里的所有视频文件，在时间轴上依次添加到上一个视频的尾部。

```
    }
}
exportVideo(exportFilePath, exportFileName, -1, 0);
```

最后调用在上一小节编写的函数，将合并后的视频进行渲染输出。其中第三个参数 -1，表示输出整个时间轴上的所有视频。

❷ **切换到 Photoshop**：保存完成的脚本，并切换到 Photoshop 界面。

❸ **运行脚本**：依次执行"文件"→"脚本"→"浏览"命令，打开脚本载入窗口。在弹出的"载入"窗口中，直接双击脚本名称，加载并执行该脚本文件。

脚本执行后，弹出一个文件夹拾取窗口，选择一个包含多个视频的文件夹。这样就可以将文件夹中的所有视频合并为一个文件，如图 9-3-28 所示。

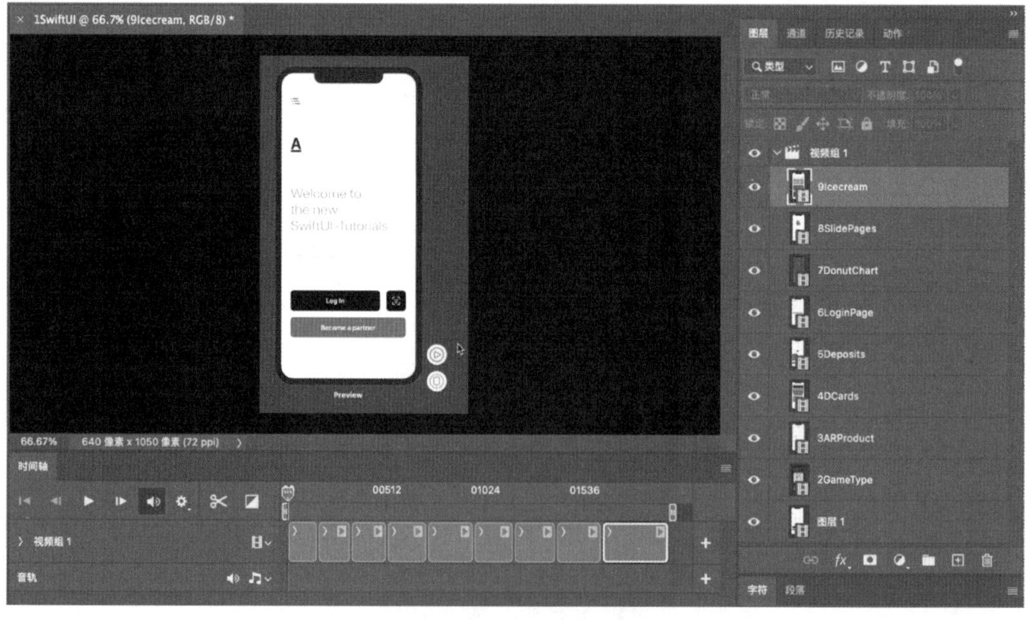

图 9-3-28 在时间轴上所有视频被按序合并

合并后的视频最终被渲染为一个名为 mergedVideo.mp4 的文件，如图 9-3-29 所示。

图 9-3-29　合并后的文件被渲染为 mergedVideo.mp4

9.3.8　为上万影片批量生成九宫格预览图

老师，我们有家客户是经营视频资源交易网站的，上次和您讲过这家公司，就是找我将百万视频转成 GIF 动画的。

这几天他们又有新的需求，要为这百万视频各成生一份九宫格预览图，也就是从视频 9 个不同的位置各截取 1 张图片，然后将这 9 张图片拼成一份九宫格图片。

他们的用户就可以通过九宫格图片了解视频的大致内容，如果需要了解视频更多内容时，再显示之前生成的 GIF 动画，这样就可以大大节省网站的流量，降低经营成本。

小美，这是一个很棒的想法！以下步骤可以生成视频的九宫格缩略图：

❶ 获取视频总长度，计算分成 9 段，每一段的总帧数。

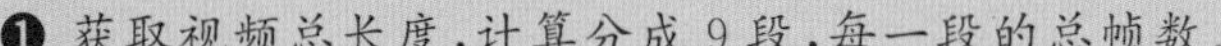

❷ 将视频缩小到宽度为 400 像素，以统一九宫格缩略图的尺寸。

❸ 根据缩小后的视频的尺寸，创建一份可以容纳三行三列 9 个视频截图的空白文档。

❹ 通过一个循环拷贝每段视频的截图，根据当前截图的序号，在空白文档创建一个指定范围的选区，并将截图粘贴到选区中。

❺ 保存并关闭九宫格缩略图文档。

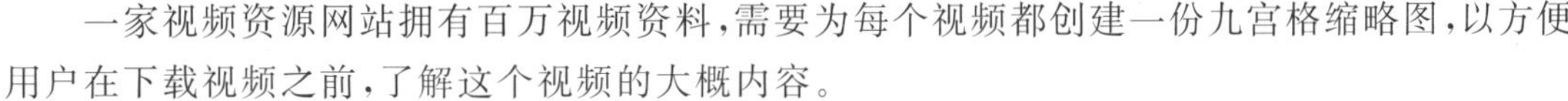

一家视频资源网站拥有百万视频资料，需要为每个视频都创建一份九宫格缩略图，以方便用户在下载视频之前，了解这个视频的大概内容。

如果手工制作这些缩略图，那么工作量是非常巨大的，而使用脚本则可以快速完成这项任务。当前脚本已经包含了前面制作的用来获取视频属性的函数。

❶ **创建脚本**：创建一个名为 9－3－8.jsx 的脚本文件，并输入以下代码：

```
var totalFrameCount = getVideoProperty("frameCount");
var frameRate = getVideoProperty("frameRate");
```

依次定义两个变量，分别表示当前视频的总帧数和帧率。

```
var pageCount = 9;
var interval = Math.floor(totalFrameCount/9);
```

定义两个变量，第一个变量表示缩略图的数量，第二个变量表示从视频截取缩略图时的间隔帧数。也就是将视频分成相同长度的 9 段，每段截取一张缩略图。

```
var videoDocument = app.activeDocument;
var newDocument;
```

继续定义两个变量，分别表示活动文档和新建的文档。

```
var newWidth = 400;
var newHeight = videoDocument.height * newWidth/videoDocument.width;
```

由于每个视频的尺寸有可能不同，所以统一将视频缩小到 400 像素的宽度，然后以宽度为基准，按比例调整视频的高度。

```
videoDocument.resizeImage(newWidth, newHeight);
```

然后将视频缩小到指定的宽度和高度。

❷ **定义创建选区函数**：定义一个函数，根据视频截图在九宫格里的序号在文档中创建相应的选区。

```
function createSelectionForOnePicture(index)
{
    var row = Math.floor(index / 3);
    var col = index % 3;
```

定义两个变量，分别表示该序号的画面在九宫格里的行数和列数。

```
    var baseX = (col % 3) * newWidth;
    var baseY = (row % 3) * newHeight;
```

根据画面在九宫格里的序号，计算该画面在九宫格里的水平位置和垂直位置。

```
    var region = [[baseX, baseY],[baseX + newWidth, baseY],[baseX + newWidth,
                                 baseY + newHeight],[baseX, baseY + newHeight]];
```

接着使用以上参数，创建一个数组，该数组包含四个元素，依次表示选区左上角、右上角、右下角和左下角的坐标。

```
    var type = SelectionType.REPLACE;
    var feather = 0;
```

```
    var antiAlias = true;
    app.activeDocument.selection.select(region, type, feather, antiAlias);
```

定义三个变量，依次表示创建选区的模式、羽化程度和是否抗锯齿。根据以上参数，创建一个选区，用来放置一张视频缩略图。

```
}
```

❸ **创建九宫格：**将 9 个视频截图粘贴到新文档相应的位置。

```
for(var i = 0; i < 9; i ++ )
{
```

添加一个循环语句，用来获取视频里的 9 个不同帧号的画面。

```
    highlightVideoFrame(interval * i);
```

根据截取视频的间隔长度，在时间轴上跳转到指定的帧。

```
    var layer = app.activeDocument.activeLayer;
    layer.copy( );
```

然后拷贝该视频帧的画面。

```
    if(i == 0) {
```

如果循环的索引为 0，则创建一份空白文档，作为视频的九宫格。

```
        var width = videoDocument.width * 3;
        var height = videoDocument.height * 3;
        var resolution = 72;
        var docName = "New Document";
        var mode = NewDocumentMode.RGB;
```

依次设置空白文档的宽度、高度、分辨率和文档名称。

```
        var initialFill = DocumentFill.TRANSPARENT;
        var pixelAspectRatio = 1;
```

设置新文档的色彩模式、背景是否透明和像素长宽比。

```
        newDocument = app.documents.add(width, height, resolution, docName, mode, initial-
        Fill, pixelAspectRatio);
```

然后创建一个刚好可以容纳三排三列缩略图的空白文档。

```
    }
    else
        app.activeDocument = newDocument;
```

如果循环的索引不为 0，则将空白文档作为 Photoshop 软件的活动文档。

```
    createSelectionForOnePicture(i);
    newDocument.paste(true);
```

根据缩略图在九宫格里的序号，在新的文档中创建一个选区，并将刚刚拷贝的视频画面粘贴到该选区里。

```
    app.activeDocument = videoDocument;
```

将视频画面粘贴入选区之后，返回原来的视频文档。

```
}
app.activeDocument = newDocument;
```

这样就完成了视频缩略图九宫格的创建，任务完成后，将新建的九宫格文档作为 Photoshop 软件的活动文档。

❹ **保存结果**：将生成的九宫格缩略图保存到指定的位置。

```
var fileOut = new File("/Users/fazhanli/Desktop/Thumbnail.jpeg");
```

接着创建一个文件路径，作为视频缩略图的存储位置。

```
var exportOptionsSaveForWeb = new ExportOptionsSaveForWeb( );
exportOptionsSaveForWeb.format = SaveDocumentType.JPEG;
exportOptionsSaveForWeb.quality = 60;
```

然后设置文件的存储格式，压缩比率为 60%。

```
newDocument.exportDocument(fileOut, ExportType.SAVEFORWEB, exportOptionsSaveForWeb);
newDocument.close(SaveOptions.DONOTSAVECHANGES);
```

最后将视频缩略图九宫格文件保存在指定的路径上。

❺ **切换到 Photoshop**：保存完成的脚本，并切换到 Photoshop 界面，此时已经打开了一份名为 video.mp4 的视频文档，如图 9-3-30 所示，现在来使用脚本生成这个视频的九宫格缩略图。

图 9-3-30　需要生成九宫格缩略图的视频

❻ **运行脚本**：依次执行“文件”→“脚本”→“浏览”命令，打开脚本载入窗口。在弹出的“载入”窗口中，直接双击脚本名称，加载并执行该脚本文件。脚本执行后，生成一张 jpeg 格式的视频九宫格缩略图，如图 9-3-31 所示。

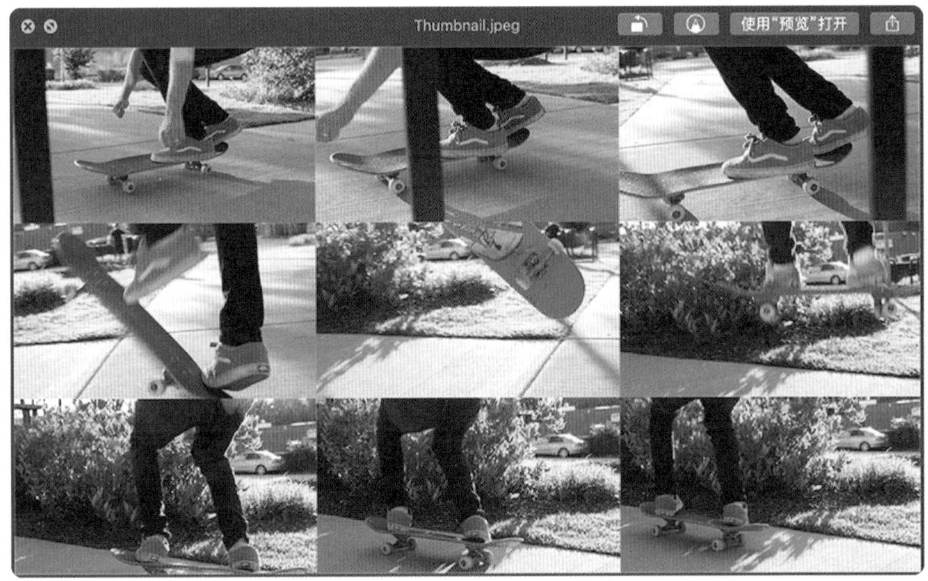

图 9-3-31　视频的九宫格缩略图

脚本将视频分为 9 段，每一段各截取一张缩略图，然后将这些缩略图拼贴成一张九宫格，从而让用户在下载视频之前，可以大致了解视频的内容。

9.3.9　给 234 个视频批量添加不同内容的片头动画

老师，最近我们的客户互动教程网发布了《Word 精美排版的艺术》教程，包含 234 节视频，我需要为每一节课程视频制作片头动画，在片头动画中显示这一节视频课程的标题。

我已经为第一节课程的视频制作好了片头动画，请问如何使用 Photoshop 脚本为其他的视频课程也制作相应的片头动画。

小美，我看了你制作的片头动画的 psd 文件，它已经包含了课程标题图层和视频图层，你只需要批量修改标题图层的文字内容和替换视频图层中的视频文件就行了，所以步骤也很简单：

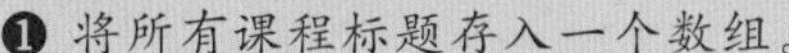

❶ 将所有课程标题存入一个数组。

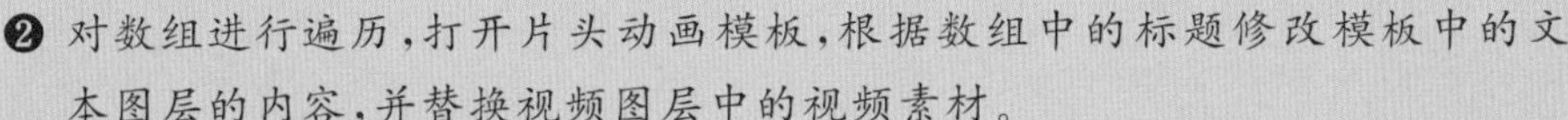

❷ 对数组进行遍历，打开片头动画模板，根据数组中的标题修改模板中的文本图层的内容，并替换视频图层中的视频素材。

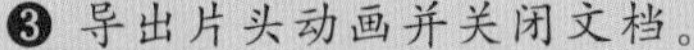

❸ 导出片头动画并关闭文档。

234 节《Word 精美排版的艺术》教程研发完毕，需要给每个视频教程都添加一个片头，以显示视频课程的标题和章节。第一节课程的片头已经制作完成，如图 9-3-32 所示。

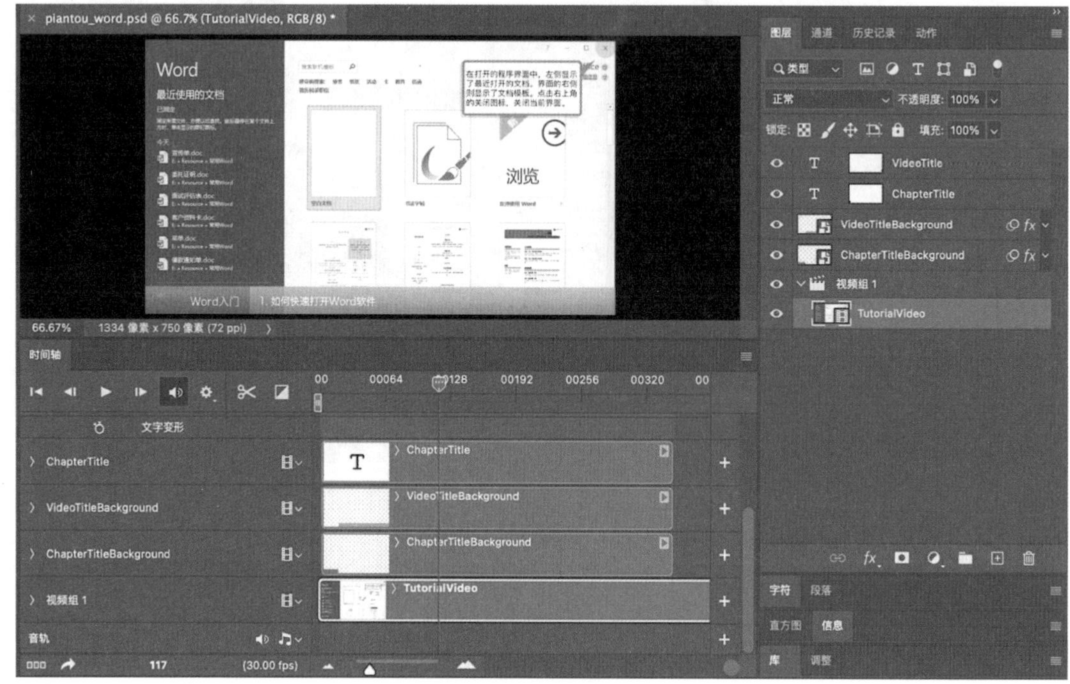

图 9-3-32　作为模板使用的视频片头 psd 文件

现在只需要使用脚本，替换 VideoTitle 和 ChapterTitle 两个图层的文字内容，以及替换 TutorialVideo 图层里的视频文件并渲染输出，即可为 234 节视频课程批量添加不同内容的片头。

当前脚本文件，已经包含了前面创建的 exportVideo 函数，现在开始编写脚本，实现给多个视频批量添加不同内容片头的功能。

❶ **创建脚本**：创建一个名为 9-3-9.jsx 的脚本文件，并输入以下代码：

```
app.displayDialogs = DialogModes.NO;
```

设置 Photoshop 软件在执行任务时，不弹出提示窗口。

❷ **定义课程标题数组**：定义章节标题的数组和课程标题的数组。

```
var menuLabels = ["Word 入门","内容编辑", …,"海报实例"];
```

234 节课程被分为 9 个章节，这里定义一个数组，分别表示 9 个章节的名称。为了节省篇幅，这里仅列出三个项目，以下数组也采用同样的处理方式，详情请查看课程素材。

```
var titleArray1 = new Array("如何快速打开 Word 软件","创建一份空白 Word 文档的几种方式",
"如何创建基于模板的文档",…);
var titleArray2 = new Array("在 Word 中输入文字的技巧汇总","如何更加有效地移动光标",…);
```

```
5. var titleArray9 = new Array("淘宝实例 - 淘宝旗舰店海报主体结构的设计","淘宝实例 - 淘宝旗舰店海报文案内容的设计","淘宝实例 - 淘宝祛湿产品海报主体结构的设计",…);
```

定义 9 个数组，用来存储每个章节的所有课程的标题。

```
6. var totalArray = [titleArray1, titleArray2, …, titleArray9];
```

定义一个数组，用来存储 9 个章节所有课程的标题。

```
7. var resourcePath = "/Users/fazhanli/Movies/videoResource/withOutTitle/";
8. var exportPath = "/Users/fazhanli/Movies/videoResource/withTitle/";
```

定义一个变量，表示 234 个课程视频所在的文件夹，这些视频都还没有添加片头。定义另一个变量，表示给视频添加片头之后，将视频渲染输出到的文件夹。

```
9. var templateFile = "/Users/fazhanli/Movies/videoResource/piantou_word.psd";
```

定义一个变量，表示拥有片头动画的模板文件的路径。

❸ **替换课程标题和课程视频**：添加一个循环语句，对课程的标题进行遍历，以替换片头动画模板中的章节标题、课程标题和课程视频。

```
10. for(var j = 0; j < totalArray.length; j++)
11. {
12.     var menuLabel = menuLabels[j];
```

获得当前章节的标题，并存在 menuLabel 变量中。

```
13.     var menu = parseInt(j + 1);
14.     var titleArray = totalArray[j];
```

获得当前章节的序号，接着获得当前章节下的所有课程的标题。

```
15.     for(var i = 0;i < titleArray.length; i++)
16.     {
```

添加一个循环语句，用来遍历章节里的所有课程标题。

```
17.         app.open(File(templateFile));
```

首先打开拥有片头动画的模板文件。

```
18.         var layer = app.activeDocument.artLayers.getByName("VideoTitle");
19.         layer.textItem.contents = (1 + i) ++ titleArray[i];
```

在打开的模板文件中，修改课程标题所在图层的文字内容。

```
20.         var layer2 = app.activeDocument.artLayers.getByName("ChapterTitle");
21.         layer2.textItem.contents = menuLabel;
```

接着修改课程章节所在图层的文字内容。

```
22.         var idnull = charIDToTypeID( "null" );
23.         var ref1294 = new ActionReference( );
```

然后再来修改模板文件里的视频素材，首先创建一个动作参考。

```
24.         var idLyr = charIDToTypeID( "Lyr " );
```

```
        ref1294.putName( idLyr, "TutorialVideo" );
```

创建一个图层参数，用来选择图层列表里的指定名称 TutorialVideo 的图层。该图层就是视频文件所在的图层。

```
        var desc4624 = new ActionDescriptor( );
        desc4624.putReference( idnull, ref1294 );
```

继续创建一个动作描述符。

```
        var idMkVs = charIDToTypeID( "MkVs" );
        desc4624.putBoolean( idMkVs, false );
```

创建一个参数，表示不创建新的视频。

```
        var idLyrI = charIDToTypeID( "LyrI" );
        var list244 = new ActionList( );
```

接着创建一个动作列表。

```
        list244.putInteger( 18 );
        desc4624.putList( idLyrI, list244 );
```

将这个动作列表，添加到动作描述符里。

```
        var idslct = charIDToTypeID( "slct" );
        executeAction( idslct, desc4624, DialogModes.NO );
```

调用 executeAction 方法，在时间轴面板中，选择 TutorialVideo 图层。

```
        var idreplaceFootage = stringIDToTypeID( "replaceFootage" );
```

在选择视频所在的图层之后，接着替换该图层里的视频素材，首先创建一个替换镜头的参数。

```
        var desc8 = new ActionDescriptor( );
        var idnull = charIDToTypeID( "null" );
```

然后创建一个值为空的参数。

```
        var videoName = menu + " - " + (i + 1);
```

接着定义一个变量，表示添加片头之后的视频，在渲染输出时的文件名称。

```
        var fileName = resourcePath + menu + " - " + (i + 1) + ".mp4";
        desc8.putPath( idnull, new File(fileName) );
```

定义另一个变量，表示 Word 课程的视频文件，可以使用该视频文件，替换模板文件里的视频素材。

```
        executeAction( idreplaceFootage, desc8, DialogModes.NO );
```

最后调用 executeAction 方法，将模板里的视频素材，替换为我们的课程视频。

```
        exportVideo(exportPath, videoName + ".mp4", - 1, 0);
```

调用导出视频的函数，将添加片头动画的视频渲染输出。其中第三个参数的值为 -1，表示输出整个时间轴上的所有视频文件。

```
        app.activeDocument.close(SaveOptions.DONOTSAVECHANGES);
```

导出视频之后，关闭当前的文档。

```
    }
}
```

❹ **切换到 Photoshop**：保存完成的脚本，并切换到 Photoshop 界面。

❺ **运行脚本**：依次执行“文件”→“脚本”→“浏览”命令，打开脚本载入窗口。在弹出的“载入”窗口中，直接双击脚本名称，加载并执行该脚本文件。这样就可以批量给 234 个视频文件都添加不同内容的片头。

如果需要观看视频的片头动画效果，可以在网易云课堂平台搜索互动教程网的视频课程，这些视频课程的片头都是采用这种方式批量生成的。

9.3.10　替换 SmartObject 智能对象里的内容

本小节演示如何使用 Action Manager 代码，替换 SmartObject 智能对象里的内容。

❶ **创建脚本**：创建一个名为 9－3－10.jsx 的脚本文件，并输入以下代码：

```
var newImagePath = "e:\4-24-2.png";
var layers = app.activeDocument.artLayers;
```

首先定义一个变量 newImagePath，作为智能对象新的内容的文件路径。接着获得该图层组里的所有图层 artLayers，并存储在变量 layers 中。

```
for( var i = 0; I < layers.length; I ++ ) {
```

添加一个 for 循环语句，用来遍历该图层组里的所有图层。

```
    var layer = layers[i];
```

获得循环语句遍历到的图层。

```
    if(layer.kind == LayerKind.SMARTOBJECT) {
```

判断图层的类型是否为 SMARTOBJECT 智能对象类型，如果是则执行替换内容命令。

```
        var replaceContents = stringIDToTypeID ( "placedLayerReplaceContents" );
        var desc24152 = new ActionDescriptor();
```

接着创建一个动作描述符 placedLayerReplaceContents。

```
        var idnull = charIDToTypeID( "null" );
        desc24152.putPath( idnull, new File( newImagePath ) );
```

将智能对象新内容的文件路径传递到动作描述符。

```
        executeAction( replaceContents, desc24152, DialogModes.NO );
```

调用 executeAction 方法，执行刚刚创建的动作，以替换智能对象的内容。

```
        break;
```

当完成智能对象内容的替换之后，通过 break 关键词，跳出循环语句。

```
    }
}
```

❷ **切换到 Photoshop**：脚本编写完成后，保存完成的脚本，并切换到 Photoshop 界面，Photoshop 已经打开了一份文档，其中名为 banner_hdjc 的图层是智能对象，需要替换该图层中的二维码图片，如图 9－3－33 所示。

❸ **运行脚本**：现在来替换这张二维码，依次执行“文件”→“脚本”→“浏览”命令，加载并

执行该脚本文件。脚本执行后，名为 banner_hdjc 的智能对象中的内容被替换为一张新的二维码图片，其图层名称也变为 4-24-2，如图 9-3-34 所示。

图 9-3-33　banner_hdjc 图层是智能对象

图 9-3-34　智能对象中的内容被替换

第 10 章

扩展 Photoshop 功能：如虎添翼

从本章将收获以下知识：

❶ 使用 AppleScript 实现苹果电脑设计自动化

❷ 使用 AppleScript 调用 Photoshop 打开新建文档

❸ 使用 AppleScript 调用外部的 Photoshop 脚本

❹ 将 AppleScript 保存为可独立运行的程序

❺ 使用 ScriptUI 给 Photoshop 添加功能窗口

❻ 使用 ScriptUI Dialog Builder 搭建精美的窗口界面

❼ 使用 ScriptUI 快速生成无限不重复的漂亮卡通头像

10.1 让苹果电脑上的 Photoshop 自动化

老师，我和伙伴们做设计以苹果电脑为主。昨天我发现一个伙伴在 Photoshop 尚未打开的情况下，直接双击桌面上的一个脚本，就可以打开 Photoshop 软件，并执行这个脚本，请问这是怎么做到的呢？

小美，你知道吗，Photoshop 1.0 是只可以在苹果电脑上使用的，在 2.0 时才支持 Windows 系统，可见 Adobe 对苹果电脑的厚爱。

同样苹果电脑也对 Adobe 的软件进行了深层优化，所以 Adobe 的软件在苹果电脑上的运行效率更高。

基于 Adobe 和苹果两家公司亲密的合作关系，所以在苹果电脑上可以更好地以自动化的方式操作 Adobe 公司的设计软件，包括 Photoshop。

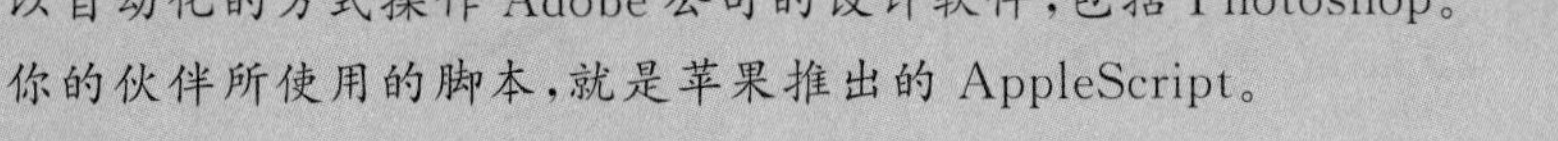

你的伙伴所使用的脚本，就是苹果推出的 AppleScript。

老师，这个 AppleScript 和我们使用的 Photoshop Script 有什么区别啊？

和 Photoshop 脚本类似，AppleScript 也是一种脚本语言，它是苹果公司推出的一种脚本语言，所以又名苹果脚本，用于在苹果电脑上控制安装在电脑上的各种软件。

与 Photoshop 脚本相比，AppleScript 最显著的特点就是可以控制苹果电脑上的任何支持 AppleScript 的应用程序，包括 Photoshop 软件。

接下来我将给你讲解如何通过 AppleScript 苹果脚本，完成 Photoshop 在苹果电脑上的自动化工作。

10.1.1 使用 AppleScript 打开 Photoshop 并创建两个空白文档

苹果脚本可以直接操作控制苹果电脑以及它的应用程序，是一个实现苹果电脑程序自动化的一个有力的工具。

我们可以通过使用 AppleScript 来完成一些烦琐重复的工作。AppleScript 语法非常简单，接近自然语言，就像在和苹果电脑对话一样。另外苹果电脑也提供了语法查询字典，可以很方便地查询语法。

我们通过常用的脚本编辑器来编写 AppleScript，它是苹果电脑自带的脚本编辑器。本节演示如何使用脚本编辑器编写 AppleScript 脚本，如何使用 AppleScript 打开 Photoshop 软件并且新建一个文档。

❶ **打开脚本编辑器：**首先进入“实用工具”文件夹，然后双击打开系统自带的脚本编辑器，如图 10－1－1 所示。

图 10－1－1　在“实用工具”文件夹，找到并打开脚本编辑器

❷ **新建苹果脚本文件：**单击脚本编辑器的文件菜单，打开文件菜单命令列表，选择“新建”命令，新建一个苹果脚本文件，如图 10－1－2 所示。

图 10－1－2　使用“新建”命令创建新的苹果脚本文件

❸ **编写脚本：**现在开始编写脚本，实现调用 Photoshop 软件创建新文档的功能。

```
tellapplication "Adobe Photoshop CC 2022"
```

苹果脚本的语法接近自然语言。这句代码的含义是：告诉 Photoshop 软件，准备执行一系列的任务。您可以根据电脑里的 Photoshop 软件的版本，自行填写双引号里的内容。

```
    set docRef to make new document with properties ¬
```

苹果脚本定义变量的语法是 set <变量名>to <值>。此处的代码用来创建一个新的文档，并将新文档存储在变量 docRef 中。¬ 符号表示下方的代码是本行代码的延续。

```
        {width:6 as inches, height:4 as inches}
```

设置新文档的宽度为 6 英寸，高度为 4 英寸。参数的数值位于大括号之内。

4.　　set otherDocRef to make new document with properties ¬

　　继续创建一个新的文档，并将新文档赋予变量 otherDocRef。

5.　　　　{width:4 as inches, height:6 as inches}

　　　　设置第二个文档的宽度为 4 英寸，高度为 6 英寸。

6.　　set current document to docRef

　　设置 Photoshop 软件的活动文档为第一个文档。

7.　　set current document to otherDocRef

　　设置活动文档为第二个文档。

8. end tell

添加结束调用语句，结束对 Photoshop 软件的调用。

❹ **保存苹果脚本：**脚本编写完成之后，脚本编辑器的状态如图 10－1－3 所示。

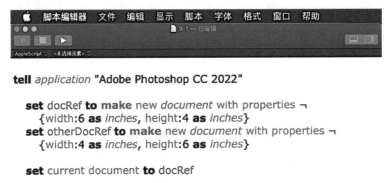

```
tell application "Adobe Photoshop CC 2022"

  set docRef to make new document with properties ¬
    {width:6 as inches, height:4 as inches}
  set otherDocRef to make new document with properties ¬
    {width:4 as inches, height:6 as inches}

  set current document to docRef

  set current document to otherDocRef

end tell
```

图 10－1－3　在脚本编辑器中完成代码的输入

❺ **运行苹果脚本：**单击工具栏上的运行按钮▶，运行苹果脚本。苹果脚本运行后，会打开 Photoshop 软件，并且创建了两个文档，如图 10－1－4 所示。

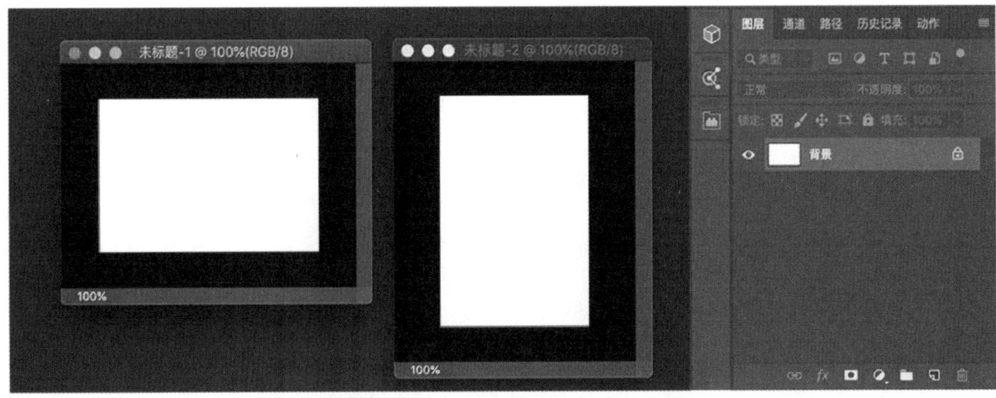

图 10－1－4　运行苹果脚本创建两个文档

10.1.2 使用 AppleScript 在 Photoshop 中打开一张图片

本小节演示如何使用苹果脚本调用 Photoshop 打开一份图片素材。

❶ **创建脚本**：通过脚本编辑器的“文件”→“新建”命令，创建一份新的苹果脚本。

❷ **输入脚本**：在新建的脚本文档中输入以下代码：

```
tell application "Adobe Photoshop CC 2022"
首先调用当前电脑上安装的 Photoshop 软件。

    set theFile to "Macintosh HD:Users:lifazhan:Desktop:office.png" as string
    定义一个变量 theFile，表示位于桌面上的一张图片素材。注意图片路径里的文件夹名称，是
    以冒号进行分隔的。

    open alias theFile
    打开指定路径的图片素材。

end tell
添加结束调用语句，结束对 Photoshop 软件的调用。
```

❸ **运行脚本**：完成脚本的编辑之后，单击工具栏上的运行按钮▶，运行苹果脚本。苹果脚本运行之后，会打开 Photoshop 软件，并且在 Photoshop 软件打开了指定路径的图片，如图 10-1-5 所示。

图 10-1-5 使用苹果脚本让 Photoshop 打开一张图片

10.1.3 使用 AppleScript 修改当前文档的尺寸

本小节演示如何使用苹果脚本修改 Photoshop 活动文档的尺寸，当前 Photoshop 已经打开了一张图片，如图 10-1-6 所示。

现在开始编写脚本，实现修改文档尺寸的功能。

❶ **创建脚本**：通过脚本编辑器的“文件”→“新建”命令，创建一份新的苹果脚本。

❷ **输入脚本**：在新建的脚本文档中输入以下代码：

图 10－1－6　等待修改尺寸的文档

1. tell application "Adobe Photoshop 2022"

   首先调用当前电脑上安装的 Photoshop 软件。

2. activate

   调用 activate 方法，使 Photoshop 软件位于所有已打开的软件的最上方，也就是说，在脚本运行之后，将自动显示 Photoshop 软件。

3. resize image current document width1200 height 800 resolution 300

   调用设置图像大小的方法，修改活动文档的宽度为 1 200，高度为 800，分辨率为 300。

4. end tell

   添加结束调用语句，结束对 Photoshop 软件的调用。

❸ **运行脚本**：完成脚本的编辑之后，单击工具栏上的运行按钮 ▶ ，运行苹果脚本。苹果脚本运行之后，会打开 Photoshop 软件，并且修改了 Photoshop 当前文档的尺寸，如图 10－1－7 所示。

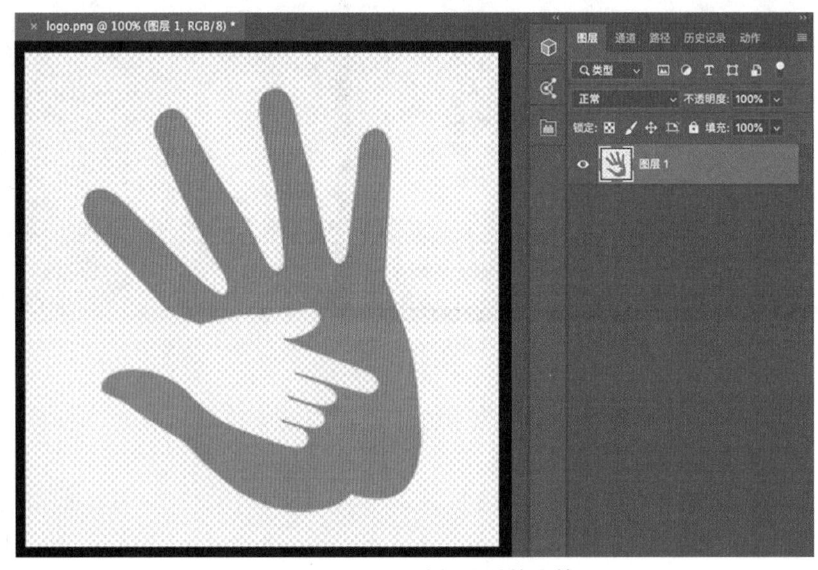

图 10－1－7　尺寸修改后的文档

10.1.4　使用 AppleScript 给图片应用高斯模糊效果

本小节演示如何使用苹果脚本给当前的文档应用高斯模糊滤镜。现在开始编写脚本，实现这项功能：

❶ **创建脚本**：通过脚本编辑器的“文件”→“新建”命令，创建一份新的苹果脚本。

❷ **输入脚本**：在新建的脚本文档中输入以下代码：

```
tell application "Adobe Photoshop 2022"
```

首先调用当前电脑上安装的 Photoshop 软件。

```
    activate
```

调用 activate 方法，使 Photoshop 软件位于所有已打开的软件的最上方。

```
    filter current layer of the current document using gaussian blur ¬
        with options{class:gaussian blur, radius:20}
```

给当前文档的当前图层应用高斯模糊效果，设置高斯模糊滤镜的半径参数为 20。

```
end tell
```

添加结束调用语句，结束对 Photoshop 软件的调用。

❸ **运行脚本**：完成脚本的编辑之后，单击工具栏上的运行按钮▶，运行苹果脚本。苹果脚本运行之后，会打开 Photoshop 软件，并且给 Photoshop 的当前文档应用了高斯模糊效果，如图 10－1－8 和图 10－1－9 所示。

图 10－1－8　添加模糊效果前的图片

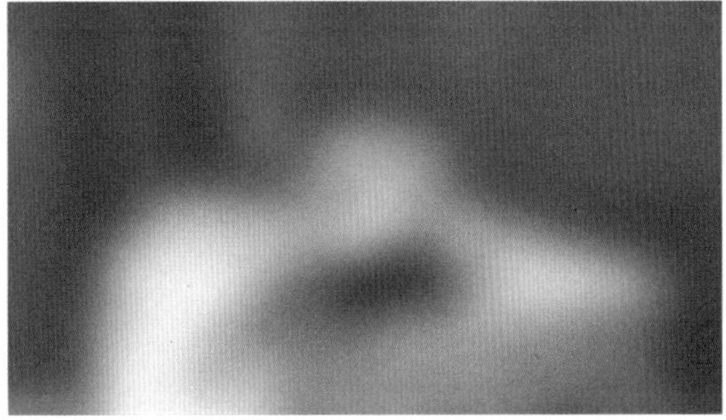

图 10－1－9　使用苹果脚本添加模糊效果

10.1.5　使用 AppleScript 给图片添加噪点效果

本小节演示如何使用苹果脚本给当前的文档应用噪点滤镜。现在开始编写脚本，实现这项功能：

❶ **创建脚本**：通过脚本编辑器的“文件”→“新建”命令，创建一份新的苹果脚本。

❷ **输入脚本**：在新建的脚本文档中输入以下代码：

```
tell application "Adobe Photoshop 2022"
```

首先调用当前电脑上安装的 Photoshop 软件。

```
    activate
```

调用 activate 方法，使 Photoshop 软件位于所有已打开的软件的最上方。

```
    filter current layer of the current document using add noise ¬
        with options{class: add noise, amount: 25, distribution: uniform, monochromatic: false}
```

给当前文档的当前图层应用添加噪点滤镜。设置噪点滤镜的数量为 25，分布模式为均匀，单色模式为 false。

```
end tell
```

添加结束调用语句，结束对 Photoshop 软件的调用。

❸ **运行脚本**：完成脚本的编辑之后，单击工具栏上的运行按钮▶，运行苹果脚本。苹果脚本运行之后，会打开 Photoshop 软件，并且给 Photoshop 的当前文档应用了噪点滤镜效果，如图 10－1－10 和图 10－1－11 所示。

图 10－1－10　添加噪点滤镜前的图片

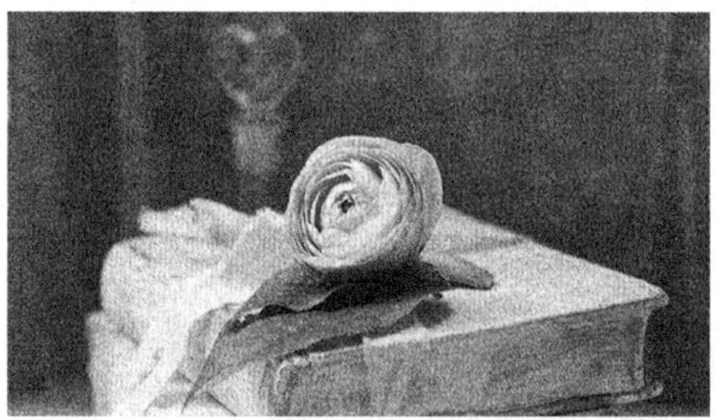

图 10－1－11　使用苹果脚本添加噪点滤镜效果

10.1.6　使用 AppleScript 调用外部的 Photoshop 脚本

本小节演示如何使用苹果脚本调用名为 emboss.jsx 的 Photoshop 脚本，从而使用 Photoshop 脚本里的代码，给文字图层添加浮雕效果。

emboss.jsx 的代码如下所示，由于前面课程已经对代码进行过讲解，在此不再赘述。

```
function emboss( angle, height, amount )
{
    var desc7 = new ActionDescriptor( );
    var id33 = charIDToTypeID( "Angl" );
    desc7.putInteger( id33, angle );
    var id34 = charIDToTypeID( "Hght" );
    desc7.putInteger( id34, height );
    var id35 = charIDToTypeID( "Amnt" );
    desc7.putInteger( id35, amount );
    var id32 = charIDToTypeID( "Embs" );
    executeAction( id32, desc7 );
}
emboss(120, 15, 40);
```

现在开始编写脚本，实现使用 AppleScript 调用外部的 emboss. jsx 脚本的功能。

❶ **创建脚本：** 通过脚本编辑器的“文件”→“新建”命令，创建一份新的苹果脚本。

❷ **输入脚本：** 在新建的脚本文档中输入以下代码：

```
tell application "Adobe Photoshop 2022"
```

调用当前电脑上安装的 Photoshop 软件。

```
    activate
    set thisFile to "Macintosh HD:Users:lifazhan:Desktop:demo.psd" as string
```

使 Photoshop 软件位于所有已打开的软件的最上方。接着定义一个变量 thisFile，表示位于桌面上的一份文档。注意图片路径里的文件夹名称，是以冒号进行分隔的。

```
    open alias thisFile
```

接着打开指定路径上的文档。

```
    do javascript (file "Macintosh HD:Users:lifazhan:Desktop:emboss.jsx") ¬
        with arguments{75, 2, 89}
```

通过 do javascript 语句，执行指定路径上的 Photoshop 脚本。并且向这个脚本传递一组参数，分别表示浮雕滤镜的角度、高度和数量三个参数。

```
end tell
```

添加结束调用语句，结束对 Photoshop 软件的调用。

完成脚本编辑之后，单击运行按钮▶，运行苹果脚本。苹果脚本运行之后，会打开 Photoshop 软件，并且给文字图层应用浮雕效果，如图 10－1－12 和图 10－1－13 所示。

图 10－1－12　添加浮雕效果前的图片

图 10－1－13　使用苹果脚本添加浮雕效果

10.1.7　通过弹出窗口的方式使用 AppleScript 调用 Photoshop 脚本

本小节演示如何通过苹果脚本打开文件拾取窗口，供用户选择需要打开的图片素材，以及选择需要执行的脚本文件。

```
tell application "Adobe Photoshop CC 2022"
```

首先调用当前电脑上安装的 Photoshop 软件。

```
2.      activate
3.      set myFile to (choose file) as string
```
通过 choose file 语句，打开一个文件拾取窗口，由用户选择需要打开的文件。

```
4.      open file myFile
```
接着在 Photoshop 软件中，打开用户所选的文件。

```
5.      set jsxFile to (choose file) as string
```
继续弹出一个文件拾取窗口，由用户选择需要对文件执行的 Photoshop 脚本。

```
6.      do javascript (file jsxFile) ¬
7.          with arguments{75, 2, 89}
```
通过 do javascript 语句，执行用户所选的脚本。并且向这个脚本传递一组参数。

```
8. end tell
```
添加结束调用语句，结束对 Photoshop 软件的调用。

❶ **运行苹果脚本**：完成脚本的编辑之后，单击工具栏上的运行按钮▶，运行苹果脚本。苹果脚本运行之后，Photoshop 软件会打开一个文件拾取窗口，选择并打开一份名为 demo.psd 的素材文件，如图 10-1-14 所示。

❷ **选择并运行 Photoshop 脚本**：在第二个文件拾取窗口中，双击需要执行的名为 emboss.jsx 的 Photoshop 脚本，如图 10-1-15 所示，给当前的文档执行相应的脚本。

图 10-1-14　选择并打开一份文件　　图 10-1-15　选择要运行的 Photoshop 脚本

苹果脚本运行之后，会打开 Photoshop 软件，并且给文字图层应用浮雕效果，如图 10-1-12 和图 10-1-13 所示。

10.1.8　将 AppleScript 保存为可独立运行的程序

本小节演示如何将当前的苹果脚本，保存为一份可执行的文件，也就是将脚本转换为应用程序，这样就不需要脚本编辑器也可以直接调用 Photoshop 软件了。

❶ **导出脚本**：依次单击脚本编辑器的"文件"→"导出为"菜单命令，打开"导出为"设置窗口，如图 10-1-16 所示。

在打开的"导出为"窗口中，单击"文件格式"下拉箭头，打开文件格式列表；然后选择列表中的"应用程序"选项；接着单击"存储"按钮，将脚本导出为应用程序。

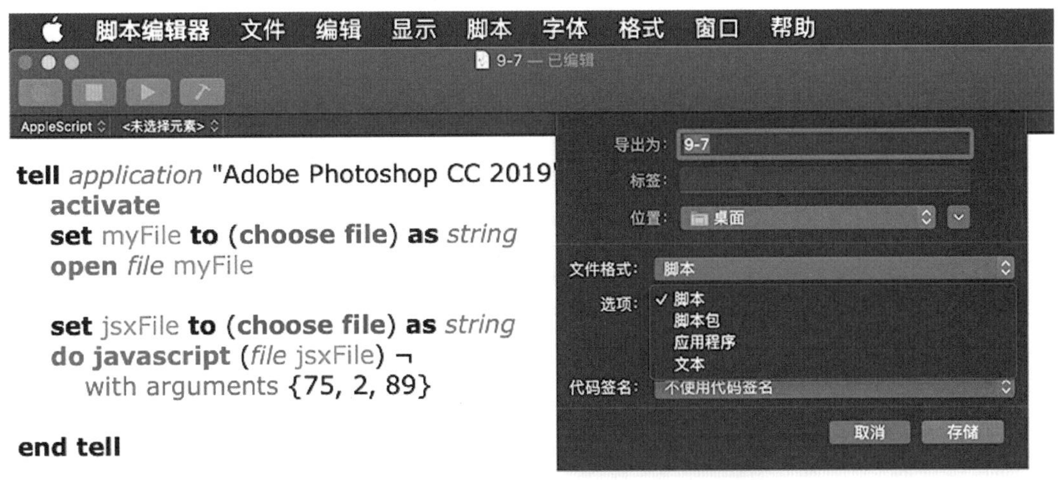

图 10－1－16　将苹果脚本导出为可运行的程序

❷ **执行程序**：苹果脚本已经被转换为可执行的应用程序。要执行该应用程序，只需双击“应用程序”的图标，如图 10－1－17 所示。

图 10－1－17　苹果脚本被转换为可执行的程序

此时系统弹出提示信息，提示是否允许该程序访问 Photoshop 软件，单击“好”按钮，允许调用 Photoshop 软件，如图 10－1－18 所示。

❸ **打开素材文件**：苹果脚本运行之后，Photoshop 软件会打开一个文件拾取窗口，由用户选择并打开一份名为 demo. psd 的素材文件，如图 10－1－14 所示。

❹ **选择并运行 Photoshop 脚本**：在第二个文件拾取窗口中，双击需要执行的名为 emboss. jsx 的 Photoshop 脚本，如图 10－1－15 所示，给当前的文档执行相应的脚本。

苹果脚本运行之后，会打开 Photoshop 软件，并且给文字图层应用浮雕效果，如图 10－1－12 和图 10－1－13 所示。

图 10-1-18　单击“好”按钮以允许调用 Photoshop 软件

10.2　使用 ScriptUI 给 Photoshop 添加功能窗口

老师，有的伙伴在运行 Photoshop 脚本时，居然会打开一个包含很多界面控件的窗口，可以通过窗口上的控件设置要执行的任务的参数，请问这种窗口是如何制作的？

小美，这种窗口是通过 Photoshop 脚本自带的 ScriptUI 功能实现的。ScriptUI 是 Adobe CS/CC 系列应用程序中的一个模块，包含在 Photoshop 脚本的每一个版本中。
从 CS2 开始，ScriptUI 被引入到 Photoshop 中，现在我们就来学习如何通过 ScriptUI 制作漂亮的用户交互窗口。

10.2.1　创建一个带文字内容的简单窗口

ScriptUI 的用途：使用 Photoshop 脚本在 Photoshop 中创建具有丰富控件的窗口，以和用户进行交互或者接收用户的输入。它可以创建和 Photoshop 界面类似的用户交互界面，利用这个界面由用户设置脚本参数，而不再需要在脚本中设置参数。

ScriptUI 定义了以下类型的窗口：

Modal dialog box 模态对话框：显示时获得 Photoshop 的焦点，在关闭之前不允许操作对话框之外的 Photoshop 界面。

Floating palette 浮动调色板：也称为无模态对话框，在关闭之前允许操作对话框之外的 Photoshop 界面。

要创建一个新窗口，可以使用 Window 构造函数。构造函数可以设置窗口的类型，模态对话框的类型是“dialog”，浮动面板的类型是“palette”。还可以设置窗口的标题边界，或者单独设置窗口的位置和大小。

本小节演示如何使用 ScriptUI 创建一个弹出窗口，并显示指定的提示文字。

❶ **创建脚本**：创建一个名为 10－2－1.jsx 的脚本文件，并输入以下代码：

```
var myWindow = new Window ("dialog");
```

使用 Window 函数创建一个窗口，它的参数为 dialog，表示创建一个模态对话框。还可以将它的参数设置为 palette，表示创建非模态对话框或者浮动面板。

```
var myMessage = myWindow.add ("statictext");
```

往窗口中添加一个标签（静态文本），用来在窗口中显示文字信息。

```
myMessage.text = "Hello, Photoshop ScriptUI!";
```

设置标签的文字内容。

```
myWindow.show( );
```

在 Photoshop 软件中显示刚刚创建的窗口，接着使用键盘上的快捷键，保存当前的文档。

❷ **运行脚本**：保存完成的脚本，并切换到 Photoshop 界面。接着依次执行“文件”→“脚本”→“浏览”命令，打开脚本载入窗口。在弹出的“载入”窗口中，直接双击脚本名称，加载并执行该脚本文件。

脚本执行后，弹出了一个小窗口，窗口包含一个显示指定文字内容的标签，如图 10－2－1 所示。

Hello, Photoshop ScriptUI!

图 10－2－1　脚本执行后弹出了小窗口

❸ **关闭窗口**：按下键盘左上角的 Esc 按键，关闭这个窗口。

❹ **另一种创建标签的方式**：接着继续编写代码，实现另一个弹出窗口。

```
var myWindow = new Window ("dialog");
```

创建另一个窗口。

```
var myMessage = myWindow.add ("statictext {text: "Hello, Photoshop ScriptUI!"}");
```

使用另一种表达方式，在窗口里添加一个标签，并设置标签的显示内容。

```
7. myWindow.show( );
```

在 Photoshop 软件中显示刚刚创建的窗口。

❺ **运行脚本**：保存完成的脚本，并切换到 Photoshop 界面。接着依次执行"文件"→"脚本"→"浏览"命令，打开脚本载入窗口。在弹出的"载入"窗口中，直接双击脚本名称，加载并执行该脚本文件。脚本执行后，弹出了一个小窗口，如图 10-2-1 所示。

10.2.2 创建一个按钮和用户进行交互

按钮是和用户进行交互的首要控件，本小节演示按钮的使用。

❶ **创建脚本**：创建一个名为 10-2-2.jsx 的脚本文件，并输入以下代码：

```
1. var w = new Window ("dialog");
```

首先创建一个窗口。

```
2. w.show ( );
```

在 Photoshop 软件中显示这个窗口。

```
3. w.add ("button", undefined, "OK");
4. w.add ("button", undefined, "Cancel");
```

往窗口中添加一个按钮，按钮上的文字是 OK。继续添加一个按钮，按钮上的文字是 Cancel。

❷ **运行脚本**：保存完成的脚本，并切换到 Photoshop 界面。接着依次执行"文件"→"脚本"→"浏览"命令，打开脚本载入窗口。在弹出的"载入"窗口中，直接双击脚本名称，加载并执行该脚本文件。

脚本执行后，弹出一个窗口，在弹出的窗口中，显示了两个按钮，如图 10-2-2 所示。单击窗口中的 OK 或 Cancel 按钮，可以关闭弹出窗口。凡是标题是 OK 或 Cancel 的按钮，都支持关闭窗口功能。

❸ **继续编码**：为了不影响后面的代码，注释掉第 2～4 行的代码，然后继续编写代码，添加具有其他标题文字的按钮。

```
5. w.add ("button", undefined, "Yes");
6. w.add ("button", undefined, "No");
```

依次添加两个按钮，这两个按钮的标题文字分别是 Yes 和 No。

```
7. w.show ( );
```

在 Photoshop 软件中显示这个窗口。

❹ **运行脚本**：保存完成的脚本，并切换到 Photoshop 界面。接着依次执行"文件"→"脚本"→"浏览"命令，打开脚本载入窗口。在弹出的"载入"窗口中，双击脚本名称，加载并执行脚本文件。

脚本执行后，弹出一个窗口，在弹出的窗口中，显示了两个按钮，如图 10-2-3 所示。单击 Yes 按钮，尝试关闭当前的窗口。由于按钮的标题不是 OK 或 Cancel，所以无法关闭窗口。

图 10-2-2　包含两个按钮的窗口

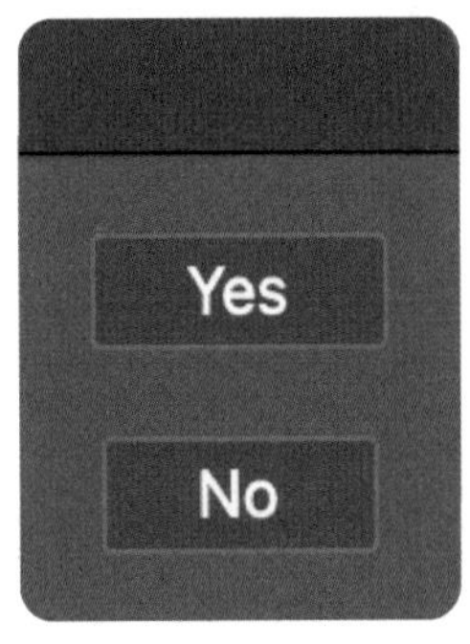

图 10-2-3　单击按钮无法关闭窗口

使用键盘上的 Esc 键，关闭当前的窗口。

❺ **添加关闭功能**：为了不影响后面的代码，注释掉第 5、6 行的代码，然后继续编写代码，演示如何给非 OK 或 Cancel 标题的按钮添加关闭窗口的功能。

```
8. w.add ("button", undefined, "Yes", {name: "ok"});
9. w.add ("button", undefined, "No", {name: "cancel"});
```

依次添加两个按钮，并设置这两个按钮的 name 属性的值分别为 OK 和 Cancel。

```
10. w.show ( );
```

在 Photoshop 软件中显示这个窗口。

❻ **运行脚本**：保存完成的脚本，并切换到 Photoshop 界面。接着依次执行“文件”→“脚本”→“浏览”命令，打开脚本载入窗口。在弹出的“载入”窗口中，直接双击脚本名称，加载并执行该脚本文件。

脚本执行后，弹出一个窗口，在弹出的窗口中，显示了两个按钮，如图 10-2-3 所示。在弹出的窗口中，点击 Yes 或 No 按钮，尝试关闭当前的窗口。你会发现即使按钮的标题不是 OK 或 Cancel 也可以正常关闭窗口了。

❼ **按钮交互事件**：接着演示如何当单击按钮时，修改文本编辑框里的文字的样式。首先注释掉第 8～10 行的代码，然后继续编写代码：

```
11. var e = w.add ("edittext", undefined, "PlaceHolder");
```

首先在窗口里添加一个文本编辑框。

```
12. var convert_button = w.add ("button", undefined, "Convert to upper case");
```

然后添加一个按钮，当单击该按钮时，修改上方的文本编辑框里的文字样式。

```
13. convert_button.onClick = function ( ) {
14.     e.text = e.text.toUpperCase( );
15. }
```

给按钮添加单击交互事件。当按钮被单击时，将文本编辑框里的文字切换为大写的样式。

```
16. w.show ( );
```

在 Photoshop 软件中显示这个窗口。

❽ **运行脚本**：保存完成的脚本，并切换到 Photoshop 界面。接着依次执行“文件”→“脚本”→“浏览”命令，打开脚本载入窗口。在弹出的“载入”窗口中，直接双击脚本名称，加载并执行该脚本文件。

脚本执行后，弹出一个窗口，在弹出的窗口中，位于上方的是文本编辑框，位于下方的是按钮，如图 10-2-4 所示。单击位于下方的按钮，位于上方的文本编辑框里的所有字母变为大写样式，如图 10-2-5 所示。

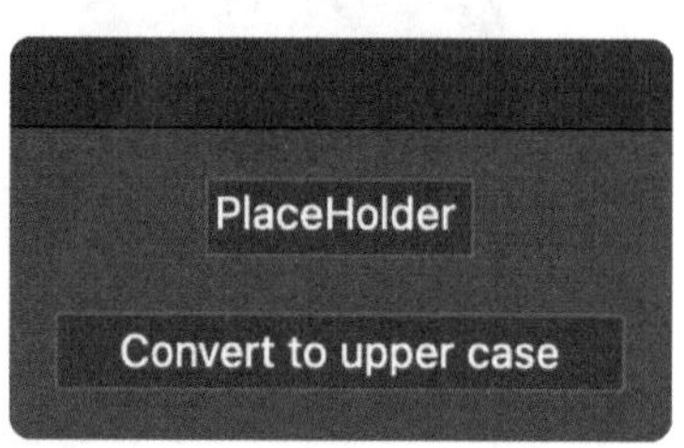

图 10-2-4　窗口的初始状态

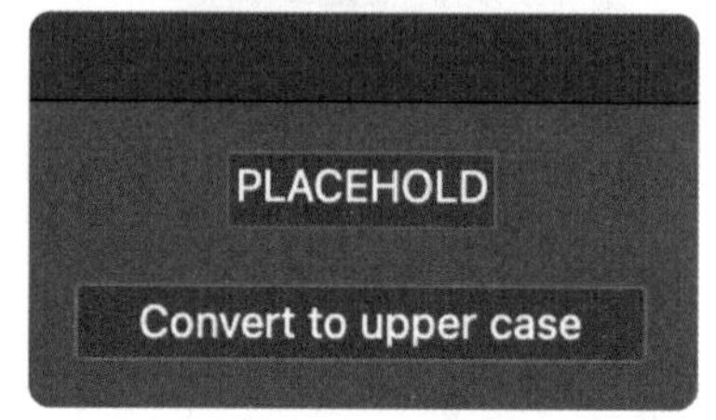

图 10-2-5　文本框里的字母变为大写

❾ **调用函数**：接着继续演示当单击一个按钮时，执行一个函数。首先注释掉第 11～16 行的代码，然后继续编写代码：

```
17. function alertHello( )
18. {
19.     alert("hello, Photoshop ScriptUI");
20. }
```

定义一个名为 alertHello 的函数，这个函数可以弹出一个信息提示窗口。

```
21. var hello_button = w.add ("button", undefined, "Hello");
22. hello_button.onClick = alertHello;
```

添加一个按钮，然后给按钮添加单击交互事件。当按钮被单击时，执行 alertHello 函数。

```
23. w.show ( );
```

在 Photoshop 软件中显示这个窗口。

❿ **运行脚本**：保存完成的脚本，并切换到 Photoshop 界面。依次执行“文件”→“脚本”→“浏览”命令，在弹出的“载入”窗口中，直接双击脚本名称，加载并执行该脚本文件。

脚本执行后，弹出一个窗口，如图 10-2-6 所示。单击窗口中的按钮，弹出一个信息提示窗口，如图 10-2-7 所示。

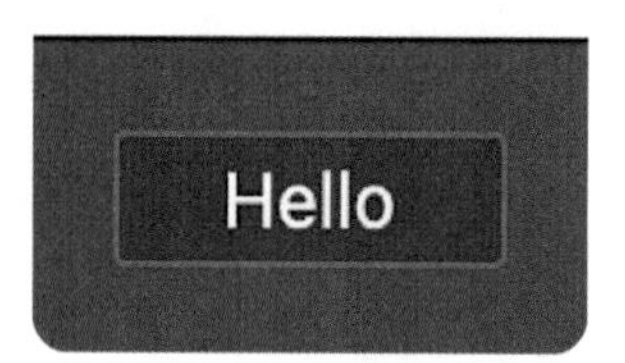

图 10-2-6　包含按钮的窗口

图 10-2-7　弹出信息提示窗口

10.2.3 在弹出的窗口中显示一张图片

本小节演示如何往窗口里添加一张图片，并调整图片的尺寸。

❶ **创建脚本**：创建一个名为 10-2-3.jsx 的脚本文件，并输入以下代码：

```
Image.prototype.onDraw = function( )
{
```

首先重写图片类型的 onDraw 绘制方法，目的是允许自由调整图片的尺寸。如果不重写这个方法，则无法正确修改图片在窗口里的尺寸。

```
    var imageFrameSize = this.size,
    imageSize = this.image.size,
```

依次获得图片的框架尺寸和图片本身的尺寸。

```
    scaleRate = Math.min(imageFrameSize[0]/imageSize[0], imageFrameSize[1] /
    imageSize[1]),
```

接着计算图片的缩放比率，在图片的框架宽度和图片宽度的比值与框架高度和图片高度的比值之间，获取较小的数值，作为图片的缩放比率。

```
    var newImagePosition;
```

定义第四个变量，作为图片缩放后的位置。

```
    imageSize = [scaleRate * imageSize[0], scaleRate * imageSize[1]];
```

然后按照缩放比率，计算图片缩放后的宽度和高度。

```
    newImagePosition = [ (imageFrameSize[0] - imageSize[0])/2,
    (imageFrameSize[1] - imageSize[1])/2 ];
```

同时刷新图片在窗口上的坐标。

```
    this.graphics.drawImage(this.image, newImagePosition[0], newImagePosition[1],
    ImageSize[0], imageSize[1]);
```

最后在窗口中绘制缩放后的图片。

```
    imageFrameSize = imageSize = newImagePosition = null;
```

将三个变量的值设置为空，及时回收空闲的内存。

```
}
var w = new Window ("dialog", "Image Window");
```

接着创建一个窗口。

```
var logo = w.add ("image", undefined, File ("/Users/lifazhan/Desktop/logo.png"));
```

往窗口中插入一张指定路径的图片。

```
logo.size = [300, 300];
w.show ( );
```

设置图片的宽度和高度都是 300 像素，然后调用 show 方法显示这个窗口。

❷ **运行脚本**：保存完成的脚本，并切换到 Photoshop 界面。接着依次执行"文件"→"脚本"→"浏览"命令，打开脚本载入窗口。在弹出的"载入"窗口中，直接双击脚本名称，加载并执行该脚本文件。

脚本执行后弹出一个窗口，显示了尺寸为 300 像素的图像，如图 10－2－8 所示。

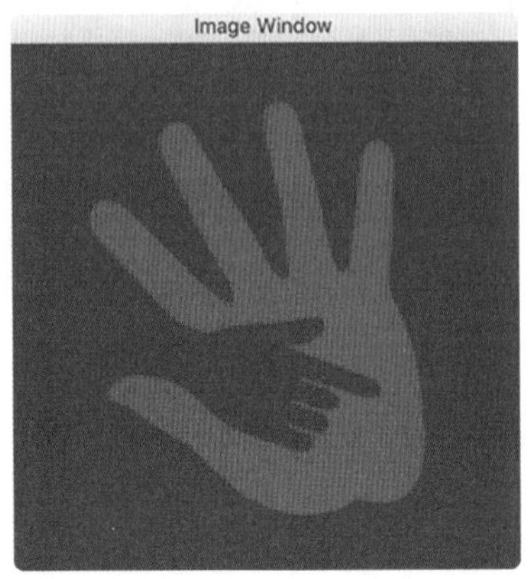

图 10－2－8　包含图像的弹出窗口

10.2.4　创建一个 IconButton 图标按钮

本小节演示图标按钮的制作，图标按钮可以使用一张图片，或者使用一个图标作为按钮显示的内容。

❶ **创建脚本**：创建一个名为 10－2－4.jsx 的脚本文件，并输入以下代码：

```
var window = new Window ("dialog");
```

首先创建一个窗口。

```
window.orientation = "row";
```

设置窗口元素的排列方向为水平排列。

```
var image = File ("/Users/lifazhan/Desktop/logo.png")
window.add ("iconbutton", undefined, image );
```

定义一个变量，作为一张图片的路径。然后往窗口中添加一个按钮，并将图片作为按钮的显示内容。

```
var dir = "/Users/lifazhan/Desktop/icons-button/";
```

此外还可以给按钮的正常、失效、按下、滑过等状态，设置不同的图片。首先定义一个变量，作为这些状态图片所在的文件夹。

```
var icons = {a: File(dir + "logo.png"),
             b: File(dir + "logo-d.png"),
             c: File(dir + "logo-r.png"),
             d: File(dir + "logo-c.png")}
```

然后定义一个字典对象（字典是一种键值对的数据组织方式），字典对象拥有四个键，分别表示正常、失效、按下、滑过四个状态，每个键各对应一张图片素材。

```
b = window.add ("iconbutton", undefined, ScriptUI.newImage (icons.a, icons.b, icons.c, icons.d));
```

接着在窗口中添加一个按钮，并设置按钮在四个状态下分别显示的图片。

11. window.add ("iconbutton", undefined, "Step1Icon");
12. window.add ("iconbutton", undefined, "Step2Icon");
13. window.add ("iconbutton", undefined, "Step3Icon");

    继续创建一组图标按钮，这里使用系统内置的图标，作为按钮的显示内容。

14. window.show ( );

    在 Photoshop 软件中显示这个窗口。

❷ **运行脚本**：保存完成的脚本，并切换到 Photoshop 界面。接着依次执行“文件”→“脚本”→“浏览”命令，打开脚本载入窗口。在弹出的“载入”窗口中，直接双击脚本名称，加载并执行该脚本文件。

❸ **操作按钮**：脚本执行后，在弹出的窗口中，依次显示了图片按钮、自定义状态图片的按钮以及三个图标按钮，如图 10－2－9 所示。当鼠标滑过或者单击第二个按钮时，第二个按钮的状态图片将发生变化，如图 10－2－10 所示。

图 10－2－9　包含各种按钮的窗口

图 10－2－10　鼠标滑过时的按钮状态

10.2.5　输入框 EditText 的使用

文本输入框用来接收用户输入的文字内容。本小节演示如何创建单行、多行的输入框。

❶ **创建脚本**：创建一个名为 10－2－5.jsx 的脚本文件，并输入以下代码：

1. var window = new Window ("dialog");

   首先创建一个窗口。

2. var editText = window.add ("edittext", undefined, "www.hdjc8.com");

   往窗口中添加一个文本编辑框，其中第三个参数表示文本编辑框的占位符，也就是在默认状态下显示的内容。

3. var editText2 = window.add ("edittext", [0, 0, 150, 70], "", {multiline: true, scrolling: true});

   添加一个文本编辑框，第二个参数是包含四个元素的数组，分别表示编辑框的水平位置、垂直位置、宽度和高度。第四个参数表示多行文本框，并且当内容较多时支持上下滚动。

4. editText2.text = "Line 1\rLine 2\rLine 3\rLine 4\rLine 5\rLine 6\r";

   设置第二个文本编辑框的文字内容。其中\r 符号是换行符。

5. window.add ("edittext", undefined, "Read only", {readonly: true});

   继续往窗口中添加一个文本编辑框，并设置该文本编辑框处于 readonly 只读状态，也就是说用户可以观看，但不可以修改该编辑框里的内容。

6. window.add ("edittext", undefined, "No echo", {noecho: true});
   继续添加一个文本编辑框,该编辑框主要供用户输入密文信息,输入的字符都将显示为一个圆形图标。
7. window.show( );
   在 Photoshop 软件中显示这个窗口。

❷ **运行脚本:**保存完成的脚本,并切换到 Photoshop 界面。接着依次执行"文件"→"脚本"→"浏览"命令,打开脚本载入窗口。在弹出的"载入"窗口中,直接双击脚本名称,加载并执行该脚本文件。

❸ **使用文本框:**脚本执行后,弹出了一个窗口,从上往下依次显示了四个文本编辑框,如图 10-2-11 所示。

可以修改第一个文本框的内容,修改后的内容如图 10-2-12 所示。

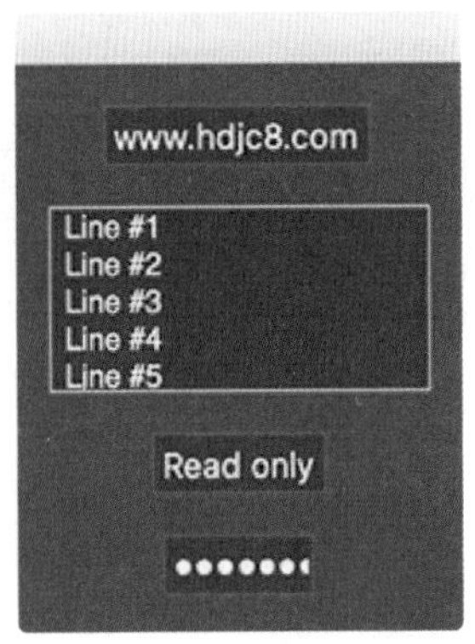

图 10-2-11　4 个编辑框

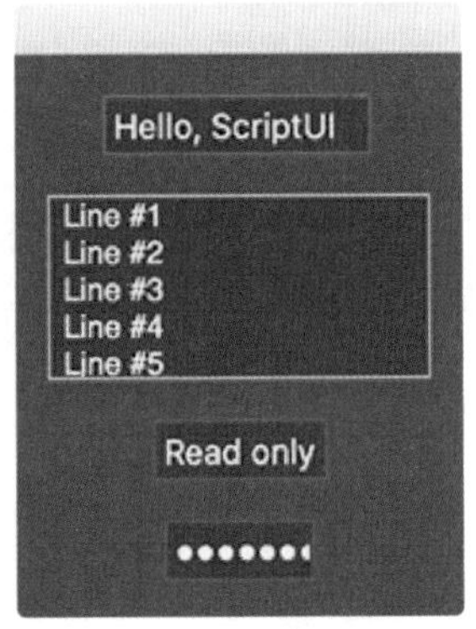

图 10-2-12　修改第一个编辑框

第二个文本框拥有多行的文字内容,而第三个文本编辑框处于只读状态,所以无法修改它的内容,如图 10-2-13 所示。

但是您可以编辑密文输入框里的内容。在密文输入框里输入的字符,都将显示为圆形图标,如图 10-2-14 所示。

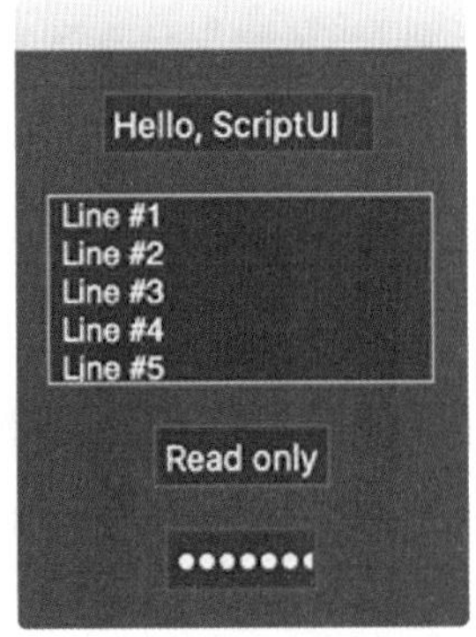

图 10-2-13　无法修改第三个编辑框

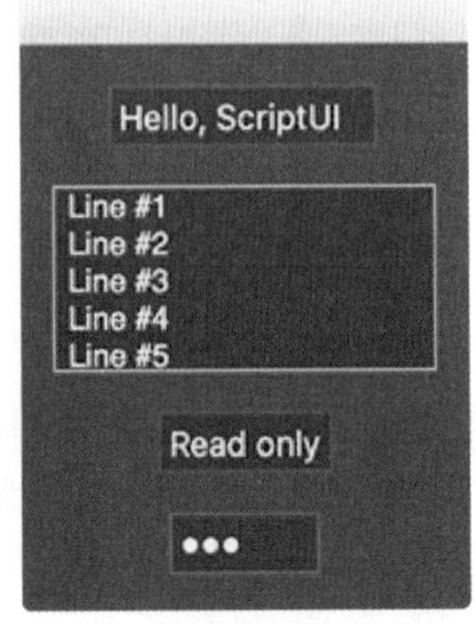

图 10-2-14　修改第四个编辑框

10.2.6 获取用户在 EditText 中输入的内容

本小节演示如何通过单击按钮获取用户在 EditText 文本编辑框里输入的内容。

❶ **创建脚本**：创建一个名为 10-2-6.jsx 的脚本文件，并输入以下代码：

```
var window = new Window ("dialog", "Form");
```

首先创建一个窗口。

```
window.alignChildren = "top";
window.orientation = "row";
```

设置窗口元素以顶部对齐的方式进行排列，并且排列方向为水平排列。

```
var group = window.add ("group");
```

接着往窗口中添加一个组，组是不可见的元素，主要用来组合多个元素。

```
group.add ("statictext", undefined, "Site:");
```

往组中添加一个标签，并设置标签的文字内容。

```
var siteUrl = group.add ("edittext", undefined, "hdjc8.com");
```

继续往组里添加一个文本编辑框，用户可以在编辑框里输入一个网址。

```
siteUrl.characters = 20;
```

设置编辑框允许输入的字符数量。

```
var subGroup = window.add ("group");
subGroup.orientation = "column";
```

再次添加一个组，作为两个按钮的容器，并且设置组里元素的排列方向为纵向排列。

```
var okButton = subGroup.add ("button", undefined, "OK");
```

往组中添加第一个按钮。

```
okButton.onClick = function ( ) {
    alert(siteUrl.text);
    window.close( );
}
```

给按钮添加交互事件，当用户单击这个按钮时，弹出一个信息窗口，显示用户输入的网址，并且关闭当前的窗口。

```
subGroup.add ("button", undefined, "Cancel");
```

继续添加一个按钮，当用户单击这个按钮时，关闭当前的窗口。

```
window.show ( );
```

在 Photoshop 软件中显示这个窗口。

❷ **运行脚本**：保存完成的脚本，并切换到 Photoshop 界面。接着依次执行"文件"→"脚本"→"浏览"命令，打开脚本载入窗口。在弹出的"载入"窗口中，直接双击脚本名称，加载并执行该脚本文件。

❸ **使用文本编辑框**：脚本执行后，弹出了一个窗口，该窗口包含了一个文本输入框，在文本输入框里输入一串文字内容，如图 10-2-15 所示。然后单击右侧的 OK 按钮，获取所输入

的网址。此时原来的窗口被关闭并弹出一个新的窗口，显示刚刚输入的网址，如图 10－2－16 所示。

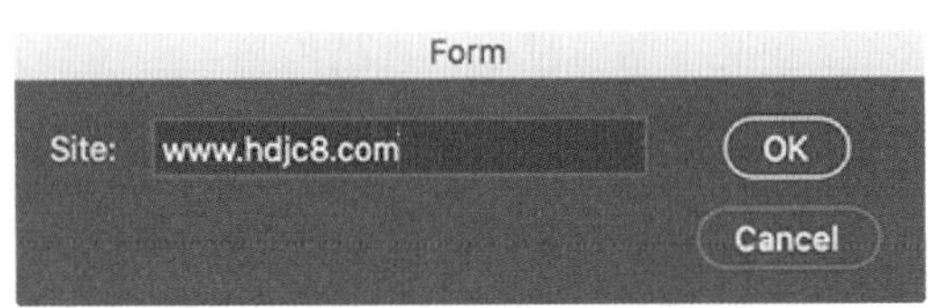

图 10－2－15　包含输入框的窗口

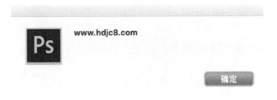

图 10－2－16　弹出窗口显示文本框中的内容

10.2.7　使用 Checkbox 复选框给用户提供多选功能

本小节演示 Checkbox 复选框的使用，复选框可以允许用户同时选择多个项目。

❶ **创建脚本**：创建一个名为 10－2－7.jsx 的脚本文件，并输入以下代码：

```
var window = new Window ("dialog");
window.alignChildren = "left";
```

首先创建一个窗口。并设置窗口元素的对齐方式为左对齐。

```
var check1 = window.add ("checkbox", undefined, "Mobile courses");
```

添加一个复选框，其中第三个参数表示复选框的标签文字。

```
var check2 = window.add ("checkbox", undefined, "Website courses");
check2.value = true;
```

继续添加一个复选框。设置第二个复选框处于选择状态。

```
window.show( );
```

在 Photoshop 软件中显示这个窗口。

❷ **运行脚本**：保存完成的脚本，并切换到 Photoshop 界面。接着依次执行"文件"→"脚本"→"浏览"命令，打开脚本载入窗口。在弹出的"载入"窗口中，直接双击脚本名称，加载并执行该脚本文件。

❸ **使用复选框**：脚本执行后，在弹出的窗口中，显示了两个复选框，其中第二个复选框处于选取状态，如图 10－2－17 所示。单击第二个复选框，可以取消对它的选择，如图 10－2－18 所示。

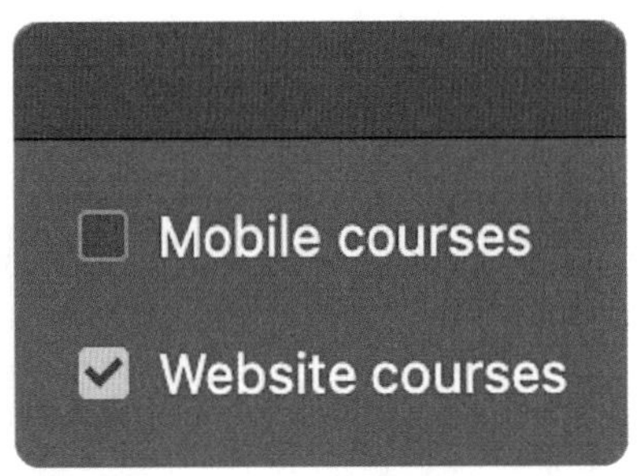

图 10－2－17　包含复选框的窗口

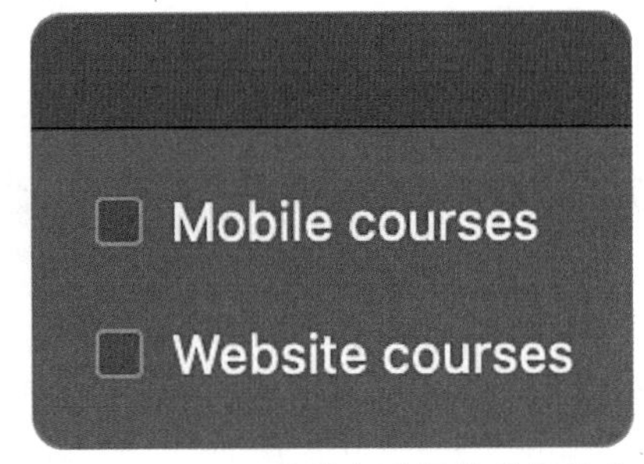

图 10－2－18　取消复选框的选择状态

10.2.8 使用 Radiobox 单选框给用户提供单选功能

本小节演示 Radiobox 单选框的使用，单选框只允许用户选择一个项目。

❶ **创建脚本**：创建一个名为 10－2－8.jsx 的脚本文件，并输入以下代码：

```
var window = new Window ("dialog");
```

首先创建一个窗口。

```
var panel = window.add ("panel");
panel.alignChildren = "left";
```

接着往窗口中添加一个面板 panel，面板里的元素的对齐方式为左对齐。面板也是元素的容器，和组不同的是，面板会在四周显示边框。

```
panel.add ("radiobutton", undefined, "Photoshop");
panel.add ("radiobutton", undefined, "Illustrator");
panel.add ("radiobutton", undefined, "InDesign");
panel.add ("radiobutton", undefined, "AfterEffect");
```

然后依次往面板中添加四个单选框，其中第三个参数表示单选框的标签文字。

```
window.add ("button", undefined, "OK");
```

往窗口中添加一个按钮。

```
panel.children[0].value = true;
```

设置第一个单选框处于选择状态。

```
function getSelectedRadio (panel)
{
```

添加一个方法，用来获取用户所选的单元格的值。

```
    for (var i = 0; i <panel.children.length; i++)
    {
```

通过一个循环语句，遍历面板里的所有单元格。

```
        if (panel.children[i].value == true)
        {
            return panel.children[i].text;
        }
```

如果该单元格处于选择状态，则返回该单元格的标签的文字内容。

```
    }
}
if (window.show () == 1)
{
    alert("You picked " + getSelectedRadio (panel));
}
```

当窗口被关闭时，弹出一个提示窗口，显示用户所选的单选框。

❷ **运行脚本**：保存完成的脚本，并切换到 Photoshop 界面。接着依次执行“文件”→“脚本”→“浏览”命令，打开脚本载入窗口。在弹出的“载入”窗口中，直接双击脚本名称，加载并执

行该脚本文件。

❸ **使用单选框**：脚本执行后，在弹出的窗口中，显示了 4 个单选框，其中第一个单选框处于选取状态，如图 10－2－19 所示。单击第二个单选框，可以取消第一个单选框的选择，同时选择第二个单选框，如图 10－2－20 所示。

图 10－2－19　4 个单选框

图 10－2－20　选择第二个单选框

最后单击底部的 OK 按钮，获取用户所选的单选框。此时弹出了一个信息窗口，显示了用户所选的单选框的值，如图 10－2－21 所示。

图 10－2－21　显示所选的单选框的值

10.2.9　使用 Slider 滑杆方便用户设置数据

本小节演示滑杆的用法，用户可以通过拖动滑杆在指定的数值区间里快速设置数值。

❶ **创建脚本**：创建一个名为 10－2－9.jsx 的脚本文件，并输入以下代码：

```
1. var window = new Window("dialog");
```
首先创建一个窗口。

```
2. var editText = window.add("edittext{text: 0, characters: 3, justify: \"center\", active: true}");
```
添加一个文本编辑框，用来显示滑杆当前的数值。

```
3. var slider = window.add("slider{minvalue: -50, maxvalue: 50, value: 10}");
```
接着往窗口中添加一个滑杆，并设置滑杆的最小值为－50，最大值为 50，默认值为 10。

```
slider.onChanging = function ( ) {
     editText.text = slider.value
}
```

给滑杆添加一个监听方法，当滑杆的数值变化时，同步刷新文本编辑框里的内容。

```
editText.onChanging = function ( ) {
     slider.value = Number (editText.text)
}
```

同时给文本编辑框也添加一个监听方法，当文本编辑框里的数值变化时，同步刷新滑杆上的数值。

```
window.show( );
```

在 Photoshop 软件中显示这个窗口。

❷ **运行脚本：** 保存完成的脚本，并切换到 Photoshop 界面。接着依次执行“文件”→“脚本”→“浏览”命令，打开脚本载入窗口。在弹出的“载入”窗口中，双击脚本名称，加载并执行该脚本文件。

❸ **使用滑杆：** 脚本执行后，在弹出的窗口中，显示了一个文本框和一个滑杆，如图 10－2－22 所示。在滑杆的滑块上按下鼠标，并向右侧拖动，可以调整滑杆的数值，同时文本编辑框里的数值也将同步变化，如图 10－2－23 所示。同样在文本编辑框里输入一个数值，由于监听函数的作用，滑杆也同步发生了变化，如图 10－2－24 所示。

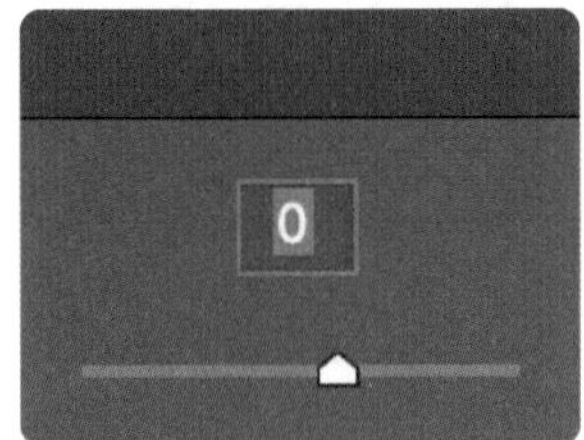

图 10－2－22　文本框和滑杆

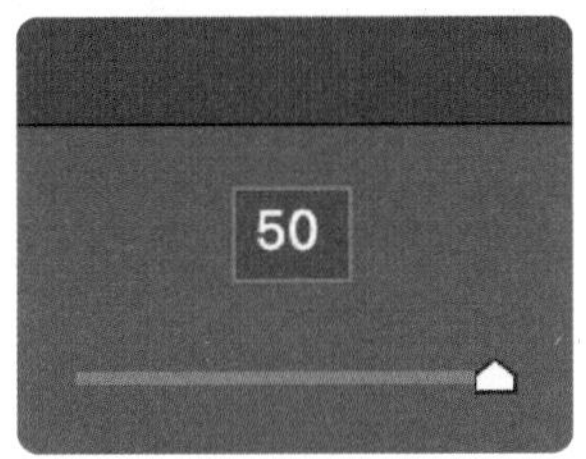

图 10－2－23　拖动滑杆上的滑块

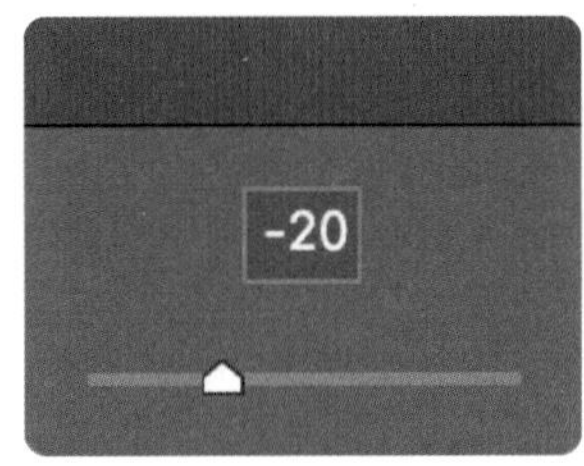

图 10－2－24　修改编辑框里的值

10.2.10　使用 DropdownList 给用户提供下拉菜单

本小节演示 DropdownList 下拉菜单的使用，使用下拉菜单，可以允许用户在指定的列表中，快速选择所需的选项。

❶ **创建脚本：** 创建一个名为 10－2－10.jsx 的脚本文件，并输入以下代码：

```
var window = new Window ("dialog");
```

首先创建一个窗口。

```
var myDropdown = window.add ("dropdownlist", undefined,
["Photoshop", "Illustrator", "AfterEffect"]);
```

接着往窗口中添加一个下拉列表，该下拉列表拥有三个选项。

```
myDropdown.selection = 1;
```

设置下拉列表的第二个选项,在默认情况下处于选择状态。列表的序号是从 0 开始的,所以数字 1 表示第二个选项。

```
myDropdown.add ("separator", undefined, 2);
```

在第二个选项的下方,添加一条分隔线,分割线的宽度为 2。

```
window.show ( );
```

在 Photoshop 软件中显示这个窗口。

❷ **运行脚本**:保存完成的脚本,并切换到 Photoshop 界面。接着依次执行“文件”→“脚本”→“浏览”命令,打开脚本载入窗口。在弹出的“载入”窗口中,双击脚本名称,加载并执行该脚本文件。

❸ **使用下拉菜单**:脚本执行后,在弹出的窗口中,显示了一个下拉菜单,如图 10-2-25 所示。单击右侧的下拉箭头,可以显示下拉列表中的各个选项,如图 10-2-26 所示。在打开的下拉菜单中,选择第一个选项,结果如图 10-2-27 所示。

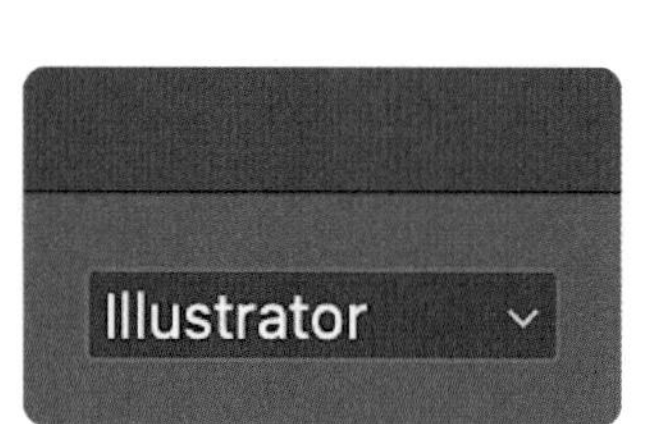

图 10-2-25　下拉菜单

图 10-2-26　打开下拉菜单

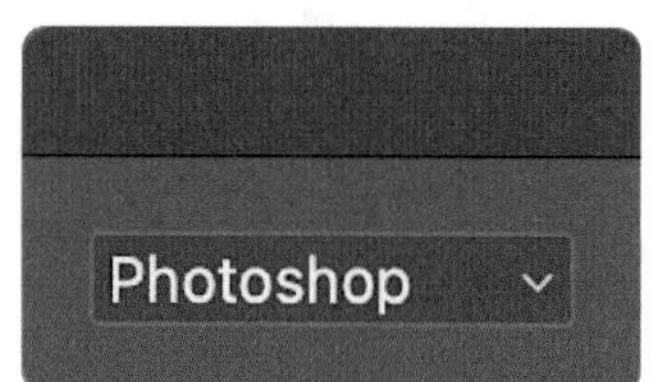

图 10-2-27　选择第一个选项

10.2.11　使用 Listbox 给用户提供选项列表

本小节演示 Listbox 列表盒子的使用,使用列表盒子可以允许用户在指定的列表中快速选择单个或多个所需的选项。

❶ **创建脚本**:创建一个名为 10-2-11.jsx 的脚本文件,并输入以下代码:

```
var window = new Window ("dialog");
var myList = window.add ("listbox");
```

首先创建一个窗口,接着往窗口中添加一个列表盒子。

```
myList.add ("item", "Photoshop");
myList.add ("item", "Illustrator");
myList.add ("item", "AfterEffect");
```

依次往列表盒子里添加三个选项。

```
var myList2 = window.add ("listbox", undefined,
                         ["Photoshop", "Illustrator", "AfterEffect"],
                         {multiselect: true});
```

继续添加一个列表盒子，同样包含三个选项，并且支持用户选择多个选项。

```
myList2.selection = [0, 1];
```

设置第二个列表盒子里的前两个选项处于选择状态。

```
var print = window.add ("button", undefined, "Print selected items");
```

添加一个按钮，当单击该按钮时，显示用户所选的选项。

```
print.onClick = function ( )
{
```

给按钮绑定一个单击事件。

```
    for (var i = 0; i <myList2.selection.length; i++)
        alert(myList2.selection[i].text);
```

当用户单击按钮时，显示用户所选的选项。

```
}
window.show ( );
```

在 Photoshop 软件中显示这个窗口。

❷ **运行脚本**：保存完成的脚本，并切换到 Photoshop 界面。接着依次执行"文件"→"脚本"→"浏览"命令，在弹出的"载入"窗口中，双击脚本名称，加载并执行该脚本文件。

脚本执行后，在 Photoshop 中弹出一个窗口，两个列表盒子由上而下排列，第二个列表盒子里的前两个选项处于选择状态，如图 10-2-28 所示。

❸ **使用列表盒子**：按下键盘上的 Shift 键，在按下该键的同时，选择另一个选项，可以同时选择多个选项，如图 10-2-29 所示。

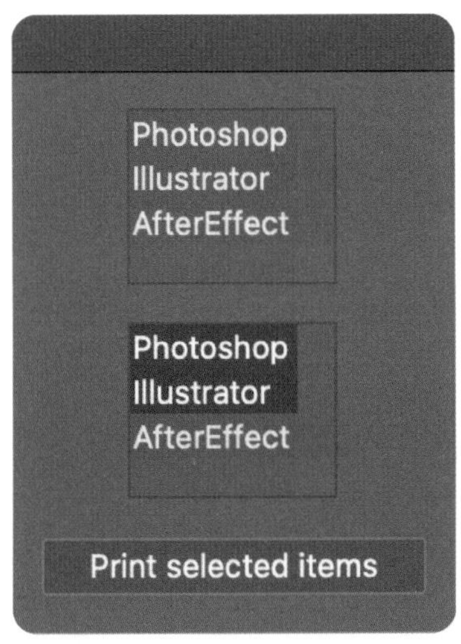

图 10-2-28　窗口初始状态

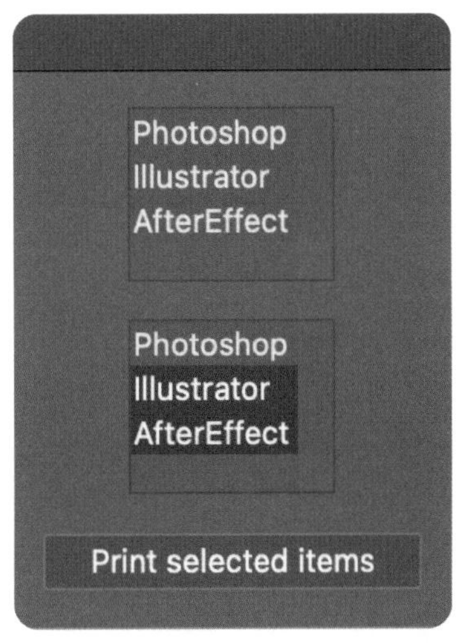

图 10-2-29　选择第 2、3 两个选项

单击位于窗口底部的按钮，将依次弹出两个提示窗口，显示用户所选的两个选项，如图 10-2-30 和图 10-2-31 所示。

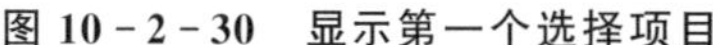
图 10-2-30　显示第一个选择项目

图 10-2-31　显示第二个选择项目

10.2.12　创建一个水平排列的标签窗口

本小节演示如何创建一个常见的设置窗口。设置窗口包含两个选项卡，两个选项卡水平排列，单击某个选项卡，可以显示相应的设置内容。

❶ **创建脚本**：创建一个名为 10-2-12.jsx 的脚本文件，并输入以下代码：

```
var window = new Window ("dialog", "Setting", undefined, {closeButton: false});
```

首先创建一个窗口。

```
var tabbedPanel = window.add ("tabbedpanel");
```

然后往窗口中添加一个 tabbedpanel 选项卡面板。

```
tabbedPanel.alignChildren = ["fill", "fill"];
```

设置选项卡面板在水平、垂直两个方向上的排列方式，都是 fill 填充模式。

```
tabbedPanel.preferredSize = [400, 320];
```

设置面板的宽度为 400 像素，高度为 320 元素。

```
var firstTab = tabbedPanel.add ("tab", undefined, "General");
```

接着往选项卡面板中添加一个选项卡，该选项卡的标题为 General。

```
firstTab.alignChildren = "fill";
var options = firstTab.add ("panel", undefined, "Options");
options.alignChildren = "left";
```

往选项卡中添加一个面板，面板的标题为 Options，面板里的所有子元素的对齐方式为左对齐。

```
options.dtd_decl = options.add ("checkbox", undefined, "Controls the cursor style.");
options.view_XML = options.add ("checkbox", undefined, "Controls how lines should wrap.");
options.export_sel = options.add ("checkbox", undefined, "Code action kinds to be run on save.");
```

依次往面板中添加三个复选框。

```
var secondTab = tabbedPanel.add ("tab", undefined, "About");
secondTab.alignChildren = "fill";
```

然后创建第二个选项卡，该选项卡的标题为 About。

```
var logo = secondTab.add ("image", undefined, File ("e:\logo.png"));
```

往第二个选项卡里添加一张图片。

```
var buttons = window.add ("group");
```

接着往窗口中添加一组按钮，首先添加一个组。

```
buttons.add ("button", undefined, "Export", {name: "ok"});
buttons.add ("button", undefined, "Cancel");
```

依次往组里添加两个按钮，当用户单击这些按钮时，关闭设置窗口。

```
tabbedPanel.selection = 0;
window.show ( );
```

设置第一个选项卡处于选择状态，然后在 Photoshop 软件中显示这个窗口。

❷ **运行脚本**：保存完成的脚本，并切换到 Photoshop 界面。接着依次执行“文件”→“脚本”→“浏览”命令，打开脚本载入窗口。在弹出的“载入”窗口中，双击脚本名称，加载并执行该脚本文件。

脚本执行后，在 Photoshop 中弹出一个窗口，在弹出的设置窗口中，第一个选项卡处于活动状态，并且包含三个复选框，如图 10-2-32 所示。

❸ **使用复选框**：单击顶部的 About 标签，切换到第二个选项卡，第二个选项卡包含一张图片素材，如图 10-2-33 所示。单击底部的 Cancel 按钮，可以关闭设置窗口。

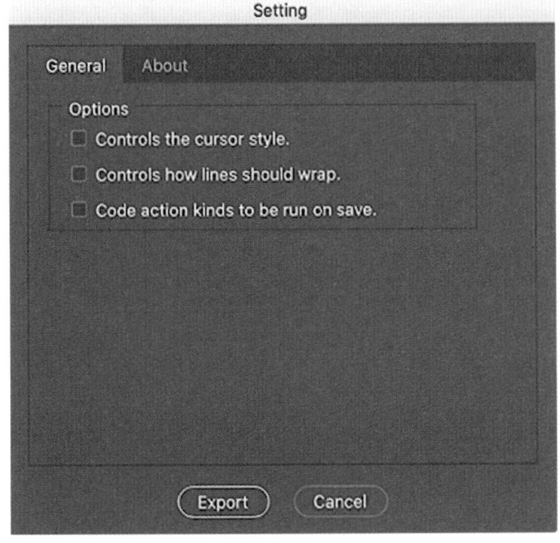

图 10-2-32 General 面板(1)

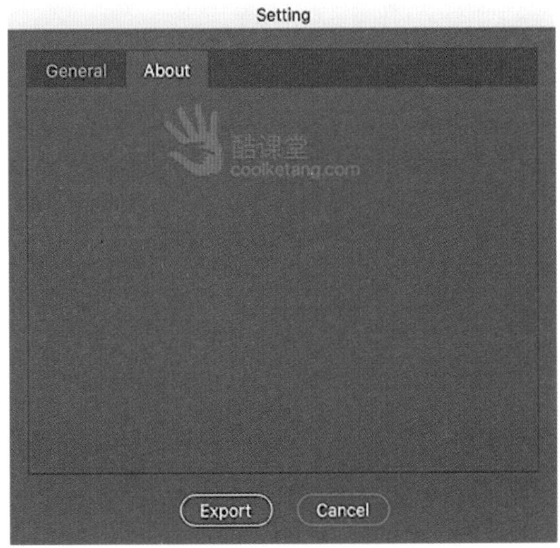

图 10-2-33 About 面板(1)

10.2.13 创建一个垂直排列的标签窗口

本小节继续创建一个设置窗口，同样包含两个选项卡，这两个选项卡由列表盒子实现，并且这两个选项卡是纵向排列的。

❶ **创建脚本**：创建一个名为 10-2-13.jsx 的脚本文件，并输入以下代码：

1. `var window = new Window('dialog {text: "Settings", orientation: "column", alignChildren:["fill","fill"], properties: {closeButton: false}}');`

   首先创建一个窗口。

2. `window.main = window.add('group {preferredSize: [600, 500], alignChildren: ["left","fill"]}');`

   往窗口中添加一个组，组的宽度为 600 像素，高度为 500 像素，水平排列方式为左对齐，垂直排列方式是填充对齐。

3. `window.stubs = window.main.add("listbox", undefined, ["General", "About"]);`

   然后往组里添加一个列表盒子，包含两个选项，分别是两个选项卡的标题。

4. `window.tabGroup = window.main.add('group {alignment: ["fill","fill"], orientation: "stack"}');`

   创建一个数组，作为选项卡的容器，数组的初始值为空。

5. `window.tabs = [];`
6. `window.tabs[0] = window.tabGroup.add("group");`

   往组里添加另一个组，作为第一个选项卡里的内容，并将该组作为数组的第一个元素。

7. `window.tabs[0].add('statictext {text: "General"}');`
8. `window.tabs[0].add('panel');`

   往这个组里依次添加一个标签和一个面板。

9. `window.tabs[0].add('checkbox {text: "Controls the cursor style."}');`
10. `window.tabs[0].add('checkbox {text: "Controls how lines should wrap."}');`

    继续往组里添加两个复选框。

11. `window.tabs[1] = window.tabGroup.add("group");`

    往组里添加第二个组，作为第二个选项卡里的内容。

12. `window.tabs[1].add('statictext {text: "Interface"}');`
13. `window.tabs[1].add('panel {preferredSize: [-1, -10]}');`
14. `window.tabs[1].add("image", undefined, File("e:\logo.png"));`

    往组里依次添加一个标签、一个面板和一张图片。

15. `window.buttons = window.add('group {alignment: "right"}');`

    往窗口中添加一个组，作为多个按钮的容器，该组的子元素的对齐方式为右对齐。

16. `window.buttons.add('button {text: "OK"}');`
17. `window.buttons.add('button {text: "Cancel"}');`

    依次往组里添加两个按钮，当单击这些按钮时，关闭设置窗口。

```
for (var i = 0; i <window.tabs.length; i++)
{
```

添加一个循环语句，用来设置两个选项卡的属性。

```
    window.tabs[i].orientation = "column";
    window.tabs[i].alignChildren = "fill";
    window.tabs[i].alignment = ["fill","fill"];
```

设置选项卡的取向为栏目，排列方式为填充，水平和垂直对齐方式都是填充。

```
}
function showTab( )
{
```

添加一个函数，当窗口显示时执行这个函数。

```
    if (window.stubs.selection !== null)
    {
        for (var i = window.tabs.length-1; i >= 0; i--)
        {
            window.tabs[i].visible = false;
        }
```

如果列表盒子的选项不为空，也就是在窗口中有选项卡时，则执行后面的代码。此时将所有选项卡里的内容都隐藏。

```
        window.tabs[window.stubs.selection.index].visible = true;
```

然后根据列表盒子里的选项的序号，显示相应的选项卡里的内容。

```
    }
}
window.stubs.onChange = showTab;
```

当用户选择列表盒子里的某个选项时，执行该函数，切换选项卡里的内容为可见。

```
window.onShow = function ( )
{
```

接着添加一个监听事件，监听窗口是否显示。

```
    window.stubs.selection = 0;
    showTab;
```

当窗口显示时，设置列表盒子的第一个选项处于选择状态，然后调用 showTab 函数。

```
}
window.show( );
```

在 Photoshop 软件中显示这个窗口

❷ **运行脚本**：保存完成的脚本，并切换到 Photoshop 界面。接着依次执行"文件"→"脚本"→"浏览"命令，打开脚本载入窗口。在弹出的"载入"窗口中，双击脚本名称，加载并执行该脚本文件。

❸ **使用标签窗口**：脚本执行后，在 Photoshop 中弹出一个窗口，在弹出的设置窗口中，第

一个选项卡处于活动状态，并且包含两个复选框，如图 10－2－34 所示。

单击左侧的 About 标签，切换到第二个选项卡，第二个选项卡包含一张图片素材，如图 10－2－35 所示。单击底部的 Cancel 按钮，可以关闭设置窗口。

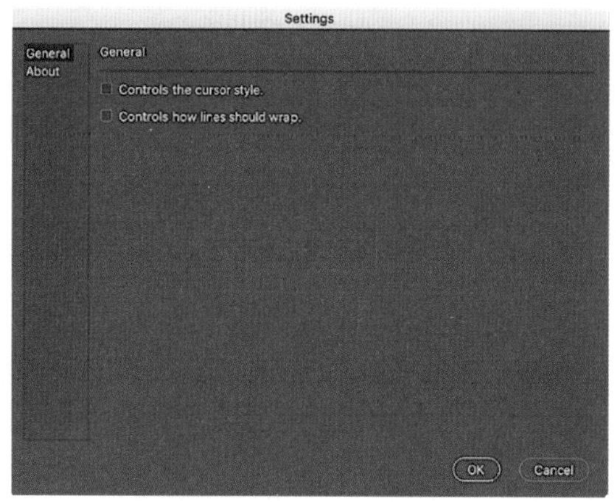

图 10－2－34　General 面板(2)

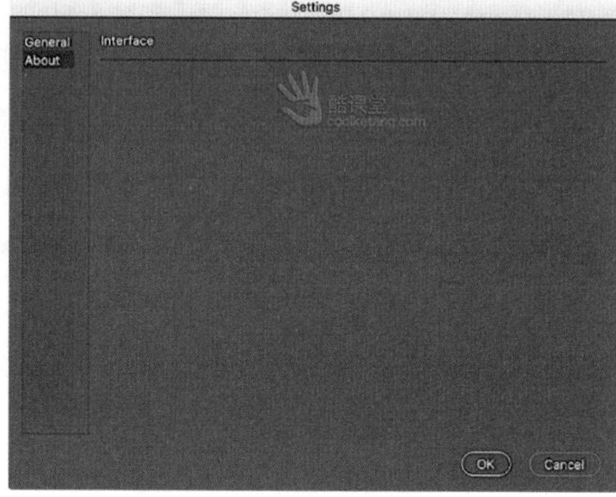

图 10－2－35　About 面板(2)

10.2.14　创建 ProgressBar 给用户提供进度条

本小节演示如何在窗口中显示一个提示用户任务进度的 ProgressBar 进度条。

❶ **创建脚本**：创建一个名为 10－2－14.jsx 的脚本文件，并输入以下代码：

```
var array = new Array (5);
```

首先定义一个变量，表示进度条刷新的次数。

```
var window = new Window ("palette");
window.progressBar = window.add ("progressbar", undefined, 0, array.length);
```

接着创建一个窗口。在窗口中添加一个进度条，进度条的初始值为 0，最终值为 5。

```
window.progressBar.preferredSize.width = 300;
window.show( );
```

接着设置进度条的宽度为 300 像素。在 Photoshop 软件中显示这个窗口。

```
for (var i = 0; i <array.length; i++)
{
    window.progressBar.value = i+1;
```

然后添加一个循环语句，用来刷新进度条。接着循环刷新进度条的数值。

```
    $.sleep(1000);
```

每刷新一次进度条的数值，休眠 1 s，以模拟任务的进度。

```
    app.refresh( );
```

最后刷新用户界面，实时刷新进度条的外观。

```
}
```

❷ **运行脚本**：保存完成的脚本，并切换到 Photoshop 界面。接着依次执行“文件”→“脚本”→“浏览”命令，打开脚本载入窗口。在弹出的“载入”窗口中，双击脚本名称，加载并执行该脚本文件。

❸ **使用进度条**：脚本执行后，将弹出一个窗口，窗口中包含一个进度条，进度条执行从 0～100 的进度变化，如图 10－2－36 所示。

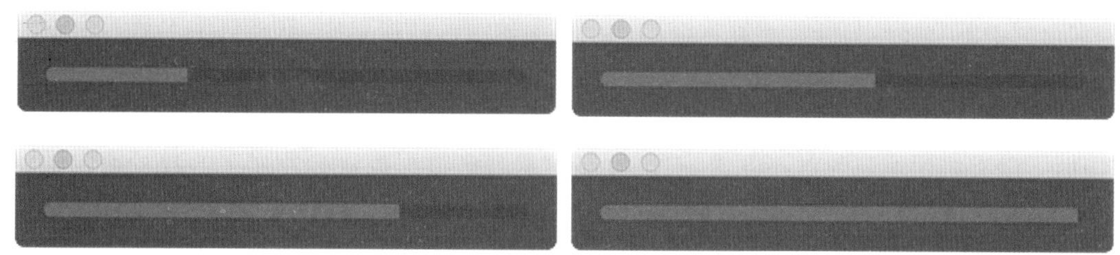

图 10－2－36　进度条从 0～100 的进度变化

10.2.15　填充属性对多个控件对齐的影响

本小节演示填充属性对控件排列的影响。

❶ **创建脚本**：创建一个名为 10－2－15.jsx 的脚本文件，并输入以下代码：

```
var window = new Window ('dialog {orientation: "row", alignChildren: ["", "top"]}');
```

首先创建一个窗口，窗口里的所有元素的排列方式为 row 横向排列，垂直方向上的对齐方式为 top 顶部对齐。

```
window.add ('panel {preferredSize: [120, 220]}');
```

在窗口里添加一个面板，宽度为 120 像素，高度为 220 像素。

```
var group = window.add ('group {orientation: "column"}');
group.alignChildren = "fill";
```

接着添加一组按钮，首先添加一个组，作为按钮的容器，并设置组里的元素的对齐方式为 fill 填充方式。

```
group.add ('button {text: "OK"}');
group.add ('button {text: "Cancel"}');
group.add ('button {text: "Reset"}');
```

然后往组里依次添加三个按钮。

```
window.show( );
```

在 Photoshop 软件中显示这个窗口。

❷ **运行脚本**：保存完成的脚本，并切换到 Photoshop 界面。接着依次执行“文件”→“脚本”→“浏览”命令，打开脚本载入窗口。在弹出的“载入”窗口中，双击脚本名称，加载并执行该脚本文件。

脚本执行后，将弹出一个窗口，窗口的左侧是一个空白的面板，右侧是一组按钮。这一组按钮由于对齐方式为填充，所以三个按钮的宽度和组的宽度相同，如图 10－2－37 所示。

❸ **修改填充方式**：继续编辑脚本，修改组里的三个按钮的填充方式。将第 4 行代码的填充对齐方式注释掉：

```
4. //group.alignChildren = "fill";
```

❹ **再次运行脚本**：保存完成的脚本，并切换到 Photoshop 界面。接着依次执行“文件”→“脚本”→“浏览”命令，打开脚本载入窗口。在弹出的“载入”窗口中，双击脚本名称，加载并执行该脚本文件。

脚本执行后，将弹出一个窗口，窗口的左侧是一个空白的面板，右侧是一组按钮。这一组按钮由于没有采用填充的对齐方式，三个按钮的宽度是根据按钮标题文字的数量而定的，如图 10－2－38 所示。

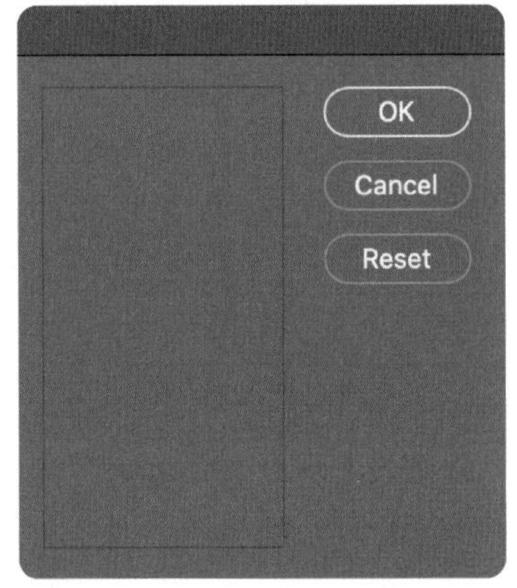

图 10－2－37　三个按钮的宽度和组的宽度相同

图 10－2－38　三个按钮的宽度根据文字的数量而定

10.2.16　窗口的位置和多个控件的间距

本小节演示如何设置窗口的位置、窗口和元素的间距，以及元素之间的距离。

❶ **创建脚本**：创建一个名为 10－2－16.jsx 的脚本文件，并输入以下代码：

```
var window = new Window("dialog");
window.preferredSize = [300, 200];
```

首先创建一个窗口。设置窗口的宽度为 300 像素，高度为 200 像素。

```
window.location = [400, 200];
window.margins = 20;
window.spacing = 20
```

设置窗口在屏幕上的位置，距离屏幕的左上角向右偏移 400 像素，向下偏移 200 像素。设置元素和窗口之间的间距为 20 像素。设置窗口元素之间的距离为 20 像素。

```
editText1 = window.add ("edittext {preferredSize: [200, 120], properties: {multiline: true}}");
editText1.text = "Hello, Photoshop ScripUI!"
```

往窗口中添加一个文本编辑框，并设置文本编辑框里的文字内容。

```
window.add ("button", undefined, "OK");
window.show ( );
```

往窗口中添加一个按钮，当单击该按钮时，关闭该窗口。然后在 Photoshop 软件中显示这个窗口。

❷ **运行脚本**：保存完成的脚本，并切换到 Photoshop 界面。接着依次执行“文件”→“脚本”→“浏览”命令，打开脚本载入窗口。在弹出的“载入”窗口中，双击脚本名称，加载并执行该脚本文件。

脚本执行后，将弹出一个窗口，文本编辑框和窗口的间距为 20 像素，文本编辑框和下方按钮的间距也是 20 像素，如图 10-2-39 所示。

图 10-2-39　文本框和窗口下方按钮的间距都是 20 像素

10.2.17　设置控件的字体和颜色

本小节演示如何设置控件的字体和颜色。

❶ **创建脚本**：创建一个名为 10-2-17.jsx 的脚本文件，并输入以下代码：

```
var window = new Window ("dialog");
```

首先创建一个窗口。

```
button1 = window.add ("button", undefined, "Default");
button2 = window.add ("button", undefined, "Bigger");
```

然后往窗口中依次添加两个按钮。

```
button2.graphics.font = ScriptUI.newFont ("Verdana", "Bold", 18);
```

设置第二个按钮标题文字的字体，字体样式为加粗样式，字体尺寸为 18。

```
window.graphics.foregroundColor = window.graphics.newPen (window.graphics.PenType.SOLID_COLOR, [1.0, 0.7, 0.3], 1);
window.graphics.backgroundColor = window.graphics.newBrush (window.graphics.BrushType.SOLID_COLOR, [0.5, 0.0, 0.0]);
```

设置窗口里的图形元素的前景色为橙色，继续设置窗口的背景色为红色。

```
window.show ( );
```

在 Photoshop 软件中显示这个窗口。

❷ **运行脚本**：保存完成的脚本，并切换到 Photoshop 界面。接着依次执行“文件”→“脚本”→“浏览”命令，打开脚本载入窗口。在弹出的“载入”窗口中，双击脚本名称，加载并执行该脚本文件。

脚本执行后，将弹出一个窗口，窗口的背景色为红色，按钮文字的颜色为橙色，如图 10-2-40 所示。

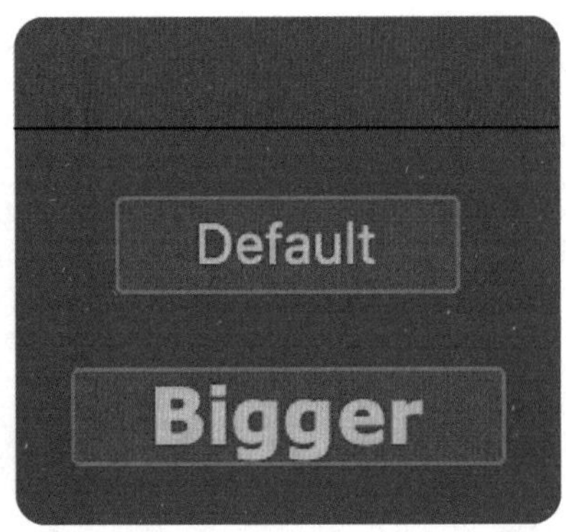

图 10-2-40　设置控件的字体和颜色

10.2.18　如何监听用户的鼠标事件

本小节演示如何监听用户在窗口里的鼠标事件。

❶ **创建脚本**：创建一个名为 10-2-18.jsx 的脚本文件，并输入以下代码：

```
var window = new Window ("dialog");
var button = window.add ("button", undefined, " Click me ");
```

首先创建一个窗口，接着往窗口里添加一个按钮。

```
button.addEventListener ("click", function (k)
{
```

给按钮添加事件监听器，当用户单击该按钮时，执行相应的动作。

```
    if (k.button == 2)
        alert("Right - button clicked.");
```

判断如果是用户使用鼠标的右键单击了按钮，则弹出一个提示窗口，显示鼠标右键被单击。

```
    if (k.altKey)
        alert("Alt key pressed.");
```

如果用户在单击按钮的同时，还按下了键盘上的 Alt 键，则弹出一个提示窗口，显示该键被按下。

```
    alert("X: " + k.clientX);
    alert("Y: " + k.clientY);
```

继续弹出两个提示窗口，显示鼠标在按钮上的单击位置。

```
});
window.show ( );
```

在 Photoshop 软件中显示这个窗口。

❷ **运行脚本：** 保存完成的脚本，并切换到 Photoshop 界面。接着依次执行"文件"→"脚本"→"浏览"命令，在弹出的"载入"窗口中，双击脚本名称，加载并执行该脚本文件。

脚本执行后，将弹出一个窗口，如图 10-2-41 所示。

❸ **测试鼠标事件：** 单击窗口中的按钮，此时显示了鼠标在按钮上单击时，鼠标相对于按钮在水平方向和垂直方向上的位置，如图 10-2-42 和图 10-2-43 所示。

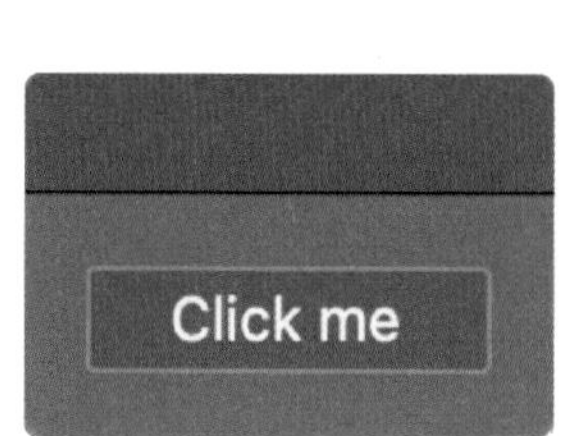

图 10-2-41　待单击的窗口

图 10-2-42　单击位置的 x 坐标

图 10-2-43　单击位置的 y 坐标

接着按下键盘上的 Alt 键，在该键按下的同时，再次单击此按钮。此时弹出提示窗口，显示键盘上的键被按下，如图 10-2-44 所示。然后再次显示了鼠标在按钮上单击时，鼠标相对于按钮在水平方向和垂直方向上的位置，如图 10-2-45 和图 10-2-46 所示。

图 10-2-44　Alt 键被按下

图 10-2-45　第二次单击的 x 坐标

图 10-2-46　第二次单击的 y 坐标

10.2.19　如何监听用户的键盘事件

本小节演示如何监听用户在窗口里的键盘事件。

❶ **创建脚本**：创建一个名为 10－2－19.jsx 的脚本文件，并输入以下代码：

```
var window = new Window ("dialog");
var editText = window.add ("edittext");
editText.active = true;
```

首先创建一个窗口，然后往窗口中添加一个文本编辑框。

```
window.addEventListener ("keydown", function (event) {
```

给文本编辑框添加事件监听器，当键盘上的按键被按下时，执行相应的动作。

```
    alert(event.keyName);
```

首先弹出一个提示窗口，显示用户按下的按键的名称。

```
    if (event.shiftKey)
        alert("Shift pressed");
    else if (event.altKey)
        alert("Alt pressed");
    else if (event.ctrlKey)
        alert("Ctrl pressed");
```

如果用户按下的是 Shift、Alt、Ctrl 键，则弹出一个提示窗口。

```
});
window.show ( );
```

在 Photoshop 软件中显示这个窗口。

❷ **运行脚本**：保存完成的脚本，并切换到 Photoshop 界面。接着依次执行"文件"→"脚本"→"浏览"命令，打开脚本载入窗口。在弹出的"载入"窗口中，双击脚本名称，加载并执行该脚本文件。

❸ **测试键盘事件**：脚本执行后，将弹出一个窗口，窗口中有一个文本输入框，如图 10－2－47 所示。单击文本编辑框，使编辑框处于活动状态，然后按下键盘上的 A 键。此时弹出提示窗口，显示被按下的按键的名称，如图 10－2－48 所示。

即使多个按键被同时按下，也是可以正常检测到的。同时按下键盘上的两个按键 Shift 和 A。此时弹出提示窗口，显示被按下的第一个按键的名称，如图 10－2－49 所示，接着显示被按下的第二个按键 A 的名称，如图 10－2－48 所示。

图 10－2－47　对话框

图 10－2－48　显示被按下的 A 键的名称

图 10－2－49　显示第一个被按下的 Shift 键的名称

10.2.20 使用 ScriptUI Dialog Builder 搭建精美的窗口界面

老师，使用代码来搭建界面有些笨拙，有没有像 Dreamweaver 那样的界面绘制工具，通过简单的拖拽在窗口上摆放控件。

小美，你别说，还真的有这样的工具。这个工具的名称叫做 ScriptUI Dialog Builder，通过简单的拖拽就可以在窗口上摆放控件，同时还可以自由设置这些控制的属性。

完成用户界面的绘制之后，还可以下载用户界面对应的 jsx 文件，这样你不需要编写一行代码，就可以创建专业的 ScriptUI 界面了！

❶ **打开 ScriptUI Dialog Builder**：该工具是在线工作的，所以不需要下载这个工具，只需要进入工具所在的网址：https://scriptui.joonas.me/，如图 10－2－50 所示。

图 10－2－50 ScriptUI Dialog Builder 工具界面

❷ **绘制用户界面**：从图 10－2－50 可以看出，ScriptUI Dialog Builder 工具分为左右两个部分，右侧为用户界面预览区域。左侧又可以分为三个区域：

- Add Items 区域：显示所有 ScriptUI 控件，拖动此处的控件到 Structure 区域，就可以通过拖拽的方式搭建用户界面了。
- Structure 区域：用来显示用户界面的树状结构，可以上下拖拽控件调整它们在用户界面上的位置。
- Item Propreties 区域：设置界面上的控件的属性。

❸ **下载用户界面 jsx 文件**：完成界面的搭建之后，单击网页右上角的 Export 导出按钮，可以显示用户界面对应的 ScriptUI 代码，如图 10－2－51 所示。

Export.jsx

```

/*
Code for Import https://scriptui.joonas.me — (Triple click to select):
{"activeId":3,"items":{"item-0":{"id":0,"type":"Dialog","parentId":false,"style":{"text":"Import Multi
*/

// DIALOG
// ======
var dialog = new Window("dialog");
    dialog.text = "Import Multiple PDF pages";
    dialog.orientation = "row";
    dialog.alignChildren = ["left","top"];
    dialog.spacing = 10;
    dialog.margins = 16;

// GROUP1
// ======
var group1 = dialog.add("group", undefined, {name: "group1"});
    group1.orientation = "column";
    group1.alignChildren = ["fill","top"];
    group1.spacing = 10;
    group1.margins = 0;

// PANEL1
// ======
var panel1 = group1.add("panel", undefined, undefined, {name: "panel1"});
    panel1.text = "Page Selection";
```

图 10-2-51　用户界面对应的 ScriptUI 代码

❹ **运行脚本**：切换到 Photoshop 界面，依次执行“文件”→“脚本”→“浏览”命令，加载并执行刚刚下载的脚本。此时打开了刚刚绘制的用户界面，如图 10-2-52 所示。

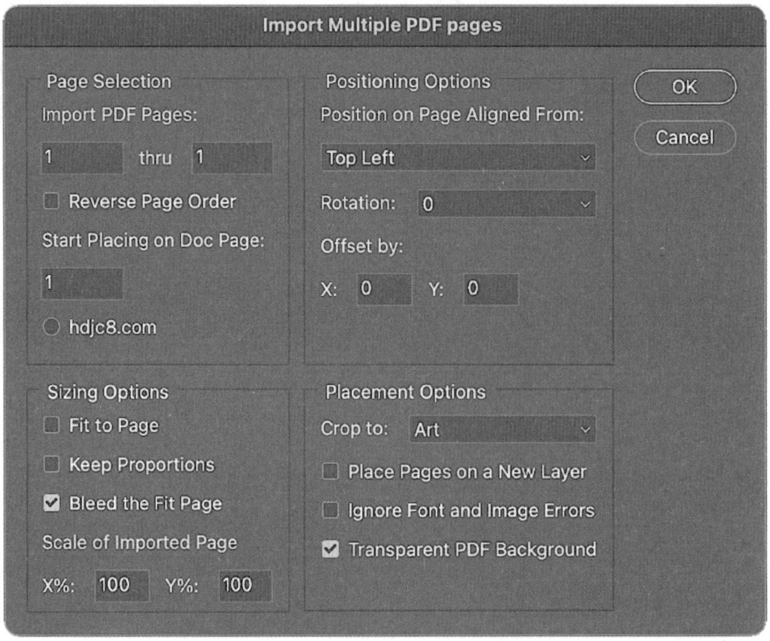

Import Multiple PDF pages

Page Selection
Import PDF Pages:
1 thru 1
Reverse Page Order
Start Placing on Doc Page:
1
hdjc8.com

Positioning Options
Position on Page Aligned From:
Top Left
Rotation: 0
Offset by:
X: 0 Y: 0

OK
Cancel

Sizing Options
Fit to Page
Keep Proportions
Bleed the Fit Page
Scale of Imported Page
X%: 100 Y%: 100

Placement Options
Crop to: Art
Place Pages on a New Layer
Ignore Font and Image Errors
Transparent PDF Background

图 10-2-52　在 Photoshop 上显示的由 ScriptUI Dialog Builder 生成的窗口

10.2.21　快速生成无限、永不重复的漂亮卡通头像

老师，上面这些 ScriptUI 的示例既简单又形象，我已经掌握了如何通过 ScritpUI 搭建一个简单的用户界面的方法了。

小美，你学得好快！那现在我们就来使用 ScriptUI 创建一个完整的用户界面，用户可通过操作窗口中的控件来设置相应的参数，从而利用这些参数，创建漂亮、随机、永不重复的卡通头像！

❶ **创建脚本：**创建一个名为 10-2-21.jsx 的脚本文件，并输入以下代码：

```
var spriteArray = ["male", "female", "human", "identicon", "initials", "bottts", "avataaars", "jdenticon", "gridy", "code"];
```

定义一个数组，表示头像的十种类型。

```
var moodArray = ["happy", "sad", "surprised"];
```

定义另一个数组，表示头像的三种情绪状态。

```
var exportAvartaPath = "/Users/lifazhan/Desktop/avarta.svg";
```

接着定义一个文件路径，表示头像输出的位置。

```
var w = new Window ("dialog");
var g = w.add ('group {orientation: "row"}');
```

然后创建一个设置窗口，并在窗口添加一个组。

```
var myMessage = g.add ("statictext");
myMessage.text = "Seed: ";
```

往组中添加一个标签，并设置标签的文字内容。

```
var seedInput = g.add ("edittext", [0, 0, 120, 24], "hdjc8");
```

接着添加一个文本编辑框，用户可以在文本编辑框里输入随机的文字。借助这些文字，就可以随机生成永不重复的头像了。

```
var g2 = w.add ('group {orientation: "row"}');
```

继续添加一个组，作为精灵类型下拉列表的容器。

```
var myMessage = g2.add ("statictext");
myMessage.text = "Sprite: ";
```

首先往组中添加一个标签，并设置标签的文字内容。

```
var spriteList = g2.add ("dropdownlist", [0, 0, 120, 24], spriteArray);
spriteList.selection = 0;
```

添加一个下拉列表，用来显示精灵类型数组，如图 10-2-53 所示。

```
var g3 = w.add ('group {orientation: "row"}');
```

再次添加一个组，作为情绪状态类型下拉列表的容器。

```
var myMessage = g3.add ("statictext");
myMessage.text = "Mood: ";
```

往组中添加一个标签，并设置标签的文字内容。

```
var moodList = g3.add ("dropdownlist", [0, 0, 120, 24], moodArray);
moodList.selection = 0;
```

添加下拉列表以显示情绪类型数组，如图 10-2-54 所示。

```
var convert_button = w.add ("button", undefined, "Build Avarta");
```

最后添加一个按钮，当用户单击按钮时，根据上面的几个参数创建一枚漂亮的头像。

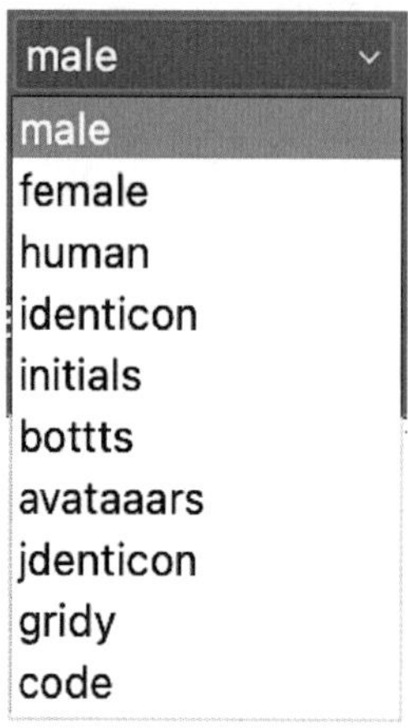

图 10-2-53　精灵类型列表

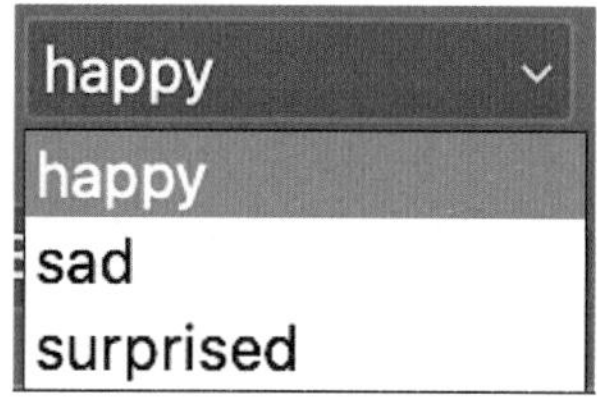

图 10-2-54　情绪类型列表

```
convert_button.onClick = function ( ) {
```

给按钮绑定单击事件，当用户单击按钮时，执行后面的脚本。

```
    var seed = seedInput.text;
```

首先获得用户输出的随机种子内容。

```
    var sprite = spriteArray[parseInt(spriteList.selection)];
    var mood = moodArray[parseInt(moodList.selection)];
```

接着获得用户选择的精灵类型、情绪类型。

```
    var imageUrl = "https://avatars.dicebear.com/v2/" + sprite + "/" + seed +
    ".svg? mood = " + mood;
```

定义一个变量，表示一个应用程序接口，通过向这个接口传递精灵类型、情绪类型和随机种子，即可创建一枚漂亮的随机头像。

```
    app.system("curl -o " + exportAvartaPath + " " + imageUrl);
    w.close( );
```

调用系统方法，访问这个接口，并将接口生成的头像保存在指定的路径。完成头像的生成任务之后，关闭设置窗口。

```
var idOpn = charIDToTypeID( "Opn " );
var desc53 = new ActionDescriptor( );
```

头像是被保存为 svg 格式的，现在开始编写脚本，在 Photoshop 软件中打开该格式的头像。首先创建一个动作描述符。

```
var idnull = charIDToTypeID( "null" );
desc53.putPath( idnull, new File( exportAvartaPath ) );
```

将头像所在的路径，放在动作描述符中。

```
var idAs = charIDToTypeID( "As  " );
var desc54 = new ActionDescriptor( );
```

继续创建一个动作描述符。

```
var idWdth = charIDToTypeID( "Wdth" );
var idPxl = charIDToTypeID( "#Pxl" );
```

创建两个参数，分别表示宽度和像素。

```
desc54.putUnitDouble( idWdth, idPxl, 800.000000 );
```

设置打开 svg 后的文档的宽度和像素值。

```
var idRslt = charIDToTypeID( "Rslt" );
var idRsl = charIDToTypeID( "#Rsl" );
```

继续创建两个表示分辨率的参数。

```
desc54.putUnitDouble( idRslt, idRsl, 300.000000 );
```

设置打开 svg 后的文档的分辨率为 300。

```
var idCnsP = charIDToTypeID( "CnsP" );
desc54.putBoolean( idCnsP, true );
```

设置在打开 svg 时，保持图形的宽高比。

```
var idsvgFormat = stringIDToTypeID( "svgFormat" );
```

设置打开的文档的格式为 svg 格式。

```
desc53.putObject( idAs, idsvgFormat, desc54 );
```

将以上参数添加到第一个动作描述符中。

```
var idDocI = charIDToTypeID( "DocI" );
desc53.putInteger( idDocI, 205 );
```

接着创建一个参数，表示将以栅格化的方式打开 svg。

```
executeAction( idOpn, desc53, DialogModes.NO );
```

最后调用 executeAction 方法，在 Photoshop 软件中打开刚刚生成的头像。

```
}
w.show( );
```

❷ **运行脚本：**保存完成的脚本，并切换到 Photoshop 界面。接着依次执行“文件”→“脚本”→“浏览”命令，打开脚本载入窗口。在弹出的“载入”窗口中，双击脚本名称，加载并执行该脚本文件。

❸ **设置参数**：脚本执行后，将弹出一个窗口，首先在 Seed 文本编辑框中，输入随机的种子文字内容。文字内容可以随意输入，即使是无意义的字符也是可以的，如图 10-2-55 所示。

接着单击第一个下拉菜单的下拉箭头，打开精灵类型列表。在打开的精灵类型列表中，选择 female 选项，如图 10-2-56 所示。继续单击第二个下拉菜单的下拉箭头，打开情绪类型列表，在打开的情绪类型列表中，选择 surprised(惊讶)选项，如图 10-2-57 所示。

完成以上参数的设置之后，窗口中的各个选项如图 10-2-58 所示。

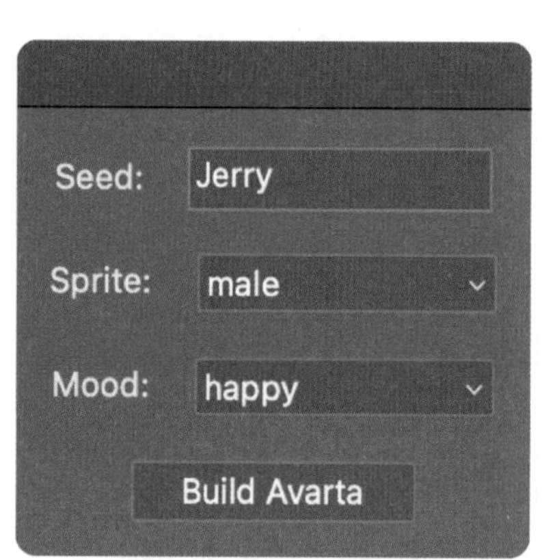

图 10-2-55 输入随机的种子

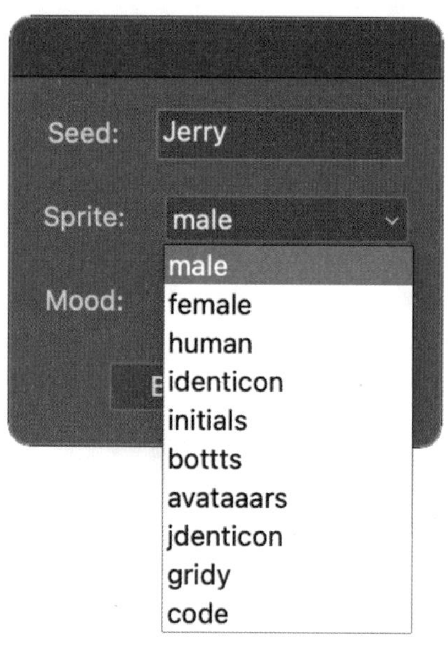

图 10-2-56 选择列表中的 female

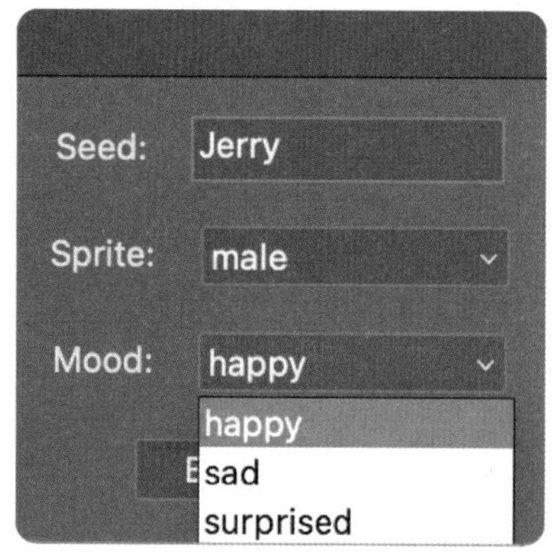

图 10-2-57 选择列表中的 surprised

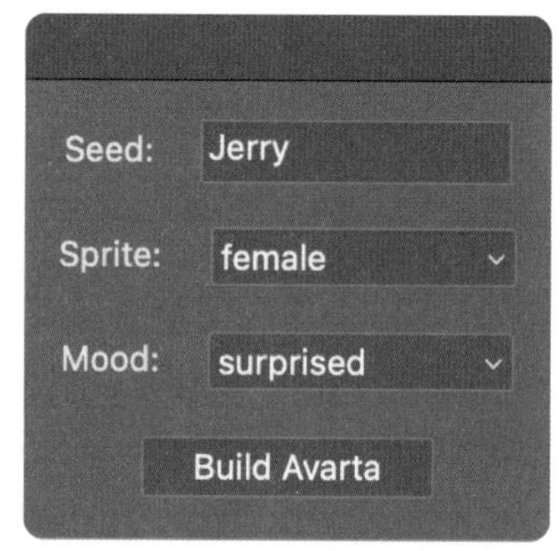

图 10-2-58 完成参数设置

❹ **生成头像**：单击窗口底部的 Build Avarta 按钮，创建一枚头像。此时完成了头像的创建，并在下载头像到电脑之后，由 Photoshop 软件打开了这张漂亮的头像，如图 10-2-59 所示。

❺ **重新生成头像**：接着再来创建一张随机头像，依次执行"文件"→"脚本"→"浏览"命令，再次加载并执行该脚本文件。

图 10－2－59　根据参数生成漂亮头像

在弹出的设置窗口中，保持其他参数和上一次创建头像时相同，只修改 Seed 内容，将原来的 Jerry 修改为 Flower，修改后的设置选项如图 10－2－60 所示。

然后单击窗口底部的 Build Avarta 按钮，再次创建一个头像，如图 10－2－61 所示。读者会发现只要稍微改变 Seed（种子）的内容，就可以创建无限、随机的惊讶女士的头像了！

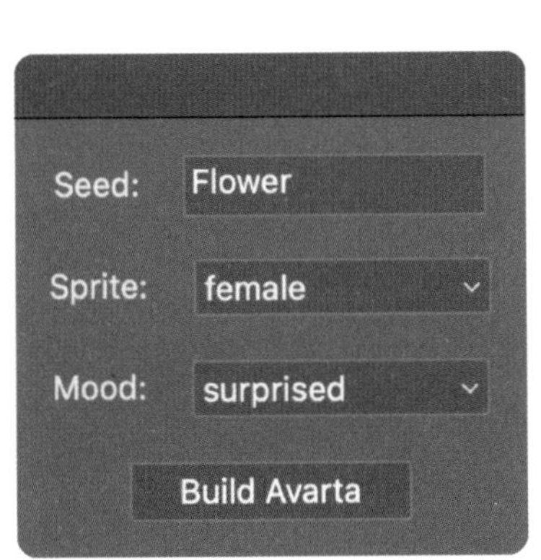

图 10－2－60　将 Seed 修改为 Flower

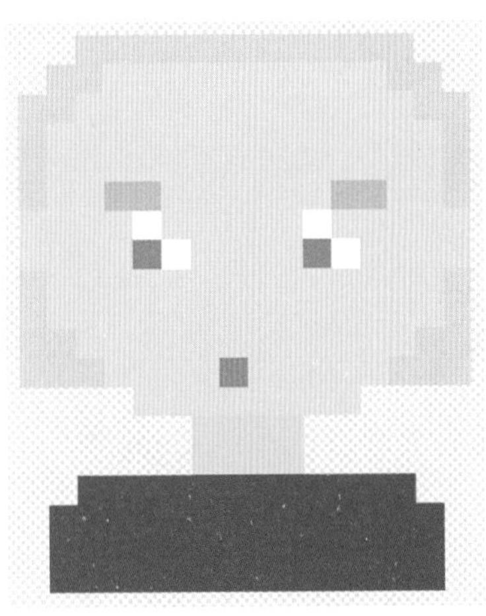

图 10－2－61　新的随机头像

第 11 章 Common Extensibility Platform 通用扩展平台

从本章将收获以下知识：

❶ 搭建通用扩展平台 Common Extensibility Platform

❷ 给 Photoshop 添加每日一句英语美文和朗读功能

❸ 给 Photoshop 添加今日任务 to - do 功能

❹ 给 Photoshop 增加给中文添加拼音的功能

❺ 使 Photoshop 智能翻译图层中的文字——中英互译

❻ 使 Photoshop 智能识别图片中的文字并转为纯文字

❼ 使 Photoshop 智能获取一张图片的主题颜色表

❽ 使用人工智能技术识别图像中指定颜色的物体

❾ 使用人工智能技术对图像进行人脸识别

❿ 制作运行在 Photoshop 上的贪吃蛇游戏等

11.1 使用 CEP 插件增强 Photoshop 功能

老师，Photoshop 脚本和 ScriptUI 都是通过“文件”菜单中的“浏览”命令运行的。可是我看有些 Photoshop 脚本是运行在面板上的。我感觉这种方式方便多了，不用使用浏览命令到处找脚本文件了。

小美，运行在 Photoshop 面板上的是插件，很多是使用 Common Extensibility Platform（简称 CEP）通用扩展平台编写的。

CEP 是将成熟、强大的网页开发技术引入到 Photoshop 中，从而实现 Photoshop 和网页开发技术的完美结合。

老师，既然 CEP 是 Photoshop 和网页开发技术的结合，那我开发 CEP 插件，是不是先要掌握网页开发技术呢？

问得好，小美。你要能够使用网页开发中的 HTML 和 CSS 技术。

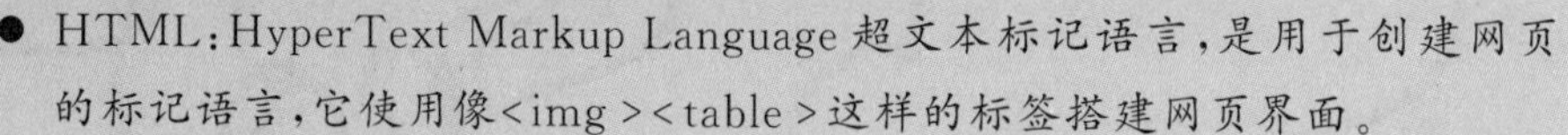

- HTML：HyperText Markup Language 超文本标记语言，是用于创建网页的标记语言，它使用像<img><table>这样的标签搭建网页界面。

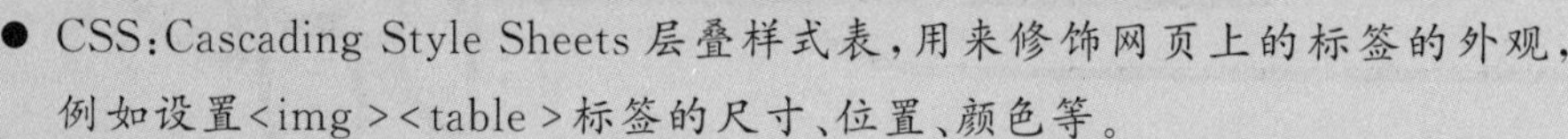

- CSS：Cascading Style Sheets 层叠样式表，用来修饰网页上的标签的外观，例如设置<img><table>标签的尺寸、位置、颜色等。

由于 CEP 面板界面简单，所以你只需掌握一小部分的 HTML 和 CSS 技术即可。你可以在互动教程网学习 HTML 和 CSS，也可以在本章边用边学。

11.1.1 如何在 Windows 中创建 Common Extensibility Platform 目录

网页开发技术体系非常庞大，功能也非常强大，可以通过 Common Extensibility Platform（以下简称 CEP），将这些强大的技术移植到你的 Photoshop 软件中。

在 CEP 之前，Photoshop 的扩展开发经历了从 Adobe Flash、Adobe Flex 到 Adobe Configurator 4 这几个阶段。CEP 是 Adobe 为 Photoshop 等软件提供的扩展平台，通过 HTML、CSS 和 JavaScript 等技术为 Adobe 系列软件扩展功能。

CEP 的本质就是通过 HTML、CSS 搭建用户界面，用户在界面上的操作，通过 Photoshop 提供的 JavaScript API（Application Programming Interface 应用程序接口）作用到 Photoshop 中的文档、图层等元素，如图 11-1-1 所示。

图 11-1-1 CEP 通过 JavaScript API(Photoshop 脚本)操作 Photoshop

本小节演示如何给 Windows 平台的 Photoshop 软件,搭建 CEP 通用扩展平台。

❶ **进入 CEP 网站**:首先使用浏览器进入当前的页面,https://github.com/Adobe-CEP/CEP-Resources/,该页面包含了 CEP 的技术文档、示例和帮助等资源,如图 11-1-2 所示。单击页面中的 HTML Extension Cookbook 链接,查看 CEP 的版本列表。

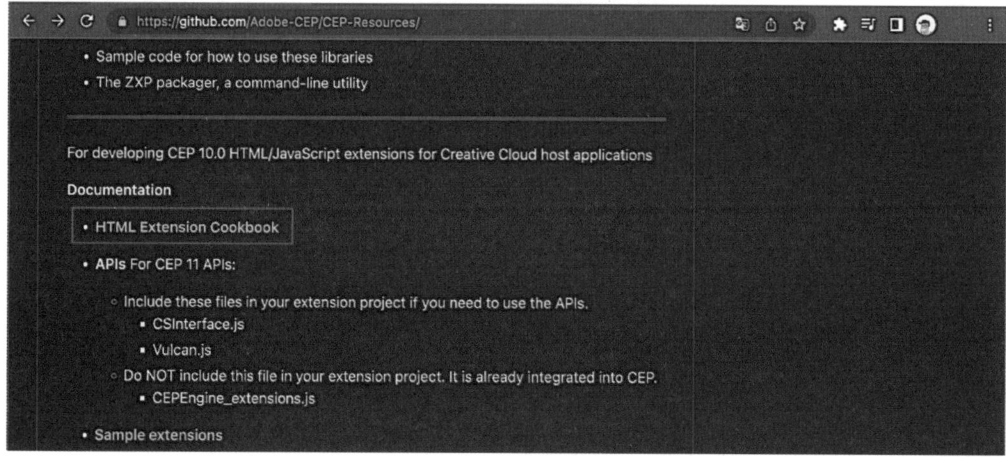

图 11-1-2 单击 HTML Extension Cookbook 链接查看 CEP 版本列表

❷ **查看 CEP 操作文档**:接着在 Quick Links for CEP 区域,单击 HTML Extension Cookbook 列表中的 CEP 10.0 链接,查看最新版的 CEP 操作文档,如图 11-1-3 所示。

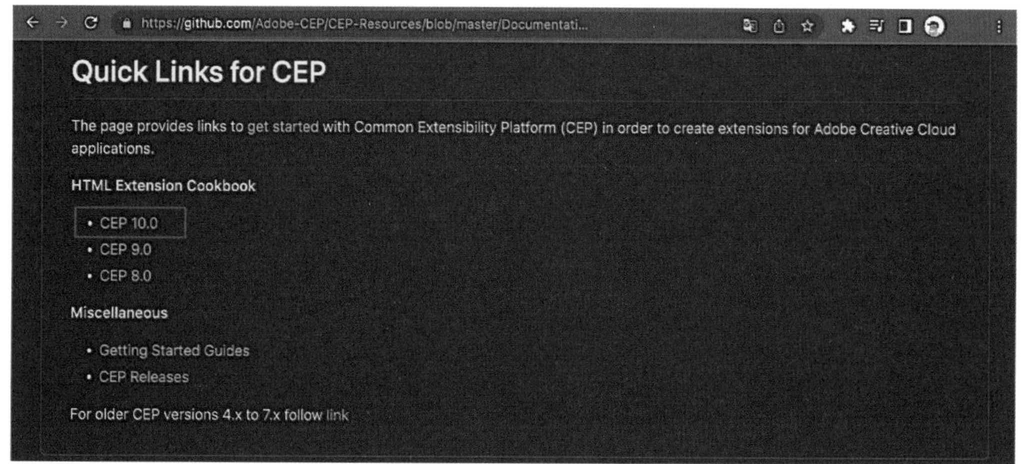

图 11-1-3 单击 CEP 10.0 链接查看最新版的 CEP 操作文档

❸ **找到扩展目录**：在此处的区域，显示了每个操作系统的 Photoshop 软件的扩展目录。读者只需根据自己的操作系统，找到对应的目录，然后在该目录创建通用扩展平台即可，如图 11-1-4 所示。

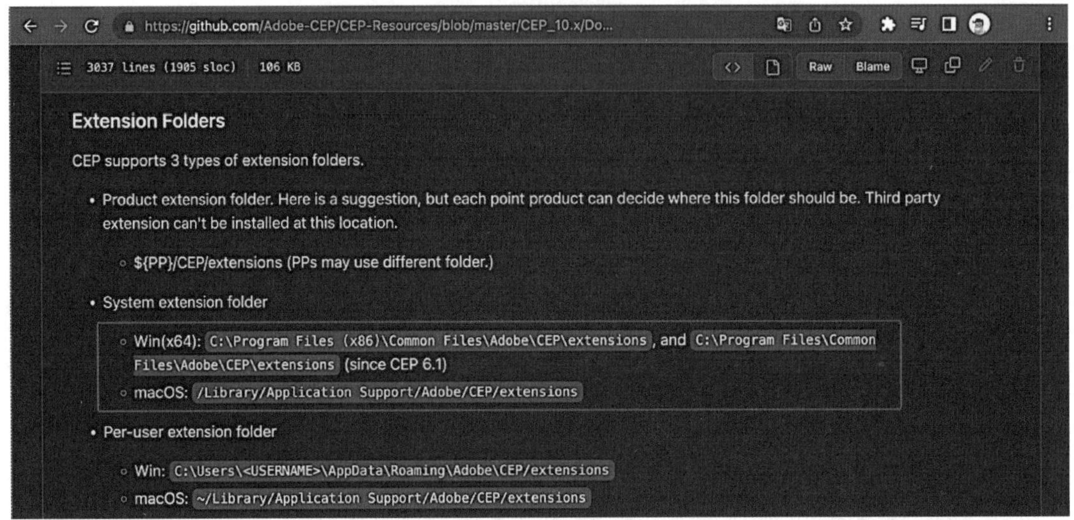

图 11-1-4　根据操作系统找到对应的扩展目录

如果电脑的操作系统为 64 位 Windows，则扩展程序的目录位于：C:\Program Files (x86)\Common Files\Adobe\CEP\extensions，或者 C:\Program Files\Common Files\Adobe\CEP\extensions（CEP 6.1 之后）。

如果电脑的操作系统为苹果 macOS，则扩展程序的目录位于：/Library/Application Support/Adobe/CEP/extensions。

❹ **为 Windows 平台搭建 CEP**：现在演示如何给 Windows 平台的 Photoshop 软件，搭建通用扩展平台。

根据上一页文档说明，找到扩展平台所在的路径，如图 11-1-5 所示，即 C:\Program Files (x86)\Common Files\Adobe\CEP\extensions。

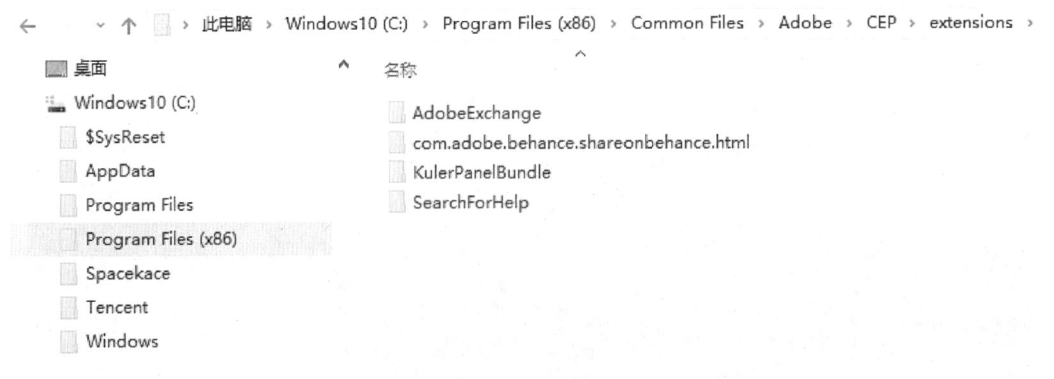

图 11-1-5　扩展平台所在的路径

❺ **创建新扩展的文件夹**：现在来创建一个新的扩展，首先创建一个新的文件夹，接着将

文件夹的名称设置为 com.hdjc8.demoCep。该文件夹的名称也就是新的扩展的识别码，如图 11-1-6 所示。

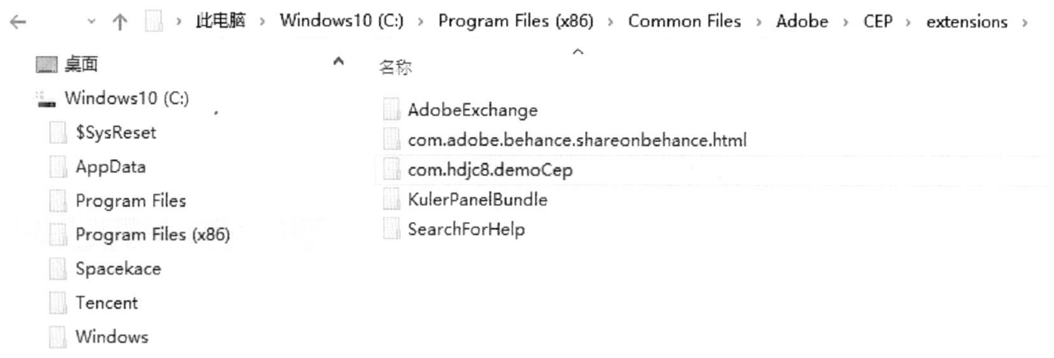

图 11-1-6 创建名为 com.hdjc8.demoCep 的文件夹作为扩展的目录(Windows)

❻ 创建子文件夹：打开这个文件夹，接着还需要在这个文件夹里，继续创建三个文件夹，这三个文件夹的名称分别是 Client、CSXS 和 Host，如图 11-1-7 所示。

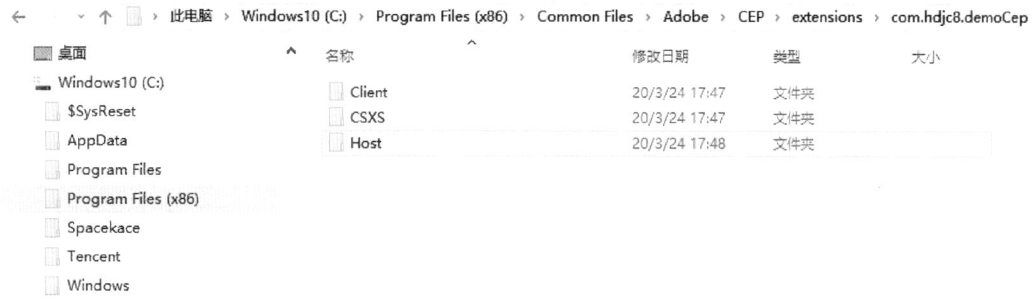

图 11-1-7 创建名为 Client、CSXS 和 Host 的子文件夹(Windows)

这三个子文件夹的作用如表 11-1-1 所列。

表 11-1-1 Client、CSXS 和 Host 三个子文件夹的作用说明

文件夹的名称	文件夹的作用
Client	Client 文件夹用来放置网页文件，网页文件里的内容，可以显示在 Photoshop 软件的界面中，用来和用户进行交互操作
CSXS	CSXS 文件夹用来放置通用扩展平台的配置文件，在配置文件中，需要配置通用扩展的名称、识别码、扩展面板的尺寸等属性
Host	Host 文件夹用来放置 Photoshop 脚本桥接文件。Client 文件夹里的网页文件，通过桥接文件调用 Photoshop 软件。同样 Photoshop 软件也通过这个桥接文件，向网页传递数据

这样就完成了 Windows 平台插件目录的创建，接着还需要往不同的目录中创建相应的文件，这些操作将在 11.1.3 小节来实施。

11.1.2 如何在 macOS 中创建 Common Extensibility Platform 目录

macOS 系统和 Windows 系统都支持 Photoshop 软件的通用扩展平台。本小节将创建 macOS 系统的通用扩展平台框架。

❶ **进入扩展文件夹**：根据上一小节的第❸个步骤显示的内容，找到 macOS 平台的通用扩展平台所在的文件夹：/Library/Application Support/Adobe/CEP/extensions，如图 11－1－8 所示。

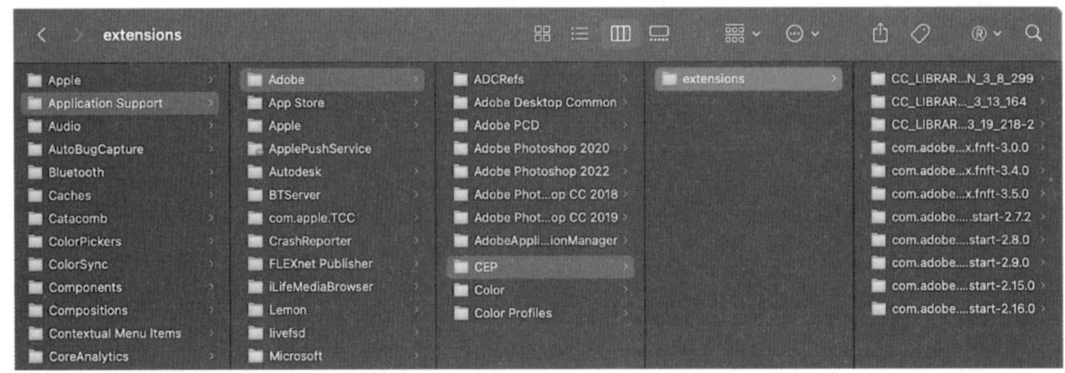

图 11－1－8　macOS 平台的通用扩展平台所在的文件夹

❷ **创建新扩展的文件夹**：现在来创建一个新的扩展，首先创建一个新的文件夹，接着给新建的文件夹设置一个名称 com. hdjc8. demoCep。该文件夹的名称，也是新的扩展的识别码，如图 11－1－9 所示。

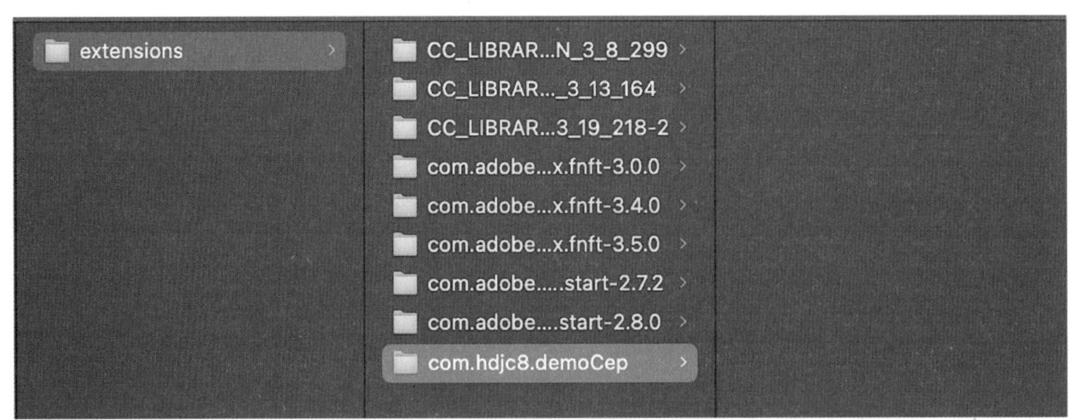

图 11－1－9　创建名为 com. hdjc8. demoCep 的文件夹作为扩展的目录(macOS)

❸ **创建子文件夹**：然后打开这个文件夹，接着还需要在这个文件夹里，继续创建三个文件夹，这三个文件夹的名称分别是 Client、CSXS 和 Host，如图 11－1－10 所示。

这样就完成了苹果电脑 macOS 平台插件目录的创建，接着还需要往不同的目录中创建相应的文件。

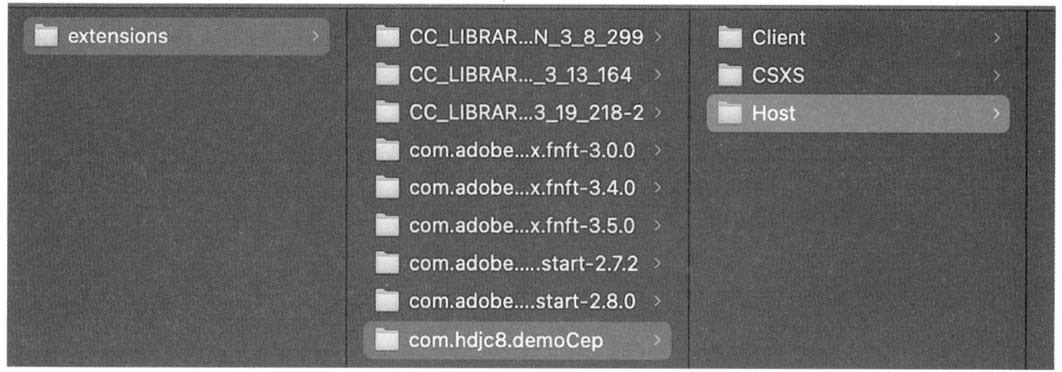

图 11-1-10 创建名为 Client、CSXS 和 Host 的子文件夹(macOS)

11.1.3 创建 Common Extensibility Platform(CEP)的网页和 Host 文件

前面已经在 Windows 系统和 macOS 系统都创建了通用扩展平台的框架，现在来创建框架里的每个文件。这里以 macOS 平台为例，进行文件的创建。

两个系统的扩展平台框架里的每个文件的内容都是完全相同的，所以可以在一个平台创建完成之后，复制到另一个平台。

❶ **创建 index.html**：打开 Visual Studio Code 软件，依次单击 File→New File 命令，创建了一个空白的文档，接着来保存这个文档，依次单击 File→Save 命令，保存这个文档。在打开的"存储为"设置窗口中，将文档保存到 Client 文件夹。该文档将被制作成网页文件，所以将文件命名为 index.html，如图 11-1-11 所示。

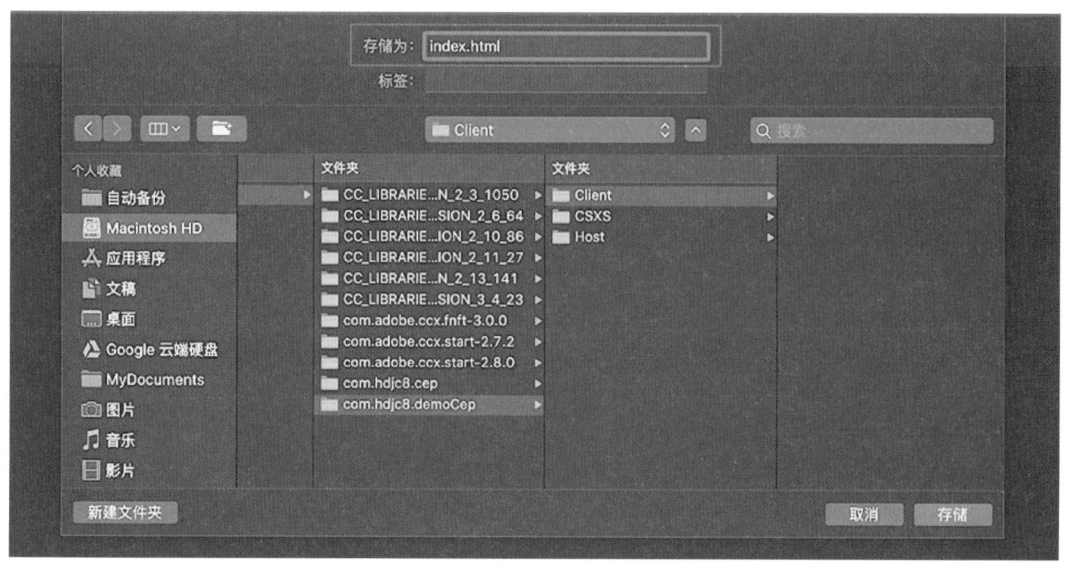

图 11-1-11 在 Client 文件夹创建名为 index.html 的文件

❷ **编辑 index.html**：单击"存储"按钮，保存这个网页文件。现在开始编写代码，完成这个网页文件的内容。

```
<!DOCTYPE html>
```

添加一行代码，表示当前文档为 html 超文本标记语言类型。

```
<html>
```

接着添加 html 标签，网页内容都处于这个标签之内。

```
<head>
```

继续添加头标签<head>，用来设置网页的属性信息。

```
    <meta charset = "utf - 8">
```

设置网页字符的编码方式为 utf - 8。

```
    <title> My CEP Demo </title>
```

设置网页在浏览器上的标题为 My CEP Demo。

```
</head>
```

</head>表示关闭头标签，用来结束网页属性信息的设置。几乎所有的 html 标签都需要关闭标签，这样才可以确定标签的作用范围。结束标签以斜线 / 开头，例如</head>是<head>的结束标签。

```
<body>
```

然后添加 body 标签，用来创建网页内容的结构。

```
    Hello, CEP!
```

您创建的第一个网页非常简单，只是用来显示一行文字。

```
</body>
</html>
```

</body>表示关闭 body 标签，</html>表示关闭 html 标签。

❸ **创建 index.jsx**：这样就完成了 index.html 文件的编写，继续创建一个脚本桥接文件，依次单击 File→New File 命令，创建了一个空白的文档。

接着来保存这个文档，依次单击 File→Save 命令，打开“另存为”设置窗口。选择 Host 文件夹，将文档保存到这个文件夹。该文档将被制作成连接 CEP 和 Photoshop 的脚本桥接文件，所以将文件名称设置为 index.jsx，如图 11 - 1 - 12 所示。

❹ **编辑 index.jsx**：现在开始编写代码，完成这个脚本文件。

```
function openImageInPhotoshop( )
{
```

添加一个函数，用来打开一张图片素材。

```
    var fileRef = new File("/Users/lifazhan/Desktop/SamplePicture.png");
    app.open(fileRef);
```

定义一个变量，表示一张图片的路径，然后在 Photoshop 软件中，打开这张图片。

```
}
```

这样就完成了作为用户界面的 index.html 文件，以及作为桥接文件的 index.jsx 的创建，接着将在下一小节创建 manifest.xml 配置文件。

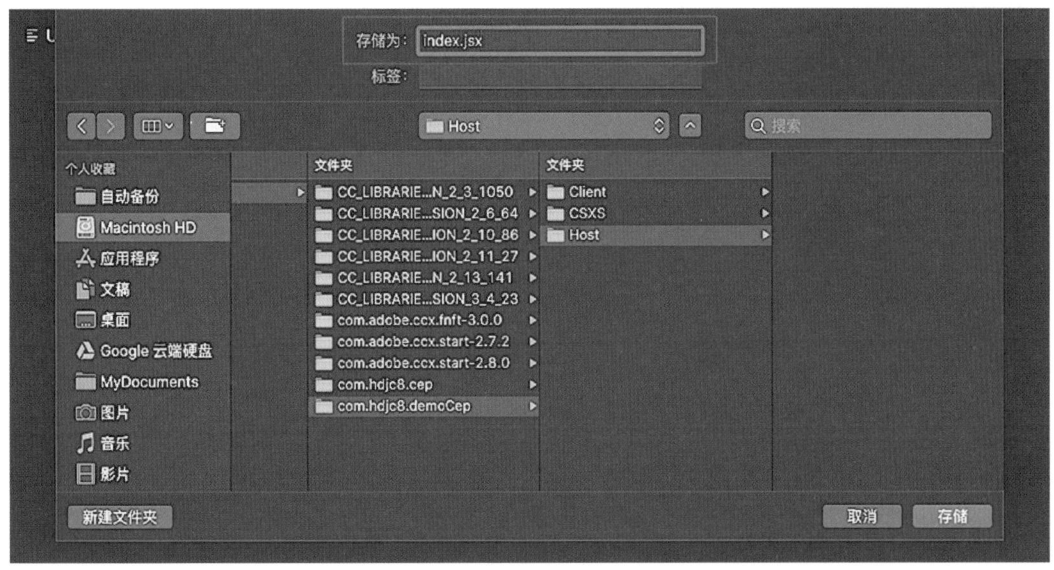

图 11-1-12　在 Host 文件夹创建 index.jsx，作为连接 CEP 和 Photoshop 的脚本桥接文件

11.1.4　创建 CEP 的 manifest.xml 配置文件以配置通用扩展平台

前面已经创建了网页文件和脚本桥接文件，现在再来创建通用扩展平台的配置文件 manifest.xml。创建这个配置文件之后，就可以在 Photoshop 软件中使用扩展了。

❶ **创建 manifest.xml**：打开 Visual Studio Code 软件，依次单击 File→New File 命令，创建了一个空白的文档，接着依次单击 File→Save 命令，保存这个文档。在打开的"存储为"设置窗口中，将文档保存到 CSXS 文件夹。该文档将被制作成配置文件，所以将文件命名为 manifest.xml，如图 11-1-13 所示。

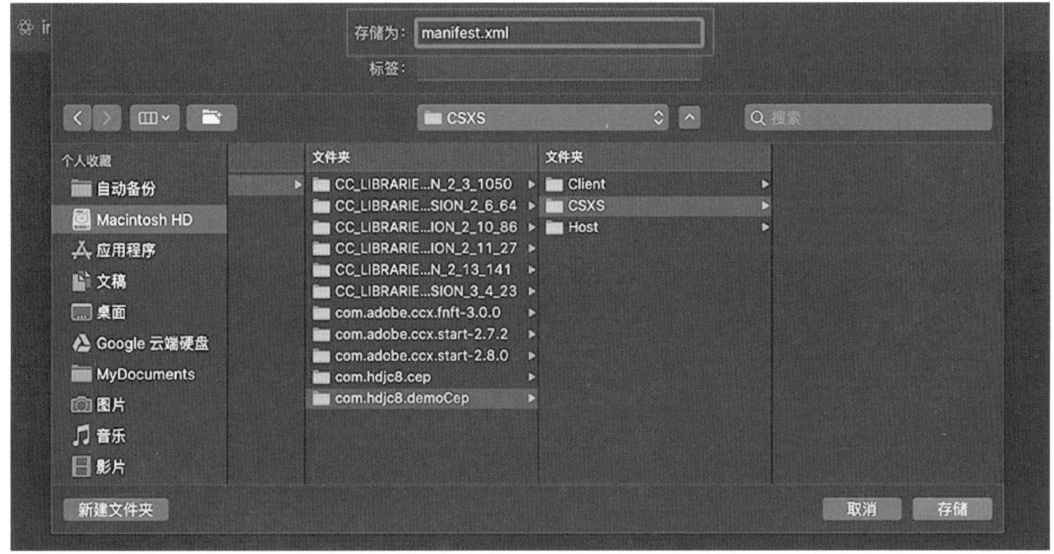

图 11-1-13　在 CSXS 文件夹创建 manifest.xml 作为项目配置文件

❷ **编辑 manifest.xml**：现在开始编写代码，完成这个配置文件。

```
<?xml version="1.0" encoding="UTF-8"?>
```

首先添加一行代码，设置文档字符的编码格式为 UTF-8。

```
<ExtensionManifest ExtensionBundleId="com.hdjc8.cep" ExtensionBundleVersion="1.0.0"
Version="8.0" xmlns:xsi="http://www.w3.org/2001/XMLSchema-instance">
```

接着添加 ExtensionManifest 扩展清单标签，所有的扩展属性都位于这对标签里。

```
    <ExtensionList>
        <Extension Id="com.hdjc8.cep" Version="1.0.0" />
    </ExtensionList>
```

添加一对 ExtensionList 标签，设置扩展的标识码 com.hdjc8.cep 和版本号 1.0.0。

```
    <ExecutionEnvironment>
```

接着添加一对 ExecutionEnvironment 标签，用来配置扩展的执行环境。

```
        <HostList>
            <Host Name="PHSP" Version="19" />
            <Host Name="PHXS" Version="19" />
        </HostList>
```

添加一对 HostList 主机清单标签，设置 Photoshop 软件的版本号。

```
        <LocaleList>
            <Locale Code="All" />
        </LocaleList>
```

接着添加一对 LocaleList 本地化列表标签，设置本地语言的编码。

```
        <RequiredRuntimeList>
            <RequiredRuntime Name="CSXS" Version="8.0" />
        </RequiredRuntimeList>
```

继续添加一对表示所需运行时列表的标签，设置扩展所需的运行时的版本。

```
    </ExecutionEnvironment>
    <DispatchInfoList>
```

然后添加一对 DispatchInfoList 标签，用来设置扩展的分发信息列表。

```
        <Extension Id="com.hdjc8.cep">
```

添加一对 Extension 标签，用来设置扩展的标识码 com.hdjc8.cep。

```
            <DispatchInfo>
```

添加一对 DispatchInfo 标签，用来设置分发信息。

```
                <Resources>
```

继续添加一对 Resources 标签，用来设置资源列表。

```
                    <MainPath>./client/index.html</MainPath>
```

添加一对 MainPath 标签，用来设置扩展网页所在的路径。

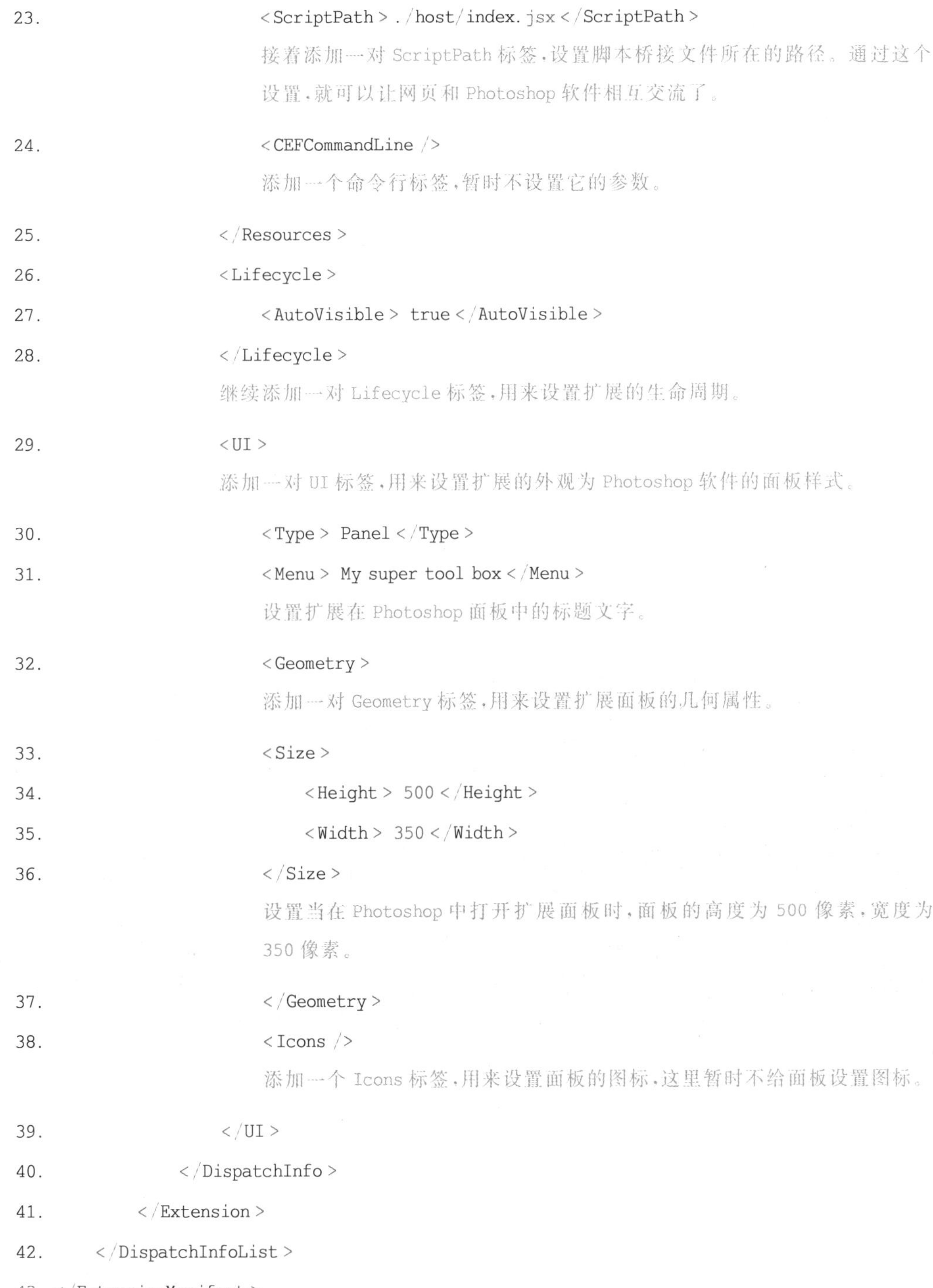

```
                <ScriptPath>./host/index.jsx</ScriptPath>
```

接着添加一对 ScriptPath 标签，设置脚本桥接文件所在的路径。通过这个设置，就可以让网页和 Photoshop 软件相互交流了。

```
                <CEFCommandLine />
```

添加一个命令行标签，暂时不设置它的参数。

```
            </Resources>
            <Lifecycle>
                <AutoVisible> true </AutoVisible>
            </Lifecycle>
```

继续添加一对 Lifecycle 标签，用来设置扩展的生命周期。

```
            <UI>
```

添加一对 UI 标签，用来设置扩展的外观为 Photoshop 软件的面板样式。

```
                <Type> Panel </Type>
                <Menu> My super tool box </Menu>
```

设置扩展在 Photoshop 面板中的标题文字。

```
                <Geometry>
```

添加一对 Geometry 标签，用来设置扩展面板的几何属性。

```
                <Size>
                    <Height> 500 </Height>
                    <Width> 350 </Width>
                </Size>
```

设置当在 Photoshop 中打开扩展面板时，面板的高度为 500 像素，宽度为 350 像素。

```
                </Geometry>
                <Icons />
```

添加一个 Icons 标签，用来设置面板的图标，这里暂时不给面板设置图标。

```
            </UI>
        </DispatchInfo>
    </Extension>
  </DispatchInfoList>
</ExtensionManifest>
```

❸ **保存 manifest.xml 文档：**保存 manifest.xml 文档，完成整个通用扩展平台的搭建和配置。接下来，将在下一小节实现具体的扩展功能。

11.1.5 通过通用扩展平台调用 Photoshop 并打开一张图片

老师，我已经搭建好了 CEP 的框架，现在可以开发 CEP 插件了吧，真是好期待呀！

是的，小美，我们先来制作一个简单的 CEP 插件。在 CEP 面板上添加一枚按钮，当单击该按钮时，在 Photoshop 中打开一张图片。

CEP 调用 Photoshop 脚本的功能，是通过一个接口文件 CSInterface.js 实现的，我们需要将这个接口文件引入到我们的项目中，首先下载这个接口文件。

❶ **下载接口文件**：首先打开浏览器，然后打开 CEP 资源文件所在的网页：https://github.com/Adobe-CEP/CEP-Resources/。

该页面包含各个版本的 CEP 的说明文档和示例项目，如图 11-1-14 所示。这里单击最新版本的 CEP_11.x 项目，查看该项目中的内容。

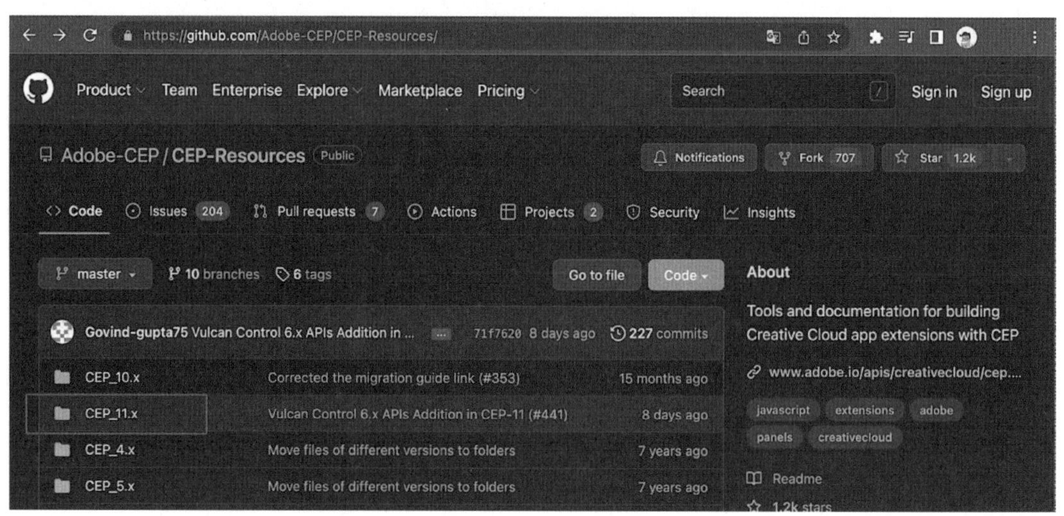

图 11-1-14 CEP 开发资源网站

❷ **找到 CSInterface.js**：CEP_11.x 项目包含三个文件夹和三个文件，如图 11-1-15 所示。单击其中的 CSInterface.js 文件，查看该文件的详细信息。

❸ **打开 CSInterface.js**：要使用该文件，首先单击 Raw 按钮，如图 11-1-16 所示。这样就在一个新的页面打开了 CSInterface.js 文件，如图 11-1-17 所示。

❹ **保存 CSInterface.js 文件**：单击浏览器菜单的“文件”→“存储为”命令。或者使用快捷键，如果电脑是 Windows 系统，则可以使用键盘上的快捷键 Ctrl + S，保存当前的文档；如果电脑是 macOS 系统，则可以使用快捷键 Command + S，将打开的 CSInterface.js 文件保存到

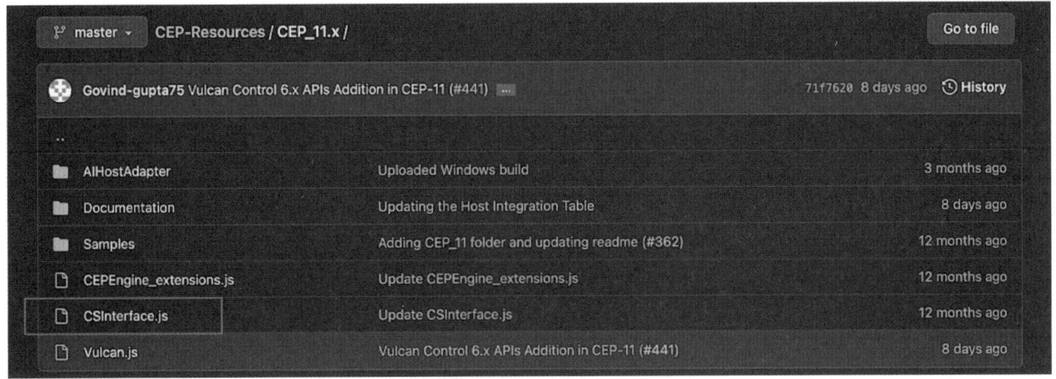

图 11-1-15　CEP_11.x 项目列表

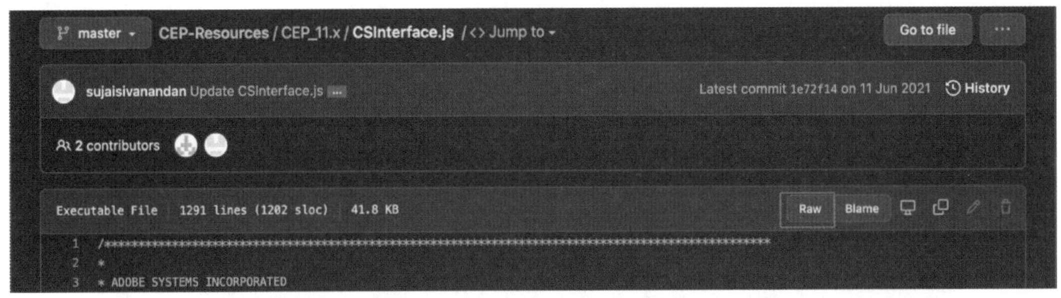

图 11-1-16　CSInterface.js 源码

```
/**************************************************************************
*
* ADOBE SYSTEMS INCORPORATED
* Copyright 2020 Adobe Systems Incorporated
* All Rights Reserved.
*
* NOTICE:  Adobe permits you to use, modify, and distribute this file in accordance with the
* terms of the Adobe license agreement accompanying it.  If you have received this file from a
* source other than Adobe, then your use, modification, or distribution of it requires the prior
* written permission of Adobe.
*
**************************************************************************/

/** CSInterface - v11.0.0 */

/**
 * Stores constants for the window types supported by the CSXS infrastructure.
 */
function CSXSWindowType()
{
}
```

图 11-1-17　在新的网页打开 CSInterface.js 文件

自己的电脑上。

将接口文件保存在 Client 文件夹里，也就是和网页文件放在一起。单击“存储”按钮，下载并保存该接口文件，如图 11-1-18 所示。（**注意**：如果下载遇到问题，可以使用我们提供的源码素材）。

❺ **打开 index.html 文件**：接着切换到 Visual Studio Code 软件，并打开之前创建的位于 Client 文件夹下的 index.html 文件，如图 11-1-19 所示。

❻ **编辑 index.html**：现在来实现一个简单的功能，单击网页里的一个链接，从而在 Photoshop 软件中打开一张图片。

图 11-1-18　将 CSInterface.js 保存在 Client 文件夹

```
<!DOCTYPE html>
<html>
<head>
    <meta charset="utf-8">
    <title>My CEP Demo</title>
</head>
<body>
    Hello, CEP!
</body>
</html>
```

图 11-1-19　位于 Client 文件夹下的 index.html 文件

```
1. <!DOCTYPE html>
2. <html>
3. <head>
4.     <meta charset = "utf-8">
5.     <title> My CEP Demo </title>
6.     <script type = "text/javascript" src = "CSInterface.js"> </script>
```

使用<script>标签引入刚刚下载的接口文件 CSInterface.js。

```
7.     <script>
```

接着添加一对脚本标签，用来编写脚本代码。

```
8.     function openImage( )
9.     {
```

添加一个名为 openImage 的函数，用来在 Photoshop 软件中打开一张图片。

```
        var csInterface = new CSInterface();
        csInterface.evalScript("openImageInPhotoshop");
```

首先创建一个接口对象。通过接口对象的 evalScript 方法，调用脚本桥接文件里的 openImageInPhotoshop 函数。

```
    }
    </script>
</head>
<body style=""backgroundColor: white;>
```

设置网页的背景色为白色。

```
    <a href="###" onclick="openImage()"> Open an image in Photoshop </a>
```

在网页中添加一个链接，在单击这个链接时，执行 openImage 方法，从而调用脚本桥接文件里的打开图片的函数。（注：<a> 标签用于创建链接）

```
</body>
</html>
```

❼ **打开并编辑 index. jsx 文件**：接着打开位于 Host 文件夹中的 index. jsx 文件，该文件已经包含了在 Photoshop 软件打开图片的函数，这个函数是在前面小节中创建的，如图 11－1－20 所示。

```
index.html    index.jsx ×    manifest.xml
Library > Application Support > Adobe > CEP > extensions > com.hdjc8.demoCep > Host > index.jsx > openImageInPhotoshop
function openImageInPhotoshop()
{
    var fileRef = new File("/Users/fazhanli/Desktop/SamplePicture.png");
    app.open(fileRef);
}
```

图 11－1－20　打开并编辑 index. jsx 文件

❽ **找到扩展功能**：接着切换到 Photoshop 界面，若要使用扩展功能，则依次单击"窗口"→"扩展功能"菜单，菜单中包含了已经安装的扩展，如图 11－1－21 所示。单击 My super tool box 选项，打开扩展功能面板。

> CEP 扩展在 Photoshop 2021 及之后的版本中的位置是："窗口"→"扩展(旧版)"。

❾ **打开扩展功能面板**：此时在扩展图标面板中多了一个扩展图标，单击该图标，打开扩展功能面板，打开后的扩展功能面板如图 11－1－22 所示。

❿ **使用扩展功能**：在打开的扩展功能面板中，显示了刚刚创建的网页。单击网页里的 Open an image in Photoshop 链接，即可在 Photoshop 中打开一张图片素材，如图 11－1－23 所示。

图 11-1-21　从 Photoshop 的窗口菜单中找到扩展

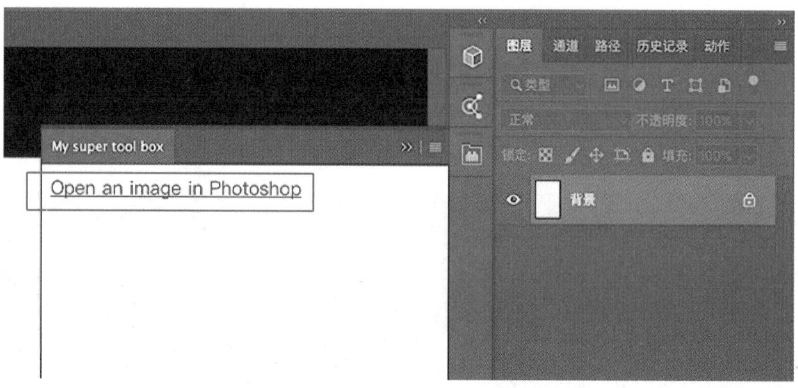

图 11-1-22　打开后的扩展功能面板

图 11-1-23　通过扩展功能面板在 Photoshop 中打开一张图片素材

11.2 CEP 技术应用精彩实战

11.2.1 在 Photoshop 中显示当地的天气预报

老师，既然 CEP 面板中的内容都是基于 HTML 和 CSS 的，那么是不是意味着可以在 CEP 面板上嵌入任意的网页功能？

小美，你的想法很好。只要是基于 HTML 和 CSS 的网页功能都可以嵌入 CEP 面板中。我们首先来实现在 CEP 面板嵌入天气预报的功能。

由于 CEP 面板是基于 HTML 和 CSS 的，因此我们可以将网页中的相关技术快速引入 CEP 面板中。

本小节就来演示如何在 Photoshop 软件中显示最近七日的天气状况。

❶ **编辑 index.html**：打开 Client 文件夹下的 index.html 文件，并输入以下代码：

```
<!DOCTYPE html>
<html>
<head>
    <meta charset = "utf-8">
    <title> Weather </title>
    <link rel = "stylesheet" href = "style.css">
```

首先引入一个样式表文件 style.css，用来设置描述天气状况的文字和图片的样式。

```
    <script src = "jquery-1.10.2.js"> </script>
    <script src = "jquery.leoweather.all.js"> </script>
```

接着引入两个脚本类库，第一个类库 jquery 是通用的工具库，它的主要作用是提高 JavaScript 代码编写的效率，第二个类库是天气查询类库。可以在互联网搜索和下载这两个类库，也可以直接使用我们提供的源码素材。

```
</head>
<body>
    <div class = "welcome-info">
        <div class = "skin2" id = "weather1"> </div>
    </div>
```

添加一对<div>标签，用来显示天气的状况。<div>标签常常作为内容的容器。

```
    <script type = "text/javascript">
```

添加一对 script 脚本标签，用来读取最新的天气状况。

```
        $('#weather1').leoweather({appid:'39594634', appsecret:'nPL3bpAJ',city:'北京',
            format:'<div class = "top">' +
                    '{时段}好！现在是：{年}/{月}/{日}{时}:{分}:{秒} 星期{周}' +
                '</div>' +
                '<div class = "mid">' +
                    '<div class = "fl"><img src = "http://tq.daodaoim.com//tianqiapi/skin/peach/{图标}.png" /></div>' +
                    '<div class = "fr"><h2>{城市}{天气}</h2><p>{最低气温}~{最高气温}</p><p>{风向}{风级}</p></div>' +
                '</div>' +
                '<div class = "bot">' +
                    '<ul>' +
                        '<li><strong>{人性化日期 + 1}</strong><span>{天气 + 1}</span><em>{最低气温 + 1}~{最高气温 + 1}</em></li>' +
                        '<li><strong>{人性化日期 + 2}</strong><span>{天气 + 2}</span><em>{最低气温 + 2}~{最高气温 + 2}</em></li>' +
                        '<li><strong>{人性化日期 + 3}</strong><span>{天气 + 3}</span><em>{最低气温 + 3}~{最高气温 + 3}</em></li>' +
                        '<li><strong>{人性化日期 + 4}</strong><span>{天气 + 4}</span><em>{最低气温 + 4}~{最高气温 + 4}</em></li>' +
                        '<li><strong>{人性化日期 + 5}</strong><span>{天气 + 5}</span><em>{最低气温 + 5}~{最高气温 + 5}</em></li>' +
                        '<li><strong>{人性化日期 + 6}</strong><span>{天气 + 6}</span><em>{最低气温 + 6}~{最高气温 + 6}</em></li>' +
                    '</ul>' +
                '</div>'
```

调用天气接口，获取北京最近七日的天气状况。其中第一个参数 appid 表示应用的标识符，第二个参数 appsecret 表示应用的密钥。可以使用我们提供的标识符和密钥，也可以自行在这个网址申请密钥：https://www.tianqiapi.com/user/login.php。

```
        });
    </script>
</body>
</html>
```

❷ **使用扩展面板**：保存当前的文档，然后切换到 Photoshop 界面。依次单击"窗口"→"扩展功能"→My super tool box 命令，打开扩展功能面板，如图 11-2-1 所示。此时在扩展功能面板中，显示了北京当天和未来几日的天气状况。

图 11-2-1　扩展面板显示了北京当天和未来几日的天气状况

11.2.2　给 Photoshop 添加每日一句英语美文和朗读功能

老师，为了备考在职研究生考试，我最近业余时间在学习英语，我手机里安装了一些学习英语的 app，其中有的 app 提供每日一句英语的功能真的很实用。

我每天都要和 Photoshop 相伴，如果能在 Photoshop 上观看每日英语，那就实在太棒了。

小美，这是一个好主意，每日一句英语，积少成多，逐渐提升自己的英语水平。这一小节我们来实现在 CEP 面板上显示每日一句英语的功能，不仅如此哦，我们还将通过网页技术实现每日一句英语的朗读功能。

本小节的内容很适合一些喜爱学习英语的朋友，可以在本小节实现每日一句英语的功能，同时还可以使用标准的语音朗读这些英文材料。

❶ **编辑 index.html**：首先打开并编辑位于 Client 目录下的 index.html 文件：

```
<!DOCTYPE html>
<html>
<head>
    <meta charset="utf-8">
    <title> English everyday </title>
```

```
    <style>
```

首先添加一对样式标签，用来添加一些样式。

```
        body {
            background-color: #333;
        }
```

设置网页<body>标签的 background-color 背景色为深灰色。

```
        #container {
            color: #fff;
        }
```

设置 id 值为 container 的网页元素的文字颜色 color 为白色。

```
    </style>
    <script src="jquery-1.10.2.js"></script>
```

接着引入一个通用的脚本类库，可以在互联网搜索、下载这个类库，也可以直接使用我们提供的源码素材。

```
</head>
<body>
    <div id="container"></div>
```

添加一对<div>标签，作为每日一句英文的容器。

```
    <script type="text/javascript"> //添加一对脚本标签，用来编写脚本代码。
        function getDay(num, str)
        {
```

首先添加一个 getDay 函数，用来获得距离今天指定天数的日期。第一个参数是距离今天的天数，第二个参数是年、月、日三个数字之间的分隔符。

```
            var today = new Date( );
            var nowTime = today.getTime( );
```

首先获得当前的日期。接着获得当前的时间，单位为毫秒。

```
            var ms = 24 * 3600 * 1000 * num;
            today.setTime(parseInt(nowTime + ms));
```

根据第一个参数，计算指定天数之前的时间。然后将日期设置为指定天数之前的日期。

```
            var oYear = today.getFullYear( );
```

通过 getFullYear()方法获得该日期的年份数字。

```
            var oMoth = (today.getMonth( ) + 1).toString( );
            if (oMoth.length <= 1)
                oMoth = '0' + oMoth;
```

通过 getMonth()方法获得日期的月份。如果月份小于 10，则在数字左侧补零。

```
            var oDay = today.getDate( ).toString( );
            if (oDay.length <= 1)
                oDay = '0' + oDay;
```

通过 getDate()获得日期的天数。如果天数的数字小于 10，则在数字左侧补零。

```
        return oYear + str + oMoth + str + oDay;
```

最后在函数的末尾，返回由年、月、日和分隔符组成的字符串。

```
    }
    jQuery.support.cors = true;
```

设置脚本工具类支持跨域访问，不然无法访问其他域名下的资源。

```
    $(function () {
```

接着添加一段代码，表示当网页加载成功时，立即执行该段代码。

```
        var number = -1 * Math.floor(Math.random() * 30);
        var dateString = getDay(number, "-");
```

Math.random()用来生成 0～1 之间的随机数。因此这里首先生成一个随机数字，数字的大小在 0～-30 之间。通过这个数字，获得在过去的 30 天里的随机的一天。根据这个天数，可以从互联网上的接口，获取这一天对应的英文语句。

```
        $.ajax({
            type: "get",
```

添加一个网络请求语句，并设置网络请求的类型为 get 请求。

```
            url: "https://rest.shanbay.com/api/v2/quote/quotes/" + dateString + "/",
```

设置网络请求的接口地址，该地址可以根据日期返回一句经典的英文语句。

```
            data: {},
            success: function (data, status)
            {
```

接着处理从接口获得的数据。

```
                if (status == "success")
                {
```

当从接口成功获取数据时，执行后面的代码。

```
                    var content = data.data.content;
                    var author = data.data.author;
                    var translation = data.data.translation;
```

依次获得接口返回的英文语句的内容、作者和译文。

```
                    var html = content + '<br/>' + translation + '<br/><br/> -- ' + 
                    author;
```

然后将这些内容进行拼接，形成一个完整的字符串，并使用换行符
，对英文内容、译文和作者进行分隔。

```
                    document.getElementById('container').innerHTML = html;
```

最后将这个字符串显示在 id 值为 container 的<div>标签中。

```
                    var audio = new Audio("http://dict.youdao.com/dictvoice?audio="
                    + content);
                    audio.play();
```

接着调用有道的接口，该接口可以将一段文字转换为语音，并朗读这段语音。调用 play 方法，朗读文字转换后的语音。

```
                    }
                },
                error: function (e) {},
                complete: function ( ) {}
                最后处理网络请求失败时的情况，当网络请求失败时，不做任何操作。
            });
        });
    </script>
</body>
</html>
```

❷ **打开扩展面板**：保存完成的文档，然后切换到 Photoshop 界面。依次单击“窗口”→“扩展功能”→My super tool box 命令，打开扩展功能面板，如图 11-2-2 所示。

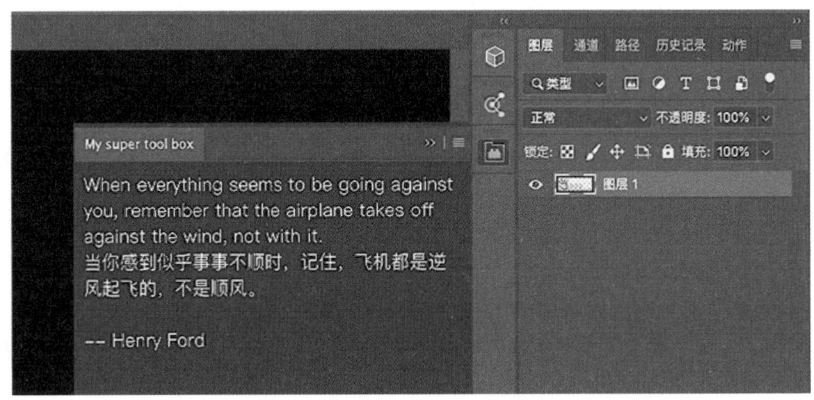

图 11-2-2　扩展面板显示并朗读了一段经典的英文语句

❸ **使用扩展功能**：扩展功能面板打开之后，成功加载了一段经典的英文语句，并且用标准的读音朗读了这段英文。这样就实现了每日一句英文的功能。

由于每次加载的英文短语都是随机的，所以当关闭扩展面板并再次打开时，它会加载并朗读另一段不同内容的经典英文。

11.2.3　给 Photoshop 添加按色系分类的常用颜色面板

老师，每个设计师都有自己的风格，都有自己喜欢使用的色系。请问如何将我喜欢使用的颜色制作成常用的色彩库呢？

小美，常用色彩库对设计师非常重要，Adobe Exchange 上就有很多和色彩库相关的插件。现在我们就来在 CEP 面板上实现一个色彩库，当单击色彩库上的某个颜色时，将该颜色设置为 Photoshop 的前景色。

作为设计师，我们通常会有自己常用的色彩库。本节小演示如何在 CEP 扩展中，集成自己的常用色彩库，并使用库里的这些色彩。

❶ **编辑 index.html**：首先打开并编辑位于 Client 目录下的 index.html 文件：

```
<!DOCTYPE html>
<html>
<head>
    <meta charset="utf-8">
    <title>我的百宝箱</title>
    <style>
```

首先添加一对<style>样式标签，用来添加一些样式。

```
    body{
        background-color: #333;
    }
```

设置<body>标签的背景色为深灰色。

```
    </style>
    <script src="jquery-1.10.2.js"></script>
```

接着引入一个通用的脚本类库，可以在互联网搜索、下载这个类库，也可以直接使用我们提供的源码素材。

```
    <script src="selectcolor.min.js"></script>
    <link rel="stylesheet" type="text/css" href="selectcolor.css" />
```

引入色彩选择脚本文件和色彩选择样式文件，这两个文件可以在我们提供的练习素材中找到。

```
    <script type="text/javascript" src="CSInterface.js"></script>
```

然后引入接口脚本文件，通过这个文件，调用脚本桥接文件里的函数。

```
</head>
<body>
    <script type="text/javascript">
```

添加一对脚本标签，用来编写脚本代码。

```
        new SelectColor({ elem: "", range: "|", });
```

创建常用色彩库，并显示在网页中。

```
        var csInterface = new CSInterface();
```

接着创建一个接口对象，用来调用桥接脚本文件里的函数。

```
        function returnColor(obj)
        {
```

添加一个函数，用来获得色彩库里被选择的颜色，并调用桥接脚本文件里的函数。

```
            var bgColor = $(obj).children().first().children().first().css('background-color');
```

获得用户在色彩库里单击的色块的 background-color 背景色。

```
            var colorStr = bgColor.split('(')[1].split(')')[0];
            var colors = colorStr.split(',');
```

将获得的颜色进行分割，从而形成红色、绿色和蓝色三个通道的数值。

```
            csInterface.evalScript('setForegroundColor(' + JSON.stringify(colors) + ')');
```

将颜色传递给桥接脚本文件里的函数。JSON.stringify 可将一个 JavaScript 对象或值转换为 JSON 字符串，JSON 是一种以键值对组织数据的形式。

```
        }
    </script>
</body>
</html>
```

❷ **编辑 index.jsx**：接着打开位于 Host 文件夹下的 index.jsx 桥接脚本文件。在这个文件里，添加一个函数，用来接收从网页传来的数据。

```
function setForegroundColor(colors)
{
```

添加一个函数，它包含一个参数，表示网页传来的颜色数值。

```
    app.foregroundColor.rgb.red = colors[0];
    app.foregroundColor.rgb.green = colors[1];
    app.foregroundColor.rgb.blue = colors[2];
```

最后将网页传来的颜色，设置为 Photoshop 软件的前景色。

```
}
```

❸ **打开扩展功能面板**：保存编辑好的 index.jsx 文件，然后切换到 Photoshop 界面。依次单击"窗口"→"扩展功能"→My super tool box 命令，打开扩展功能面板，如图 11－2－3 所示。

图 11－2－3　打开扩展功能面板

❹ **使用扩展功能**：在扩展面板的上方是色系的标题，扩展面板的下方是每个色系包含的所有颜色。

单击“红色”色系名称，可以显示该色系下的所有颜色，如图 11－2－4 所示。

图 11－2－4　Photoshop 前景色被修改成了玫红色

在“常用标准颜色”列表中，单击“玫红色”选项，可以将该颜色设置为 Photoshop 软件的前景色，如图 11－2－4 所示，Photoshop 的前景色已经变为玫红色。

11.2.4　给 Photoshop 添加今日任务 to－do 功能

老师，半夜零点、凌晨三点、破晓六点，这座城市所有的样子我都见过。作为设计师，在享受创意带来的乐趣时，也充满了繁忙和紧张。

是啊，小美。很多设计师需要经常的加班加点，作为城市的午夜工作者，设计师又被戏称为“暗夜精灵”。
不过，抱怨是解决不了问题的，你需要的是一个可以帮助你协调和管理设计任务的工具，今天我们就来创建一个 to－do 任务管理面板。

设计师的任务往往比较繁忙，为了高效管理自己的设计任务，可以给 Photoshop 软件植入任务管理功能，并且具有添加、删除和保存任务的特性。

❶ **编辑** index. html：首先打开并编辑位于 Client 目录下的 index. html 文件。

```
<!DOCTYPE html>
<html>
<head>
    <meta charset = "utf - 8">
    <title>我的百宝箱</title>
    <style>
```

首先添加一对样式标签，用来添加一些样式。

```
        body {
            background: - webkit - linear - gradient(top, rgb(203, 235, 219) 0 %,
            rgb(55, 148, 192) 100 %);
        }
```

设置<body>标签的背景色为渐变颜色，从青色到蓝色渐变。

```
        .item {
            width: 200px; height: 200px; line - height: 30px;
            - webkit - border - bottom - left - radius: 20px 500px;
            - webkit - border - bottom - right - radius: 500px 30px;
            - webkit - border - top - right - radius: 5px 100px;
            box - shadow: 0 2px 10px 1px rgba(0, 0, 0, 0.2);
            - webkit - box - shadow: 0 2px 10px 1px rgba(0, 0, 0, 0.2);
            - moz - box - shadow: 0 2px 10px 1px rgba(0, 0, 0, 0.2);
        }
```

设置所有 class 为 item 的标签的样式，也就是设置任务面板的宽度、高度、行高、圆角等属性，并添加阴影效果，如图 11－2－5 所示。

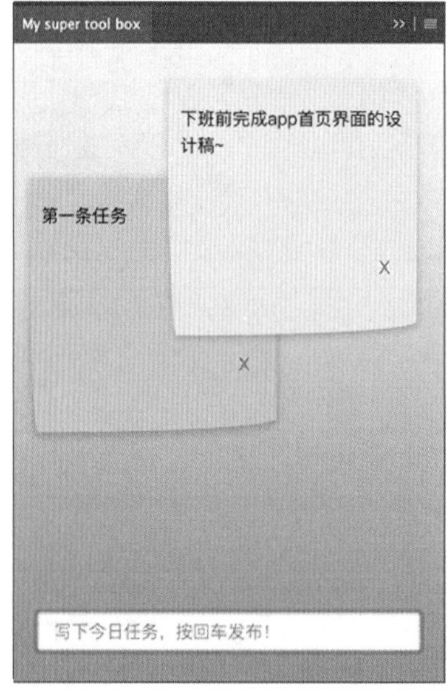

图 11－2－5　to－do 扩展功能面板

```
        #container p{
            height: 90px; margin: 20px 10px; overflow: hidden;
            word-wrap: break-word; line-height: 1.5; font-size: 14px;
        }
```

设置任务面板里任务文字内容的样式，设置它的高度、四周间距、行高、字体大小等属性，如图 11-2-5 所示。

```
        #container a{
            text-decoration: none; color: white; position: relative;
            left: 170px; color: red; font-size: 14px;
        }
```

设置任务面板右下角的"关闭"按钮的样式，依次设置它的字体样式、颜色、位置、左边距、字体颜色和字体尺寸等属性，如图 11-2-5 所示。

```
        #input{
            border: solid 1px #ccc; border-radius: 5px;
            height: 30px; padding: 0 1em;
            line-height: 30px; width: 84%;
            margin: 5% 4%; font-size: 14px;
        }
```

最后设置任务输入框的样式，依次设置它的边框、圆角、高度、内间距、行高、宽度、外间距和字体尺寸等属性，如图 11-2-5 所示。

```
    </style>
    <script src="jquery-1.10.2.js"></script>
```

引入一个通用的 jquery 脚本类库。

```
</head>
<body>
    <div id="container"></div>
```

添加一对 div 标签，作为所有任务面板的容器，如图 11-2-5 所示。

```
    <input id="input" type="text" placeholder="写下今日任务，按回车发布!" />
```

添加一个文本输入框，可以在此输入一条任务的具体内容，如图 11-2-5 所示。

```
    <script>
```

添加一对脚本标签，用来编写脚本代码。

```
        (function ($) {
```

接着添加一段代码，当网页加载完成之后，将立即执行此处的代码。

```
            var container = $('#container');
            var colors = ["#ffc773", "#b7ace4", "#98fb98", "#eed0d8", "#44cef6"];
```

首先获得容器视图，并且创建一个颜色数组，作为任务面板的背景色。每创建一条任务，就随机从数组中获取一种颜色，作为任务面板的背景色。

```
var createItem = function(text) {
```

添加一个函数变量，用来创建一个任务面板。

```
    var color = colors[parseInt(Math.random( ) * 5, 10)];
```

从颜色数组里随机获取一个颜色。

```
    $('<div class = "item"><p>'+ text +'</p><a href = "#"> X</a></div>')
        .css({ 'background': color })
        .appendTo(container).drag( );
```

创建可以使用鼠标 drag 拖动的任务面板，设置任务面板显示的任务内容，并设置任务面板的背景色为随机颜色，然后将任务面板添加到容器视图中。

```
};
$(function( ) {
```

继续添加一个在网页加载之后立即被执行的代码片段。

```
    var localMemos = JSON.parse(localStorage.getItem('memos'));
```

首先从本地存储池中，获取之前创建的任务列表，当程序第一次运行时，从本地存储池获取的任务列表为空。

```
    if(localMemos == undefined) {
        localStorage.setItem("memos", JSON.stringify(['第一条任务']));
```

如果无法从本地存储池中获取之前的任务，则在本地存储池中，存入一条默认的任务。

```
        localMemos = JSON.parse(localStorage.getItem('memos'));
```

然后再从本地存储池中，读取这一条任务，并存入任务列表。

```
    }
    $.each(localMemos, function (i, v) {
        createItem(v);
    });
```

对任务列表进行遍历，并且为任务列表里的每一条任务，分别创建一个任务面板，在任务面板中显示该条任务的内容。

```
    container.on('click','a',function ( ) {
```

然后给容器视图里的所有链接，也就是任务面板右下角的"关闭"图标，添加单击交互事件。

```
        $(this).parent( ).remove( );
```

当单击任务面板右下角的"关闭"图标时，从容器视图中删除该任务面板。

```
        var message = $(this).prev( ).text( );
```

获得当前任务面板里的文字内容。

```
        var memos = JSON.parse(localStorage.getItem('memos'));
```

删除本地存储池里的同一个任务，首先读取本地存储池里的所有任务。

```
        for (var i = 0; i <memos.length; i++) {
```

添加一个循环语句,对任务列表进行遍历。

```
            if (memos[i] == message) {
                memos.splice(i, 1);
```

如果存储池里的任务和删除的任务相同,则删除存储池里的任务,和任务面板里的任务保持同步更新。

```
                localStorage.setItem("memos", JSON.stringify(memos));
                return;
```

删除存储池里的任务之后,退出循环语句。

```
            }
        }
    }).height($(window).height() - 80);
```

设置任务面板区域的高度,等于窗口的高度与 80 的差值,这是因为底部的输入框的高度是 80,如图 11-2-5 所示。

```
    $('#input').keydown(function (e) {
```

然后给输入框绑定键盘按下的事件。

```
        var $this = $(this);
```

定义一个变量,表示文本输入框。

```
        if(e.keyCode == '13') {
            var value = $this.val();
```

判断用户是否按下键盘上的回车键,回车键的键码是 13。如果用户按下了回车键,则首先获得输入框的内容。

```
            if(value) {
                createItem(value);
```

如果输入框的内容不为空,则根据用户输入的任务内容,创建一个新的任务面板。

```
                var memos = JSON.parse(localStorage.getItem('memos'));
                memos.push(value);
```

接着读取本地存储池里的任务列表,并将这一条新的任务,添加到任务列表中,如图 11-2-6 所示。

```
                localStorage.setItem("memos", JSON.stringify(memos));
                $this.val("");
```

将任务列表再次存储到本地的存储池,然后清空输入框的内容。

```
            }
        }
    });
});
```

```
$.fn.drag = function ( ) {
```

接着给任务面板添加拖动功能，使用户可以自由摆放任务面板在窗口里的位置。

```
    var $this = $(this);
    var parent = $this.parent( );
```

定义两个变量，表示任务面板和任务面板的父视图。

```
    var pw = parent.width( );
    var ph = parent.height( );
```

继续定义两个变量，表示父视图的宽度和高度。

```
    var thisWidth = $this.width( ) + parseInt( $this.css('padding-left'), 10)
                + parseInt( $this.css('padding-right'), 10);
    var thisHeight = $this. height ( ) + parseInt ( $this. css ('padding-top'), 10)
                + parseInt( $this.css('padding-bottom'), 10);
```

再次定义两个变量，表示任务面板的宽度和高度与两边间距的和。我们将利用这两个变量的值，计算新的任务面板的随机位置。

```
    var x, y, positionX, positionY;
    var isDown = false;
```

依次定义五个变量，表示鼠标移动时的即时位置、鼠标按下或抬起时的任务面板的位置。第五个参数用来判断鼠标是否按下。

```
    var randY = parseInt(Math.random( ) * (ph - thisHeight), 10);
    var randX = parseInt(Math.random( ) * (pw - thisWidth), 10);
```

在任务面板父视图的区域之内，随机生成一个坐标，作为新任务面板的位置。

```
    parent.css({
        "position": "relative",
        "overflow": "hidden"
    });
```

设置父视图的 overflow 溢出属性，当子视图在父视图之外时，hidden 隐藏溢出的部位。

```
    $this.css({
        "cursor": "move", //设置鼠标在任务面板中的外观样式为 move
        "position": "absolute" //设置任务面板的定位方式为绝对值定位
    }).css({
        top: randY,
        left: randX //将任务面板放置在父视图的随机位置上
    }).mousedown(function (e) {
        parent.children( ).css({
            "zIndex": "0"
```

```
        });
```

接着给任务面板添加鼠标按下事件。当鼠标在任务面板中按下时，设置其他任务面板的层次顺序为 0。

```
        $this.css({
            "zIndex": "1"
        });
```

设置鼠标按下的任务面板的层次顺序为 1，使鼠标按下的任务面板位于其他任务面板的上方，如图 11-2-6 所示。

```
        isDown = true;
        x = e.pageX;
        y = e.pageY;
```

设置鼠标处于按下的状态，并获得鼠标按下时的坐标。

```
        positionX = $this.position().left;
        positionY = $this.position().top;
        return false;
```

获取鼠标按下时的任务面板的位置，并存储在两个变量中。

```
    });
    $(document).mouseup(function (e) {
        isDown = false;
```

当鼠标松开时，设置鼠标按下状态变量的值为 0。

```
    }).mousemove(function (e) {
        var xPage = e.pageX;
        var moveX = positionX + xPage - x;
```

接着给任务面板添加鼠标移动事件。当鼠标在任务面板中按下并移动时，根据鼠标移动的距离，计算任务面板新的水平方向上的坐标。

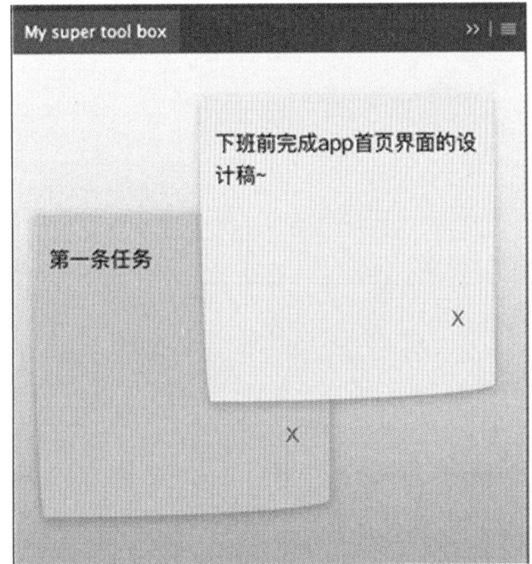

图 11-2-6　鼠标单击的任务面板位于其他面板的上方

```
            var yPage = e.pageY;
            var moveY = positionY + yPage - y;
```

根据鼠标移动的距离，计算任务面板新的垂直方向上的坐标。

```
            if (isDown == true) {
                $this.css({
                    "left": moveX,
                    "top": moveY
                });
```

如果鼠标在移动时处于按下的状态，则刷新任务面板的位置，使任务面板跟随鼠标移动。

```
            } else {
                return;
            }
```

如果鼠标在移动时没有处于按下的状态，则不执行任何操作。

```
            if (moveX < 0) {
                $this.css({
                    "left": "0"
                });
            }
```

如果任务面板已经位于父视图的最左边，则不再向左侧移动任务面板。

```
            if (moveX > (pw - thisWidth)) {
                $this.css({
                    "left": pw - thisWidth
                });
            }
```

如果任务面板已经位于父视图的最右边，则不再向右侧移动任务面板。

```
            if (moveY < 0) {
                $this.css({
                    "top": "0"
                });
            }
```

如果任务面板已经位于父视图的最上方，则不再向上方移动任务面板。

```
            if (moveY > (ph - thisHeight)) {
                $this.css({ "top": ph - thisHeight });
            }
```

如果任务面板已经位于父视图的最底部，则不再向下方移动任务面板。

```
                });
            };
        })(jQuery);
    </script>
</body></html>
```

❷ **打开扩展功能面板**：保存编辑好的 index.jsx 文件，然后切换到 Photoshop。依次单击“窗口”→“扩展功能”→My super tool box 命令，打开扩展功能面板，如图 11-2-7 所示。

图 11-2-7　to-do 扩展功能面板

❸ **添加新任务**：此时已经显示了一条默认的任务面板，接着将光标移到底部的输入框里。然后在输入框里输入一条新的任务。按回车键，添加一条新的任务。此时任务面板拥有两条任务，如图 11-2-8 所示。

❹ **调整任务层次顺序**：可以在某个任务面板上按下鼠标，并向其他位置拖动，以调整任务面板的位置。当一个任务面板遮挡另一个任务面板时，在其中一个任务面板中单击，可以使这个任务面板处于所有任务面板的最上方，如图 11-2-9 所示。

❺ **删除任务**：当完成一条设计任务时，单击任务面板右下角的“关闭”按钮，可以删除一条已经完成的任务，此时只剩下一条任务了，如图 11-2-10 所示。由于我们将任务保存在本地存储池中，所以即使关闭扩展面板，也不会造成任务的丢失。当单击扩展图标，再次打开扩展功能面板时，你会发现之前未完成的任务仍然存在。

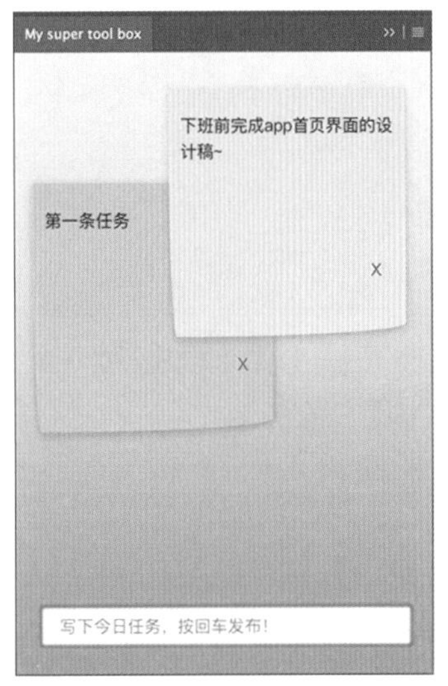

图 11-2-8　添加新的任务

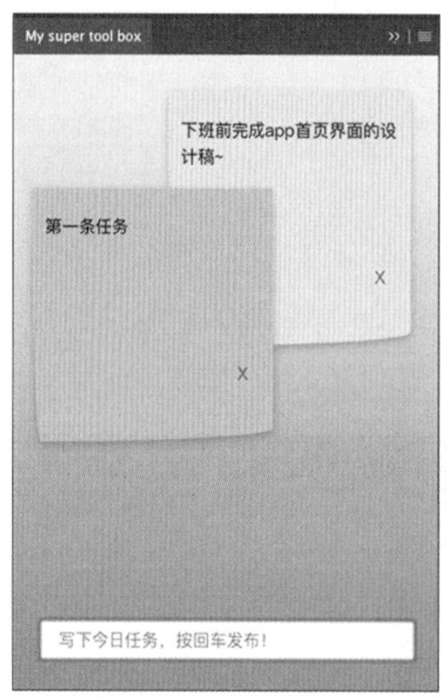

图 11-2-9　调整任务层次顺序

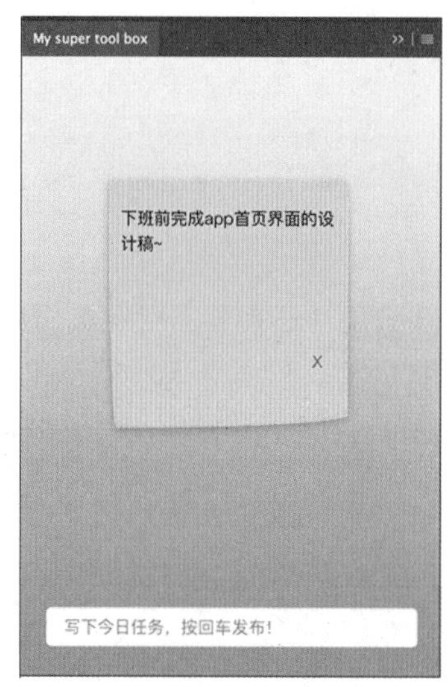

图 11-2-10　删除任务

11.2.5　在 Photoshop 中增加给中文添加拼音的功能

老师，Word 软件有个对咱们中国人来说非常实用的功能，它可以快速给中文的内容添加拼音，如果 Photoshop 也有这样的功能就好了。

小美，CEP 是基于网页开发技术的，所以很多问题可以考虑使用网页开发方面的技术来解决。

网页开发技术已经有很多的拼音解决方案。今天我们就使用其中的一项开源技术 pinyinUtil，来给我们的 Photoshop 软件添加拼音功能。

Photoshop 软件无法给一个文字图层添加拼音，需要在本小节给您的 Photoshop 软件植入添加拼音的功能！

❶ **编辑** index.html：首先打开并编辑位于 Client 目录下的 index.html 文件：

```
<!DOCTYPE html>
<html>
<head>
    <meta charset="utf-8">
    <title>我的百宝箱</title>
    <style>
```

首先添加一对样式标签，用来添加一些样式。

```
    body{ background-color: #333; }
```

设置网页的背景色为深灰色。

```
    #main a{
        color: #fff;
        text-decoration: none;
    }
```

设置网页里的链接文字的颜色为白色。

```
    </style>
    <script src="jquery-1.10.2.js"></script>
```

引入一个通用脚本 jquery 类库，以及接口脚本文件。

```
    <script type="text/javascript" src="dict/pinyin_dict_notone.js"></script>
    <script type="text/javascript" src="dict/pinyin_dict_withtone.js"></script>
    <script type="text/javascript" src="pinyinUtil.js"></script>
```

引入两个拼音字典文件和一个拼音工具类库文件，通过这些文件为中文生成拼音。

```
    <script type="text/javascript" src="CSInterface.js"></script>
```

添加一对脚本标签，用来编写脚本代码。

```
    <script>
        var csInterface = new CSInterface();
```

接着创建一个接口对象，用来调用桥接脚本文件里的函数。

```
        function getPinYin() {
```

添加一个函数，用来通过桥接脚本获得 Ps 图层里的文字内容，并为这些文字生成拼音，最后再将拼音返回给图层。

```
            csInterface.evalScript("getActiveTextItem()", function(result) {
```

调用桥接脚本里的函数，用来获得图层里的需要生成拼音的文字内容。

```
                result = pinyinUtil.getPinyin(result, '', true, false);
```

通过拼音工具类库 pinyinUtil，为图层里的文字内容生成拼音。

```
                csInterface.evalScript("createPinYinTextLayer('" + escape(result) + "')");
```

再次调用桥接脚本里的 createPinYinTextLayer 函数，创建一个用来显示拼音的文字图层。其中 escape 函数，用来对拼音里的特殊字符进行编码。

```
            });
        }
    </script>
</head>
<body>
    <div id="main"><br/>
        <a href="###" onclick="getPinYin()">转为拼音</a><br/><br/>
```

在网页上添加一个链接，当单击这个链接时，执行刚刚创建的函数。

```
    </div>
</body>
</html>
```

❷ **编辑 index.jsx：** 打开位于 Host 文件夹下的 index.jsx 桥接脚本文件。需要在这个文件里，添加两个函数，一个函数用来获得图层里的文字内容，另一个函数用来创建文字图层，以显示生成的拼音，现在开始编写代码，添加两个函数。

```
function getActiveTextItem( )
{
```

第一个函数用来获得图层里的文字内容。

```
    var layer = app.activeDocument.activeLayer;
    return layer.textItem.contents;
```

获得当前的活动图层，然后将图层里的文字内容传递给网页。

```
}
function createPinYinTextLayer(message)
{
```

添加第二个函数，用来获得从网页传送来的拼音，并创建一个新的图层显示拼音。

```
    var position = app.activeDocument.activeLayer.textItem.position;
```

首先获得活动图层里的中文内容的位置。

```
    var fixedPositionY = Math.ceil(position[1]) - Math.ceil(app.activeDocument.activeLayer.textItem.size) - Math.ceil(app.activeDocument.activeLayer.textItem.leading);
```

计算拼音图层在垂直方向上的位置，从而使拼音图层位于中文文字图层的上方，如图 11-2-11 所示。

```
    position = [Math.ceil(position[0]), fixedPositionY];
```

获得拼音图层的位置，在水平方向上和中文内容保持左对齐，在垂直方向上，拼音图层位于中文图层的上方，如图 11-2-11 所示。

```
    var font = app.activeDocument.activeLayer.textItem.font;
    var size = app.activeDocument.activeLayer.textItem.size/2;
    var leading = app.activeDocument.activeLayer.textItem.leading;
```

拼音字体和中文字体保持相同，字号则是中文字号的一半。

图 11-2-11　给中文添加拼音

```
    var layer = app.activeDocument.artLayers.add( );
    layer.kind = LayerKind.TEXT;
```

接着添加一个新的图层，并设置图层类型为文字图层。

```
    var textItem = layer.textItem;
    textItem.kind = TextType.PARAGRAPHTEXT;
```

设置图层的文字内容为拼音，文字类型为段落文本。

```
    textItem.size = size;
    textItem.font = font;
```

依次设置文字内容的字号和字体。

```
    textItem.useAutoLeading = false;
    textItem.leading = leading;
    textItem.position = position;
```

不使用自动行距，并且设置行距的数值，和中文内容的行距保持相同。

```
    textItem.contents = unescape(message);
```

使用 unescape 函数，对拼音进行解码，并将解码后的拼音作为文字图层时的内容。

```
    textItem.width = new UnitValue("300 pixels");
    textItem.height = new UnitValue("300 pixels");
```

设置文字图层的宽度和高度。

```
}
```

❸ **切换到 Photoshop**：保存编辑好的 index. jsx 文件，然后切换到 Photoshop 界面，Photoshop 已经打开了一份文档，该文档包含多个图层，活动图层是文本图层，如图 11－2－12 所示。我们需要给文本图层中的文字内容添加拼音。

图 11－2－12　打开一份需要给中文添加拼音的文档

❹ **使用扩展功能**：依次单击"窗口"→"扩展功能"→My super tool box 命令，打开扩展功能面板，接着在打开的扩展功能面板中，单击"转为拼音"链接，为中文内容生成拼音，如图 11－2－13 所示。

此时在中文字符的上方，生成了每个中文字符的拼音，如图 11－2－14 所示。

这样就为您的 Photoshop 软件又增加了一项实用的功能！

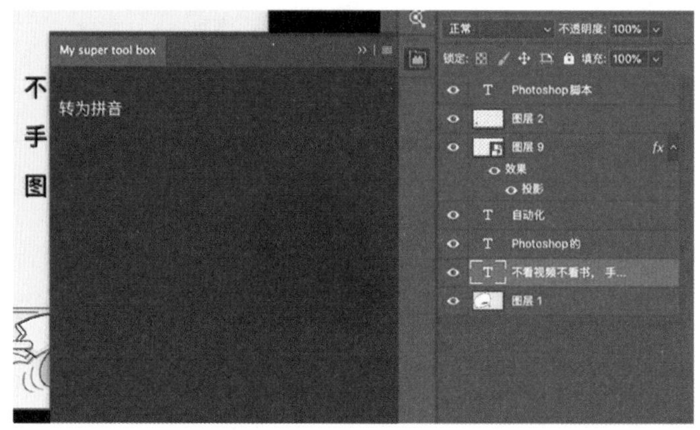

图 11-2-13　添加拼音扩展功能面板

bù kàn shì pín bù kàn shū ,
不看视频不看书，
shǒu bǎ shǒu xué xí shí yòng de
手把手学习实用的
tú xiàng chǔ lǐ jì néng !
图像处理技能！

图 11-2-14　生成中文的拼音

11.2.6　使 Photoshop 智能翻译图层中的文字“中英互译”

老师，我们的一家客户是美国公司在国内的分公司，他们需要将英文版的公司宣传册、产品画册、产品说明书等 psd 文件转为中文的，由于需要翻译的材料太多，每次借助翻译工具翻译 psd 图层中的文字内容，再粘贴到原来的图层中，感觉非常麻烦，能否借助 CEP 技术将图层中的英文内容直接转换为中文内容。

小美，这是完全可以的。
通过网页开发技术中的网络访问功能，将需要翻译的图层中的英文内容，发送给谷歌翻译提供的 API(应用程序接口)，再把谷歌翻译返回给我们的中文内容写入英文内容所在的图层，即可完成英文的翻译 。

本小节继续增强 Photoshop 软件的文字处理功能，将为该软件增加翻译功能。

❶ **编辑** index.html：首先打开并编辑位于 Client 目录下的 index.html 文件。

```
<!DOCTYPE html>
<html>
<head>
    <meta charset="utf-8">
    <title> Translate </title>
    <style>
```

首先添加一对样式标签，用来添加一些样式。

```
    body { background-color: #333; }
```

设置网页的背景色为深灰色。

```
#main a {
    color: #fff;
    text-decoration: none;
}
```

设置网页里的链接文字的颜色为白色。

```
</style>
<script src="jquery-1.10.2.js"></script>
<script type="text/javascript" src="CSInterface.js"></script>
```

引入一个通用脚本类库，同时引入接口脚本文件，以调用脚本桥接文件里的函数。

```
<script>
```

然后添加一对脚本标签，用来编写脚本代码。

```
    var csInterface = new CSInterface();
    jQuery.support.cors = true;
```

接着创建一个接口对象，用来调用桥接脚本文件里的函数。

```
    function translateText(language)
    {
```

添加一个函数，用来实现翻译的功能。

```
        csInterface.evalScript("getActiveTextItem()", function(result) {
```

首先调用桥接脚本文件里的函数，用来获得活动图层的文字内容。已经在上一小节实现了这个函数。

```
            var targetLanguage = "zh_CN";
            if(language == 0)
                targetLanguage = "en_US";
```

如果参数的值为 0，则将中文翻译为英文，否则将英文翻译为中文。

```
            var url = "http://translate.google.cn/translate_a/single"
            url += "?client=gtx&dt=t&dj=1&ie=UTF-8&sl=auto&tl=";
            url += targetLanguage;
            url += "&q=" + result;
```

定义一个网址，表示谷歌翻译的应用接口。通过向这个接口传递待翻译的文字和目标语言，实现将文字翻译到目标语言的功能。向应用接口依次传递目标语言、待翻译的文字内容等两个参数。

```
            $.ajax({ //添加一段代码，用来实现异步访问应用接口的功能。
                type: "get", //设置网络访问的类型，
                url: url, //设置应用接口地址
                data: {}, //提交到接口的数据
                success: function (data, status) {
```

当网络访问成功时，执行后面的代码。

```
                    if (status == "success") {
```

判断服务器返回的状态，是否为成功状态。

```
                        var message = "";
                        for(var i = 0; i < data.sentences.length; i++)
```

```
                        message += data.sentences[i].trans;
```

定义一个变量 message，用来存储翻译后的文字内容。然后通过一个循环语句，将翻译后的语句存入到变量中。

```
                csInterface.evalScript("updateActiveLayerTextItem('" + message + "')");
```

接着调用桥接脚本文件里的函数，将活动图层里的文字内容，修改为翻译后的文字内容。

```
                    }
                },
                error: function (e) {},
                complete: function ( ) {}
```

处理网络访问失败和完毕时的情况，这里不对这些情况进行操作。

```
            });
        });
    }
    </script>
</head>
<body>
    <div id="main"><br/>
```

添加一对 div 标签，用来显示中英互译的功能链接。

```
        <a href="###" onclick="translateText(0)">中文 -> English</a><br/><br/>
        <a href="###" onclick="translateText(1)">English -> 中文</a><br/>
```

依次添加两个<a>链接，当用户单击这些链接时，实现中英互译的功能。

```
    </div>
</body>
</html>
```

❷ **编辑 index.jsx**：打开位于 Host 文件夹下的 index.jsx 桥接脚本文件，需要在这个文件里添加一个函数，用来刷新图层里的文字内容，现在开始编写代码：

```
function updateActiveLayerTextItem(message)
{
    var layer = app.activeDocument.activeLayer;
    layer.textItem.contents = message;
```

获得 Photoshop 软件活动文档的活动图层，并修改它的文字内容。

```
}
```

❸ **切换到 Photoshop**：保存编辑好的 index.jsx 文件，然后切换到 Photoshop 界面，Photoshop 已经打开了一份文档，该文档包含两个图层，活动图层是文本图层，如图 11-2-15 所示，我们需要翻译文本图层中的文字内容。

❹ **使用扩展面板**：依次单击"窗口"→"扩展功能"→My super tool box 命令，打开扩展功能面板，如图 11-2-16 所示。由于当前的文字语言是英文，所以单击面板中的 English→"中

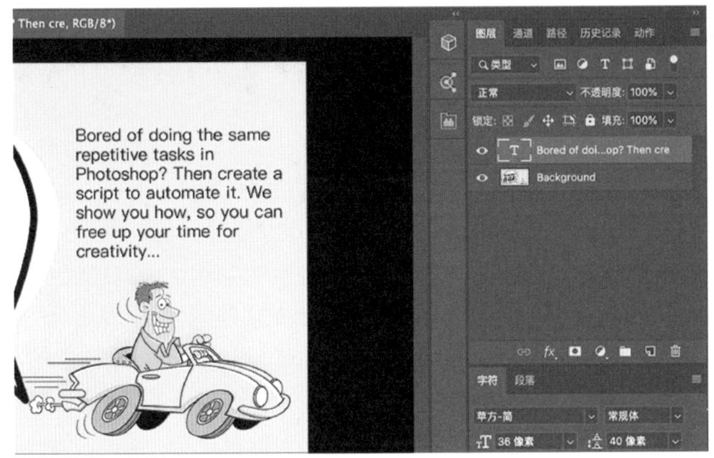

图 11-2-15 Photoshop 已经打开一份包含需要翻译文字的文档

文"链接,将英文翻译为中文,翻译后的结果如图 11-2-17 所示。

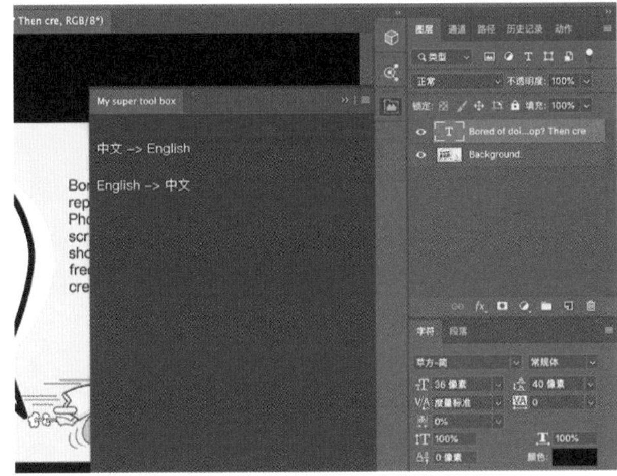

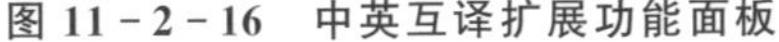

图 11-2-16 中英互译扩展功能面板

图 11-2-17 英文翻译为中文

由于当前的文字语言是中文,所以单击"中文"→English 链接,将中文翻译为英文,翻译后的结果如图 11-2-15 所示。这样就给 Photoshop 软件添加了非常实用的翻译功能。

11.2.7 使 Photoshop 智能识别图片中的文字并转为纯文字

老师,我在给一家客户制作产品画册和产品说明书,客户提供给我很多的参考材料,但是这些材料都是 jpeg 格式的,所以无法直接使用里面的文字内容,如果将文字手工输入电脑就会需要浪费大量的时间,有没有办法将 jpeg 图片中的文字转为纯文本?

小美，网页开发中有一门叫 Optical Character Recognition 光学字符识别的技术，简称 OCR 技术。这门技术可以将栅格化后的文字或者图片上的文字内容智能识别成为可编辑的文本。
现在我们就为 Photoshop 软件增加 OCR 光学字符识别技术。

之所以无法修改栅格化后的文字的字体、行距等属性，因为它们已经被转化为像素，就像煮熟的鸡蛋，无法孵出小鸡一样。不过本小节将会无视这些禁忌。

本小节将利用强大的网页开发技术，给 Photoshop 软件添加一项神奇的功能，将栅格化后的文字，重新恢复为可编辑的文字内容。

❶ **编辑 index. html**：首先打开并编辑位于 Client 目录下的 index. html 文件。

```
<!DOCTYPE html>
<html>
<head>
    <meta charset="utf-8">
    <title>我的百宝箱</title>
    <style>
```

首先添加样式标签，用来添加一些样式。

```
        body{
            background: whiteSmoke;
            font-family: sans-serif;
            margin: 30px;
        }
```

设置网页的背景色为 whiteSmoke 深灰色，外部间距为 30。

```
        #transcription{
            font-size: 30px;
            padding: 30px;
            min-width: 300px;
            height: 30px;
            color: gray;
}
```

在将栅格化的文字恢复为普通文字的过程中，需要显示一条提示用户等待的语句，这里设置等待语句的字号、尺寸和颜色等属性。

```
        #transcription{
            color: black;
        }
```

设置 id 值为 transcription 中的<div>标签在完成语言转换后的提示文字的颜色。

```
        #main{
            display: flex;
    }
```

最后设置 id 值为 main 的<div>标签的显示方式。

```
    </style>
    <script type = "text/javascript" src = "CSInterface.js"> </script>
    <script src = "ocrad.js"> </script>
```

接着引入接口脚本文件，以调用脚本桥接文件里的函数，同时引入光学识别类库，通过该类库识别一张图像里的文字内容。

```
    <script>
        var csInterface = new CSInterface( );
```

接着创建一个接口对象，用来调用桥接脚本文件里的函数。

```
        function recognizeText( )
        {
```

添加一个函数，用来实现像素文字转换为普通文字的功能。

```
            csInterface.evalScript("getActiveDocument( )", function(result)
            {
```

首先调用桥接脚本里的函数，获得 Photoshop 软件当前文档所在的路径。

```
                var img = document.createElement('img');
                img.id = "demoImage";
```

通过 createElement 方法，在网页中添加一个图像标签<img>。

```
                img.style.width = '100px';
                img.setAttribute('src', result);
```

设置图像的宽度为 100 像素，然后通过 setAttribute 方法，使用这个图像标签，显示 Photoshop 软件的当前图像。

```
                document.getElementById('main').appendChild(img);
```

通过 appendChild 方法将图像标签添加到 id 值为 main 的<div>标签中。

```
                setTimeout(function( )
                {
```

通过 setTimeout 函数添加一个延迟执行语句，延迟 0.2 s 再执行后面的代码。之所以延迟 0.2 s，是保证在图像插入到网页之后，再执行图像识别操作，以免识别空白的图像。

```
                    document.getElementById('transcription').innerText =
                    "(Recognizing...)"
```

通过设置<div>标签的 innerText 属性来设置提示文字的内容。

```
                    OCRAD(document.getElementById("demoImage"), function(text)
                    {
                        csInterface.evalScript('drawText("' + escape(text) + '")');
```

```
                    })
```

然后调用光学识别类库里的方法，识别网页中的图像里的像素文字，并返回识别后的文字内容。获得识别后的文字内容，并将文字返回给桥接脚本里的函数。通过该函数，将识别后的文字传递给 Photoshop 软件，并创建文本图层显示识别后的文字内容，如图 11-2-18 所示。

```
                }, 200);
            });
        }
    </script>
</head>
<body>
    <div id = "main">
        <div id = "transcription"> </div>
    </div>
```

添加<div>标签，用来显示提示用户等待的语句。

```
    <a id = "btnDocName" href = "###" onclick = "recognizeText( )"> 识别</a>
```

添加一个<a>链接，当用户单击这个链接时，识别图像里的像素文字，并将像素文字转换为普通文字。

```
</body>
</html>
```

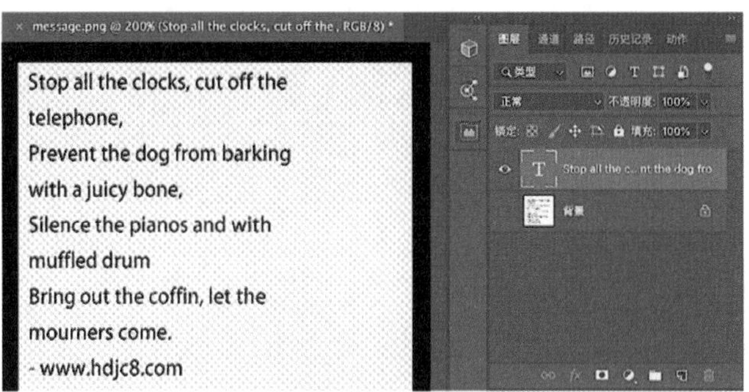

图 11-2-18　识别后的文字内容

❷ **编辑 index.jsx**：接着打开位于 Host 文件夹下的 index.jsx 桥接脚本文件，需要在这个文件里添加两个函数，一个函数用来获得 Photoshop 软件当前打开的图像，另一个函数用来接收网页传递来的识别后的文字内容，并且将这些文字内容绘制在当前的文档中。现在开始编写代码：

```
function getActiveDocument( )
{
```

该函数用来获得 Photoshop 软件当前打开的图像，并将该图像保存到磁盘上。

```
    var document = app.activeDocument;
```

首先获得 Photoshop 软件当前打开的文档。

```
    var filePath = "/Users/lifazhan/Desktop/temporyPicture.png";
    var fileOut = new File(filePath);
```

定义一个文件路径，将当前文档存储在这个路径上。

```
    var options = PNGSaveOptions;
    var asCopy = true;
    var extensionType = Extension.LOWERCASE;
    document.saveAs(fileOut, options, asCopy, extensionType);
```

设置文件存储的格式，并且以副本的方式进行存储。接着将当前文档的副本，存储在指定的位置。

```
    return filePath;
```

最后返回这个文件路径，这样就可以通过这个路径，在网页中显示 Photoshop 软件里的文档了。

```
}
String.prototype.replaceAll = function (FindText, RepText) {
    regExp= new RegExp(FindText, "g");
    return this.replace(regExp, RepText);
}
```

给 String 字符串类添加一个 replaceAll 替换所有指定字符的功能。通过正则表达式(描述匹配某个句法规则的字符串)，将字符串里的一种字符，全部替换为另一种字符。

```
function drawText(text)
{
```

接着添加第二个函数，用来接收网页传递来的识别后的文字内容，并且将这些文字内容绘制在当前的文档中。

```
    var text2 = unescape(text);
    var text3 = text2.replaceAll('\n', '\r');
```

首先获得网页传来的文字内容，并将这些内容里的换行符\n 进行批量替换，以替换成 Photoshop 软件支持的换行符\r。

```
    var layer = app.activeDocument.artLayers.add( );
    layer.kind = LayerKind.TEXT;
```

添加一个新的图层，并设置图层类型为文字图层。

```
    var textItem = layer.textItem;
    textItem.kind = TextType.PARAGRAPHTEXT;
```

设置文字图层的类型为段落文本。

```
    textItem.size = 20;
    textItem.position = [10, 10];
    textItem.contents = text3;
```

依次设置文字图层的字体和位置，并用该文字图层显示识别后的文字。

```
    textItem.width = new UnitValue("300 pixels");
    textItem.height = new UnitValue("300 pixels");
```

设置段落文本的宽度和高度都是 300 像素，可以根据具体情况，适当调整这个数值的大小。

```
    var fileRef = new File("/Users/lifazhan/Desktop/temporyPicture.png");
```

```
fileRef.remove( );
```

在完成对图像中的文字内容的识别之后，删除刚刚创建的图像副本。

```
}
```

❸ **切换到 Photoshop**：保存编辑好的 index. jsx 文件，然后切换到 Photoshop 界面，Photoshop 已经打开了一份文档，该文档的背景图层是一份栅格化后的文字内容，如图 11－2－19 所示。我们需要施展魔法，将该图层中的文字转换为可以编辑内容的文字图层！

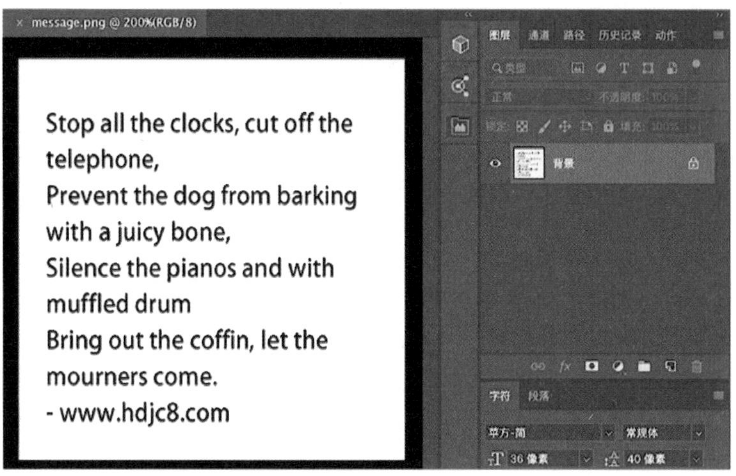

图 11－2－19　包含栅格化后的文字内容的文档

❹ **使用扩展功能**：依次单击“窗口”→“扩展功能”→My super tool box 命令，打开扩展功能面板，如图 11－2－20 所示。单击面板中的“识别”链接，识别图像里的文字内容。接着就是见证奇迹的时刻了！

图像里的所有像素文字，都被神奇地转换为普通文字了。单击背景图层左侧的可见性图标，隐藏背景图层，以方便查看识别后的文字图层，如图 11－2－21 所示。

图 11－2－20　图片转文字扩展功能面板

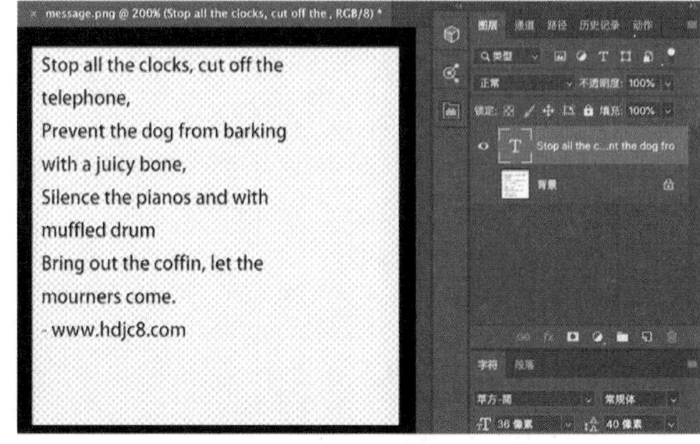

图 11－2－21　所有像素文字都被神奇地转换为普通文字

11.2.8 使 Photoshop 智能获取一张图片的主题颜色表

老师，我们设计公司往往会囤积大量的素材图片，为了方便检索这些图片，通常会将这些图片分成人物、动物、风景、建筑等不同的类型。

现在我想把这些图片素材按照它们的主题颜色进行分类，将具有相似主题颜色的图片放在一组。

因为我们在为设计作品搭配多张图片时，这些配图往往需要具有相似的主题颜色，这样整个版面才会比较和谐、美观。

小美，你这个主意很棒！其实提取图像的主题颜色，不仅能用于图像分类，还可以进行图片的搜索、识别等，例如百度的以图搜图功能。

接下来我们将通过开源类库 Vibrant.js，在 Photoshop 中实现智能提取图片主题颜色的功能。

本小节将演示如何给 Photoshop 软件添加提取图像主题颜色的功能。

❶ **编辑 index.html**：首先打开并编辑位于 Client 目录下的 index.html 文件。

```
<!DOCTYPE html>
<html>
<head>
    <meta charset="utf-8">
    <title> Get theme colors </title>
    <style>
```

首先添加一对样式标签，用来添加一些样式。

```
        body { background-color: #333; }
```

设置网页的背景色为深灰色。

```
        a { color: #fff; text-decoration: none; }
```

设置网页上的链接文字的颜色为白色。

```
    </style>
    <script type="text/javascript" src="CSInterface.js"></script>
    <script type="text/javascript" src="Vibrant.js"></script>
```

接着引入接口脚本文件，以调用脚本桥接文件里的函数，同时引入主题颜色的提取类库，通过该类库提取图像的主题颜色。

```
<script>
    var csInterface = new CSInterface();
```

然后添加一对脚本标签，用来编写脚本代码。接着创建一个接口对象，用来调用桥接脚本文件里的函数。

```
    function openDoc()
    {
```

添加一个函数，用来在网页中显示 Photoshop 软件当前的图像文档。

```
        csInterface.evalScript("getActiveDocument()", function(result) {
```

首先调用桥接脚本里的函数，获得 Photoshop 软件当前文档所在的路径。

```
            var img = document.createElement('img');
            img.id = "demoImage";
```

接着在网页中添加一个图像标签。

```
            img.style.width = '100px';
            img.setAttribute('src', result);
            document.getElementById('content').appendChild(img);
```

设置图像的宽度为 100 像素，然后使用这个图像标签，显示当前的图像。将图像标签添加到网页中。

```
            setTimeout(function() {
                doVibrant(img);
            }, 100);
```

添加一个延迟执行语句，延迟 100 ms 再执行后面的代码，以保证在图像插入到网页之后，再执行提取图像主题颜色的操作，以免操作空白的图像。

```
        });
    }
    function doVibrant(img)
    {
```

继续添加一个函数，用来提取指定图像的主题颜色。

```
        var vibrant = new Vibrant(img, 54, 1);
```

获取图像的主题颜色。第二个参数是：生成样本的初始调色板中的颜色数量，默认为 64。第三个参数表示质量，值越小结果越精确，花费的时间也越长。

```
        var swatches = vibrant.swatches();
```

通过 swatches()方法获得提取到的主题颜色列表，并存入一个数组中。

```
        var message = "";
```

定义一个变量，用来存储格式化后的颜色列表。

```
        for (var swatch in swatches)
        {
```

添加一个循环语句，对主题颜色列表进行遍历。

```
            if (swatches.hasOwnProperty(swatch) && swatches[swatch])
            {
```

```
                        message += swatch + "|";
```

如果主题颜色不为空，则将颜色的名称存入变量中，并以竖线分隔。

```
                        message += swatches[swatch].getRgb( ) + "|";
                        message += swatches[swatch].getHex( ) + "|";
```

继续将颜色的 rgb 数值和十六进制数值也存入到变量中。

```
                        message += swatches[swatch].getPopulation( );
                        message += "||";
```

将该颜色在图像中使用的次数也存入到变量中，并以双竖线分隔。

```
                    }
                }
                message = message.substr(0, message.length - 2);
```

使用 substr()方法清除字符串里的最后的两条竖线。

```
                csInterface.evalScript('drawSwatches("' + message + '")');
```

接着将这些主题颜色，传递给桥接脚本里的函数。

```
                document.getElementById('content').remove( );
```

最后删除网页中的图像素材。

```
            }
        </script>
</head>
<body>
        <a href = "###" onclick = "openDoc( )"> 获取主体色</a>
```

添加链接实现颜色提取功能，如图 11-2-22 所示。

```
        <div id = "content"> </div>
```

<div> 标签用来显示在提取主题颜色时的等待提示文字。

```
</body>
</html>
```

图 11-2-22 扩展功能面板

❷ **编辑 index.jsx：** 保存完成编辑的 index.html 文件，打开位于 Host 文件夹下的 index.jsx 桥接脚本文件。然后添加一个函数，用来接收和绘制网页传递来的主题颜色。

```
function drawSwatches(message)
{
```

添加一个函数，其参数为网页传递过来的主题颜色。

```
    app.activeDocument.artLayers.add( );
```

在图层面板中，添加一个空白图层。

```
    var baseX = 40;
    var baseY = 40;
    var size = 100;
    var spacing = 20;
```

接着在空白图层绘制主题颜色的色块，以及主题颜色的名称、数值等信息。首先定义四个变量，依次表示色块的位置、尺寸和间距。

```
    var swatches = message.split("||");
```

一张图片往往拥有多个主题颜色，这里对主题颜色列表进行分隔，并将分隔后的主题颜色，存储在一个数组中。

```
    for(var i = 0; i < swatches.length; i++)
    {
```

添加一个循环语句，对主题颜色列表进行遍历。

```
        var subArray = swatches[i].split('|');
        var colors = subArray[1].split(',');
```

主题颜色包含颜色名称、颜色数值、颜色使用的数量等信息，这里对一个主题颜色进行分隔，并且获得颜色的数值。

```
        var red = colors[0];
        var green = colors[1];
        var blue = colors[2];
```

将颜色的数值依次存入在三个变量中。

```
        var positionX = baseX + (size + spacing) * i;
        var region = [[positionX, baseY],[positionX + size, baseY],[positionX + size, baseY + size],[positionX, baseY + size]];
```

接着计算一个色块的水平位置。创建一个变量，作为一个选择区域，该选择区域将被创建成一个色块，如图 11-2-23 所示。

```
        var type = SelectionType.REPLACE;
        var feather = 0;
        var antiAlias = true;
```

图 11-2-23　图片的主题颜色列表

```
        app.activeDocument.selection.select(region, type, feather, antiAlias);
```

依次创建三个变量，表示创建选区的类型、是否羽化和是否抗锯齿。依照上面的几个参数，创建一个选择区域。

```
        var rgbColor = new SolidColor( );
        rgbColor.rgb.red = red;
        rgbColor.rgb.green = green;
        rgbColor.rgb.blue = blue;
```

初始化一个颜色对象。依次设置颜色对象的红色、绿色和蓝色三个通道的数值。

```
        app.activeDocument.selection.fill(rgbColor);
```

然后将这个 rgbColor 主题颜色，fill 填充到刚刚创建的选择区域中。

```
        app.activeDocument.selection.deselect( );
```

完成主题颜色色块的绘制之后，deselect 取消当前的选区。

```
    }
    for(var i = 0; i < swatches.length; i ++ )
    {
```

继续添加一个循环语句，用来在文档中显示主题颜色的名称和色值。

```
        var subArray = swatches[i].split('|');
        var colors = subArray[1].split(',');
```

对一个主题颜色进行分隔，并且获得颜色的数值。

```
        var red = colors[0];
        var green = colors[1];
        var blue = colors[2];
```

将颜色的数值依次存入在三个变量中。

```
        var colorName = subArray[0];
        var colorHex = subArray[2];
```

定义两个变量，用来存储某个主题颜色的名称和十六进制数值。

```
        var textLayer = app.activeDocument.artLayers.add( );
        textLayer.kind = LayerKind.TEXT;
```

接着创建一个文字图层，用来显示主题颜色的名称和十六进制数值。

```
        textLayer.textItem.contents = colorName + "\r" + colorHex;
        textLayer.textItem.size = 16;
```

设置文字图层的内容和字号。

```
        var positionX = baseX + (size + spacing) * i;
        textLayer.textItem.position = [positionX, baseY + size/2];
```

根据基准位置，将文字图层移动到色块的上方。

```
        var color = new SolidColor( );
        color.rgb.red = 255 - red;
        color.rgb.green = 255 - green;
```

```
        color.rgb.blue = 255 - blue;
```

创建一个和主题颜色相反的颜色，作为文字图层的颜色，以突出显示主题颜色色块上方的文字内容。

```
        textLayer.textItem.color = color;
```

设置文字的颜色为主题颜色的相反色。

```
    }
    var fileRef = new File("/Users/lifazhan/Desktop/temporyPicture.png");
    fileRef.remove( );
```

完成主题颜色的提取之后，删除之前创建的临时图像副本。

```
}
```

❸ **切换到 Photoshop**：保存编辑好的 index. jsx 文件，然后切换到 Photoshop 界面，Photoshop 已经打开了一份图片，如图 11-2-24 所示。现在来提取这张图片的主题颜色。

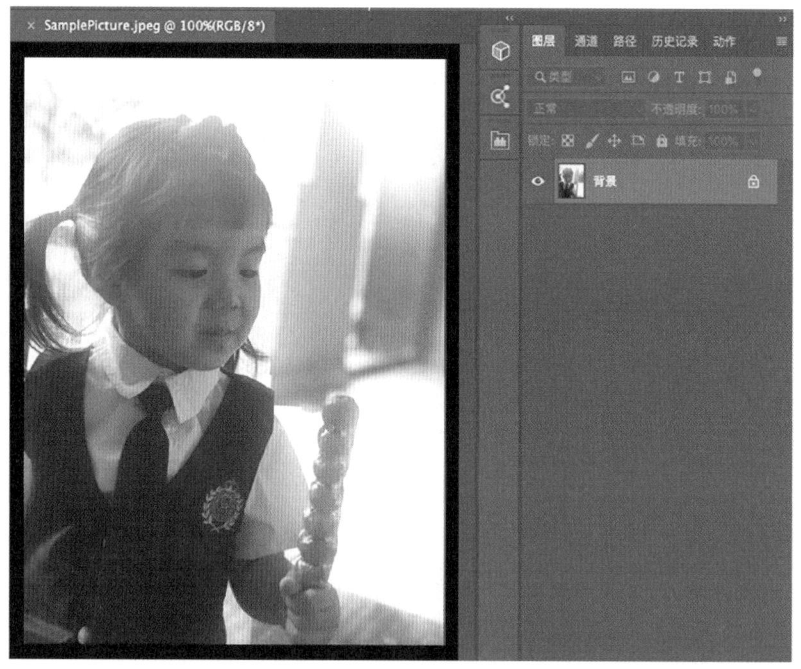

图 11-2-24　打开需要获取主题颜色的文档

❹ **扩展功能面板**：依次单击“窗口”→“扩展功能”→My super tool box 命令，打开扩展功能面板，如图 11-2-25 所示。

❺ **使用扩展功能**：单击面板中的“获取主体色”链接，提取图像的主题颜色。此时在图像的左上角，显示了提取到的五个主题颜色，如图 11-2-26 所示。

图 11－2－25　获取主体色扩展功能面板

图 11－2－26　生成图片的主题颜色

11.2.9　使用人工智能技术识别图像中指定颜色的物体

老师，最近人工智能真的很火啊，和朋友聊天如果不提点儿与人工智能相关的事，别人就会认为你活在上个世纪似的！
所以咱们可不可以也让 Photoshop 人工智能起来呢？

小美，人工智能技术非常火热，所以 Adobe 在人工智能领域也很活跃。Adobe 的人工智能平台 Sensei 已集成到 Creative Cloud 的所有产品中。

- Adobe 在 Max 2021 大会上，展示了鼠标悬停在 Photoshop 对象上即可智能选择该对象的功能。
- 通过人工智能改善神经过滤器，神经过滤器可以为黑白图像智能着色或者智能改变图片背景的景观。
- Adobe 在 Max 2022 大会上推出的新功能 In－between，以短间隔拍摄多张照片，通过自动生成照片中间的帧来创建视频。
- on point 功能可以通过用户提供的参考姿势，在 Adobe 庞大的图像库中找到相似姿势的人的照片。

直接编写人工智能代码是复杂的，并且需要掌握线性代数、微积分、统计学等知识。不过好在网页开发技术中已经有了大量的人工智能类库。

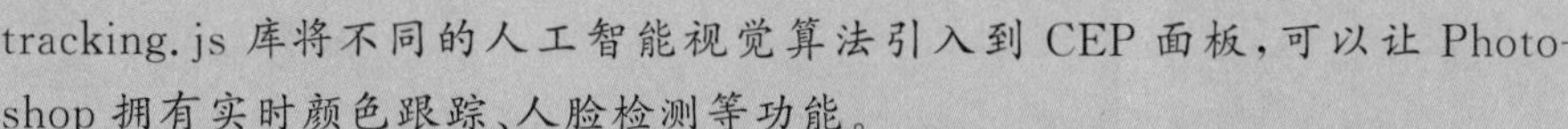

tracking.js 库将不同的人工智能视觉算法引入到 CEP 面板，可以让 Photoshop 拥有实时颜色跟踪、人脸检测等功能。

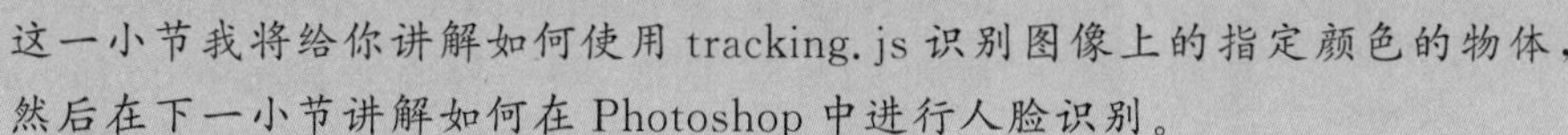

这一小节我将给你讲解如何使用 tracking.js 识别图像上的指定颜色的物体，然后在下一小节讲解如何在 Photoshop 中进行人脸识别。

人工智能是最近非常热门的技术，本小节将演示如何借助人工智能技术使 Photoshop 软件可以智能识别、定位图像里的指定颜色的物体。

❶ **编辑 index.html：**首先打开并编辑位于 Client 目录下的 index.html 文件。

```
<!DOCTYPE html>
<html>
<head>
    <meta charset = "utf - 8">
    <title>我的百宝箱</title>
    <style>
```

首先添加一对样式标签，用来添加一些样式。

```
        body{
            background: whiteSmoke;
            font - family: sans - serif;
            margin: 30px;
        }
```

设置网页的背景色为 whiteSmoke 白色，外部间距为 30。

```
    </style>
    <script type = "text/javascript" src = "tracking - min.js"></script>
    <script type = "text/javascript" src = "CSInterface.js"></script>
```

接着引入课程素材里提供的识别跟踪类库 tracking - min.js，通过该类库识别一张图像里的指定颜色的物体。同时引入接口脚本文件，以调用脚本桥接文件里的函数。

```
    <script>
```

添加一对脚本标签，用来编写脚本代码。

```
        var csInterface = new CSInterface( );
```

创建一个接口对象，用来调用桥接脚本文件里的函数。

```
        function detectColor( )
        {
            var previousText = document.getElementById("btnDocName").innerText;
```

获得网页链接里的文字内容，并存储在一个变量中。

```
csInterface.evalScript("getActiveDocument( )", function(result)
{
```

接着调用桥接脚本里的函数，获得 Photoshop 软件当前文档所在的路径。

```
document.getElementById("btnDocName").innerText = "Detecting, please wait.";
```

设置链接里的文字内容，提示用户等待智能识别操作。

```
var img = document.createElement("img");
img.id = "demoImage";
img.setAttribute("src", result);
```

在网页中添加一个图像标签，用来显示 Photoshop 软件里的活动文档。

```
img.style.visibility = "hidden";
document.getElementById("main").appendChild(img);
```

设置图像的可见状态为隐藏 hidden，将图像标签添加到网页中。

```
setTimeout(function( ) {
```

接着添加一个延迟执行语句，延迟 200 毫秒，再执行后面的代码。

```
var c = document.createElement("canvas");
var img = document.getElementById("demoImage");
```

在网页中创建一个 canvas 画布元素，然后获得网页中的图像，该图像也就是 Photoshop 软件当前的图像文档。

```
c.height = img.naturalHeight;
c.width = img.naturalWidth;
```

获得图像像素的高度和宽度，并设置画布保持和图像相同的尺寸。

```
var ctx = c.getContext("2d");
```

接着将图像绘制在画布中，首先获得画布的图形上下文 Context。

```
ctx.drawImage(img, 0, 0, c.width, c.height);
```

然后在图形上下文通过 drawImage 方法绘制需要进行识别的图像。

```
var base64String = c.toDataURL( );
img.src = base64String;
```

最后通过 toDataURL 方法将包含图像的画布转换成二进制数据，并让图像元素显示二进制数据。之所以将图像通过画布转换成二进制数据，是避免出现图像识别时的跨域访问的问题。

```
var tracker = new tracking.ColorTracker(["magenta", "cyan",
"yellow"]);
```

接着使用智能识别类库，创建一个颜色识别器 ColorTracker，并设置识别图像里的品红、青色和黄色的物体。

```
tracking.track("#demoImage", tracker);
```

利用识别器，追踪指定 ID 为 demoImage 的< img >标签的二进制数据。

```
tracker.on("track", function(event) {
```

添加一段代码，用来处理 track 追踪的结果。

```
var frames = new Array( );
```

初始化一个数组变量，用来存储追踪的结果。

```
                        event.data.forEach(function(rect) {
                            frames.push(rect);
                        });
```

将三种颜色的物体所在的区域，依次 push 存入到数组中。

```
                    document.getElementById("btnDocName").innerText = previousText;
                    csInterface.evalScript('drawColorFrame(' + JSON.stringify(frames) + ')');
```

最后将这个数组，传递到桥接脚本里的函数中。

```
                });
            }, 200);
        });
    }
    </script>
</head>
<body>
    <a id = "btnDocName" href = "###" onclick = "detectColor()"> Detect Color </a>
```

然后在网页中添加一个链接，如图 11-2-27 所示。当单击该链接时，识别图像里指定颜色的物体。

```
    <div class = "demo-frame">
        <div id = "main" class = "demo-container"> </div>
    </div>
```

接着添加一个 div 标签，作为待识别图像的容器。

```
</body>
</html>
```

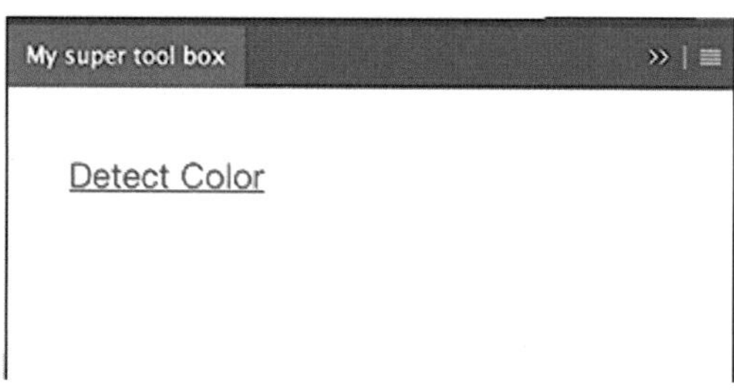

图 11-2-27　插件面板

❷ **编辑 index.jsx**：保存完成编辑的 index.html 文件，接着打开位于 Host 文件夹下的 index.jsx 桥接脚本文件。继续编写代码，添加一个函数，用来在指定颜色物体的周围绘制边框。

```
function drawColorFrame (frames)
{
```

添加一个函数，用来在指定颜色物体的周围绘制边框。该函数包含一个参数 frames，表示从网页传来的数组。

```
    var rgbColor = new SolidColor( );
    rgbColor.rgb.red = 0;
    rgbColor.rgb.green = 255;
    rgbColor.rgb.blue = 0;
```

初始化一个颜色，作为描边时的颜色。设置颜色为绿色，也就是在定位到的物体的四周，绘制绿色的矩形边框。

```
    for(var i = 0; i<frames.length; i++ ) {
```

添加一个循环语句，用来遍历包含物体所在区域的数组。

```
        var rect = frames[i];
        var layer = app.activeDocument.artLayers.add( );
```

添加一个图层，用来在物体的四周绘制矩形边框。

```
        var region = [[rect.x, rect.y],[rect.x + rect.width, rect.y],[rect.x +
        rect.width, rect.y + rect.height],[rect.x, rect.y+ rect.height]];
```

根据智能识别类型追踪到的物体的坐标和尺寸，创建一个待选择的区域。

```
        var type = SelectionType.REPLACE;
        var feather = 0;
        var antiAlias = true;
```

初始化三个变量，作为选区的类型、羽化参数和抗锯齿属性。

```
        app.activeDocument.selection.select(region, type, feather, antiAlias);
```

根据以上参数，在物体的四周，创建一个选择区域。

```
        var width = 2;
        app.activeDocument.selection.selectBorder(width);
        app.activeDocument.selection.fill(rgbColor);
```

然后给选区设置宽度为 2 像素的边框。使用绿色填充选区的边框。

```
    }
    app.activeDocument.selection.deselect( );
```

在物体的四周绘制边框之后，取消当前的选区。

```
}
```

❸ **切换到 Photoshop**：保存编辑好的 index.jsx 文件，然后切换到 Photoshop 界面，Photoshop 已经打开了一份图片素材，如图 11-2-28 所示。现在使用 Photoshop 软件识别、定位图片上的品红、黄色和青色的球形灯泡。

❹ **打开扩展功能面板**：依次单击"窗口"→"扩展功能"→My super tool box 命令，打开扩展功能面板，如图 11-2-29 所示。

❺ **使用扩展功能**：单击面板中的 Dectect Color 链接，识别图片上的指定颜色的物体。此时图片上的品红、黄色和青色的物体，已经被识别和定位，同时在这三个物体的四周，绘制了宽度为 2 像素的矩形边框，这三个边框位于不同的图层，如图 11-2-30 所示。

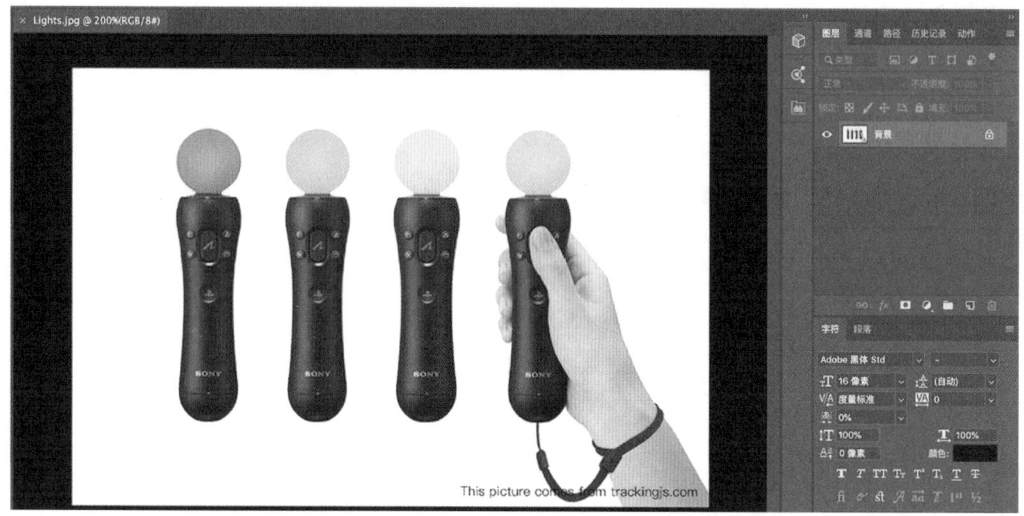

图 11－2－28　打开需要识别颜色的文档

图 11－2－29　打开颜色检测扩展功能面板

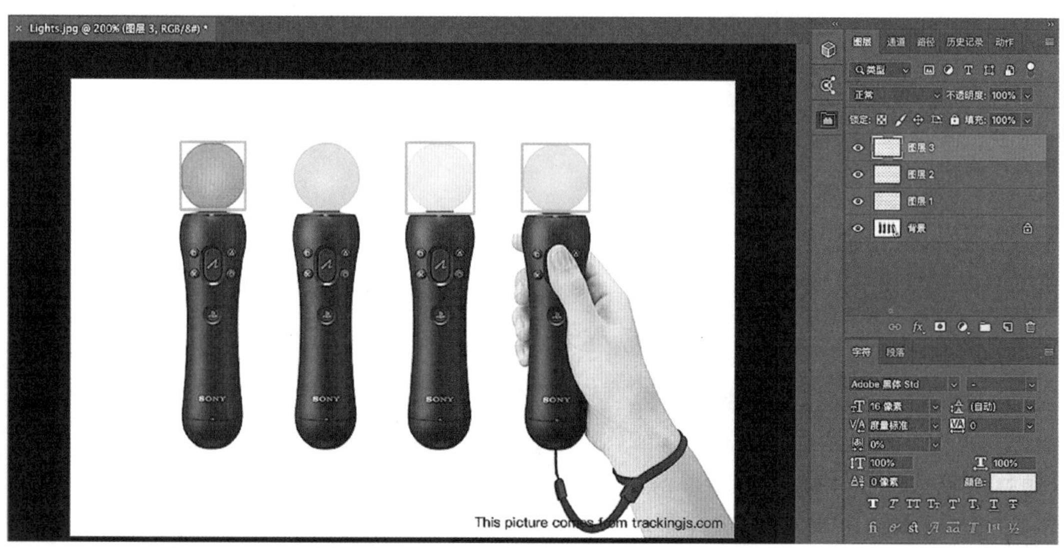

图 11－2－30　识别图片上的品红、黄色和青色的物体

11.2.10 使用人工智能技术对图像进行人脸识别

支付宝的刷脸支付、手机的刷脸解锁、地铁站的刷脸进站，都是对人脸识别的灵活应用。本小节将演示如何给 Photoshop 软件添加人脸识别的功能！

❶ **编辑 index.html**：首先打开并编辑位于 Client 目录下的 index.html 文件。

```
<!DOCTYPE html>
<html>
<head>
    <meta charset = "utf - 8">
    <title> Detecting Face </title>
    <style>
```

首先添加一对样式标签，用来添加一些样式。

```
        body {
            background: whiteSmoke;
            font - family: sans - serif;
            margin: 30px;
        .}
```

设置网页的背景色为白色，外部间距为 30 像素。

```
    </style>
    <script type = "text/javascript" src = "CSInterface.js"> </script>
    <script type = "text/javascript" src = "tracking - min.js"> </script>
```

同时引入接口脚本文件，以调用脚本桥接文件里的函数。接着引入我们在源码里提供的识别跟踪类库 tracking - min.js，通过该类库识别一张图像里的指定特征的物体。

```
    <script type = "text/javascript" src = "face - min.js"> </script>
    <script type = "text/javascript" src = "eye - min.js"> </script>
    <script type = "text/javascript" src = "mouth - min.js"> </script>
```

引入三个识别跟踪类库，用来追踪图像中的面部、眼睛和嘴巴的位置信息。这几个开放类库，在我们的课程素材中都有提供，你可以下载并尽情使用！

```
    <script>
```

添加一对脚本标签，用来编写脚本代码。

```
        var csInterface = new CSInterface( );
```

创建一个接口对象，用来调用桥接脚本文件里的函数。

```
        function detectFace( )
        {
```

添加一个函数，用来获得 Photoshop 当前的活动文档，并跟踪文档中的面部信息。

```
            var previousText = document.getElementById("btnDetect").innerText;
            document.getElementById("btnDetect").innerText = "Detecting…";
```

获得网页链接里的文字内容，并存储在一个变量中。设置链接里的文字内容，提示用户等待智能识别操作。

```
csInterface.evalScript("getActiveDocument( )", function(result) {
```

接着调用桥接脚本里的函数，获得 Photoshop 软件当前文档所在的路径。

```
    var img = document.createElement("img");
    img.id = "demoImage";
    img.setAttribute("src", result);
    document.getElementById("main").appendChild(img);
```

在网页中添加一个图像标签，用来显示 Photoshop 软件里的活动文档。将图像标签添加到网页中。

```
    setTimeout(function( ) {
```

接着添加一个延迟执行语句，延迟 200 ms，再执行后面的代码。

```
        var canvas = document.createElement("canvas");
        var img = document.getElementById("demoImage");
```

在网页中创建一个画布元素。然后获得网页中的图像，该图像也就是 Photoshop 软件当前的图像文档。

```
        canvas.height = img.naturalHeight;
        canvas.width = img.naturalWidth;
```

获得图像像素的高度和宽度，并设置画布保持和图像相同的尺寸。

```
        var ctx = canvas.getContext("2d");
```

接着将图像绘制在画布中，首先获得画布的图形上下文。

```
        ctx.drawImage(img, 0, 0, canvas.width, canvas.height);
```

然后在图形上下文中，绘制需要进行识别的图像。

```
        var base64String = canvas.toDataURL( );
        img.src = base64String;
```

最后将包含图像的画布转换成二进制数据，并让图像元素显示二进制数据。之所以将图像通过画布转换成二进制数据，是避免出现图像识别时的跨域访问的问题。

```
        var tracker = new tracking.ObjectTracker(["face", "eye", "mouth"]);
        tracker.setStepSize(1.7);
```

接着使用智能识别类库，创建一个识别器，用来识别图像里的面部、眼睛和嘴巴等部位。智能识别类库是逐块进行检测识别的，这里设置块的大小为 1.7，默认值为 1.5。可以根据自己图片的具体情况，通过调整这个数值，以获得更好的检测效果，如图 11-2-31 所示。

```
        tracking.track("#demoImage", tracker);
```

对网页里的图像进行检测和追踪。

```
        tracker.on("track", function(event) {
```

添加一段代码，用来处理追踪的结果。

```
            var frames = new Array( );
            event.data.forEach(function(rect) {
                frames.push(rect);
```

```
                        });
```

初始化一个数组变量，用来存储追踪的结果。将跟踪到的脸部、眼睛、嘴巴等部位所在的区域，依次存入到数组中。

```
                        csInterface.evalScript('drawFaceFrame(' + JSON.stringify(frames) + ')');
```

最后将这个数组，传递到桥接脚本里的函数中。

```
                        document.getElementById("btnDetect").innerText = previousText;
                        document.getElementById("demoImage").remove( );
```

最后删除临时创建的图像副本。

```
                    });
                }, 200);
            });
        }
    </script>
</head>
<body>
    <a id = "btnDetect" href = "###" onclick = "detectFace( )"> Detect Face </a>
```

然后在网页中添加一个链接，当单击该链接时，识别图像里的人脸区域。

```
    <div class = "demo - frame">
        <div id = "main" class = "demo - container"> </div>
    </div>
```

接着添加一个 div 标签，作为待识别图像的容器。

```
</body>
</html>
```

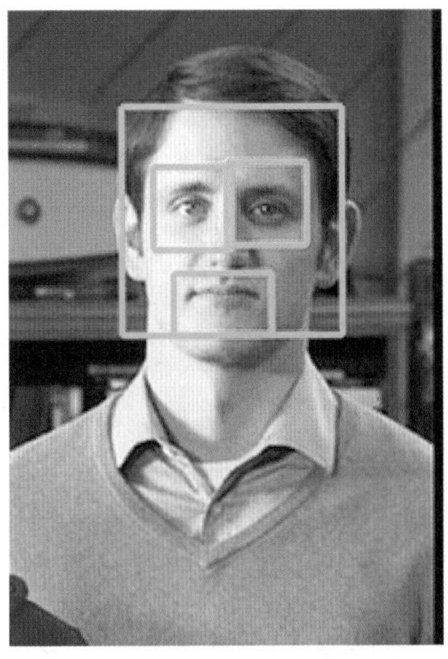

图 11 - 2 - 31　人脸检测效果

❷ **切换到 Photoshop 界面：**保存当前的文档。我们不需要编辑 index.jsx 桥接脚本文件，已经在上一小节创建了相关的函数。

接着切换到 Photoshop 界面，Photoshop 已经打开了一份图片素材，如图 11-2-32 所示。

图 11-2-32　打开需要进行人脸识别的文档

❸ **人脸识别：**我们使用 Photoshop 软件识别、定位图片上的面部、眼睛和嘴巴等部位。依次单击"窗口"→"扩展功能"→My super tool box 命令，打开扩展功能面板，如图 11-2-33 所示。

接着单击面板上的 Detect Face 链接，开始识别图片上的面部信息。

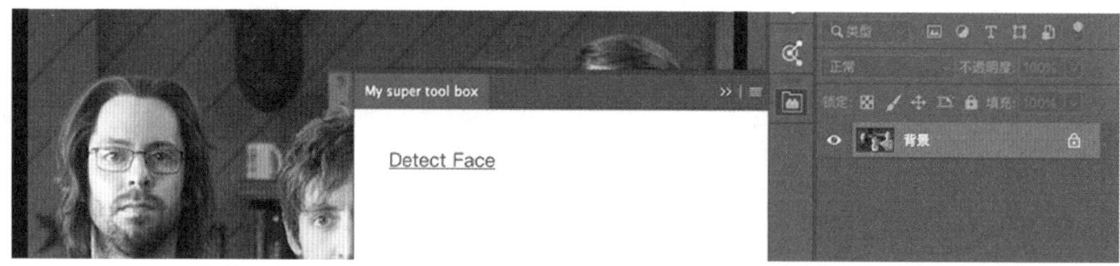

图 11-2-33　打开扩展功能面板

图片上的所有面部信息都已经被正确定位。同时使用脚本在这些部位绘制了宽度为 2 像素的矩形边框，这些边框位于不同的图层，如图 11-2-34 所示。

图 11-2-34　正确进行了人脸识别

11.2.11 手把手制作运行在 Photoshop 上的贪吃蛇游戏

老师，我们已经在前面的课程中制作了一款简单、有趣的猜数字游戏。既然 CEP 技术是基于网页技术的，而基于网页技术开发的游戏非常多，所以我们也可以在 Photoshop 的面板中玩游戏，对吗？

小美，你还真喜欢玩游戏啊！不过你说的没错，现在我们就来制作一款可以运行在 Photoshop 面板中的非常经典的贪吃蛇游戏吧！

我们在 8.4.14 小节设计了一款简单、有趣的猜数字游戏。本小节将利用 Web 技术，手把手制作一款经典、耐玩的贪吃蛇游戏！

贪吃蛇游戏的界面如图 11－2－35 所示，整个游戏区域是由 20 行、15 列的方格组成的，贪吃蛇的每节的身体位于一个方格中。绿色的方格表示贪吃蛇的身体，橙色的方格表示贪吃蛇的食物，黑色的方格表示贪吃蛇的行走轨迹。

鼠标每次单击屏幕，都可以让贪吃蛇的移动方向旋转 90°。

图 11－2－35　绿色方块表示身体，橙色方块表示食物，黑色方块表示行走轨迹

❶ **编辑 index.html**：首先打开并编辑位于 Client 目录下的 index.html 文件。

```
<!DOCTYPE html>
<html>
<head>
```

```
<meta charset = "utf - 8">
<title> Game </title>
<style>
```

添加一对样式标签，用来添加一些样式。

```
    body
    {
        display: flex;
        height: 100vh;
        margin: 0;
        padding: 0;
        justify - content: center;
        align - items: center;
    }
```

设置网页主体的显示、高度、间距等视觉样式。

```
</style>
<script>
```

添加一对脚本标签，用来编写脚本代码。

```
    function startGame( )
    {
```

添加一个函数，用来实现贪吃蛇游戏。整个游戏区域是由 20 行、15 列的方格组成的，贪吃蛇的每节的身体位于一个方格中。

```
        var snake = [31, 30], //贪吃蛇身体
```

定义一个数组，表示蛇的每节身体所在方格的序号列表。由于每行有 15 个方格，所以游戏开始时，贪吃蛇有两节身体，位于第二行的最左侧的两个方格。

```
        direction = 1, //1:右, - 1:左,15:下, - 15:上
```

定义一个变量，表示贪吃蛇的移动方向，数字 1 表示贪吃蛇的身体向右侧移动 1 位，- 1 表示向左移动。由于每行有 15 个方格，所以 15 表示向下移动一行，- 15 表示向上移动一行。

```
        food = 33, //食物位置
```

游戏开始时，食物位于序号为 33 的方格中，也就是位于第三行的第四个方格。当贪吃蛇的头部移动到该方格时，表示吃掉了该食物。

```
        n, //贪吃蛇头部的下一个位置
```

继续定义一个变量，表示贪吃蛇的头部根据 direction 变量进行移动时的下一个位置。

```
        box = document.getElementById('gameCanvas').getContext('2d');
```

定义一个变量，表示画布的图形上下文，该变量用来绘制方格图形。

```
        function draw(seat, color)
        {
```

添加一个函数，根据指定的序号，绘制指定颜色的方格。两个参数 seat、color 分别表示方格的序号和方格的颜色。

```
        box.fillStyle = color;
```

根据函数的第二个参数的值，设置方格的填充颜色。绿色表示贪吃蛇的身体、黄色表示食物、黑色表示贪吃蛇移动过的路径。

```
        box.fillRect(seat % 15 * 20 + 1, ~~(seat / 15) * 20 + 1, 18, 18);
```

seat % 15 表示方格的列数，seat % 15 * 20 + 1 是根据列数计算方格在水平方向上的位置。~~(seat/15)表示方格的行数，~~(seat/15) * 20 + 1 表示根据行数计算方格在垂直方向上的位置。方格的间距为 1 像素，方格的宽度和高度是 18 像素。

```
    }
    var preCursorPosX = 0;
    var preCursorPosY = 0;
```

依次定义两个变量，表示鼠标单击时的位置。

```
    document.onmousedown = function(evt)
    {
```

接着给文档添加鼠标单击事件，当在游戏区域单击鼠标时，以顺时针的方式，切换贪吃蛇的移动方向。

```
        if(direction == 1)
            direction = 15;
```

如果贪吃蛇是向右移动的，则将贪吃蛇的移动方向修改为向下移动。

```
        else if(direction == 15)
            direction = -1;
```

如果贪吃蛇是向下移动的，则将贪吃蛇的移动方向修改为向左移动。

```
        else if(direction == -1)
            direction = -15;
```

如果贪吃蛇是向左移动的，则将贪吃蛇的移动方向修改为向上移动。

```
        else
            direction = 1;
```

如果贪吃蛇是向上移动的，则将贪吃蛇的移动方向修改为向右移动。

```
    };
    var interaval = setInterval(doSnake, 550);
```

接着创建一个定时执行的任务，每 550 mm 执行一次 doSnake 函数。

```
    function doSnake( )
    {
```

添加一个函数，用来实现贪吃蛇游戏的主要逻辑。

```
        snake.unshift(n = snake[0] + direction);
```

根据贪吃蛇头部所在方格的序号，以及 direction 变量的值，计算贪吃蛇头部下一个目标方格的序号，并存储在 snake 数组的开头位置。

```
        if(snake.indexOf(n, 1) > 0)
        {
            clearInterval(interaval);
```

```
                return alert("Bite yourself!");
```

如果贪吃蛇的某节身体,正好处于下一个目标方格的序号,则表示贪吃蛇咬到了自己,游戏结束。

```
            }
            else if(n <0 || n > 299 || direction == 1
                  && n % 15 == 0 || direction == -1 && n % 15 == 14) {
                clearInterval(interaval);
                return alert("Hit the wall!");
            }
```

如果目标方格的序号小于 0,或者大于 299,则表示贪吃蛇撞到了顶部或底部的墙。如果序号对 15 取模的结果为 0,则表示撞到了右侧的墙。如果贪吃蛇的移动方向为左,并且序号对 15 取模的结果为 14,则表示撞到了左侧的墙。

```
            draw(n, "lime");
```

在目标位置绘制绿色的方格,表示贪吃蛇的身体。

```
            if(n == food)
            {
                while(snake.indexOf(food = ~~(Math.random() * 300)) > 0);
                draw(food, "orange");
```

如果目标方格的序号和食物相同,则表示贪吃蛇吃到了食物。此时需要生成一块新的食物,通过一个 while 循环语句,从 300 个方格里获得一个随机值,作为新的食物所在方格的序号,并在该序号的位置绘制橙色方格。

```
            }
            else
            {
                draw(snake.pop(), "black");
```

如果没有吃到食物,则从 snake 数组中,移除尾部的方格序号,并在该位置绘制黑色方格,表示贪吃蛇滑过的路径。这样就完成了整个贪吃蛇游戏。

```
            }
        }
    }
  </script>
</head>
<body onload = "startGame()">
```

修改主体标签,当网页加载完成之后,开始运行贪吃蛇游戏。

```
  <canvas id = "gameCanvas" width = "300" height = "400" style = "background-color: white">
  Can not support canvas.</canvas>
```

接着创建一个画布,作为贪吃蛇游戏的区域。

```
</body>
</html>
```

❷ **打开扩展功能面板**:这样就完成了 index.html 文件的编辑,保存该文件,然后切换到 Photoshop 界面。依次单击"窗口"→"扩展功能"→My super tool box 命令,打开扩展功能面板,就可以开始贪吃蛇的游戏了。

其中绿色的方块表示贪吃蛇的身体,橙色的方块表示贪吃蛇的食物,黑色的方块表示贪吃蛇的行走轨迹，如图 11-2-36 所示。

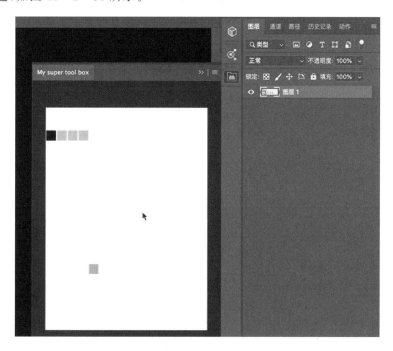

图 11-2-36 贪吃蛇游戏画面

❸ **玩游戏**：贪吃蛇游戏开始之后，通过鼠标单击，改变贪吃蛇的移动方向，以吃掉游戏界面上的食物。食物被吃掉之后，会随机出现在另一个方格中。每吃掉一块食物，贪吃蛇的身体就会增长一格，如图 11-2-37 所示。

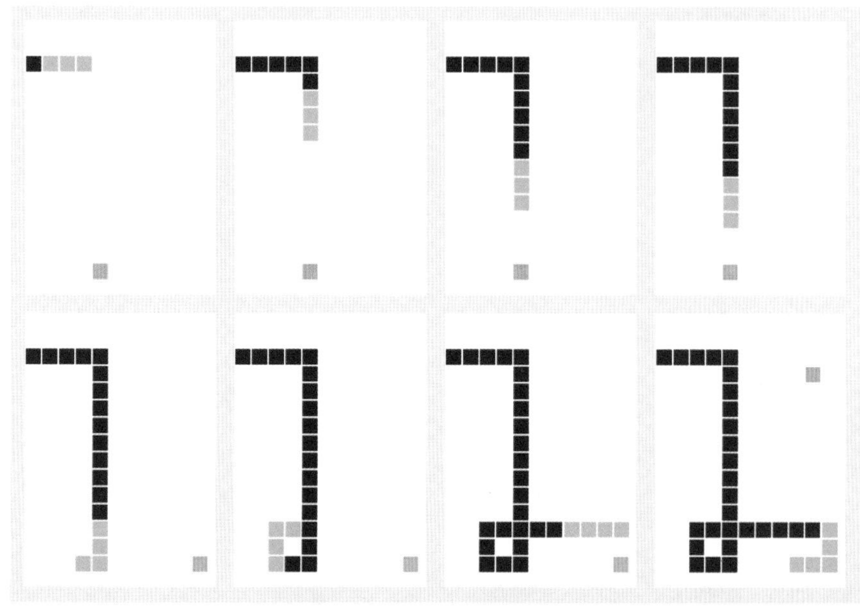

图 11-2-37 贪吃蛇游戏过程截图

第 12 章 Unified Extensibility Platform 统一扩展平台

从本章将收获以下知识：

❶ 多种 Photoshop 插件开发技术的比较和分析
❷ UXP 开发的技术特点和技术架构
❸ 实现 Flyout Menus 弹出菜单
❹ 异步编程 Promise 和 async/await 的应用
❺ 使用 batchPlay 扩展 Photoshop API
❻ 快速生成动作描述符的四种方式
❼ UXP 中的 Theme Awareness 主题颜色
❽ 使用 SecureStorage 安全保存敏感数据
❾ 使用 UXP 网络模块生成无限不重复的漂亮卡通头像
❿ 打包 UXP 插件并将插件发布到插件市场等

12.1 Unified Extensibility Platform 插件开发技术

老师，我在 2020 年的 Adobe MAX 大会上看到 UXP 技术终于可以应用在 Photoshop 上了，这个 UXP 技术和刚刚学的 CEP 技术怎么这么像啊？

小美，UXP 技术是 Unified Extensibility Platform 统一扩展平台的简称。
CEP 技术是 Common Extensibility Platform 通用扩展平台的简称。
这两个技术不仅名称相似，技术体系也基本相同。都是使用 HTML、CSS 来搭建用户界面，使用 Photoshop 脚本和 Photoshop 交互。这是为了降低学习的难度，使用过 CEP 技术的开发者可以快速上手 UXP 技术，所以接下来你在学习 UXP 技术上要简单得多。

但是 UXP 技术和 CEP 技术的内核是不同的，UXP 要比 CEP 更加轻量、更加先进和强大。
Adobe 官方认为，UXP 技术是 Photoshop 插件开发的未来，CEP 技术最终将被 UXP 技术取代，因此接下来你要好好学习 UXP 技术！

12.1.1 Photoshop 插件开发技术有哪些？

现在有许多的增强 Photoshop 软件的技术，我们来总结一下这些 Photoshop 开发技术，它们的发展轨迹大致如图 12-1-1 所示。

1. Action 动作

读者可能对 Action 动作非常熟悉，Action 动作从 Photoshop 4.0 版开始就已经存在了。动作是可以录制，以播放重复的宏，它们几乎没有提供决策逻辑，也没有错误处理。但是它们很容易制作，不需要编写任何代码。与动作相比，Photoshop 脚本（ExtendScript）提供了极大改进的功能。

2. Photoshop 脚本（ExtendScript）

这是 Adobe 对 JavaScript（ECMAScript 3 标准）的原始实现，允许对 Photoshop 进行更加高级的控制。ExtendScript 可以单独执行，更常见的是作为 CEP 面板的一部分在幕后执行。ExtendScript 是基于旧的 JavaScript 标准，并没有为开发人员提供更加现代和强大的 Java-

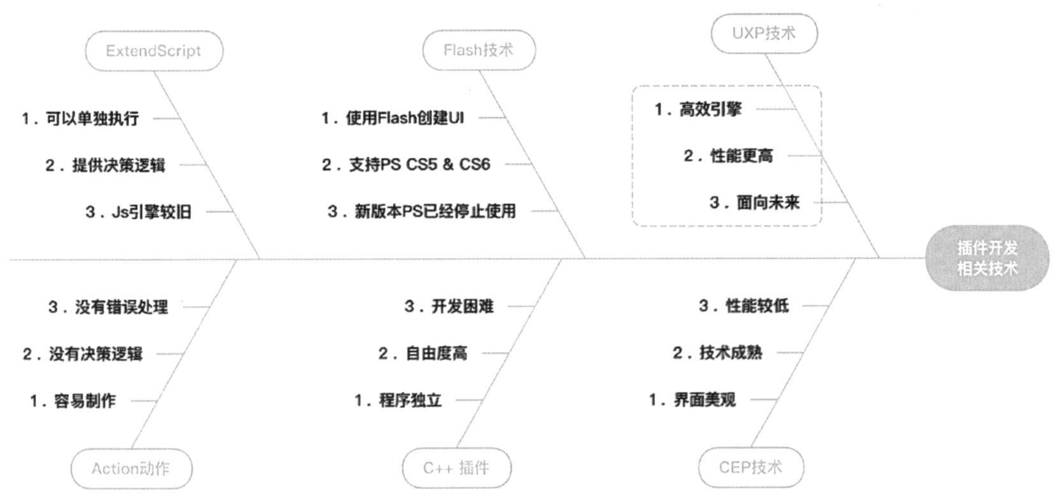

图 12-1-1 与 Photoshop 插件开发相关的技术

Script 引擎，这也是 Adobe 在 UXP 中使用现代 JavaScript 以取代 ExtendScript 的原因之一。

3. C++插件

使用强大的 C++语言开发的插件，实际上是完全独立的程序，它们可以在没有 Photoshop 的情况下自行运行，也可以创建自己的用户界面或与后台面板结合使用。C++插件的开发要困难得多，但是这些插件可以做很多 Photoshop 不能做的事情。

4. Flash 技术

这是 Adobe 为 Photoshop CS5 和 CS6 添加的扩展技术。Flash 面板用于创建用户界面，它们在后端使用 ExtendScript 或 C++插件来控制 Photoshop。该技术已在 Photoshop CC 2014 中停止使用。

5. CEP(Common Extension Platform)通用扩展平台

这些 CEP 面板(HTML 面板)实际上是在 Photoshop 中运行的小型 Chromium 网页浏览器。因此它们具有创建美观和动态界面的巨大能力。与 Flash 面板一样，它们是一种用户界面技术，需要在后台使用 ExtendScript 来控制 Photoshop。

6. UXP(Unified Extensibility Platform)统一扩展平台

UXP 技术是 Adobe 用于在 Creative Cloud 系列应用程序中构建插件的新框架。UXP 最初是用于创建 Adobe XD 的插件，目前可在 Adobe Photoshop CC 2021 及以后的版本中使用。

UXP 采用谷歌的 V8 引擎以允许开发人员使用现代的 JavaScript。前端实际上是一种由 Adobe 构建的轻量级、简化版的网页浏览器式技术。它能够比 CEP 面板使用的 Chromium 更快地启动，并且不会因插件面板和 Photoshop 之间的转换层而减慢速度。

UXP 还获得了异步 JavaScript 的功能，这有助于最大限度地减少对 Photoshop 性能的影响。

12.1.2 初识 UXP 统一扩展平台

2018 年，Adobe 推出了面向 Creative Cloud 系列软件的 Unified Extensibility Platform 统一扩展平台(简称 UXP)，刚开始仅提供了针对 Adobe XD 的可扩展性。

UXP 支持基于 JavaScript 的插件开发，并且具有接近原生的性能。与之前的 CEP(Common Extension Platform)通用可扩展性平台一样，UXP 支持内部功能开发以及第三方可扩展性。

在过去的几年里，Adobe 一直在努力将 UXP 集成到 Creative Cloud 应用程序组合中，它已经为 Photoshop、Illustrator、InDesign、Premiere Pro 中的主屏幕、共享 UI 和库面板等共享体验提供了支持。

在 2020 年的 Adobe MAX 大会上，Adobe 终于将 UXP 驱动的插件引入到了 Photoshop 软件，并通过在 Creative Cloud 桌面应用程序中引入插件市场，让 Adobe 在第三方可扩展性之旅中迈出了重要的一步！

如图 12-1-2 所示的插件名为 Free Retouch Panel，是插件市场中一款优秀的插件，具有一分钟快速修图的功能，可以大幅提高修图工作者的效率。

图 12-1-2　用于美化人像的 Free Retouch Panel 插件

UXP 是 Photoshop 及其他 Creative Cloud 系列软件的新一代的插件开发技术，适用于 Adobe Photoshop 22.0 及更高版本。UXP 由现代 JavaScript 引擎提供支持，开发者可以使用现代 HTML(超文本标记语言)、CSS(层叠样式表) 和 JavaScript 语言构建高性能的插件，为插件开发人员提供优质的用户界面控件和更简化的工作流程。

如果您的插件需要支持早期版本的 Photoshop 软件，可以使用快要被 UXP 技术取代的 CEP 技术。

12.1.3 UXP 插件三种不同类型的用户界面

老师，既然 UXP 技术和 CEP 技术都使用网页开发技术，那么它们都是在 Photoshop 面板中运行的吗？

小美，问得好！CEP 插件是以 Photoshop 面板的方式存在的，但是 UXP 插件和 CEP 插件不同，UXP 插件可以包含零个或多个面板、零个或多个对话框、零个或多个直接操作命令。

UXP 是为 Adobe Creative Cloud 产品（包括 Photoshop）创建插件的现代方式，可以使用 UXP 插件来扩展和增强 Photoshop，将 Photoshop 与由开发者自行实现的功能集成，使原本烦琐的工作流程自动化、简单化！

UXP 插件可以包含零个或多个面板、零个或多个对话框、零个或多个直接操作命令，使用 UXP 技术可以为 Photoshop 开发三种不同类型的界面。

1. Direct Actions 直接动作

与 Photoshop、操作系统和网络进行交互的插件，不需要任何的用户界面。如图 12－1－3 所示，该插件用来将当前文档的所有图层的名称写入到一份文本文件中，因此不需要用户界面，只需要使用菜单命令即可。

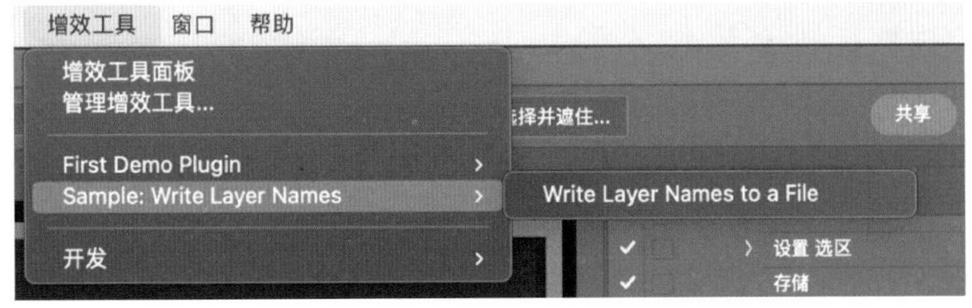

图 12－1－3 不需要用户界面的直接动作

2. Modal dialog 模态对话框

当模态对话框出现时，用户无法操作模态对话框之外的区域。

模态对话框适用于不需要持久化的简单用户界面。

插件可能只是对所有图层进行批量重命名，在这种情况下，用户可能希望显示一个对话框以允许配置重命名，当操作完成时它就会消失。

如图 12－1－4 所示，该对话框用来询问是否删除所有空白图层，当选择某个选项时，对话框就会关闭。

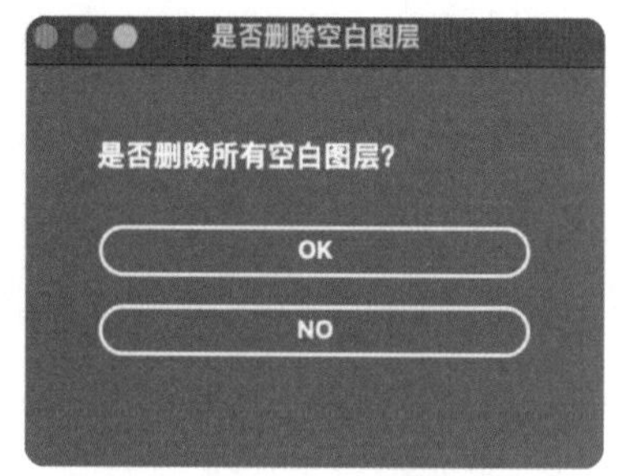

图 12－1－4　模态对话框

3. Panel 面板

此类插件拥有齐全功能的面板，看起来就像 Photoshop 中的其他面板一样，如图 12－1－5 所示。UXP 面板可以包含您希望开发的复杂界面：它们可以像原生 Photoshop 面板一样调整大小、停靠、打开和关闭。

UXP 面板还可以感知 Photoshop 的颜色方案，并随着用户在 Photoshop 中切换颜色方案而改变自身的颜色，从而使 UXP 面板和 Photoshop 界面和谐相处。

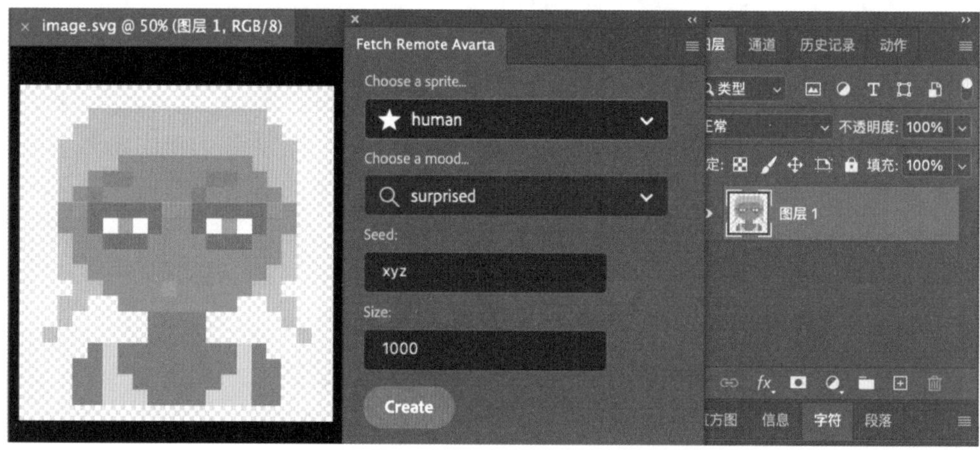

图 12－1－5　用于生成随机头像的 Fetch Remote Avarta 插件

12.1.4　UXP 插件开发技术的特点

UXP 插件开发技术具有五个鲜明的特点，如图 12－1－6 所示。

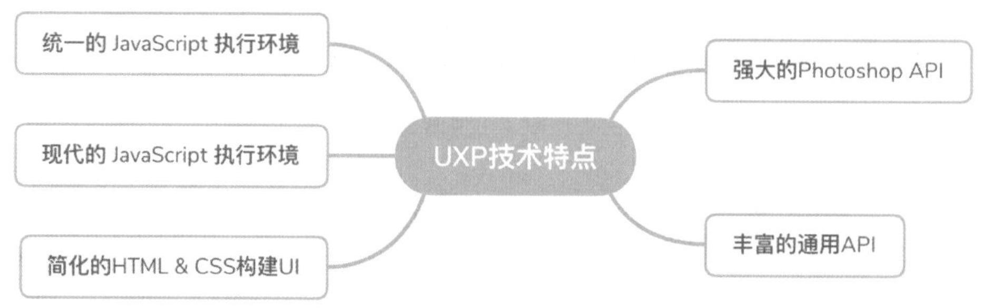

图 12－1－6　UXP 插件开发技术的特点

1. 统一的 JavaScript 执行环境

在使用 CEP 构建面板时，与开发人员无法直接与 Photoshop 进行交互相反，他们使用 evalScript 将控制权传递给在 ExtendScript 环境中运行的代码，该环境包含用于和 Photoshop 应用程序通信的接口。这意味着需要维护两个独立的执行上下文。

通过这个桥接传递代码和数据都很慢，而且调试起来非常困难。而 UXP 允许用户界面和业务逻辑共享相同的上下文，也就不再需要使用 evalScript 了！

2. 现代的 JavaScript 执行环境

ExtendScript 是在基于 1999 年的 ECMAScript 3 标准的 JavaScript 环境中运行的。

而 UXP 是基于谷歌的 V8 引擎。在所有的 JavaScript 引擎中，V8 引擎绝对是其中的佼佼者，Chrome 浏览器的底层也是使用了 V8 引擎。由于 V8 是使用 C++开发的，因此和其他 JavaScript 引擎比起来具有更高的执行效率。

3. 使用简化的 HTML & CSS 构建用户界面

除了原生小部件之外，UXP 还可以使用 HTML(超文本标记语言)、CSS(层叠样式表)创建一个快速、流畅的用户界面，你会感觉插件的用户界面和 Photoshop 界面具有相同的主题风格。这意味着插件开发人员能够使用标准 HTML/CSS 创建具有原生风格的界面。

4. 强大的 Photoshop API

Photoshop 向开发人员公开了大量的 API(Application Programming Interface，应用程序接口)，使用这些 API，开发人员可以快速访问和修改 Photoshop 中的文档、图层等内容。不同的宿主程序，拥有不同的 API，例如 Adobe XD 提供的 API 与 Photoshop、InDesign 或 Audition 提供的 API 不同。

5. 丰富的通用 API

就像之前的 CEP 和 ExtendScript 一样，无论 Photoshop 有多么优秀，插件都需要访问一组通用的 API，例如文件读/写和网络访问等。UXP 也可以使用这样的通用 API，例如 UXP 的网络访问功能是通过 XMLHttpRequest、fetch 和 websocket API 实现的。

Adobe 在 UXP 中还引入了 Spectrum 用户界面控件！这是在 Creative Cloud 应用程序中使用的新设计系统，该系统具有开箱即用的通用控件、设计模式和主机主题支持，无需花费很长时间重新创建每个插件的界面。

12.1.5 UXP 插件开发的技术架构

UXP 是一个共享技术栈，提供统一的、现代 JavaScript 执行环境，用于文件系统和网络访问的通用接口集，未来还将包括高性能的渲染接口、用于数据处理和推理的机器学习模型。

UXP 包括一个原生用户界面层，开发者可以使用广为人知的 HTML 标签布局插件面板上的各种元素，还包括与 Photoshop 特定接口的绑定，用于与 Photoshop、文档、图层等元素进行交互。

如图 12－1－7 所示的架构图描述了 UXP 和每个主机应用程序之间的关系，从图中可以看出，关系图共分为 Host 主机和 UXP 两个部分。

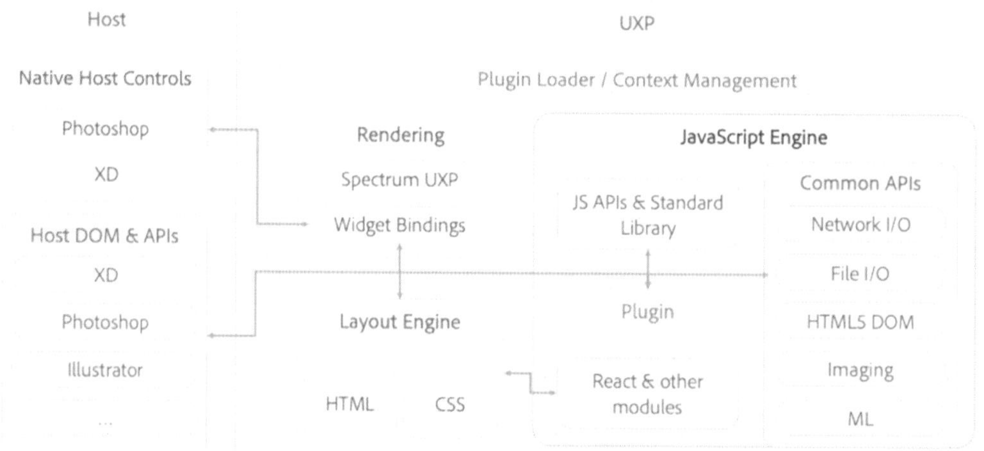

图 12－1－7　UXP 与主机程序之间的关系图

左侧的 Host 主机部分包含两个项目：

❶ **Native Host Controls 主机应用程序**：如 Photoshop 和 XD，未来会增加更多的 Creative Cloud 系列的程序。

❷ **Host Dom & APIs 文档对象模型和应用程序接口**：包含 Photoshop、Illustrator、XD 等程序的 API。

右侧的 UXP 部分主要是 Plugin Loader 插件加载器、Context Management 上下文管理，包含三个主要项目：

❶ **Rendering 渲染**：用于将面板中的元素渲染显示在屏幕上，包含 Spectrum UXP 和 Widget Bindings 两项，其中 Spectrum UXP 旨在让任何使用过 HTML 网页控件的人都感到熟悉，开发者可以像使用任何 HTML 标签一样使用 Spectrum UXP 的控件。

❷ **Layout Engine 界面布局引擎**：使用已经成熟的 HTML＋CSS 黄金组合进行用户程序界面的搭建。

❸ **JavaScript Engine 引擎**：JavaScript 引擎是 UXP 的核心功能，它不仅支持 Photoshop API、Standard Library 标准库，还支持第三方插件，如 React。此外还有一些通用的 API，它们可以大幅扩展 UXP 的功能。例如通过 NetWork 访问接口，可以使 UXP 访问网络，通过文件读/写接口，可以进行文件的读/写操作。UXP 甚至提供了机器学习接口，可以让 UXP 使用目前流行的人工智能技术。

12.1.6　UXP 和 ExtendScript(Photoshop 脚本)的比较

如果从 ExtendScript(Photoshop 脚本)开始使用 UXP，则会感到比较轻松，但也会有一些新的东西需要学习，因为 UXP 和 ExtendScrip 具有以下不同之处：

1. 不同的 DOM 访问(Document Object Model 文档对象模型)

UXP 提供了 Photoshop API(应用程序接口)来访问 Photoshop DOM。虽然目前 UXP 尚不支持 Photoshop 所有的 DOM 元素,但每个新的 Photoshop 版本都会添加更多访问权限。

在所有 Photoshop 功能都可以通过 UXP 访问之前,作为一种解决方法,可以使用名为 batchPlay 的功能,它类似于 Action Manager。

2. 开发环境

ExtendScript Toolkit 多年来一直是 ExtendScript 开发环境的首选。但是最近 ExtendScript Toolkit 已被广泛使用的 Visual Studio Code 编辑器所取代。

开发者可以选择任何自己喜爱的编辑器开发 UXP 插件,但是在 UXP 世界中,更多开发者喜欢 Visual Studio Code 编辑器。

3. 用户界面

在某些 ExtendScript 脚本中几乎没有用户界面,用户通过"文件"→"脚本"→"浏览"命令选择一个脚本,然后该脚本将不露面地运行。如果 ExtendScript 确实需要用户界面,通常可以使用 alert()、confirm() 和 prompt()这三个函数。或者可以使用功能齐全但复杂的 ScriptUI 来创建复杂的对话框。

使用 CEP 技术可以创建复杂和专业的面板。在 UXP 中,可以根据需要设计简单或复杂的用户界面,只需使用 HTML+CSS 来创建视觉部分,并使用 JavaScript 来创建用户界面的底层逻辑,例如单击某个按钮可以让 Photoshop 做些什么事情。

4. JavaScript

ExtendScript 使用非常旧的 JavaScript (ECMAScript 3 版本),相比之下,UXP 则使用支持 ECMAScript 6 版本的 V8 JavaScript 引擎,它包含了许多 ExtendScript 所不具备的重要特性。这些特性包含:const 和 let 声明、Promise 和异步函数、匿名函数、箭头函数、模板文字、map 等。

UXP 和 ExtendScript 的比较如表 12-1-1 所列。

表 12-1-1 UXP 和 ExtendScript 的比较

项 目	ExtendScript	UXP
DOM 访问	Photoshop Objects	Photoshop API
开发环境	ExtendScript Toolkit	Visual Studio Code
用户界面	无或 ScriptUI	HTML 和 CSS
JavaScript	ECMAScript 3(旧版)	ECMAScript 6(新版)

12.1.7 UXP 和 CEP 的比较

CEP(Common Extensibility Platform) 通用扩展平台一直是插件开发人员的首选工具,虽然它仍然会在 Photoshop 中存在很长一段时间,并且被众多版本的 Photoshop 支持,但它最终会在某个时候被弃用。

1. CEP 的几个劣势

❶ CEP 使用完整版的 Chromium 浏览器作为面板的网页主机。这对于 Photoshop 来说是非常耗费资源的，因为每个 CEP 插件都在自己的浏览器中运行。

❷ CEP 不能直接与 Photoshop 对话，需要通过 evalScript 调用传递给 Photoshop，所以有两个不同的 JavaScript 引擎在运行。这意味着代码在 ExtendScript 和 JavaScript 之间进行了拆分，并且在两层之间传递参数是笨拙且低效的。

❸ CEP 插件不能使用 Photoshop 的界面控件，因此 CEP 的对话框和面板经常和 Photoshop 界面的主题不匹配。

❹ CEP 的 ExtendScript 使用非常旧的 JavaScript 版本，它缺乏许多现代特性，并且运行效率低下。

2. UXP 的几个相对优势

❶ UXP 既支持简化的 HTML 和 CSS，也支持强大的 React 框架以创建复杂的面板。

❷ 由于 UXP 直接与 Photoshop 通信，因此不存在 CEP - ExtendScript 接口相关的问题。所以使用 UXP 进行插件开发更加简单、直接。

❸ UXP 带有插件加载器和调试器，它使得管理插件开发比 CEP 更加专业。

❹ UXP 插件可以使用 Spectrum 控件，这种控件可用于创建跨 Creative Cloud 系列应用程序的插件，使插件看起来和 Photoshop 具有相同主题的用户界面。

UXP 和 CEP 的比较如表 12 - 1 - 2 所列。

表 12 - 1 - 2　UXP 和 CEP 的比较

项　目	CEP	UXP
运行环境	完整版的 Chromium	Adobe 的轻量级浏览器式的技术
与 Photoshop 对话	间接	直接
用户界面	HTML 和 CSS	HTML 和 CSS/React/Spectrum
JavaScript	ECMAScript 3(旧版)	ECMAScript 6(新版)

12.1.8　UXP 对旧版的 Photoshop 和插件技术的影响

UXP 具有很多的优势，包括：插件界面具有更现代的外观、插件的安装更加简单、许多操作具有更快的响应速度，因此 UXP 在 Photoshop 插件开发界变得越来越流行。

但是 UXP 对 Photoshop CS6 和更早的 Photoshop 版本意味着什么？好消息是用户可以继续使用现有的 Flash 和 CEP 面板。但是如果不更新到 Photoshop 2021(又名 22.0.0 版)或更高版本，用户将无法使用 UXP 版本的插件。

在可预见的未来，Photoshop 将继续支持 CEP 技术。

对于 Photoshop 2021 以及更高版本的 Photoshop，用户仍然可以在 Photoshop 中同时使用旧 (CEP) 和新 (UXP) 插件。基于 CEP 的插件可以通过选择 Photoshop 菜单“窗口”→“扩展(旧版)”找到。而 UXP 插件则位于 Photoshop 的新的顶级菜单“增效工具”下。

12.1.9 开发 UXP 插件需要的技术储备

在开始构建插件之前，开发者需要对 JavaScript 技术有所掌握。如果拥有 ExtendScript（俗称 Photoshop 脚本）背景，那么只需要理解异步函数、较新的 JavaScript 语法（例如 let/const）以及箭头函数表达式等新的知识。这并不是困难的事，可以一边学习 UXP 开发，一边学习遇到的 JavaScript 新语法。

除了最简单的插件外，所有的 UXP 插件都会使用到 HTML（HyperText Markup Language）超文本标记语言 和 CSS（Cascading Style Sheets）层叠样式表来布局插件面板的用户界面，因此还需要了解如何简单地使用 HTML 和 CSS。

1. 如果是 XD 插件开发者

如果是从 Adobe XD 转入 Photoshop 开发的，那么很快就会进入 Photoshop 插件开发的状态。

2. 如果是一名初学者

如果从未编写过 JavaScript、HTML 或 CSS，但又想使用 UXP 开发 Photoshop 插件，那么需要一定时间的学习。首先需要对 Photoshop 有一定的了解。Photoshop 本身是一个具有悠久历史并且被广泛使用的图像处理程序，它包含大量的功能，要为 Photoshop 开发插件，需要熟练掌握 Photoshop 的基本功能。

接下来要学习一些基本的 JavaScript、HTML 和 CSS，JavaScript 用于和 Photoshop 交互，HTML 和 CSS 用于搭建用户界面。但不需要学得太多，因为开发 UXP 插件所需了解的 HTML、CSS 和 JavaScript 知识，要比网页开发所需的知识少得多。

3. 如果是网页开发人员

UXP 使用网页开发中的 HTML、CSS 和 JavaScript 来构建看起来像网页，实际上是面板的插件。所以对于网页开发者来说，进入 UXP 开发的世界是非常简单的。

当然在编写 UXP 插件时，仅仅了解这三种技术是不够的。作为开发人员，还必须熟悉 Photoshop 的应用程序接口。

12.1.10 开发 UXP 插件需要使用的工具

老师，谢谢您的讲解。我现在已经对 UXP 技术有了大致的了解。我在编写 CEP 插件时只用到了 Visual Studio Code，那编写 UXP 插件，是不是也只需要这一款工具就行了呢？

小美，要编写 UXP 插件，除了使用 Visual Studio Code 进行代码的编写外，还需要使用 UXP 开发者工具，这是 Adobe 推出的 UXP 插件辅助开发和管理工具，用来创建插件、加载/卸载插件、调试和打包等。

工欲善其事，必先利其器！为了高效构建基于 UXP 的插件，需要以下工具：

1. 一个不错的文本编辑器

任何对开发人员友好的文本编辑器都可以用来开发 UXP 插件，但大多数人会使用 Visual Studio Code，它与 UXP 所需的其他部分深度集成，并提供帮助以进行代码的格式化、语法检查等，如图 12-1-8 所示。

```
async function writeImageToTemporaryFolder(fs, img)
{
  const tempFolder = await fs.getTemporaryFolder();
  const file = await tempFolder.createFile("image.svg", {overwrite: true});
  file.write(img);
  return file;
}
async function writeImageToOSDisk(fs, img)
{
  const file = await fs.getFileForSaving("image.svg");
  await file.write(img);
  return file;
}

async function actionCommands() {
  let command;
  let psAction = require("photoshop").action;
```

图 12-1-8　使用 Visual Studio Code 开发 UXP 插件

2. UXP Developer Tool

这是 Adobe 推出的 UXP 插件辅助开发工具。它允许加载、卸载和调试插件，还可以将插件打包以分发给其他人使用，如图 12-1-9 所示。

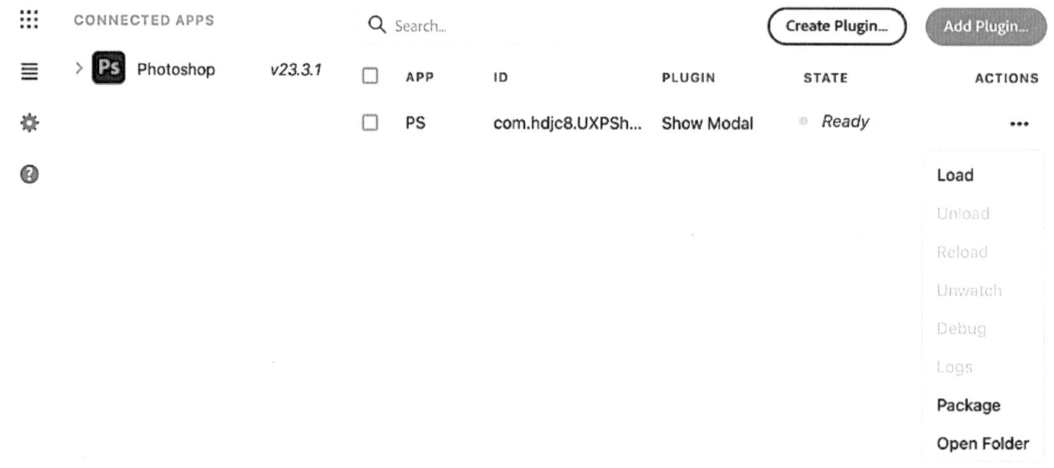

图 12-1-9　UXP Developer Tool 程序界面

12.2 使用 UXP Developer Tool 开发者工具开发插件

老师，现在我已经对 UXP 开发有了一定的了解，是不是可以开始制作一款简单的 UXP 插件了？我已经迫不及待了！

小美，你已经有了 CEP 技术的底子，所以开发 UXP 插件不是难事。在了解了 UXP 开发的基本情况之后，咱们现在就通过以下步骤创建第一款 UXP 插件：

❶ 安装 UXP Developer Tool；

❷ 使用 UXP 开发者工具创建新的插件；

❸ 使用 UXP 开发者工具向 Photoshop 加载插件；

❹ 在 Photoshop 中使用插件。

12.2.1 使用 UXP Developer Tool 开发者工具创建一款 UXP 插件

Adobe UXP Developer Tool（以下简称 UXP 开发者工具）允许管理为 Photoshop（或其他 UXP 支持的 Creative Cloud 系列程序）开发的插件。该工具可以轻松创建基于模板的插件，还可以加载和调试正在构建的插件。

1. UXP 开发者工具的安装

可以通过以下四个步骤，安装 UXP 开发者工具：

❶ 打开 Adobe Creative Cloud 应用程序。

❷ 通过 Adobe 账号登录 Adobe Creative Cloud 应用程序。

❸ 单击 Adobe Creative Cloud 应用程序面板左侧的"所有应用程序"命令，显示所有可以安装的应用程序。

❹ 找到 UXP 开发者工具应用程序，单击其下的"安装"按钮，安装 UXP 开发者工具应用程序，如图 12-2-1 所示。

安装完成之后，打开 UXP 开发者工具，界面如图 12-2-2 所示。

在左侧的 CONNECTED APPS 列表中，显示了 Photoshop V23.3.1，这表示 Photoshop 软件已经打开；如果没有显示 Photoshop 软件，请先打开 Photoshop 软件。

目前 UXP 开发者工具只支持 Photoshop 和 XD 两款软件，Adobe 承诺未来将支持更多的 Creative Cloud 系列软件。UXP Developer Tool 只支持 22.0.0 及以上的版本的 Photoshop，UXP 不支持更早期版本的 Photoshop。

图 12-2-1　找到 UXP Developer Tool 程序，然后单击“安装”按钮安装该程序

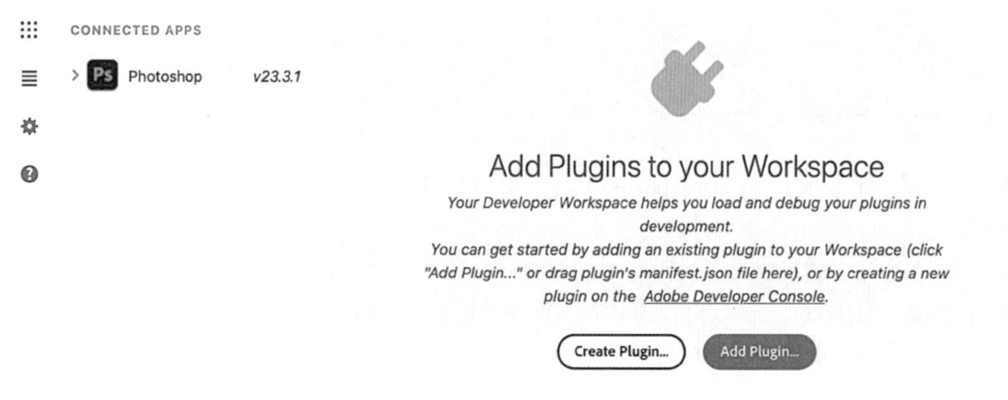

图 12-2-2　UXP 开发者工具的初始界面

在 UXP Developer Tool 面板的右侧有两个按钮，分别是 Create Plugin 和 Add Plugin。Create Plugin 用来创建新的插件，而 Add Plugin 用来添加已有的插件。

2. 创建新的插件

接着来演示如何创建一个新的插件，并在 Photoshop 中使用该插件。

❶ 单击 Create Plugin 按钮，打开 Create Plugin 设置窗口，如图 12-2-3 所示。

❷ 在 Plugin Name 字段中输入插件的名称 First Demo Plugin。

❸ 在 Plugin Id 字段中输入插件的 ID，插件 ID 是插件的唯一标识符。在开发期间，可以使用所需的任何标识符，只要它与系统上的任何其他插件不同即可，但要在 Adobe 的插件市场发布该插件，开发者需要在 Adobe Developer Console 创建一个标识符，并使用这个标识符作为插件的 ID。

❹ 在 Plugin Version 字段中输入插件的版本，一般采用 x. y. z 的格式，其中 x、y、z 的大小在 0～99 之间。

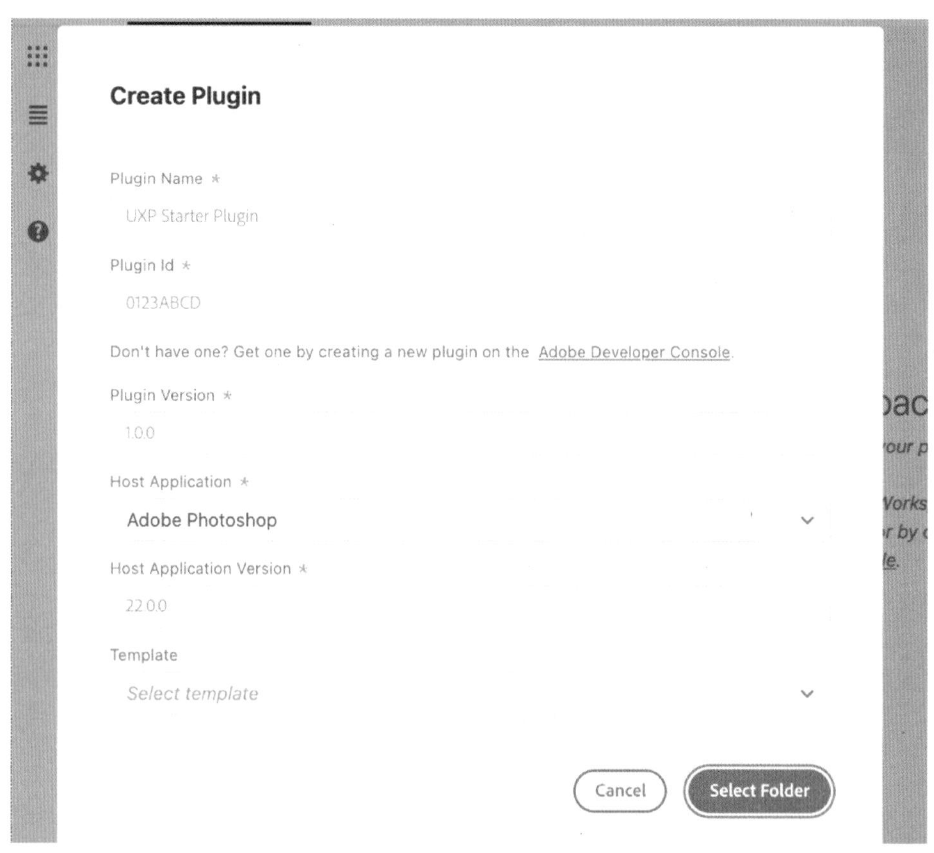

图 12-2-3　创建插件时的参数设置面板

❺ 从 Host Application 字段中选择 Adobe Photoshop，目前只可以选择 Photoshop 或者 XD。

❻ 在 Host Application Version 字段中输入 22.0.0 作为最低版本。早期版本的 Photoshop 不支持使用 UXP 编写的插件。当然，如果您的插件需要更高版本的 Photoshop 的功能，则可以在此处输入更高版本。

❼ 从 Template(模板)字段中选择一个模板。“ps-starter”模板将提供一个没有额外框架的简单插件，而“ps-react-starter”将提供一个基于 React 的插件。设置完所有字段的效果如图 12-2-4 所示。

❽ 单击底部的 Select Folder 按钮，选择一个文件夹，作为插件存放的位置。

此时会弹出一个提示窗口，提示您需要从终端运行其他命令才能安装各种依赖项并构建插件。由于我们选择的模板是 ps-starter，所以不用理会这个提示；如果您选择的模板是 ps-react-starter，则需要继续安装 react 所依赖的库。

插件创建完成之后，在 UXP Developer Tool 面板中显示了刚刚创建的插件。单击右侧 ACTIONS 一栏中的 ··· 图标，可以弹出插件操作命令列表，如图 12-2-5 所示。

列表中的命令可以用来加载、卸载、重新加载、观察、调试、查看日志、打包和显示插件所在的目录，具体的内容如表 12-2-1 所列。

Create Plugin

Plugin Name *

First Demo Plugin

Plugin Id *

com.hdjc8.firstDemoPlugin

Don't have one? Get one by creating a new plugin on the Adobe Developer Console.

Plugin Version *

1.0.0

Host Application *

Adobe Photoshop

Host Application Version *

22.0.0

Template

ps-starter

Cancel　Select Folder

图 12-2-4　完成所有参数设置之后的创建插件面板

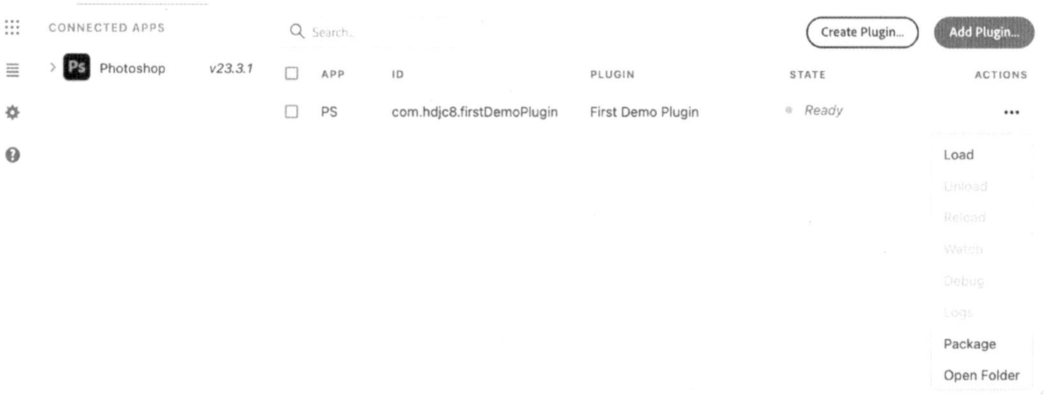

图 12-2-5　插件的操作命令列表

表 12-2-1　插件操作的命令列表

命令名称	命令说明
Load	插件不会自动被添加到 Photoshop 中，需要使用 Load 命令告诉插件在 Photoshop 中启动
Unload	加载插件后，Load 命令会变成 Unload 命令，使用该命令可以将插件从 Photoshop 中移除
Reload	加载插件后，如果需要查看插件的任何更改，可以使用 Reload 操作。但是如果要对插件的 manifest.json 文件进行更改，则需要使用 Load 命令从头开始加载插件
Watch/Unwatch	加载插件后，可以使用 Watch 命令来观察插件代码的更改。如果检测到更改，插件将自动重新加载。开始 Watch 后，可以通过单击 Unwatch 来停止观察
Debug	加载插件后，可以使用 Debug 命令以启动开发人员工具来调试插件
Logs	如果想快速访问插件通过 console.log 等命令生成的日志，可以单击 Logs 命令打开 Console 控制台
Package	准备好可以分享的插件后，可以使用 Package 命令。选择文件夹后，插件将被打包到那里。插件包将以插件的 ID 命名
Open Folder	如果有很多插件，找到源码文件所在位置可能会很棘手。这时可以使用 Open Folder 在资源管理器中打开插件的文件夹

单击命令列表中的 Load 命令，即可将该插件加载到 Photoshop 中。

如果在 CONNECTED APPS 列表中没有显示 Photoshop，则需要打开该软件；如果 Photoshop 版本在 22.0.0 以下，则无法使用 Load 命令。

Photoshop 已经加载了该插件，并显示了一个名为 Starter Panel 的浮动面板，插件的界面如图 12-2-6 所示。从上往下来看，它包含一个内容为 Layers 的标题，一个内容为 No Layers 的文本区域，以及一个标题为 Populate Layers 的按钮。

图 12-2-6　Photoshop 加载插件后，在工作区显示插件功能面板

图 12-2-7　显示所有图层名称

该插件的功能是用来显示 Photoshop 活动文档中的所有图层的名称的。所以单击 Starter Panel 面板中的 Populate Layers 按钮，可以在面板中显示当前文档的所有图层的名称，如图 12-2-7 所示。

如果需要关闭这个插件，则可以：

❶ 单击插件左上角的关闭图标。

❷ 单击 Photoshop 顶部菜单栏中的“增效工具”→First Demo Plugin→Starter Panel 命令，如图 12-2-8 所示。

如果需要再次打开该插件，则可以：

再次单击“增效工具”→First Demo Plugin→Starter Panel 命令。

图 12-2-8　插件可以在 Photoshop 的“增效工具”菜单中找到

12.2.2　Demo 插件的项目结构

老师，UXP 插件的创建步骤确实比 CEP 简洁多了，那么这个插件项目里面都有什么样的文件呢？

小美，UXP 插件是基于模板创建的，所以很快就能创建可以正常运行的插件。麻雀虽小，五脏俱全，这个插件虽然非常简单，但是它的项目结构和 Adobe Exchange 网站上大多数插件的项目结构没有多少区别。
了解插件的项目结构，就可以根据自身的需求修改这个插件，直到将插件制作成你想要的样子。

在完成插件的创建之后，现在来查看这个插件项目的所有内容。首先打开 Visual Studio Code 软件，使用 Visual Studio Code 查看这个插件所有相关的文件。

依次单击 File→Add Folder to Workspace 命令，在弹出的窗口中，选择插件所在的目录，然后单击底部的 Add 按钮，将该文件夹添加到工作区，如图 12-2-9 所示。

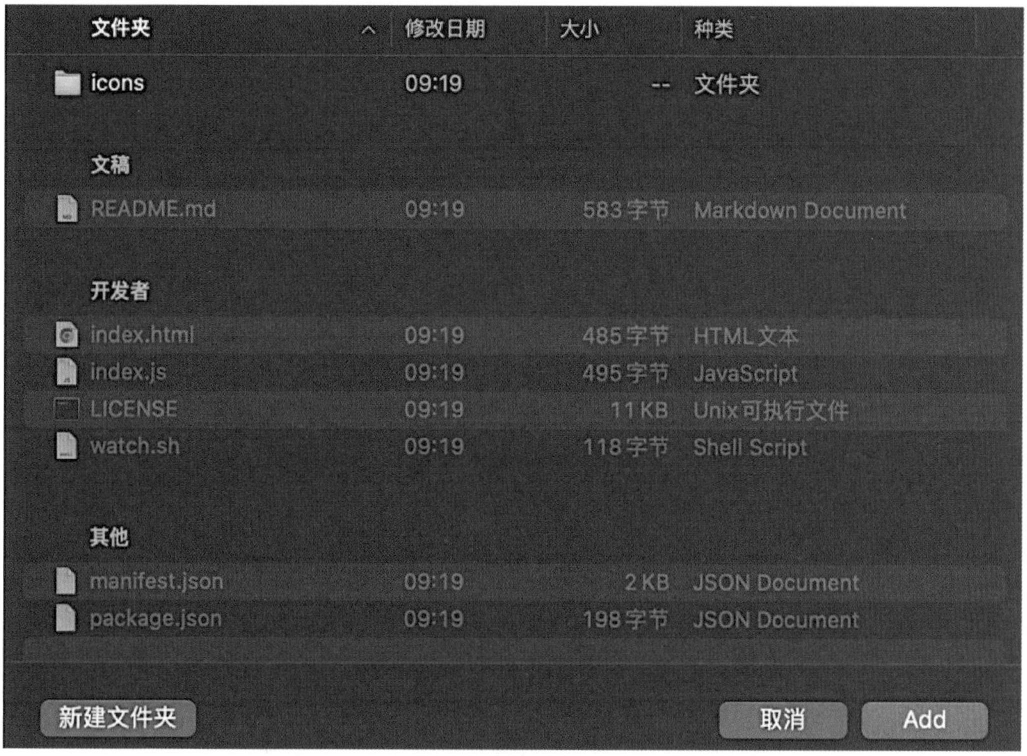

图 12-2-9 找到插件项目所在的文件夹,然后使用 Visual Studio Code 打开该文件夹

使用 Visual Studio Code 打开插件文件夹之后,就可以使用 Visual Studio Code 浏览整个插件项目的结构,如图 12-2-10 所示。

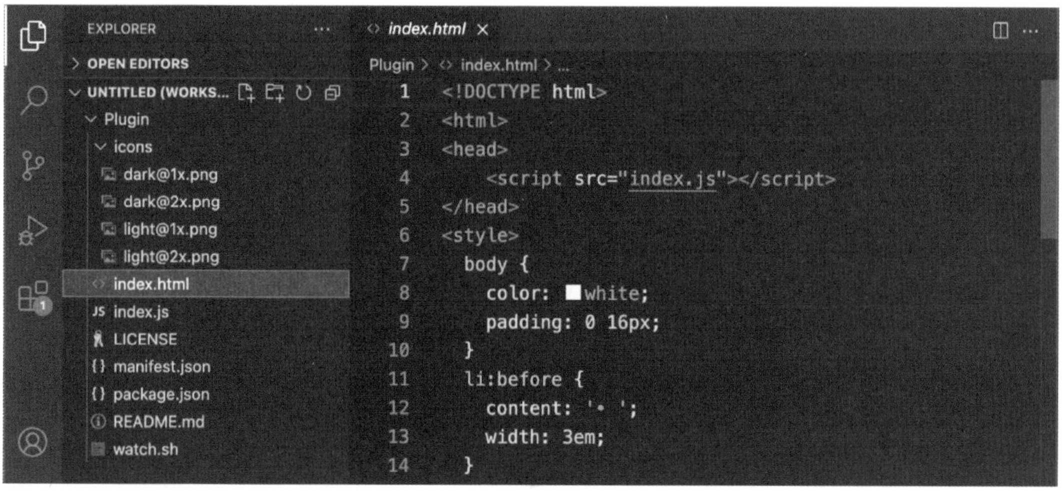

图 12-2-10 插件项目的结构,左侧为项目文件列表,右侧为文件的内容

从图 12-2-10 可以得知,插件包含一个名为 icons 的文件夹,该文件夹下拥有 dark@1x.png、dark@2x.png、light@1x.png 和 light@2x.png 四张图片,这四张图片是插件在折叠状态下的图标,如图 12-2-11 和图 12-2-12 所示。

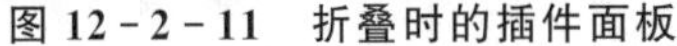

图 12-2-11 折叠时的插件面板

图 12-2-12 收缩为图标时的插件面板

这四张图标的使用场合如表 12-2-2 所列。

表 12-2-2 项目各个图标的使用场景

图片名称	场景说明
dark@1x. png	当 Photoshop 处于暗色主题，并且是普通屏幕时使用此图标
dark@2x. png	当 Photoshop 处于暗色主题，并且是高清视网膜屏幕时使用此图标
light@1x. png	当 Photoshop 处于亮色主题，并且是普通屏幕时使用此图标
light@2x. png	当 Photoshop 处于亮色主题，并且是高清视网膜屏幕时使用此图标

接下来讲解项目中其他文件的作用，各文件的功能如表 12-2-3 所列。

表 12-2-3 项目各文件的功能表

文件名称	功能说明
index. html	通过 HTML、CSS 来搭建插件的用户界面
index. js	用来响应用户的交互事件，并通过 Photoshop API 来操作 Photoshop
LINCENSE	关于使用、复制、分享代码的一些许可声明
manifest. json	插件的配置文件，用来配置插件的 ID、名称、版本号、程序入口等重要信息
package. json	用来定义打包插件时所需的描述文字、作者、搜索关键词等信息
README. md	插件的功能说明和使用说明
Watch. sh	在终端执行该文件，可以 load 和 watch 该插件

当 Photoshop 加载某个插件时，会依次加载项目中的一些文件，如图 12-2-13 所示。下面我们按照插件加载时所读取文件的顺序，对几个重要的文件进行讲解。

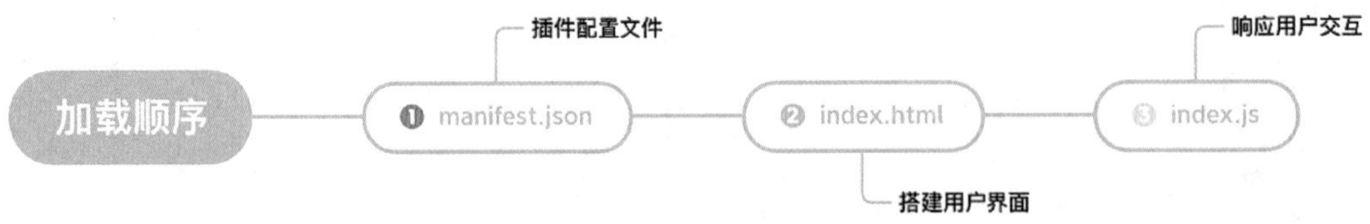

图 12-2-13 Photoshop 加载文件次序图

有些插件是没有用户界面的，所以插件在加载到 Photoshop 时，有时不会加载 index. html 或 index. js 文件。

1. manifest.json 项目配置文件

当插件被 Photoshop 加载时，Photoshop 会首先读取 manifest.json 文件，因为 manifest.json 文件是插件的配置文件。

在左侧的项目文件列表中，单击 manifest.json 文件，此时会在右侧的编辑器中显示该文件里的所有代码。然后单击第 6、13 和 72 行代码左侧的箭头，隐藏 host、entrypoints 和 icons 三个字段里的具体内容，以方便观看 manifest.json 所有的一级字段，如图 12-2-14 所示。

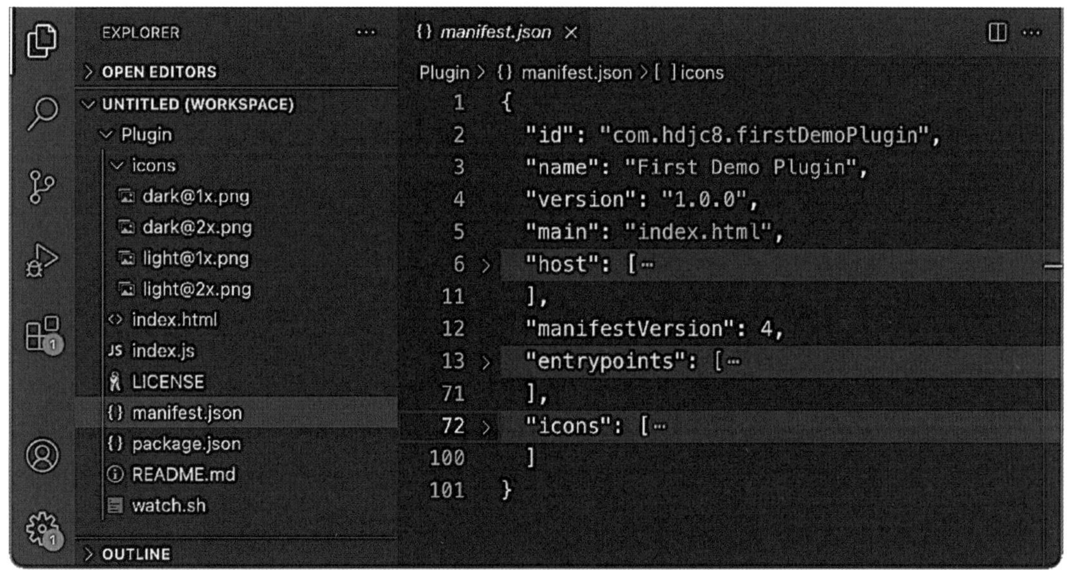

图 12-2-14　manifest.json 文件所有的一级字段

从图 12-2-14 可知，manifest.json 共有 8 个一级字段，这些字段的作用如表 12-2-4 所列。

表 12-2-4　manifest.json 各字段的功能表

字段名称	功能说明
id	插件的唯一标识符
name	名称应为 3～45 个字符。建议插件名称与在 Adobe Developer Console 网页创建的项目名称相匹配
version	插件的版本号，采用 x.y.z 格式。版本号必须分成三个段，每段的数字必须在 0～99 之间
main	插件初始化代码的路径。可以是 JavaScript 文件或 HTML 文件。如果不设置该字段，则默认为 main.js
host	可与插件一起使用的受支持的主机应用程序，包括应用程序的类型、所需的最低版本或插件支持的主机应用程序的最高版本。注意在将插件发布到插件市场时，只可能设置一项 host
manifestVersion	配置清单的版本。对于 Photoshop 来说，此值应该是 4 或更高

续表 12-2-4

字段名称	功能说明
entrypoints	添加到插件菜单和插件面板的入口点
icons	用来设置插件的图标，支持 PNG、JPG/JPEG 格式，每个图标的最大文件大小为 1 MB。开发者应该至少指定 1x(1 倍) 和 2x(2 倍) 两种大小的图标，以适配普通屏幕和视网膜屏幕

单击第 6 行代码左侧的右向箭头，显示 host 字段下的所有内容，如图 12-2-15 所示。

```
6    "host": [
7      {
8        "app": "PS",
9        "minVersion": "22.0.0"
10     }
11   ],
```

图 12-2-15　host 字段的所有内容

host 字段下的各子字段的功能如表 12-2-5 所列。

表 12-2-5　host 的各子字段的功能表

字段名称	功能说明
app	表示此插件支持的应用程序(目前此处唯一有效的值为“XD”和“PS”)
minVersion	可以运行此插件的主机应用程序的最低要求版本(x.y 格式)。清单 V4 插件的最低有效版本是 22.0 版。注意：版本号必须至少为两段。通常将次要段设置为 0，例如 22.0
maxVersion	可以运行插件的主机程序的最大版本，格式与 minVersion 相同

app 字段用来说明插件运行的主机程序为 Photoshop，minVersion 字段说明该插件可以运行在 22.0.0 及以上版本的 Photoshop。

继续单击第 13 行代码左侧的右向箭头，显示 entrypoints 字段下的所有内容，如图 12-2-16 所示。

entrypoints 字段用来设置程序的各个功能入口，它的子字段的作用如表 12-2-6 所列。

表 12-2-6　entrypoints 各子字段的功能表

字段名称	功能说明
type	入口点类型，共有 command 或 pannel 两种
id	入口点的唯一标识符。此 id 也将映射到插件代码中定义的入口点
label	此菜单项的标签，用户将选择它来运行自己的插件。可以是单个字符串或本地化字符串的字典
shortcut	该字段为预留字段，目前插件尚不支持快捷键
minimumSize	定义面板的最小尺寸。格式为 {width: number, height: number}，以像素为单位。主机应用程序可能无法保证最小宽度，具体取决于上下文

续表 12-2-6

字段名称	功能说明
maximumSize	定义面板的最大尺寸，格式同 minimumSize。主机应用程序可能无法保证最大宽度，具体取决于上下文
preferredDockedSize	定义停靠时面板的尺寸，格式同 minimumSize。此设置作为一种参考来使用，可能不会被采用
preferredFloatingSize	定义浮动时面板的大小，格式同 minimumSize。此设置作为一种参考来使用，可能不会被采用
icons	面板的图标。插件中的每个面板都需要自己的一组图标集，最小化时会显示在工具栏中，并且没有提供额外的处理。面板图标的大小为 23×23（46×46），并且可以是透明的。这些与主插件中的图标不同

```
13    "entrypoints": [
14      {
15        "type": "panel",
16        "id": "vanilla",
17        "minimumSize": {
18          "width": 230,
19          "height": 200
20        },
21        "maximumSize": {
22          "width": 2000,
23          "height": 2000
24        },
25        "preferredDockedSize": {
26          "width": 230,
27          "height": 300
28        },
29        "preferredFloatingSize": {
30          "width": 230,
31          "height": 300
32        },
33 >      "icons": [⋯
66        ],
67        "label": {
68          "default": "Starter Panel"
69        }
70      }
71    ],
```

图 12-2-16　entrypoints 字段下的所有内容

单击第 72 行代码左侧的右向箭头，显示 icons 字段下的内容，如图 12-2-17 所示。

图标在开发过程中不是必需的，但在上传插件到插件市场时必须提供。图标字段是一个 IconDefinitions 的数组，共包含以下几个字段，如表 12-2-7 所列。

```
    "icons": [
      {
        "width": 23,
        "height": 23,
        "path": "icons/dark.png",
        "scale": [
          1,
          2
        ],
        "theme": [
          "darkest",
          "dark",
          "medium"
        ]
      },
      {
        "width": 23,
        "height": 23,
        "path": "icons/light.png",
        "scale": [
          1,
          2
        ],
        "theme": [
          "lightest",
          "light"
        ]
      }
    ]
```

图 12-2-17　icons 字段下的所有内容

表 12-2-7　icons 各子字段的功能表

字段名称	功能说明
width	逻辑像素宽度，如果处于视网膜屏幕，则实际像素宽度为此值的 2 倍或 3 倍
height	逻辑像素高度，如果处于视网膜屏幕，则实际像素高度为此值的 2 倍或 3 倍
path	图标文件的路径（相对于插件根目录）
scale	图片在普通屏幕或视网膜屏幕下的缩放比例数组。[1, 2] 表示路径中指定的图标有@1x 和@2x 版本，分别用于普通屏幕、视网膜屏幕
theme	图标支持的主题数组。Photoshop 支持亮、最亮、暗和最暗四种主题。如果图标和所有主题都兼容，则可以使用全部主题
species	标识图标的类型以及在哪里显示它。默认是 generic，这意味着 Photoshop 可以在任何地方自由使用此图标

2. index. html 用户界面文件

Photoshop 在加载插件时，从 manifest. json 的 main 字段加载插件的界面入口，由于 manifest. json 的 main 字段的值为 index. html，所以 Photoshop 在加载完 manifest. json 文件之后，开始加载和解析 index. html 中的内容。

index. html 负责定义插件的用户界面，其代码及解说如下：

```
<!DOCTYPE html>
<html>
<head>
    <script src = "index. js"> </script>
```

引入 index. js 文件，index. js 负责响应用户的交互事件，并通过 Photoshop 应用程序接口来操作 Photoshop。

```
</head>
<style>
    body{
        color: white;
        padding: 0 16px;
    }
```

在 style 标签中，使用 css 代码设置<body>标签的属性，也就是设置插件面板背景的颜色为白色，内容到左、右边界的间距为 16px，到上、下边界的间距为 0px。

```
    li:before {
        content: '• ';
        width: 3em;
    }
```

UXP 仅支持 html 中的部分标签，所以 UXP 中的<li>列表标签并没有项目符号，因此通过 content 属性设置它的项目符号为 •，宽度为 3em。

```
    #layers{
        border: 1px solid #808080;
        border-radius: 4px;
        padding: 16px;
    }
```

设置用于显示图层名称的容器的边框宽度为 1px、边框样式为 solid 实线、边框颜色为 #808080。并给边框设置半径为 4px 的圆角效果，容器内容和容器边界的间距为 16px。

```
</style>
<body>
    <sp-heading> Layers </sp-heading>
```

<sp-heading>标签用来显示插件面板上的标题文本，如图 12-2-18 所示。标题文本尺寸可以根据 Photoshop 主题变化而变化。

```
23.     <sp-body id="layers">
24.     No layers
25.     </sp-body>
```

<sp-body>标签用来显示正文文本，并且正文文本的尺寸可以随 Photoshop 主题的变化而变化。

```
26.     <footer>
27.         <sp-button id="btnPopulate">
28.             Populate Layers </sp-button>
29.     </footer>
```

<footer>元素在对话框中用于帮助将按钮对齐到对话框的底部。<sp-button>标签用来显示一枚按钮，表示用户可以执行的操作。可以单击<sp-button>以执行操作或导航到另一个页面。

```
30. </body>
31. </html>
```

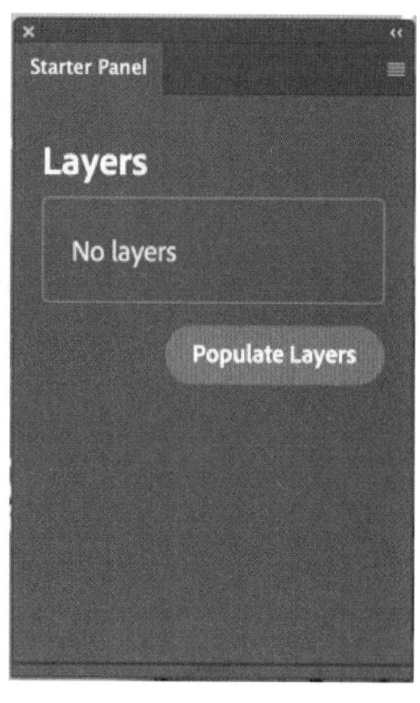

图 12-2-18　插件的界面

index.html 文件生成的用户界面如图 12-2-18 所示。需要注意的是，虽然 index.html 看起来像相当标准的 HTML，但 UXP 环境不是浏览器，UXP 仅支持 HTML/CSS/JavaScript 所有功能的一部分。

此外，还可以看到一些自定义控件，例如 <sp-heading>、<sp-body> 和 <sp-button>。这些都是 Spectrum UXP 控件，它们可以让插件看起来更像是 Photoshop 的原生界面。

3. index.js 用户交互文件

从 index.html 的第 4 行代码可知，index.html 需要引入 index.js 文件，index.js 负责响应用户的交互事件，并通过 Photoshop API(Application Programming Interface，应用程序接口)操作 Photoshop。

Photoshop API

UXP 运行由谷歌 V8 驱动的 JavaScript 引擎。UXP 通过将 HTML 标签渲染为 Photoshop 控件，给 Photoshop 提供了真正的本机可扩展解决方案。

Photoshop API 库内置于每个 Photoshop 版本中。要在 UXP 插件中使用 Photoshop API，需要做的就是使用 require 来获得象征 photoshop 的 app 对象，它为用户提供了访问 Photoshop 其他元素的入口点。

Photoshop API 文档链接：https://developer.adobe.com/photoshop/uxp/ps_reference/。

我们在后面将会讲到更多的 Photoshop API 示例，现在先来看一下 index.js 中的代码，这里的代码就是基于 Photoshop API 的，其内容如下：

```
function showLayerNames()
{
```

添加一个名为 showLayerNames 的函数，用来显示所有图层的名称。

```
    const app = window.require("photoshop").app;
```

通过 window 对象的 require 方法，获得作为根元素的 app 对象，可以将 app 对象当作 Photoshop 程序来看待。通过 app 对象，可以访问打开的文档、工具、界面元素并运行命令或菜单项。const 用来声明一个只读的常量，一旦声明，常量的值就不能改变。const 是 JavaScript 在 ES6 新增的关键词，所以在基于 ES3 的 Photoshop 脚本中无法使用它。

```
    const allLayers = app.activeDocument.layers;
```

获得 Photoshop 的活动文档的所有图层，并存储在 allLayers 常量中。

```
    const allLayerNames = allLayers.map(layer => layer.name);
```

通过 map 方法，获得 allLayers 中的所有图层的名称，并将这些名称存储在 allLayerNames 变量中。map 后面小括号内有个 =>，它是箭头函数表达式，=> 左侧的是参数，右侧的是函数语句。简单来说 map 就是映射，将图层映射为图层的名称。

```
    const sortedNames = allLayerNames.sort((a, b) => a <b ? -1 : a > b ? 1 : 0);
```

将图层列表中的图层名称按照升序进行排列。sort 方法的格式为：array.sort(sortfunction)，其中 sortFunction 是规定排序顺序的函数。

```
    document.getElementById("layers").innerHTML = `
        <ul> ${
        sortedNames.map(name => `<li> ${name}</li>`).join("")
    }</ul>`;
```

通过 getElementById 方法，获得 document 文档中的 id 值为 layers 的元素，然后将图层名称放在这个元素中，每个图层名称被<li>标签包裹。

```
}
document.getElementById("btnPopulate").addEventListener("click", showLayerNames);
```

通过 getElementById 方法，找到 document 中的 id 值为 btnPopulate 的按钮，接着通过 addEventListener 方法，给按钮绑定 click 事件，当按钮被单击时，调用 showLayerNames 函数。

我们依次讲解了 manifest.json、index.html 和 index.js 三个文件的内容，它们构成了插件的基本结构。

12.2.3 对 First Demo Plugin 插件进行修改

老师，我已经了解了插件的项目结构是由 manifest.json、index.html 和 index.js 这三个文件组成的，并且也弄明白了这些文件中每行代码的作用，现在是不是可以对这个插件进行改造了？

是的，小美。UXP 插件是基于模板创建的，所以需要在模板的基础上制作自己的插件。

现在我们来对这个插件进行一些修改，实现一个非常实用的功能：单击一个按钮，清除文档中的所有空白图层。

这个功能的实现只需要 4 个步骤：

❶ 修改 index.html 文件中的<body>标签里的内容；

❷ 修改 index.js 文件中的代码；

❸ 通过 UXP 开发者工具重新加载插件；

❹ 在 Photoshop 中使用插件。

1. 编辑 index.html 文件

这个功能和 Photoshop 的“文件”→“脚本”→“删除所有空图层”功能类似，首先打开并编辑 index.html 文件，修改<body>标签里的内容：

```
<body>
    <sp-heading>被删除的图层</sp-heading>
```

使用<sp-heading>标签设置插件面板顶部的标题文字，如图 12-2-19 所示。

```
    <sp-body id="layers">
        没有图层被删除
    </sp-body>
```

<sp-body>标签用来显示被删除的空白图层的名称。

```
    <footer>
        <sp-button id="btnRemove">删除空白图层</sp-button>
```

当单击<sp-button>按钮时，删除所有空白图层。

```
    </footer>
</body>
```

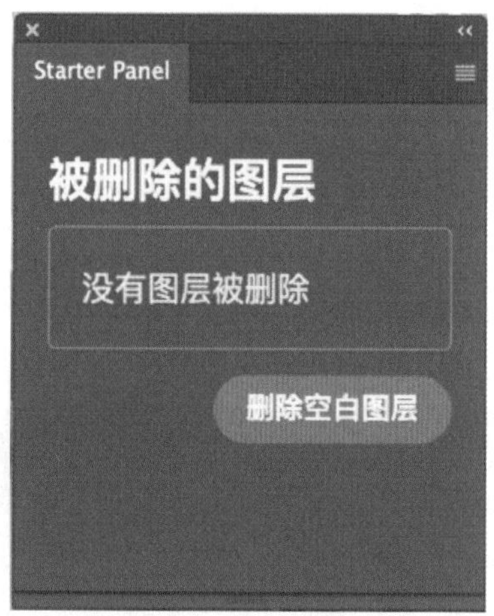

图 12-2-19 插件界面

2. 编辑 index.js 文件

首先删除 index.js 中的所有代码，然后添加以下代码：

```
function removeEmptyLayers()
{
```

添加一个名为 removeEmptyLayers 的函数，用来删除文档中的所有空白图层。

```
    const app = window.require("photoshop").app;
    const allLayers = app.activeDocument.layers;
```

获取 app 对象，然后通过 app 对象获得当前文档的所有图层，并将这些图层存储在 allLayers 变量中。

```
    const deletedLayers = [];
```

定义一个名为 deletedLayers 的数组，用来存储所有的空白图层的名称。它的初始值为[]，也就是空的数组，数组中尚未包含任何元素。

```
    allLayers.forEach(layer => {
```

通过 forEach 对所有图层 allLayers 进行遍历，layer 表示遍历到的每个图层。

```
    if(layer.bounds.left == 0 && layer.bounds.rigth == 0
        && layer.bounds.top == 0 && layer.bounds.bottom == 0){
        deletedLayers.push(layer.name);
        layer.delete();
    }
```

如果遍历到的图层 layer 的 bounds 边框的 left、right、top、bottom 四个属性值都为 0，则表示该图层没有任何像素，因此该图层为空白图层。此时通过 push 方法，将遍历到的 layer 的 name 添加到 deletedLayers 数组中，接着通过 delete 方法，删除遍历到的空白图层。

```
    });
    document.getElementById("layers").innerHTML = `
        <ul>${
        deletedLayers.map(name => `<li>${name}</li>`).join("")
    }</ul>`;
```

接着将所有被删除的空白图层的名称，显示在 id 值为 layers 的容器标签内。

```
}
document.getElementById("btnPopulate ").addEventListener("click", removeEmptyLayers);
```

通过 getElementById 方法，找到 id 值为 btnPopulate 的按钮，接着通过 addEventListener 方法，给按钮绑定 click 事件，当按钮被单击时，执行 removeEmptyLayers 函数。

注意：index.html 中的按钮的 id 值为 btnRemove，我们故意将按钮的 id 值写成 btnPopulate，这样插件运行时便会报错，以方便我们讲解代码的调试。

3. 重新加载插件

完成 index.html 和 index.js 文件的编辑和保存之后，现在来重新加载插件。

❶ 打开 UXP 开发者工具。

❷ 单击 ACTIONS 一栏中的 ··· 图标，弹出插件命令列表，如图 12-2-20 所示。

❸ 单击命令列表中的 Reload 命令，可以让 Photoshop 软件重新加载插件。

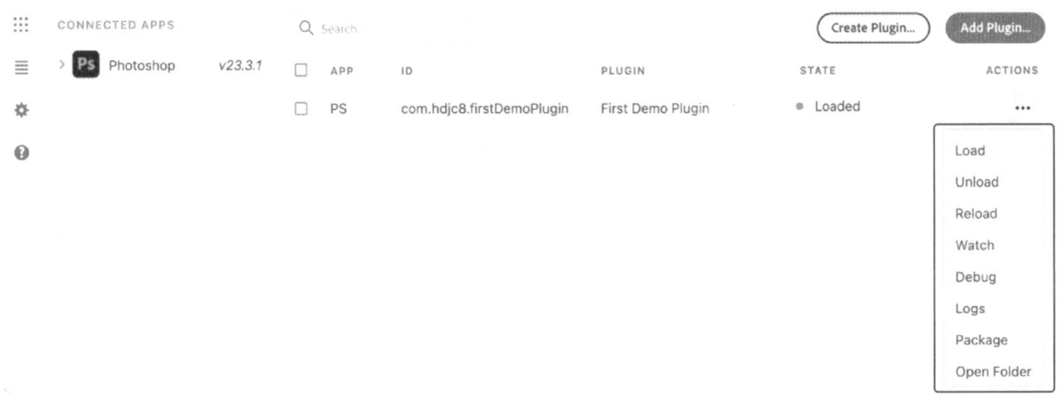

图 12-2-20　UXP 开发者工具的插件命令列表

如果需要频繁执行 Reload 重新加载命令，建议选择命令列表中的 Watch 观察命令，这样当后缀是.js、.jsx 或.html 文件发生变化时，UXP 开发者工具会让 Photoshop 自动重新加载相关的插件。

当不需要 Watch 观察时，单击命令列表中的 Unwatch 取消观察命令即可。

Reload 插件之后，Photoshop 刷新了插件面板的外观，如图 12-2-21 所示。同时 Photoshop 的活动文档新增了两个名为图层 2、图层 1 的空白图层，这两个图层没有任何像素内容，如图 12-2-21 所示。

图 12-2-21　Photoshop 重新加载插件之后的状态

4. 使用插件

此时单击插件面板中的"删除空白图层"按钮，会发现无论是插件面板还是图层面板，都没有任何的变化，这是因为我们的代码出现了错误，那么如何定位错误的位置呢？

这就需要借助 UXP 开发者工具的调试面板来调试插件。它完全支持断点、控制台、源码映射等功能。虽然该工具有一些限制，例如无法在属性检查器中编辑样式，但即便如此，也可以使用该工具遍历代码、检查元素等。

现在通过以下步骤打开调试面板：

❶ 打开 Adobe UXP 开发者工具。

❷ 单击 ACTIONS 一栏中的 ··· 图标，弹出插件操作命令列表，如图 12-2-20 所示。

❸ 单击命令列表中的 Debug 调试命令，打开调试面板，如图 12-2-22 所示。当前处于 Elements 面板，该面板分为左右两个部分。左侧显示插件面板中的所有 html 元素，右侧显示 html 元素对应的 css 样式。

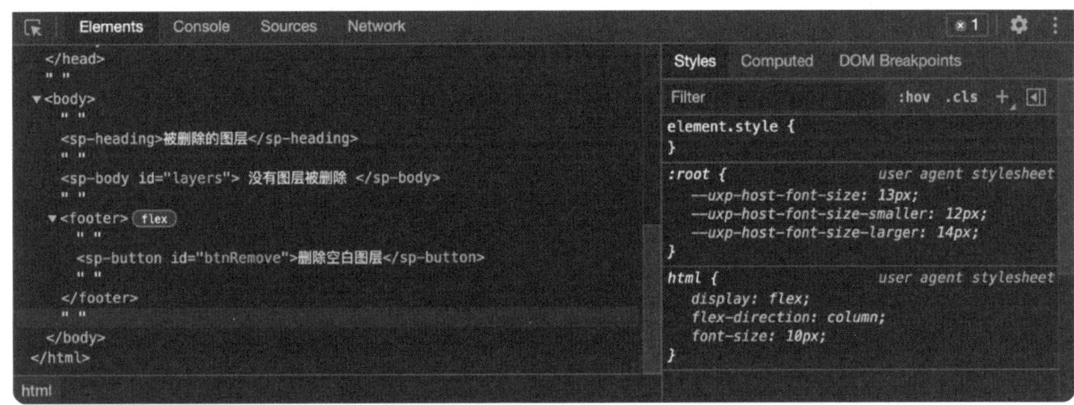

图 12-2-22　UXP 开发者工具的 Elements 面板，左侧为 html 元素，右侧为相应的 css 样式

❹ 单击上方的 Console 标签，显示 Console 面板，如图 12-2-23 所示。

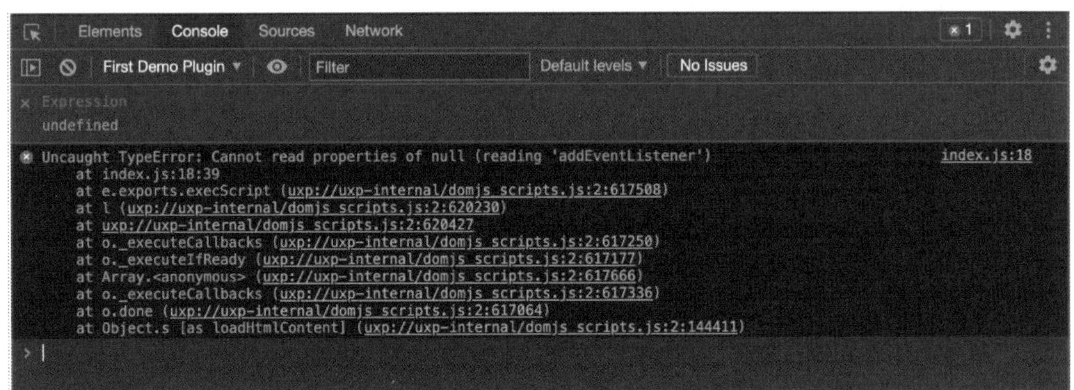

图 12-2-23　UXP 开发者工具的 Console 面板显示了所有日志和错误信息

此时 Console 面板显示了一条错误信息：Uncaught TypeError: Cannot read properties of null (reading 'addEventListener')，并显示错误位置在 index.js 文件的第 18 行。

从错误信息可以看出是空对象调用了 addEventListener 方法，为什么是空对象呢？这是因为 index.html 文档中并没有 id 值为 btnPopulate 的按钮。

现在来修复这个错误：

❶ 将 index.js 文件第 18 行的代码修改为：

```
18. document.getElementById("btnRemove").addEventListener("click", removeEmptyLayers);
```

❷ 再次执行 Reload 命令，重新加载插件。

❸ 单击插件面板中的“删除空白图层”按钮。

此时会发现图层面板中的图层 2、图层 1 已经被删除，同时在插件面板上显示了被删除的空白图层的名称，如图 12-2-24 所示。

图 12-2-24　插件面板上显示了被删除的两个图层的名称：图层 2 和图层 1

12.2.4　Flyout Menus 弹出菜单

老师，我发现当单击“图层”或者“动作”面板右上角的汉堡包图标时，都会弹出和这个面板相关的命令菜单，我们的 UXP 插件也可以制作这样的弹出菜单吗？

可以的，小美。这种弹出菜单又被称为 Flyout Menus。可以使用它们打开出于某种原因不想占用面板空间的命令。由于不需要用户界面，所以只需要修改 index.js 文件中的代码，就能实现 Flyout Menus。

当用户单击面板右上角的汉堡包图标时，会显示 Photoshop 中的弹出菜单，如图 12-2-25 所示，可以使用它们来调用出于某种原因不想占用面板上的空间的操作。

图 12-2-25　插件的 Flyout Menus 弹出菜单

现在演示如何给之前的删除空白图层的插件添加 Flyout Menus。

❶ **打开项目**：首先打开 Visual studio code 软件，依次单击 File→Add Folder to Workspace 命令，将删除空白图层插件所在的文件夹添加到 Visual Studio Code 的工作区。

❷ **编辑 index. js 文件**：接着打开并编辑 index. js 文件，保留 index. js 文件中的代码不变，然后在尾部添加以下代码：

```
const { entrypoints } = require("uxp");
```

通过 require 获得 uxp 对象的 entrypoints 属性，并将它存储在 entrypoints 常量中。uxp 对象可以用来设置程序的动作入口以及文件的读取、写入操作等。

```
entrypoints.setup({
    panels: {
        vanilla: {
```

vanilla 是 type 为 panel 的入口的 id 值，这个 panel 的定义在 manifest. json 文件中的 entrypoints 字段里。

```
            show() {
```

此处可以放置插件的一些初始化方法，此处保持为空即可。

```
            },
            menuItems: [
                {id: "removeEmptyLayers", label: "Remove Empty Layers"}
            ],
```

menuItems 用来设置 Flyout Menus 弹出菜单，它是一个数组，目前该数组只包含一个元素，元素的 id 是菜单的标识符，label 是菜单的标题文字。

```
            invokeMenu(id) {
                handleFlyout(id);
            }
```

invokeMenu 用来设置用户单击菜单时的交互事件，此时交由 handleFlyout 函数来处理用户交互事件，handleFlyout 由下面的代码实现。

```
        }
    }
});
function handleFlyout(id) {
```

实现 handleFlyout 函数，用来处理菜单被单击的事件，它包含一个名为 id 的参数，表示被单击的菜单的 id 值。

```
    switch (id) {
        case "removeEmptyLayers": {
            removeEmptyLayers();
            break;
        }
```

使用 switch 语句对被单击的菜单的 id 值进行判断，当菜单的 id 值为 removeEmptyLayers 时，执行 removeEmptyLayers()函数，该函数在前面的小节中已经实现。（switch 是条件判断语句，根据 case 中的条件，执行相应的代码。）

```
    }
}
```

❸ **使用插件**：保存编辑完成的 index.js 文件，这样就完成了弹出菜单的创建，现在来测试一下，首先打开 UXP Developer Tool 面板，找到删除空白图层插件，然后单击右侧 ACTIONS 一栏中的 ··· 图标，弹出插件操作命令列表。

- 如果删除空白图层插件已经打开，则执行以下动作：
  单击命令列表中的 Reload 命令，让 Photoshop 重新加载该插件。
- 如果插件尚未打开，则执行以下动作：
  单击命令列表中的 Load 命令，让 Photoshop 加载该插件。

此时 Photoshop 会显示删除空白图层插件，当用户单击插件面板右上角的汉堡包图标时，会显示弹出菜单，菜单中的第一个选项为 Remove Empty Layers，如图 12-2-26 所示。

图 12-2-26　弹出菜单中的第一个选项为 Remove Empty Layers

单击菜单中的 Remove Empty Layers 命令，将删除活动文档中的空白图层：图层 2 和图层 1，最终结果如图 12-2-24 所示。

12.2.5　如何编写调试语句

老师，我在开发插件时经常遇到一些奇怪的问题，我想通过查询变量的值来确定出现问题的原因，请问如何查询某一行代码中的变量的值呢？

小美，你反映的问题非常普遍，我们在开发 UXP 的过程中，经常需要输出一些变量、常量的值，来检验代码的正确性，这可以通过 console.log() 或者 console.error() 语句来实现，它们可以在控制台输出指定的内容。

有时你还需要一个简单的信息窗口，除了可以显示变量、常量的值外，还可以给用户显示提示信息，这就需要使用到 showAlert() 函数。

现在来演示 console.log()、console.error()和 showAlert()函数的使用，我们仍然使用上一次的示例，

❶ **增加两个弹出菜单：**首先打开并编辑 index.js 文件，然后增加两个弹出菜单：

```
menuItems: [
        {id: "removeEmptyLayers", label: "Remove Empty Layers"},
        {id: "hideEmptyLayers", label: "Hide Empty Layers"},
        {id: "selectEmptyLayers", label: "Select Empty Layers"}
```

增加两个 id 值为 hideEmptyLayers 和 selectEmptyLayers 的菜单。

```
    ],
```

❷ **修改交互代码：**接着修改用来处理用户交互事件的代码：

```
function handleFlyout(id) {
    switch (id) {
        case "removeEmptyLayers": {
            removeEmptyLayers();
            break;
        }
        case "hideEmptyLayers": {
            console.log("You click " + id + " to hide empty layers.");
            console.error(">>> Unalbe to hide empty layers.");
             break;
        }
```

当用户单击 id 值为 hideEmptyLayers 的菜单时，调用 console.log()方法，在控制台输出一条提示语句。接着调用 console.error()方法，在控制台输出一条错误信息。

```
        case "selectEmptyLayers": {
            const psCore = require("photoshop").core;
            psCore.showAlert({ message: "Select Empty Layers!"});
            break;
        }
```

当用户单击 id 值为 selectEmptyLayers 的菜单时，首先通过 require 函数获得 Photoshop 的 core 对象，然后通过 core 对象的 showAlert 方法，弹出一个信息窗口，显示指定的文字内容。

```
    }
}
```

❸ **使用插件：**保存编辑好的 index.js 文件，然后重新加载插件，当用户单击插件面板右上角的☰汉堡包图标时，会显示弹出菜单，菜单中的第二个选项为 Hide Empty Layers，第三个选项为 Select Empty Layers，如图 12-2-27 所示。

❹ **调用 Logs 命令：**单击菜单中的 Hide Empty Layers 命令，在控制台输出了一条提示语句和一条错误信息。要查看输出的内容，首先切换到 UXP 开发者工具，然后点击插件右侧

图 12－2－27　插件弹出菜单包含三个选项

ACTIONS 一栏中的 ··· 图标，弹出插件操作命令列表，单击命令列表中的 Logs 命令，如图 12－2－28 所示。

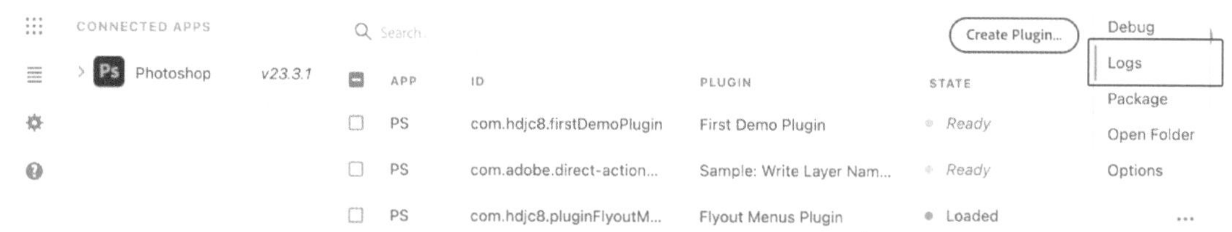

图 12－2－28　插件操作命令列表

❺ **查看 Console 面板**：此时已经打开了 Console 面板，如图 12－2－29 所示。从 Console 面板输出的日志可以看出：

第 47 行代码输出了以下信息："You click hideEmptyLayers to hide empty layers."。

第 48 行代码输出了以下红色字样的错误信息：">>> Unalbe to hide empty layers."。

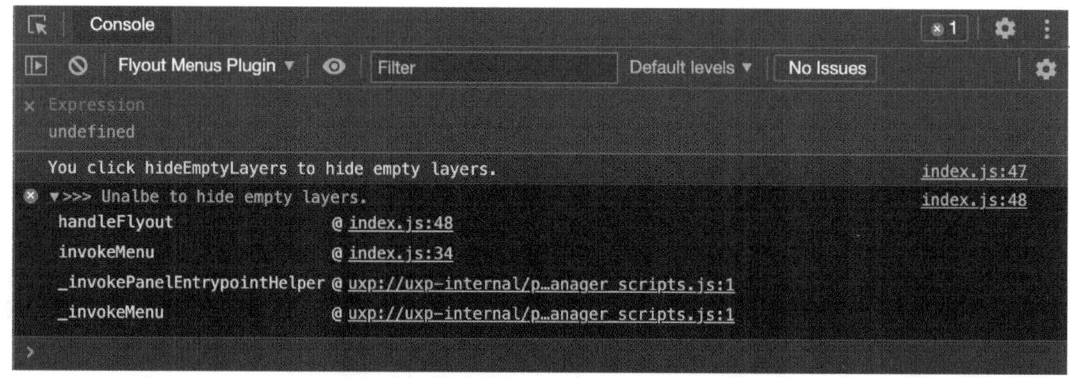

图 12－2－29　显示日志和错误信息的 Console 面板

❻ **显示信息提示窗口**：接着单击菜单中的 Select Empty Layers 命令，此时会弹出一个信息提示窗口，如图 12-2-30 所示。

图 12-2-30　信息提示窗口

12.2.6　删除并重新安装自己的插件

使用 UXP 开发者工具不仅可以创建新的插件，还可以添加之前创建的插件，或者添加来自其他开发者的插件。

❶ **删除已经安装的插件**：当我们不需要某个插件时，可以打开 UXP Developer Tool，然后在插件列表中找到需要删除的插件，选中插件名称左侧的复选框，此时顶部会出现 Remove Selected 按钮，单击该按钮即可删除所选插件，如图 12-2-31 所示。

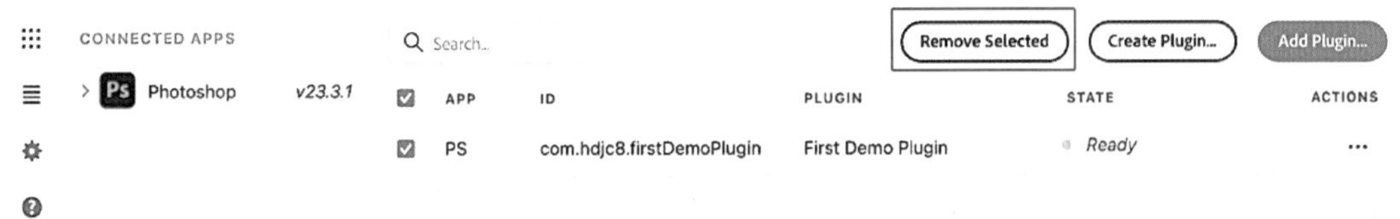

图 12-2-31　选中插件名称左侧的复选框，显示 Remove Selected 按钮

❷ **安装已有插件**：当需要安装某个插件时，打开 UXP Developer Tool，然后单击面板上的 Add Plugin 按钮，如图 12-2-32 所示。

图 12-2-32　单击面板上的 Add Plugin 按钮，可以安装已有的插件

❸ **选择并打开 manifest.json 文件**：当单击 Add Plugin 按钮之后，会弹出一个文件拾取窗口，找到插件所在的文件夹，选择并打开文件夹中的 manifest.json 文件，如图 12-2-33 所示。打开 manifest.json 文件之后，即可安装该插件。

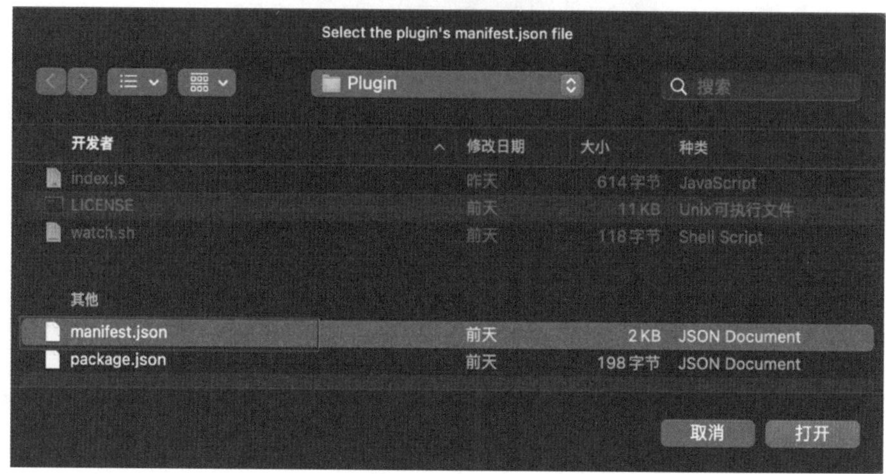

图 12-2-33　选择并打开 manifest.json 文件，完成插件的安装

12.2.7　下载和安装第三方插件

Adobe 提供了大量的 UXP 插件示例，我们可以下载和学习这些插件中的代码。

❶ **找到插件**：首先打开浏览器并进入这个页面：https://github.com/AdobeDocs/uxp-photoshop-plugin-samples，这个页面包含了数十个示例项目，如图 12-2-34 所示。

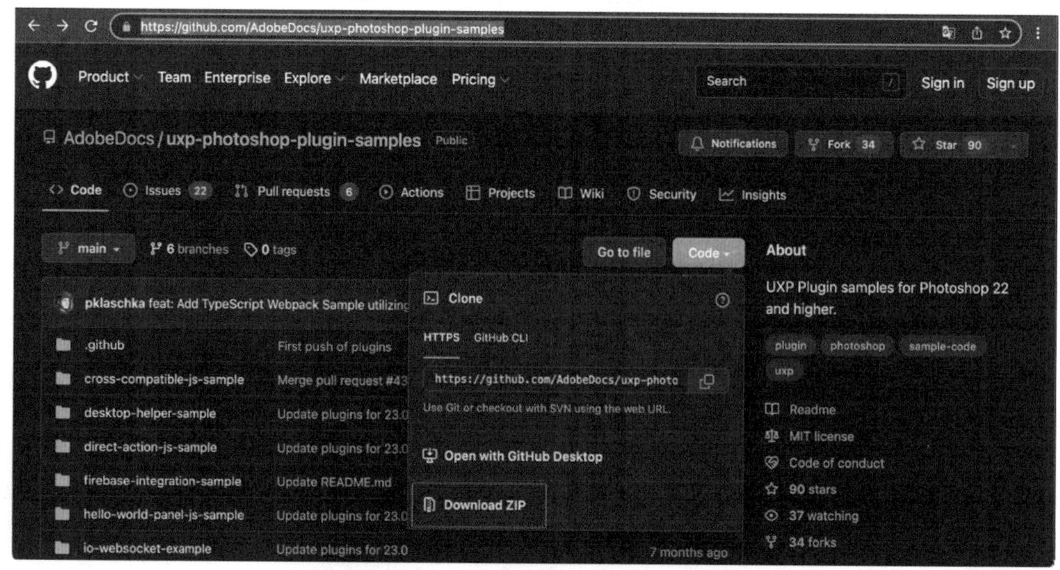

图 12-2-34　单击 Download ZIP 命令下载 UXP 示例项目

❷ **下载插件**：依次单击 Code→Download ZIP 命令，下载所有的示例项目。

❸ **安装插件**：当示例项目下载后，首先解压下载的压缩包，然后单击 UXP Developer Tool 面板中的 Add Plugin 按钮，弹出一个文件拾取窗口。找到解压后的名为 direct-action-js-sample 的文件夹，选择并打开文件夹中的 manifest.json 文件，如图 12-2-35 所示。

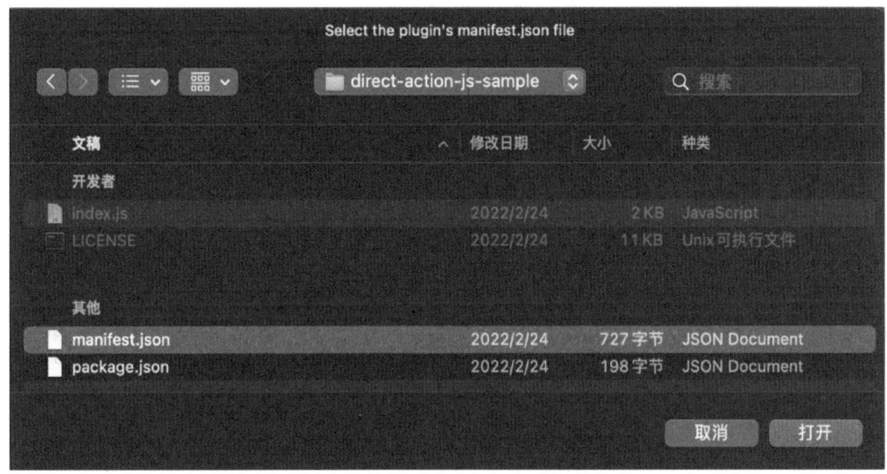

图 12-2-35　选择并打开 direct-action-js-sample 的文件夹中的 manifest.json 文件

❹ **加载插件**：打开文件夹中的 manifest.json 文件之后，UXP 开发者工具面板上已经出现了一个新的插件，如图 12-2-36 所示。此时 UXP 开发者工具面板上有了两个插件，第二个插件就是刚刚安装的插件，它的名称为 Sample：Write Layer Names。

单击右侧 ACTIONS 一栏中的… 图标，弹出插件操作命令列表，单击命令列表中的 Load 命令，向 Photoshop 中加载刚刚安装的插件。

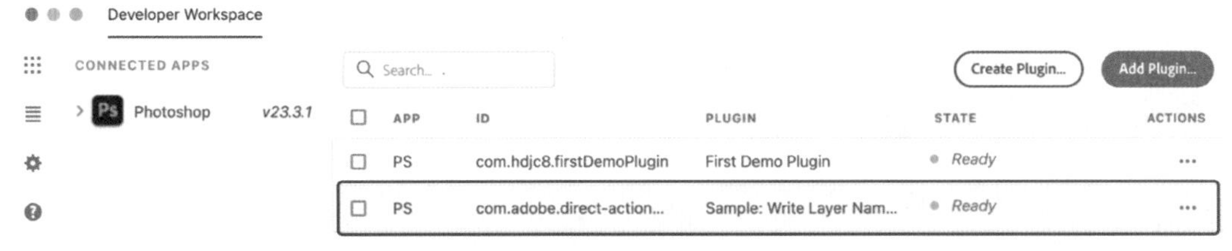

图 12-2-36　Sample：Write Layer Names 已经完成安装

❺ **使用插件**：由于插件功能是将当前文档的所有图层的名称写入一个文本文件，所以并没有用户界面（面板）。要使用该插件，需要依次单击 Photoshop 菜单的"增效工具"→Sample：Write Layer Names→Write Layer Names to a File 命令，如图 12-2-37 所示。

此时会弹出一个文件夹拾取窗口，让你选择文本文件的存储位置。完成文件夹的选择之后，文本文件被保存在该文件夹下。

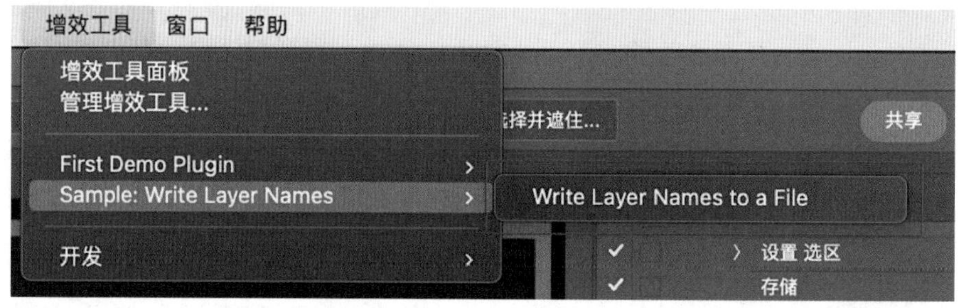

图 12-2-37　使用增效工具菜单中的命令，打开 Sample：Write Layer Names 插件

找到该文件夹，然后双击打开文本文件，此时会发现 Photoshop 当前文档的所有图层的名称都被写入到了这个文本文件，如图 12-2-38 所示。

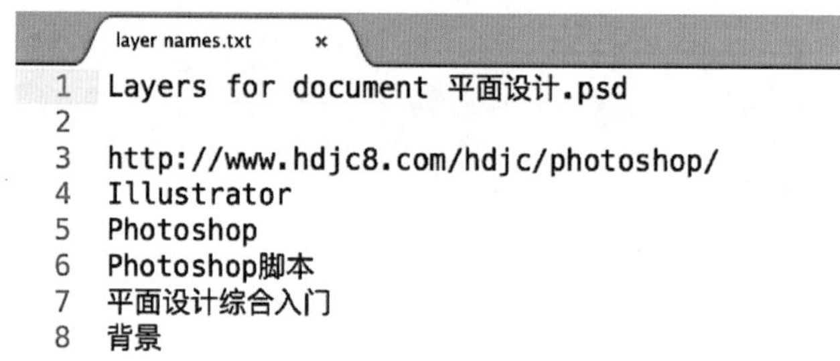

图 12-2-38　所有图层的名称都被写入文本文件

12.2.8　解析 Sample：Write Layer Names 插件中的关键代码

老师，这个插件好奇怪啊，怎么是通过菜单命令执行的，没有任何的像面板这样的用户界面呢？

小美，由于该插件的功能比较简单，就是将当前文档的所有图层的名称写入一个文本文件，所以不太需要用户界面。

将插件的功能放在菜单中执行，需要：

❶ 将 manifest.json 文件中的 entrypoints 的 type 字段的值设置为 command。

❷ 修改 index.js 的 setup 方法，为 manifest.json 中定义的入口点添加处理程序和菜单项。

Sample：Write Layer Names 插件和 First Plugin Demo 插件不太一样，它没有用户界面，那么它是如何工作的呢？现在我们来了解一下它的工作原理。

❶ **打开插件文件夹**：首先打开 Visual Studio Code 软件，依次单击 File→Add Folder to

Workspace 命令，将 Sample：Write Layer Names 插件所在的文件夹添加到 Visual Studio Code 的工作区，如图 12－2－39 所示。

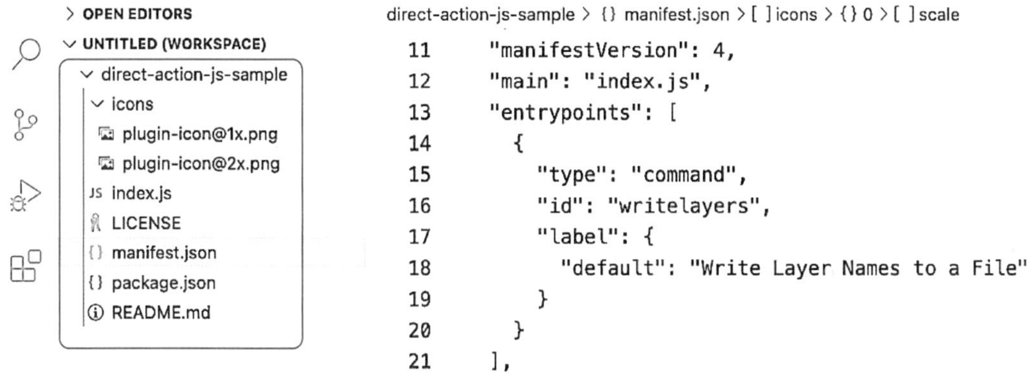

图 12－2－39 Sample：Write Layer Names 插件项目清单

❷ **查看项目结构**：Write Layer Names 插件包含一个名为 icons 的文件夹，该文件夹下有两张图片，作为插件的图标。此外还有 index. js、LICENSE、manifest. json、package. json、README. md 五个文件，我们只需要关注 manifest. json 和 index. js 两个文件即可。

❸ **manifest. json 文件**：从图 12－2－39 中的第 12 行代码可知，manifest. json 的 main 字段的值为 index. js，也就是插件的入口是 index. js 文件。这是因为 Write Layer Names 插件不需要用户界面，所以也就不需要 index. html 文件。

从图 12－2－39 的第 13～21 行代码可知，entrypoints 字段包含 type、id 和 label 三个属性，其值的作用如表 12－2－8 所列。

表 12－2－8 entrypoints 各子字段的功能

字段名称	字段作用
type	入口点类型共有 command 和 pannel 两种，此处的 command 表示该插件没有 pannel，只采用菜单命令的运行方式
id	入口点的唯一标识符。此 id 和 index. js 中的 entrypoints. setup 保持一致，我们将在后面讲解 entrypoints. setup
label	插件在菜单项的名字，用户通过单击它来运行这个插件

❹ **index. js 文件**：插件在读取 manifest. json 文件之后，会接着读取 index. js 文件，index. js 负责从活动文档中获取图层名称，并将它们写入文件，以及如何访问图层，如何提示用户输入文件路径。其代码如下：

```
const { entrypoints } = require("uxp");
```

通过 require 获得 uxp 对象的 entrypoints 属性，并将它存储在 entrypoints 常量中。uxp 对象可以用来设置程序的动作入口以及文件的读取、写入操作等。

```
entrypoints.setup({
    commands: {
        writelayers: () => writeLayers()
```

```
5.     }
6. });
```

setup 方法用于为 manifest.json 中定义的入口点添加处理程序和菜单项。该方法只能调用一次。此处定义一个名为 writelayers 的 command，该 command 对应的函数为 writelayers()。

```
7. async function writeLayers() {
```

实现第 4 行代码出现的 writeLayers 函数，用来将当前文档的每个图层的名称写入到文本文件中。此处出现的 async 和后面的 await 属于异步编程的范畴，我们将在后面的章节中详细讲解它们的用法。

```
8.     try {
9.         const app = require("photoshop").app;
```

通过 require 函数获得 app 对象，该 app 对象代表 Photoshop 软件。

```
10.        if (app.documents.length == 0) {
11.            showAlert("Please open at least one document.");
12.            return;
13.        }
```

如果 Photoshop 的文档数量为 0，则通过 showAlert 函数弹出一个提示窗口，提示用户至少打开一份文档。showAlert 函数在后面的代码中实现。

```
14.        const activeDoc = app.activeDocument;
```

获得 Photoshop 的活动文档，并将该文档存储在常量 activeDoc 中。

```
15.        const layerNames = getLayerNames(activeDoc);
```

通过 getLayerNames 函数，获得活动文档中的每个图层的名称，并将这些图层名称存储在名为 layerNames 的数组中。getLayerNames 函数的实现在第 27 行。

```
16.        if (layerNames) {
17.            await writeLayersToDisk(activeDoc.title, layerNames);
18.        }
```

如果 layerNames 不为空，则通过 writeLayersToDisk 函数，将当前文档的名称和所有图层的名称，写入到文本文件中。此处出现的 await 是 async wait 异步等待的意思，也就是写入文本文件的操作不会造成 Photoshop 的卡顿或停顿。

```
19.        else {
20.            showAlert("Could not get any layer names.");
21.        }
```

如果 layerNames 是空，则通过 showAlert 函数弹出一个提示窗口，提示用户无法获得图层的名称。

```
22.    }
23.    catch(err) {
24.        showAlert(`Error occurred getting layer names: ${err.message}`);
25.    }
```

使用 try - catch 语句来捕捉获得图层名称、写入文本文件等操作可能出现的错误，如果这些操作的过程中出现了错误，则通过 showAlert 函数提示错误信息。

```
26. }
```

```
function getLayerNames(activeDoc) {
```

添加一个名为 getLayerNames 的函数，用来获取活动文档的所有图层名称，它拥有一个名为 activeDoc 的参数，表示 Photoshop 的活动文档。

```
    const allLayers = activeDoc.layers;
    const allLayerNames = allLayers.map(layer => layer.name);
```

获得活动文档的所有图层，将这些图层存储在 allLayers 常量中，接着通过 map 方法，提取这些图层的名称，并将这些图层名称存储在 allLayerNames 常量中。

```
    const sortedNames = allLayerNames.sort((a, b) => a.toUpperCase() < b.toUpperCase() ?
    -1 : a.toUpperCase() > b.toUpperCase() ? 1 : 0);
```

对所有的图层名称进行升序排序，其中 toUpperCase 函数表示将每个图层名称都转换为字母大写的样式。

```
    return sortedNames;
```

在函数的末尾返回按升序排列后的图层名称。

```
}
async function writeLayersToDisk(activeDocName, layerNames) {
```

添加一个名为 writeLayersToDisk 的函数，用来将活动文档的名称和所有图层的名称写入到文本文件中。async 关键词表示 writeLayersToDisk 函数是异步函数，异步函数的执行不会造成 Photoshop 用户界面的卡顿。一般对于文件操作、网络访问之类的函数，建议将它们设置为 async，不然 Photoshop 会一直等待函数执行的结束，进而产生卡顿现象。

```
    const fs = require("uxp").storage.localFileSystem;
```

获取 uxp 对象的本地文件系统。通过本地文件系统对象，可以进行文件的读/写操作。

```
    const file = await fs.getFileForSaving("layer names.txt", { types: [ "txt" ]});
```

通过 getFileForSaving 函数，弹出一个窗口，让用户选择文本文件的存储位置。该函数的第一个参数表示文件的名称，第二个参数是用户可以分配给文件的有效文件类型数组。await 是 async wait 异步等待的缩写，表示 await 后面的代码是异步操作，该操作不会对 Photoshop 造成卡顿。

```
    if (!file) {
        return;
    }
```

如果用户取消了文本文件的设置，或者关闭了弹出窗口，则通过 return 关键词不再执行后面的代码。

```
    const result = await file.write(`Layers for document ${activeDocName}\n\n${layer-
    Names.join('\n')}`);
```

通过 write 方法，将文档名称和图层名称写入到指定的文件中。await 表示后面的代码是异步操作。${}表示在`符号之间插入变量或常量的值。\n 表示换行。

```
}
async function showAlert(message) {
```

添加一个名为 showAlert 的函数，用来弹出一个窗口，并显示指定的信息。它拥有一个参数 message，表示需要显示的信息。

```
    const app = require('photoshop').app;
```

```
    await app.showAlert(message);
```

通过 app 对象的 showAlert 方法，弹出一个提示窗口显示指定的信息。

```
}
```

12.2.9 UXP 中的常用控件

老师，搭建 UXP 面板的用户界面使用的也是 html 标签吗？

小美，UXP 面板界面需要使用到 html 标签，但是核心控件如按钮、图片、表单元素等则是 Adobe 推出的 Spectrum UXP 控件。

Spectrum UXP 控件旨在让任何使用过网页控件的人都能快速上手，同时这些控件的风格也与 Photoshop 界面更匹配。

如果你修改 Photoshop 界面的颜色方案，则这些插件的外观也会跟着 Photoshop 同步变化。你可以像使用任何 html 标签一样使用 Spectrum UXP 控件。

当插件需要和用户进行交互时，就需要使用 UXP 提供的界面元素，本小节演示 UXP 的一些常见的控件，以及如何给它们添加交互事件。

❶ **创建插件**：首先使用 UXP 开发者工具创建一个新的名为 UXP Components 的插件，然后打开并编辑插件的 index. html 文件，我们需要修改它的<body>标签的内容，如下：

```
<body>
    <sp-button id="demoButton"> Click me </sp-button>
```

添加一个<sp-button>按钮，如图 12-2-40 所示。同时设置它的 id 值为 demoButton，这样通过这个 id 值，就可以获得该按钮，从而给它添加单击事件。

```
    <sp-button variant="primary"> Click me </sp-button>
    <sp-button variant="secondary"> Click me </sp-button><br/>
    <sp-button variant="warning"> Click me </sp-button>
```

依次添加三个按钮，样式依次为 primary 主要、secondary 次要和 warning 样式。

图 12-2-40 不同类型的按钮

```
<sp-button disabled> Disabled </sp-button>
```

具有 disabled 属性的按钮将不可单击。

```
<sp-button>
    <sp-icon name="ui:Magnifier" size="s" slot="icon"></sp-icon> Zoom
</sp-button>
```

使用<sp-icon>标签给按钮添加一枚图标，图标的内容由其 name 属性决定。

```
<sp-divider></sp-divider>
<sp-divider size="large"></sp-divider>
```

依次添加两条分割线，第二条分割线的 size 为 large，因此它具有较粗的外观，如图 12-2-41 所示。

```
<sp-checkbox class="demoCheckbox" checked> Checked </sp-checkbox>
<sp-checkbox class="demoCheckbox" disabled> Disabled </sp-checkbox>
```

依次添加两个复选框，第一个复选框具有 checked 属性，表示处于选中的状态。第二个复选框具有 disabled 属性，表示该复选框不可被单击，如图 12-2-42 所示。同时设置它们 class 属性的值，通过 class 属性可以很方便地获得具有相同 class 的所有控件。

```
<sp-divider></sp-divider>
<sp-menu id="demoMenu">
    <sp-menu-item> Deselect </sp-menu-item>
    <sp-menu-item> Select inverse </sp-menu-item>
    <sp-menu-item> Feather... </sp-menu-item>
    <sp-menu-divider></sp-menu-divider>
    <sp-menu-item> Save selection </sp-menu-item>
</sp-menu>
```

使用<sp-menu>创建一组菜单，菜单的选项由<sp-menu-item>标签组成，<sp-menu-divider>是菜单选项的分隔线，这些菜单项的效果如图 12-2-43 所示。

图 12-2-41　不同粗细的分割线

图 12-2-42　不同状态的复选框

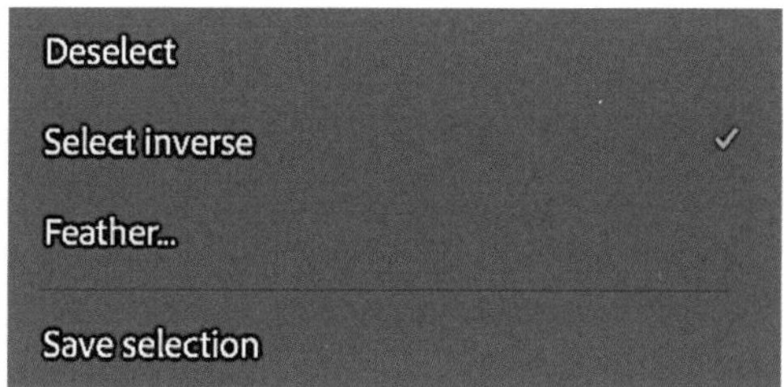

图 12-2-43　包含多个选项的一组菜单

```
<sp-divider></sp-divider>
<sp-picker id="demoPicker" placeholder="Make a selection...">
    <sp-menu slot="options">
        <sp-menu-item> Deselect </sp-menu-item>
        <sp-menu-item> Feather... </sp-menu-item>
        <sp-menu-divider></sp-menu-divider>
        <sp-menu-item> Save selection </sp-menu-item>
    </sp-menu>
</sp-picker>
```

使用<sp-picker>标签添加一个下拉菜单，下拉菜单的选项由<sp-menu-item>标签组成，<sp-menu-divider>是菜单选项的分隔线，下拉菜单的效果如图 12-2-44 所示。

```
<sp-divider></sp-divider>
<sp-icon size="l" name="ui:Magnifier"></sp-icon>
<sp-icon size="s" name="ui:Magnifier"></sp-icon>
```

使用<sp-icon>标签添加两枚图标，如图 12-2-45 所示。size 表示图标的尺寸，l 表示大型，m 表示中等。name 表示图标的名称，UXP 拥有众多内置图标，这些图标可以在此处找到：https://developer.adobe.com/xd/uxp/uxp/reference-spectrum/User%20Interface/sp-icon/

```
<sp-divider></sp-divider>
<sp-link href="http://hdjc8.com">互动教程网</sp-link>
```

使用<sp-link>标签添加一个链接，当单击该链接时，跳转到指定的网页，如图 12-2-45 所示，其 href 属性表示目标网址。

```
<sp-divider></sp-divider>
<sp-progressbar id="demoProgressBar" max=100 value=50>
    <sp-label slot="label"> Uploading...</sp-label>
</sp-progressbar>
```

使用<sp-progressbar>添加一个进度条控件，它的最大值为 100%，当前的值为 50%，如图 12-2-46 所示。

图 12-2-44　包含多个选项的下拉菜单

图 12-2-45　图标和链接

图 12-2-46　进度条

```
<sp-divider></sp-divider>
<sp-radio-group id="demoRadio" column>
    <sp-radio value="ps"> Adobe Photoshop </sp-radio>
    <sp-radio checked value="ai"> Adobe Illustrator </sp-radio>
    <sp-radio invalid value="xd"> Adobe XD </sp-radio>
</sp-radio-group>
```

使用<sp-radio-group>标签定义一组单选框，如图 12-2-47 所示。<sp-radio>标签用于定义单个单选框，value 表示单选框的值。

```
<sp-divider></sp-divider>
<sp-slider id="demoSlider" min="0" max="100" value="50">
    <sp-label slot="label"> Slider Label </sp-label>
</sp-slider>
```

使用<sp-slider>标签创建一个滑杆控件，并分别设置它的 min 最小值、max 最大值和 value 当前的值，如图 12-2-48 所示。

```
<sp-divider></sp-divider>
<sp-textfield id="demoTextfield" placeholder="Phone Number">
    <sp-label isrequired="true" slot="label"> Phone Number </sp-label>
</sp-textfield>
```

使用<sp-textfield>标签定义一个文本框，并设置它的 placeholder 占位符文字的内容。使用<sp-label>给文本框添加一个标签，具有 isrequired 属性的标签会在标签文字的末尾添加一枚星号 *，表示该文本框的内容不可为空，如图 12-2-49 所示。

```
<sp-textfield type="number" placeholder="Age"><sp-textfield>
<sp-textfield type="search" placeholder="Age"><sp-textfield>
```

继续添加两个文本框，设置一个文本框的类型为 number，数值必须介于 -214 748.36 和 214 748.36 之间，否则将显示错误并将值限制为最接近的可接受值。另一个文本框的类型为 search，它会给文本框添加一个搜索图标，以指示该文本框将用于搜索，如图 12-2-49 所示。

图 12-2-47　一组单选框

图 12-2-48　滑　杆

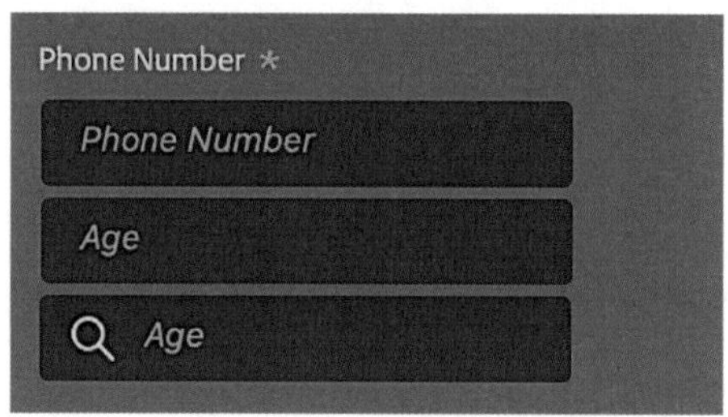

图 12-2-49　用于获取用户信息的表单

```
<sp-divider></sp-divider>
<sp-textarea id="demoTextarea" placeholder="Enter your message.">
    <sp-label slot="label"> Message</sp-label>
</sp-textarea>
```

使用<sp-textarea>标签添加一个文本输入区域，以便收集更多的文字内容，如图 12-2-50 所示。

```
</body>
```

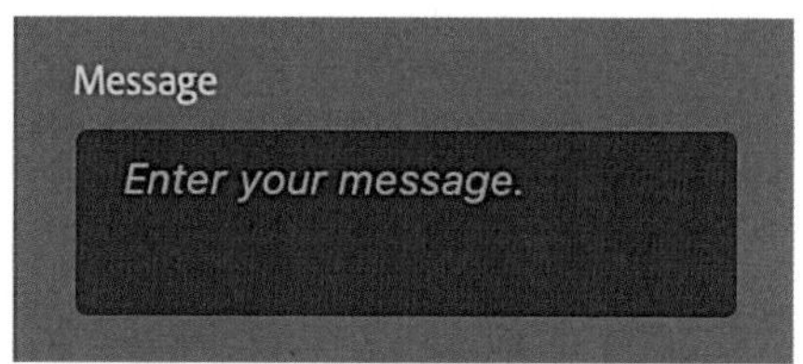

图 12-2-50　文本输入区域

❷ **编辑 index.js 文件**：保存编辑完的 index.html 文件，接着打开并编辑 index.js 文件，删除 index.js 所有旧代码，然后输入以下代码：

```
document.getElementById("demoButton").addEventListener("click", evt => {
    console.log("Button clicked");
})
```

通过 getElementById 方法获得 document 中的 id 值为 demoButton 的按钮，并通过 addEventListener 方法，给该按钮绑定 click 单击事件，当用户单击该按钮时，使用 console 的 log 方法在控制台输出 Button Clicked 的日志。addEventListener 有两个参数，第一个参数是事件的名称，第二个参数是用来处理事件的函数。

```
document.querySelector(".demoCheckbox").addEventListener("change", evt => {
    console.log(`Is the checkbox checked: ${evt.target.checked}`);
})
```

通过 querySelector 方法获得 document 中的 class 为 demoCheckbox 的所有控件，并给这些控件绑定 change 值变化事件，当控件的值发生变化时，在控制台输出相应的日志。evt 参数表示事件本身。evt.target.checked 表示发生事件的控件的 checked 属性的值。

```
document.getElementById("demoPicker").addEventListener("change", evt => {
    console.log(`Selected item: ${evt.target.selectedIndex}`);
})
```

通过 getElementById 方法获得 document 中的 id 值为 demoPicker 的下拉菜单，并通过 addEventListener 方法，给它绑定 change 值变化事件，当用户选择下拉菜单中的某个选项时，在控制台输出该选项在下拉菜单中的序号。

```
document.getElementById("demoMenu").addEventListener("change", evt => {
    console.log(`Selected item: ${evt.target.selectedIndex}`);
})
```

通过 getElementById 方法获得 document 中的 id 值为 demoMenu 的菜单列表，并通过 addEventListener 方法，给它绑定 change 值变化事件，当用户选择菜单列表中的某个选项时，在控制台输出该选项的在菜单列表中的序号。

```
document.getElementById("demoRadio").addEventListener("change", evt => {
    console.log(`Selected item: ${evt.target.value}`);
})
```

通过 getElementById 方法获得 document 中的 id 值为 demoRadio 的单选框组，并通过 addEventListener 方法，给它绑定 change 值变化事件，当用户选择单选框组中的某个选项时，在控制台输出该选项的被选中的单选框的值。

```
document.getElementById("demoSlider").addEventListener("input", evt => {
    console.log(`New value: ${evt.target.value}`);
})
```

获得 document 中的 id 值为 demoSlider 的滑杆，并给它绑定 input 值变化事件，当拖动滑杆上的滑块时，在控制台输出滑杆的值。

```
document.getElementById("demoTextfield").addEventListener("input", evt => {
    console.log(`New value: ${evt.target.value}`);
})
```

获得 document 中的 id 值为 demoTextfield 的输入框，并给它绑定 input 值变化事件，当在输入框里输入文字内容时，在控制台输出刚刚输入的字符。

```
document.getElementById("demoTextarea").addEventListener("input", evt => {
    console.log(`New value: ${evt.target.value}`);
})
```

获得 document 中的 id 值为 demoTextarea 的文本区域，并给它绑定 input 值变化事件，当在文本区域里输入文字内容时，在控制台输出刚刚输入的字符。

❸ **使用插件**：保存编辑好的 index.js 文件，然后通过 UXP 开发者工具加载该插件。插件面板包含众多的控件，如图 12-2-51 所示。

单击右侧的垂直滚动条，查看更多插件，如图 12-2-52 所示。

❹ **查看日志**：当用户操作这些插件时，就会和插件发生各种类型的交互事件，这样就在控制台输出相应的日志信息，如图 12-2-53 所示。

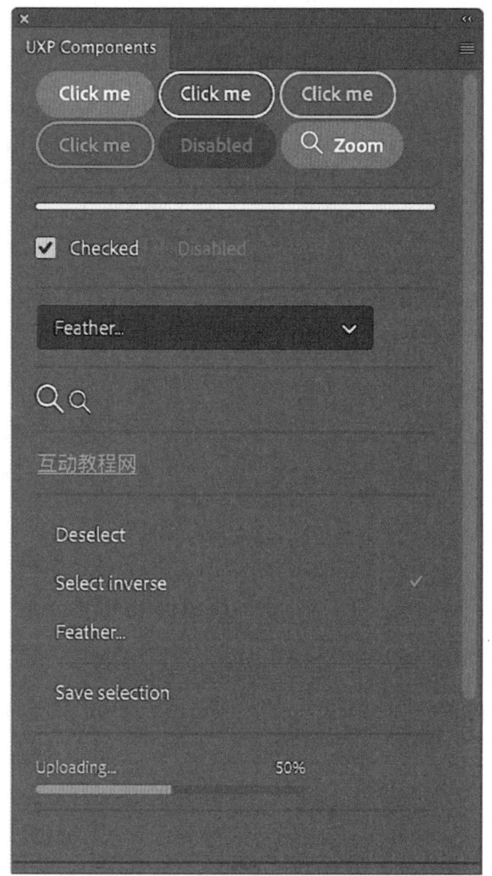

图 12－2－51　包含各控件的插件面板

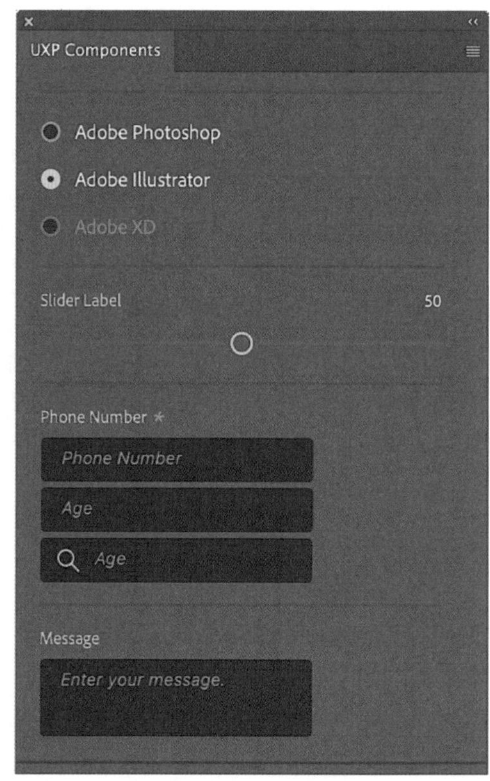

图 12－2－52　插件面板的下半部分

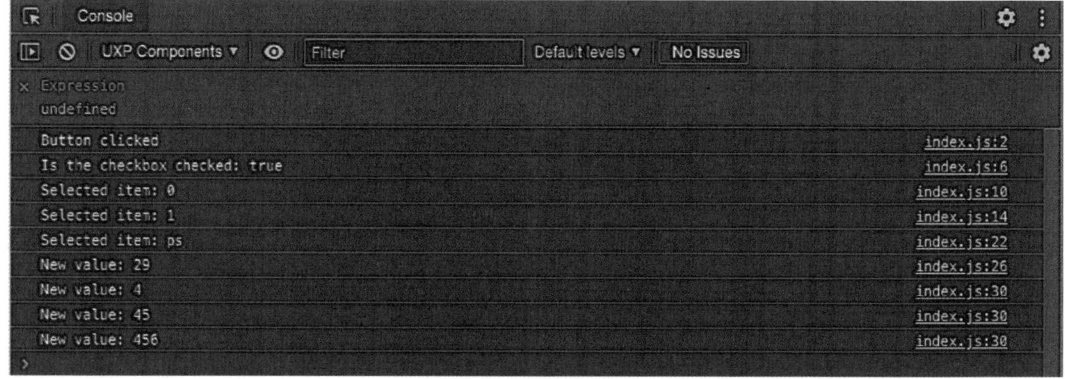

图 12－2－53　使用插件上的各个控件时所输出的日志

12.2.10 UXP 中的常用对象

老师，在 Photoshop 脚本中经常要用到 document 文档和 layer 图层对象。在 UXP 中经常使用的对象有哪些呢？

小美，UXP 中的常用对象和 Photoshop 脚本类似，主要有这三个：

- app 对象：程序的入口，通过 app 对象才可以获得其他的对象。
- document 对象：保存或关闭文档、修改图像或画布尺寸等。
- layer 对象：拷贝、删除、复制、移动、旋转、缩放、链接图层等。

要在 UXP 插件中使用 Photoshop 的应用程序接口，需要做的就是通过一个简单的 require，获得象征 Photoshop 软件的 app 对象，然后就可以获得 Photoshop 中的文档、图层等元素，这些都是插件开发中经常需要使用到的元素。

现在我们就来演示如何使用 app 应用程序对象、document 文档对象和 layer 图层对象。

❶ **创建插件**：首先使用 UXP 开发者工具创建一个新的名为 Photoshop Objects 的插件，然后打开并编辑插件的 index.html 文件，我们只需要修改<body>标签的内容。

```
<body>
<sp-button id="objectButton"> Photoshop Objects </sp-button>
```

在插件面板中放置一枚 id 值为 objectButton 的按钮，如图 12-2-54 所示。当用户单击该按钮时，执行一系列的方法，用来创建文档、打开文档、创建图层和调整图层。

```
</body>
```

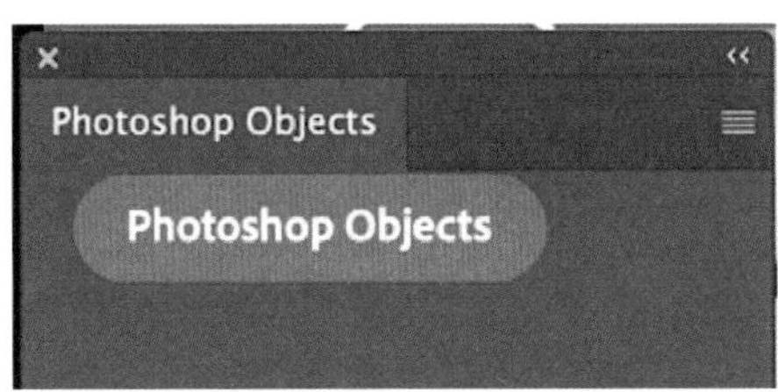

图 12-2-54 插件面板上的按钮

❷ **编辑 index.js 文件**：保存编辑完的 index.html 文件，接着打开并编辑 index.js 文件，删除 index.js 所有旧代码，然后输入以下代码：

```
function appObject()
{
```

添加一个函数，用来演示 app 对象的用法。

```
3.     const app = require('photoshop').app;
```
通过 require 函数获得象征 Photoshop 的 app 对象。

```
4.     app.showAlert(app.currentTool.id);
```
获得 Photoshop 当前工具的 id 值，然后通过 showAlert 方法，弹出一个信息提示窗口，显示当前工具的 id 值，如图 12-2-55 所示。

```
5.     const doc = app.activeDocument;
6.     app.showAlert(doc.title);
```
获得 Photoshop 的 activeDocument 活动文档，并将它存储在 doc 常量中，然后通过 showAlert 方法，弹出一个信息提示窗口，显示活动文档的标题文字，如图 12-2-56 所示。

```
7.     const allDocuments = app.documents;
8.     app.showAlert(allDocuments.length);
```
获得 Photoshop 的所有已经打开的文档 documents，并将它存储在 allDocuments 常量中，然后通过 showAlert 方法，弹出一个信息提示窗口，显示已打开文档的数量，如图 12-2-57 所示。

```
9. }
10. async function createDocument()
11. {
```
添加一个函数，用来演示如何创建新的文档，如图 12-2-58 所示。

```
12.     const app = require('photoshop').app;
```
通过 require 函数获得象征 Photoshop 的 app 对象。

图 12-2-55　显示当前工具为移动工具

图 12-2-56　显示活动文档的标题

图 12-2-57　显示已打开文档的数量为 1

图 12-2-58　创建的空白文档

```
    await require("photoshop").core.executeAsModal(async () => {
```

获得 photoshop 的 core 模块，然后在 core 模块的 executeAsModal 方法中创建新的文档。我们将在后面的课程中详细讲解 executeAsModal 的用法。

```
        let myDoc = await app.createDocument();
```

调用 app 对象的 createDocument 方法，使用默认的参数创建一份空白的文档。

```
        let myDoc2 = await app.createDocument({width: 1200, height: 800,
            resolution: 300, mode: 'RGBColorMode',
            name: '互动教程网', fill: 'transparent'});
```

调用 app 对象的 createDocument 方法，创建一份宽度为 1 200 像素，高度为 800 像素，分辨率为 300，色彩模式为 RGB，文档标题为互动教程网，填充色为透明的空白文档。

```
    }, { commandName: "Execute as modal!" });
}
async function openDocumentAndCreateLayer()
{
```

添加一个函数，用来打开一份文档，并在该文档中创建一个新的图层。

```
    const app = require('photoshop').app;
    await require("photoshop").core.executeAsModal(async () => {
        let entry = await require('uxp').storage.localFileSystem.getFileForOpening();
```

通过 require 函数获取 uxp 的 storage 模块，然后调用 storage 模块的 localFileSystem 的 localFileSystem 方法，弹出一个文件选择窗口，由用户选择一份需要打开的文档。

```
        const document = await app.open(entry);
```

调用 app 对象的 open 方法打开该文档，并将打开后的文档存储在 document 常量中。

```
        const docHeight = document.height;
        const docWidth = document.width;
        const docResolution = document.resolution;
```

依次获得文档的高度、宽度和分辨率，并保存在三个不同的常量中。

```
        await app.showAlert(`Document size is ${docWidth} x ${docHeight}. Resolution is
        ${docResolution}`);
```

通过 app 对象的 showAlert 方法，显示文档的高度、宽度和分辨率。${docWidth}是模板字符串，用来在字符串中嵌入变量或常量。

```
        const myLayer = await document.createLayer({name:'hello layer'});
```

通过 document 对象的 createLayer 方法，创建一个新的图层，并指定图层的名称为 hello layer，如图 12-2-59 所示。

```
        const docLayers = document.layers;
```

通过 document 对象的 layers 属性，可以获得文档中的所有图层。

```
        for (let i = 0; i < docLayers.length; i++) {
            if (docLayers[i].name == '平面设计综合入门') {
                await docLayers[i].duplicate();
```

UXP 并没有提供根据图层名称获取图层的方法，所以这里通过一个 for 循环遍历所有的图层，以找到名称为“平面设计综合入门”的图层，并复制一份该图层。

图 12-2-59　创建名为 hello layer 的新图层

```
                }
            }
        }, { commandName: "Execute as modal!" });
}
function getPhotoshopObjects()
{
        appObject ();
```

创建一个名为 getPhotoshopObjects 的函数，用来响应按钮的单击事件。为了更加清晰地查看上面创建的几个函数的作用，首先调用名为 appObject 的函数。

```
}
document.getElementById("objectButton").addEventListener("click", getPhotoshopObjects);
```

通过 getElementById 方法获得 id 值为 objectButton 的按钮，接着通过 addEventListener 方法给它绑定单击事件。当按钮被单击时，调用 getPhotoshopObjects 函数。

❸ **使用插件**：保存编辑好的 index.js 文件，然后通过 UXP 开发者工具加载该插件，Photoshop 加载插件后的效果如图 12-2-60 所示。

图 12-2-60　Photoshop 加载了插件，并已经打开了一份文档

❹ **加载插件**：单击插件面板中的 Photoshop Objects 按钮，将执行 appObject 函数中的代

码，弹出三个窗口，依次显示了 Photoshop 的当前工具、活动文档的标题和所有打开的文档的数量，如图 12-2-61～图 12-2-63 所示。

图 12-2-61　当前工具名称

图 12-2-62　当前文档名称

图 12-2-63　已打开文档数量

❺ **修改代码：**接着修改第 41 行的代码，以演示 app 对象的创建文档的功能。

```
41. createDocument ( );
```

❻ **重新加载插件：**保存编辑好的 index.js 文件，然后通过 UXP 开发者工具重新加载该插件。Photoshop 重新加载插件之后，单击插件面板中的 Photoshop Objects 按钮，在 Photoshop 中创建了两份新的文档，如图 12-2-64 所示。

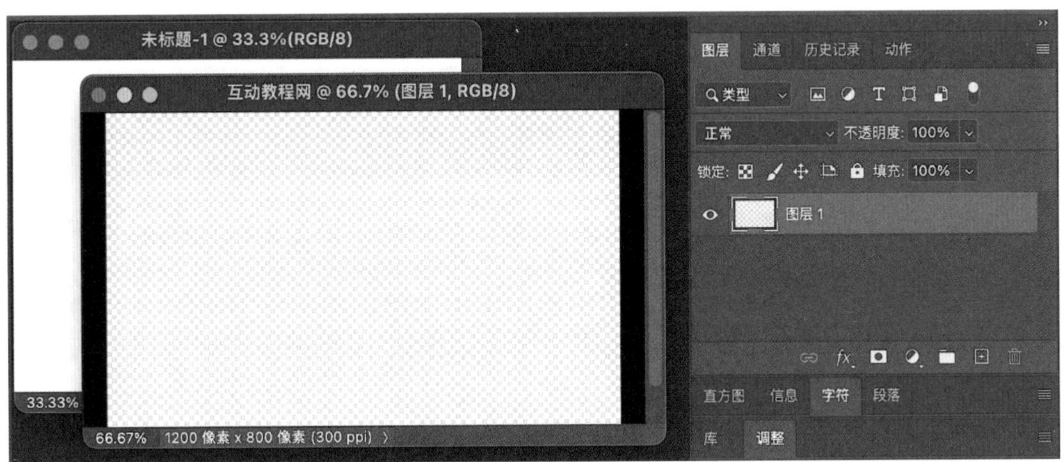

图 12-2-64　在 Photoshop 中创建了两份新的文档

❼ **再次修改代码：**继续修改第 41 行的代码，以演示 app 对象的打开文档、创建图层和编辑图层的功能。

```
41. openDocumentAndCreateLayer ( );
```

❽ **重新加载插件：**保存编辑好的 index.js 文件，然后通过 UXP 开发者工具重新加载该插件。

❾ **使用插件：**Photoshop 重新加载插件之后，单击插件面板中的 Photoshop Objects 按钮，在 Photoshop 中打开了一份文档，并在该文档中创建了一个名为 hello layer 的图层，同时将名为“平面设计综合入门”的图层复制了一份，效果如图 12-2-65 所示。

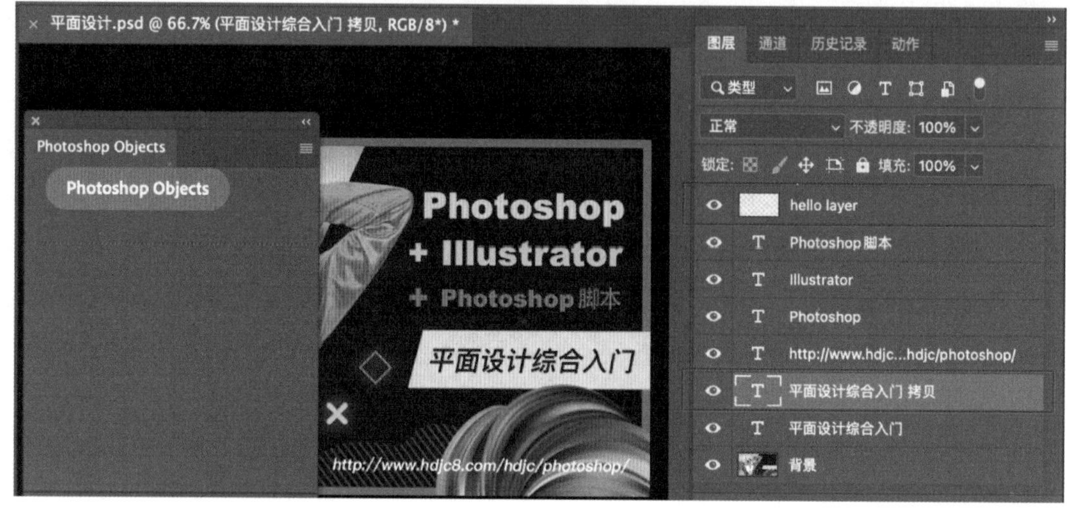

图 12-2-65 创建新的图层并复制“平面设计综合入门”图层

12.2.11 使用 Console 面板检索和调用 Photoshop API

老师，我已经知道了 app、document 和 layer 这三个常用对象，可是我怎样才能弄清楚它们都有什么属性和方法呢？我只有知道了它们所有的属性和方法，才能知道使用它们可以做什么事情。

小美，问得好！UXP 开发者工具可以帮助你解决这个问题。UXP 开发者工具不仅是非常好用的插件开发和调试工具，还可以使用它检测 UXP 中各类型对象的属性和方法。

我们经常想知道某个对象有哪些属性和方法，例如我们可以获得 Photoshop 的 acitveDocument 活动文档，可是在获得 acitveDocument 之后，我们可以做些什么呢？

现在我们就来通过 UXP 开发者工具的 Console 面板，检索和调用 Photoshop 应用程序接口中的常用对象的属性和方法。

为了方便起见，我们使用上一小节的插件和平面设计.psd 文件，如图 12-2-65 所示。接着演示如何在 Console 面板中检索 Photoshop 应用程序接口中的常用对象的属性和方法。

❶ **打开 Console 面板**：打开 UXP 开发者工具，单击插件名称右侧 ACTIONS 一栏中的 … 图标，弹出插件操作命令列表，单击命令列表中的 Logs 命令，显示 Console 面板。

❷ **输入命令**：Console 面板除了用来查看插件产生的日志信息，还可以执行 Photoshop 应用程序接口中的命令，在右箭头>的右侧单击鼠标，然后输入以下命令：

```
require("os").platform( )
```

接着按下键盘上的回车键，在控制台输出了操作系统的型号，如图 12-2-66 所示。

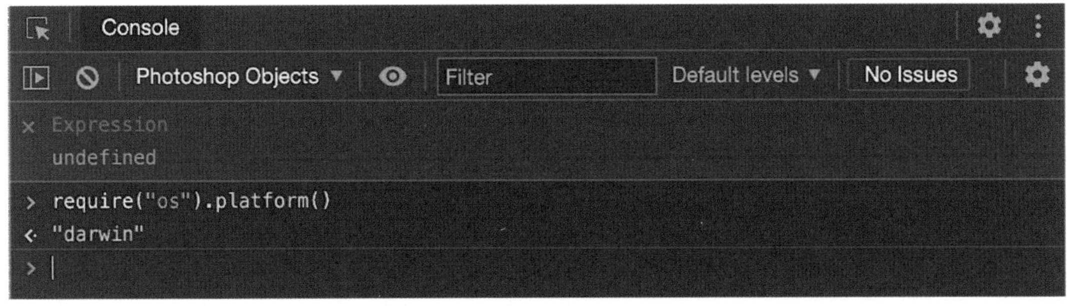

图 12－2－66　UXP 开发者工具的 Console 面板

darwin 表示 macOS 操作系统，如果电脑是 Windows 系统，则输出结果为 windows。

❸ **查看 OS 和 UXP 相关的属性和方法：** 接着继续输入其他的代码，每输入一行代码，按一下回车键：

```
require("os").platform()                                  //获取系统操作的型号
require("uxp").versions.uxp                               //获取 UXP 的版本号
require("uxp").host.uiLocale                              //获取插件主机的语言
require("uxp").host.name                                  //获取插件主机的名称
require("uxp").host.version                               //获取插件主机的版本
require("uxp").shell.openExternal("http://www.hdjc8.com") //打开指定的网页
```

以上 6 行代码的执行结果如图 12－2－67 所示。

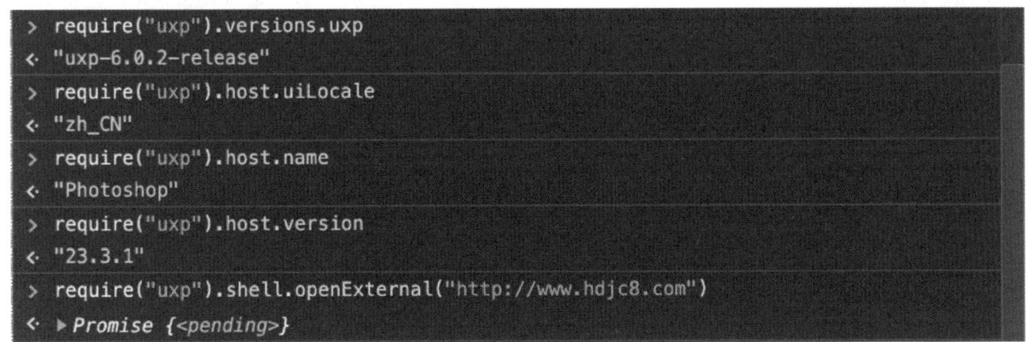

图 12－2－67　uxp 对象的相关属性和方法

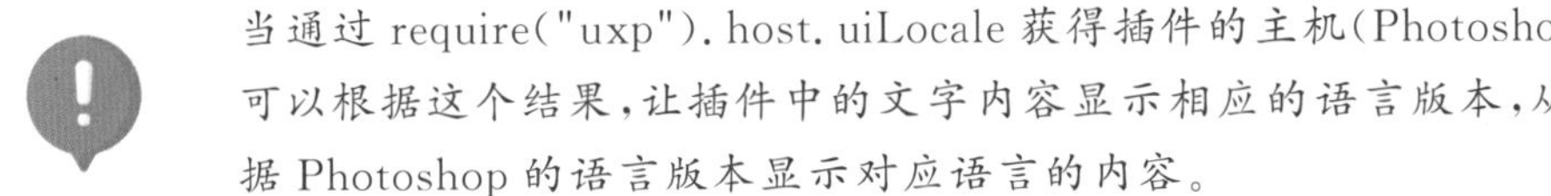

当通过 require("uxp").host.uiLocale 获得插件的主机(Photoshop)语言之后，可以根据这个结果，让插件中的文字内容显示相应的语言版本，从而让插件根据 Photoshop 的语言版本显示对应语言的内容。

❹ **查看 app 对象：** 接着继续输入其他的代码，查看 app 对象的常见属性和方法：

```
8. const app = require("photoshop").app           //获取象征 Photoshop 软件的 app 对象
9. app.foregroundColor                            //获取默认前景色(用于绘制、填充和描边选区)
10. app.backgroundColor                           //获取文档的默认背景色和颜色样式
11. app.typename                                  //引用的 Photoshop 对象的类名
```

以上 4 行代码的执行结果如图 12－2－68 所示。Console 面板是可以记住前面的代码的，所以当第 8 行代码定义了一个名为 app 的常量时，第 9～11 行的代码仍然可以使用 app 常量。

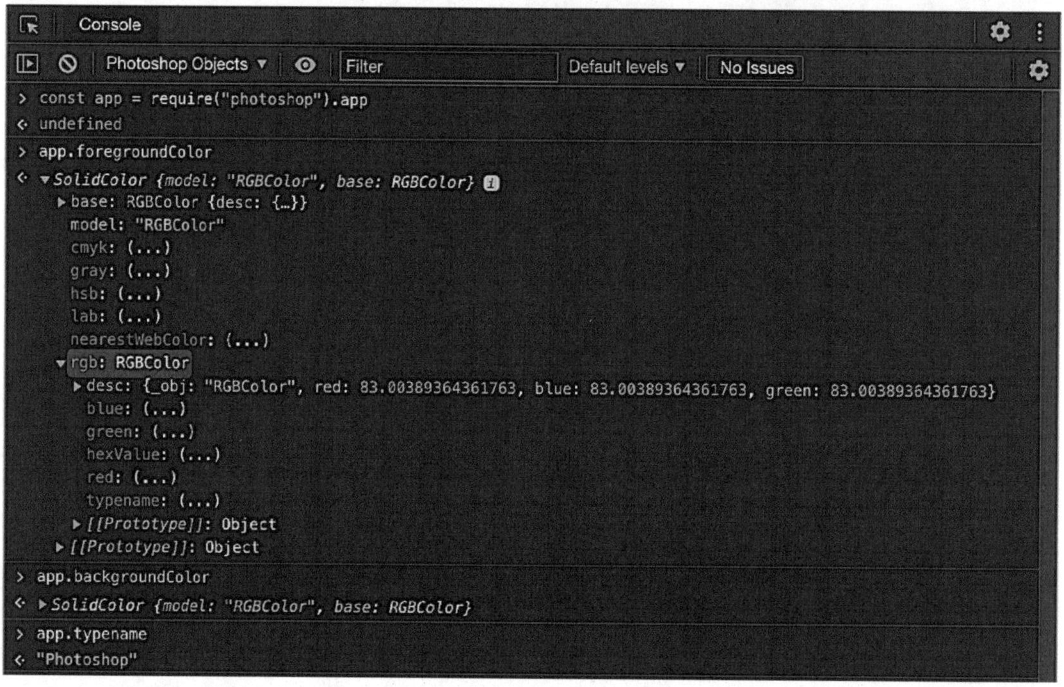

```
Console
Photoshop Objects ▼   Filter   Default levels ▼   No Issues
> const app = require("photoshop").app
< undefined
> app.foregroundColor
< ▼SolidColor {model: "RGBColor", base: RGBColor}
    ▶base: RGBColor {desc: {…}}
    model: "RGBColor"
    cmyk: (...)
    gray: (...)
    hsb: (...)
    lab: (...)
    nearestWebColor: (...)
  ▼rgb: RGBColor
    ▶desc: {_obj: "RGBColor", red: 83.00389364361763, blue: 83.00389364361763, green: 83.00389364361763}
     blue: (...)
     green: (...)
     hexValue: (...)
     red: (...)
     typename: (...)
    ▶[[Prototype]]: Object
  ▶[[Prototype]]: Object
> app.backgroundColor
< ▶SolidColor {model: "RGBColor", base: RGBColor}
> app.typename
< "Photoshop"
```

图 12－2－68　app 对象的常见属性

❺ **查看 documents 数组：** 继续输入其他的代码，查看 documents 数组的常见属性和方法：

```
12. app.documents.length                           //获取 Photoshop 打开的文档的数量
13. app.documents.getByName("平面设计.psd")          //获取指定名称的文档
14. app.documents.add()                            //使用默认的设置创建一份新的文档
15. require("photoshop").core.executeAsModal(() => {app.documents.add();}, {"commandName": "
    Sample Pixel"})
```

当执行到第 14 行代码时，会发现 Photoshop 并没有创建一份新的文档，这是因为该代码让 Photoshop 的状态发生了变化，需要将它放置在 executeAsModal 方法中执行，因此第 15 行代码可以在 Photoshop 中正常创建一份新的文档。

以上 4 行代码的执行结果如图 12－2－69 所示。

❻ **查看 Document：** 继续编写代码，查看 Document 类型对象的属性和方法。

```
Console
Photoshop Objects ▼  Filter  Default levels ▼  No Issues
> app.documents.length
<· 5
> app.documents.getByName("平面设计.psd")
<· ▶Document {saveAs: {…}, _id: 478}
> app.documents.add()
<· ▶Promise {<pending>}
> require("photoshop").core.executeAsModal(()=>{app.documents.add();}, {"commandName": "Sample Pixel"})
<· ▶Promise {<pending>}
>
```

图 12-2-69 documents 数组的常用属性和方法

```
const document = app.activeDocument;          //获得 Photoshop 的活动文档
document.title;                               //获得当前文档的标题
document.path;                                //获得当前文档的路径
document.width;                               //获得当前文档的宽度
document.activeLayers.length;                 //获取当前文档处于选择状态的图层的数量
document.historyStates.length;                //获取当前文档历史记录的数量
```

以上 6 行代码的执行结果如图 12-2-70 所示。

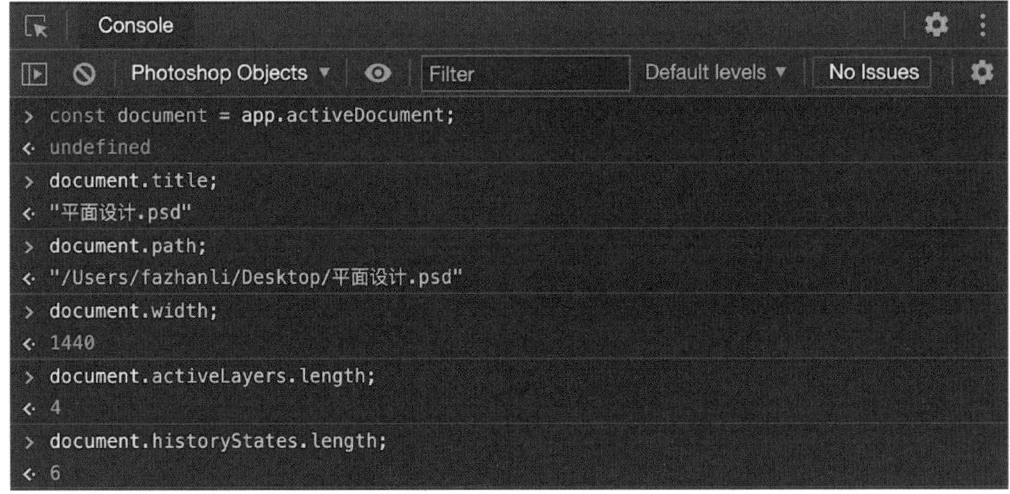

图 12-2-70 document 对象的常用属性和方法

❼ **查看 Layer**：继续编写代码，查看 Layer 类型的对象的属性和方法。

```
const layer = app.activeDocument.layers.getByName("背景");  //获取指定名称的图层
layer.bounds                                                //获取图层的显示区域
layer.opacity                                               //获取图层的不透明度
layer.visible                                               //检测图层是否处于可见状态
layer.document.title                                        //从图层还可以逆向获得文档相关的属性
```

以上 4 行代码的执行结果如图 12－2－71 所示。

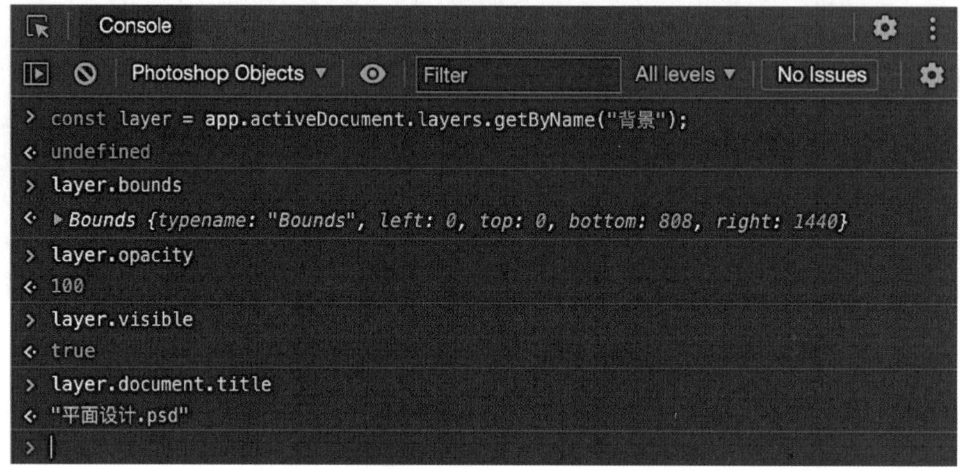

图 12－2－71　layer 对象的常用属性和方法

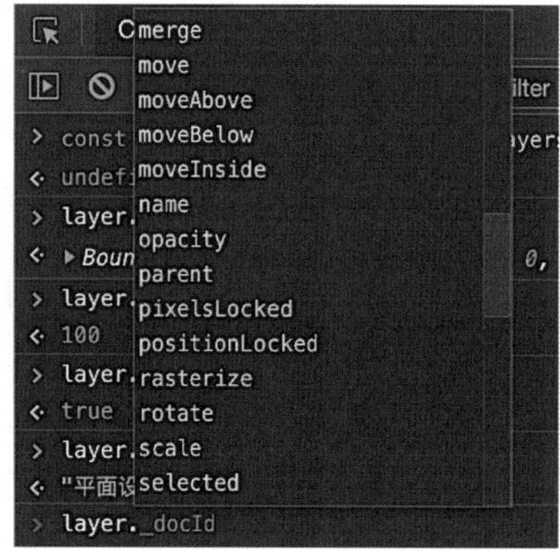

图 12－2－72　layer 对象的所有属性和方法

❽ **检查对象属性和方法：** 当我们在 Console 面板调用 Photoshop 应用程序接口时，可以很方便地查询某个对象总共拥有哪些属性和方法，例如当输入 **layer.** 时，Console 面板会弹出一个和 layer 相关的属性和方法面板，如图 12－2－72 所示。

列表中既有 name、opacity 这样的属性，也有 rotate、scale 这样的方法，属性和方法是混杂在一起的，并且从上到下以字母的排序的升序排列。

单击列表右侧的垂直滚动条，可以查看和 layer 相关的更多的属性和方法。

这样就可以很方便地检索任意对象的属性和方法列表了。

12.2.12　Promise 和 async/await 的应用

老师，我遇到了一件诡异的事情，我创建图层之后给图层命名，发现图层可以正常创建，但是无法给图层命名。

小美，其实你遇到的事情不仅不诡异，而且还很常见。这是因为 Photoshop 创建图层需要花费一定的时间，而代码的执行并没有等待图层创建成功之后才设置图层的名称。

由于在设置图层名称时图层尚未完成创建，所以无法给图层命名。

哦，原来如此！那如何让代码等待图层创建完成之后，再执行给图层命名的操作呢？

你可以使用 Promise 类，Promise 旨在更加优雅地书写复杂的异步任务。也可以使用更加简单的 async/await。async 用于声明一个函数是异步的，而 await 用于等待一个异步任务的执行完成。

不用着急哦，我会为你依次讲解 Promise 和 async/await 的使用。

Photoshop 脚本是基于 JavaScript 语言的，但是在 JavaScript 的世界中，所有代码都是单线程执行的。而对于 Photoshop 文档、图层等元素的修改往往需要花费一定的时间，所以如果一直以单线程的方式进行这些操作，往往会让 Photoshop 陷入卡顿的状态。这时就需要使用 Promise 进行异步操作。

单线程是指程序的代码是顺序执行的，前面的代码必须执行完，后面的代码才会执行。

Promise 是一个 ECMAScript 6 提供的类，所以我们无法在基于 ES 3（陈旧的 JavaScript 引擎）的 Extend Script（Photoshop 脚本）上使用 Promise，但是基于 V8 引擎的 UXP 是可以使用 Promise 的。

1. 使用 Promise 的情况

Promise 的目的是更加优雅地书写复杂的异步任务，可以将 Promise 理解为承诺（君子一诺值千金），即承诺在将来会处理某项指定的任务，而不是立即执行这项任务。现在我们先来通过一个示例，演示不使用 Promise 时的情况。

❶ **创建插件并编辑 index. html 文件：** 首先使用 UXP 开发者工具创建一个新的名为 Async and await 的插件，然后打开并编辑插件的 index. html 文件，我们只需要修改它的 <body> 标签的内容。

```
<body>
    <sp-button id="btnAddLayer">添加新图层</sp-button>
    在面板中放置一枚 id 值为 btnAddLayer 的按钮，当用户单击该按钮时，创建一个新图层。
</body>
```

❷ **编辑 index.js 文件**：保存编辑完的 index.html 文件，接着打开并编辑 index.js 文件，删除 index.js 所有旧代码，然后输入以下代码：

```
1. function addLayerPromise()
2. {
```

添加一个名为 addLayerPromise 的函数，用来响应按钮的单击事件。

```
3.     const app = require('photoshop').app;
4.     app.activeDocument.createLayer( );
5.     layer.name = "互动教程网";
```

通过 require 函数获得 photoshop 的 app 模块，然后通过 app 的活动文档的 createLayer 方法，在文档中创建一个新的图层，接着设置图层的名称为互动教程网。

```
6. }
7. document.getElementById("btnAddLayer").addEventListener("click", addLayerPromise);
```

通过 getElementById 方法获得 document 中的 id 值为 btnAddLayer 的按钮，并通过 addEventListener 方法，给它绑定单击事件，当用户单击该按钮时，调用 addLayerPromise 函数，创建一个新的图层。

❸ **调试插件**：保存编辑好的 index.js 文件，然后通过 UXP 开发者工具加载该插件。插件加载到 Photoshop 之后，单击插件面板中的“添加新图层”按钮，添加一个新的图层。

你会发现图层面板中已经新增了一个图层，但是图层的名称是“图层 1”，而不是我们在代码中设置的“互动教程网”，如图 12-2-73 所示。

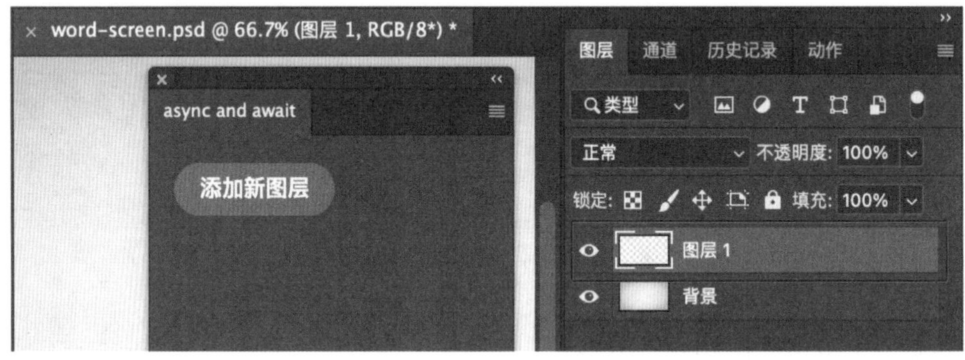

图 12-2-73　图层面板中已经新增了一个名为“图层 1”的图层

这是因为第 4 行代码中的 createLayer()方法需要消耗一定的时间，而用来设置新图层名称的第 5 行代码，在第 4 行代码的任务尚未完成时就被调用了，此时第 5 行代码中的 layer 变量的值为空，所以新图层的名称并未被正确修改。

❹ **修改代码**：现在来使用 Promise 对 addLayerPromise 函数进行一些修改，使修改图层名称的代码在创建图层的代码完全结束之后再执行。

```
1. function addLayerPromise()
2. {
3.     const app = require('photoshop').app;
4.     app.activeDocument.createLayer().then((layer) => {
```

```
        layer.name = "互动教程网";
    });
```

Promise 通过 then 链来解决单层或多层回调的问题，此处在执行完 createLayer 方法之后，将 createLayer 的结果 layer 传入到 then 的代码块，然后在 then 中将新图层的名称修改为互动教程网。

```
}
document.getElementById("btnAddLayer").addEventListener("click", addLayerAsync);
```

通过 getElementById 方法获得文档中的 id 值为 btnAddLayer 的按钮，并通过 addEventListener 方法给它绑定单击事件，当单击该按钮时，执行 addLayerAsync 函数。

❺ **重试插件：**保存编辑好的 index.js 文件，然后通过 UXP 开发者工具重新加载该插件。单击插件面板中的"添加新图层"按钮，添加一个新的图层。你会发现图层面板中已经新增了一个图层，图层的名称也被正确设置为"互动教程网"，如图 12－2－74 所示。

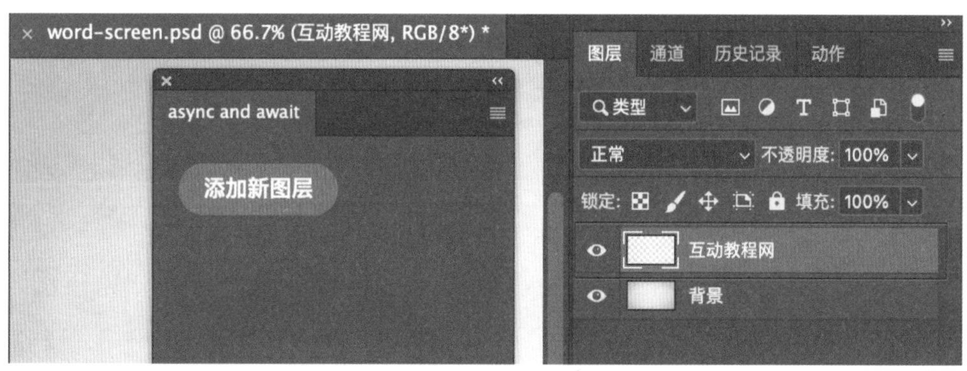

图 12－2－74　新增的图层名称已经被正确设置为"互动教程网"

2. 使用 async/await 的情况

ES2015 版本的 JavaScript 新增了 Promise 功能，自 ES2017 版本以来，又出现了 async/await，从而让异步编程的语法变得更加简单。async/await 解决了当 Promise 的 then 链较多时的复杂性，并降低了传参的困难度。

async/await 建立在 Promise 之上，await 允许代码即使在等待操作完成的过程中也不会阻塞 Photoshop。从字面意思来理解，async 是 asynchronous 异步的简写，而 await 可以认为是 async wait 的简写。

async 和 await 就像伴侣一样总是成对出现的，async 用于声明一个 function 函数是异步的，而 await 用于等待一个异步任务的执行完成。

Adobe 推荐使用 async/await 进行 Photoshop 的异步操作，现在使用 async/await 再次实现新建图层并命名的操作，在 index.js 文件中添加以下代码：

```
async function addLayerAsync() {
```

添加一个函数，用来响应按钮的单击事件，注意 function 左侧的 async 关键词，它用来声明该函数是一个异步函数。

```
    const app = require('photoshop').app;
    const myEmptyLayer = await app.activeDocument.createLayer();
    在要等待执行的代码的左侧添加 await 关键词，表示等待 await 后面的代码执行完成后，再执行下方的代码，并且这个等待不会阻塞 Photoshop 软件的正常运行。
    myEmptyLayer.name = "互动教程网";
}
```

保存编辑好的 index.js 文件，然后通过 UXP 开发者工具重新加载该插件。单击插件面板中的“添加新图层”按钮，添加一个新的图层。你会发现图层面板中已经新增了一个图层，图层的名称也被正确设置为“互动教程网”，如图 12-2-74 所示。

12.2.13 使用 executeAsModal 创建普通图层

老师，我下载了 Adobe 提供的 UXP 示例项目，在我查看这些项目的代码时，发现到处都有 executeAsModal 的踪影，这个是用来做什么的呢？

小美，当你的插件想要对 Photoshop 的状态进行修改，例如创建、修改文档、调整图层、更新 Photoshop 用户界面或偏好状态时，就要使用 executeAsModal 方法。

executeAsModal 可以确保插件能够独占访问 Photoshop，如果任务持续超过两秒，还会显示一个进度条，提示任务的进度状态。

由于一次只有一个插件可以使用 executeAsModal，所以这意味着 executeAsModal 可以保证插件能够独占访问 Photoshop。

当 executeAsModal 处于活动状态时，Photoshop 进入模态用户交互状态（下一小节详细讲解模态的含义），如果模态状态持续时间超过两秒，还会显示一个进度条。

接下来将在本小节使用 executeAsModal 方法，创建一个普通图层。

❶ **创建插件**：首先使用 UXP 开发者工具创建一个新的名为 ExecuteAsModal 的插件，然后打开并编辑插件的 index.html 文件，我们只需要修改它的<body>标签的内容。

```
<body>
    <sp-button id="btnCreateLayer"> Create a layer </sp-button>
    在插件面板中放置一枚 id 值为 btnCreateLayer 的按钮，当用户单击该按钮时，往 Photoshop 的活动文档中创建一个普通图层。
</body>
```

❷ **编辑 index.js**：保存编辑完的 index.html 文件，接着打开并编辑 index.js 文件，删除 index.js 所有旧代码，然后输入以下代码：

```
async function executeAsModal() {
await require("photoshop").core.executeAsModal(async () => {
```

executeAsModal 是 Photoshop 的 core 模块上的方法，它包含两个参数，第一个参数是一个函数，或者需要执行的代码块。

```
    await sleep(5000);
```

当代码的执行超过两秒时，会显示一个进度条，因此通过 sleep 方法让程序休眠 5 秒，延长任务的执行时间，以显示进度条。

```
    const doc = require('photoshop').app.activeDocument;
```

获取 Photoshop 的活动文档，并将它存储在 doc 常量中。

```
    const myLayer = await doc.createLayer({ name: "myLayer",
                                            opacity: 80,
                                            mode: "colorDodge" })
```

创建一个图层，图层名称为 myLayer、不透明度为 80%，图层混合模式为颜色减淡。

```
    }, { commandName: "Execute as modal!" });
```

作为 executeAsModal 方法的第二个参数，commandName 是进度条上的标题文字。

```
}
function sleep(ms) {
    return new Promise(resolve => setTimeout(resolve, ms));
}
```

添加一个名为 sleep 的函数，用来让程序休眠指定的时间。它拥有一个参数，表示程序的休眠时间。

```
document.getElementById("btnCreateLayer").addEventListener("click",
executeAsModal);
```

通过 getElementById 方法获得 id 值为 btnCreateLayer 的按钮，接着通过 addEventListener 方法给它绑定单击事件。当该按钮被单击时调用 executeAsModal 函数。

❸ **使用插件：** 保存编辑好的 index.js 文件，然后通过 UXP 开发者工具加载该插件。单击插件面板中的Create a layer 按钮，往活动文档中添加一个普通图层，结果如图 12-2-75 所示。

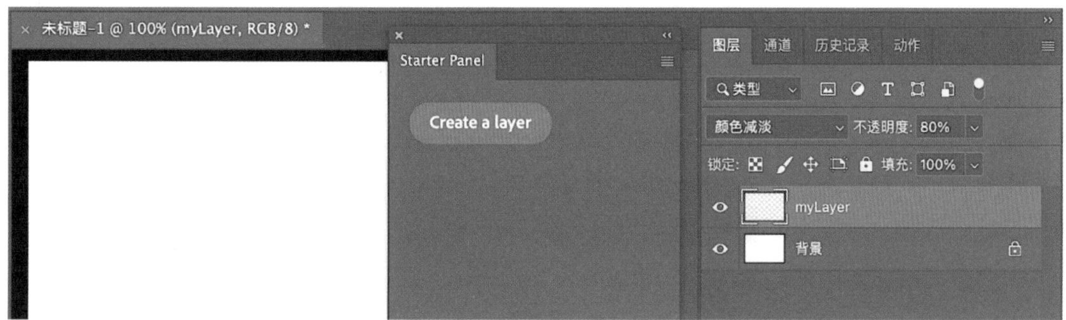

图 12-2-75　加载插件后的 Photoshop 界面

由于代码的执行超过了两秒，因此弹出一个进度条窗口，如图 12-2-76 所示。进度条上方的标题文字为 commandName 字段的值：Execute as modal!

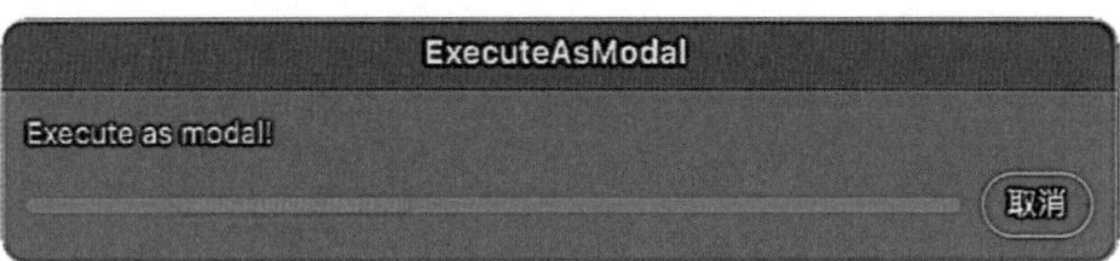

图 12-2-76　代码执行超过 2 s 会弹出进度条窗口

12.2.14　创建 Modal 模态对话框

老师，我的插件需要弹出对话框，以收集用户输入的数据，或者由用户做出进一步的选择，请问这种对话框该如何实现呢？

小美，这种对话框其实就是模态对话框，用于显示重要信息，或者收集用户输入的数据。

模态的含义是屏蔽对话框之外区域的交互性，所以当打开模态对话框时，Photoshop 界面中的某些功能是无法使用的，例如无法使用 Photoshop 的菜单命令。

当模态对话框显示之后，可以使用下列方式关闭模态对话框：

- 按下 Esc 键。
- 按下 Enter 键（当插件提供了 onsubmit 处理程序时）。
- 用户单击用于关闭对话框的按钮。

你可以使用任何创建用户界面的方法来创建模态对话框。现在我们就来使用 Spectrum UXP 控件中的<dialog>创建一个模态对话框。

现在通过一个示例演示如何创建模态对话框。

❶ **创建插件**：首先使用 UXP 开发者工具创建一个新的名为 UXP Show Modal 的插件。由于模态对话框的用户界面是使用 html 标签创建的，因此现在打开并编辑插件的 index. html 文件。

```
<style>
    #dialogTitle{
        color: white;
    }
```

添加一个名为#dialogTitle 的 css 样式，# 表示 id 为 dialogTitle 的元素。这里设置对话框中的标题文字的颜色为白色。

```
</style>
<body>
    <dialog id="dialog">
        <h2 id="dialogTitle">是否删除所有空白图层？</h2><br/>
        <button id="okBtn">OK</button>
        <button id="noBtn">NO</button>
    </dialog>
```

<dialog>标签用于创建对话框，这里创建一个 id 为 dialog 的对话框，这个 id 值用于操作对话框的显示和关闭。对话框包含一个<h2>标签，作为对话框中的标题。还有两个<button>按钮，用于和用户进行交互。

```
    <button id="showDialogBtn">弹出对话框</button>
```

在插件面板中放置一枚 id 值为 showDialogBtn 的按钮，当用户单击该按钮时，弹出一个模态对话框，询问是否删除所有空白图层。

```
</body>
```

❷ 编辑 index. js：保存编辑完的 index. html 文件，接着打开并编辑 index. js 文件，删除 index. js 所有旧代码，然后输入以下代码：

```
async function showDialog(){
```

添加一个名为 showDialog 的函数，用于响应按钮的单击事件。

```
    const res = await document.getElementById( "dialog" ).uxpShowModal({
        title: "是否删除空白图层",
        resize: "both",
        size: { width: 300, height: 200 }
    });
```

通过 document 的 getElementById 方法，获得 id 值为 dialog 的对话框，然后通过 uxpShowModal 方法将<dialog>标签里的内容显示为一个对话框。

设置它的 title 标题文字。resize 的值为 both，表示对话框支持在水平和垂直方向上进行缩放。对话框的默认宽度为 300 像素，高度为 200 像素。

用户在对话框的交互结果存储在常量 res 中。

```
    const photoshop = require( "photoshop" );
    if(res === "ok")
        photoshop.app.showAlert("好的，我会删除所有的空白图层。");
```

如果用户单击的是 OK 按钮，则执行相应的动作。

```
    if(res === "no")
        photoshop.app.showAlert("取消操作。");
```

如果用户单击的是 NO 按钮，则仅仅关闭对话框。

```
}
document.getElementById("okBtn").addEventListener("click",() => {
    document.getElementById("dialog").close("ok");
```

```
});
```

通过 addEventListener 方法，给对话框中的 id 值为 okBtn 的按钮绑定单击事件，当用户单击该按钮时，通过调用 id 值为 dialog 的对象的 close 方法，关闭对话框。close 方法中的"ok"是返回的值，通过这个值判断用户是否单击了 OK 按钮。

```
document.getElementById("noBtn").addEventListener("click",() => {
    document.getElementById("dialog").close("no");
});
```

通过 addEventListener 方法，给对话框中的 id 值为 noBtn 的按钮绑定单击事件，当用户单击该按钮时，通过调用 id 值为 dialog 的对象的 close 方法，关闭对话框。close 方法中的"no"也是返回的值，通过这个值判断用户是否单击了 NO 按钮。

```
document.getElementById("showDialogBtn").addEventListener("click", showDialog);
```

通过 getElementById 方法获得 id 值为 showDialogBtn 的按钮，接着通过 addEventListener 方法给它绑定单击事件。当该按钮被单击时调用 showDialog 函数。

❸ **加载插件**：保存编辑好的 index.js 文件，然后通过 UXP 开发者工具加载该插件，加载后的插件如图 12－2－77 所示。

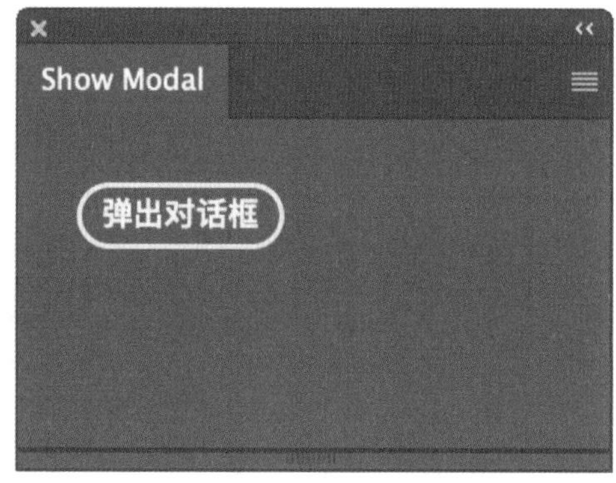

图 12－2－77　插件用户界面

❹ **使用插件**：单击插件面板中的"弹出对话框"按钮，将弹出一个模态对话框，结果如图 12－2－78 所示。

当单击面板上的 OK 按钮时，弹出一个信息提示窗口，如图 12－2－79 所示。

图 12－2－78　模态对话框

图 12－2－79　单击 OK 按钮时的提示窗口

12.3 使用 batchPlay 扩展 Photoshop API

老师，我需要在插件中提供创建文本图层的功能，但是我检索了 app、document 和 layer 这些对象的属性和方法，都没有找出可以创建文本图层的方式。

小美，这是因为 UXP 技术尚未完善。

尽管每个新版的 Photoshop 都会对 UXP 进行升级，但是目前 UXP 还是无法直接调用 Photoshop 的所有功能。

我们在使用 Photoshop 脚本时，是通过 Action Manager 帮助我们调用无法访问的 Photoshop 命令的。

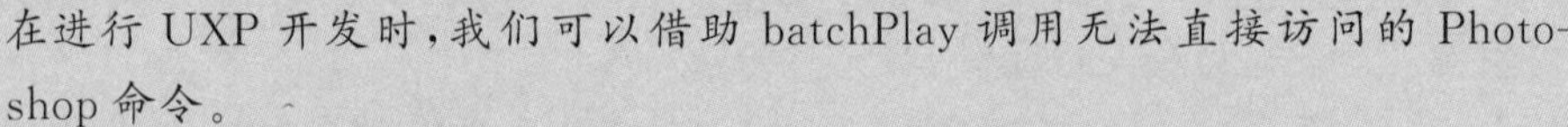

在进行 UXP 开发时，我们可以借助 batchPlay 调用无法直接访问的 Photoshop 命令。

batchPlay 是对 Action Manager 的升级，当遇到 UXP 无法解决的问题时，就可以考虑使用 batchPlay。

现在我来详细讲解 batchPlay 的使用方法，因为已经学习过 Action Manager，所以你会很快掌握 batchPlay 的使用。

12.3.1 UXP 的核心功能 batchPlay 的使用

UXP 的核心是 batchPlay，这是一种可以执行一个或多个 Photoshop 操作命令并返回其结果的方法。

batchPlay 可以直接从 Photoshop 的 action 模块访问，并且与大多数其他应用程序接口一样，它默认是异步的。

batchPlay 最重要的一个概念就是 Action descriptor 动作描述符，因为 batchPlay 要运行的代码其实就是一个个的动作描述符。

一个动作描述符主要由以下三个元素组成：

❶ 要执行的 Photoshop 命令（必需）。

❷ 命令的目标对象（必需）。

❸ 命令的各个参数（非必需）。

1. 动作描述符实例解析示例 1

要灵活使用 batchPlay，只需要理解清楚动作描述符，要想理解动作描述符，只需明白如何在动作描述符中描述 Photoshop 的命令、命令的目标对象和命令的各个参数。

现在以一个示例演示第一个动作描述符的组成元素，该动作描述符用来删除当前文档的活动图层。

```
{
    _obj: "delete",
    _target:[
        {_ref: "layer", _enum: "ordinal", _value: "targetEnum"}, ❷
        {_ref: "document", _enum: "ordinal", _value: "targetEnum"} ❶
    ]
}
```

从这个示例可知，动作描述符采用 json 格式（一种以键值对组织数据的方式）来组织各个元素。要执行的 Photoshop 命令由_obj 字段表示，它的值为 delete，也就是要执行删除命令。那要删除什么对象呢？也就是命令的目标对象是什么呢？

目标对象是由_target 字段表示的，它的值是一个数组，包含了两个对象。要查找目标对象，需要从列表中的最后一个值到第一个值进行逆序查找。

也就是先获得这个对象：

```
{_ref: "document", _enum: "ordinal", _value: "targetEnum"}
```

_ref：表示引用对象是文档。

_enum：表示文档的序数。

_value：它的值是 targetEnum，targetEnum 是序数枚举的默认值。

所以可以将它理解为最前面的文档，也就是活动文档。

接着获得这个对象：

```
{_ref: "layer",_enum: "ordinal", _value: "targetEnum"}
```

_ref：表示引用对象是图层。

_enum：表示图层的序数。

_value 是目标枚举，表示处于选择状态的图层。

因此，对于_target 字段来说，它引用的对象是当前文档的活动图层。所以整个动作描述符的作用就是删除当前文档的活动图层。也就是对_target 字段指定的对象，应用_obj 字段指定的命令。

构成_target 字段方式共有五种，这五种构成_target 字段的方式如表 12-3-1 所列。每一种方式都可以指定如何从 Photoshop 的根元素开始，查找到目标元素。

表 12-3-1　五种构成_target 字段的方式

构成形式	示　例	说　明
ID	{_ref:"document", _id: 123}	获取 id 值为 123 的文档
Index	{_ref:"document", _index: 1}	获取索引值为 1 的文档
Name	{_ref:"document", _name:"背景"}	获取名为背景的文档
Enumeration	{_ref:"document", _enum: "ordinal", _value:"targetEnum"}	获取活动文档
Property	{_property:"title"}	获取名为 title 的属性

不推荐：一般不推荐使用 Index 的方式获取目标对象，因为在目标对象之前添加或删除元素索引将发生变化。

推荐：一般推荐使用 ID 的方式获取目标对象，因为对象的 ID 不会发生变化。当然使用 Name 或 Enumeration 的方式也很普遍。

Enumeration 最常见的值是 targetEnum，表示指定类的当前选定的或活动的对象。其他可能的值包括："first""last""front"。使用枚举形式时，target-Enum 是_value 属性的默认值。

2. 动作描述符实例解析示例 2

第二个动作描述符用来创建一个选区，选区的起点位于坐标{100px，100px}，选区的宽度和高度都是 200 px。该动作描述符除了包含_obj 和_target 两个字段之外，还包括一个名为 to 的字段，用来设置命令的参数。

```
{
    "_obj":"set",
    "_target":[
        {
            "_property":"selection",
            "_ref":"channel"
        }
    ],
    "to":{
            "_obj":"rectangle",
        "bottom":{
            "_unit":"pixelsUnit",
            "_value":300
        },
        "left":{
            "_unit":"pixelsUnit",
            "_value":100
        },
        "right":{
```

```
            "_unit":"pixelsUnit",
            "_value":300
        },
        "top":{
            "_unit":"pixelsUnit",
            "_value":100
        }}}
```

第二个动作描述符的_obj 字段和_target 字段，与第一个动作描述符功能相同，分别用来指定要执行的命令，以及命令的目标对象。

现在来解释一下 to 字段的内容，其中_obj 字段的值为 rectangle，表示创建一个矩形选区，如图 12-3-1 所示。bottom、left、right 和 top 四个字段，分别用来设置矩形选区在底、左、右和上这四个方向的坐标值，数值的单位为 pixelsUnit(像素)。

图 12-3-1　创建一个坐标为{100px,100px}，尺寸为 200 px 的选区

也就是对_target 字段指定的对象应用_obj 字段指定的命令，命令所需的参数由 to 字段定义。

3. 动作描述符的应用实例

现在来演示如何在插件中调用上面创建的两个动作描述符。

❶ **创建插件**：首先使用 UXP 开发者工具创建一个名为 Batch Play Basic 的插件。然后打开并编辑插件的 index.html 文件，我们只需要修改它的<body>标签的内容。

```
<body>
    <sp-button id="btnDeleteAndSelect"> Delete and select </sp-button>
```

在插件面板中放置一枚 id 值为 btnDeleteAndSelect 的按钮，当用户单击该按钮时，删除当前文档的活动图层，然后创建一个选区。

```
</body>
```

❷ **编辑 index.js**：保存编辑完的 index.html 文件，接着打开并编辑 index.js 文件，删除 index.js 所有旧代码，然后输入以下代码：

```
async function doDeleteAndSelect() {
```

添加一个函数，用来删除当前文档的活动图层，然后新建一个选区。

```
    let deleteCommand = {_obj:"delete", _target:[{_ref: "layer", _enum: "ordinal"},{_ref: "document", _enum: "ordinal"}]};
    let selectCommand = {"_obj":"set","_target":[{"_property":"selection","_ref":"channel"}],"to":{"_obj":"rectangle","bottom":{"_unit":"pixelsUnit","_value":300.0},"left":{"_unit":"pixelsUnit","_value":100.0},"right":{"_unit":"pixelsUnit","_value":300.0},"top":{"_unit":"pixelsUnit","_value":100.0}}};
```

依次定义两个动作描述符，分别描述删除活动图层、创建选区两个动作。由于前面已经详细讲解过这两个动作描述符，在此不再重复讲解。

```
    return await require("photoshop").action.batchPlay([deleteCommand, selectCommand], {});
```

获得 photoshop 的 action 模块，通过 action 模块中的 batchPlay 方法，批量播放两个动作描述符。batchPlay 包含两个参数，第一个参数是一个数组，可以包含一个或多个动作描述符，第二个参数是参数调整选项 synchronousExecution，可以设置 batchPlay 是异步执行还是同步执行，大多数情况下此处设置为空值，也就是默认异步执行。

```
}
async function deleteAndSelect() {
    require("photoshop").core.executeAsModal(doDeleteAndSelect, {"commandName": "Delete Layer"});
```

添加一个名为 deleteAndSelect 的函数，以响应按钮单击事件。当按钮被单击时，通过 photoshop 的 core 模块中的 executeAsModal 方法，执行删除图层和创建选区的功能。由于删除图层和创建选区涉及到对文档的编辑，所以需要在 modal 模态范围内执行。

```
}
document.getElementById("btnDeleteAndSelect").addEventListener("click", deleteAndSelect);
```

通过 getElementById 方法获得 id 值为 btnDeleteAndSelect 的按钮，接着通过 addEventListener 方法给它绑定单击事件。当单击该按钮时，调用 deleteAndSelect 函数。

❸ **加载插件**：保存编辑好的 index.js 文件，然后通过 UXP 开发者工具加载该插件。此时 Photoshop 已经加载了该插件，如图 12-3-2 所示。请注意当前文档的活动图层名为“黑色遮罩”，需要删除该图层并且创建一个指定范围的选区。

图 12-3-2　加载插件后的 Photoshop 界面

❹ **使用插件**：单击插件面板中的 Delete and select 按钮，删除活动图层然后创建一个选区，最终效果如图 12-3-3 所示。

图 12-3-3　删除“黑色遮罩”图层然后创建一个选区

12.3.2　使用 batchPlay 获取对象的属性

老师，当_obj 字段的值为 set 时，可以设置对象的属性，那如果要获取对象属性的值，是不是将_obj 的值设置为 get 呢？

小美，你的脑瓜真好使啊！batchPlay 可用于从 Photoshop 中获取各个对象的属性和状态。方法也很简单，只要使用 get 命令，即可获得目标对象的属性和状态，也就是将_obj 字段的值设置为 get。

现在演示一个实例，该实例用来获得 id 为 documentID 的文档的 title。

```
{
    "_obj":"get",
    "_target":{
        "_ref":[              { "_property":"title" }, ❸
            { "_ref":"document", "_id":"documentID" },     ❷
                                  { "_ref":"application" } ] ❶
    }
}
```

首先，由_obj 字段指定要执行的命令为 get；接着，通过_target 中的_ref 字段，指定要获得的属性的层级顺序：application 对象→id 为 documentID 的文档→title 属性。这样就可以获得 id 为 documentID 的文档的 title 了，如图 12－3－4 所示。

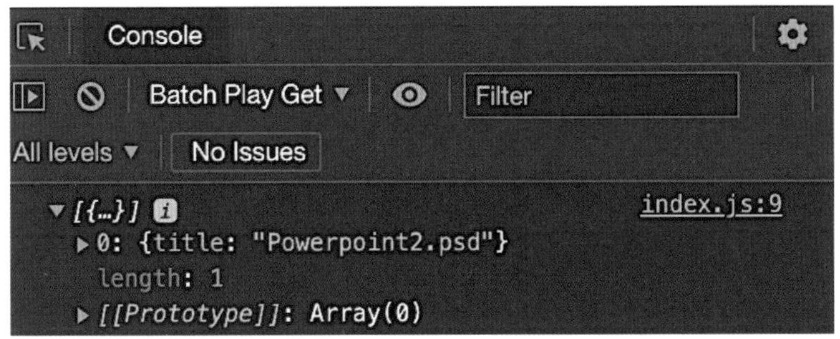

图 12－3－4　获得文档的 title 属性

我们在_ref 字段设置了{ "_property":"title" }，以获得文档的 title 属性。如果我们删除{ "_property":"title" }，也就是不设置 property，则返回目标对象的所有可能属性。例如以下动作描述符用来获得 id 为 docID 的文档的所有属性。

```
{
    "_obj":"get",
    "_target":{ "_ref":[ {"_ref":"document", "_id":"docID"}, {"_ref":"application"} ] }
}
```

1. 获取同一对象的多个属性

如果希望从同一个目标对象中获取多个属性的值，或者从多个同类目标中获取相同的属性，这时就不能使用 get 命令了，而要使用 multiGet 命令。假如需要获得当前文档活动图层的 name、bounds 和 opacity 三个属性，multiGet 命令的动作描述符是这样的：

```
{
    "_obj": "multiGet",
    "_target": { "_ref": [{"_ref": "layer", "_enum": "ordinal"}, {"_ref": "document",
    "_enum": "ordinal"}]},
    "extendedReference": [["name", "layerID", "opacity"]],
    "options": {"failOnMissingProperty":false, "failOnMissingElement": false}
}
```

与 get 命令相比，multiGet 命令多了 extendedReference 和 options 两个字段。

extendedReference 字段：用来描述从目标对象返回值的列表。extendedReference 可以有一个或两个元素。第一个元素是属性列表，第二个元素用于指定元素范围。

options 字段：用来描述如果有请求的值不可用时，命令应该如何反应。options 字段包括两个不同的值：

- failOnMissingProperty：描述如果目标元素未公开请求的属性时会发生什么。默认值为 true，这意味着如果请求的属性不可用，则命令执行失败。
- failOnMissingElement：描述如果某个目标元素不存在时应该发生什么。默认值为 true，这意味着如果请求的某个元素不存在，则命令执行失败。

2. 获取多个对象的属性

如果需要获得多个对象的属性，只需要设置 extendedReference 字段的第二个值即可。例如我们需要获得图层面板中的第 1、2、3 三个图层的 name、bounds 和 opacity 三个属性，则只需要修改第 4 行代码即可：

```
4. "extendedReference":[["name","layerID","opacity"],{"_obj":"layer",index:1,count:3}]
```

extendedReference 的值是一个数组，它包含两个元素，第一个元素用于指定属性列表，第二个元素用于指定图层的范围，index 字段的值是图层范围的开始序号，count 字段的值是图层范围的数量。

如果需要获取文档中的所有图层的名称，只需要设置 count 字段的值为 -1 即可。

3. 获取对象属性的实例

现在来演示如何获取同一对象的多个属性，以及如何获取多个对象的属性。

❶ **创建插件**：首先使用 UXP 开发者工具创建一个名为 Batch Play Basic 的插件。然后打开并编辑插件的 index. html 文件，我们只需要修改它的<body>标签的内容。

```
<body>
    <sp-button id="btnGetProperties"> Get Properties </sp-button>
```

在插件面板中放置一枚 id 值为 btnGetProperties 的按钮，当用户单击该按钮时，通过 get 和 multiGet 命令，获取一个或多个对象的一个或多个属性。

```
</body>
```

❷ **编辑 index. js**：保存编辑完的 index. html 文件，接着打开并编辑 index. js 文件，删除 index. js 所有旧代码，然后输入以下代码：

```
async function getProperties() {
```

定义一个方法，用来响应按钮的单击事件，以获取一个或多个对象的一个或多个属性。

```
    let titleCommand = { _obj:"get", _target:{ _ref:[ { _property:"title" },
    {_ref:"document", _enum: "ordinal"}, {_ref:"application" }]}};
    let allCommand = { _obj:"get", _target:{ _ref:[ {_ref:"document", _enum: "ordinal"},
    {_ref:"application" }]}};
```

```
    let layersCommand = { _obj: "multiGet", _target: { _ref: [{_ref: "document", _enum: "ordinal"}]}, extendedReference: [["name", "bounds", "opacity"], {_obj: "layer", index: 1, count: 3}], options: {failOnMissingProperty: false, failOnMissingElement: false}
    };
```

定义三个动作描述符 titleCommand、allCommand 和 layersCommand，分别用来获得文档的 title、文档的所有属性，以及前三个图层的三个属性。由于前面已经详细讲解过这三个动作描述符，在此不再重复解说。

```
    let titleProperty = await require("photoshop").action.batchPlay([titleCommand], {});
    let allProperties = await require("photoshop").action.batchPlay([allCommand], {});
    let layersProperties = await require("photoshop").action.batchPlay([layersCommand], {});
```

通过 photoshop 的 action 模块的 batchPlay 方法，依次执行这三个动作描述符，并将结果分别存储在三个常量中。

```
    console.log(titleProperty);
    console.log(allProperties);
    console.log(layersProperties);
```

依次在控制台输出三个动作描述符的运行结果。

```
}
document.getElementById("btnGetProperties").addEventListener("click", getProperties);
```

通过 getElementById 方法获得 id 值为 btnGetProperties 的按钮，接着通过 addEventListener 方法给它绑定单击事件。当单击该按钮时，调用 getProperties 函数。

❸ **加载插件**：保存编辑好的 index.js 文件，然后通过 UXP 开发者工具加载该插件。此时 Photoshop 已经加载了该插件，如图 12-3-5 所示。

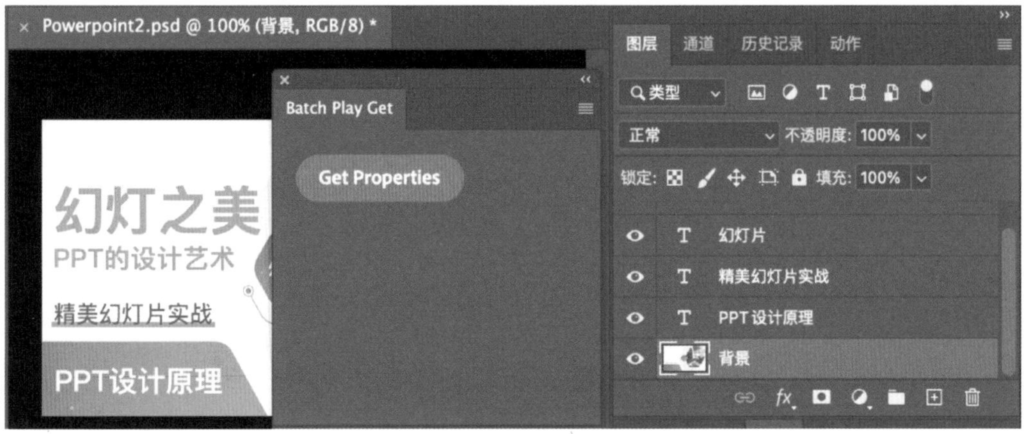

图 12-3-5　加载插件后的 Photoshop 界面

❹ **使用插件**：单击插件面板上的 Get Properties 按钮，在控制台输出相关对象的属性信息，如图 12-3-6 和图 12-3-7 所示。

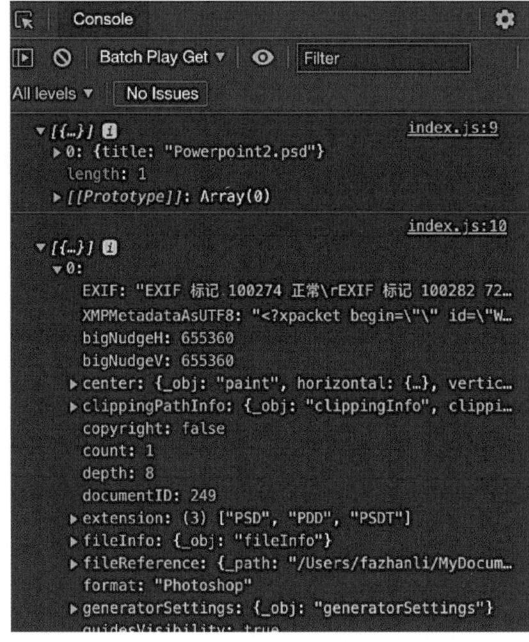

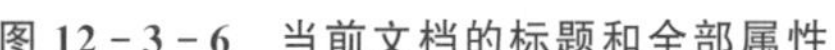

图 12-3-6　当前文档的标题和全部属性

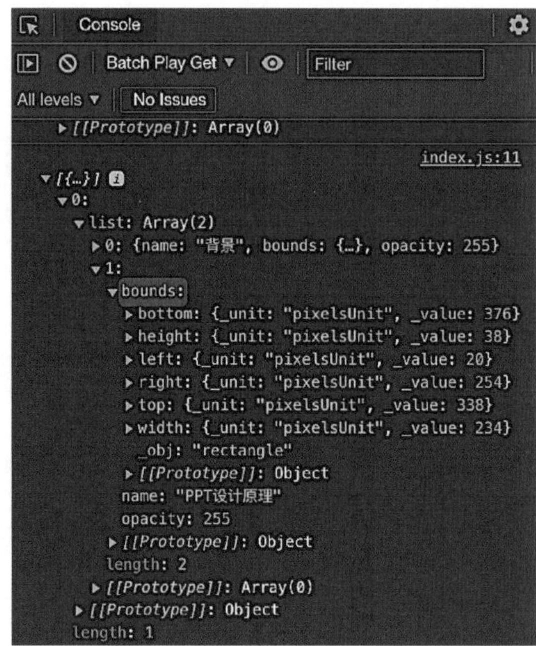

图 12-3-7　两个图层的三个属性

12.3.3　使用 batchPlay 创建文本图层

老师，我对 batchPlay 已经有了一定的了解，删除对象、设置对象和获取对象属性，分别使用 delete、set 和 get 命令就行了。那如果我要创建一个新的对象，需要使用什么命令呢？

小美，使用 batchPlay 创建对象需要使用 make 命令，也就是将_obj 字段的值设置为 make。你之前不是说想在插件中创建文本图层吗，现在我们就来使用 make 命令创建文本图层。

由于 Photoshop API 尚未提供文本图层的创建接口，因此我们需要借助 batchPlay 实现文本图层的创建。

当前的 Photoshop UXP 并没有包含 Photoshop 的所有元素。当遇到 Photoshop 应用程序接口无法解决的问题时，就可以考虑使用 batchPlay。使用 batchPlay，需要构建一个动作描述符，告诉 Photoshop 要执行哪些操作。

现在来演示如何使用 batchPlay 创建文本图层。

❶ **创建插件**：使用 UXP 开发者工具创建一个新的名为 Batch Play Create Text Layer 的插件。然后打开并编辑 index. html 文件，只需要修改它的<body>标签的内容。

```
<body>
    <sp-button id="btnCreateTextLayer"> Create text Layer </sp-button>
```

在插件面板中放置一枚 id 值为 btnCreateTextLayer 按钮，当用户点击该按钮时，往 Photoshop 的活动文档中创建一个文本图层。

```
</body>
```

❷ **编辑 index.js**：保存编辑完的 index.html 文件，接着打开并编辑 index.js 文件，删除 index.js 所有旧代码，然后输入以下代码：

```
async function makeTextLayer(theText) {
```

添加一个名为 makeTextLayer 的函数，用来创建文本图层，它拥有一个参数 theText，表示文本图层中的文字内容。

```
    const batchCommands = {
        "_obj": "make",
        "_target": [ {
                "_ref": "textLayer"
            }
        ],
```

定义一个名为 batchCommands 的对象，作为 batchPlay 需要执行的动作描述符。其中_obj 的值为 make，表示创建新的元素、_target 中的_ref 的值为 textLayer，表示要创建的目标对象为文本图层。

```
        "using": {
        "_obj": "textLayer",
            "textKey": theText,
```

继续配置 batchCommands 动作描述符，using 字段用来定义文本图层的详细属性。_obj 的值为 textLayer，表示设置文本图层的属性。textKey 的值为 theText，也就是文本图层的内容。

```
            "textShape": [
            {
                "_obj": "textShape",
                "char": {
                    "_enum": "char",
                    "_value": "box"
                },
```

textShape 字段用来设置文本图层的形状。_obj 字段的值为 textShape，表示设置对象为文字的形状，char 字段用来设置字符的区域为 box 方形。

```
                "bounds": {
                    "_obj": "rectangle",
                    "top": Math.random() * 500,
                    "left": Math.random() * 500,
```

```
                "bottom": 700,
                "right": 700
            }
```

bounds 字段用来设置文本图层的显示范围，_obj 字段的值为 rectangle 表示文本图层的显示范围为方形区域，top 和 left 的值为 Math.random() * 500，表示 top 和 left 的取值范围是 0～499。Math.random()方法可返回介于 0(包含)～1(不包含)之间的一个随机数。这样就可以生成随机位置的文本图层，如图 12-3-8 所示。

```
            }
        ],
        "textStyleRange": [
        {
            "_obj": "textStyleRange",
            "from": 0,
            "to": theText.length,
```

接着来设置文字的样式，需要设置样式的文字范围是从第 0 个字符开始，到 theText 字符串的长度结束，也就是给文字图层中的所有文字设置样式。

```
            "textStyle": {
                "_obj": "textStyle",
                "fontName": "Myriad Pro",
                "fontStyleName": "Bold",
```

设置文字图层的字体名称为 Myriad Pro，字体样式为 Bold。

```
                "size": {
```

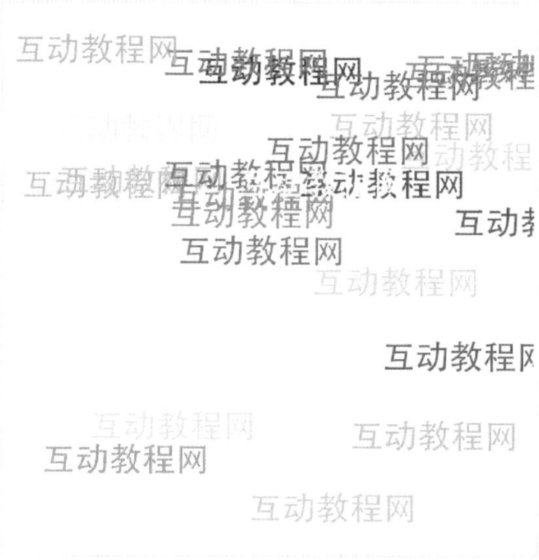

图 12-3-8　随机位置和颜色的文本图层

```
                        "_unit": "pointsUnit",
                        "_value": 36
                    },
```

由于字号单位为 pointsUnit，所以此处将字号设置为 36 点。

```
                    "color": {
                        "_obj": "RGBColor",
                        "red": Math.random() * 255,
                        "green": Math.random() * 255,
                        "blue": Math.random() * 255
                    },
```

设置文字的颜色为 RGBColor 格式，并且将红、绿、蓝三个通道的颜色设置为 0～254 之间的随机值，这样就可以生成随机颜色的文本图层，如图 12－3－8 所示。

```
                }
            }
            ]
        }
    };
    await require("photoshop").core.executeAsModal(async () => {
        await require('photoshop').action.batchPlay([batchCommands], {});
    }, { commandName: "Make New Text Layer" });
```

由于插件要修改 Photoshop 的活动文档，也就是对 Photoshop 的状态进行修改，所以需要使用 executeAsModal 方法。当插件创建或修改文档，或者插件希望更新 Photoshop 用户界面或偏好状态时，都需要采用 executeAsModal 方法。

接着通过 batchPlay 方法，执行 batchCommands 动作，以创建一个文本图层。

```
}
async function createLayerFromText() {
    await makeTextLayer("互动教程网");
}
```

添加一个名为 createLayerFromText 的函数，用来响应按钮的单击事件，当按钮被单击时，调用 makeTextLayer 函数，并传入一个字符串参数，作为待创建的文本图层的内容。

```
document.getElementById("btnCreateTextLayer").addEventListener("click",
createLayerFromText);
```

通过 getElementById 方法获得 id 值为 btnCreateTextLayer 的按钮，接着通过 addEventListener 方法给它绑定单击事件。当该按钮被单击时，调用 createLayerFromText 函数。

❸ **加载和使用插件**：保存编辑好的 index.js 文件，然后通过 UXP 开发者工具加载该插件，然后不停地单击插件面板中的 Create text Layer 按钮，往活动文档中添加指定内容的文本图层，这些文本图层的位置和颜色都是随机变化的，如图 12－3－9 所示。

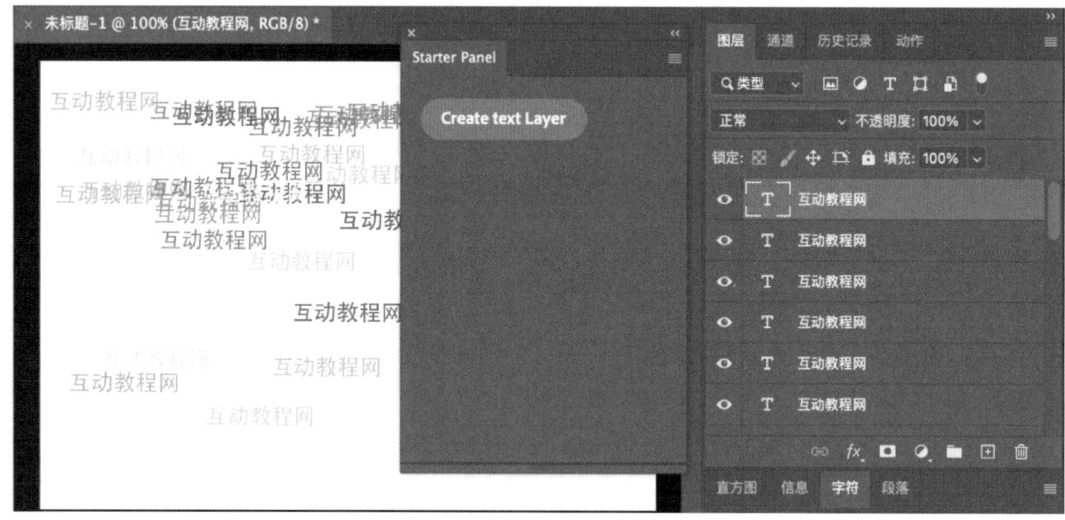

图 12-3-9　单击 Create text Layer 按钮，往文档添加不同颜色和不同位置的文本图层

12.3.4　使用 batchPlay 和 sp-textfield 获取指定位置的颜色

老师，我之前为客户互动教程网剪辑他们的教学视频时，使用 activeDocument 对象的 colorSamplers 属性获取画面上的指定坐标的颜色。请问如何使用 batchPlay 获取图片指定坐标上的颜色呢?

小美，使用 batchPlay 获取图片指定坐标上的颜色也是非常简单的，只需要使用 colorSampler 命令即可，也就是将_obj 字段的值设置为 colorSampler。

为了让用户自行指定坐标的值，我们将在这一个示例中，使用<sp-textfield>输入框控件获取用户输入的数值。

UPX 的 Phothosp 应用程序接口目前还没有提供获取图像指定位置颜色的方法，没关系，这可以通过 batchPlay 实现，同时可以使用 sp-textfield 控件来收集用户输入的坐标，以获得图像上的指定坐标的颜色。

❶ **创建插件**：首先使用 UXP 开发者工具创建一个新的名为 ExecuteAsModal 的插件，然后打开并编辑插件的 index. html 文件，我们只需要修改它的<body>标签的内容。

```
<body>
    <sp-heading size="M"> Sample Color </sp-heading>
```

添加一个<sp-heading>标签，用来设置插件面板上的标题文字，如图 12-3-10 所示。它的 size 是 M，M 表示中等尺寸。size 共有四个不同的值，分别是：S：Small 小；M：Medium 中；L：Large 大和 xl：Extra Large 超大。

```
    <sp-textfield id="horizontalFld" placeholder="Horizontal"><sp-label isrequired="true" slot="label">Horizontal</sp-label></sp-textfield>
    <sp-textfield id="verticalFld" placeholder="Vertical"> <sp-label isrequired="true" slot="label">Vertical</sp-label></sp-textfield>
```

添加两个<sp-textfield>标签，如图 12-3-10 所示。id 值分别为 horizontalFld 和 verticalFld，用来接收用户输入的坐标在水平和垂直方向的值。placeholder 属性用来设置输入框的占位符。<sp-label>用来设置输入框的标签文字。

```
    <br/><br/> // 两个<br/>换行符用来增加输入框和底部按钮的距离。
<footer>
    <sp-button id="sampleColorBtn">Sample Color</sp-button>
```

在插件面板中放置一枚 id 值为 sampleColorBtn 的按钮，如图 12-3-10 所示。当用户单击该按钮时，读取两个输入框里的值，并根据该值获得图像上指定位置的颜色。

```
</footer>
</body>
```

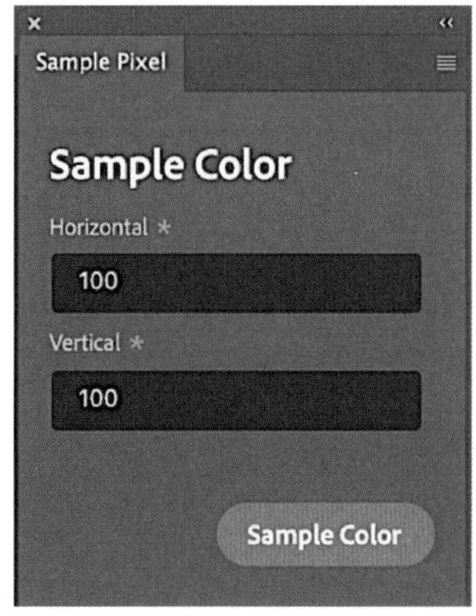

图 12-3-10　插件的界面

❷ **编辑 index.js**：保存编辑完的 index.html 文件，接着打开并编辑 index.js 文件，删除 index.js 所有旧代码，然后输入以下代码：

```
async function doSampleColor() {
```

添加一个名为 doSampleColor 的函数，根据用户输入的坐标，获得图像指定位置上的颜色。

```
    let horizontal = parseInt(document.getElementById("horizontalFld").value);
    let vertical = parseInt(document.getElementById("verticalFld").value);
```

依次获得两个输入框里的值，由于输入框的值是字符串格式，因此通过 parseInt()函数，将字符串转换为整数。

```
    return await require("photoshop").action.batchPlay([{
        _obj: "colorSampler",
```

```
        _target: {_ref: "document", _enum: "ordinal", _value: "targetEnum"},
        samplePoint: { horizontal: horizontal, vertical: vertical }
    }], {});
```

调用 Photoshop 的 action 模块的 batchPlay 方法。其中动作描述符中的_obj 字段，表示需要调用的命令是 colorSample 颜色采样。_target 字段表示当前活动文档。samplePoint 字段表示颜色采样的位置。

```
};
async function sampleColor() {
```

添加一个名为 sampleColor 的函数，用来响应按钮的单击事件。

```
    let result = await require("photoshop").core.executeAsModal(doSampleColor, {"commandName": "Sample Pixel"});
    console.log(result[0].colorSampler);
```

调用 doSampleColor 函数，对指定位置的图像进行颜色采样，由于采样结果是数组，因此通过 result[0].colorSampler 获得采样的结果，并将结果输出在控制台上。

```
}
document.getElementById("sampleColorBtn").addEventListener("click", sampleColor);
```

通过 getElementById 方法获得 id 值为 sampleColorBtn 的按钮，接着通过 addEventListener 方法给它绑定单击事件。当该按钮被单击时，调用 sampleColor 函数。

❸ **加载和使用插件**：保存编辑好的 index.js 文件，然后通过 UXP 开发者工具加载该插件。在两个输入框依次输入坐标的水平方向和垂直方向上的值，如图 12-3-11 所示。

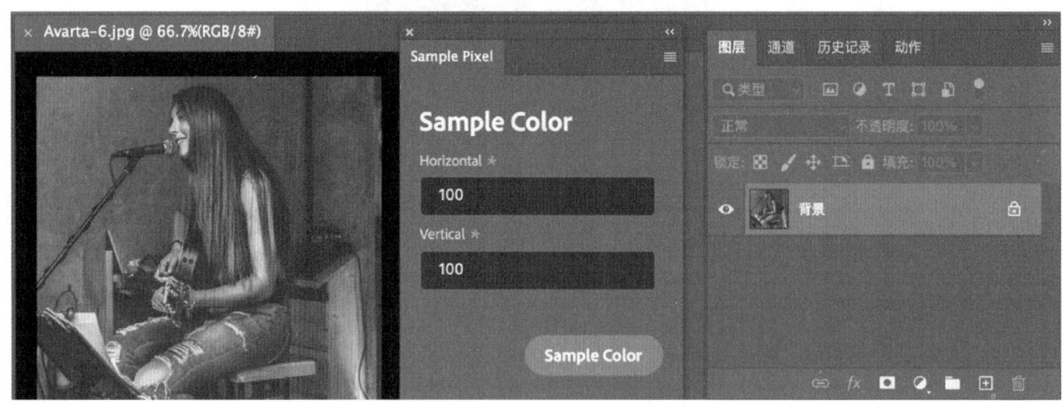

图 12-3-11 加载插件之后，在两个输入框输入坐标的值

❹ **查看日志**：单击插件面板底部的 Sample Color 按钮，对图像上的指定位置进行颜色采样。然后打开 UXP 开发者工具，单击插件名称右侧 ACTIONS 一栏中的 … 图标，弹出插件操作命令列表，单击命令列表中的 Logs 命令，显示 UXP 开发者工具的 Console 面板，从该面板可以看到颜色采样的结果，如图 12-3-12 所示。

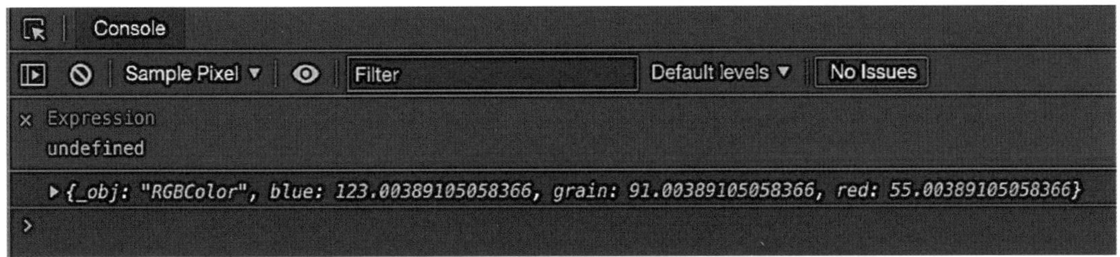

图 12-3-12　对图片指定位置进行颜色采样的结果

12.3.5　对 Photoshop API 进行扩展

老师，Photoshop 的功能实在太多了，每个新版的 Photoshop 又会带来更多的新功能。难怪 Adobe 工程师迄今仍然无法给 Photoshop API（Application Programming Interface，应用程序接口）提供所有的 Photoshop 功能。

小美，的确如此。不过我们通过对 Photoshop API 中的类进行扩展，可以自行给 Photoshop 的对象提供更多的属性和方法。

我们仍然以获取图像指定位置上的颜色信息为例，给 Photoshop API 的 Document 类添加一个名为 sampleColorFrom 的方法。

❶ **创建插件**：首先使用 UXP 开发者工具创建一个新的名为 ExecuteAsModal 的插件，然后打开并编辑插件的 index.html 文件，我们只需要修改它的<body>标签的内容。

```
<body>
    <sp-button id="sampleColorBtn"> Sample Color </sp-button>
```

在插件面板中放置一枚 id 值为 sampleColorBtn 的按钮，当用户单击该按钮时，获得图像上指定位置的颜色。

```
</body>
```

❷ **编辑 index.js**：保存编辑完的 index.html 文件，接着打开并编辑 index.js 文件，删除 index.js 所有旧代码，然后输入以下代码：

```
require('photoshop').app.Document.prototype.sampleColorFrom = async function (horizontal,
vertical) {
```

获得 Photoshop 程序的 Document 类，给 Document 类的 prototype 原型增加一个名为 sampleColorFrom 的方法，该方法包含 horizontal 和 vertical 两个参数。

```
    let result = await require("photoshop").core.executeAsModal(async () => {
```

通过 executeAsModal 方法，获取图像指定位置的颜色信息。executeAsModal 方法的第一个参数是一个函数。

```
        return await require("photoshop").action.batchPlay([{
            _obj: "colorSampler",
            _target: {_ref: "document",_enum: "ordinal",_value: "targetEnum"},
            samplePoint: { horizontal: horizontal, vertical: vertical }
        }], {});
    }, {"commandName": "Sample Pixel"});
```

通过 batchPlay 方法，获取图像位于{horizontal,vertical}位置上的颜色信息。

```
    return result[0].colorSampler; // 最后返回获得的颜色信息
}
asyncfunction sampleColor() {
```

添加一个名为 sampleColor 的函数，用来响应按钮的单击事件。

```
    let result = await require('photoshop').app.activeDocument.sampleColorFrom(100,100);
console.log(result);
```

获得 Photoshop 的 activeDocument 活动文档，然后通过活动文档的刚刚实现的 sampleColorFrom 方法，获得指定位置上的颜色信息，并在控制台输出该信息。

```
}
document.getElementById("sampleColorBtn").addEventListener("click", sampleColor);
```

通过 getElementById 方法获得 id 值为 sampleColorBtn 的按钮，接着通过 addEventListener 方法给它绑定单击事件。当按钮被单击时，调用 sampleColor 函数。

❸ **加载和使用插件**：保存编辑好的 index.js 文件，然后通过 UXP 开发者工具加载该插件。此时 Photoshop 加载了该插件，如图 12-3-13 所示。单击插件面板上的 Sample Color 按钮，获取指定位置上的颜色信息并输出在控制台上，如图 12-3-12 所示。

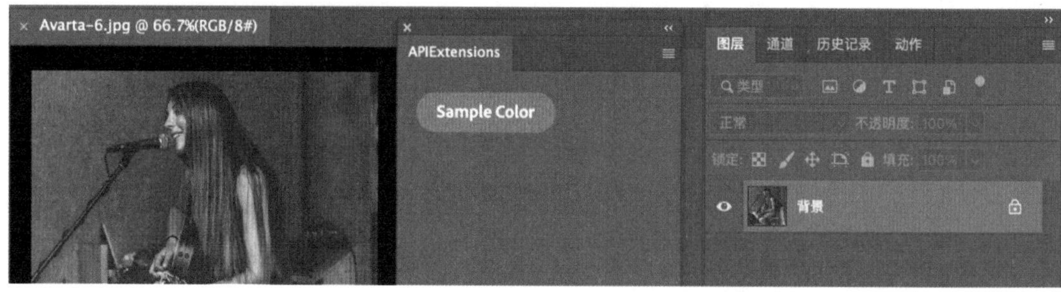

图 12-3-13 加载插件后的 Photoshop 界面

12.3.6 快速生成动作描述符的四种方式

老师，batchPlay 的确非常好用啊，但是动作描述符编写起来有些麻烦，而且每个命令都有哪些参数需要配置也无从说起，这可如何是好？

小美，动作描述符的组成可能会很复杂，不过不用担心。Photoshop 很贴心地提供了多种方法来帮助开发人员快速生成动作描述符。
现在我给你演示四种快速生成动作描述符的方式，学会这些方法，你再也不需要手动编写动作描述符了。

首先，打开 Photoshop 的首选项设置窗口；接着，在“增效工具”设置面板中选中“启用开发人员模式”复选框，然后再来尝试以下几种方式：

1. 将动作复制为 JavaScript

❶ 在动作面板创建一个新的动作，然后记录要在 batchPlay 中运行的命令。

❷ 选择刚刚创建的动作，或者在动作中选择一个或多个步骤，如图 12-3-14 所示。

❸ 单击面板右上角的☰汉堡包图标，从弹出菜单中选择“复制为 JavaScript”命令。

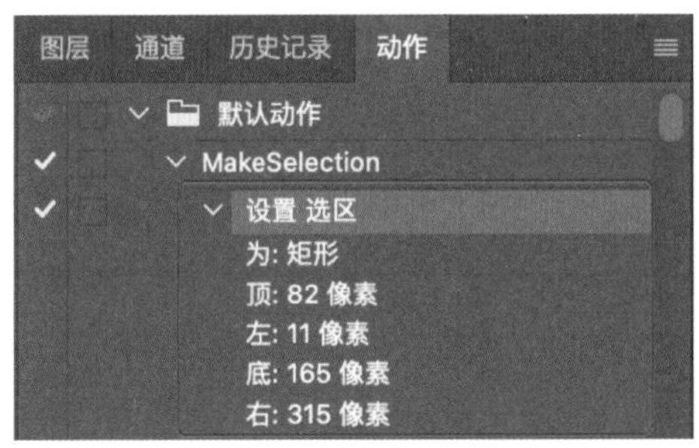

图 12-3-14　在动作中选择一个步骤

此时已经将所选动作的与 UXP 兼容的代码复制到剪贴板。将代码粘贴到任意文本编辑器，即可查看这些代码，如图 12-3-15 所示。

```
async function actionCommands() {
    let command;
    let result;
    let psAction = require("photoshop").action;
    // 设置 选区
    command = {"_obj":"set","_target":[{"_property":"selection","_ref":"channel"}],"to":{"_obj":"rectangle","bottom":{"_unit":"pixelsUnit","_value":165.0},"left":{"_unit":"pixelsUnit","_value":11.0},"right":{"_unit":"pixelsUnit","_value":315.0},"top":{"_unit":"pixelsUnit","_value":82.0}}};
    result = await psAction.batchPlay([command], {});
}
async function runModalFunction() {
    await require("photoshop").core.executeAsModal(actionCommands,
        {"commandName": "Action Commands"});
}
await runModalFunction();
```

图 12-3-15　将所选动作的步骤转换为动作描述符

2. 将动作组保存为 json 文件

用户可以在动作面板将动作组保存为 json 格式的文件，该文件包含动作组中所有动作的每个步骤的动作描述符，操作步骤也很简单，如下：

❶ 在动作面板选择需要导出为 json(以键值对组织数据)文件的动作组。

❷ 按下 shift+option+command(苹果电脑)或 Shift+Ctrl+Alt(Windows 电脑)。

❸ 单击面板右上角的☰汉堡包图标，从弹出菜单中选择“存储动作”命令。

此时已经将整个动作组中的所有动作都导出名为 actions.json 的文件，使用任意文本编辑器打开该文件，效果如图 12-3-16 所示。

```
Actions.json ×
[{"动作组":"默认动作",
    "actions":[{"动作":"MakeSelection",
        "commands":[{"_obj":"set","_target":[{"_property":"selection","
            _ref":"channel"}],"to":{"_obj":"rectangle","bottom":{"_unit":"
            pixelsUnit","_value":165.0},"left":{"_unit":"pixelsUnit","
            _value":11.0},"right":{"_unit":"pixelsUnit","_value":315.0},"
            top":{"_unit":"pixelsUnit","_value":82.0}}}
        ]},
    {"动作":"ResizeTo1334AndAddTopMenu",
        "commands":[{"_obj":"newPlacedLayer"},
        {"_obj":"imageSize","constrainProportions":true,"
            interfaceIconFrameDimmed":{"_enum":"interpolationType","_value
            ":"automaticInterpolation"},"resolution":{"_unit":"densityUnit
            ","_value":72.0},"scaleStyles":true,"width":{"_unit":"
            distanceUnit","_value":1370.0}},
        {"_obj":"canvasSize","height":{"_unit":"pixelsUnit","_value":750.0
            },"horizontal":{"_enum":"horizontalLocation","_value":"center"
            },"vertical":{"_enum":"verticalLocation","_value":"center"},"
            width":{"_unit":"pixelsUnit","_value":1334.0}},
```

图 12-3-16　将所选动作组中的每个动作都转换为动作描述符

3. 使用记录操作命令

第三种方法是使用 Photoshop 的菜单命令“增效工具”→“开发”→“记录操作命令”。其开发命令组中包含了两个命令，如图 12-3-17 所示。

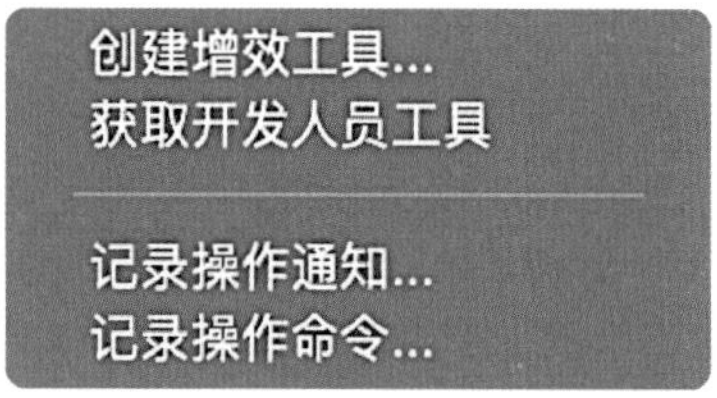

创建增效工具...
获取开发人员工具
记录操作通知...
记录操作命令...

图 12-3-17　插件开发命令组

记录操作通知：不仅可以保存 Photoshop 命令，还可以保存更改通知到文件中。

记录操作命令：将任何的 Photoshop 命令作为动作描述符保存到文件中。

由于目前 UXP 中的 Photoshop 应用程序接口对选区的操作支持较弱，所以我们使用记录操作命令创建一个选区：

❶ 依次单击菜单“增效工具”→“开发”→“记录操作命令”，开始记录 Photoshop 中的每一步操作。

❷ 使用矩形选框工具，在当前的文档中创建一个选区。

❸ 依次单击菜单“增效工具”→“开发”→“停止操作记录”，停止对操作的记录。

此时已经将创建选区的动作描述符导出名为 action.json 的文件，使用任意文本编辑器打开该文件，你会发现这种方式录制的动作描述符还是挺简洁的，如图 12-3-18 所示。

Action.json

```
[{"_obj":"set","_target":[{"_property":"selection","_ref":"channel"}],"to":{"_obj":"rectangle","bottom":{"_unit":"pixelsUnit","_value":301.0},"left":{"_unit":"pixelsUnit","_value":11.0},"right":{"_unit":"pixelsUnit","_value":435.0},"top":{"_unit":"pixelsUnit","_value":73.0}}}]
```

图 12-3-18　使用记录操作命令录制的动作描述符

4. 使用通知监听器

第四种获得动作描述符的方式是使用 photoshop 的 action 模块中的 addNotificationListener 方法，创建一个监听器函数。它可以用来监听 Photoshop 软件的指定事件或全部事件。

❶ **创建插件**：要创建监听器函数，首先使用 UXP 开发者工具创建一个新的插件。我们不需要关心 index. html 文件的内容，只需要打开并编辑插件的 index. js 文件，删除 index. js 文件中的所有代码，然后输入以下内容：

1. `var listener = (event,detail) => { console.log(event, detail); }`

   定义一个名为 listener 的函数，用来在控制台输出事件的名称 event 和详情 detail。

2. `require('photoshop').action.addNotificationListener(['all'], listener);`

   调用 photoshop 的 action 模块中的 addNotificationListener 方法，监听 Photoshop 的 all 所有的事件。如果只需要监听部分事件，则可以将['all']修改为[{event: "select"},{event: "open"}]，这样只会监听 Photoshop 的选择和打开事件。

❷ **加载插件**：保存编辑好的 index. js 文件，然后通过 UXP 开发者工具加载该插件，加载插件之后，在 Photoshop 中任意操作，这些操作相应的动作描述符，都会被记录在 Conosle 面板，如图 12-3-19 所示。

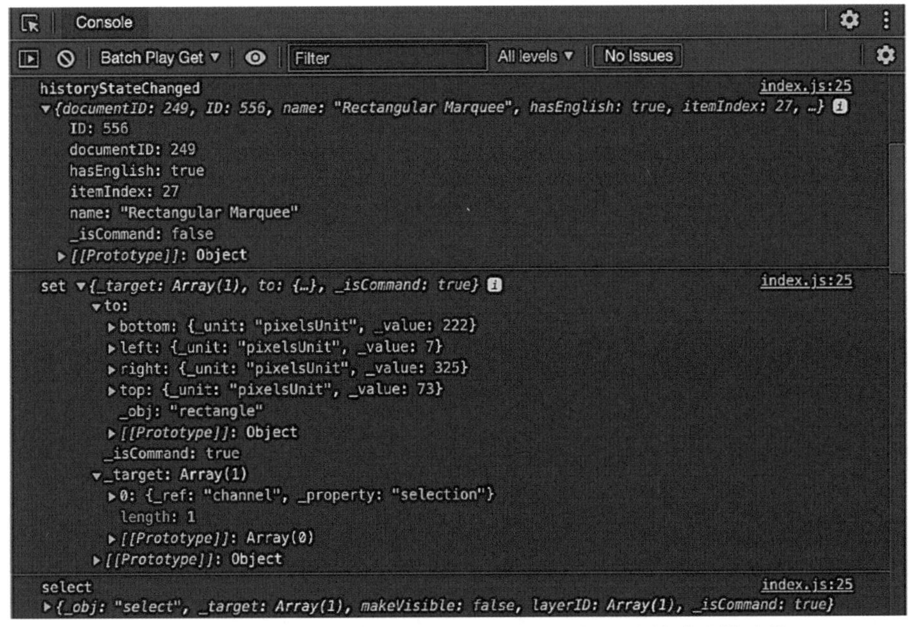

图 12-3-19　使用通知监听器在 Console 面板生成的动作描述符

12.4 UXP 插件开发进阶

12.4.1 UXP 调用 Photoshop 中的动作

老师，我在工作中积累了大量的动作，前面我已经学习过如何在 Photoshop 脚本中调用这些动作。请问如何在 UXP 中调用这些动作呢？

小美，在 UXP 中调用某个动作也很简单，可以分为以下 4 个步骤：

❶ 通过 app 对象的 actionTree 属性，获得动作面板中的所有动作组。

❷ 通过动作组对象的 actions 属性，获得动作组中的所有动作。

❸ 根据名称从所有动作中找到指定的动作。

❹ 调用动作的 play()方法调用这个动作。

我们已经知道如何使用 Extend Script(Photoshop 脚本)来调用 Photoshop 中的动作，现在来演示如何在 UXP 插件中调用已有的动作。

❶ **创建插件**：首先使用 UXP 开发者工具创建一个新的名为 Fetch Weather Forecast 的插件，然后打开并编辑插件的 index.html 文件，我们只需修改它的<body>标签的内容。

```
<body>
    <sp-button id="actionButton"> Call Action </sp-button>
```

在插件面板中放置一枚 id 值为 actionButton 按钮，当用户点击该按钮时，调用 Photoshop 中的某个动作。

```
</body>
```

❷ **编辑 index.js**：保存编辑完的 index.html 文件，接着打开并编辑 index.js 文件，删除 index.js 所有旧代码，然后输入以下代码：

```
async function callAction()
{
```

添加一个名为 callAction 的方法，用来响应按钮的单击事件。

```
    const app = require('photoshop').app;
    const allActionSets = app.actionTree;
```

获得象征 Photoshop 软件的 app 对象，然后通过 app 对象的 actionTree 属性，获得 Photoshop 动作面板中的所有动作组。

```
    const firstActionSet = allActionSets[0];
```

获得动作组列表中的第一个元素，也就是动作面板中的第一个动作组。

```
    let actions = new Map();
    firstActionSet.actions.forEach((action) => { actions.set(action.name, action)});
```

定义一个名为 action 的 Map，以存储第一个动作组中的所有动作。接着通过 forEach 函数对第一个动作组中的所有动作进行遍历，将每个动作的名称和自身存储在名为 actions 的 Map 中。这样就可以通过动作的名称，查找并获得动作的本身。

```
    const myAction = actions.get("生成缩略图");
```

通过 actions 的 get 方法，获得指定名称的动作。

```
    await require("photoshop").core.executeAsModal(async () => {
        await myAction.play();
```

由于动作的执行会修改 Photoshop 的状态，因此在 executeAsModal 方法中调用 myAction 的 play 方法，以播放名为“生成缩略图”的动作。

```
    }, { commandName: "Execute as modal!" });
}
document.getElementById("actionButton").addEventListener("click", callAction);
```

通过 getElementById 方法获得 id 值为 actionButton 的按钮，接着通过 addEventListener 方法给它绑定单击事件。当该按钮被单击时，调用 callAction 函数。

❸ **加载插件**：保存编辑好的 index.js 文件，然后通过 UXP 开发者工具加载该插件，此时 Photoshop 已经加载了该插件，如图 12-4-1 所示。

此时动作面板中的第一个动作名为“生成缩略图”，它依次执行了 5 个步骤：

第一，将图片转换为 RGB 模式；

第二，将图片宽度修改为 100 像素；

第三，将画布大小修改为 100 像素×100 像素；

第四，保存修改后的文档；

第五，关闭文档。

❹ **使用插件**：单击插件面板上的 Call Action 按钮，插件将播放动作面板中的“生成缩略图”动作，如图 12-4-1 所示。

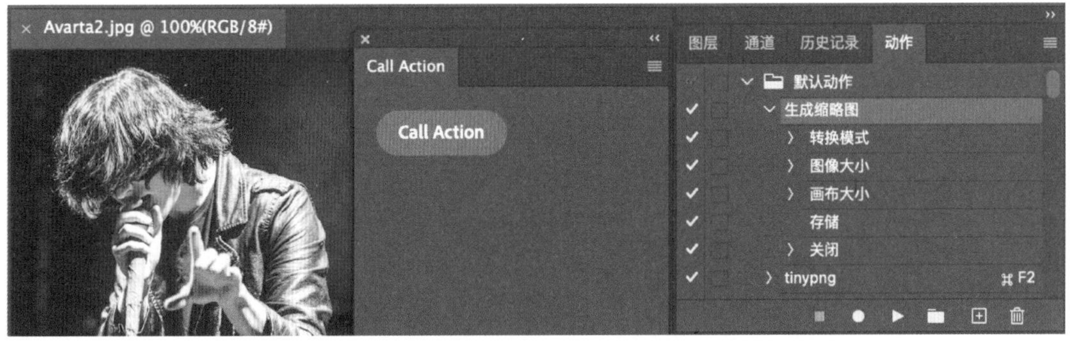

图 12-4-1　Photoshop 加载插件后的状态

12.4.2 UXP 引入外部的 JavaScript 文件

老师，我们曾经在 CEP 项目中使用过 tracking.js 库实现面部识别的功能，在 UXP 项目中也可以使用这样的 js 库吗？

小美，这是可以的。网页开发技术历史悠久，并且已经非常成熟。网络上也有大量实用的 JavaScript 函数，如果能够在 UXP 中引用这些 JavaScript 文件，那么一定可以丰富我们的 Photoshop 插件。
所幸在 UXP 中引入外部的 Javascript 文件非常简单，只需要使用 require 函数，就可以正常使用 JavaScript 文件对外暴露的函数了。

本小节演示如何在插件中引入和使用外部的 JavaScript 文件。

❶ **创建插件**：首先使用 UXP 开发者工具创建一个新的名为 Include JavaScript 的插件，并使用 Visual studio code 软件打开该项目。

❷ **复制外部 JavaScript 文件**：然后将一份名为 Util.js 的文件，复制到插件所在的文件夹，Util.js 中的代码如下所示：

```
const rgbToHex = (r, g, b) => "#" + ((1 << 24) + (r << 16) + (g << 8) + b).toString(16).slice(1);
```

定义一个名为 rgbToHex 的函数，用来将 rgb 颜色转换为十六进制的格式。

```
const randomHex = () => `#${Math.floor(Math.random() * 0xffffff).toString(16).padEnd(6, "0")}`;
```

定义一个名为 randomHex 的函数，用来生成随机的十六进制格式的颜色。

```
module.exports = {
    rgbToHex,
    randomHex
}
```

将 rgbToHex 和 randomHex 函数添加到 module 的 exports 属性，将两个函数暴露给外部。

❸ **编辑 index.html**：打开并编辑 index.html 文件，只需要修改它的<body>标签。

```
<body>
    <sp-button id="btGetColor">Get Color</sp-button>
```

在插件面板中放置一枚 id 值为 btGetColor 的按钮，当用户单击该按钮时，调用 Utils.js 中的两个函数。

```
</body>
```

❹ **编辑 index.js**：保存编辑完的 index.html 文件，接着打开并编辑 index.js 文件，删除 index.js 所有旧代码，然后输入以下代码：

```
function getColor()
{
```

添加一个名为 getColor 的方法，用来响应按钮的单击事件。

```
    const {rgbToHex, randomHex} = require("./Util.js");
```

通过 require 读取和 index.js 相同目录的名为 Util.js 文件，并将 Util.js 中对外暴露的两个函数存储在 rgbToHex、randomHex 两个常量中。

```
    const hexColor = rgbToHex(255, 0, 0);
```

获得 RGB 值为 255,0,0 的红色的十六进制数值，并将它存储在 hexColor 常量中。

```
    const randomColor = randomHex();
```

通过 randomHex 函数获得一个随机颜色的十六进制数值。

```
    const psCore = require('photoshop').core;
    psCore.showAlert({ message: hexColor});
    psCore.showAlert({ message: randomColor});
```

通过 Photoshop 的 core 模块的 showAlert 方法，弹出两个信息提示窗口，分别显示两个常量的数值。

```
}
document.getElementById("btGetColor").addEventListener("click", getColor);
```

通过 getElementById 方法获得 id 值为 btGetColor 的按钮，接着通过 addEventListener 方法给它绑定单击事件。当按钮被单击时，调用 getColor 函数。

❺ **加载插件：**保存编辑好的 index.js 文件，然后通过 UXP 开发者工具加载该插件，此时 Photoshop 已经加载了该插件，如图 12-4-2 所示。

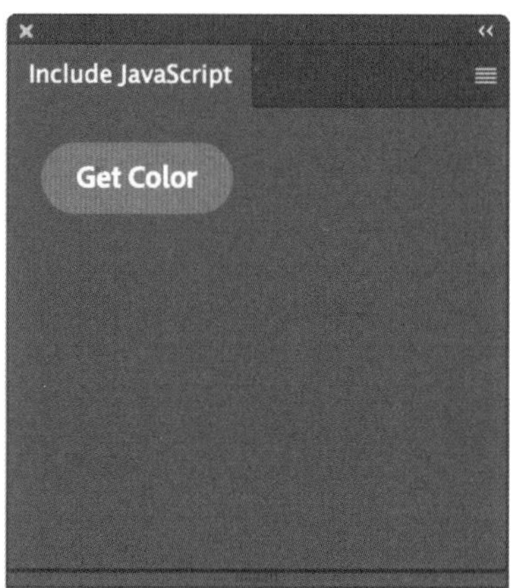

图 12-4-2　生成随机颜色插件面板

❻ **使用插件：**单击插件面板上的 Get Color 按钮，弹出了两个窗口，依次显示了红色的十六进制数值和一个随机的十六进制数值，如图 12-4-3 和图 14-4-4 所示。

图 12-4-3　红色数值

图 12-4-4　随机颜色

12.4.3　UXP 中的 Theme Awareness 主题颜色

老师，我在使用 CEP 技术开发 Photoshop 插件时，当用户切换 Photoshop 的颜色方案时，CEP 面板的颜色并不会跟着改变，请问 UXP 插件可以避免出现这种问题吗？

小美，UXP 插件是可以避免出现这种问题的，因为 UXP 插件支持 Theme Awareness 主题。Photoshop 公开了许多特定主题的 CSS（层叠样式表）样式，这些变量非常适合让你的插件响应用户的主题颜色选择。

当用户修改 Photoshop 软件的颜色方案或者修改用户界面文字大小时，UXP 插件面板的颜色和字体尺寸都可以同步发生变化，这样你的 UXP 插件面板就像是 Photoshop 的原生面板了！

Photoshop 允许用户在 4 个颜色方案之间切换用户界面：最黑暗的、黑暗的、明亮的、最亮的。如果您的插件不支持主题，则当用户切换主题时，它可能看起来不合适（或者可能有不可读的文本）。为插件添加 Theme Awareness 主题切换功能非常简单。

1. 内置主题颜色

Photoshop 公开了许多特定主题的 CSS（层叠样式表）样式，这些变量非常适合让你的插件响应用户的主题颜色选择。这些 CSS 样式包括：

```
--uxp-host-background-color                    //跟随 Photoshop 界面的背景色
--uxp-host-text-color                          //跟随 Photoshop 界面的文字颜色
--uxp-host-border-color                        //跟随 Photoshop 界面的边框颜色
--uxp-host-link-text-color                     //跟随 Photoshop 界面的链接颜色
--uxp-host-widget-hover-background-color       //跟随鼠标悬停时的背景色
--uxp-host-widget-hover-text-color             //跟随鼠标悬停时的文字颜色
--uxp-host-widget-hover-border-color           //跟随鼠标悬停时的边框颜色
--uxp-host-text-color-secondary                //跟随 Photoshop 界面的文字辅助颜色
--uxp-host-link-hover-text-color               //跟随 Photoshop 界面的链接悬停颜色
--uxp-host-label-text-color                    //跟随 Photoshop 界面的标签文字颜色
```

此处还有 3 个用于修饰字体大小的样式：

```
-- uxp - host - font - size                    //跟随 Photoshop 的字体尺寸
-- uxp - host - font - size - smaller          //跟随 Photoshop 的字体小尺寸
-- uxp - host - font - size - larger           //跟随 Photoshop 的字体大尺寸
```

现在演示如何在插件中使用这些样式。

❶ **创建插件**：首先使用 UXP 开发者工具创建一个新的名为 Theme Awareness 的插件，然后打开并编辑插件的 index. html 文件。

```
<!DOCTYPE html>
<html>
<style>
    body{
        background - color: var( -- uxp - host - background - color);
        color: var( -- uxp - host - text - color);
        border - color: var( -- uxp - host - border - color);
        font - size: var( -- uxp - host - font - size);
        padding: 15px;
    }
```

定义一个名为 body 的 css 样式，用来修饰插件的面板样式。依次设置它的背景色 background - color 跟随 Photoshop 界面的背景色，文字颜色 color 跟随 Photoshop 界面的文字颜色，边框颜色 border - color 跟随 Photoshop 界面的边框颜色，字体尺寸 font - size 跟随 Photoshop 界面的字体尺寸。此外还设置它的内间距 padding 为 15 像素，使插件中的元素和插件边框保持适当的距离。

```
    .bigText {
        color: var( -- uxp - host - text - color);
        font - size: var( -- uxp - host - font - size - larger);
    }
```

定义一个名为.bigText 的 css 样式，用来修饰插件面板上的所有 class 属性为 bigText 的控件的样式。设置它的文字颜色 color 跟随 Photoshop 界面的文字颜色，字体尺寸 font - size 跟随 Photoshop 界面的字体大尺寸。

```
    .mediumText {
        color: var( -- uxp - host - text - color);
        font - size: var( -- uxp - host - font - size);
    }
    .smallText {
        color: var( -- uxp - host - text - color);
        font - size: var( -- uxp - host - font - size - smaller);
    }
```

定义一个名为.mediumText 的 css 样式和一个名为.smallText 的 css 样式，分别用来修饰插件面板上的所有 class 属性为 mediumText 和 smallText 的控件的样式。设置它的文字颜色跟随 Photoshop 界面的文字颜色，字体尺寸跟随 Photoshop 相关的字体尺寸。

```
</style>
<body>
    <sp-label class="bigText">互动教程网</sp-label><br/>
    <sp-label class="mediumText">互动教程网</sp-label><br/>
    <sp-label class="smallText">互动教程网</sp-label>
```

在插件面板上添加三个<sp-label>标签，并依次给它们设置大、中、小不同的样式。

```
    <sp-textfield placeholder="手机号码">
        <sp-label isrequired="true" slot="label">手机号码</sp-label>
    </sp-textfield>
```

接着添加一个<sp-textfield>标签，用来显示一个文本输入框。

```
    <br/>
    <sp-checkbox checked>选中</sp-checkbox><br/>
    <sp-checkbox>未选中</sp-checkbox>
```

添加一对<sp-checkbox>标签，用来显示两个复选框。

```
    <br/>
    <sp-radio-group column>
        <sp-radio value="ps"> Adobe Photoshop </sp-radio>
        <sp-radio checked value="ai"> Adobe Illustrator </sp-radio>
        <sp-radio invalid value="xd"> Adobe XD </sp-radio>
    </sp-radio-group>
```

最后添加一组单选框，用来显示三个不同的单选选项。

```
</body>
</html>
```

图 12-4-5　主题颜色插件面板

❷ **加载插件**：保存编辑完的 index.html 文件，然后通过 UXP 开发者工具加载该插件，此时 Photoshop 已经加载了该插件，如图 12-4-5 所示。

❸ **修改 Photoshop 颜色方案**：依次单击菜单“文件”→“首选项”→“界面”（苹果电脑：Photoshop→“首选项”→“界面”）命令，打开 Photoshop 界面设置窗口，如图 12-4-6 所示。

将 Photoshop 的颜色方案依次修改为最暗、最亮，此处插件已经可以根据 Photoshop 的颜色方案，自行调整插件自身的外观，如图 12-4-7 和图 12-4-8 所示。

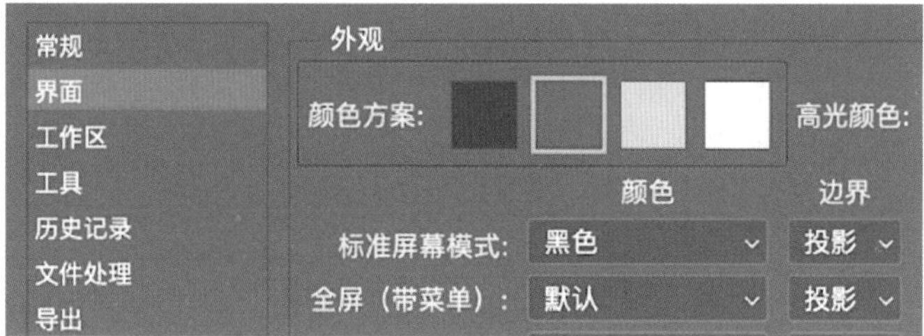

图 12-4-6　Photoshop 界面设置面板

图 12-4-7　颜色方案为最暗时的插件外观

图 12-4-8　颜色方案为最亮时的插件外观

12.4.4　如何捕获插件面板打开或关闭的状态

老师，我的插件需要在插件面板打开时访问一下网络接口，以检查插件是否有最新的版本，还需要查看有没有最新的通知信息。请问我该如何知道插件是否被打开了呢？

小美，这个需求可以通过对面板状态进行监听来实现，这样不仅可以获取插件面板被打开的事件，甚至还可以获取插件面板被关闭的事件。

有时插件需要接收用户输入的众多信息，当用户尚未提交这些信息并且在无意间关闭面板时，需要将用户辛辛苦苦录入的信息暂时保存起来。以上这些常见的业务需求，都可以通过对 document 的 uxpcommand 进行监听来实现。

❶ **创建插件**：首先使用 UXP 开发者工具创建一个名为 Add Event Listener 的插件。

❷ **编辑 index.js**：不需要关心 index.html 中的内容，只需要打开并删除 index.js 文件中的所有代码，然后输入以下内容：

```
document.addEventListener('uxpcommand', (event) => {
```

通过调用 document 对象的 addEventListener 方法，监听插件面板的名为 uxcommand 的事件，addEventListener 方法的第一个参数为事件名称，第二个参数为处理事件的函数。

```
    const { commandId } = event;
```

获得触发 uxpcommand 事件的命令名称，并将它保存在 commandId 常量中。

```
    if (commandId === 'uxpshowpanel') {
        console.log('在打开面板时，检查是否有新版本的插件。');
    }
```

如果命令名称是 uxpshowpanel，则输出一条日志，模拟检查新版本插件的操作。

```
    else if (commandId === 'uxphidepanel') {
        console.log('用户在插件面板已经输入了很多内容，因此在关闭面板时，需要提醒用户是否保存这些设置。');
    }
```

如果命令名称是 uxphidepanel，则输出一条日志，模拟保存用户输入内容的操作。

```
})
```

❸ **加载和使用插件**：保存编辑好的 index.js 文件，然后通过 UXP 开发者工具加载该插件，此时 Photoshop 已经加载了该插件，并且 document 监听到插件面板显示的事件，在 Console 控制台输出一条日志，如图 12-4-9 所示。

单击插件面板左上角的关闭按钮，关闭插件面板，document 监听到插件面板被关闭的事件，控制台输出了另一条日志，如图 12-4-9 所示。

图 12-4-9　打开插件和关闭面板时的日志

12.4.5 UXP 插件加载文本文件

UXP 中的文件和文件夹可以存在于 5 个不同的位置，如表 12－4－1 所列。

表 12－4－1 UXP 中的常用目录

位 置	说 明
插件的 home 目录	此目录中的文件是只读的。这是保存本地化、永不更改的数据文件等的好地方
插件的 data 目录	这是一个由 UXP 管理的目录，它只允许对您的插件进行读/写访问。此目录中的文件在应用程序重新启动和操作系统重新启动后仍然存在
插件的 temp 目录	这是一个存储会话特定数据的地方，这些数据不一定会持续存在。不应该依赖此目录中的任何内容，因为这些内容会在应用程序重新启动时丢失
操作系统的文件夹	插件必须通过文件或文件夹拾取器来请求用户访问计算机文件系统中的特定文件或文件夹。如果用户选择了一个文件并且没有取消，那么插件代码会收到一个令牌，可以使用它来访问该文件或文件夹
UXP 安全存储	这是一个由 UXP 管理的存储方式，包含加密的键/值对。这对于存储登录信息和任何其他需要安全存储的数据很有用

本小节讲解如何读取主机操作系统中的文本文件，并将文本文件中的文字内容显示在 Photoshop 的活动文档中。

❶ **创建插件**：首先使用 UXP 开发者工具创建一个名为 Execute As Modal 的插件，然后打开并编辑插件的 index.html 文件，我们只需要修改它的<body>标签的内容。

```
<body>
    <sp-button id="btnLoadTextFile"> Load Text File </sp-button>
```

在插件面板中放置一枚 id 值为 btnLoadTextFile 的按钮，当用户单击该按钮时，读取主机操作系统中的文本文件，并将文本文件中的文字内容显示在 Photoshop 的活动文档中。

```
</body>
```

❷ **编辑 index.js**：保存编辑完的 index.html 文件，接着打开并编辑 index.js 文件，删除 index.js 所有旧代码，然后输入以下代码：

```
async function loadTextFile()
{
```

添加一个名为 loadTextFile 的函数，用来加载文本文件并显示在活动文档中。

```
    const fs = require("uxp").storage.localFileSystem;
```

获得 uxp 的 sorage 模块的 localFileSystem 对象，该对象可以用来读取或写入文件。

```
    const myFile = await fs.getFileForOpening({ types: ["txt"] });
```

通过 localFileSystem 对象的 getFileForOpening 方法，弹出一个文件拾取窗口，由用户选取需要读取的文本文件，同时将文件拾取类型限制为 txt 格式。

```
const fileContents = await myFile.read();
```

读取用户选取的文本文件的内容，并将所有内容存储在 fileContents 常量中。

```
await makeTextLayer(fileContents);
```

调用之前在 12.3.3 小节创建的 makeTextLayer 函数，使用该函数创建一个文本图层，并将文本内容显示在文本图层中。注意，为了更好地显示文本文件里的文字内容，可能需要修改 makeTextLayer 函数中的字体大小、文字图层显示范围等。

```
}
document.getElementById("btnLoadTextFile").addEventListener("click", loadTextFile);
```

通过 getElementById 方法获得 id 值为 btnLoadTextFile 的按钮，接着通过 addEventListener 方法给它绑定单击事件。当该按钮被单击时，调用 loadTextFile 函数。

❸ **加载和使用插件**：保存编辑好的 index.js 文件，然后通过 UXP 开发者工具加载该插件。单击插件面板中的 Load Text File 按钮，将弹出一个文件拾取窗口，选择一个文本文件，然后在 Photoshop 中就会显示文本文件中的文字内容，如图 12-4-10 所示。

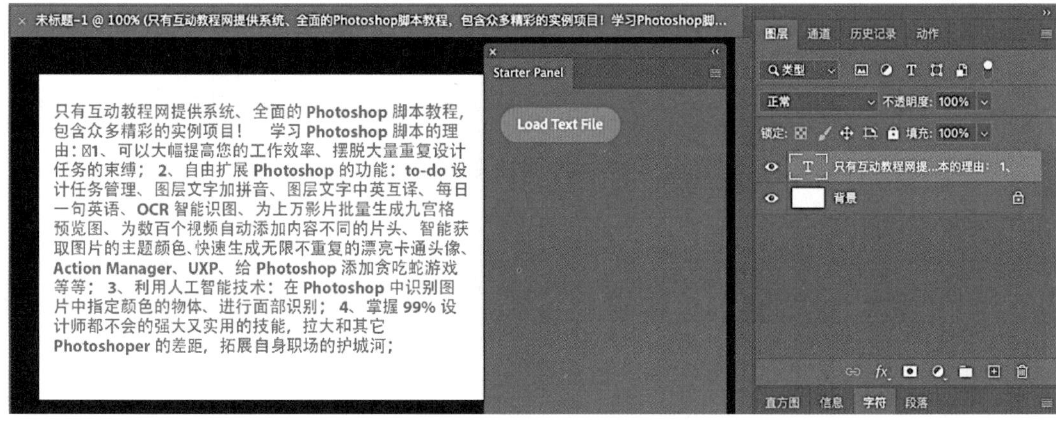

图 12-4-10　Photoshop 显示了文本文件中的内容

12.4.6　使用 SecureStorage 安全保存敏感数据

老师，我们最近开发了一款插件，插件的部分内容需要用户登录之后才可以使用，请问如何安全地保存用户的登录信息呢？

小美，其实不少插件都需要存储一些敏感信息，包含插件用户的一些个人信息。对于这些情况，UXP 提供了受保护的 SecureStorage 存储，可用于存储每个插件的敏感数据。

SecureStorage 采用键值对的存储方式，并在存储之前对值进行加密，它存储密钥和加密的值对。当使用关联密钥请求该值时，将在解密后返回该值。下面就通过一个实例讲解 SecureStorage 的应用。

SecureStorage 中的数据可能会因各种原因丢失。例如，用户可能卸载 Photoshop 程序并删除安全存储。或者，安全存储使用的密码信息可能被用户意外损坏，这将导致数据的丢失。

现在来演示如何在插件中存储和读取数据。

❶ **创建插件**：首先使用 UXP 开发者工具创建一个新的名为 Secure Storage 的插件，然后打开并编辑 index.html 中的内容，如下：

```
<body>
    <sp-heading>安全存储示例</sp-heading>
    <sp-divider></sp-divider>
```

添加一个<sp-heading>标签，作为面板上的标题。然后添加一个<sp-divider>分割线标签，用来分割标题和下方的内容，如图 12-4-11 所示。

```
    <sp-textfield id="secure">
        <sp-label slot="label">输入需要保存的口令</sp-label>
    </sp-textfield>
```

添加<sp-textfield>输入框标签，用来接收用户输入的需要保存的口令，如图 12-4-11 所示。它的 id 值为 secure。

```
    <sp-body id="display">
    </sp-body>
```

添加<sp-body>标签，用来显示读取的口令。

```
    <sp-button id="btnPopulate">保存口令</sp-button>
    <sp-button id="btnDisplay">读取口令</sp-button>
```

添加两个<sp-button>按钮，分别用来保存用户输入的口令和读取之前保存的口令。

```
</body>
```

❷ **编辑 index.js**：保存编辑完的 index.html 文件，接着打开并编辑 index.js 文件，删除 index.js 所有旧代码，然后输入以下代码：

```
const secureStorage = require("uxp").storage.secureStorage;
```

获得 uxp 的 storage 模块中的 secureStorage 对象。secureStorage 提供了一个受保护的存储，可用于存储每个插件的敏感数据。

```
async function saveSecureKey() {
```

添加一个函数，用来响应保存口令的按钮的单击事件。

```
    const userInput = document.getElementById("secure").value;
    await secureStorage.setItem("secure", userInput);
```

获得 id 值为 secure 的输入框里的值，然后调用 secureStorage 对象的 setItem 方法，将用户输入的口令存储在 secure 键下。secureStorage 对口令进行加密，然后将加密后的数据以键值对的方式进行存储。

```
    document.getElementById("secure").value = "";
    document.getElementById("display").textContent = `口令已经被加密保存。`;
```

完成口令的保存之后，清空 id 值为 secure 的输入框的内容。然后设置 id 值为 display 的 <sp - body> 标签的内容，以提示口令完成加密保存。

```
    setTimeout(() => {
        document.getElementById("display").textContent = ``;
    }, 2000);
}
```

接着通过 setTimeout 函数，在两秒之后重新设置 id 值为 display 的<sp - body> 标签的内容为空，以重新显示<sp - body> 标签。

```
async function fetchSecureKey() {
```

继续添加一个函数，用来响应读取口令按钮的单击事件。

```
const uintArray = await secureStorage.getItem("secure");
```

我们之前使用了 secureStorage 的 setItem 方法，将口令进行加密并保存到名为 secure 的键下。当需要读取该值时，需要使用 secureStorage 的 getItem 方法，从 secureStorage 中获取名为secure 的键下存储的值，数值的格式是 uint8Array，也就是由一组整数组构成的数组。

```
    let secureKey = "";
    for (let i of uintArray) secureKey += String.fromCharCode(i);
```

通过 String 的 fromCharCode 方法，将 uint8Array 格式的数值转换为字符串，这样用户就可以正常查看读取的口令了。

```
    document.getElementById("display").textContent = `
    被保存的口令是：${secureKey}`;
```

设置 id 值为 display 的<sp - body> 标签的内容，向用户显示读取后的口令。

```
}
document.getElementById("btnPopulate").addEventListener("click", saveSecureKey);
document.getElementById("btnDisplay").addEventListener("click", fetchSecureKey);
```

依次给保存口令、读取口令两个按钮绑定单击事件，当用户单击这两个按钮时，分别执行 saveSecureKey 函数和 fetchSecureKey 函数。

❸ **加载插件**：保存编辑好的 index.js 文件，然后通过 UXP 开发者工具加载该插件，在插件面板中的输入框里输入需要保存的口令，如图 12 - 4 - 11 所示。

❹ **保存数据**：单击下方的“保存口令”按钮，保存输入的口令，此时插件面板显示口令保存成功的提示，如图 12-4-12 所示。

❺ **读取数据**：单击“读取口令”按钮，读取刚刚保存的口令，此时输入框下方显示了读取出来的口令，如图 12-4-13 所示。

图 12-4-11　安全存储插件界面

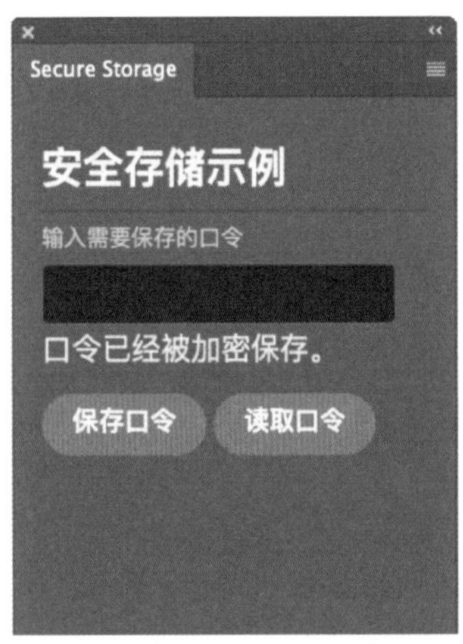

图 12-4-12　保存口令

但是当您保存的口令是中文内容时，如图 12-4-14 所示，读取出来的口令就会显示为乱码，如图 12-4-15 所示。

图 12-4-13　读取口令

图 12-4-14　中文口令

❻ **下载资源**：此时我们可以使用已有的解决方案，从网址：http://hdjc8.com/book/Utf8ArrayToStr.js 下载 Utf8ArrayToStr.js 文件，也可以从书本配套资源中找到该文件。

❼ **修改代码**：然后将 Utf8ArrayToStr.js 放到您的插件目录中，接着修改 index.js 中的第 13 和第 14 行的代码，通过 Utf8ArrayToStr.js 中的 utf8ArrayToStr 函数，将 utf8Array 转换为字符串，如下：

```
let { utf8ArrayToStr } = require('./Utf8ArrayToStr.js');
let secureKey = utf8ArrayToStr(uintArray);
```

保存 index.js 文件，并重新运行插件。这样就可以正常存储中文口令了，如图 12-4-16 所示。

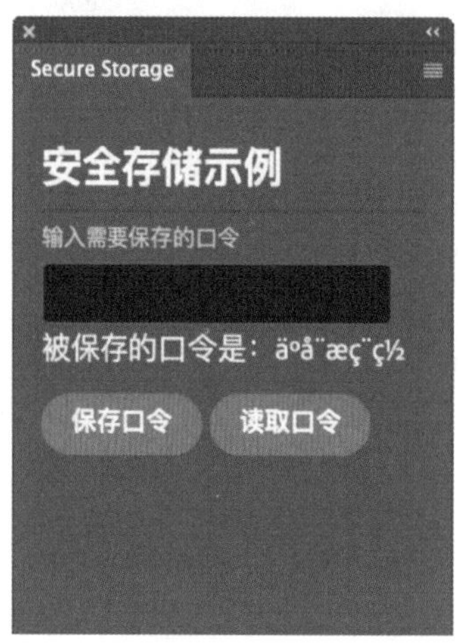

图 12-4-15　中文口令乱码

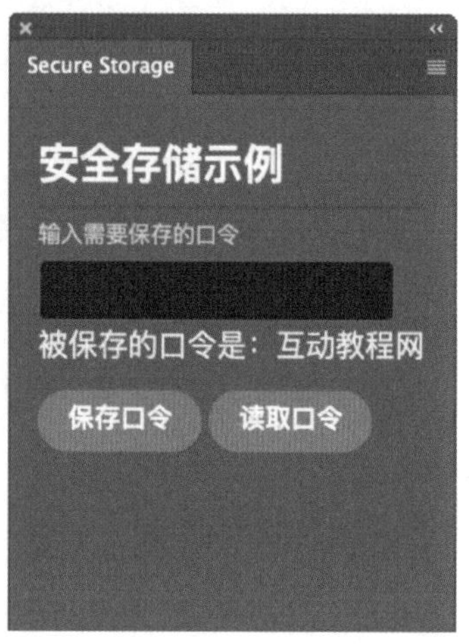

图 12-4-16　正常显示口令

12.4.7　UXP 的网络访问：查询北京最近七日天气

老师，我们的插件需要给客户提供一些信息检索服务，由于信息量庞大，这些信息往往都是存储在互联网的服务器上。请问我如何在插件中获取这些远程数据呢？

小美，许多插件需要使用网络来获取或推送数据、浏览远程资源和同步内容。UXP 支持使用 fetch、XML HTTP 请求和 WebSockets 套接字访问网络，其中最容易使用的是 fetch。

我们曾经使用 CEP 技术实现过查询北京最近七日天气的功能，现在我们来使用 UXP 的 fetch 实现相同的功能。

❶ **创建插件：** 首先使用 UXP 开发者工具创建一个新的名为 Fetch Weather Forecast 的插件，然后打开并编辑插件项目的 index.html 文件，我们只需要修改它的<body>标签的内容。

```
<body>
    <sp-heading size="M">天气预报</sp-heading>
    使用<sp-heading>标签在插件面板上添加一个标题，如图 12-4-17 所示。
```

```
<sp-textfield id="cityFld" placeholder="城市"><sp-label isrequired="true" slot="label">城市</sp-label></sp-textfield>
```

使用<sp-textfield>标签在插件面板上插入一个输入框，用来接收用户需要查询的城市名称，如图 12-4-17 所示。

```
<br/> //使用<br/>增加输入框和下方按钮的距离。
<sp-button id="fetchWeatherBtn">查询</sp-button>
```

添加一个<sp-button>按钮，当用户单击该按钮时，查询指定城市的天气状况，如图 12-4-17 所示。

```
<br/>
<sp-body id="messages">
No messages.
</sp-body>
```

使用<sp-body>显示天气状况，如图 12-4-17 所示。

```
</body>
```

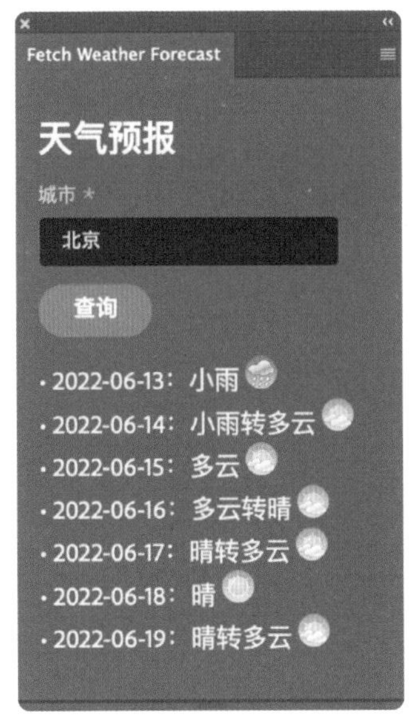

图 12-4-17　插件界面

❷ **编辑 index.js**：保存编辑完的 index.html 文件，接着打开并编辑 index.js 文件，删除 index.js 所有旧代码，然后输入以下代码：

```
async function getWeatherStation(city) {
```

添加一个名为 getWeatherStation 的方法，用来获得指定城市的天气状况，它拥有一个名为 city 的参数，作为需要查询天气状况的城市。

```
2.    let apiPath = 'https://v0.yiketianqi.com/api?unescape=1&version=v91&appid=39594634&appsecret=nPL3bpAJ&ext=&cityid=&city=' + city;
```

定义一个名为 apiPath 的字符串，作为获取指定城市天气状况的网络地址。appid 和 appsecret 的获取请参考 CEP 中的内容。

```
3.    let response = await fetch(encodeURI(apiPath));
```

通过 fetch 方法，访问指定的网址地址，注意 encodeURI 函数用来对网址进行编码，否则网址中的中文字符会让网络请求失败。

```
4.    if (!response.ok) {
5.        throw new Error(`HTTP error fetching weather station; status: ${response.status}`);
6.    }
```

如果网络请求失败，则提示相关的错误信息。

```
7.    let stationJson = await response.json();
```

通过 json()方法，将服务器返回的数据转换为 json 格式(一种采用键值对的数据组织方式)，并将结果存储在 stationJson 常量中。

```
8.    return stationJson.data;
```

由于天气状况存储在 data 字段中，因此返回 stationJson 的 data 字段的内容。

```
9. }
10. async function retchWeatherForecast() {
```

添加一个名为 retchWeatherForecast 的函数，用来响应按钮的单击事件。

```
11.    let cityFld = document.getElementById("cityFld").value;
12.    let forecastItesm = await getWeatherStation(cityFld);
```

获得 id 值为 cityFld 的输入框里的城市名称，然后调用 getWeatherStation 方法获取指定城市的天气信息，并将结果存储在 forecastItesm 变量中。

```
13.    document.getElementById("messages").innerHTML = `
14.    <ul>${
15.        forecastItesm.map(item => `<li>${item.date}: ${item.wea}<sp-avatar
           size="100"
16.        src="https://xintai.xianguomall.com/skin/peach/${item.wea_img}.png"
17.    ></sp-avatar></li>`).join("")
18.    }</ul>`;
```

将和天气信息有关的日期、天气状况和天气图标，放在 id 值为 messages 的<sp-body>标签中。注意我们使用到了<sp-avatar>标签，用来显示天气图标。

```
19. }
20. document.getElementById("fetchWeatherBtn").addEventListener("click",
    retchWeatherForecast);
```

通过 getElementById 方法获得 id 值为 fetchWeatherBtn 的按钮，接着通过 addEventListener 方法给它绑定单击事件。当该按钮被单击时，调用 retchWeatherForecast 函数。

❸ **加载插件**：保存编辑好的 index. js 文件，然后通过 UXP 开发者工具加载该插件，此时 Photoshop 已经加载了该插件，结果如图 12-4-17 所示。

❹ **使用插件**：在插件面板上的输入框里输入城市的名称，然后单击输入框下方的“查询”按钮，获取该城市的天气信息，结果如图 12-4-17 所示。

❺ **查看日志**：接着切换到 UXP 开发者工具，然后单击右侧 ACTIONS 一栏中的… 图标，弹出插件操作命令列表，单击列表中的 Logs 命令，可以查看在控制台输出的日志，如图 12-4-18 所示。

```
Console
Fetch Weather For...   Filter   Default levels ▼   No Issues
× Expression
  undefined
▼(7) [{…}, {…}, {…}, {…}, {…}, {…}, {…}]                                          index.js:14
 ▶0: {day: "13日 (星期一) ", date: "2022-06-13", week: "星期一", wea: "小雨", wea_img: "yu", …}
 ▶1: {day: "14日 (星期二) ", date: "2022-06-14", week: "星期二", wea: "小雨转多云", wea_img: "yun", …}
 ▶2: {day: "15日 (星期三) ", date: "2022-06-15", week: "星期三", wea: "多云", wea_img: "yun", …}
 ▶3: {day: "16日 (星期四) ", date: "2022-06-16", week: "星期四", wea: "多云转晴", wea_img: "yun", …}
 ▶4: {day: "17日 (星期五) ", date: "2022-06-17", week: "星期五", wea: "晴转多云", wea_img: "yun", …}
 ▶5: {day: "18日 (星期六) ", date: "2022-06-18", week: "星期六", wea: "晴", wea_img: "qing", …}
 ▶6: {day: "19日 (星期日) ", date: "2022-06-19", week: "星期日", wea: "晴转多云", wea_img: "yun", …}
  length: 7
 ▶[[Prototype]]: Array(0)
```

图 12-4-18 在 Console 面板输出北京最近七日的天气

12.4.8 UXP 的网络访问：生成无限不重复卡通头像

老师，使用 UXP 技术重写原来的 CEP 项目，感觉 UXP 技术果然更加简洁、强大。

是啊，小美。现在我们再来重写原来使用 ScritpUI 实现的生成无限不重复卡通头像的功能。
在重写这个项目的过程中，还将学习如何在插件面板上添加下拉菜单、小图标等控件，以及如何将图片保存到电脑或者插件临时文件夹。

❶ **创建插件**：首先使用 UXP 开发者工具创建一个新的名为 Fetch Weather Forecast 的插件，然后打开并编辑插件的 index. html 文件，我们只需要修改它的 <body> 标签的内容。

```
<body>
    <sp-picker value="male" id="picker-sprite">
```

<sp-picker> 类似于 HTML 的 <select> 标签，用于创建一个下拉菜单。

```
        <sp-label slot="label">Choose a sprite…</sp-label>
        <sp-menu slot="options">
```

<sp-menu> 用于创建菜单列表。菜单中的各种元素包含 <sp-menu-group> 菜单组、<sp-menu-item> 菜单项或 <sp-menu-divider> 菜单分割线。

```
            <sp-menu-item value="male" selected=true><sp-icon name="ui:Star"
            size="m" slot="icon"></sp-icon> male</sp-menu-item>
```

使用 <sp-menu-item> 标签设置菜单中的各个选项，value 表示该菜单项的值，selected=true，表示该菜单项处于选中的状态。<sp-icon> 用于设置图标。

```
            <sp-menu-item value="female"><sp-icon name="ui:Star" size="m"
            slot="icon"></sp-icon> female</sp-menu-item>
            <sp-menu-item value="human"><sp-icon name="ui:Star" size="m"
            slot="icon"></sp-icon> human</sp-menu-item>
            <sp-menu-item value="identicon"><sp-icon name="ui:Star" size="m"
            slot="icon"></sp-icon> identicon</sp-menu-item>
            <sp-menu-item value="initials"><sp-icon name="ui:Star" size="m"
            slot="icon"></sp-icon> initials</sp-menu-item>
            <sp-menu-item value="bottts"><sp-icon name="ui:Star" size="m"
            slot="icon"></sp-icon> bottts</sp-menu-item>
            <sp-menu-item value="avataaars"><sp-icon name="ui:Star" size="m"
            slot="icon"></sp-icon> avataaars</sp-menu-item>
            <sp-menu-item value="jdenticon"><sp-icon name="ui:Star" size="m"
            slot="icon"></sp-icon> jdenticon</sp-menu-item>
            <sp-menu-item value="gridy"><sp-icon name="ui:Star" size="m"
            slot="icon"></sp-icon> gridy</sp-menu-item>
            <sp-menu-item value="code"><sp-icon name="ui:Star" size="m"
            slot="icon"></sp-icon> code</sp-menu-item>
```

使用<sp-menu-item>给下拉菜单设置十个选项，表示头像的各种类型，如图 12-4-19 所示。使用<sp-icon>在选项左侧添加一枚图标。

```
        </sp-menu>
    </sp-picker>
    <sp-picker label="Label" value="happy" id="picker-mood">
```

继续添加一个<sp-picker>，创建第二个下拉箭头，由用户选择头像中的人物的心情。

```
        <sp-label slot="label">Choose a mood...</sp-label>
        <sp-menu slot="options">
```

```
            <sp-menu-item value="happy" selected=true><sp-icon name="ui:Magnifier"
            size="m" slot="icon"></sp-icon> happy</sp-menu-item>
            <sp-menu-item value="sad"><sp-icon name="ui:Magnifier" size="m"
            slot="icon"></sp-icon> sad</sp-menu-item>
            <sp-menu-item value="surprised"><sp-icon name="ui:Magnifier" size="m"
            slot="icon"></sp-icon> surprised</sp-menu-item>
```

使用<sp-menu-item>标签给下拉箭头添加三个选项用来设置头像的心情特征，分别表示 happy、sad 和 surprised，如图 12-4-20 所示。

```
        </sp-menu>
    </sp-picker>
    <sp-textfield id="seedFld" placeholder="Seed"><sp-label slot="label">
    </sp-label></sp-textfield>
```

添加一个输入框，由用户输入任意的字符，作为头像随机算法的种子，如图 12-4-20 所示。

```
    <sp-textfield id="sizeFld" placeholder="1000"><sp-label slot="label">
    Size:</sp-label></sp-textfield>
```

添加一个输入框，由用户输入生成的头像的尺寸，如图 12-4-20 所示。

```
<br/><br/>
    <sp-button id="createAvartaBtn"> Create</sp-button>
```

当用户单击该按钮时，根据以上三个参数访问网络接口，生成一个随机头像。

```
</body>
```

图 12-4-19　头像类型下拉菜单

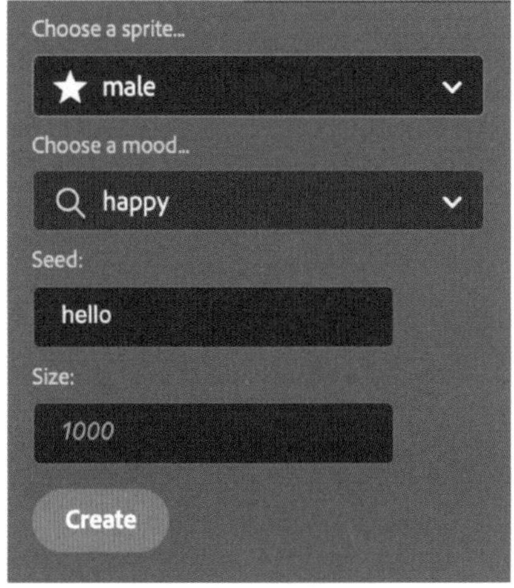

图 12-4-20　插件的用户界面

❷ **编辑 index.js**：保存编辑完的 index.html 文件，接着打开并编辑 index.js 文件，删除 index.js 所有旧代码，然后输入以下代码：

```
async function writeImageToTemporaryFolder(fs, img)
{
```

添加一个函数，用来将从网络下载的图片保存到插件的临时文件夹，它包含两个参数，fs 参数表示 uxp 的 localFileSystem，img 是需要存储的图片。

```
    const tempFolder = await fs.getTemporaryFolder();
```

通过 getTemporaryFolder 方法，获得插件的临时目录。

getPluginFolder 方法可以获得插件目录，只可以读取该目录的内容。getDataFolder 方法可以获得 data 目录，通常用来存储一些设置信息。

```
    const file = await tempFolder.createFile("image.svg", {overwrite: true});
```

通过 createFile 方法在插件的临时文件夹创建一个名为 image.svg 的文件，由于生成的随机头像的格式为 svg，所以此处文件的扩展名为.svg。同时设置 overwrite 的值为 ture，这样当临时文件夹有同名文件时，新的文件将覆盖掉旧的文件。

```
    file.write(img);
    return file;
```

将图片写入到 image.svg 文件，并返回该文件。

```
}
async function writeImageToOSDisk(fs, img)
{
```

创建另一个函数，用来将生成的头像保存到电脑上由用户指定的任意位置。

```
    const file = await fs.getFileForSaving("image.svg");
```

通过 getFileForSaving 方法，弹出一个文件拾取窗口，由用户选择 image.svg 文件保存的位置。

```
    await file.write(img);
    return file;
```

将图片写入到 image.svg 文件，并返回该文件。

```
}
async function actionCommands() {
```

添加一个函数，用来以指定的尺寸打开生成在插件临时目录的头像。

```
    const { localFileSystem: fs, fileTypes } = require('uxp').storage;
    const tempFolder = await fs.getTemporaryFolder();
```

通过 uxp 的 storage 模块的 getTemporaryFolder 方法，获得插件的临时目录。

```
const rawFile = await tempFolder.getEntry("image.svg");
```

通过 tempFolder 临时目录对象的 getEntry 方法，获得指定名称的文件。

```
let token = fs.createSessionToken(rawFile);
```

通过 createSessionToken 方法获得访问插件目录的 SessionToken 会话令牌。令牌仅对当前对插件目录的访问有效，因此不推荐将令牌保存起来，因为令牌不久会失效。

```
let size;
if(document.getElementById("sizeFld").value == "")
    size = 1000;
else
    size = parseInt(document.getElementById("sizeFld").value);
```

如果用户没有在输入框里输入图像尺寸，则默认为 1 000 像素，否则使用用户输入的尺寸。parseInt 函数用来将输入的字符串转换为整型。

```
await require('photoshop').action.batchPlay([{   //使用 batchPLay 打开 svg 头像
    _obj: "open",   // 设置要执行的 Photoshop 命令为 open 打开
    "target": { _path: token, _kind: "local", },  // 设置命令目标为本地文件
    "as":{
        "_obj":"svgFormat",
        "antiAlias":true,
        "constrainProportions":true,
        "mode":{ "_enum":"colorSpace", "_value":"RGBColor" },
        "resolution":{ "_unit":"densityUnit", "_value":300 },
        "width":{ "_unit":"pixelsUnit", "_value":size }
    }
```

依次设置打开 svg 文件时要使用的参数：文件格式为 svg，使用抗锯齿功能，保持缩放比例，颜色模式为 RGB，分辨率为 300，图像宽度值为 size，单位为像素。效果如图 12－4－21 所示。

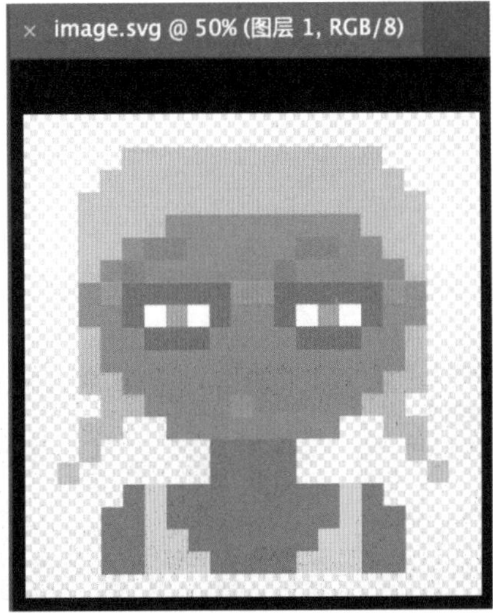

图 12－4－21 使用输入参数打开头像

```
    }], {});
}
async function downloadIt(link) {
```

创建一个函数，用来下载生成的头像，它拥有一个 link 参数，表示头像所在的网址。

```
    const image = await fetch(link);
```

通过 fetch 函数，下载指定网址的头像。

```
    const { localFileSystem: fs, fileTypes } = require('uxp').storage;
    const app = require('photoshop').app;
```

依次获得 uxp 的 storage 模块的 fs，用来执行文件的写入。同时获得 Photoshop 的 app 对象，用来打开保存的头像。

```
    try {
        const img = await image.arrayBuffer();
```

ArrayBuffer 对象表示通用的、固定长度的原始二进制数据缓冲区。

```
        const file = await writeImageToOSDisk (fs, img);
        app.open(file);
```

调用刚刚创建的 writeImageToOSDisk 函数，将下载的文件写入到用户的电脑上。然后在 Photoshop 中打开该文件。由于是直接打开 svg 文件，所以它的尺寸比较小，如图 12-4-22 所示。

```
    } catch (e) {
        console.log(e);
    }
}
function createAvarta()
{
```

添加一个函数，用来响应按钮的单击事件。

```
    let sprite = document.getElementById("picker-sprite").value;
    let mood = document.getElementById("picker-mood").value;
    let seed = document.getElementById("seedFld").value;
```

依次获得两个下拉菜单和一个输入框的值。

```
    let imageUrl = "https://avatars.dicebear.com/v2/" + sprite + "/" + seed + ".svg?
    mood = " + mood;
```

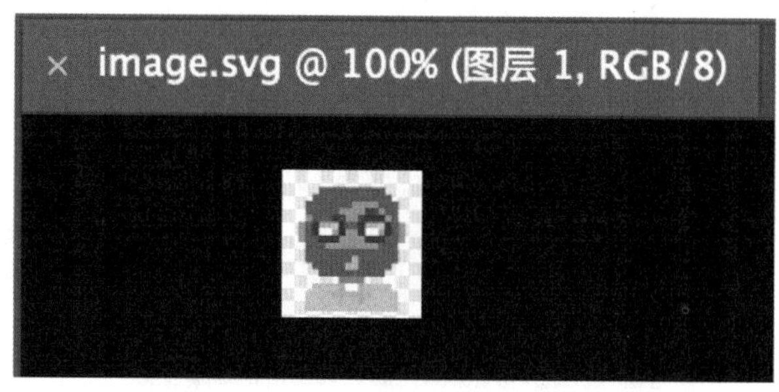

图 12-4-22 直接打开时头像尺寸较小

```
55.        downloadIt(imageUrl);
```
将三个值合成一个网址字符串，作为随机头像的下载地址，然后调用 downloadIt 函数下载该头像。

```
56. }
57. document.getElementById("createAvartaBtn").addEventListener("click", createAvarta);
```
通过 getElementById 方法获得 id 值为 createAvartaBtn 的按钮，接着通过 addEventListener 方法给它绑定单击事件。当该按钮被单击时，调用 createAvarta 函数。

❸ **加载插件：**保存编辑好的 index.js 文件，然后通过 UXP 开发者工具加载该插件，此时 Photoshop 已经加载了该插件。

❹ **使用插件：**在插件面板上通过两个下拉菜单，设置随机头像的类型和情绪状态，然后在第一个输入框里输入任意长度的字符作为随机种子，最后单击下方的 Create 按钮，根据指定的参数创建一枚头像。

此时会打开一个文件夹拾取窗口，在打开的文件夹拾取窗口中，选择头像文件存储的位置。这样就创建了一枚随机头像，并在 Photoshop 中打开该头像，但是这样打开的头像尺寸较小，结果如图 12-4-23 所示。

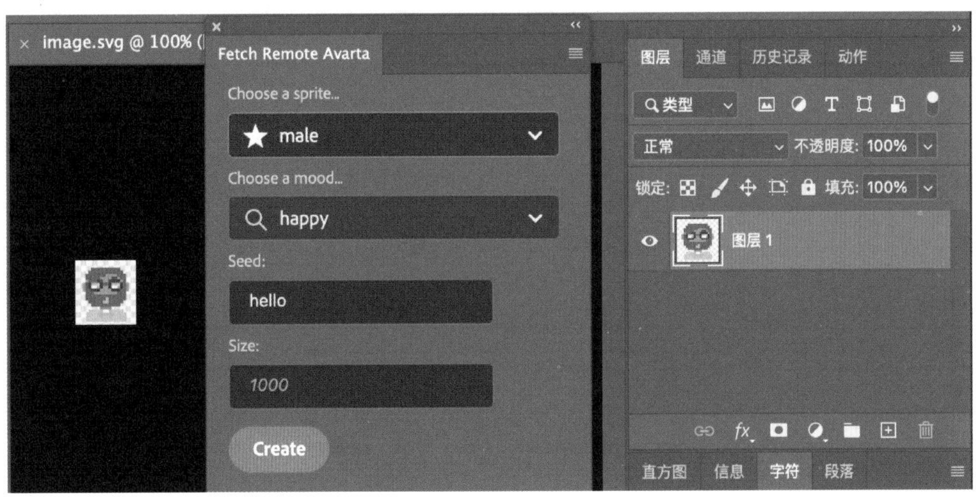

图 12-4-23　直接打开 svg 文件，文档的尺寸会比较小

❺ **修改代码：**修改第 48 和第 49 行的代码，将头像生成到插件的临时目录，这样就不需要弹出文件夹拾取窗口了。

```
48. const file = await writeImageToTemporaryFolder(fs, img);
49. await require("photoshop").core.executeAsModal(actionCommands, {"commandName": "Action
    Commands"});
```
将图像写入到临时文件夹，然后通过 photoshop 的 core 模块的 executeAsModal 方法，调用 actionCommands 动作描述符，以打开刚刚生成的 svg 格式的头像，并将它的尺寸设置为 1 000 像素。

❻ **重新加载插件：**保存编辑好的 index.js 文件，然后通过 UXP 开发者工具重新加载此插件。

❼ **重新使用插件**：在插件面板上通过两个下拉菜单，设置随机头像的类型和情绪状态，在第一个输入框里输入任意长度的字符作为随机种子，在第二个输入框里输入 1 000 作为头像的宽度，最后单击下方的 Create 按钮，在插件的临时目录里生成了一份随机头像的 svg 文件。

Photoshop 自动打开了这份 svg 格式的头像，头像的尺寸为 1 000 像素，如图 12－4－24 所示。

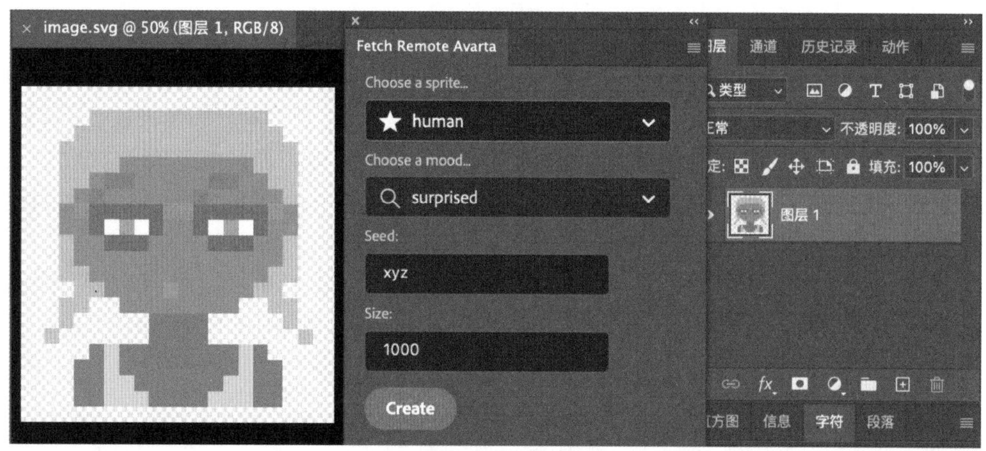

图 12－4－24　新生成的头像尺寸为 1 000 像素

12.4.9　打包 UXP 插件

老师，这个生成卡通头像的插件非常实用呀，我的很多伙伴也很喜欢，请问我如何将这款插件分享给伙伴们呢？

小美，当我们完成插件的开发、调试工作之后，可能需要将插件分享给朋友们，甚至将插件发布到 Adobe Exchange 市场，让世界的 Photoshop 爱好者和工作者使用你的插件。

这时你只需要使用 UXP 开发者工具中的 Package 命令将插件打包即可将打包后的插件分发给朋友，或者上传到 Adobe Exchange 市场。这里以生成随机卡通头像插件为例，演示如何将该插件进行打包。

❶ **调用 Package 命令**：首先打开 UXP 开发者工具，然后单击需要打包的插件右侧 ACTIONS 一栏中的 ··· 图标，弹出插件操作命令列表，选择列表中的 Package 命令，如图 12－4－25 所示。

❷ **生成.ccx 文件**：在打开的文件夹拾取窗口中，选择导出后的插件所在的文件夹。这样

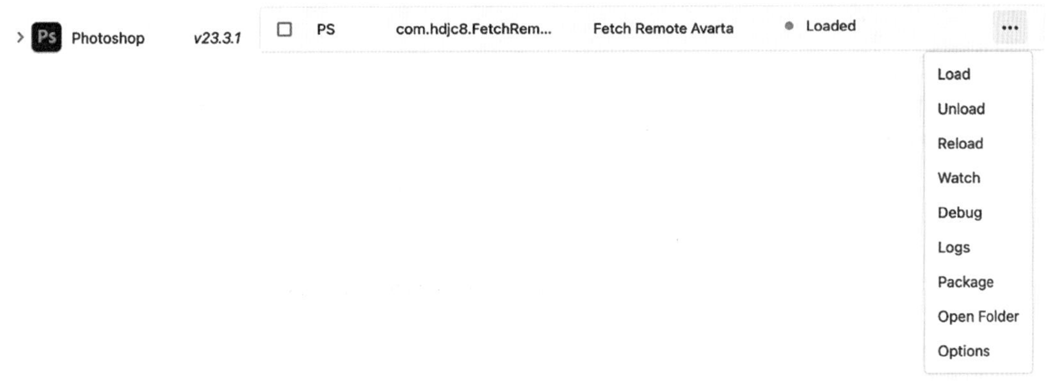

图 12－4－25　在插件命令列表中选择 Package

就将插件打包为了一份.ccx 文件，如图 12－4－26 所示。Photoshop 的 UXP 插件以 .ccx 文件的形式分发。本质上它是一个 zip 压缩包文件。

图 12－4－26　打包后生成的.ccx 文件

❸ **分享插件**：现在已经创建了插件包，可以考虑这样使用它：

- 将你的插件发送给你的团队成员，以便他们也可以使用它！
- 将插件上传到网站，以便分享给你的用户。
- 将插件上传到 Adobe Exchange 插件市场，向全世界分享你的插件。插件市场支持付费和免费插件，你可以自行决定插件的价格。

如果不通过插件市场分发，那么用户只需双击软件包即可将插件安装到自己的电脑上，这时就可以在“增效工具”菜单中找到它，如图 12－4－27 所示。

图 12－4－27　在“增效工具”菜单可以找到安装的插件

❹ **卸载插件**：如果需要删除已经安装的插件，可以依次单击“增效工具”→“管理增效工具”命令，打开插件管理面板，找到需要删除的插件，单击“已安装”左侧的 ⋯ 图标，打开快捷菜单表，选择菜单中的“卸载”命令即可，如图 12－4－28 所示。

图 12－4－28　选择菜单中的“卸载”命令即可卸载插件

12.4.10　将插件发布到 Adobe Exchange 插件市场

将你的插件发布到 Adobe Exchange 插件市场，不仅可以分享你的作品、推广你的品牌、收获众多粉丝，而且可以出售你的插件，以获得商业利益(Adobe 的插件市场采用九一分成的机制，你将获得 90％的收益)。

当你将插件打包为.ccx 文件之后，你可以在 Adobe Developer Console 上提交你的插件以供审核和批准。

❶ **创建项目**：打开浏览器并进入：https://developer.adobe.com/console/，如图 12－4－29 所示。接着单击 Quick start 区域中的 Create new project 链接，以创建一个新的项目。

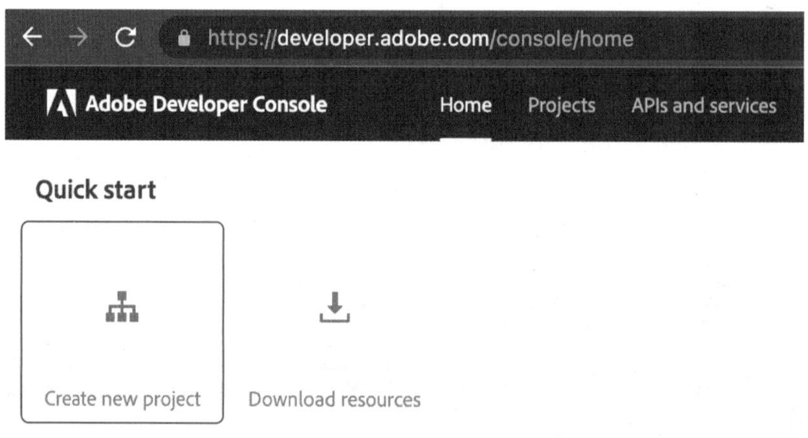

图 12－4－29　Adobe Developer Console 网站

❷ **添加插件**：此时会进入项目概览界面，单击 Get Started with your new project 面板底部的 Add Plugin 链接，添加一个新的插件，如图 12-4-30 所示。

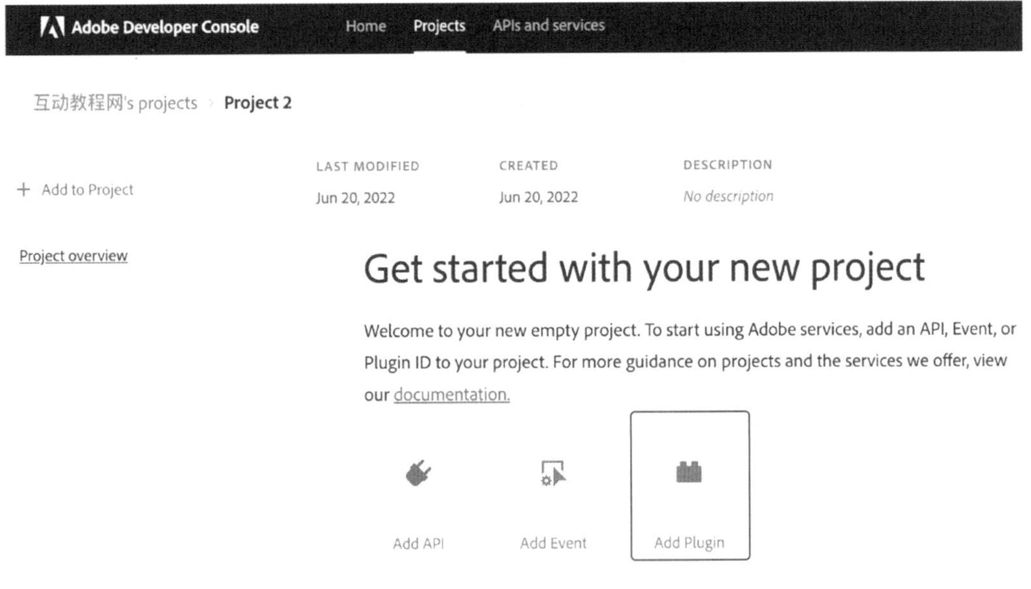

图 12-4-30 项目概览界面

接着在弹出的添加插件 Add a plugin 面板中，选中 Photoshop 选项，创建一个针对 Photoshop 的插件，如图 12-4-31 所示。截至目前，我们只可以为 XD、Photoshop 创建插件，不过 Adobe 声明将来会支持为更多的 Adobe 软件创建插件。

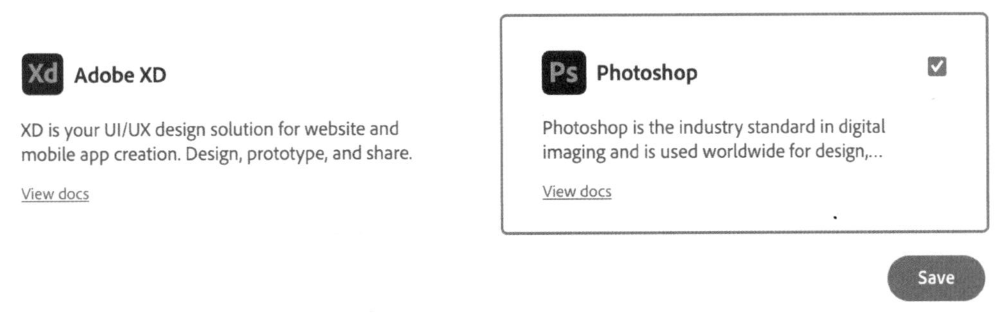

图 12-4-31 选中 Photoshop 选项创建面向 Photoshop 的插件

❸ **修改 manifest.json**：这样就创建了一个 Photoshop 插件，该插件拥有一个自动分配的 PLUGIN ID(插件 ID)，如图 12-4-32 所示。复制这个插件 ID，然后将插件项目中的 manifest.json 文件中的 id 字段的值修改为这个插件 ID。

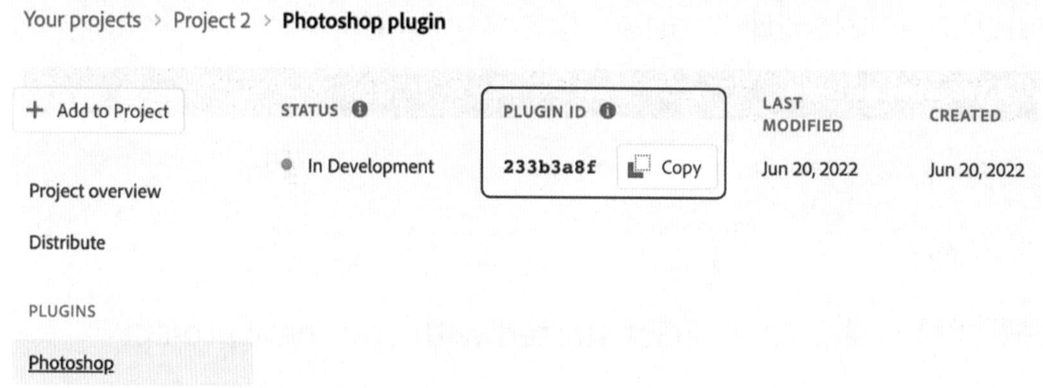

图 12-4-32　复制插件的 PLUGIN ID

❹ **重新打包**：将这个插件重新打包成一个新的.ccx 文件，该文件将被上传到 Adobe Developer Console，所以它的 ID 需要和 Adobe Developer Console 上的插件的 ID 保持一致。

❺ **设置开发者的公开档案**：接着还需要完成 Public profile，也就是开发者的公开档案。单击左侧命令列表中的 Distribute 链接，进入 Distribute 管理页面，单击页面中的 Complete your public profile 链接，打开 Developer account management 面板，如图 12-4-33 所示。

图 12-4-33　设置开发者的公开档案

在该面板中依次输入 Public name 公开名称、Marketing website 市场营销网址和 Description 内容简介三个项目的内容。

❻ **创建插件列表**：只有创建 Photoshop plugin listing 插件列表，才可以设置和上传插件。在 Distribute 功能页面中的 Photoshop plugin versions 面板中，单击 Create Photoshop plugin listing 按钮，如图 12-4-34 所示。

此时会进入 Listing Information 设置面板，如图 12-4-35 所示。

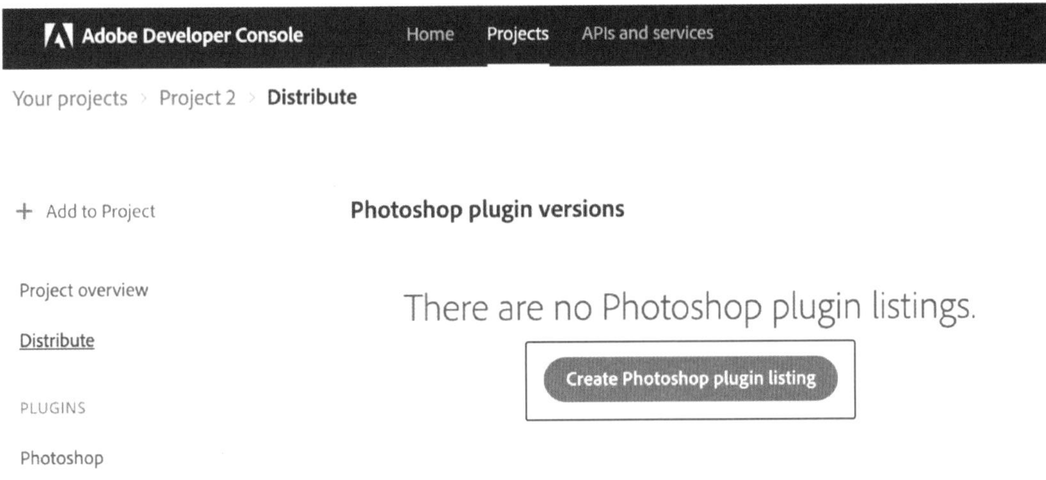

图 12-4-34　创建 Photoshop plugin listing 插件列表

需要在此页面输入插件的标题、子标题、技术支持网址、标签、类别、支持的语言、是否免费、隐私政策、不同尺寸图标、截图、发布备注等内容，如图 12-4-35 所示。

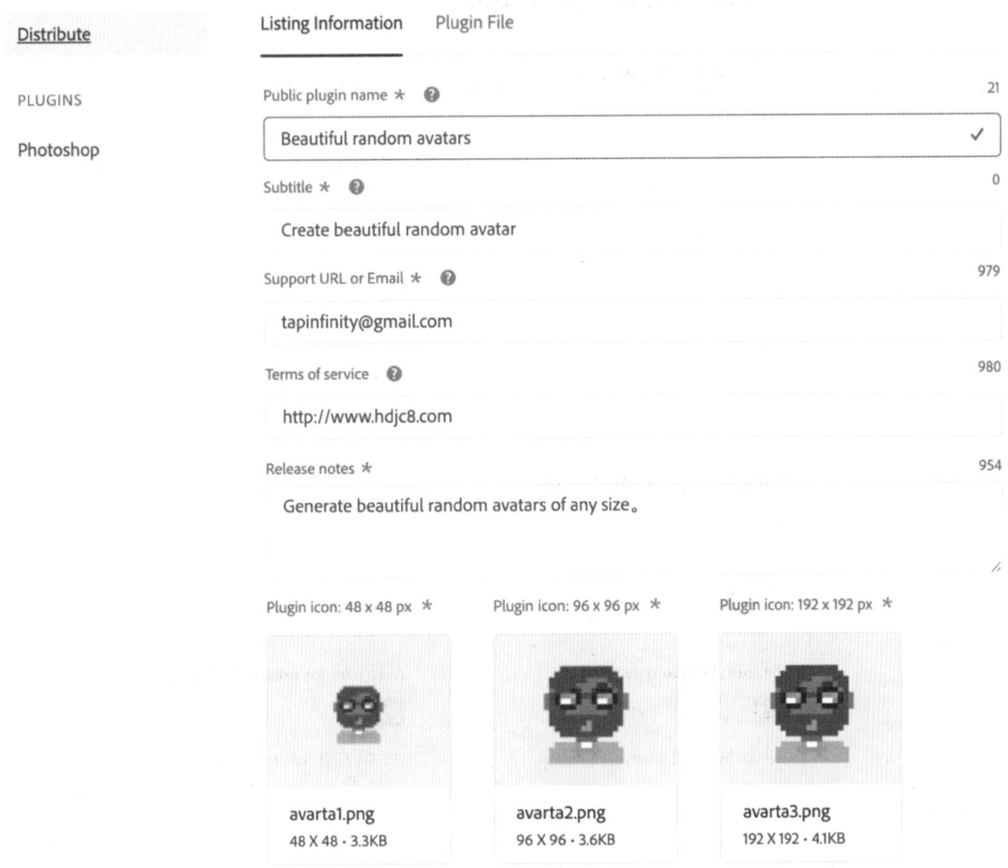

图 12-4-35　设置插件的相关信息

❼ **上传插件包**：完成 Listing Information 面板所有选项的设置之后，就会进入 Plugin File 设置面板，在此页面上传刚刚打包的.ccx 文件，如图 12－4－36 所示。

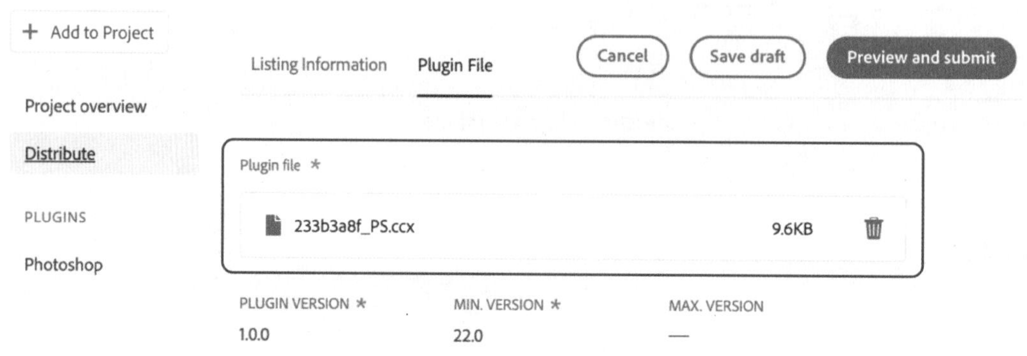

图 12－4－36　上传插件包

❽ **提交审核**：此时页面的右上角会出现 Preview and submit 按钮，单击该按钮，将提交插件并进入等待审核的状态，如图 12－4－37 所示。

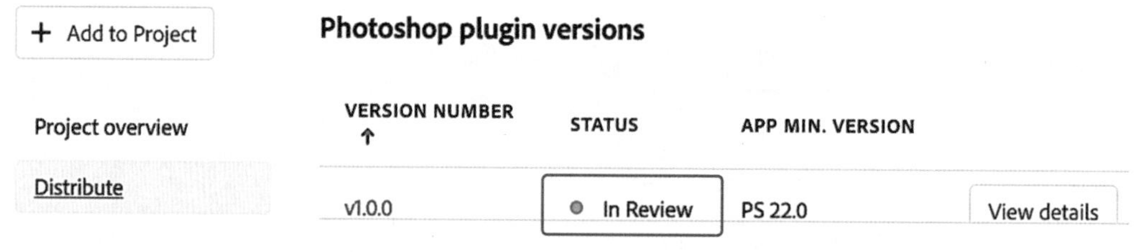

图 12－4－37　插件进入等待审核的状态

❾ **查看发布后的插件**：审核成功之后，打开这个网址：https://exchange.adobe.com/creativecloud.photoshop.html，即可进入 Creative Cloud Marketplace 插件市场，查看 Photoshop 平台的所有插件。按照时间顺序对插件进行排序，这样列表中的第一个插件就是我们刚刚通过审核的插件，如图 12－4－38 所示。

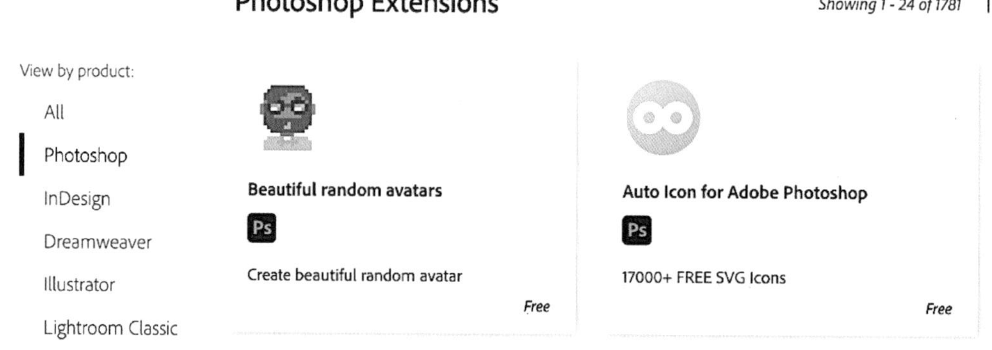

图 12－4－38　Beautiful random avatars 插件已经上线插件市场

❿ **查看插件详情**：单击插件列表中的 Beautiful random avatars 插件，即可查看该插件的

详细信息，如图 12-4-39 所示。

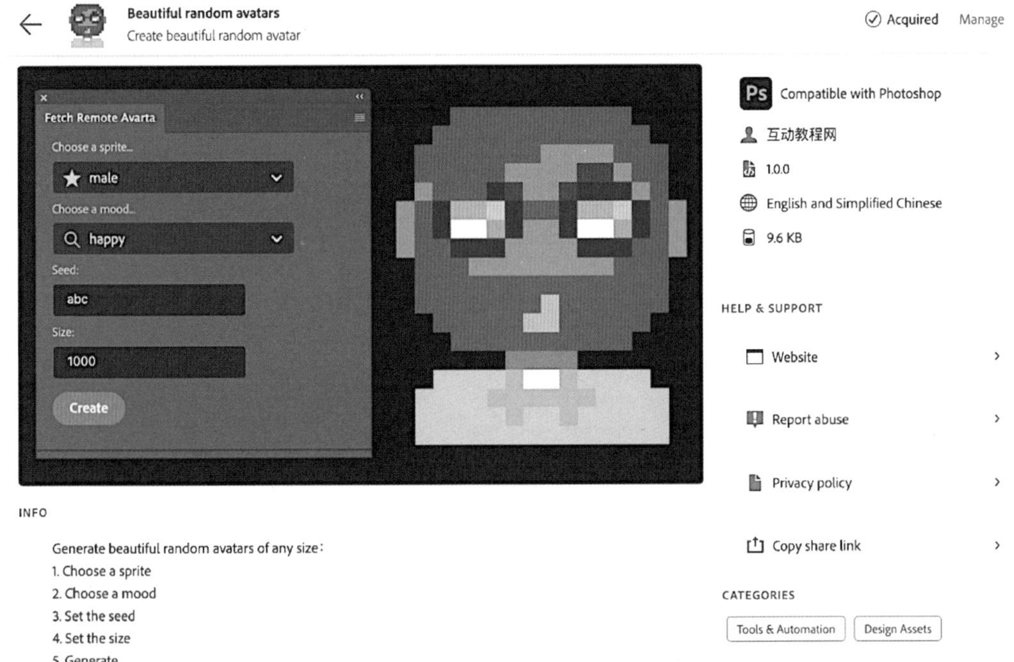

图 12-4-39 Beautiful random avatars 插件的详情页面

12.4.11 优秀的 Photoshop UXP 插件欣赏

老师，感谢您的陪伴！经过这么多课程的讲解，我已经可以开发很多 UXP 插件来辅助我的设计工作了。

小美，你也很棒！能一路走到现在，陆续攻克这么多的难题，说明你不仅有上进心，还具有很强的耐心和毅力！

不过你也不要太骄傲，你的 Photoshop 插件开发技术还有很大的提高空间。因此建议你业余时间经常到 Adobe Exchange 上去逛逛，不仅可以下载和使用这里的插件，还可以借鉴它们的设计理念、用户界面、交互逻辑等。祝你百尺竿头，更进一步！

自 UXP 推出以来，快速成为全球 Photoshop 插件开发者的最爱，可以在下面网址找到大量优秀的 UXP 插件：https://exchange.adobe.com/creativecloud.photoshop.html，如图 12-4-40 所示。

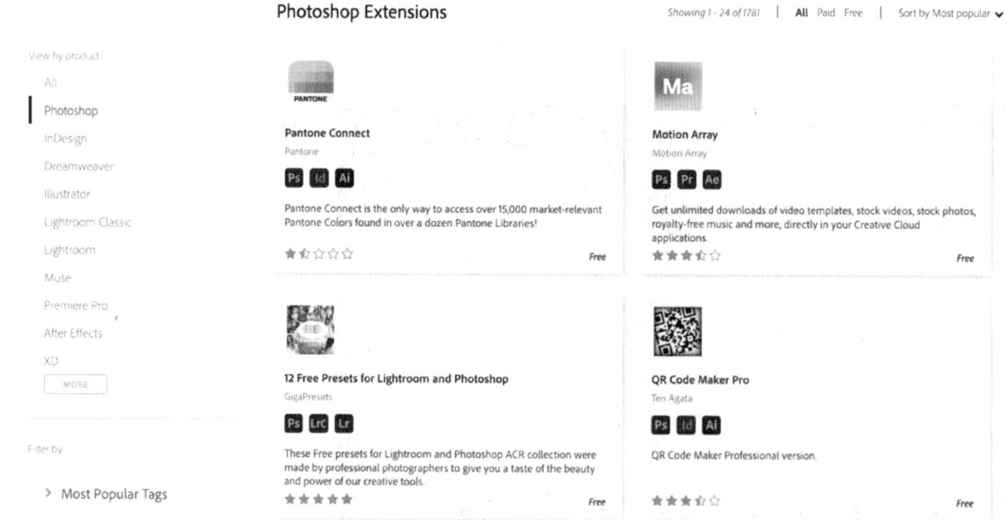

图 12-4-40　Adobe 的插件市场网站

使用这些优秀的插件可以提高我们的设计工作效率，如果我们打算开发自己的插件，这些优秀的插件也可以起到很好的借鉴作用。我们可以借鉴它们的设计理念、用户界面、交互逻辑等。

1. UXP 开发辅助插件：Alchemist

Alchemist 可以帮助 UXP 插件的开发者高效地开发新的插件。它可以做以下事情：

❶ **事件侦听器**：它可以监听您在 Photoshop 中的每一步操作，并生成相应的动作描述符，如图 12-4-41 所示。当单击选择 Layer 5 图层时，在 Alchemist 面板的右侧显示了相关

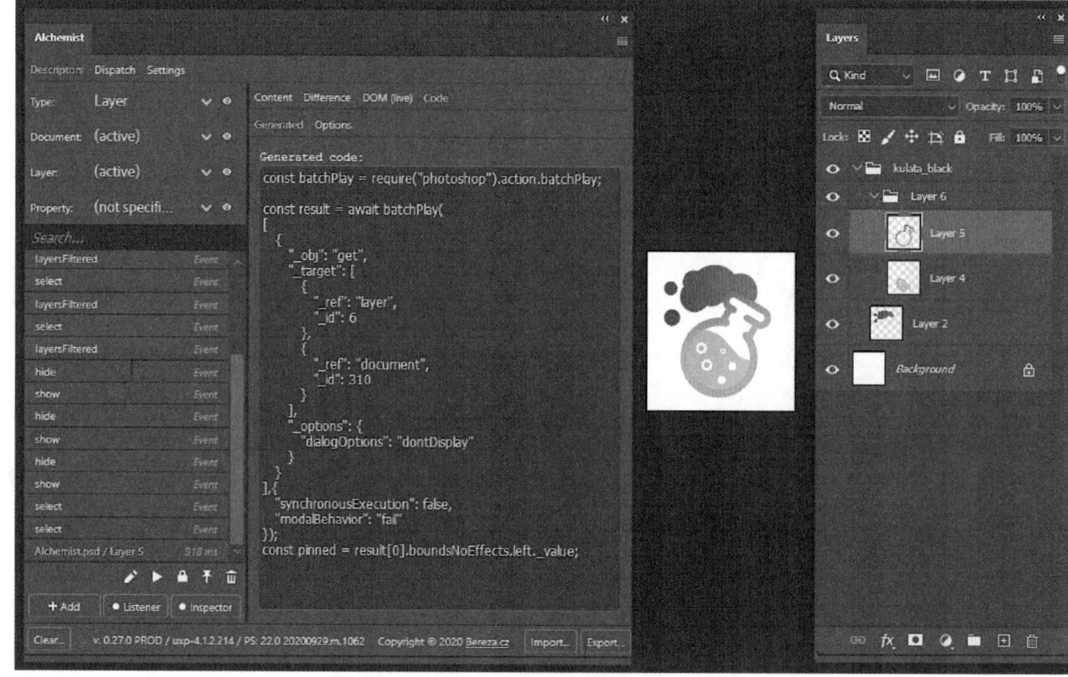

图 12-4-41　可以帮助 UXP 开发者高效工作的 Alchemist 插件

的动作描述符，你可以拷贝或导出以使用生成的动作描述符。

❷ **属性检查器：**属性检查器可以读取 Photoshop 各元素的内部属性和它们的值。如图 12-4-42 所示，在插件面板的右侧区域显示了 Layer 5 图层的名称、不透明度等属性的信息。

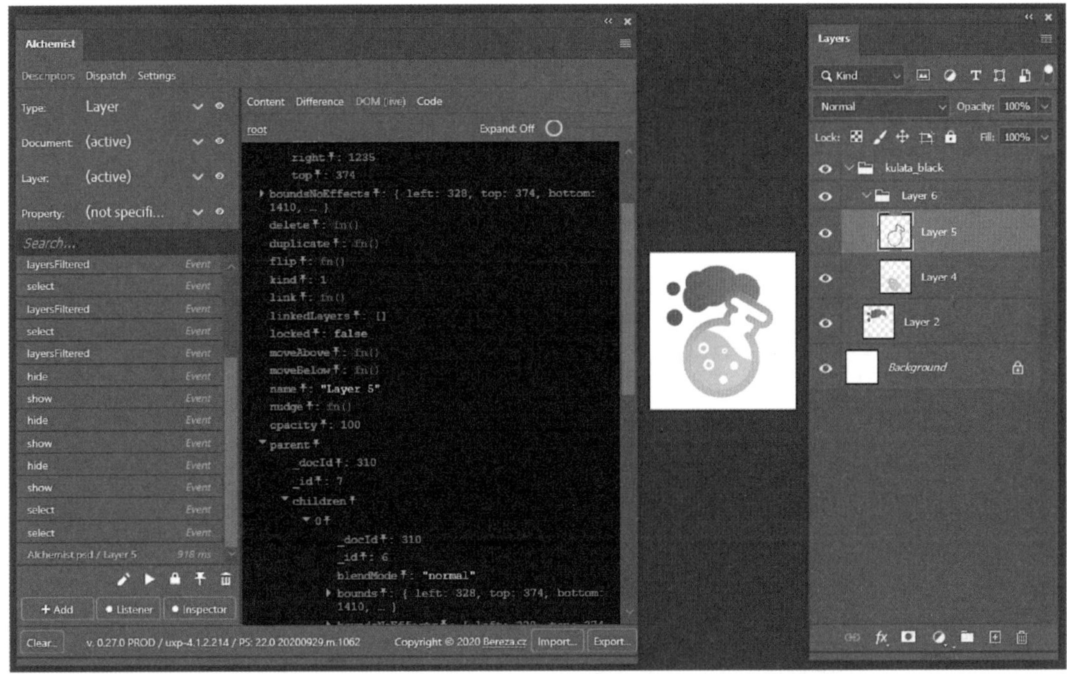

图 12-4-42　通过属性检查器查看 Layer 5 图层的详细信息

2. 效率工具：12 Free Presets for Lightroom and Photoshop

该插件提供了 12 个由专业摄影师制作的适用于 Lightroom 和 Photoshop ACR 系列的预设，让你可以体验该创意插件的美感和力量。它可以快速对人物照片进行美化，改善人物皮肤的光泽，如图 12-4-43 所示。也可以对风景照片进行智能处理，以使照片的光线、色彩更加艳丽和更有层次感，如图 12-4-44 所示。

图 12-4-43　对人像进行美化

图 12-4-44　对风景照进行美化

3. 制作工具：Free QR Code Generator

该插件可以在 Photoshop 中快速制作二维码，你只需要提供二维码的尺寸、颜色和文字内容，然后单击底部 Generate QR 按钮，即可在 Photoshop 中快速制作一枚二维码，如图 12-4-45 所示。

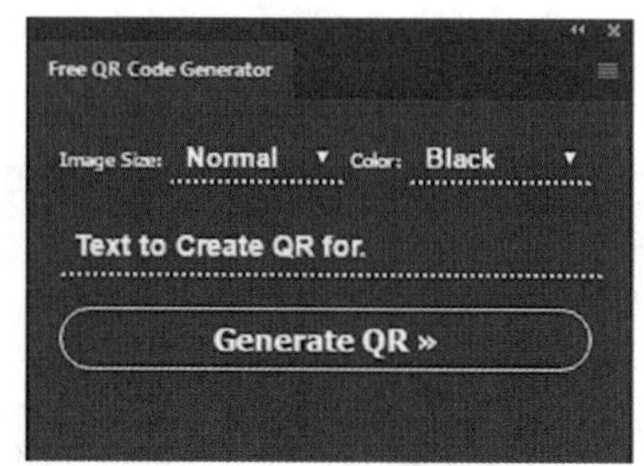

图 12-4-45　使用 Free QR Code Generator 插件快速制作二维码

4. 美化工作：Free Retouch Panel for Adobe Photoshop

Free Retouch 是一款适用于 Adobe Photoshop 的插件，可以轻松、快速地进行高端修饰，同时还很贴心地提供了一份完整的视频课程和对中文版本的支持。

这个插件面板包括 6 个有用的照片修饰工具，如图 12-4-46 所示。对于图像修饰的初学者来说，使用此插件可以快速进行人物皮肤的美化工作。对于专业人士来说，该插件将节省您的时间并使您的工作流程更加方便。

图 12-4-46　专业高效的照片修饰工具